JN204793

オーディオの歴史をスピーカーから俯瞰する

スピーカー技術の **100** 年
黎明期〜トーキー映画まで

佐伯多門
Tamon Saeki

スピーカー技術の100年を彩る歴史的スピーカー

筆者は内外の博物館や個人蔵の，歴史上重要なスピーカーユニットを探し出して撮影している．ここではその一部を紹介し，本文のモノクロ画像では伝えきれない機器の色合い，質感などを披露する．

遠くへ情報伝達する最初の手段として，モールス信号が使われた．
そのモールス信号の受信機（ラジオフランス放送博物館［パリ］蔵）

ベルが発明して特許出願したときの送話器と受話器の原型レプリカ
（コミュニケーション博物館［ベルン］蔵）

ベルが考案した送話器のレプリカ（ラジオフランス放送博物館蔵）

初期の電話の受話器（国立技術博物館［パリ］蔵）

L.ゴーモン（フランス）が発明した「オクセトフォン」方式の平円盤式レコードによる，
アコースティック再生での上映で使用されたトーキー映画装置（国立技術博物館［パリ］蔵）

マグナボックス（アメリカ）のR2-B型ダイナミック方式
ホーンスピーカー（NHK放送博物館蔵）

スターリング（イギリス）の「オーディボックス」
マグネチック型ホーンスピーカー（山形・安西和夫氏蔵）

アミイゴのマグネチック型ホーンスピーカー
（山形・安西和夫氏蔵）

ローラ（イギリス）のマグネチック型ホーンスピーカー
（山形・安西和夫氏蔵）

スターリング（イギリス）の「ドーム」
傘形マグネチック型ホーンスピーカー（NHK放送博物館蔵）

ゴーモン（フランス）の睡蓮の葉を模した「ロータス」
マグネチック型直接放射スピーカー
（ラジオフランス放送博物館蔵）

ゴーモンの「アンクノン」
マグネチック型直接放射スピーカー（J.V.Verdier の博物館 [パリ] 蔵）

WE のダブルコーン560A 型マグネチック型直接放射スピーカー
（ラジオフランス放送博物館蔵）

デリカ（三田無線電話研究所）の「メロディーコーン」
マグネチック型直接放射スピーカー（山形・安西和夫氏蔵）

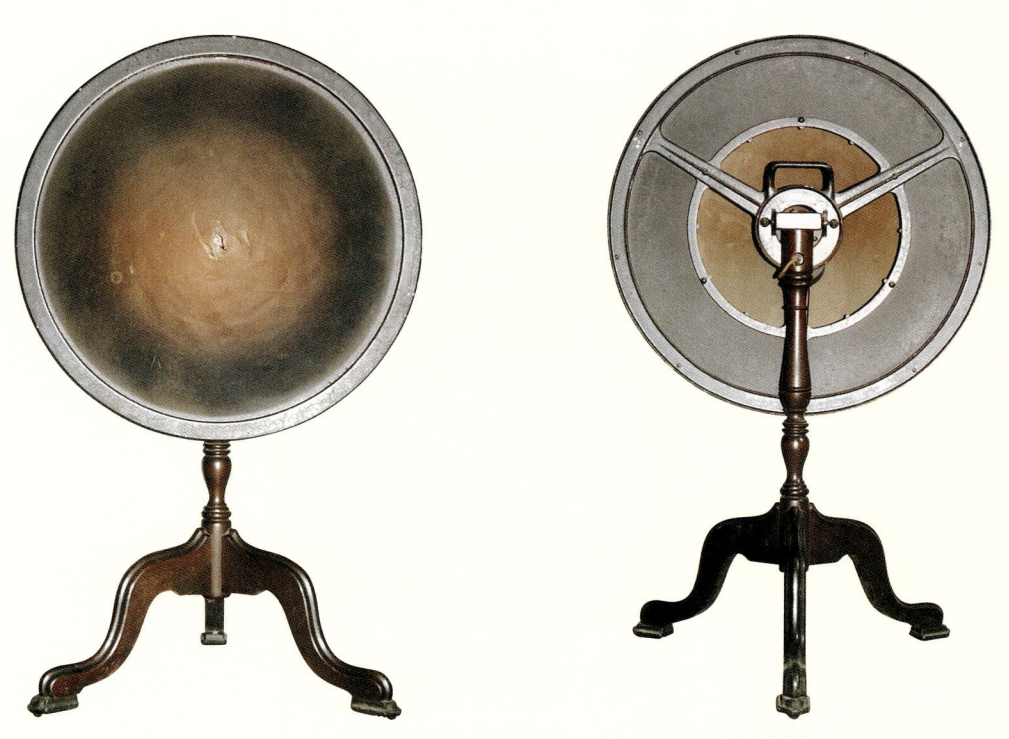

ストロンバーグ・カールソンの口径22インチのマグネチック型直接放射スピーカー
（大阪芸術大学蔵）

N&K（ノイフェルト・ウント・クンケ）のフレックスホーン型マグネチックスピーカー
（山形・安西和夫氏蔵）

ローラ（イギリス）の平面バッフル付きマグネチック型直接放射スピーカー
（山形・安西和夫氏蔵）

1929年ごろのヴァイタリトーン製（詳細不明）で，帆船の裏側にマグネチック型駆動部のある直接放射スピーカー
（山形・安西和夫氏蔵）

テレビアン（山中無線電機製作所）の口径25cmマグネチック型直接放射スピーカー
（NHK放送博物館蔵）

詳細不明（フランス），五角形の絵のあるエンクロージャー付きマグネチック型直接放射スピーカー
（ラジオフランス放送博物館蔵）

GE製の「ライス・ケロッグ型」RCA 104型ダイナミックコーン型スピーカー
（J.V.Verdier の博物館［パリ］蔵）

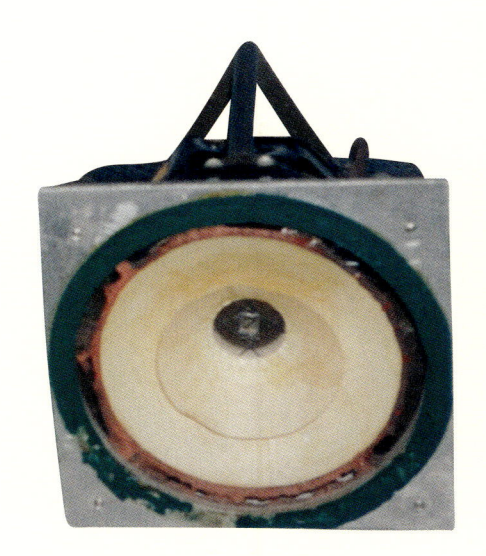

P.G.A.H.フォクトが開発した有効振動板径6インチのダブルコーンダイナミックコーン型スピーカー
（サイエンス・ミュージアム［ロンドン］蔵）

マグナボックスのコーンガード付き143型口径11インチダイナミックコーン型スピーカー
（NHK放送博物館蔵）

ワルツ（村上研究所）のコーンガード付き59号口径7.5インチダイナミックコーン型スピーカー
（山形・安西和夫氏蔵）

ラジオン（ラジオン電機研究所）が開発した，日本最初のパーマネント型スピーカー，
口径10インチのPM-10型ダイナミックコーン型スピーカー（NHK放送博物館蔵）

ファランドが開発したインダクター型の120J型スピーカー
（NHK放送博物館蔵）

ローラが開発したセレン整流器付きAC型（フィールドコイル励磁装置付き）
口径11インチのJ110型ダイナミックコーン型スピーカー（NHK放送博物館蔵）

ローラのR-AC型は2極整流管を搭載したAC型フィールドコイル式ダイナミックコーン型スピーカー
（NHK放送博物館蔵）

フェランティの口径10インチのフィールドコイル式ダイナミックコーン型スピーカー
（NHK放送博物館蔵）

1932年に開発されたタングステン鋼を使用した口径20cmのパーマネント型スピーカー
（NHK放送博物館蔵）

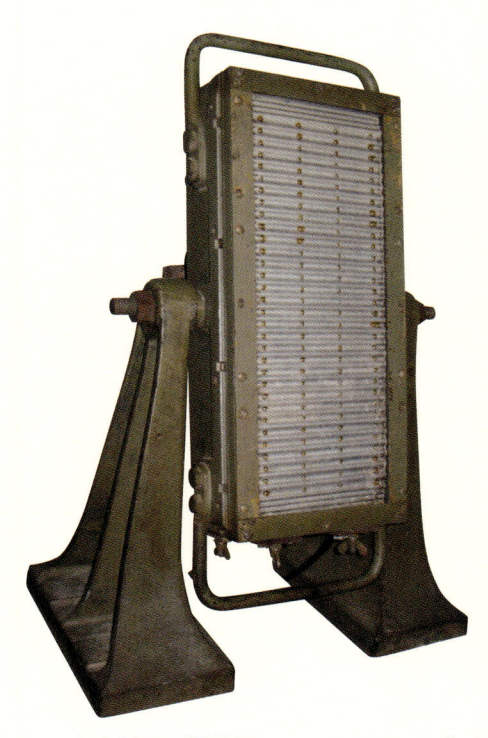

シーメンスの「ブラットハラー」小型平面振動板のフィールドコイル式ダイナミック型スピーカー
（NHK放送博物館蔵）

フィリップスの2109型ラジオ用マグネチック型直接放射スピーカー
（サイエンス・ミュージアム蔵）

RCAの103型マグネチック型直接放射スピーカー
（NHK放送博物館蔵）

RCAの106型スピーカーシステム
（セレン整流器付きAC型フィールドコイル励磁装置付き）
（NHK放送博物館蔵）

まえがき

19世紀の終わりに近い1875年，音声を電気信号に変換するマイクロフォンと電気信号を音に変換するスピーカーを組み合わせた電話機が誕生しました．

真空管によって増幅された電気信号を広い空間に再生するスピーカーが，今日使用されるスピーカーの元祖として誕生したのは20世紀前半の1915年でした．その用途は，音を拡声して多くの人びとに伝える拡声器，電波を通じて不特定多数の人びとに伝えるラジオ受信機，映像に同期した音を発生させるトーキー映画用音響装置，レコードを電気的に再生する電気蓄音機，テレビジョン放送受信機，ステレオ再生装置など，次々にスピーカーの用途は発展拡大していきました．

この流れの中で，電気信号をできるだけ忠実に再生することを目指した技術者が次々と現れ，多くのスピーカーが誕生しました．これらには，成功例として後世に残ったものも，成功はしなかったものの業界で注目されながら一瞬のきらめきで消えていったものもあります．しかし，一度は消えた技術であっても，後世に役立ったものもあり，これらが歴史の中で積み重なって20世紀は終わっています．

筆者は，長いサラリーマン生活において一つの仕事に専念できたお蔭で，長期間にわたって内外の多くのスピーカーに触れ，耳にして，その技術を学び，資料を積み重ねることができました．

職を離れ，フリーの立場になってからは，諸先輩が苦労して作り上げたさまざまなメーカーの開発品を冷静に差別することなく眺めることができるようになったことで，客観的にスピーカー誕生からの100年近い歳月を振り返り，この長い期間に生まれたスピーカーから，名機とされるものはもちろん，市場の趣向に合わないため市場から消えていったけれども記録に留めたいものなど，数多くのスピーカーを筆者の尺度で取り上げ，技術的な面からみた資料として記録して残しておきたいと考えました．

本書を執筆するに当たって，約1世紀にわたる諸先輩による研究開発や，その結果生まれた製品について，目的や用途などによって分けました．できるだけ多くの資料に当たり，「こんなスピーカーがあったのか」，「どんな音がしたのだろうか」と思うことができるように，製品や技術の概要を整理しました．スピーカーの博物館がない今日では，少しでも紙面に記録を残そうと取り組みました．

機種によっては，その発明のルーツを明確にして，今日に伝わる系列の過程も記録に残したく，できるだけ系統図を取り入れて示すようにしました．

また，収集した資料を整理分類してみると，孫引きの資料には引用の際の誤りがあることがあり，内容を確認するには，結局自分で原書に当たり，その時代の周辺資料を調べる必要が生じました．このため，1次資料に到達することに，多くの時間を要しました．

そして，オーディオの「迷信」や「誇張された話」には耳を貸さず，苦労の末に開発された技術と，開発者自身による資料や特許などに目を向け，これを何とか掘り起こし，歴史の中で埋もれそうになっていた多くのスピーカーの技術を引き出すことを目指し，その時代時代の技術記録を参考文献に記載しました．こうして後輩諸氏が先人の足跡を少しでも理解し，新しいスピーカー開発の参考になるよう配慮しました．

　残念ながら現在，本書に述べる古いスピーカーの多くは，保存されていることが確認できず，現物に触れることができません．一方で，スピーカーをこよなく愛するオーディオファイルやコレクターの収集品としてわずかに残っていたり，中古品販売店の在庫として保存されたりしていたものもあり，写真や記事として残すことができました．

　幸いにも，この主旨に賛同して協力していただいた皆様からさまざまな助言や資料提供があり，30年ほどの歳月をかけて，それなりの体裁を整えることができました．

　文末になりましたが，ご協力をいただいた下記の皆様に厚く御礼申し上げます．

（順序は掲載順，敬称略）

NHK放送博物館，パナソニックミュージアム（旧松下電器歴史館），シャープミュージアム歴史館，国立国会図書館，東京大学附属図書館（建築学），東京工業大学図書館，東北大学図書館，大阪府立中央図書館，拓殖大学図書館，大阪芸術大学，日本映画技術協会，日本オーディオ協会，株式会社ヒノ・オーディオ，株式会社エイフル，サイエンス・ミュージアム（イギリス・ロンドン），コミュニケーション博物館（スイス・ベルン），ラジオフランス放送博物館（フランス・パリ），ドイツ博物館（ドイツ・ミュンヘン），パリ工芸博物館（フランス・パリ），EDF電気博物館（フランス・ミュルーズ），中田薫様，筒井忠雄様，本間公康様，小山内洋様，安西和夫様，海老沢徹様，岩尾憲明様，向井幸生様，ジャン平賀様，藤井松雄様，森本雅記様，興野昇様，長真弓様，大間知基彰様，加賀芳拡様，松浦一郎様，後藤精弥様，遠藤正夫様，近藤公康様，北本末利子様，椎名幸雄様，阪本栖次様，城戸健一様，景山功様，川上晃義様，河村信之様，今井保治様，石井伸一郎様，小口貴仁様，伊藤英彰様，柳谷治朗様，穴水忠昭様，大西政美様，若林鋼二様，渡辺侃様，長谷川富王様，矢吹三男様，中村薫様，竹内亮様，浜野次郎様，J. V. Verdier様，山川勝治様，川村哲夫様，名取秀之様，鹿井信雄様

　最後になりましたが，『MJ無線と実験』の歴代編集長，渡辺真人様，高橋輝男様，桂川真一様，磯野貴志様および編集で特にご苦労をおかけしました末永昭二様や編集部の皆様に厚く御礼申し上げます．

オーディオの歴史をスピーカーから俯瞰する

スピーカー技術の**100**年
黎明期〜トーキー映画まで
目次

第6章 スピーカー用ホーンの 種類とその変遷 **313**

項目/人名索引 **362**

編集　末永昭二
本文デザイン
　プラスアルファ
　（水谷美佐緒＋中家篤志）
カバー・表紙デザイン
　ニルソンデザイン事務所
　（望月昭秀＋境田真奈美）

第1章

スピーカーの誕生

1-1　スピーカー誕生への序奏

　歴史を振り返ってみると，人間の持つ「欲求（欲望）」を満たすさまざまな挑戦によって文明が進化していったことがわかります．ラウドスピーカー（loudspeaker）の誕生は，今日の情報化社会にお

ける人間の聴覚への情報伝達の重要な役割を果たしており，個人個人がいつでも，どこの場所からでも人とのコミュニケーションがとれるようにまで進展してきています．

　遠い昔，人間が遠くの人とコミュニケーションをとるには，最初は歩いたり走ったり，馬で駆けたりしていましたが，もっと遠くの人に速く情報を伝達

［表1-1］　ボルタの電池の発明からスピーカーに至る関連主要技術の流れ

年　代	発明者名と内容	発明の概略図
1800年	ボルタ（A. Volta） 電池の発明	銅電極／亜鉛電極／希塩酸液／電池／容器
1820年	エルステッド（H. C. Øersted） 電流の磁気作用の発見	導体／電流の方向／磁界
1831年	ヘンリー（J. Henry） 電磁誘導の発見 強力な電磁石の発明	磁力線／鉄心／電池
1837年	モールス（S. F. B. Mores） モールス電信機の発明 モールス符号の発明	打つ／電信キー（送信側）／（受信側）／接点／バネ／電池
1837年	ペイジ（Page） 電磁石から音が出ることを発見	
1875年	ベル（A. G. Bell） 電信機間で信号の反応を発見	叩く／音が発生／コイル／コイル／電池
1875年	ベル（A. G. Bell） 音声伝送器の発明	
	スピーカーの誕生	
	受話器の改良	音声／振動／電池／振動／音声
1876年	ベル（A. G. Bell） 特許出願 受話器の改良 単極型 双極型へ	永久磁石／音声／コイル／振動板／1877〜1900年　　永久磁石／コイル／音声／振動板／1884〜1900年

(a) 電信キー（モールス信号用）

［写真1-1］ モールスが発明したモールス通信機（スイス，ベルン市のコミュニケーション博物館所蔵）

ぜんまいの動力で
記録用紙テープを送る

受信用リレー
（電磁石）

(b) モールス信号用受信機

する方法はないかと考え，例えば，西部劇の映画で見るような「のろし」を上げたり，太鼓を打ったり，角笛を吹いたり，鉄砲を撃ったり，鏡の反射光や閃光を使って，約束事を符号化して「意思」を伝達することを実施してきました．

しかし，この情報伝達に「電気」が発明されると，その事情は一変しました．

1800年，ボルタ（Alessandro Volta）が発明した電池を利用することで，**表1-1**に示すように，1820年にエルステッド（Hans Christian Øersted）が電流の磁気作用を発見し，1831年にヘンリー（Joseph Henry）が強力な電磁石を開発するなどの経緯があって，1837年にモールス（Samuel Finley Breese Mores）が，電磁石を応用した電

聴覚障碍者研究に生涯を捧げた
A. G. ベル（1847〜1922年）

アレクサンダー・グラハム・ベルは，スコットランドに生まれる．エジンバラ大学とロンドン大学を卒業後，音声学の権威であった父親とともにカナダに移住し，その後ボストン大学の音声生理学の教授となる．電流によって音波を伝える方法を研究し，1876年に電話機を発明した．

父アレクサンダー・メルヴィル・ベルは，国際的に共通する発音記号の原形を研究した．当時，聾者は言葉が話せないとされていて，父子で「視話法」を開発した．母は聴覚障碍者であった．

ベルが30歳の1877年にボストンの聾学校の教え子であった聴覚障碍者メイベルと結婚．聴覚障碍者が話せるようになり，耳が聞こえる者も聞こえない者も，ともにコミュニケーションできるようになることに，一生を通じて貢献した．

1881年，ベルは電話事業を手放して莫大な財産を得たが，それを聴覚障碍児の教育と研究に投入した．

1879年には，オージオメーターの原形となる聴力計を考案し，周波数ごとに音の強度を示す装置を製作した．

音の強度を相対的に示す単位は，ベルの名にちなんで「ベル（デシベル）」と決められた．また，3月3日が「耳の日」と定められたのは，ベルの誕生日であることによる．

A. G. ベル

晩年のベル

助手のT.A.ワトソン

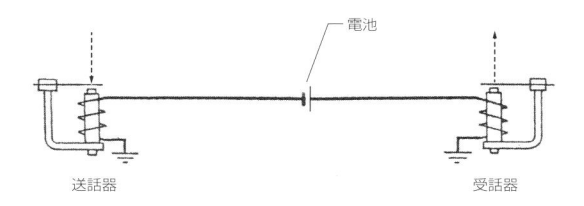

[図1-1]　電話機として最初に実験された装置の構造（1875年6月2日）

[写真1-2]　ベルが発明した電話用受話器こそが最初に音声を再生したスピーカーだった

（a）送話器

（b）受話器

[写真1-3]　世界初の通話実験に使用された送話器と受話器（1875年6月2日）

（a）「絞首台の枠（gallows frame）」と呼ばれた送話器．牡牛の大腸を広げて張ったものを振動膜として使用

（b）受話器

[写真1-4]　1875年に試作された改良型電話用送話器と受話器

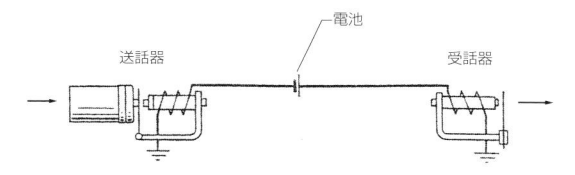

[図1-2]　送話器に改良が加えられた電話実験装置の構造（1875年6月3日）

信機を発明しました．モールスの通信は，遠く離れた場所への情報伝達のスピードを大きく改善した画期的な発明でした．

　モールスが発明した，電磁石の動作を応用した

電信機は，電池を使用した直流電流のオン・オフの時間の長さを2つの「トン」，「ツー」の電気信号（電信）にするものです．この信号を組み合わせて文字を表す「モールス符号」を使用し，通信線を張り巡らせて信号を送受信することによって，意思のある情報を遠距離であっても即座に伝達することができました（**写真1-1**）．これがモールスの「電信」であり，世界最初の電気信号による「情報伝達」

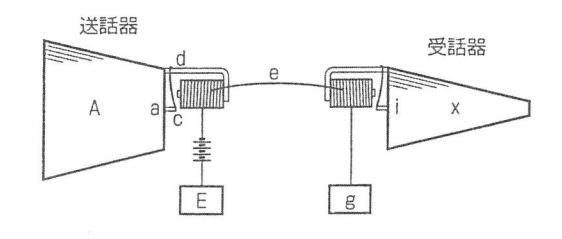

[図1-3] 1876年2月14日に出願されたベルの特許（同年3月7日公告）に記載された回路

[写真1-5] 特許出願時（1876年）の説明図にある送話器（左）と受話器（スイス，ベルン市のコミュニケーション博物館所蔵）

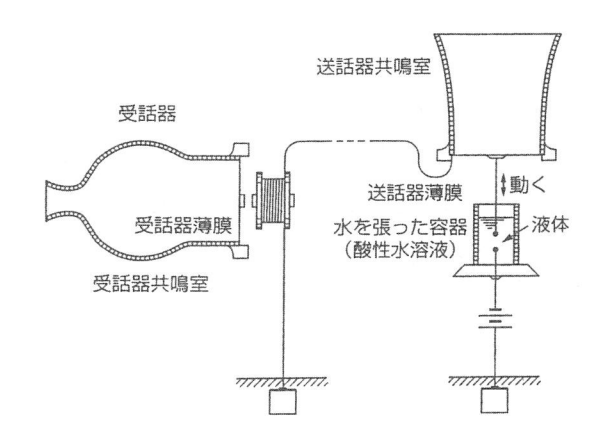

[図1-4] ベルの特許と同日に特許予告記載申請されたグレイの電話の構成

1-2　スピーカーの誕生

　情報伝達の方法として長年使用されてきたモールスの「電信」は，符号化された情報の伝送だったため，文章を符号化して送信し，受信側で符号を文章化する，特定の熟練したオペレーターが必要でした．これは非常に不便であり，人間の声をそのまま電気信号として伝送して，受信側で再生して聴くことができれば非常に便利になり，誰でも容易に取り扱うことができるのではないかという「音声による伝送」が，夢のような欲求として生まれてきました．

　この要望や夢が実現できたのは，モールスの「電信の発明」から40年の歳月を経過した後でした．

　1876年，この夢を実現したのが米国ボストンに住むベル（Alexander Graham Bell）による「電話」の発明でした．ベルは音声生理学の教授で，聴覚障碍児の教育と研究を行い，視話法を開発するなど，音声を伝える研究に精通していました（p.25コラム参照）．

　彼は，1875年にモールス電信機の多重電信の研究をしていたのですが，実験に使用した電信機を2つ直列に接続して，一方の可動部を手で弾くと，もう一方の電信機の可動部が，かすかではありましたが振動する現象を発見しました．

の誕生でした．

　この電信機は，受信側に取り付けられた電磁石に送信元の電信キーの動作で直流電流が流れ，電磁石による吸引力が働き，コイルの上に設置した可動部分の鉄片を吸引して，走行している記録テープにペンで長短の線を記録するというものでした．

　1837年にモールス電信を操作中，電磁石から音が発生する異常を発見したとペイジ（Page）の記録にありますが，ペイジはその要因を探究することはなかったようです．

　ところが，1885年にウェスティングハウス（George Westinghouse）とスタンレー（William Stanley Jr.）による交流送電システムの発明の後，交流電気が一般に取り扱われるようになったころ，交流電気をモールスの電信機に誤って流したところ，直流電流と違ってペン先の付いた可動部分が振動して音を発する異常動作が発生しました．この異常動作による音の発生こそが貴重な発見で，スピーカー誕生への重要な足がかりとなりました．

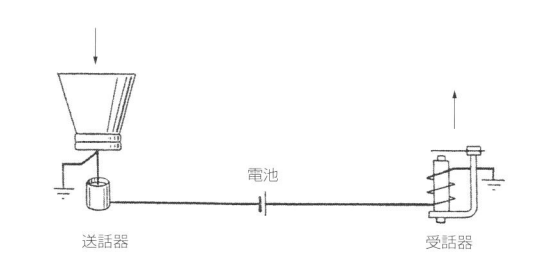

(a) 電磁型送話器（左）とアイアンボックス（Iron-box）型受話器

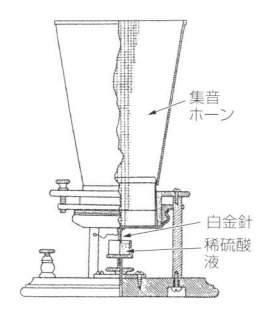

［図1-5］　ベルが送話器を可変抵抗式（酸性水溶液を使用）に改良して電話実験を行った際の電話機（1876年3月10日）

（b）電磁型送話器

［写真1-7］
後に作られた電話用送話器と受話器

（a）送話器　　　　（b）受話器

［写真1-6］　1876年に試作された電話用送話器と受話器

（c）受話器

この発見から，片方の可動部を手で弾く代わりに音声で振動させる送話器とすると，送話器で発生した電気信号により，もう一方の可動部が振動して音声が聴こえるのではないかとの着想が浮かび，**図1-1**の回路で電話実験を行いました．

このときの受話器（**写真1-2**）はリレーのような形状で，tuned-reedと称する可動鉄片リードが振動して電気信号を音響信号に変換し，音を発生しました．これが電気音響変換機として世界最初の「スピーカー」の誕生で，1875年6月2日のことで

した．**写真1-3**は，このとき電話実験に使用した送話器と受話器です．

ベルはその翌日，送話器の効率を高めるために木枠に振動膜を張った送話器（**写真1-4**）を作り，**図1-2**の回路で実験を行いました．

この電話実験は成功し，素早く「音声伝送機」として特許を申請するため，表題を「音声その他の音を電信技術によって送信するための方法および機器」として，1876年2月14日に特許出願しました[1-1]．この特許出願の基本図は**図1-3**に示す構成で，その概要は**写真1-5**のように振動膜を張ったものでした．

これと同時期に，ベルの発明と類似した音声伝送機（**図1-4**）をグレイ（Elisha Gray）が発明し，

ベルの出願よりわずか数時間の遅れで特許申請しました[1-2]が，先着だったベルに電話の特許が与えられ，歴史的な発明の権利を得ました．

ベルは，助手のワトソン（Thomas A. Watson）と2人で，さらに送話器を改良して，図1-5および写真1-6に示す送話器を開発しました．

また，1876年3月10日に，この送話器を使って通話試験を行い，隣の部屋にいたワトソンに「Mr. Watson, Come here. I want to see you」と話しかけたのが，世界最初の電話による意味のある言葉の伝送として記録に残りました[1-3]．

その後，送受話器は写真1-7のように次々と改良され，公開実験やアメリカ建国100周年記念の大博覧会などでのデモンストレーションを行い，ボストンから2マイル離れた長距離伝送を成功させた送話器／受話器の開発によってようやく実用化に至り，電話サービスの事業化の見通しが立つようになり，会社を設立することになりました．

極の代わりに永久磁石を使用して，あらかじめ磁石の吸引力で常に振動板を偏倚させ，コイルで発生した交流電磁力が磁石の吸引力を強弱させることで，振動板が偏倚した位置から前後に動く（振動）することができるようにすると，出力側に歪みのない波形を得られることを考案しました．この改善で，音の明瞭度が向上しました．

受話器は，1877年以降，単極型から双極型に順次，構造が改善されました（図1-7）．実用的な受話器は，最初，握り手のある耳当て型の受話器（butterstamp型と呼ばれた）が開発され，1877年から1890年ころまでは，振動板に丸い薄い鉄板を使った単極型（unipolar）の電磁型（マグネチック型）構造で作られました．当時の永久磁石はタングステン鋼を1本使うため，握り手には長めの木製が使われました．

1890年ころからは，永久磁石をU字形に折り曲げた漏洩磁束の少ない構造の双極（bipolar）型になり，感度の向上が図られました．握り手の部分はゴム系の素材が使われました（写真1-8）．

1-3 受話器の性能向上

電話の実用化に伴って最初に検討されたのが，受話器の音の明瞭度を向上させる研究開発でした．

リレー型受話器では，振動板に鉄片リードや円形鉄板が使用されており，コイルに音声信号電流が流れて電磁力の働きで吸引が発生したとき，振動板が静止位置から磁極側に吸引されて変位しますが，反発で反対側に変位させる力がないため，図1-6に示すように入力側の電気信号の交流波形に対し，音として放射される出力波形は片側だけの半波整流のような欠落した波形となり，大きな歪みを伴っていました．

これを改善するために，鉄の磁

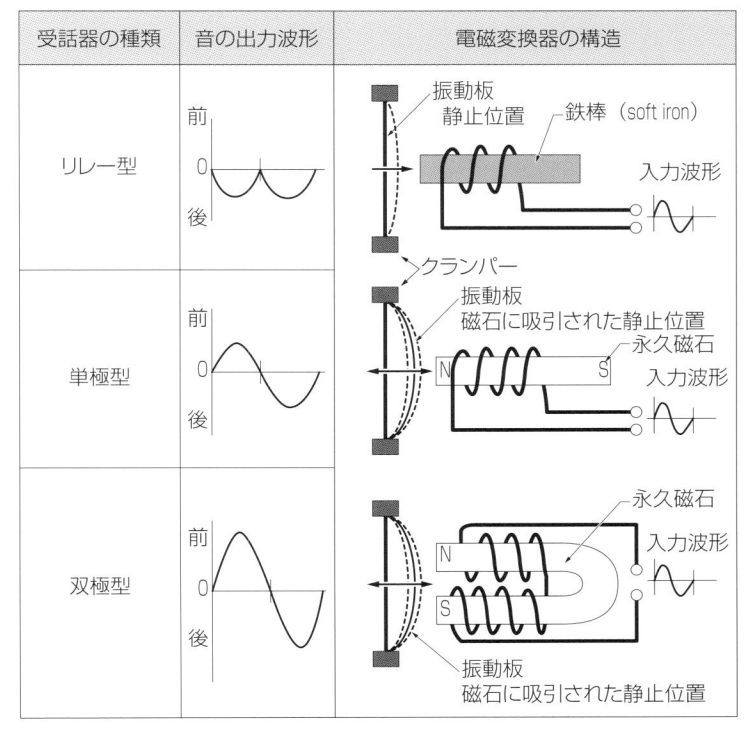

[図1-6] 受話器の電磁変換器の構造による音声出力波形の違い

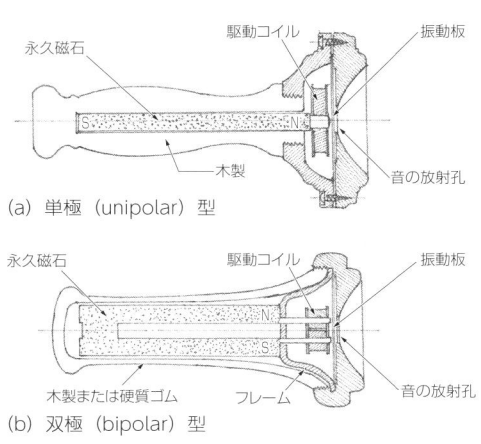

(a) 単極（unipolar）型

(b) 双極（bipolar）型

[図1-7]　初期（1877〜1890年）の電話に使用されたハンドヘルド型受話器

[写真1-8]　初期に実用化された電話用受話器

一方，業務用に使用する受話器として，オペレーターが両手で作業できるように，頭にバンドで吊り下げて使用する小型受話器が開発されました．

1884〜1900年ころは，ウォッチケース型（watch-case）と呼ばれる握り手のない受話器が製造されるようになりました．その構造は図1-8に示す頭載型で，L字形に曲げられたポールピースに，U字形をした新開発の板状小型強力永久磁石を3枚重ねて組み合わせて使用しました．今日のレシーバーの原型ともなる構造がこの時代に完成し，1900年代以降にも使用し続けられました（写真1-9）．

スピーカーの草創期は，この受話器を耳孔に密着させて狭い空間に音響信号を放射する形式のみで，広い空間に音を放射するスピーカーは，まだ誕生していませんでした．

一方，ベルが発明した電磁力を利用した「電気音響変換器」は，その基本的な動作内容を十分把握しないまま手探り的な手法で開発されたため，技術的な壁に突き当たるのではないかと心配の声が出てきました．

その一つに，電話の通話距離を遠くに延ばして顧客拡大を狙うならば，電話回線による損失が大きくなるため信号が小さくなるという問題が生じるので，電話機の感度を高める必要がありました．電話器の感度を高くする方法として手探り的な検討が行われ，例えば受話器に磁石をふんだんに使っ

て，ただ単に磁力を強力にすれば感度が高くなるのではないかといった単純な考え方で試作し，失敗に終わったケースもありました．受話器を科学的に理論解析して問題を解決していかなければ，正しい展開は見えなかったのです．

1-4　受話器の定量的な研究の開始とベル電話研究所の設立への胎動

このような状況から，ヴァイル（Theodore Newton Vail）は，科学技術によって裏付けられた本格的で専門的な研究に頼らなければならないと考えました．このため，多くの優秀な研究者を集めた体制作りを行い，これが後のベル電話研究所（ベル研）の創立に発展することになり，ヴァイルは，ベル電話会社の最大の功績者となりました．

しかし，受話器を音響工学として取り上げて定量的に研究を行い，成果を出したのはベル電話研究所ではなく，米国ハーバード大学の教授ケネリー（Arthur Edwin Kennelly）でした．

1912年，ケネリーは受話器の振動板の振動によって付加される運動インピーダンス（motional impedance）を発見し，この研究成果をピアス（George Washington Pierce）との連名で発表しました[1-4]．

ちょうどこのころ，ケネリーのもとで留学生とし

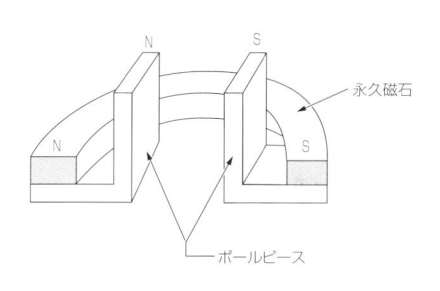

永久磁石

ポールピース

電磁型駆動部

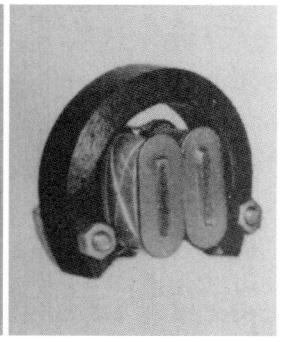

（a）受話器の電磁型駆動部

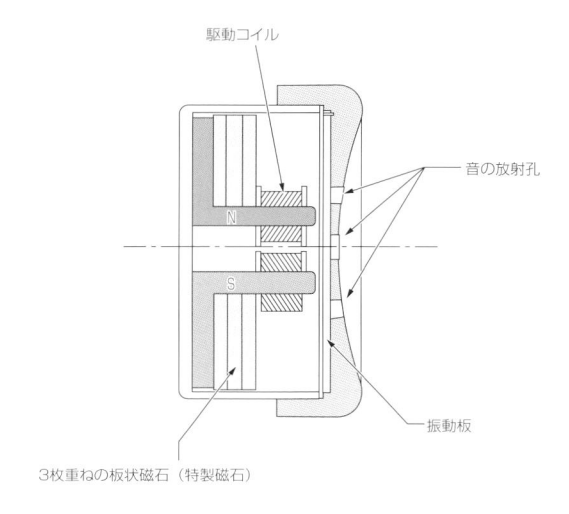

駆動コイル

音の放射孔

3枚重ねの板状磁石（特型磁石）

振動板

[図1-8]　ウォッチケース型頭載型受話器（1884〜1900年）の構造

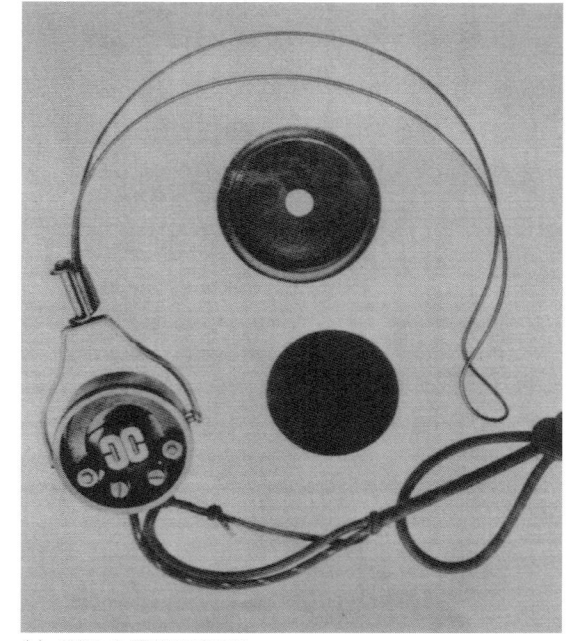

（b）分解した頭載型受話器
[写真1-9]　頭載型受話器の構造

て研究していた抜山平一，黒川兼三郎，森兵吾が初期段階からこの研究に参加していたため，1919年に電磁型受話器の動作の本格的な解析を行うことができ，2つの動作方程式を得て，この方程式から運動インピーダンスを求める研究成果を発表することができました[1-5].

　この研究成果が基礎となって，電気音響工学における定量的な研究をする研究者が増加し，H. Hecht，W. Hahnemann，H. O. Taylor，H. A. Affel，R. L. Wegel，抜山平一，黒川兼三郎，森兵吾らによって，電気音響変換器の理論研究と応用研究が行われました[1-6].

　わが国では，1928年に帰国した抜山平一，黒川兼三郎が音響研究を続け，佐藤彰，松平正寿，小林勝一郎，堀川初夫，桜井昇，菊池喜充，実吉純一，

福島弘毅，青柳健次，鈴木辰男などの研究者が参加して，今日の日本の音響学の基礎を築きました.

　こうして1936年に日本音響学会が設立されました. 当初は電話機に関係した研究成果が中心でしたが，その中から電気音響関係が専門分化して，スピーカーの理論解析研究も発展してきました.

参考文献

1-1）米国特許第174,465号

1-2）渡辺直樹：オーディオの原点　Western Electricについて，無線と実験，1986年2月号

1-3）M. D. Fagen：*A History of Engineering and Science in the Bell System*，Bell Telephone Laboratories, Incorporated（1975）

1-4）A. E. Kennelly and G. W. Pierce：The Impedance of Telephone Receivers as Affected by the Motion of Diaphragms，*Proc. Am. Ac. Arts and Sci.*，Vol.48，Sept. 1912，*The Electrical World*，N. Y.，Sept.14，1912

1-5）抜山平一：電気音響機器の研究，丸善出版，1948年，p.27．また，早坂寿雄：音の歴史，電子情報通信学会，1989年，pp.83-88

1-6）小林健二：電気音響研究，日本音響学会誌，第51巻，第9号，1955年

第2章

スピーカーの
電気音響変換機構の種類と
その基本動作の概要

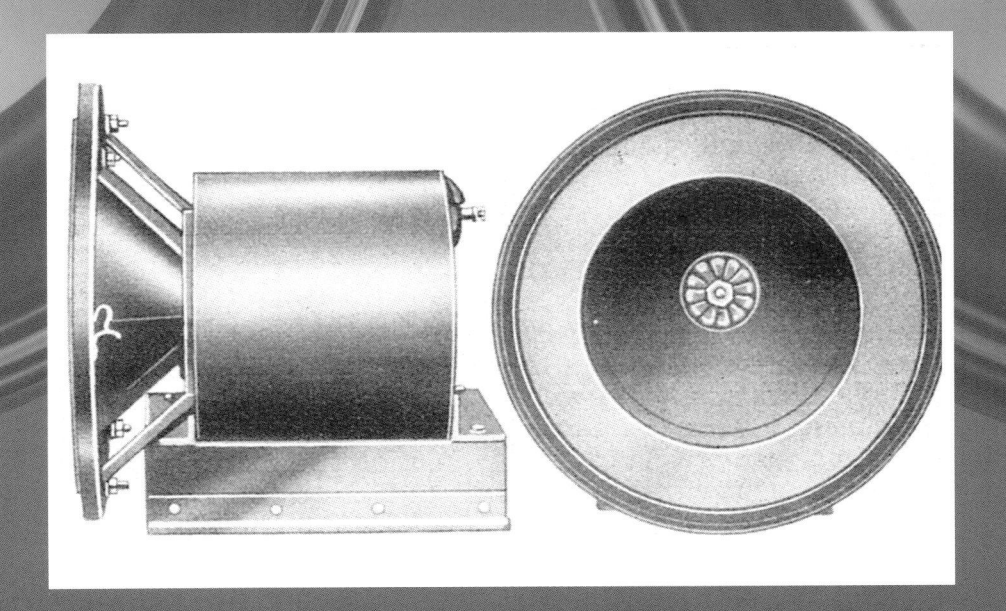

2-1　電気音響変換機構の種類

　ベルの電話機の発明による電磁型受話器の誕生は，科学者へ大きな影響を及ぼし，「音声を電気信号にして，その音声信号を音にして情報を伝える道具」の研究がさかんに行われるようになりました.

　当時は，まだ真空管の発明もなく，電気信号を増幅することなどまったく考えられなかった中で，電話機の受話器の域を超えたスピーカーの発想が次々と報告されました.

　ベルの電話機の発明の翌年の1877年に，ドイツのシーメンス（Simens & Halske，本書では「シーメンス」と略）の創立者ウェルネル・シーメンス（Ernst Werner Siemens）は，コーン振動板を持つ動電型スピーカー，平面振動板を持つ動電型スピーカー，可動鉄片型電磁スピーカーの特許[2-1]を出願しました（**図2-1**）.

　また，ベルと電話機の発明で特許争いをしたグレイは，1879年に世界最初と思われるホーンレスの直接放射型の電磁型スピーカー（**写真2-1**）を製作しました. 振動板は鉄板の成形品で，これを振

動させて音を放射する機構を考えました.

　1880年には，ベル電話研究所のワトソン（T. A. Watson）がバランスドアーマチュア（平衡接極子）型を特許出願[2-2]し，その考えをカパス（F. L. Capps）が1890年になって具現化しました（**図2-2**）[2-3].

　1881年には，米国ボストン在住のカトリス（Charles Cuttriss）とリーディング（Jerome Redding）によるムービングコイル型レシーバーの特許[2-4]があります. **図2-3**はその概略構造です.

　続いて1898年，オリバー・ロッジ（Oliver Lodge）が，**写真2-2**に示すムービングコイルの駆動部の特許[2-5]を取得し，その実験機を製作しました（これは英国サウスケンジントンの科学博物館に保存されています）.

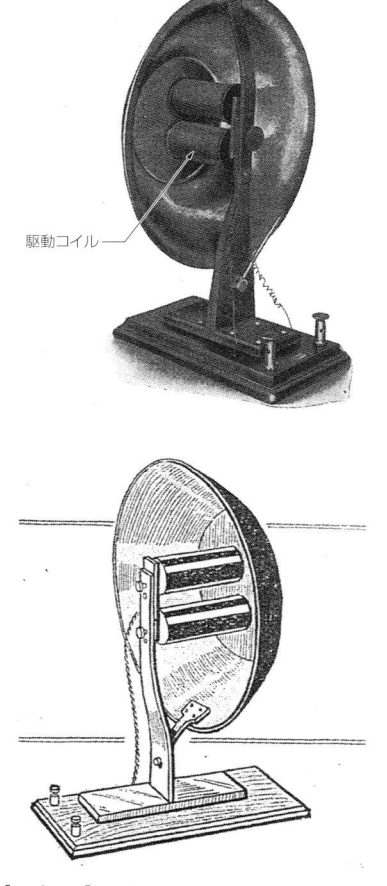

駆動コイル

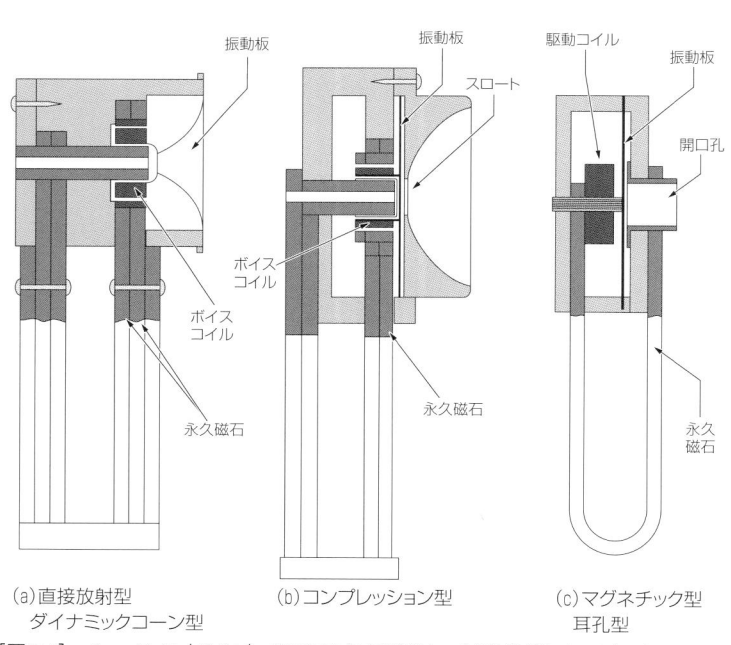

（a）直接放射型
　　ダイナミックコーン型

（b）コンプレッション型

（c）マグネチック型
　　耳孔型

振動板　振動板　スロート　駆動コイル　振動板　開口孔　ボイスコイル　ボイスコイル　永久磁石　永久磁石　永久磁石

［図2-1］　シーメンス（ドイツ）が1879年に発明し，特許出願したスピーカーの構造図

［写真2-1］　グレイの直接放射型電磁型スピーカー（1877年）

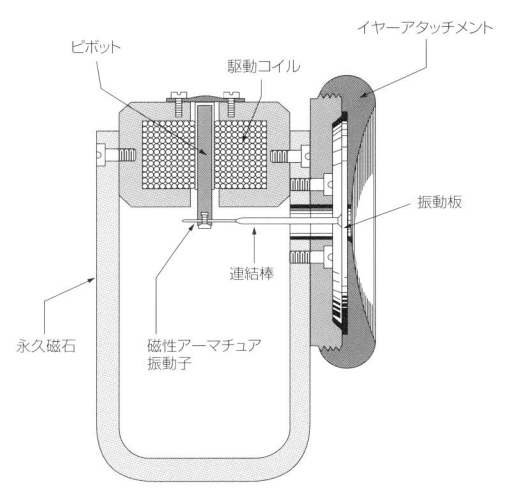

[図2-2] ワトソンが1880年に発明したバランスドアーマチュア駆動機構の受話器の概略構造

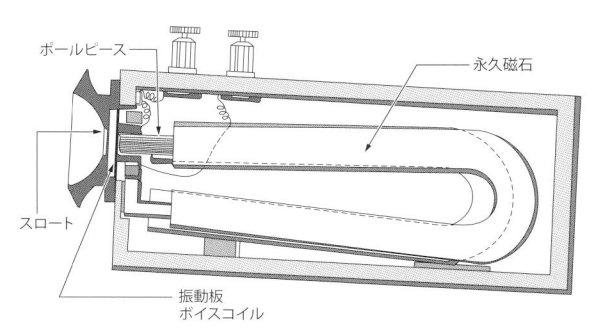

[図2-3] カトリスとリーディングが発明したムービングコイル型受話器（1881年）

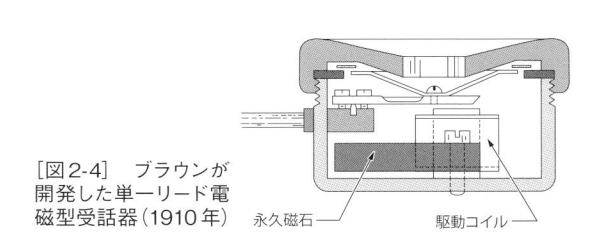

[図2-4] ブラウンが開発した単一リード電磁型受話器（1910年）

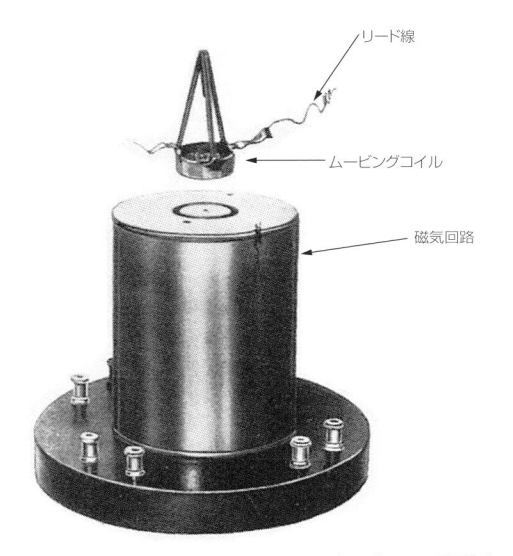

[写真2-2] ロッジが発明したムービングコイル駆動部（1898年）

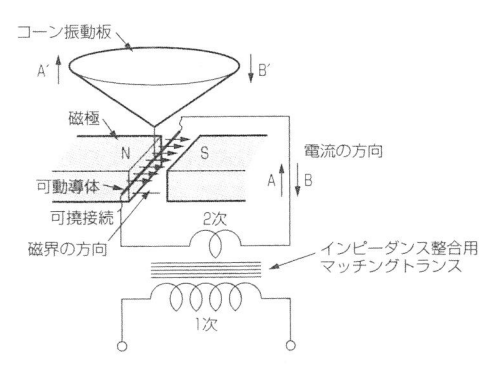

[図2-5] マグナボックスのプリッドハムとジェンセンによるムービングバー動電型スピーカーの概略構造

　風変わりなものとしては，1901年にドイツのルーマー（Ernst Ruhmer）が開発した，アーク灯を使用した「物言うアーク」と称する放電型スピーカーがあります（詳細は第2章7節参照）．

　1910年になって，ブラウン（S. G. Brown）が，単一リード（single-acting reed）電磁型レシーバーを開発し，特許出願[2-6]しています．**図2-4**がその構造図で，振動板はコーン型であり，当時としては特徴あるものでした．

　広い空間に音放射する直接放射型スピーカーの

世界最初の開発は，1911年，米国のマグナボックス（Magnavox）のプリッドハム（E. S. Pridham）とジェンセン（Peter L. Jensen）による「ムービングバー型」スピーカーでした．これはロッジのムービングコイルの特許を避けるために，1本の導体のムービングバーによる動電型スピーカーとした工夫があります（**図2-5**）．

　しかし，スピーカーはあくまでも電気的信号を受けて音響信号にするパッシブな働きのため，真空管の発明の後，真空管による増幅回路が発明され，

35

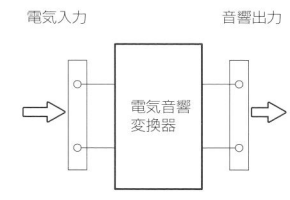

[表2-1]　電気音響変換機構の分類

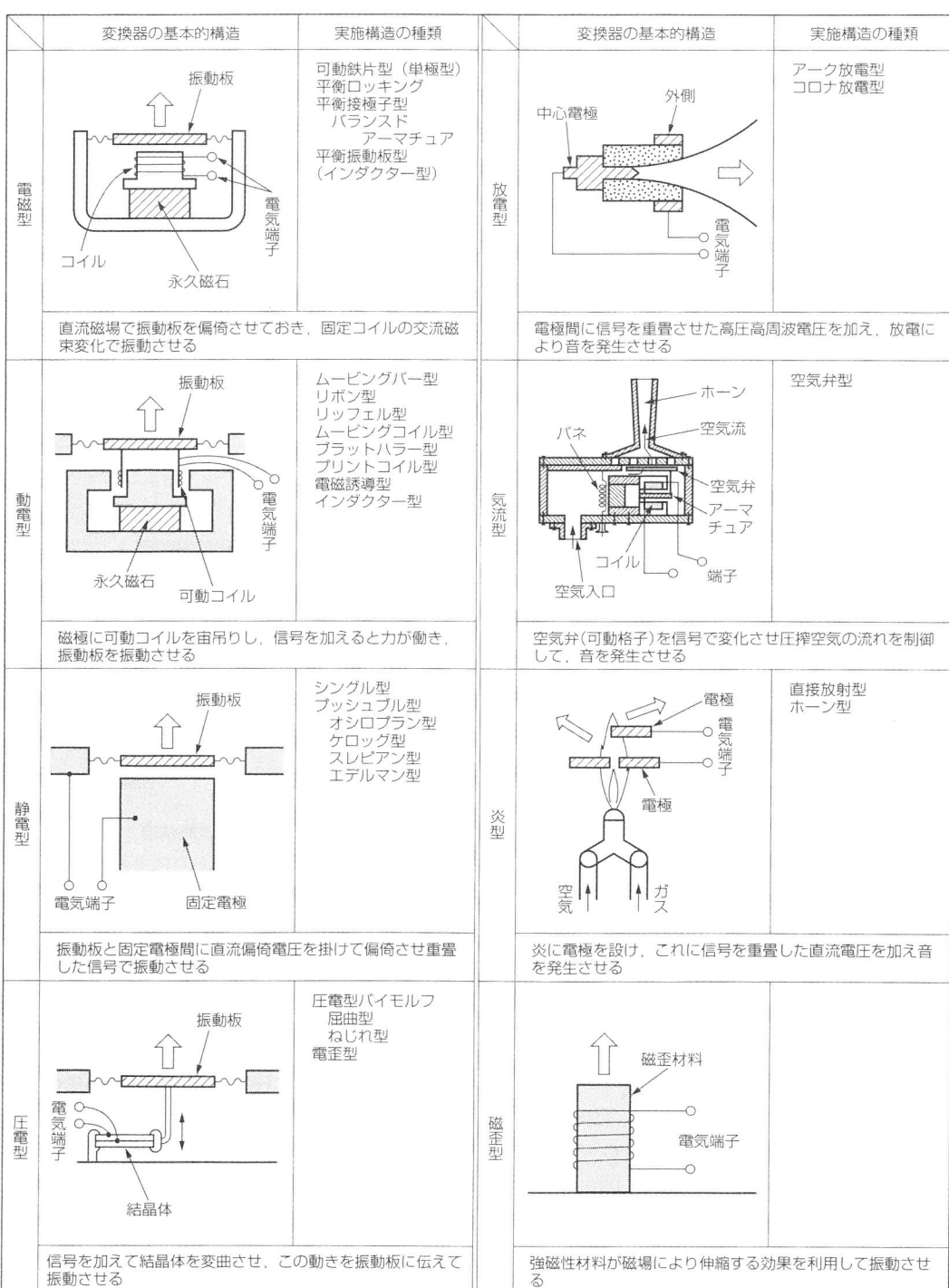

変換器の基本的構造	実施構造の種類	変換器の基本的構造	実施構造の種類
電磁型　（振動板／コイル／電気端子／永久磁石）	可動鉄片型（単極型） 平衡ロッキング 平衡接極子型 　バランスド 　　アーマチュア 平衡振動板型 （インダクター型）	**放電型**　（中心電極／外側／電気端子）	アーク放電型 コロナ放電型
直流磁場で振動板を偏倚させておき，固定コイルの交流磁束変化で振動させる		電極間に信号を重畳させた高圧高周波電圧を加え，放電により音を発生させる	
動電型　（振動板／電気端子／永久磁石／可動コイル）	ムービングバー型 リボン型 リッフェル型 ムービングコイル型 ブラットハラー型 プリントコイル型 電磁誘導型 インダクター型	**気流型**　（ホーン／空気流／バネ／空気弁／アーマチュア／コイル／端子／空気入口）	空気弁型
磁極に可動コイルを宙吊りし，信号を加えると力が働き，振動板を振動させる		空気弁（可動格子）を信号で変化させ圧搾空気の流れを制御して，音を発生させる	
静電型　（振動板／電気端子／固定電極）	シングル型 プッシュプル型 オシロプラン型 ケロッグ型 スレビアン型 エデルマン型	**炎型**　（電極／電気端子／電極／空気／ガス）	直接放射型 ホーン型
振動板と固定電極間に直流偏倚電圧を掛けて偏倚させ重畳した信号で振動させる		炎に電極を設け，これに信号を重畳した直流電圧を加え音を発生させる	
圧電型　（振動板／電気端子／結晶体）	圧電型バイモルフ 屈曲型 ねじれ型 電歪型	**磁歪型**　（磁歪材料／電気端子）	
信号を加えて結晶体を変曲させ，この動きを振動板に伝えて振動させる		強磁性材料が磁場により伸縮する効果を利用して振動させる	

[表2-2]　振動板からの音放射の違いと均一特性を得るための制御方法

	適合する振動板の音放射形態	均一特性を得るための特徴
慣性制御の場合	直接放射型スピーカー 	・振幅は周波数の2乗に反比例する ・振動系の共振周波数を低音再生限界に設定する
抵抗制御の場合	ホーン型スピーカー 	・振幅は周波数に反比例する ・振動系の共振周波数を再生帯域の中心に設ける
弾性制御の場合	ヘッドフォン／イヤフォン 	・振幅は周波数に関係なく駆動力に比例する ・振動系の共振周波数を高音再生限界に設定する

電気信号を電力増幅してスピーカーに供給できるようになって初めて，スピーカーは広い空間に音を放射するという役割を果たすことができるようになります．

1905年にド・フォレスト（Lee de Forest）が3極真空管を発明し，その後1912年にアーノルド（F. Arnold）によって真空管増幅器が完成し，プッシュプル回路などが発明され，スピーカー駆動用の増幅器が開発されました．

1915年，マグナボックスは広い空間に音放射するスピーカーとして，エジソンホーンを付けたムービングバー型の動電型スピーカーを使って音の拡声を行い，世界最初の成功を収めました．当時はまだ，電気ピックアップが発明されていないため，

アコースティック蓄音機の音をマイクロフォン（送話器）で拾って拡声したものでした.

この結果, 広い空間に音を放射するスピーカーが急速に注目されるようになり, 1915年に拡声用, 1920年にはラジオ用, 1926年にはトーキー映画用や電気蓄音機用へと発展していきました.

スピーカーの役割が拡大するとともに, 電気を音響に変換する新しい方式や機構が発明され, 変換方式の違うさまざまなスピーカーが実用化されました.

この電気音響変換方式の基本的動作を分類すると, **表2-1**に示すように8つの機構に区分できます. オーディオ分野では, 磁歪型を除く方式が今日までに実用化されています.

また, 振動板からの音放射の違いは, **表2-2**に示すように, 直接振動板から放射する直接放射型, 振動板からホーンを通じて音放射するホーン型, 振動板から耳の外耳道の狭い空間に音を放射する耳孔式のヘッドフォン/イヤフォンの3つに分類されます. そして, それぞれ均一な再生特性を得るための振動系の制御方式には, 慣性制御, 抵抗制御, 弾性制御があり, スピーカー設計時点で諸定値の設定に違いがあります.

2-2 電磁型スピーカーの変換機構の種類と基本動作

最初に誕生したスピーカーの変換機構は電磁型で, 電話の受話器として実用化されたものであり, 耳孔に音放射するイヤフォンでした. その後, 広い空間に音を放射するために, 電磁型構造とホーンを組み合わせたホーン型スピーカーが, 初期のラジオ受信機用スピーカーとして誕生しました.

電磁型スピーカーの基本的な動作は, **図2-6**に示すように, 周辺を固定した磁性体の振動板（またはリード）(a) に永久磁石の磁極を接近させて, (b) のように磁力による吸引力で振動板を変位させ, 振動板自身が自然状態に戻ろうとする復元力を持たせておくと, 吸引力と復元力が釣り合った状態（平

衡状態）で静止しています. ここで, 永久磁石のN極とS極付近に駆動コイルを設置して, これに音声信号電流を流すと, コイルで発生した磁束の方向が変化するため永久磁石による吸引力に変化が生じます. その結果, 平衡状態が崩れ, 吸引力の増加と自然状態に戻ろうとする復元力によって, 振動板は往復運動します (c). この振動板の運動は, 印加された音声信号電流に比例した動作であり, この振動板の動きによって音放射が行われます.

振動板に作用する力の関係を**図2-7**に示します. 振動板が自然の静止状態から, 磁極に接触に近い状態まで吸引されたときの磁気間隙内では, 距離に対する吸引力は直線的な変化をせずに非直線的動きをします. これに対して, 振動板の弾性的な復元力は直線的に変化します. このため, 音声信号電流が大きくなると振動板の動きは非直線的動作となり, 歪みを伴うことになります.

この改善方法として双極型が考案されました. この動作では, 振動板（またはリード）は, 磁極間のニュートラル位置にあるため, プッシュプル効果で直線的な動きの範囲が広くなり, 大きな音の再生には有利になります. しかし, 薄い鉄板の振動板（リード）には永久磁石の直流磁束と駆動コイルで発生する交流磁束が重畳して流れるため, 振動板材料の磁気飽和が生じやすく, 大きな信号では機械的な駆動力に非直線歪みが伴いやすくなります.

一方, 電磁型は駆動コイルを固定できるので, 駆動コイルのインピーダンスを高く（数kΩ）することができたため, 電力増幅用真空管の負荷に直接マッチングできるなど, 使用上, 経済的に有利という特徴があります.

1920年の放送開始とともに, ラジオ受信機の需要は急速に伸び, 出力管の出力が小さかった初期には, 変換効率（能率）の高いホーン型の電磁型スピーカー（日本では「ラッパ」と呼ばれた）が広く使用されました. しかし, 次第に音質面の改善が求められ, ホーンを持たない電磁型の直接放射型スピーカーが「マグネチックスピーカー」の名称で使用され, ラジオキャビネットの中に搭載されるよ

うになり，再生周波数帯域が若干改善されました．

ラジオ受信機の需要の拡大とともに，スピーカーを製造するメーカーの競争も激しくなり，次々に新しい電磁型変換機構が考案され，それぞれ他社の特許に抵触しないよう工夫したため，多くの種類が存在しました[2-7]．中には安定して動作しない粗悪品まで登場し，市場は非常に混乱していましたが，日本では，輸入品や国内製品のラジオ受信機を受信者が安心して購入できるよう，放送局（後のNHK）の認定品制度が設定され，粗悪品をボイコットし，「認定品」を推奨するように指導が行われました．

その後，電池式から電灯線を使用した交流式のラジオ受信機の時代になり，真空管の技術的進歩によって電力増幅管の出力が増大すると，電磁型には変換機構によって生じる歪みや振幅の制限があるため，広帯域化に限界があることから，次第に動電型のダイナミックスピーカーに需要が移っていき，マグネチックスピーカーは市場から消えました．しかし，わが国では第2次世界大戦中，「国民型ラジオ」の部品として，必要とする鉄材の量が少ない直接放射型のマグネチックスピーカーが推奨され，再び生産が行われ，終戦後の1945年ころまで使われていました．

わが国には十分な技術が整っていなかったため，電磁型変換機構を持つスピーカーの設計は，海外からの輸入製品に頼っていたため，スピーカーの変換機構の分類や名称には，明確な区分が設けられておらず，包括的に「マグネチック型」と称されて，さまざまな種類の製品がありました．

ここでは，海外の資料などを参考に，目安となる呼称を付けて変

換機構を可動鉄片型（reed type），片手持ちアーマチュア型（half rocker type），平衡接極子型（balanced armature type）の3種に大別しました．そして，駆動用コイルの固定位置がポール側か，リード側（アーマチュア側）かにより細分化して示しました．

2-2-1 可動鉄片（リード）型変換機構の種類と基本動作

ベルが発明した電話機の受話器を原型とした，広い空間に音を放射する直接放射型スピーカーである可動鉄片型（リード型）の変換機構は，単極（single-acting reed）型，双極（bipolar induction）型，多極式平衡振動板（differential movement）

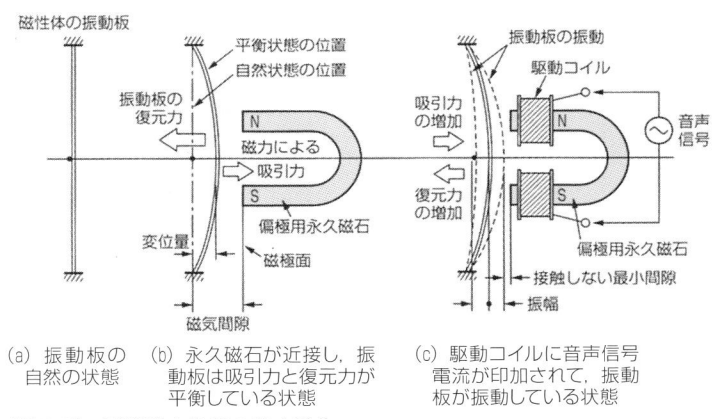

(a) 振動板の自然の状態
(b) 永久磁石が近接し，振動板は吸引力と復元力が平衡している状態
(c) 駆動コイルに音声信号電流が印加されて，振動板が振動している状態

[図2-6] 電磁型変換器の基本動作

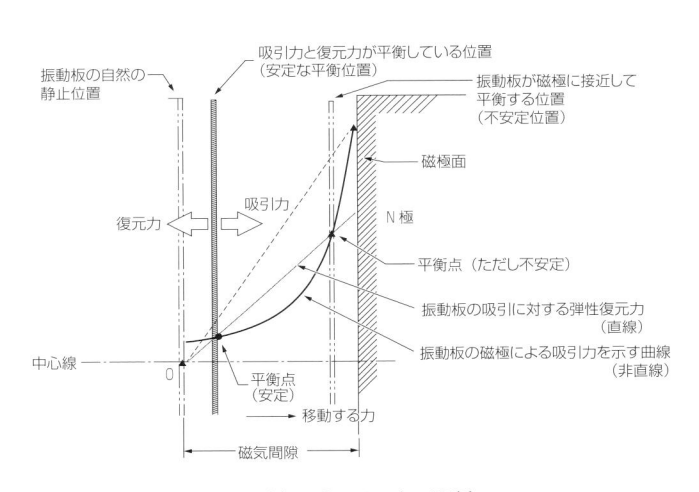

[図2-7] 電磁型変換器の振動板に作用する力の関係

型の3種に分類されます（図2-8）.

単極型は，初期の電話の受話器の構造に類似しており，振動板の前面にホーンスロートを接続してホーン型スピーカーとして作られました.

双極型は，馬蹄形の永久磁石を使用することで，磁極を2つにして感度を高めた構造です．また，振動板の代わりに鉄の三角錐の可動部を設けて，連結棒でコーン振動板を駆動する構造もありました.

多極式平衡振動板型は，抜山平一の『電気音響機器の研究』（丸善出版，1948年）に掲載されたもので，磁気回路を円周状に分割配置して振動板を駆動し，直接ホーンに音を導くものと，連結棒でコーン振動板に伝えて音放射するものがあります．この形式の製品としては，後に芝浦製作所の佐久間健三が商品化したHS-90型ホーンドライバーがあります.

初期の可動鉄片型スピーカーの実例を図2-9に示します.

2-2-2 片手持ちアーマチュア型変換機構の種類と基本動作

片手持ちアーマチュア（half rocker type）型変換機構には，図2-10に示すように，単極（single-acting reed）型と双極（balanced polarization reed）型の2種類があります.

単極型の基本的動作はリード型と同じですが，双極型は永久磁石

（a）単極（single-acting reed）型

（b）双極（bipolar induction）型

（c）多極式平衡振動板（differential movement）型

［図2-8］　可動鉄片（リード）型変換機構の基本構成

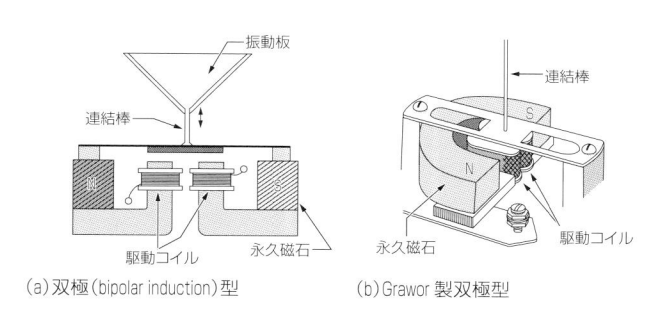

（a）双極（bipolar induction）型　　　（b）Grawor製双極型

［図2-9］　実用化された可動鉄片型変換機構を持つ電磁型スピーカーの例

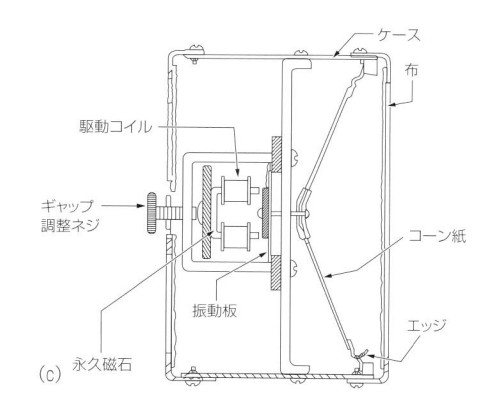

（c）

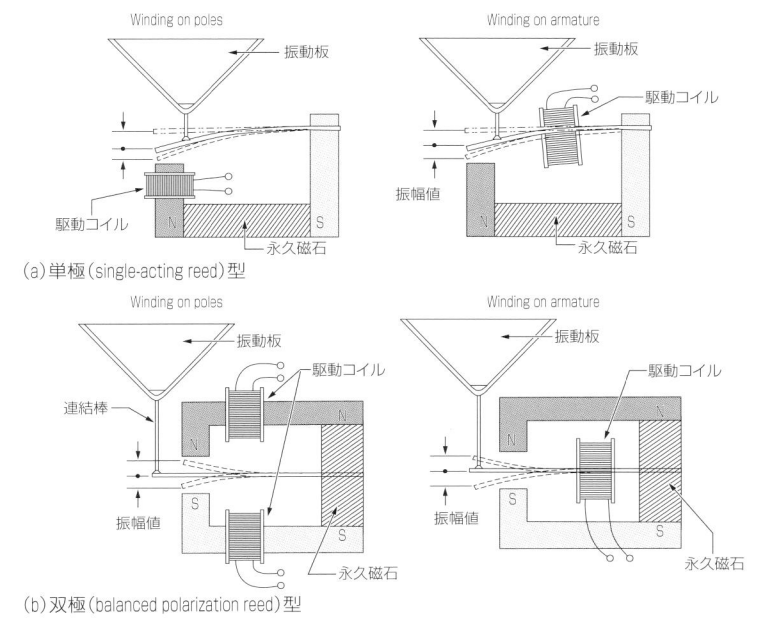

(a) 単極（single-acting reed）型

(b) 双極（balanced polarization reed）型

[図2-10] 片手持ちアーマチュア（ハーフロック）型変換機構の基本構成

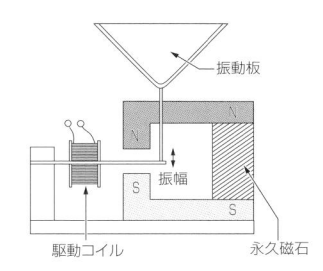

(a) 基本構造

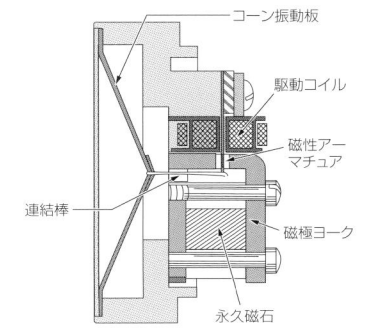

(b) 製品の構造

[図2-11] 実用化された片手持ちアーマチュア型電磁型スピーカーの例

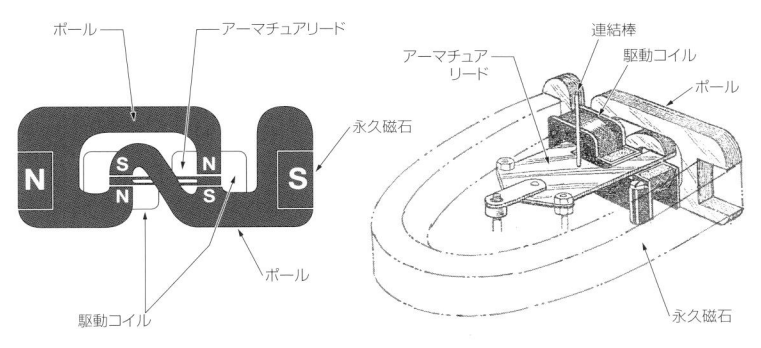

[図2-12] 双極型をさらに発展させた2アーマチュア型変換機構の構造

からの磁束で作られた両ポールの磁場の中央に，片側を固定した可動アーマチュアが磁極に接触しないように設置され，駆動コイルで発生した磁束変化で可動アーマチュアがN極側あるいはS極側に吸引されて振動し，これを連結棒で振動板を駆動する機構です．駆動コイルは，ポール側に固定したものと可動アーマチュアを挟んで固定したものがあります．

実用化されたものでは，**図2-11**に示す構造の製品があります．また，双極型をさらに発展させた製品の構造を**図2-12**に示します．これは，ポールの

磁極をS字形にクロスした2つのポール構造にして，これに可動アーマチュアの先端部を2つに分けて効率を高めた2アーマチュア型です．これは英国のTEFAG社が開発したもので，他社の特許に対抗した特徴ある変換機構になっています．

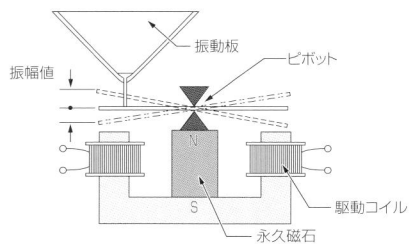

(a)ロッキングアーマチュア(rocking armature)型

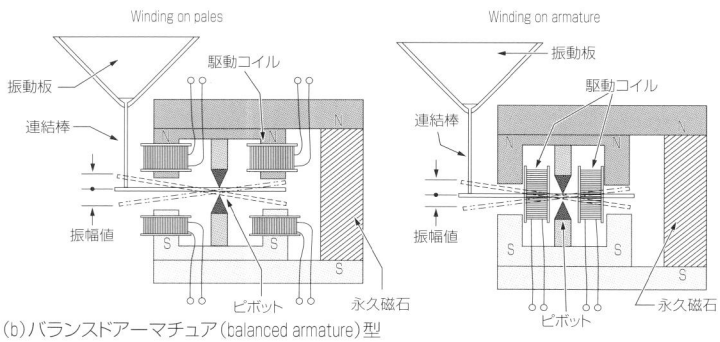

(b)バランスドアーマチュア(balanced armature)型

[図2-13]　バランスドアーマチュア型変換機構の基本構成

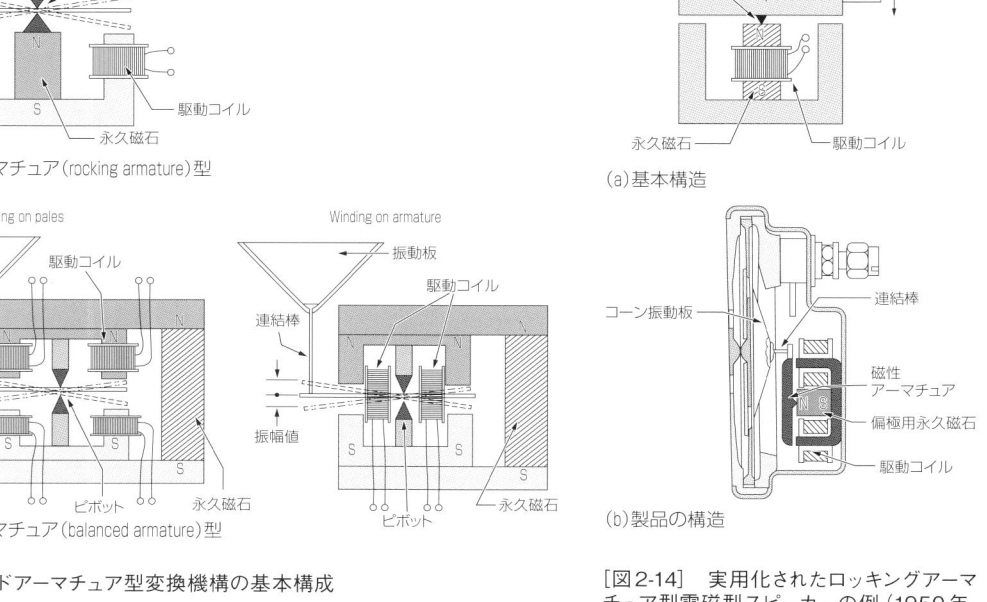

(a)基本構造

(b)製品の構造

[図2-14]　実用化されたロッキングアーマチュア型電磁型スピーカーの例（1950年，STCとJ. P. S. ロバートンによる）

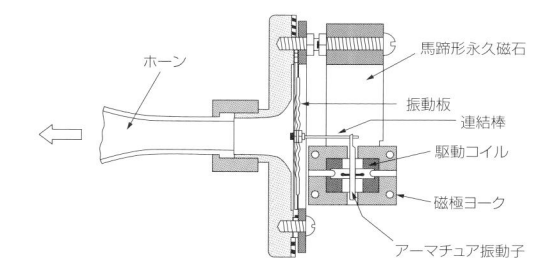

[図2-15]　エガートンが実用化したWE 518型バランスドアーマチュア型スピーカー（1918年）

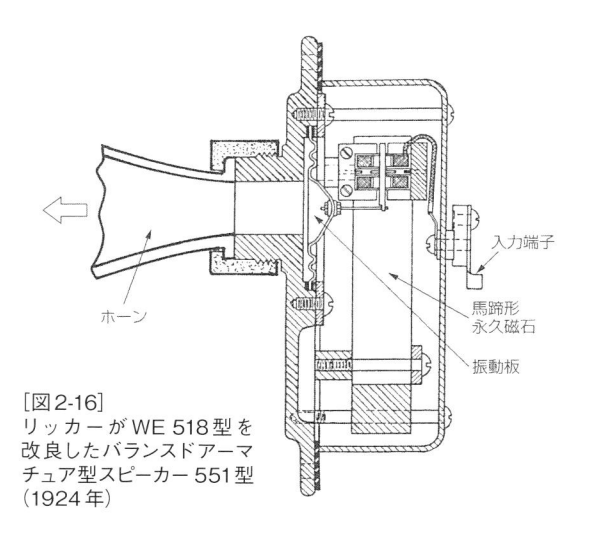

[図2-16]
リッカーがWE 518型を改良したバランスドアーマチュア型スピーカー 551型（1924年）

2-2-3　バランスドアーマチュア（平衡接極子）型変換機構の種類と基本動作

バランスドアーマチュア（balanced armature）型は平衡接極子型とも称され，フルロッキング（full rocker）型と呼ばれるものがあります．

基本動作は，**図2-13**に示すように片側だけのヨークの中心に永久磁石があるロッキングアーマチュア（rocking armature）型と，バランスドアーマチュア型の2種類あります．バランスドアーマチュア型は，磁極が分割されたトリプルポールの中央にピボットで挟まれたアーマチュアがバランスよく固定されており，駆動コイルをアーマチュア側に固定したものと，ポール側に固定したものがあります．両者ともに固定コイルの磁束の増減でピボットを中心にシーソー運動をして振動板を駆動する構造です．

ロッキングアーマチュア型の実用的な製品（**図2-14**）には振動板を駆動する連結棒があり，安定した動作を維持する構造になっています．

バランスドアーマチュア型には，1918年にエガ

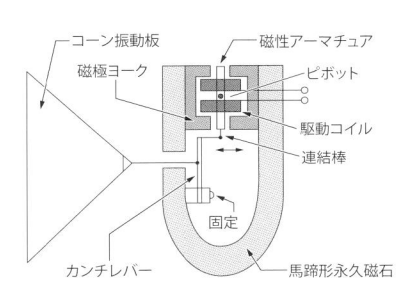

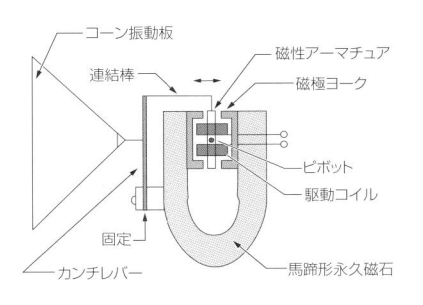

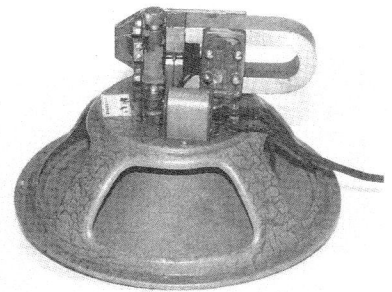

[図2-17] 日本国内で実用化されたバランスドアーマチュア型スピーカーの例(国内では「マグネチックスピーカー」と称した)

[図2-18] 国産初期に製造された，連結棒が磁界の外側にあるバランスドアーマチュア型スピーカーの例

ートン（H. C. Egerton）の開発したWEの518型（図2-15）や，これをリッカー（N. H. Ricker）が改良した551型拡声器用スピーカー（図2-16）などがあります.

国産品では，図2-17に示す構造の製品が多く作られました．電磁型変換機構では，この方式が最も安定した動作をしたため製品寿命が長く，日本で「マグネチックスピーカー」といえばこの変換機構を搭載したスピーカーを指し，多く製造されました.

また，図2-18のように連結棒を磁極の外側にしたものは，構造的にカンチレバーが長くなるために低音域の再生に優位な点があったと思われます．しかし，外観的に不安定な感じを与えるためか，写真に示す製品以外は存在しません.

2-3 電磁誘導型スピーカーとインダクター型スピーカーの変換機構

2-3-1 電磁誘導型スピーカーの変換機構と基本動作

1921年にヒューレット（C. W. Hewlett）が，電磁誘導型変換構を発明しました[2-8].

この基本動作は，励磁コイルを1次コイルとして，接近して配置したもう一方の振動板導体に電磁誘導による2次電流を誘起させるもので，この1次コイルに信号電流を重畳すれば，誘起した2次電流と磁場との作用によって，振動板がフレミングの左手の法則に従って振動し，音波を放射します．この基本動作を行うスピーカーを「電磁誘導型」スピーカーと称します.

ヒューレットが発表した電磁誘導型スピーカーは，図2-19（a）に示すように，励磁コイルを2個対面して設置し，このコイルに流す電流の方向を逆にするとコイル間に挟まれた空間では反発された磁力線が放射状に外向きの流れを作ります．この励磁電流に音声信号電流を重畳し，コイル間の空隙（約1mm）に導電性のジュラルミンの振動板を懸垂させると，図2-19（b）のように，励磁コイルの中心を軸として2次電流が発生し，その流れる方向に応じて振動板に駆動力が発生して振動し，あらかじめ作られた励磁コイルの多数のスリットを通じて音を放射します.

この電磁誘導型スピーカーは，写真2-3のように

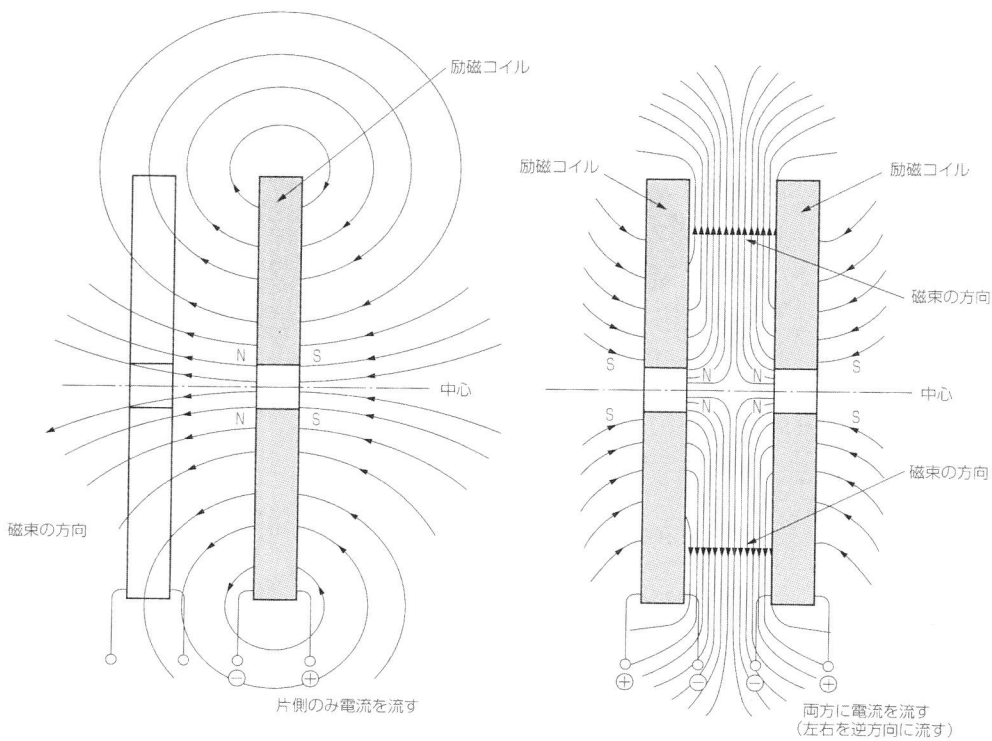

（a）渦巻型の励磁コイルを 2 組重ね合わせて狭い空間（間隔は約 1mm）を作ることで磁束を集中させ，放射状の磁力線を作る

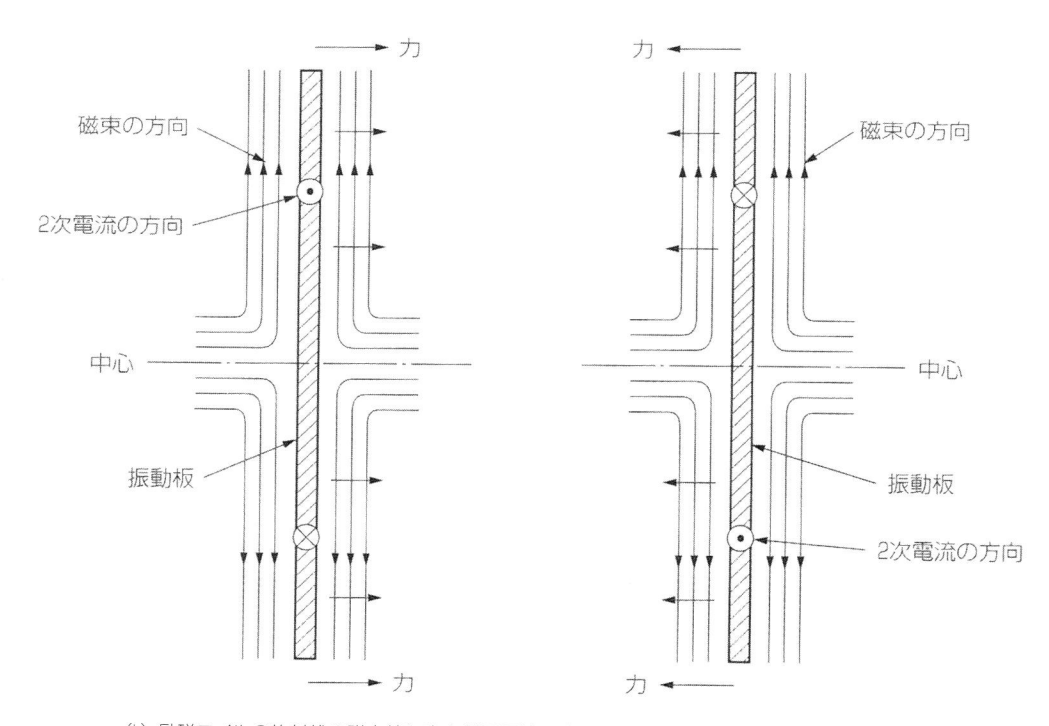

（b）励磁コイルの放射状の磁力線に音声信号電流の磁力線を重畳させ，懸垂した円形振動板に電磁誘導による 2 次電流を誘起することによって，フレミングの左手の法則に従った駆動力が発生し，振動が起こる

［図 2-19］　電磁誘導型スピーカーの変換機構の基本動作

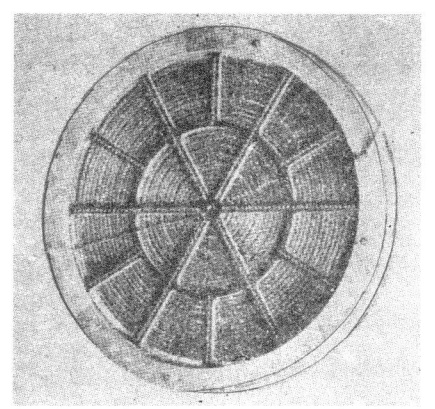

[写真2-3] ヒューレットが1921年に発表した電磁誘導型スピーカー

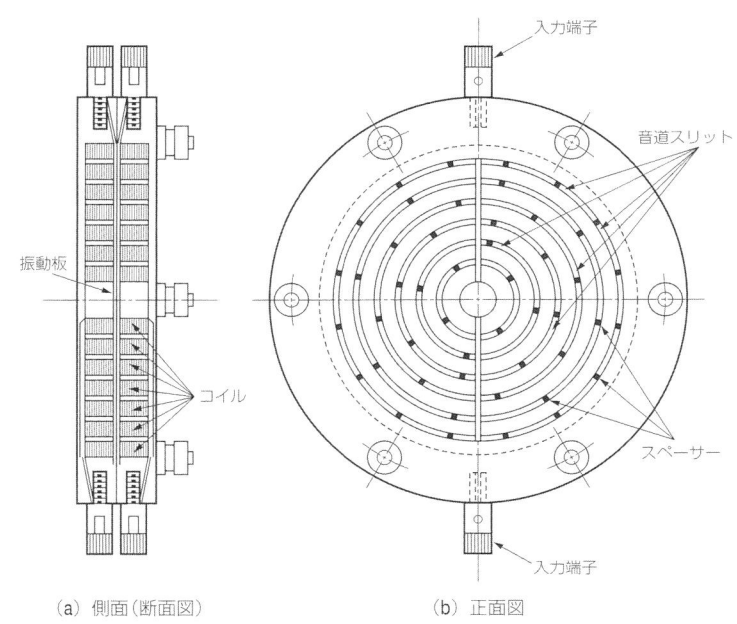

（a）側面（断面図）　　　　　（b）正面図

[図2-20]　ヒューレットが開発した電磁誘導型スピーカーの概略構造

円盤形の外観であり，音道スリットが数多く作られた構造（**図2-20**）です．

　大型の製品は，外形寸法が3フィート（約91cm），重量が100ポンド（約45kg）に及ぶものがあり，小型の製品は，外形寸法が12インチ（約30cm），重量は2.3ポンド（約1kg）でした．

　当時の電磁型変換機構を持つマグネチックスピーカーは鉄を使用するため，歪みが生じやすいと言われたのに対し，この方式では鉄を一切使用しないので，歪みの少ない変換器として注目されました．しかし，電気音響変換効率が低いため，実際にはあまり使用されませんでした．

2-3-2　インダクター型スピーカーの変換機構と基本動作

　1928年，米国ニューヨークのファランド（Clair L. Farrand）が新しいスピーカーの特許[2-9]を申請しました．この発明が，英国の*Wireless World*誌の1930年10月号に「インダクター（inductor）型」スピーカーとして掲載されため業界に広く周知されました．この方式は，電磁型スピーカーに比較して低音再生が有利であるとの評価を得ました．そのため，この特許が公開されると，米国のGEやセレッション，フェランティ，ブルースポットなどのメーカーが次々と，インダクター型スピーカーの製品を開発しました．

　インダクター型スピーカーの変換機構の基本的な動作を**図2-21**に示します．永久磁石2個を使用した固定磁極部に音声信号を流す信号コイルを2

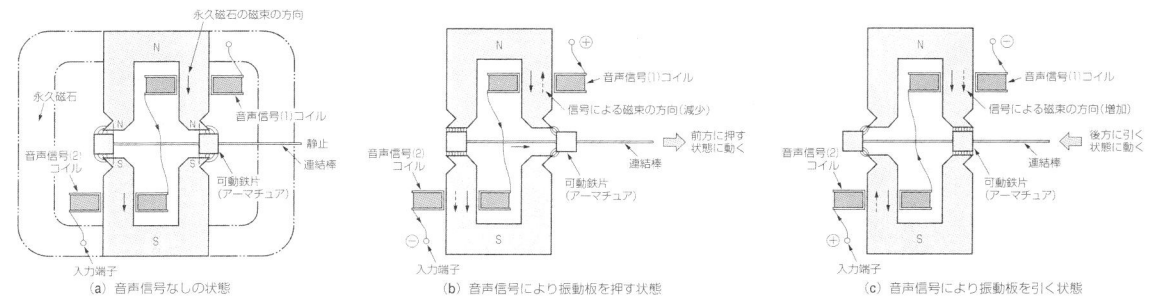

（a）音声信号なしの状態　　　　　（b）音声信号により振動板を押す状態　　　　　（c）音声信号により振動板を引く状態

[図2-21]　インダクター型スピーカーの変換機構の基本動作

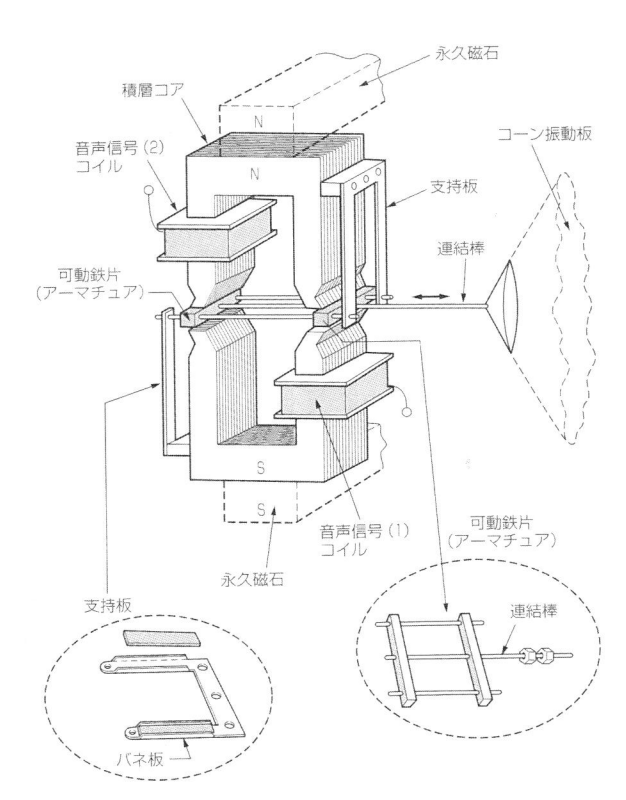

[図2-22]　実用化されたインダクター型スピーカーの概略構造

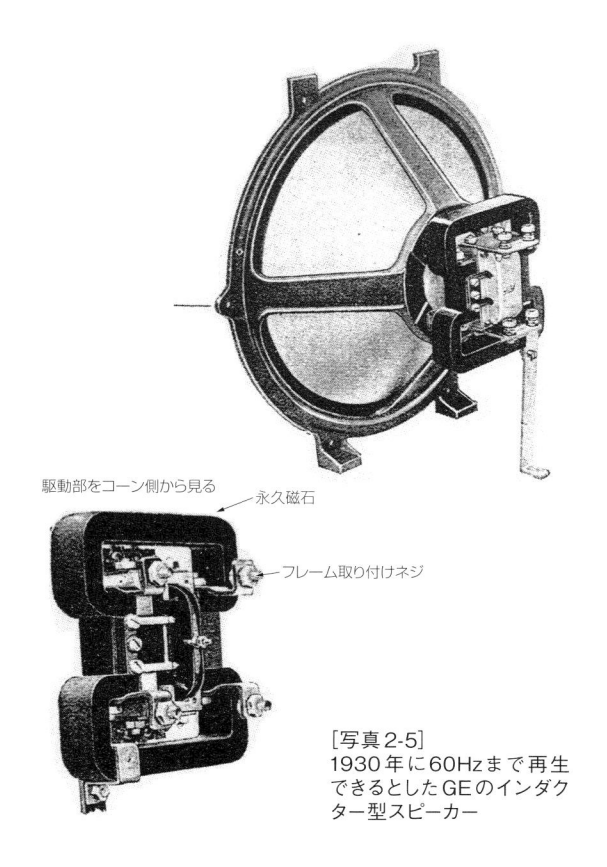

駆動部をコーン側から見る

永久磁石

フレーム取り付けネジ

[写真2-5]
1930年に60Hzまで再生できるとしたGEのインダクター型スピーカー

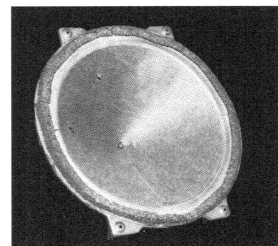
正面

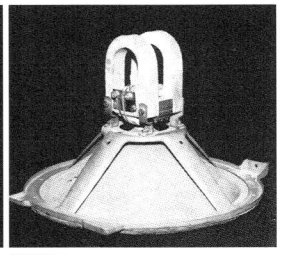
後部面

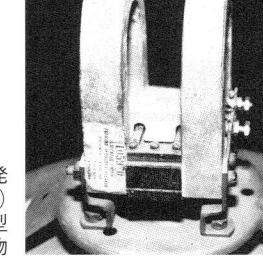
駆動部

[写真2-4]　ファランドが発明し，自ら製品化（1929年）した120J型インダクター型スピーカー（NHK放送博物館所蔵）

個設けて，逆接続した構造で，この2つの磁極に自由に動くことができる可動鉄片が2つ連結され，磁極に接触しないようスプリング役の支持板で保持した駆動部で構成されています．信号コイルに信号電流が流れると，信号による磁束の増減によって2つの磁極の吸引力に差が生じ，可動鉄片が2つ連結された連結棒が，この先に取り付けた振動板を振動させて音放射します．

　第2章2節で述べた電磁型では，アーマチュアのセンター維持のための硬いカンチレバーが振幅の大きい低音の再生を制限していたのに対し，この方式では振幅の大きい低音再生に有利な構造のため，当時60Hzくらいまで再生できたと言われています．

　実用化のための製品設計では，性能を良くするために，ヨークには音声信号によるヒステリシス損の少ないケイ素鋼板を積み重ねたコアが使われました．図2-22はその全体の概略構造で，可動鉄片と支持板にも工夫の跡が見えます．

　代表的な製品としては，発明者のファランドが1929年に開発した120J型インダクター型スピーカー（写真2-4）があります．続いて1930年に，GEが60Hzまで低音再生できる製品（写真2-5）を発

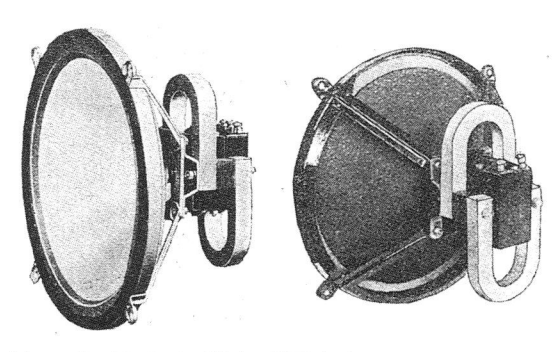

（a）フェランティのインダクター型スピーカー

（b）ブルースポットの100U型インダクター型スピーカー

[写真2-6]　1931年に登場したフェランティとブルースポットのインダクター型スピーカー

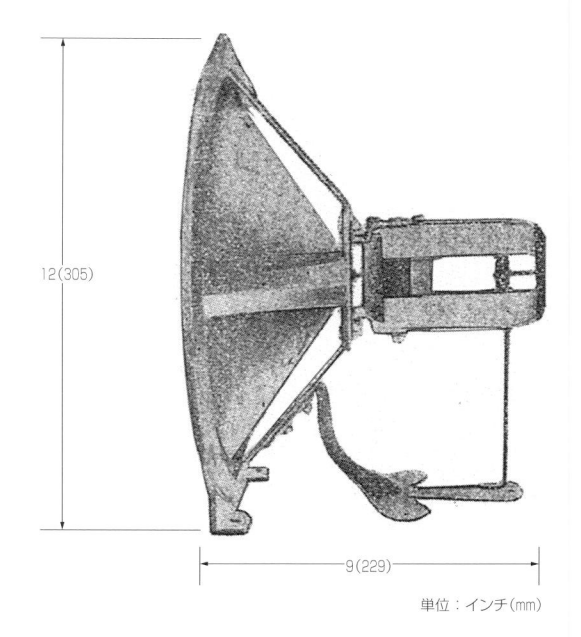

12(305)

9(229)

単位：インチ（mm）

[写真2-7]
口径30cmのワルツ50型インダクター型スピーカー（1930年）

コーン振動板
可動鉄片
支持板
支持板
可動鉄片
音声信号コイル

表し，1931年には，フェランティとブルースポットの製品（**写真2-6**）が発表されました．

　わが国では，1930年に村上研究所のワルツ50号型（**写真2-7**）が発売されました．口径12インチのパーマネント型で，駆動機構はファランドのものと同じ構造になっています．

　また，1931年の『無線と実験』[2-10]に，真下明が発表した強力電磁誘導型スピーカー（**図2-23**）があります．この概略構造を見ると，近年使用されている電磁誘導型に近い構造で，1次コイルはセンターポールの溝に固定して，このコイルからの電磁誘導によって動作する可動部は，鉄のリングが使用されています．磁極空隙に懸垂した可動鉄リングに，2分されたセンターポールから1次コイルに流れる信号電流で生じた磁力差が生じ，強いほうに引かれることで駆動力が発生し，コーン振動板を駆動します．

　このインダクター型スピーカーが製品化されたか否かは不明です．

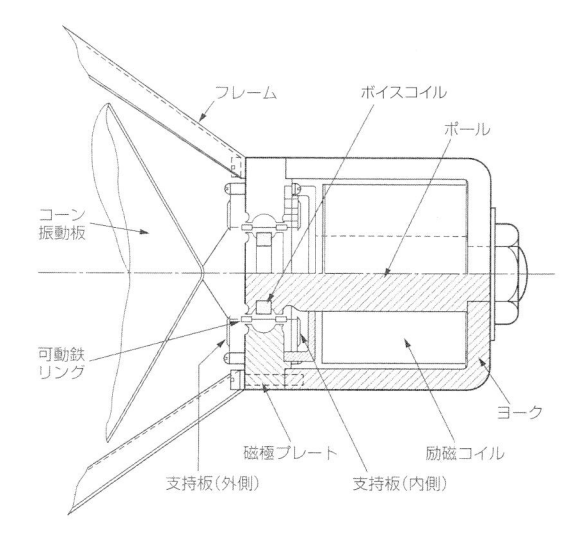

フレーム
ボイスコイル
ポール
コーン振動板
可動鉄リング
ヨーク
磁極プレート
励磁コイル
支持板（外側）
支持板（内側）

[図2-23]　真下明が考案した強力電磁誘導型スピーカーの概略構造（1931年）

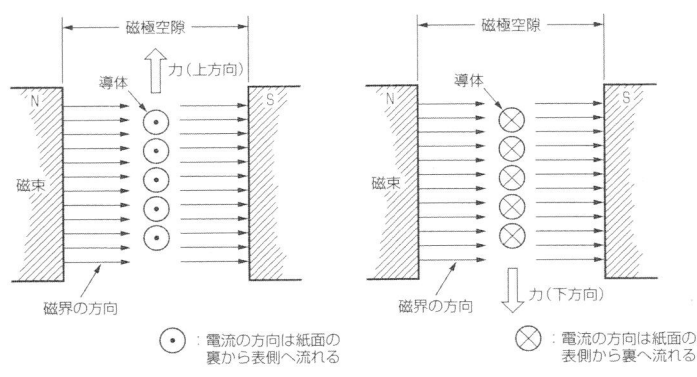

⊙：電流の方向は紙面の裏から表側へ流れる

⊗：電流の方向は紙面の表側から裏へ流れる

磁場の中に導体を懸垂させて電流を流すと導体に力が働き，電流の方向と磁束の方向に応じてフレミングの左手の法則に従った方向に導体が動く

[図2-24]　直流磁場に懸垂した導体に電流が流れたときに生じる駆動力の方向

[図2-25]　電流の方向と磁束の方向と駆動力の方向を示す「フレミングの左手の法則」

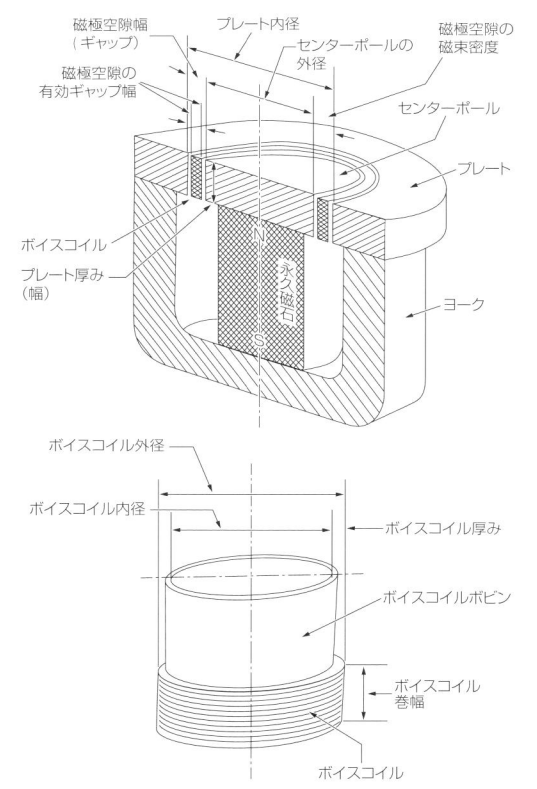

[図2-26]　動電型スピーカーの駆動力を得るための磁気回路とボイスコイルの構造的関係

2-4　動電型スピーカーの変換機構の種類と基本動作

2-4-1　動電型スピーカーの変換機構と基本動作

　動電型スピーカーの変換機構の基本動作は，磁極空隙内に懸垂した導体に流れる電流の方向と，磁極の磁束の方向が直交した配置（**図2-24**）にして，導体に電流を流すとフレミング（J. F. Fleming）の「左手の法則」（**図2-25**）に従って導体に電磁力が発生し，運動します．この導体に流れる電流の方向の違いで，**図2-24**に示す上下の運動が生じ，この導体に連結した振動板が動き，音を放射するというものです．

　発生する力（起振力／駆動力）は，磁場の強さ（磁束密度）と導体の長さと導体に流れる電流値に比例します．

　変換機構を実現するには，磁極空隙を持つ磁気回路が必要です．内磁型磁気回路では，円柱のセンターポールに励磁用コイル（または永久磁石）から発生した磁束が放射状に磁極空隙を通じてプレートに向かって流れ，磁極空隙内のどの方向にも均一な磁束がある状態を保つ磁気回路の構造（**図2-26**）が必要です．

　このセンターポールとプレートで挟まれた磁極空隙に円筒状のコイルボビンに巻かれた導体を懸垂させ，コイルに流れる電流の方向に従って，コイル

に巻かれた導体（ボイスコイル，ムービングコイルなどの名称があるが以下ボイスコイルと呼ぶ）全体が音声信号に従って振動します．

動電型変換機構の大きな特徴は，磁極空隙の磁界内に懸垂した導体が均一な磁場の中で振動するため，機械的な非直線歪みが発生しないことです．ただ，磁極内で振動するため，磁極に接触しないよう支持部を設け，無信号時にボイスコイルを磁場中心位置に保持する必要があります．このため，支持部の動作に対して機械的な直線性が重視されます．

この動電型スピーカーのボイスコイルは振動板とともに振動するため，軽く作る必要があります．このため，導体の体積を小さくするようボイスコイルの巻数は少なくなり，入力側から見たボイスコイルのインピーダンスは低い値になります．当時は，出力用真空管との負荷整合のために，マッチングトランス（出力トランス）を必要としました．

動電型変換機構を持つスピーカーは，ボイスコイルの振動を振動板に伝える構造の違いによって，性格が大きく違ってきます．

その構造は，振動板の中心を駆動する中心駆動方式，振動板の周辺を駆動する周辺駆動方式，平面の振動板全面を駆動する全面駆動方式，平面振動板の特定の位置を駆動する節駆動方式の4つに大別されます（**表2-3**）．以下に，それぞれの変換

［表2-3］　動電型スピーカーの振動板駆動方式の違いによる分類

機構の特徴を述べます．

2-4-2　振動板中心を駆動するダイナミックスピーカーの変換機構

動電型の直接放射型スピーカーは，一般に「ダイナミックスピーカー」として広く知られているもので，振動板には，円錐形の通称「コーン型振動板」が使用され，円錐形の頂部（振動板の中心）を駆動することが，何の躊躇もなく行われてきました．この意識は，電磁型のコーン型スピーカーが頂部を駆動棒で駆動する方式であったことによるものでし

[写真2-8]　1911年3月に登場した世界初の直接放射型の動電型コーンスピーカー（米国マグナボックス製．同社カタログより引用）

[図2-27]
1915年，マグナボックスが世界最初の電気拡声を行った際に使用されたムービングバー型ホーンドライバーの概略構造

た．振動板を円錐形にして剛性を強めることができ，初期には紙シートを打ち抜いて貼り合わせて製作できるという利点もありました．

　振動板の中心を駆動する方式の特徴は，円錐形にすることによって，ピストン振動する場合に空気の負荷に対して剛性が高く得られることで，その形状は1877年以来使用されてきました．

　この円錐形のコーン振動板では，ボイスコイルの駆動部も同心円的な幾何学的構成にすることが一般的です．しかし，音放射の状況からみると広帯域再生の場合，円錐形のくぼみによって生じる共

振が再生特性を悪くする「くぼみ効果」と呼ばれる欠点があります．さらに，中心部を駆動するため，振動板の半径に相当する波長の周波数以上では，振動板の斜面に分割振動が生じやすく，非軸対称モードや軸対称モードの振動が発生し，再生周波数特性を乱す要因となることがあります．

　振動板の中心駆動のスピーカーは，1911年にマグナボックスのプリッドハムとジェンセンが開発した，ムービングバーの1点をコーン振動板の頂部に取り付けた（**図2-5参照**）ダイナミックスピーカー（**写真2-8**）が世界最初の直接放射型の動電型スピーカーとされています[2-11]．これにはバッフル板はなく，木枠のようなものに取り付けられていますが，貴重な写真と言えます．

　マグナボックスが実用的な製品として最初に作

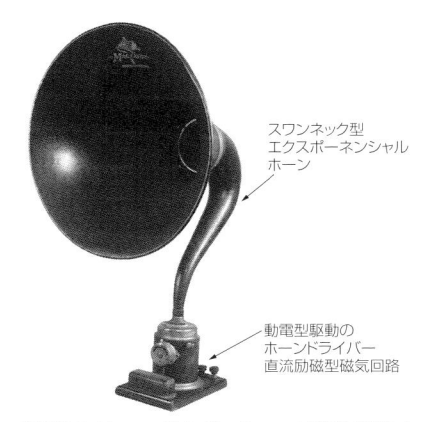

[写真2-9]　マグナボックスR2型動電型ホーンスピーカー（1920年）

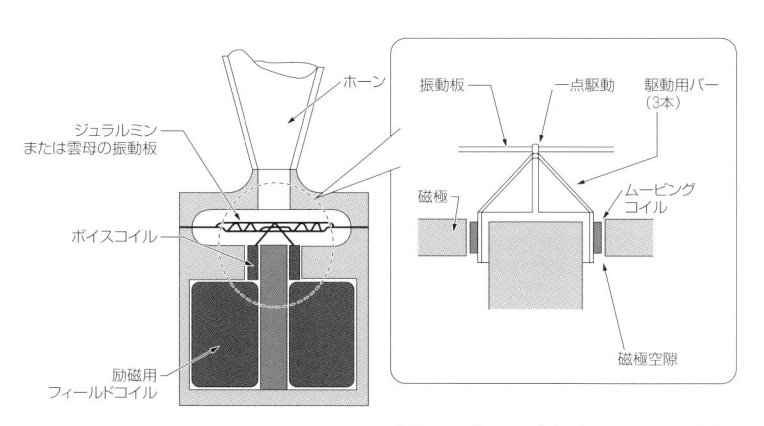

[図2-28]　マグナボックスのR2型ホーンスピーカーの駆動部の概略構造

ったのは，磁気空隙に懸垂したムービングバーの1点から連結棒でダイヤフラムの中心を駆動する構造のホーンドライバー（**図2-27**）で，これにエジソンの蓄音機用の大型ホーン（口径22インチ）を組み合わせてホーンスピーカーにして，1915年に世界初の電気拡声を行いました（第3章参照）.

マグナボックスは，この勢いに乗って動電型スピーカーの商標として「ダイナミック」を登録し，他社がこの用語を使用できなくしました.

続いてマグナボックスは，1920年に動電型のR2型ホーンスピーカー（**写真2-9**）を開発しました.このスピーカーでは，ベークライトボビンの溝に線を巻き付けた剛性の高いボイスコイルから3本のアームを出し，振動板の中心に連結した駆動方式（**図2-28**）[2-12]を採用しています. 振動板は，襞が付いた円形のもので，マッチングトランスを搭載してボイスコイルのインピーダンス整合を行っています.磁気回路は電池によって励磁するフィールドコイル型で，直流抵抗8Ωで0.6Aの電流が必要でした.接続回路は**図2-29**で，フィールドコイルにスイッチを付けて，電池の消耗を防いでいます. このR-2型は，ラジオ受信機用スピーカーとして発売されました（第4章参照）.

しかし，動電型のホーンスピーカーはホーンのカットオフ周波数が高いために求める低音が得られず，もっと広帯域再生のできるスピーカーの開発に期待が集まっていたところ，1925年4月，米国の

ゼネラル・エレクトリック（General Electric；GE）のライス（Chester W. Rice）とケロッグ（Edward Washburn Kellogg）による新型スピーカーの発明[2-13]によって，情勢が一転しました.

この発明で重要なのは，1919年にサイクス（A. S. Sykes）による直接放射型スピーカーの慣性制御方式（**表2-2**参照）の提案を基本にして，スピーカーに求める低音限界まで低域共振周波数を下げてピストン振動領域を広げた設定にすることが，低音再生帯域を広くするポイントであることです. このため，振動板を支持するエッジを発泡ゴムを貼ったフリーエッジ方式にし，ダンパーのセンターに柔らかい材料を使用する構造にして，今日のコーン型ダイナミックスピーカーの原型を作り上げました（**図2-30**）.

また，バッフル効果で低音の音放射が改善されることを明確にしました.

このスピーカーについて発表した論文[2-14]のタイトルには，これまでのスピーカーの流れを断ち切り，時代の区切りを暗示するかのような「ホーンレススピーカー」という言葉が使われています.

開発した試作品（**写真2-10**）は，大型の磁気回路を持った振動板口径6インチのコーン型で，コーン頂部をボイスコイルで駆動する構造です.

このスピーカーをバッフル板の代わりの後面開放型のエンクロージャーに取り付けて，エンクロージャーの重要性をアピールするとともに，駆動用アン

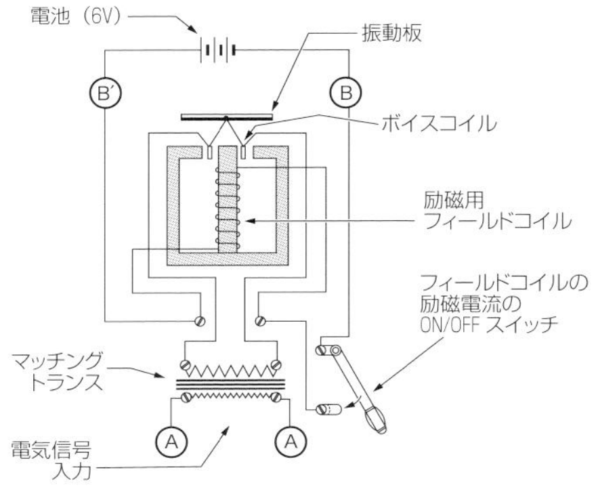

[図2-29] マグナボックスR2型の電気的接続

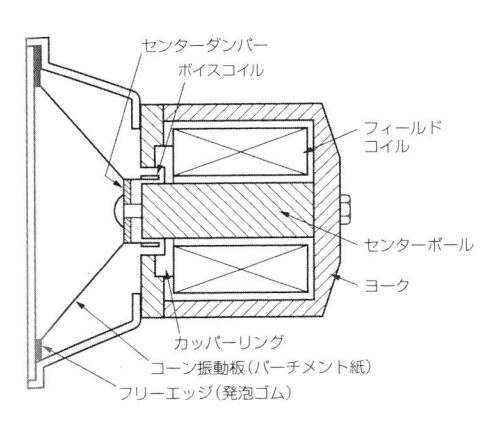

[図2-30] GEのライスとケロッグが開発したスピーカーの概略構造（1925年）

[写真2-10]
ライスとケロッグが開発した直接放射型動電型スピーカー（1925年）

[写真2-11]　1925年，米国セントルイスで開催された「米国電気技術者のコンベンション」に出展されたライス・ケロッグのスピーカーシステム

プを搭載したスピーカーシステムにまとめ，多くの人にその優れた音質を試聴させました．**写真2-11**は，米国セントルイスで行われたデモの様子です．口径6インチの振動板でありながら優れた低音が再生できることと，低音再生の重要性を認識させるデモでした．これまでの電磁型のホーン型スピーカーやバッフル板なしの電磁型のコーンスピーカーなどとは違い，動電型スピーカーは歪みの少ない豊かな低音再生ができることを実証し，その音質に人びとは驚きを隠せませんでした．

「ダイナミック」が商標登録なので他社は使用できないことから，このスピーカーは発明者の頭文字を付けて「R&K型スピーカー」と称して広く使用され，専門誌などでは，ほかのスピーカー方式と区別して取り扱われました．

R&Kスピーカーは，その後の高性能スピーカーの中心的役割を果たし，今日「スピーカー」と言えば，この構造を持ったスピーカーを示すほどに普及しました（詳細は第4章以後の各章を参照）．

1948年になって，初めて楕円形振動板を偏心駆動するスピーカーが登場しますが，それ以前の初期は，円錐（コーン）形の振動板の中心を駆動する動電型スピーカーでした．

こうしたGEの華々しいデビューに対し，欧州のシーメンスのゲルラッハ（E. Gerlach）は，米国のスピーカーと違った新しい設計思想の駆動機構（**表2-4**）を持つスピーカーを次々と発明しました．これらは，磁極の中で動く導体と振動板を直結するものでした．

最初の発明は，ゲルラッハとショットキー（W. Schottky）によって，磁極空隙に横波形の襞のある短冊状の薄い導体を懸垂させて，この導体自体から直接音を放射する全面駆動型の「可動導帯型（リボン型）」スピーカーでした[2-15]．

[表2-4]
ゲルラッハ（シーメンス）が考案した動電型スピーカーの基本構造

型名称と発明年度	基本構造	具体的構造	考案者と特許
リボン型 （1923年）	フィールドコイル / N / S / 音	導帯 / N / S / マッチングトランス	E.ゲルラッハとW.ショットキーによる （独特許421038）
ファルテン型 （1924年）	フィールドコイル / N / S / 音	振動板 / 導帯 / マッチングトランス	E.ゲルラッハによる
リッフェル型 （1927年）	フィールドコイル / N / S / 音	振動板 / マッチングトランス / 導帯	E.ゲルラッハによる （米特許1749635）

　その後，ゲルラッハは1926年にムービングバー型の導体を使用した「ファルテン（Falten）型」スピーカー（**図2-31**）を発明しました[2-16]．V字形の曲線を持った振動板の頂部に固定した1本の導体を磁極空隙に懸垂させる中心駆動型のスピーカーでしたが，能率が低かったため実用化できませんでした．

　ゲルラッハは，中心駆動型のスピーカーをさらに改良して，1927年に特許[2-17]を出願し，1929年に「リッフェル（Riffell）型」と称する，磁極空隙に懸垂した導体への音声信号電流の供給に特殊な構造を持った中心駆動型スピーカーを製品化しました（**写真2-12**）．これは**図2-32**に示すように，ジュラルミンの振動板の周辺をリード線の代役にして音声電流を供給し，2つに区切られた振動板の表面から音声電流が駆動する導体に集中して流れるようにし，大きな駆動力を得るよう考案された構造でした．

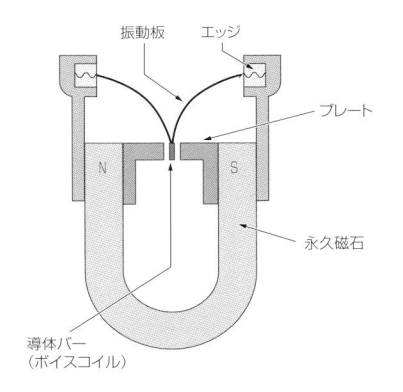

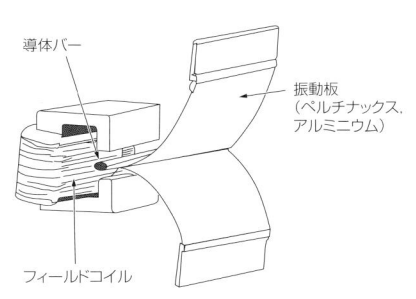

[図2-31]　ゲルラッハが開発したムービングバー型ファルテン型スピーカーの基本構造（1926年）

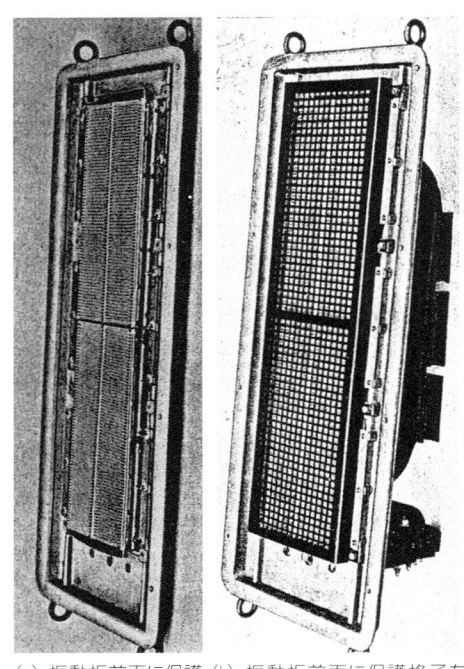

(a) 振動板前面に保護　(b) 振動板前面に保護格子を
　　格子のない状態　　　　取り付けた状態

[写真2-12]　シーメンスが開発した1ターンボイスコイルのリッフェル型スピーカー（1929年）

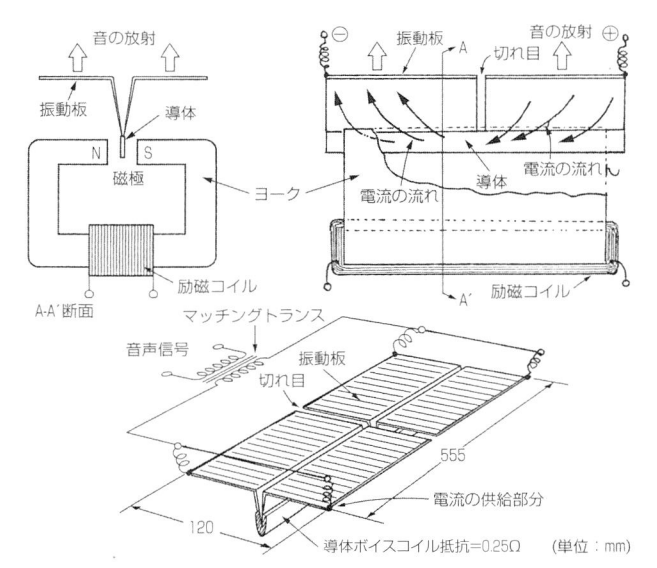

[図2-32]　リッフェル型スピーカーの概略構造と振動系の概略構造と寸法

振動板は長さ555×幅120mmの大きさで，剛性を高めるため，波形の襞が付けられています．磁極空隙に懸垂した導体の直流抵抗は0.25Ωと低く，振動系を支えるサスペンションを糸吊りにして，低域共振周波数を数10Hzと低くしています．この動電型の中心駆動型スピーカーは，欧州ではトーキー映画用スピーカーとして一時使用を試みられました（第5章13節参照）．

2-4-3　振動板周辺を駆動する
ダイナミックスピーカーの変換機構

　ボイスコイルが振動板の外周辺を駆動する構造の動電型スピーカーは振動板を小さくするのに適しており，代表的にはドーム形状の振動板がよく知られています．分類としては，ホーンドライバー用と直接放射型のスピーカーに分かれますが，その大部分は高音用などの小口径の振動板に採用されています．

　この方式では，振動板を駆動する機構がボイス

コイルの内側になり，大きいセンターポールを使用しない限り，小口径のほうが有利です（図2-33）．

　ホーンドライバー用は，ホーンスロートとの関係から振動板の径が大きいものは少なく，空気室の関係で寸法精度の高い工作が要求されます．直接放射型では，外周を駆動するのに適したドーム型または逆ドーム型が多く，高音専用スピーカー向けに振動板を小さく軽量化するのに適しています．

　音の放射面積が小さいために変換効率が低くなるので，1950年代まで使用されることはなかったのですが，低能率のアコースティックサスペンション（アコサス）システムが開発された1955年ごろになって初めて使用されるようになりました．

　大型のドーム型振動板を考案したのは，ベル電話研究所のボストウィック（L. G. Bostwick）で，**図2-34**のような駆動機構の特許[2-18]を1930年に出願しています．

　これより早い1926年ころ，トーキー映画用の高品位再生の拡声用スピーカーとして，周辺駆動型の変換機構のスピーカーが開発されました．蓄音機のサウンドボックスの振動板からヒントを得て，ベル電話研究所のウエント（Edward Christopher Wente）とサラス（Albert Lauris Thuras）がホ

ーンドライバー用動電型スピーカー555W型を開発し，1928年に特許[2-19]を申請しました．このスピーカーは優れた性能を発揮し，後世に残る名機として君臨しました．

555W型のボイスコイルは，中心支持部のロールエッジと一体成形された振動板の外周を駆動するように直接固定されています（**写真2-13**）．さらに555W型は，**図2-35**のように複雑な構造になっています．振動板はジュラルミンの薄板を成形してドーム型にして中央部分で折り返した特殊な形状で，大きな音圧にも容易に屈曲しない形状となっています．振動板前面にはフェージングプラグ（位相等化器）のある音響変成器を持ち，能率の高い広帯域再生を狙ったものです．

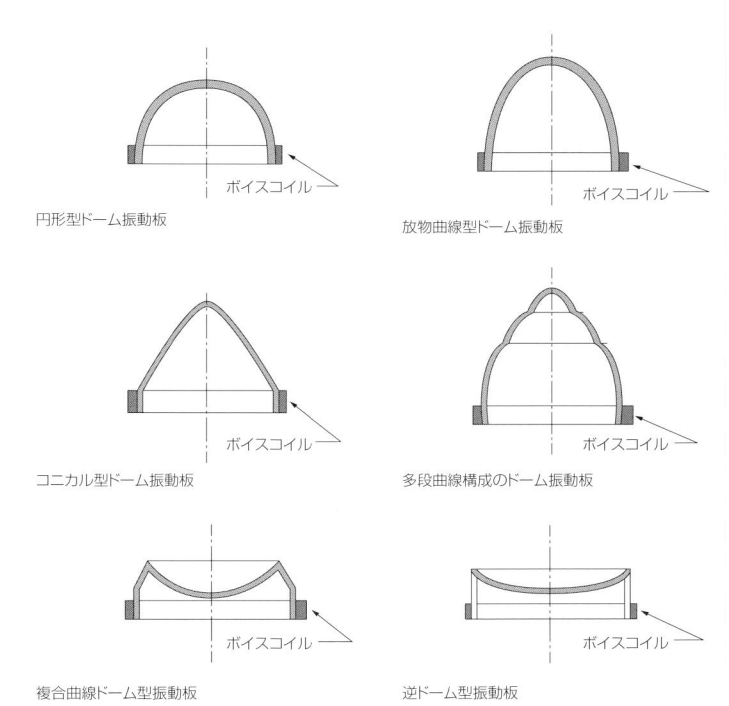

円形型ドーム振動板　　　放物曲線型ドーム振動板

コニカル型ドーム振動板　　　多段曲線構成のドーム振動板

複合曲線ドーム型振動板　　　逆ドーム型振動板

[図2-33]　振動板周辺を駆動する振動系形状の例

劇場の多くの来場者に大きな音量で再生するためには，当時の真空管アンプでは十分な出力が得られませんでした．このため，高いスピーカーの変換効率が求められ，磁気回路の磁極空隙は20000ガウス（2.0テスラ）の高磁束密度になっています．

その後，1933年にベル電話研究所のウエントが設計した594-A型ホーンドライバー（**図2-36**）でも，ドーム型の周辺駆動型が採用されました．これがホーンドライバーの基本的な原形となって，その後

に，ランシング（J. B. Lansing）が1934年に開発した284E型ホーンドライバーや，1937年に開発した801型ホーンドライバーが，今日のコンプレッションホーンドライバーの源流として続き，周辺駆動型スピーカーの大きな足跡を残しました．

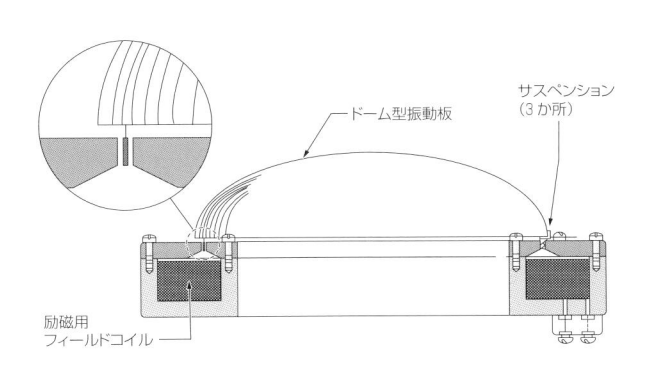

[図2-34]　ベル研究所のボストウィックが考案した「大型ドーム振動板の周辺駆動」の概略構造（1932年，特許出願時の図を加工）

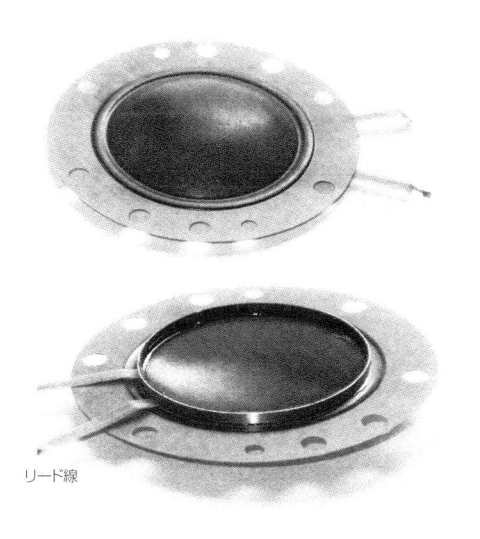

リード線

[写真2-13]　ドーム型振動板周辺に巻かれたボイスコイルによる駆動構造の例

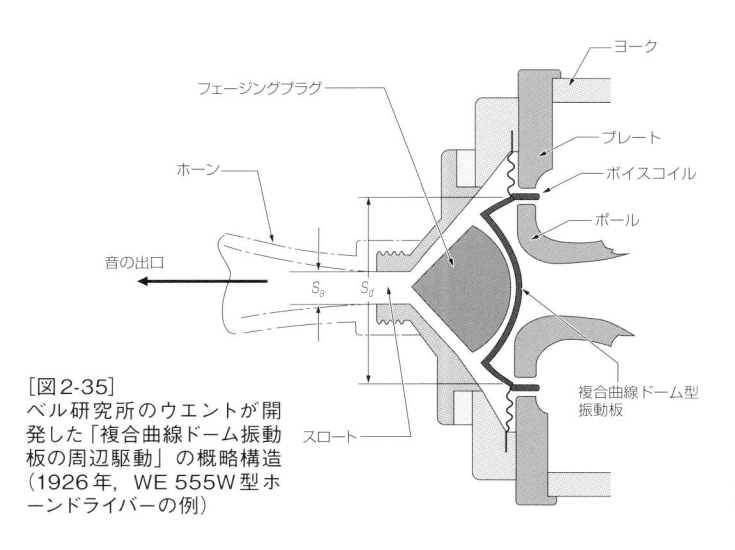

[図2-35]
ベル研究所のウエントが開発した「複合曲線ドーム振動板の周辺駆動」の概略構造（1926年，WE 555W型ホーンドライバーの例）

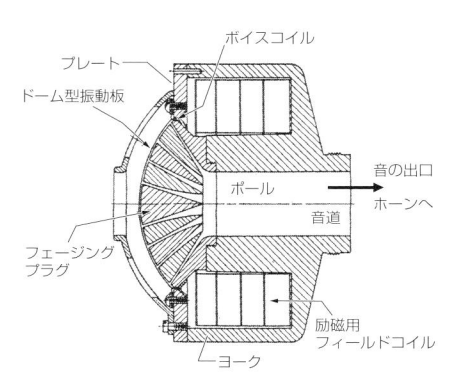

[図2-36]　ベル研究所のウエントが開発した「ドーム型振動板の周辺駆動」の概略構造（1933年，WE 594-A型ホーンドライバーの例）

2-4-4　振動板全面を駆動するダイナミックスピーカーの変換機構

　スピーカーの再生特性を良くするには，コーン型振動板に起こるくぼみ効果を防ぎ，振動板の分割振動のないピストン振動域を広げることが重要と

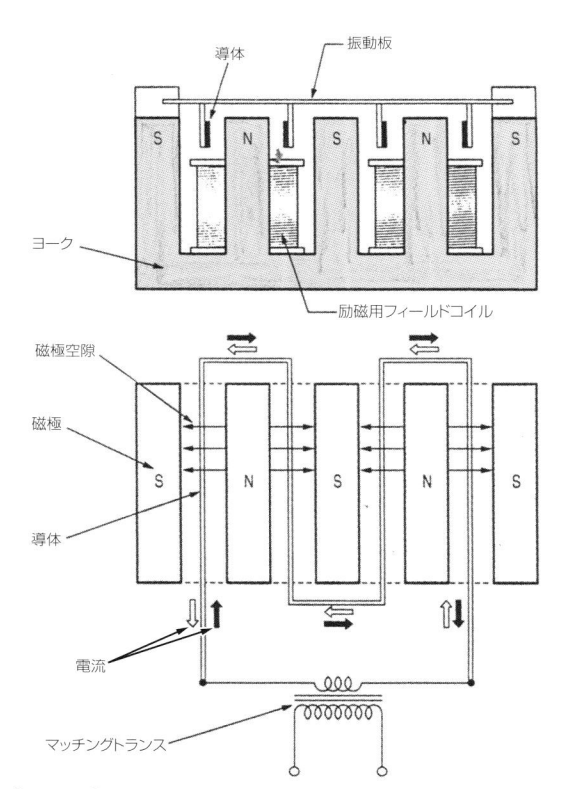

[図2-37]　シーメンスのリッガーが開発した全面駆動の平面振動板の基本動作

考えたシーメンスのリッガー（H. Riegger）は，1923年に平板を全面駆動する方式のスピーカーを開発しました．

　シーメンスでは，スピーカー誕生後の1877年にE. W. シーメンスが発明したスピーカーの特許を持っていましたが，紙の振動板では剛性が低く，完全なピストン振動を保つのが難しいと考えました．また，リッガーは大きな音を放射するには振動板が大きいほうが望ましいが，コーン型では駆動する頂部とコーン周辺では位相差が生じて良好な音の再生ができないことを指摘し，駆動力が振動板の全面に一様に分布するようにすれば位相差も解消し，大きな音の放射に有利であると考えました．

　この理論を展開して高性能化を狙ったスピーカーが，シーメンスの「ブラットハラー（Blatthaller）」平面型スピーカーでした．剛性の高い平面振動板を使用して，この全面を一様に駆動するため導体をジグザクに「一筆書き」の要領で何回か折り返して振動板に固定する方法を取っています．また，駆動力が均一に働くように，磁極空隙の磁束密度も均一になるような磁気回路を考案しました（**図2-37**）．

　この設計思想で最初に完成したダイナミックスピーカーは，1926年にトレンデレンブルグ（F. Trendelenburg）が開発したもので，振動板の面積は$200 \times 200\mathrm{mm} = 400\mathrm{m}^2$の四角い平面型スピーカー

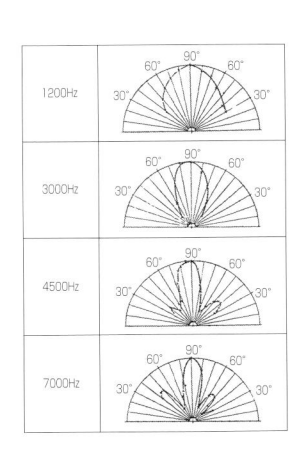

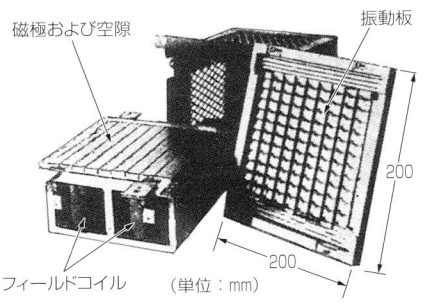

磁極および空隙　　　　　振動板

フィールドコイル　（単位：mm）

[写真2-14]　シーメンスのトレンデレンブルク
が開発したブラットハラー型スピーカー（1926
年）

[図2-38]　ブラットハラー型スピーカー
（1926年）の再生周波数特性と指向性
パターン

(a) ジュラルミン板
(b) ベルチナックス板

[写真2-15]　大型の吊り下げ型ブラットハラー型スピーカー

でした[2-20]．**写真2-14**は，その外観と分解写真で，ボイスコイルは蛇行して振動板に固定され，磁気回路の磁極空隙8か所に懸垂しています．入力は50Wと大きい値になっています．

　特性を良くするため，振動板材料にはジュラルミン板またはベルチナックス（Pertinax）板が検討され，振動板周辺のエッジは海綿状のゴム系材料で覆って，低域共振周波数を約120Hzに下げています．発表された性能のデータ[2-21, 22]を見ると，再生周波数特性は400～8000Hzまで優れた特性を示し，指向パターン特性も7000Hzまで測定されていました（**図2-38**）．

　このスピーカー開発の目標は，ラジオ受信機用スピーカーなどではなく，マイクロフォンの較正用音源のスピーカーなどであり，再生周波数特性のフラット化などの高性能化が図られています．

　このスピーカーは日本にも輸入され，マイクロフォンの較正用の音源として，当時最も優れたスピーカーとして使用されています．

　その後，トレンデレンブルグは，音響出力の大き

い強力型スピーカーとして拡声用などの業務用用途を目標に大型のブラットハラー型スピーカー（**写真2-15**）を開発しました（その後の変遷は第5章13節参照）．

　また，この全面駆動方式の小型振動板はホーン用ドライバーとして製品化され，劇場用やトーキー映画用の高音用ホーンスピーカーに使用されました（第5章13節参照）．

　その後，この全面駆動方式のスピーカーの新しい進展としては，1958年になってイスラエルのガムーゾン（R. R. Gamzon）とフリー（E. Frei）による全面駆動型のダイナミックスピーカーの発明がありました．

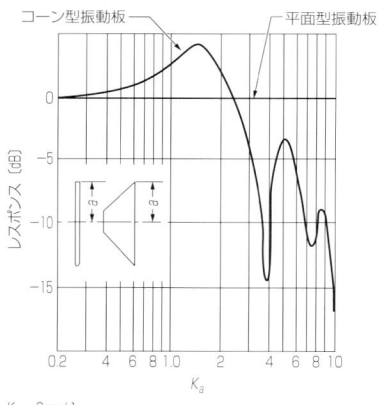

$K_a = 2\pi a / \lambda$
a ：振動板の半径〔cm〕
λ ：音波の波長〔cm〕
π ：円周率

［図2-39］　コーン型振動板の「くぼみ効果」による再生周波数特性への影響（無限大バッフル板に取り付けた音放射条件の理論計算値による）

2-4-5　振動板の振動モードで生じる節を駆動するダイナミックスピーカーの変換機構

　スピーカー振動板を駆動して音を放射する変換機構の一種として，高い周波数で生じる平面振動板の振動モードの節の位置を駆動して，性能を改善する方式があります．

　コーン型振動板の音放射に対する平面振動板を持つ平板形スピーカーの特徴は，図2-39に示す「くぼみ効果」がないため，高音域で均一な再生周波数特性が得られることです．しかし，これまでの平面振動板は中心駆動される機構であったため，好ましい性能が得られないことから普及が遅れていました．

　平面振動板を中心駆動した場合，比較的低い周波数で発生する軸対称モードが特性を悪化させるため，高品位再生用スピーカーとしては

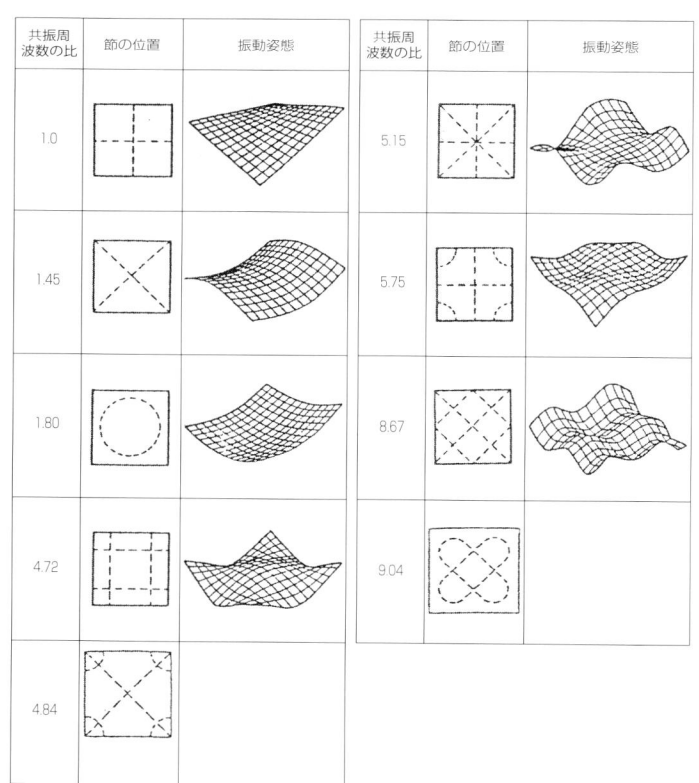

共振周波数の比	節の位置	振動姿態	共振周波数の比	節の位置	振動姿態
1.0			4.11		
1.73			6.30		
2.32			6.76		
3.42			7.35		

［図2-40］　円形の平面振動板の軸対称振動モードで生じる節の位置と振動姿態（中心駆動した場合の理論計算値による）

共振周波数の比	節の位置	振動姿態	共振周波数の比	節の位置	振動姿態
1.0			5.15		
1.45			5.75		
1.80			8.67		
4.72			9.04		
4.84					

［図2-41］　正方形の平面振動板の軸対称振動モードで生じる節の位置と振動姿態（中心駆動した場合の理論計算値による）

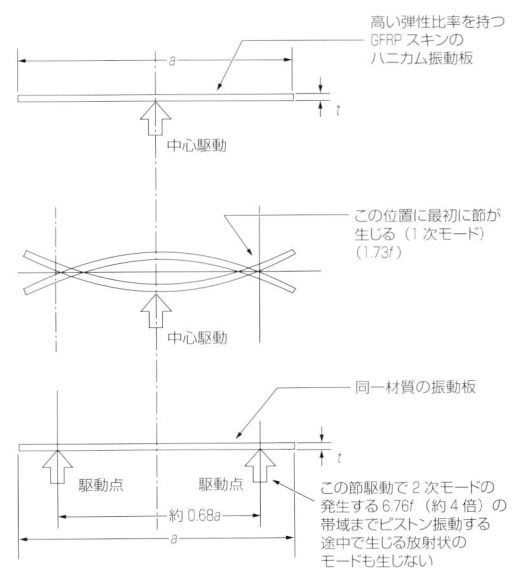

[図2-42]　平面振動板で生じる1次の振動モードの振動姿態と節駆動位置の関係

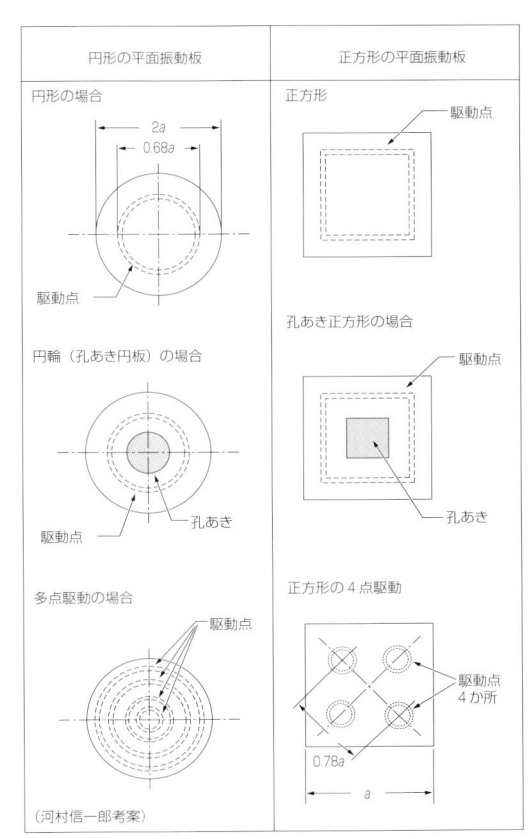

[図2-43]　実用的に実施された平面振動板の節駆動位置

検討されていませんでした.

　低密度の振動板材料による軽量化と高剛性化が研究されるとともに，軸対称振動モードの節となる位置を駆動することによって軸対称振動が高い周波数に移り，モード特性が改善されることから，戦後になって，こうした駆動方法が発展してきました.

　1972年の岡田養二と富成裏による「超低音再生用平板ウーファーの試作」[2-23] や，1974年の鈴木英男らの「リング状の質量をつけた円板および円輪の振動」[2-24] などの研究成果の発表により，振動板の駆動点が注目されました.

　コーン型振動板の場合，非軸対称モードと軸対称モードが存在しますが，これに対して平面振動板では，材質が均一で中心を駆動する場合，非軸対称モードはなく，軸対称モードのみが存在します.このため，平面振動板の振動モードの理論解析が行われ，円形の平板と正方形の平板の中心を駆動した場合の分割振動モードが明らかになりました.また，この軸対称モードは節円の内外の音放射面積の違いと位相が異なるため，音圧周波数特性に大きな乱れが生じることも確認できました.

　平面振動板がピストン振動から最初に生じる第1次の振動モードは，円形の平板振動板の場合，図

2-40のように特定の節をゼロ点として撓み運動を起こし，中心部と周辺部で逆相の動きが生じます.さらに高い周波数でも節を持った軸対称モードが生じます.

　四角形の平面振動板の場合（図2-41），特性を著しく阻害する振動モード，四隅と中心に対して周辺部よりやや内側の部分で撓みを起こし，逆相の動きが生じます.さらに高い周波数でも軸対称モードの節が生じます[2-25, 26].

　節となる点を強制駆動することによって（図2-42），この節をなくし，高い周波数で生じる節の周波数までピストン振動すると，途中で生じる放射状の振動モードが消えて再生周波数特性が大幅に改善できることが明らかになりました.

　この結果，平面振動板で生じる振動モードの節をあらかじめ計算で求め，その節を駆動する「節駆動方式のダイナミックスピーカー」が次々と開発

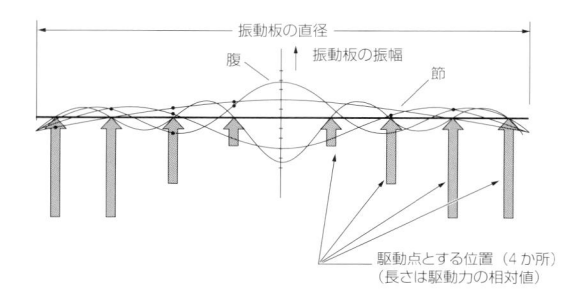

[図2-44]　多重節駆動方式の振動モードと駆動点

されました.

　代表的な節駆動の実施例を**図2-43**に示します.
円形の振動板では半径の約0.68倍，正方形の振動
板では対角線上の4点の距離を外周の長さの約
0.78倍程度に設定し，ここをボイスコイルの駆動位
置とした平板型の広帯域再生スピーカーが製品化
されています.

　この方式の中には，日立製作所の河村信一郎が
1982年に考案した多数の節を同時にそれぞれ駆動
する多重節駆動方式（**図2-44**）があります. これは,
円形振動板の高次の振動モードで発生する節まで
駆動して，可聴周波数帯域を完全なピストン領域
で再生しようとする考えによるものでした. しかし,
図2-45に示すように，各磁極空隙にボイスコイル
をそれぞれ懸垂させるために磁気回路が複雑にな
り，高い精度の工作技術が必要となったので実用
化に至らず，試作に留まっています.

2-5　静電型（コンデンサー型）スピーカーの変換機構

2-5-1　静電型スピーカーの変換機構と基本動作

　静電型の電気音響変換機構を持った直接放射型
スピーカーは，1926年にドイツのAEGのライツ（E.
Reisz）が最初に開発しました[2-27].

　静電型の電気音響変換機構の開発としては，マ
イクロフォンが早く，ベル電話研究所のウエントが
1917年に高性能測定用WE 394型静電型マイクロ
フォンを実用化し，欧州では1924年にシーメンス
のリッガー（H. Rieggar）が静電型マイクロフォ

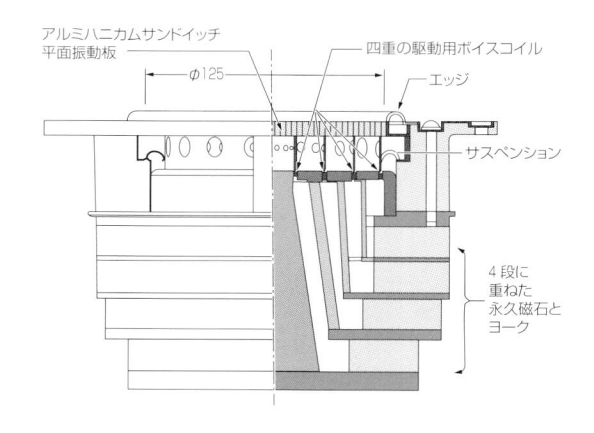

[図2-45]　河村信一郎の考案した多重節駆動型平板スピーカーの概略構造

ンを開発するなど，スピーカーよりも先行していま
した.

　これに対して，直接放射型の静電型スピーカー
の開発は，低音域からの全帯域再生を考えると実
用化することが難しく，遅れをとっていました. そ
の要因は，電気信号を音響信号に変換して音放射
するために必要な静電力，広い振動板を駆動する
構造，音放射を行うための音道を設けて広い空間
に伝達する構造などで，これらが重要な課題とな
っていました.

　静電型の基本動作は以下の通りです. 対向する2
つの電極間に電圧を印加することで生じる静電力
は，**図2-46**のように，両極がプラス・プラスまたは
マイナス・マイナスの場合は反発力が働き，プラス
とマイナスの場合は吸引力が働きます. 等距離の
電極面では面全体に均等に分布した静電力が働き,
片側の電極を薄く軽量な材質の振動膜にすると,
静電力で全面が一体として動きます. そのため，電
極間に音声信号を加えると，全面駆動方式のスピ
ーカーとして動作し，望ましい音放射が期待されま
す.

　この静電型変換機構の両電極面の単位面積当た
りの静電力は，印加電圧の2乗に比例し，電極間の
距離の2乗に反比例して増減します. スピーカーの
場合，この電極間にある誘電体は空気（誘電率＝1）

でなければ音放射ができないため，誘電体の違いによる静電力の増加を望むことはできません．

この条件下で，一方の電極を固定電極とし，一方の電極を薄くて軽い振動膜にし，この膜を絶縁物の周辺支持部を介してピンと張って固定した構造が，シングル駆動型静電スピーカーの基本的な構造です．

振動板が振動して音放射するためには，**図2-47**に示す固定電極と可動電極の狭い空間を静電層として設け，この間にあらかじめ直流の高電圧（偏倚電圧）をかけて，可動電極側（振動板）に吸引力によるテンションを与え，偏倚させておきます（**図2-47**（a））．この偏倚電圧を少し増減すると振動板の吸引力が変化するため，偏倚電圧に音声信号を重畳させて駆動することで，音声信号に比例した吸引力の増減が振動板を振動させる力となり，音を放射します（**図2-47**（b））．これが静電型スピーカーの基本動作です．

音声信号による振動板の変位は，距離の2乗に反比例するため，振動板は音声信号に対して直線的な動作する範囲が限定されます．音放射を良くするために，固定電極側に**図2-47**（c）のようにスリット状の音道を設けた構造にして実用化されています．

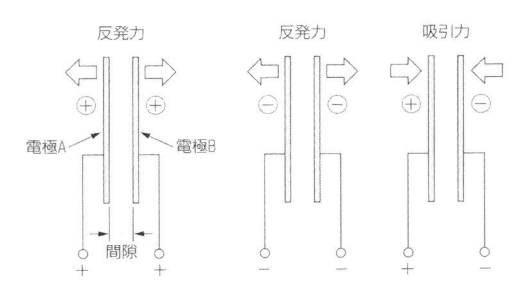

[図2-46]　2つの電極をわずかな間隔で対向させたときに生じる静電力と電極の極性

また，感度を高くするためには偏倚電圧を数百〜数千Vの高電圧にする必要があります．

1928年に英国のフォクトが，高性能化を狙って開発した静電型変換機構は，振動板の振動の機械的直線性を改善するために発明されたプッシュプル駆動方式を採用し，実用化されました．

このプッシュプル方式の基本的構造は，2つの固定電極の間に振動板となる可動電極を設けた構造（**図2-48**）で，トランスを使用してセンタータップから偏倚電圧を与え，振動板の吸引力をバランスよく保つようにした構造です．これにトランスの1次側から音声信号を印加することによって，2つの固定電極間に電位差が生じ，振動板への吸引力のバランスが崩れ，振動板は電圧の高い方に吸引され，信号の強さに応じた振動板の振動によって音

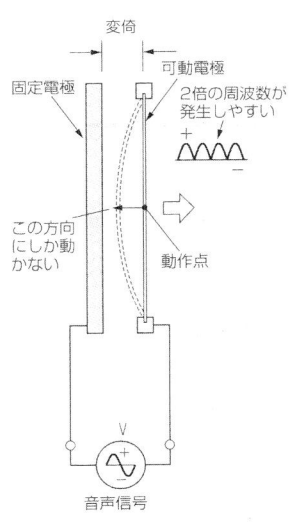 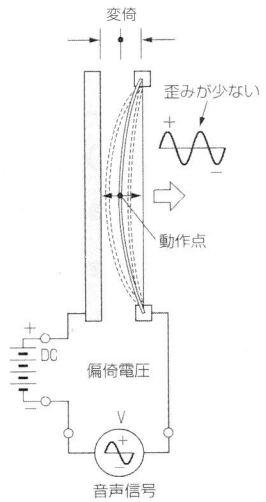 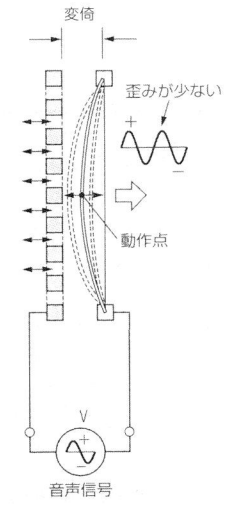

[図2-47]
シングルタイプの静電型スピーカーの基本動作

（a）固定電極と可動電極が対向した構造で，音声信号を加えた場合

（b）固定電極と可動電極が対向した構造に，偏倚電圧を掛けて，これに音声信号を重畳させた場合

（c）固定電極にスリットを設け，音道として可動電極の音放射を良くした構造の場合

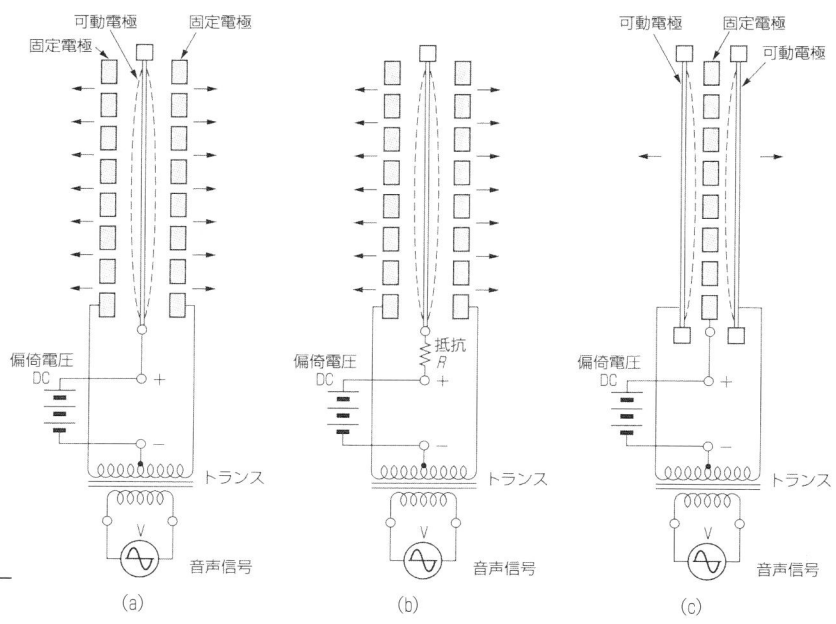

[図2-48]
プッシュプルタイプの静電型スピーカーの基本動作

(a)　(b)　(c)

を放射します.

　しかし, **図2-48**（**c**）に示す, 定電極を中心に振動板が両面にあるタイプは, 2つの振動板に挟まれた空間（振動板背面）から放射された音の音圧が高くなり, 位相干渉などが生じるので, 全帯域再生用に不向きなため製品化されていません.

2-5-2　実用化されたシングル駆動方式の静電型スピーカーの変換機構

　最初にライツが実用化した静電型スピーカー（**図2-49**）の固定電極は膨みのある円形板で, 直径が30インチです. 固定電極は, 24枚の薄鉄板を重ねて膨らみのある円形に曲げた形に成形したもので, 周辺の端部は1/2インチ曲げられています. この円形板に貫通した直径1/4インチの孔を約2000個あ

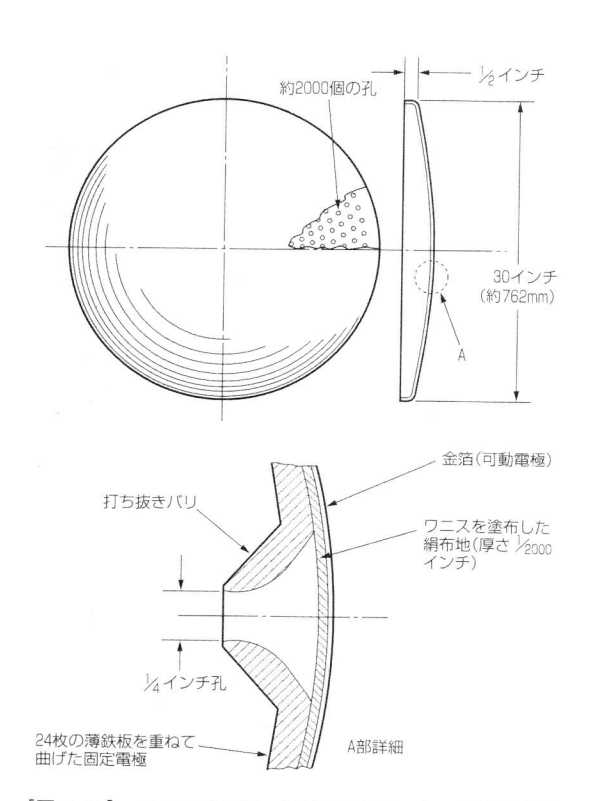

[図2-49]　ライツが考案した静電型スピーカーの概略構造

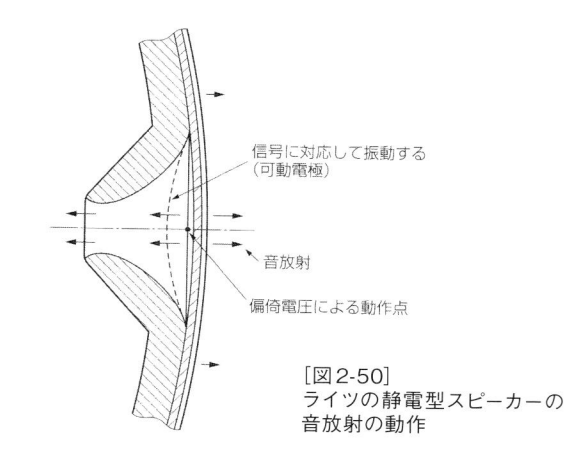

[図2-50]
ライツの静電型スピーカーの音放射の動作

[写真2-16] ライツのラジオ受信機用静電型スピーカーの使用例

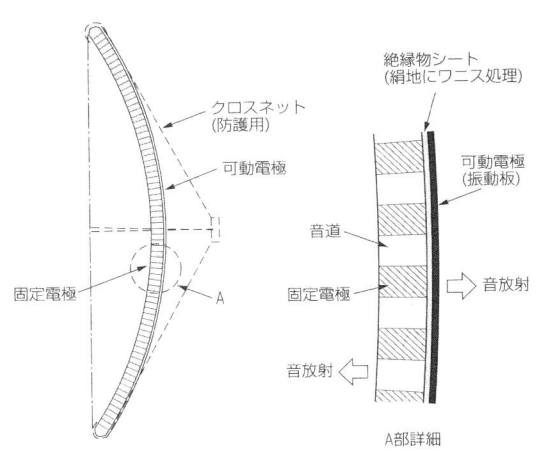

[図2-51] 口径15インチのライツ型ラジオ受信機用静電型スピーカーの概略構造

けて音の放射孔としています．この上に絶縁膜としてワニス処理した絹の布地（厚さ1/2000インチ）を張り，この膜の外面に金箔を貼り付けて可動電極とした構造でした．ここに偏倚電圧として200〜250Vの直流を印加して動作させています．このスピーカーの重要な部分は，1/4インチの孔の周辺の振動膜の構造で，図2-50のように，それぞれの孔が静電型スピーカーとして動作して音を放射する役割をしています．

ライツがラジオ受信機用として製作した口径15インチの静電型スピーカー（写真2-16）は，振動板前面にクロスネットを張ったスタンド型です．この振動部分は図2-51のように孔あき板を成形したものに改良されています．

1927年に発表[2-28]されたカイル（Kyle）型静電スピーカーは，図2-52に示すように固定電極の構造が改良されています．固定電極にピッチ20mm，深さ0.3mmの波形の孔あき金属板を使用し，この上に新開発の化合物「カイライト（Cylite）」を0.12mmの薄板として絶縁膜とし，さらにその上に可動電極となる厚さ0.0025mmの金属箔を貼り付けた構成になっています[2-29]．DC500〜600Vの偏倚電圧に音声信号を重畳して可動振動板を振動

させ，音放射する静電型スピーカーです．

このスピーカーはトーキー映画用で，写真2-17の例では，結果は不明ですが，スクリーン裏のバッフル板に48個の静電型スピーカーが取り付けられていたという記録が残っています．この時代は，まだトーキー映画の初期のため，開発されたさまざまな方式のスピーカーがトーキー用スピーカーとして登場していました．

一方，1930年に英国のプリムス製作会社（Primus Manufacturing）は，ラジオ受信機用スピー

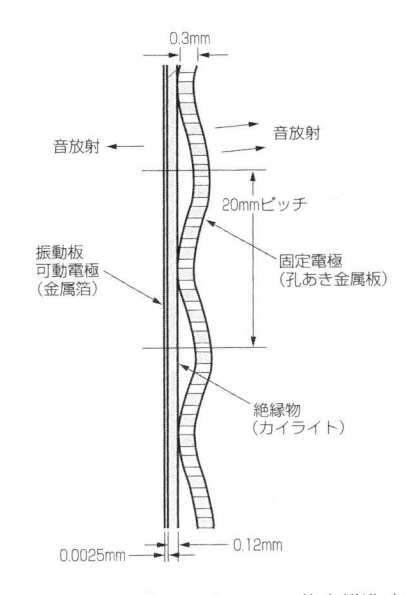

[図2-52] カイル型静電スピーカーの基本構造（1927年）

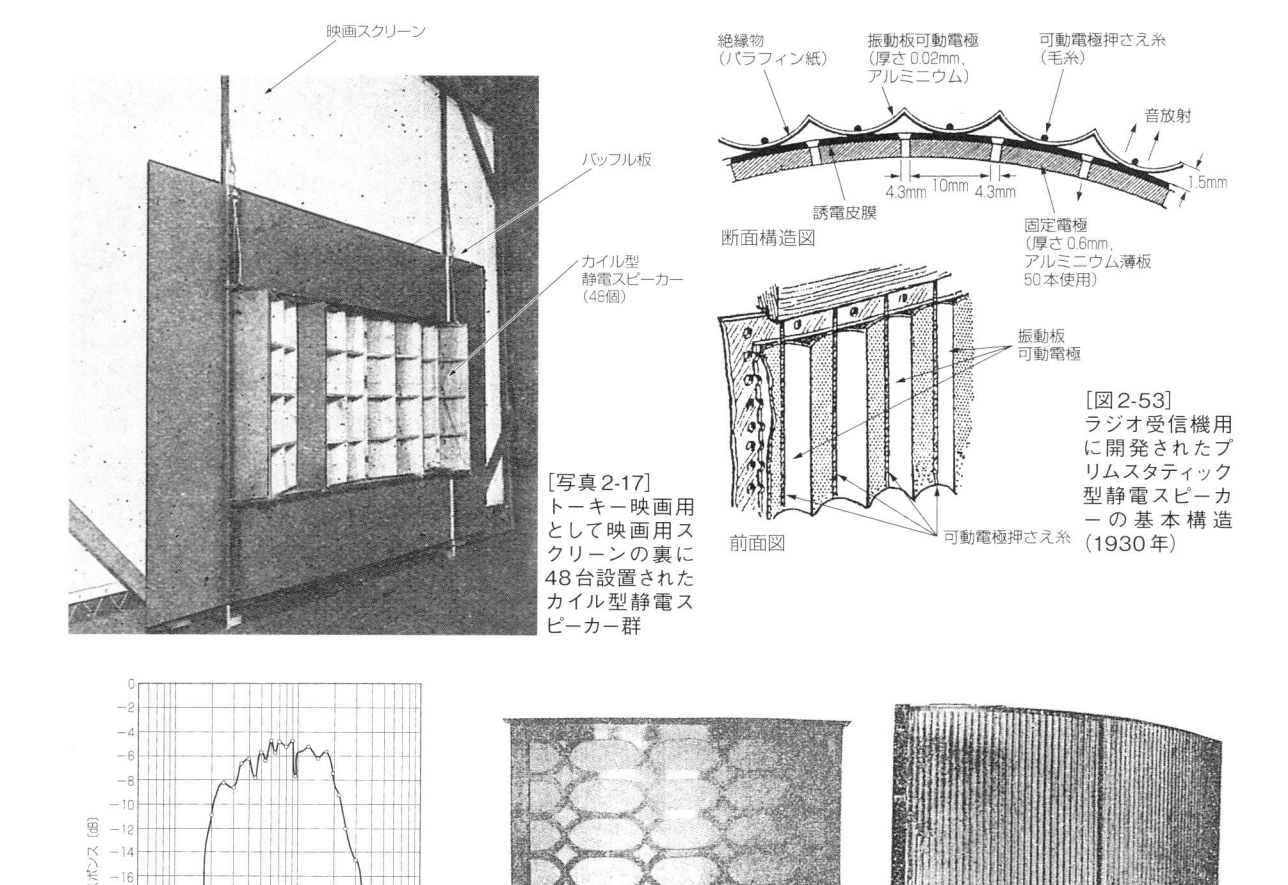

映画スクリーン

バッフル板

カイル型
静電スピーカー
（48個）

[写真2-17]
トーキー映画用
として映画用ス
クリーンの裏に
48台設置された
カイル型静電ス
ピーカー群

絶縁物
（パラフィン紙）

振動板可動電極
（厚さ0.02mm,
アルミニウム）

可動電極押さえ糸
（毛糸）

音放射

4.3mm　10mm　4.3mm

1.5mm

誘電皮膜

固定電極
（厚さ0.6mm,
アルミニウム薄板
50本使用）

断面構造図

振動板
可動電極

前面図

可動電極押さえ糸

[図2-53]
ラジオ受信機用
に開発されたプ
リムスタティック
型 静 電 ス ピ ー
カ ー の 基 本 構 造
（1930年）

レスポンス〔dB〕

周波数〔Hz〕

[図2-54]　プリムスタティック型静電ス
ピーカーの再生周波数特性

(a) 前面グリル付き

(b) 前面グリルのない状態

[写真2-18]　プリムスタティック「スーパーモデル」の概観

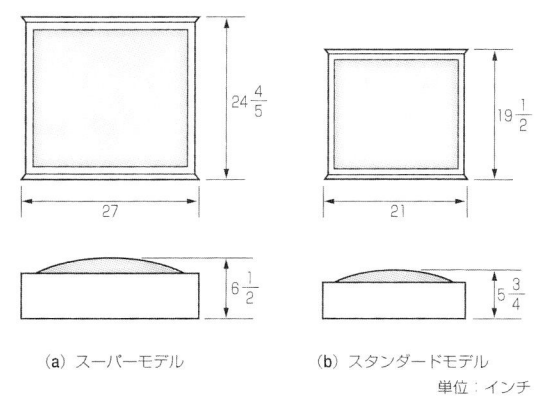

$24\frac{4}{5}$

27

$6\frac{1}{2}$

$19\frac{1}{2}$

21

$5\frac{3}{4}$

(a) スーパーモデル

(b) スタンダードモデル

単位：インチ

[図2-55]　製品化されたプリムスタティック型静電スピーカ
ー2種の外形寸法

カーとして「プリムスタティック（Primustatic）」
の商品名で静電型スピーカーを発売しました（**図
2-53**）．このスピーカーの固定電極は厚さ0.6mm,
幅10mmのアルミ板を50本，4.3mmの間隔をあけ
て弧状に並べたもので，各板のスリットが音の放
射口となっています．これにアルミニウム薄板（厚
さ0.02mm）の内側に絶縁物のパラフィン紙を貼り
付けて波形に成形した可動電極の振動板を糸（毛
糸）で取り付け，動きやすくしています．結果的に
は，振動面が動きやすく，低音の再生ができるよう
になったため，200～2500Hzの帯域をバランス良
く再生する周波数レスポンス（**図2-54**）が得られ

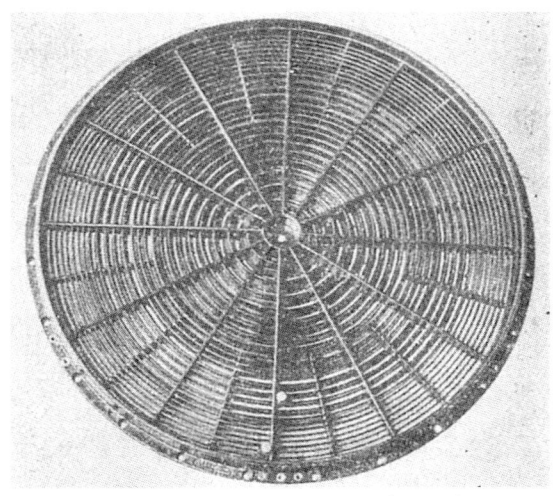

[写真2-19] 前面カバーを外したオシロプラン型静電スピーカー

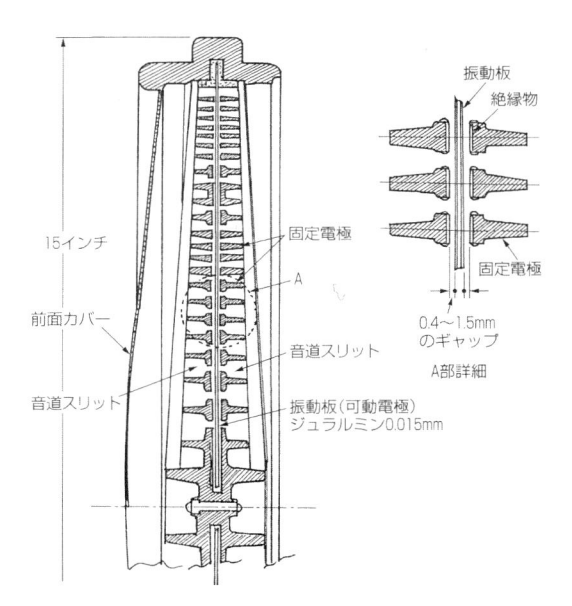

[図2-56] フォクトが考案したオシロプラン型静電スピーカーの概略構造

ています[2-30].

　この静電型スピーカーには，スーパーモデル（**写真2-18**）とスタンダードモデルの2機種があり，その両者の外観寸法を**図2-55**に示します．偏倚電圧は200Vで，ラジオ受信機の出力管のプレートに直接接続して駆動されています．

2-5-3　実用化されたプッシュプル駆動方式の静電型スピーカーの変換機構

　プッシュプル駆動方式を発明したフォクトが実用化した静電型スピーカー「オシロプラン（Oszilloplan）」は，直径15インチの放射状のリブとスパイラル状の格子が交差した構造で，**写真2-19**に示すように特徴ある外観を持っています．

　放射状のリブは固定電極で，**図2-56**のようにその構造は複雑です．この前後の固定電極の内側の空隙に厚さ0.015mmのジュラルミンの可動電極を振動板として張って周辺を固定し，ショートしないよう固定電極側に薄い絶縁物を設けています．また，振動板（可動電極）と固定電極の空隙（ギャップ）は，振動板の振幅が大きくなる中心部では1.5mm，比較的振幅が小さい周辺部では0.4mm程度になっているという巧妙な設計です．偏倚電圧として，トランスの中点からDC1500Vが与えられています．

　同心円のスパイラル状の格子はベークライトの成形品が使用され，このスリットが音道となって音放射されます．

　フォクトは，音質を良くするために振動板の素材の開発に重点を置き，最終的にはアルミニウム94％，銅4％，シリコン2％のアルミニウム合金を開発し，その合金で作った厚さ0.01～0.015mmの振動板を採用しています．

　このオシロプラン静電型スピーカーは，100～8000Hzの広帯域再生を実現しています[2-31]．

　1928年には，ラジオ受信機用スピーカーとして開発されたオシロプラン型静電スピーカーが，エンクロージャーに取り付けてユニットに全面カバーを付けた形（**写真2-20**）で商品化されています．これを駆動する電源回路は**図2-57**で，偏倚電圧1500Vを供給しています．

　その後，この静電型変換機構のスピーカーは一時開発が停滞した状態が続きましたが，その後，高品位再生用として新たに開発が行われます．

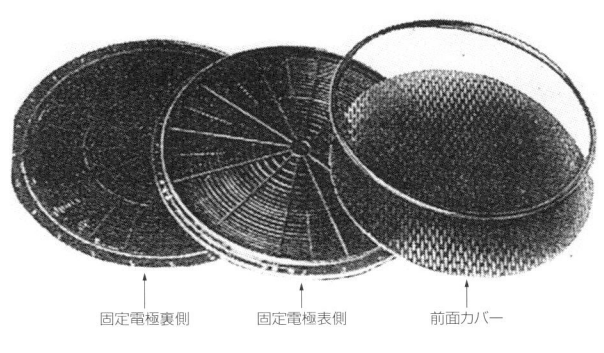

固定電極裏側　　固定電極表側　　前面カバー

[写真2-20]
ラジオ受信機に
組み込まれたオ
シロプラン型静
電スピーカーと
その構成部品

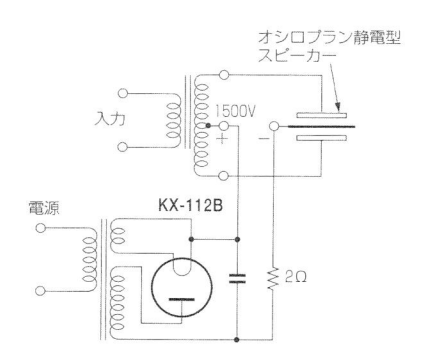

[図2-57]　オシロプラン型静電スピーカーに内蔵された駆動用電源の回路

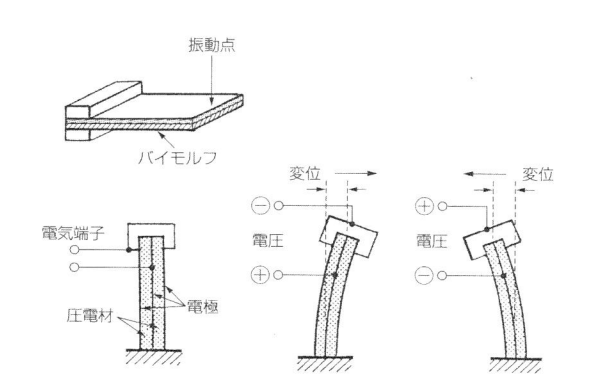

（a）バイモルフによる屈曲振動

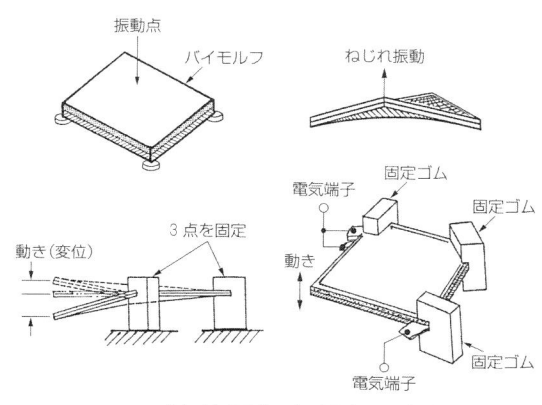

（b）バイモルフによるねじれ振動

[図2-58]　圧電素子を組み合わせたバイモルフの基本的構成と機械的振動のようす

2-6　圧電型スピーカーの変換機構

2-6-1 圧電型スピーカーの変換機構と基本動作

　圧電型スピーカーの電気音響変換機構は，結晶体に電気信号を与えると特定の方向に圧縮したり伸長したりする圧電現象（piezoelectric effect）を利用したもので，圧電現象によって起こる機械的振動を振動板に伝達して直接放射型スピーカーやホーンスピーカーとして音放射します．

　圧電型スピーカーの変換機構となる圧電素子の基本的構成には，縦振動子型とバイモルフ型があります．

　縦振動子型は圧電素子が硬いため，縦に伸び縮みして振動します．この動作はスピーカーとしては不利なため，利用例は少なく，一般的には縦振動子を2枚逆極性に貼り合わせたバイモルフ型にして，

屈曲振動による変位を利用したものが使用されるほか，バイモルフのねじれ振動を利用するものもあります（**図2-58**）．

　圧電現象の発見は，1880年にフランスのパリ大学のJ. キュリー（Jacques Curie）と弟のP. キュ

リー（Pierre Curie）の兄弟が，電気石による効果を発見したことが最初でした．しかし，この電気石の圧電現象は圧電効果が弱く，スピーカーへの応用ができなかったため，もっと強力な圧電材料を探すことが必要でした．

　1919年になって，ニコルソン（A. M. Nicolson）が，ロッシェル塩に優れた圧電効果があることを発見しました[2-32]．早速，この圧電素子を使用してマイクロフォンを開発し，その結果，ロッシェル塩は優れた圧電材料として注目されるようになりました．

　ロッシェル塩が最初に調製されたのは1672年と古く，フランスの大西洋岸に面した港町ラ・ロッシェル（La Rochelle）の薬剤師セネット（Elie Seignette）[2-33, 34] によると言われています．当時セネットは，利尿剤，緩下剤として利用するためにロッシェル塩を調製しました．

　ロッシェル塩は，酒石酸ナトリウムカリウムの立体異性体の一つで，無色の結晶体です．酒石はブ

ドウ酒醸造の副産物として得られるものです．しかし，ロッシェル塩の結晶は，約55℃で融解してカリウム塩とナトリウム塩に分離してしまいます．誘電率は約23℃で2000近い最高値を示し，温度変化で著しく変化し，安定性に欠けるので，実用的な使用温度範囲は40℃以下となっています．

　その後，リン酸アンモニウム（ADP）や硫酸リチウム（LH）など，有望視された圧電材料が次々と発見されました．

2-6-2　圧電型変換機構の高音用スピーカー

　この圧電効果の高いロッシェル塩をスピーカーに使用したいと考えたのは当然ですが，ロッシェル塩の結晶体は硬く，共振周波数が高いため，実用的な製品はなかなか誕生しませんでした．しかし，1933年になってバランタイン（S. Ballantine）が，初めてその特徴を生かしたスピーカーの実用化に成功しました[2-35]．

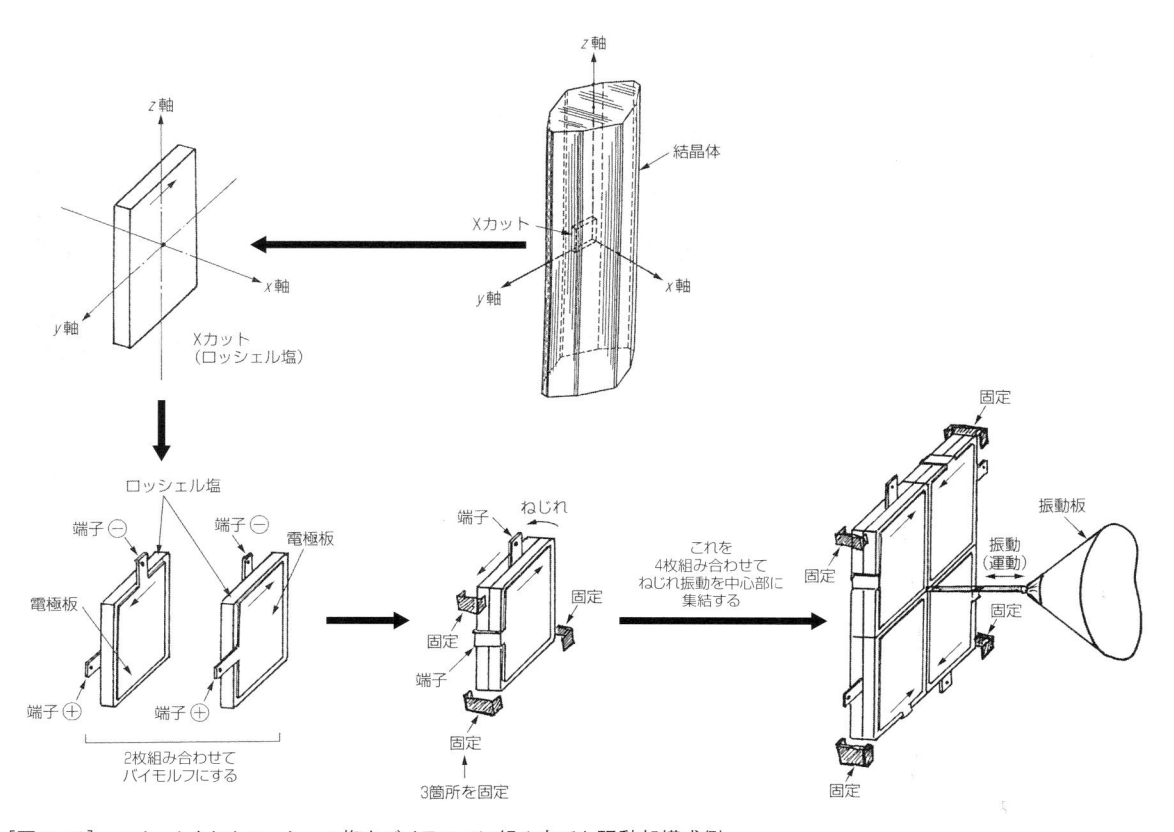

[図2-59]　Xカットされたロッシェル塩をバイモルフに組み立てた駆動部構成例

[写真2-21]　ロッシェル塩を使用したエレクトロホン４型高音用圧電スピーカー

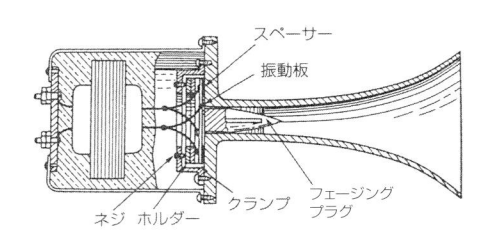

[図2-60]　バランタインが開発したエレクトロホン４型高音用スピーカーの概略構造

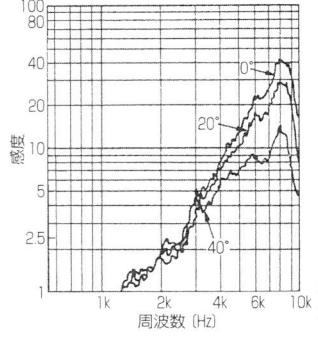

[図2-61]
エレクトロホン４型スピーカーの再生周波数特性

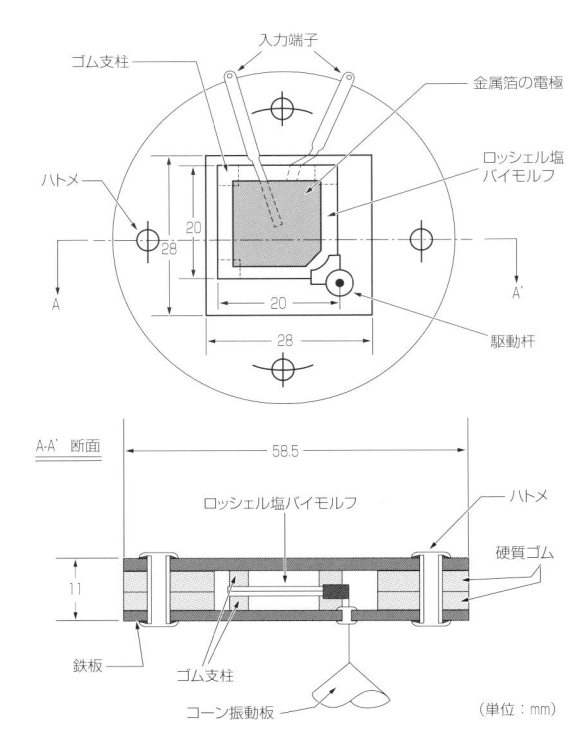

[図2-62]　ラザメルが開発したR155型高音用圧電型スピーカー（口径５インチ）の概略構造

これを小型のエクスポーネンシャルホーンに取り付けて，「エレクトロホン４型」高音用圧電型ホーンスピーカー（**写真2-21**）として発売しました．これが歴史的には最初の圧電型スピーカーとなりました．この製品の概略構造は**図2-60**で，**図2-61**の優れた特性を得ています．

1934年に英国のラザメル（R. A. Rothermel）が，コーン型スピーカーとして商品化したのが，R155型圧電型高音用スピーカーです．このロッシェル塩の圧電素子を使ったバイモルフ型の構造は**図2-62**であり，口径５インチの振動板を駆動しています[2-36]．

これはローラやブルースポットなど，当時のスピーカーメーカーに供給され，複合スピーカーとして発売されました．

日本では，1950年代になってプリモ音響研究所が高音用の圧電型ホーンスピーカー T-502型（**写真2-22**）を発売しました．これにはマッチングトランスが付属していて，8Ωラインで使用できました．

バランタインの狙いは，２ウエイ方式の高音専用スピーカーの変換機構への使用でした．ロッシェル塩の結晶体をX軸に垂直な薄片にカット（Xカット）し，これを２枚背中合わせに貼り合わせて３つの角を固定し，電気信号で１つの角がねじれ運動をするようにし，これを４個組み合わせて１つの駆動部とし，接合の中心部に連結棒を設けて振動板に伝達する構造を考案しました（**図2-59**）．ロッシェル塩のXカットは，濡れた糸で擦って行いました．

[写真2-22]　プリモ音響が1950年ごろ開発したT-502型
圧電型高音用スピーカー

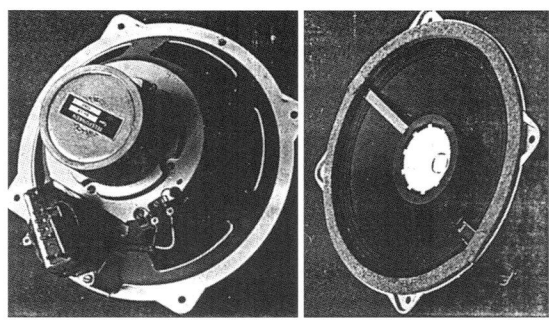

[写真2-23]　高音用に圧電型スピーカーが使用されたテレ
フンケンのELo-L8型同軸2ウエイスピーカー

また，ドイツのテレフンケンにも同軸2ウエイの
高音用に圧電型コーンスピーカーを使用した
ELo-L8型スピーカー（**写真2-23**）があります．

2-6-3　その後のスピーカー用圧電素子

その後，ロッシェル塩に替わる安定した圧電材
料を求めて研究が進み，脚光を浴びたのが電気歪
み材料でした．

その代表的な材料は，チタン酸バリウム磁器（通
称チタバリ）です．第2次世界大戦中の1947年，
米国のロバーツ（S. Roberts）は，この材料に大き
な直流電圧をかけると，それを取り去った後にも強
い偏極が残ることを発見し，見かけ上は圧電現象
と同じ能力を出すことを見出しました．

そして改善がさらに進み，1954年
にはチタン酸ジルコン酸塩（DZT）
が発見され，きわめて安定した圧電
材料として入手できるようになり，
近年は電気音響変換器として注目さ
れるようになりました[2-37, 38]．

2-7　放電型スピーカーの変換機構

2-7-1　アーク放電による音放射の開発が先行

放電型スピーカーの電気音響変換機構は，放電
による熱のエネルギー源を利用して空気を直接音
声信号で振動させて音放射するもので，機械系の
振動を伴わない（振動板がない）という特徴を持
っています．

この放電による音波の発生の発見は古く，1862
年に「物言う炎（manometric flame）」，1898年
には「唄うアーク（singing arcまたはsinging
flame）」と称する音響発生が報告されています[2-39]．

1875年に電話を発明したベルは，1880年にアー
ク灯を使った電話の無線化を考案していました．こ
れは「ラジオフォーン」または「フォトフォーン
（Photophone）」と呼ばれるもので，送話器，アー

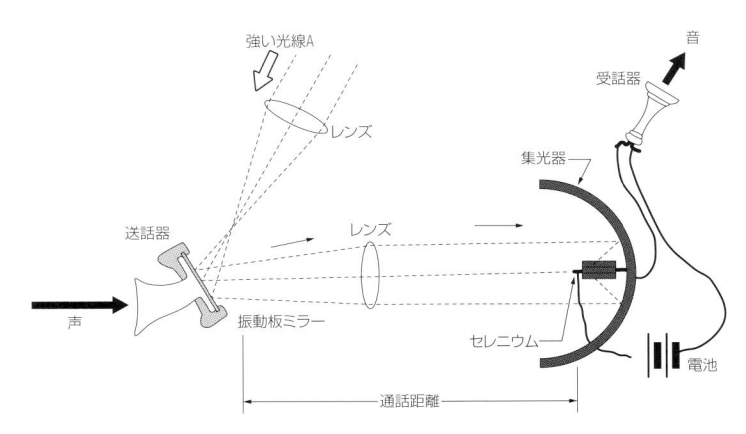

[図2-63]　1898年にベルが発明した光学式の無線電話装置「フォトホーン」

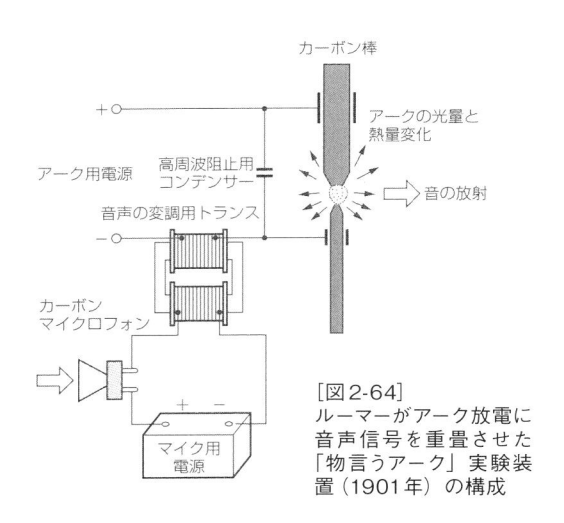

[図2-64]
ルーマーがアーク放電に音声信号を重畳させた「物言うアーク」実験装置（1901年）の構成

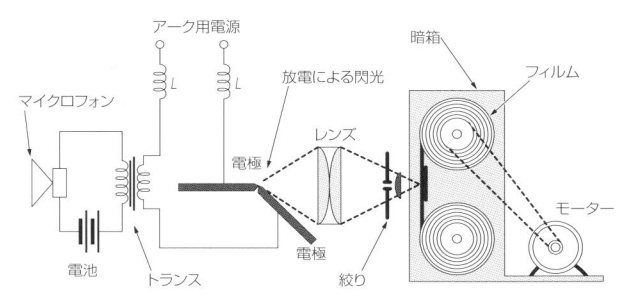

[図2-65]　アーク放電に音声信号を重畳させて光の変化をフィルムに写し込む「フォトグラフォーン」装置（トーキー映画の発想の母体）

ク灯，セレニウムセルを組み合わせた一種の無線電話（図2-63）で，1901年のセントルイス万国博覧会（米国）に出品されています．

この発明は実用にはなりませんでしたが，この光とセレニウムの利用は，その後の研究者に大きなヒントを与えました．

1901年にドイツのルーマー（Ernst Ruhmer）は，アーク灯に流れる電流を電話の送話器の信号で変調する実験を行いました（図2-64）．この実験で，音の変化で光に変化が現れるとともに，電気信号による光熱変化が空気を振動させ，「唄うアーク」と称する音放射をしたことが注目されました．

またルーマーは，この光の変化を映画フィルムに撮影し，現像したフィルムに光を当ててフィルムの濃淡変化をセレニウムセルの抵抗変化として検出し，これを電流変化にして電話用受話器で音として聴くことを考案しました[2-40]．ルーマーは，音をフィルム上に撮影して記録したものをセレニウムを使用して再生する「フォトグラフォーン」（図2-65）と称する装置を作りました．これは，トーキー装置の発想の母体となったといわれています[2-41]．

フォトグラフォーンは，エジソン（T. A. Edison）が音を機械的に円筒面に記録する蓄音機を発明したように，音をフィルムに記録する最初の発明となりました．

また，光熱から音を放射する重要な発見は，光

熱変化による空気の膨張変化を音として発生させる放電型スピーカーや炎型スピーカーの発明につながる基礎となりました．

しかし，当時は真空管による増幅作用が発明される以前であったために，スピーカー研究には関心が薄く，進展は遅れました．

1936年になって，ドゥデル（William Duddell）によって再び「唄うアーク」の実験が行われましたが，その結果，「音質を良くすることはできるが雑音が多く，大きい音には不適当であるから，拡声器としては価値がない」という報告を行い，その後の長い期間，進展がありませんでした．

わが国で，このアーク放電型スピーカーの検討を行ったのは近年になってからで，1989年に三菱重工業が製品化を検討し，デモンストレーションを行っています[2-42]．

2-7-2　コロナ放電型スピーカーの変換機構の誕生とその変遷

アーク放電による音放射に代わって，コロナ放電を利用して音放射する音響変換機構を1952年にフランスの物理学者クレイン（Siegfried Klein）が発明しました（写真2-24）．

アーク放電のような強い放電では雑音が多いため，スピーカーとしては実用にならないことから，コロナ放電型スピーカーでは，違った発想から出発しました．その結果，放電開始電圧の低い高周波（20MHz）を使用し，誘電体で包まれた一方の電極からのコロナ放電によってイオン化された空気が

[写真2-24] コロナ放電スピーカーの駆動回路を発表する クレイン（1952年）

[写真2-25] オーダックス（仏）が世界で初めて商品化したコロナ放電型スピーカー「イオノフォン」[2-43]

直接音を放射する，振動板のない放電型変換機構を持つスピーカーが誕生しました．電極は針状の白金で，ホーンの喉元でコロナ放電が発生するように石英で形状を作り，外周にもう一方の電極を円筒形状のシールド板で包んだ構造です．

針状電極に音声信号で変調された高圧高周波電圧を印加してコロナ放電が始まると，コロナの強さが音声信号に従って変化し，周辺の空気の温度変化で膨脹，収縮した音波が発生し，音声信号に比例した音響再生が行われます．

これをフランスのオーダックス（Audax）が早速「イオノフォン（Ionophone）」として商品化し，**写真2-25**のスピーカーを製造しました．これがコロナ放電による電気音響変換機構を持った，世界最初のスピーカーとされていました．

ところが，クレインが発明するより3年前の1949年，わが国の広島文理科大学の学生，島田聡と江藤哲太郎の2人が，同じ原理の放電型変換機構を持つスピーカーを発明していました．

この発明の報告は，彼らの教授であった三村剛昂によって『科学朝日』に記事として掲載されています[2-44]．**写真2-26**は，その実験状況を示すもので，この写真に横たわって見えるホーンのスロート部分に**図2-66**に示す構造の放電電極が取り付けられており，ここに発振周波数2.1MHz，50000Vの高周波電圧を加え，変調回路によって蓄音機の音楽信号を重畳させて音楽再生を行っていました．さらに，

[写真2-26] 世界初のコロナ放電型スピーカーの再生実験を行う島田と江藤（『科学朝日』1949年5月号より）

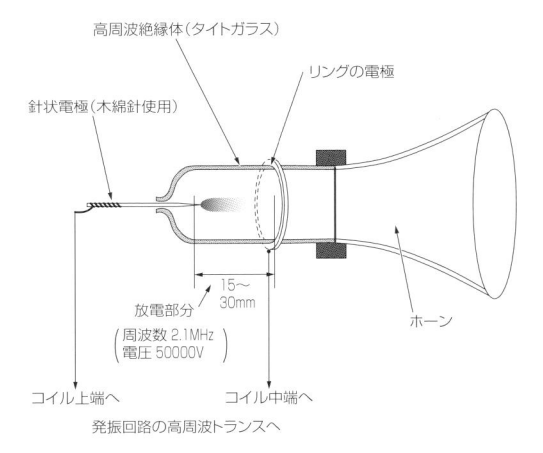

[図2-66] 島田と江藤が製作したコロナ放電装置の電極部の概略構造

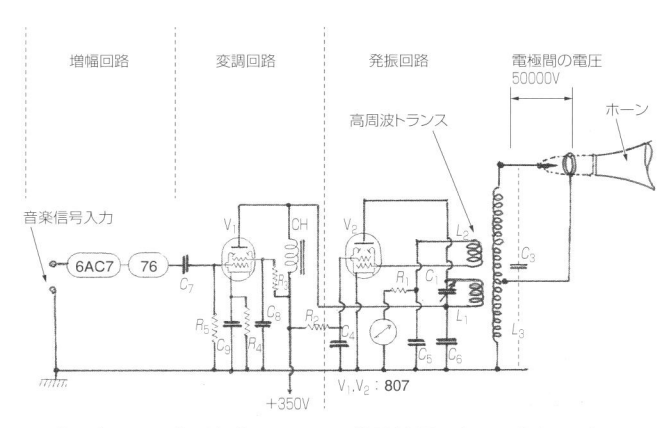

[図2-67]　島田と江藤が製作したコロナ放電装置の変調・発振回路

このコロナ放電スピーカーの再生周波数特性を測定し，20000Hz以上の周波数まで均一な特性が得られることを確認しています．これが世界最初のコロナ放電型スピーカーです．

　駆動する電気回路は**図2-67**で，変調部と発振部にUY-807が使用されています．しかし，残念なことに特許申請もなく，その後の研究も進展しなかったためか，日本で，この形式のスピーカーの開発や

商品化は行われませんでした．

　一方，クレインが実験用に開発したコロナ放電スピーカーの用途は，超音波の音を放射することでした．クレインは，このスピーカーを2個，**写真2-27**のように向き合わせ，片方で30kHzの信号，もう一方で27kHzの信号を再生する実験を行ったところ，この周波数差の3000Hzの可聴音が聴こえることを発見したのです．これはパラメトリックスピーカーにつながる発見でしたが，クレインは，これをユニットとユニット中間に発生した定在波によるものと考え，深く追及しませんでした[2-45]

　開発したコロナ放電スピーカーは，ダイナミックスピーカーのように電気磁気エネルギーを使用したスピーカーとは違って，動作中にコロナ放電による熱源があるため，電極部分の温度が常時約500℃から1000℃程度の高温になるため，これに耐える耐熱性部品を使用し，耐久性のある構造が必要となりました．

　また，コロナ放電スピーカーの変換効率を高めるためにはホーン方式が有効であることと，再生周波数帯域の高音限界がコロナ放電電極の幾何学的な長さの半波長に近い周波数が限界であることが判明し，高音域は約30kHzまで再生できることもわかってきました．低域の限界は，コロナから周囲への熱の放散速度よりも遅い周波数では出力が低下します．この限界周波数はほぼ1kHzから2kHz程度とされています．このため再生周波数範囲は限定され，コロナ放電型スピーカーは高音再生専用に適していることがわかりました．

　コロナ放電の高周波は，1MHzから100MHz程度の幅がありますが，周波数が変換効率に直接的な影響を与えることは少なく，周波数によってコロナ放電の視覚的な色の違いが生じることに興味が持たれました．

　クレインは，1954年にコロナ放電型スピーカー

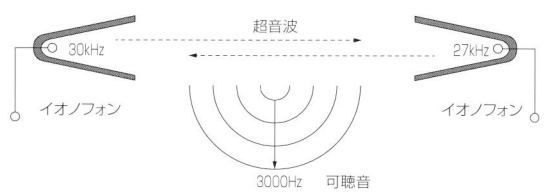

[写真2-27]　2つのイオノフォンによる超音波で可聴音を発生させるクレインの実験

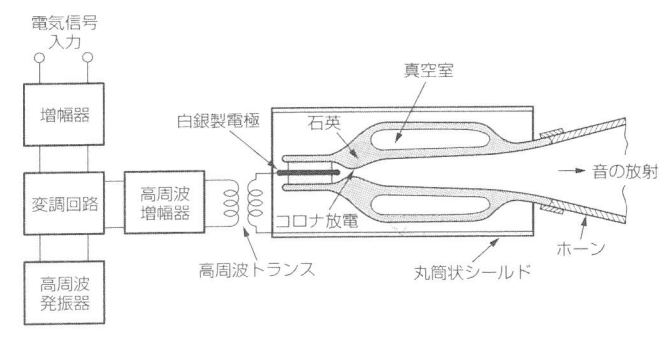

[図2-68] クレインが開発したコロナ放電型スピーカーの基本構成

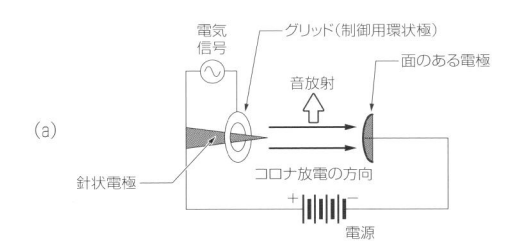

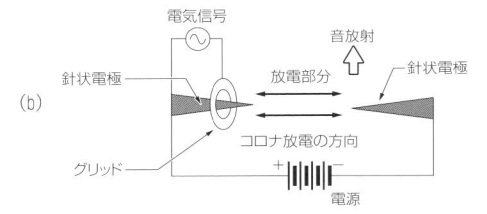

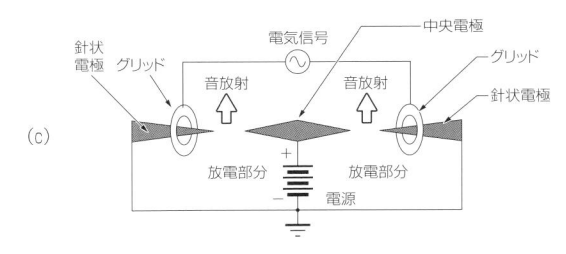

[図2-69] 1955年，トームスはコロナ放電型スピーカーの電極にグリッドを設け，さらに両電極を針状にした．翌1956年，シャーレーはプッシュプル方式に改善した

[写真2-28] トームスによって改良された直接放電型コロナ放電スピーカー（1955年）．グリッド（制御格子）を持ち，両電極は針状となっている

の実用的な最初のスピーカーを開発しました．その構造は**図2-68**[2-46]で，可聴帯域再生用コロナ放電型スピーカーの変換機構の基礎を築きました．

1955年，ニュージーランドのトームス（D. M. Tombs）が開発したコロナ放電型スピーカーは，放電用の両極にさらに制御用の環状極（グリッド）を設けた特徴ある構造（**図2-69**（a））で，ちょうど3極真空管に似た特性を持っており，駆動用の電力を軽減できることに成功しました．さらに**図2-69**

（b）のように，両極の電極を針状にすることでコロナ放電は両極から発生し，電圧と距離を調整してバランスを取ると放電が発生しない状態を保持することが可能になりました．

また，1つの電極から発生する音が微弱なので，多数の電極を並列に並べた改良品を開発しました．**写真2-28**はその試作品で，6インチ角の電極に針状素子を144本使用し，グリッドに1/2インチ角の金網を使用した構造です．すでに商品化したイオノフォンと比較すると，ホーン型ではなく直接放射型であることや，低音域まで再生できるなどの特徴があります．

音量を大きくするために歪みを抑える検討が行われ，1956年には，シャーレー（Gerald Shirley）が**図2-69**（c）のような，プッシュプル方式で中央電極の両側に針状電極とグリッドを設けた構造に改善し，高性能化を図ったコロナ放電型スピーカーを発表しました[2-47]．

その後1963年，高い出力音圧レベルのコロナ放電スピーカーを松下電器産業（現パナソニック）の小田富士夫が開発し，周波数帯域2000 〜 30000

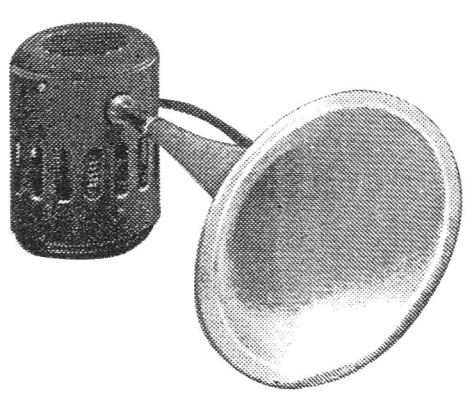

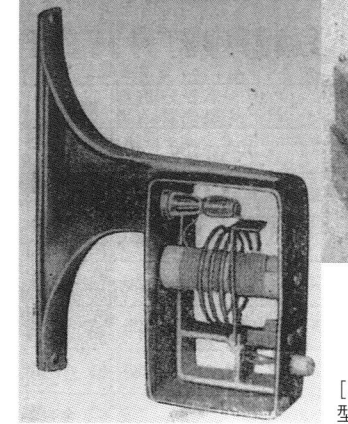

［写真2-30］　EVのイオノバックT350型高音用スピーカー（1958年）

［写真2-29］　イオノフォンとホーンを組み合わせた高音用コロナ放電スピーカー（1956年）

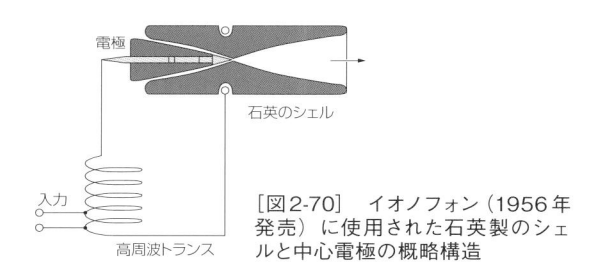

［図2-70］　イオノフォン（1956年発売）に使用された石英製のシェルと中心電極の概略構造

Hzで，出力132dBが得られたと報告[2-48]されています．

2-7-3　商品化されたコロナ放電型スピーカー

　1956年に市場に登場したコロナ放電型スピーカーは，フランス製ではなく，英国製の「イオノフォン（Ionophone）」でした．イオノフォン（**写真2-29**）は，丸型のエクスポーネンシャルホーンと組み合わされた製品でした．重要な電極構造は，**図2-70**に示すように石英のシェルに中心電極のプラグを挿入した簡素な構造です．

　続いて，1958年に米国のエレクトロボイス（Electoro Voice；EV）から「イオノバック（Ionovac）」T350型が発売されました．**写真2-30**に示すように縦長の角型ホーンと駆動部がセットになっています．

　その後，1965年に英国のファン・アコースティック（Fane Acoustics）からイオノフォン601/E型（**写真2-31**）が発売されました[2-49]．イオノフォ

［写真2-31］　イオノフォン601/E型高音用スピーカー（1965年）

ン601/E型の基本的構造は**図2-71**で，石英にϕ8mm程度の孔をあけた放電チャンバーに針状の中心電極を固定し，外側に円筒状の電極を固定した構造です．ホーンのカットオフ周波数は1.5kHzで，推奨クロスオーバー周波数は3.5kHzとなっています．高音再生限界周波数は50kHzまで伸びています．

　駆動する電気回路（**図2-72**）を見ると，発振管には6DQ6Aが使用され，発振と同調回路により10kV以上に昇圧されて電極に供給しています．

　入力信号1Vで音圧94dB/50cmの感度で，最大音圧レベル100dBが可能とされています．

　1981年には，フランスのマグナット（Magnat）

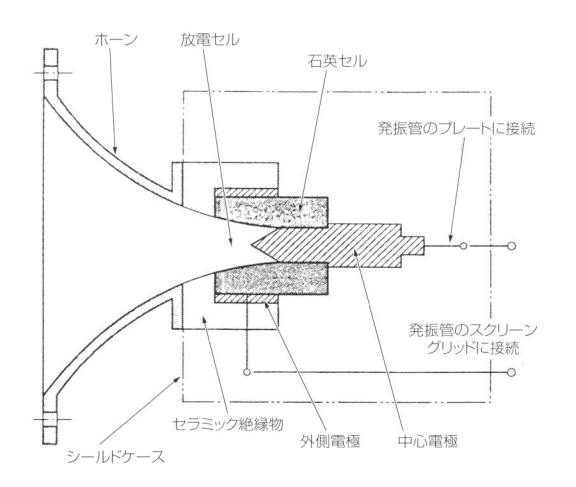

[図2-71] イオノフォン601/E型高音用スピーカーの概略構造

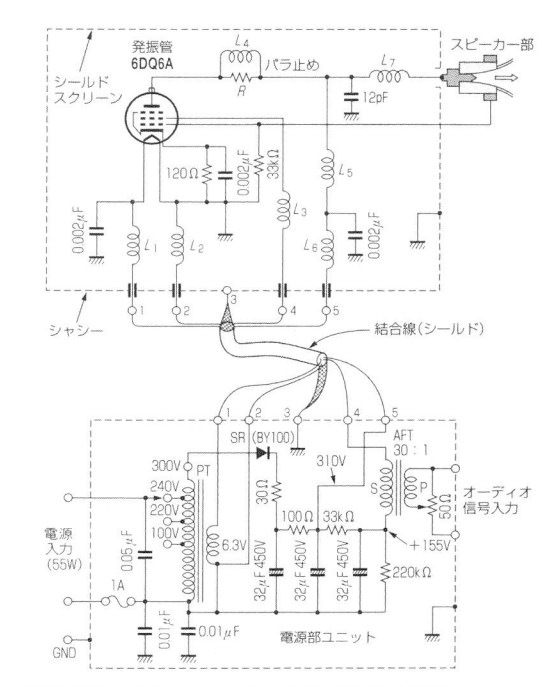

[図2-72] イオノフォン601/E型の駆動用回路

[写真2-32] マグナットの放電型スピーカー MP-02型（1981年）

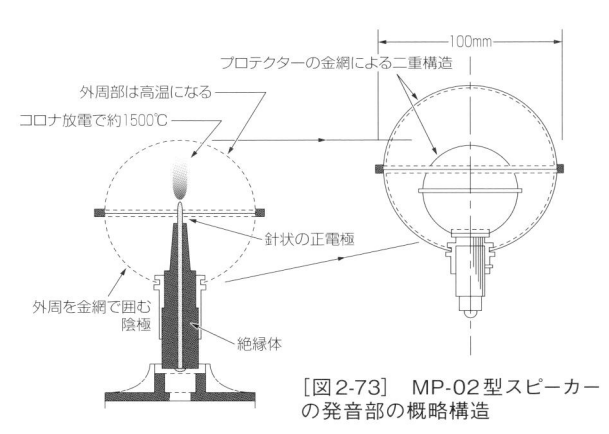

[図2-73] MP-02型スピーカーの発音部の概略構造

が，ホーンのない球形のMagnatostriction式直接放射型のMP-02型スピーカー（**写真2-32**）を開発しました．水平面の無指向性を狙った発音部の構造（**図2-73**）は，球形の金網を陰極として，正極は中心に設けた針状の中央電極としてコロナ放電を行うというものです．コロナ放電はほぼ垂直に生じ，陰極の金網はコロナ放電で約1500℃の高温になるため，その外側にさらに金網を設けた二重構造になっています．再生周波数帯域は200Hz以上と言われ，実用的には4500Hz以上の帯域で使われ

ています．高周波発振器は27MHzとなっています．

わが国では，神戸市の畠清が1978年ころにコロナ放電型スピーカーの開発を行いました．1995年の阪神淡路大震災後，この技術を継承して菊原脩が商品化したのがリアル音響工房のリアロン（Realon）TS-5A型系コロナ放電型高音用スピーカー（**写真2-33**）です[2-50]．

1984年，ドイツのアカペラ（Acapella）のATR TW-1S型（**写真2-34**），英国フェーンの「アイノフェーン」1601型などが次々と市場に登場しました．

[写真 2-33]　リアル音響工房のTS-5A型コロナ放電型スピーカー

[写真 2-34]　アカペラ（独）のTW-1S型高音用スピーカー（1984年）

プラズマ放電制御調整用パネル

プラズマ放電スピーカーによる
高音部

中音用コーンスピーカー

低音用コーンスピーカー

3ウエイ方式
クロスオーバー周波数：130Hz,700Hz
低音用スピーカーの口径：36cm
中音用スピーカーの口径：16cm
高音用スピーカー：プラズマ放電型
外形寸法：$H1462 \times W623 \times D482$mm

[写真 2-35]　ヒルが開発したプラズマトロニックスピーカーシステム．プラズマ放電スピーカーを搭載

2-7-4　商品化されたプラズマ放電型スピーカー

　米国プラズマトロニック（Plasmatronics）のヒル（A. E. Hill）が開発した3ウエイスピーカーシステムの高音用スピーカーが1979年に製品化されて使用されています．しかし，その技術的な内容は発表されておらず，ヘリウム希ガスを気体状態でプラズマ放電させ，これに音声信号を加えてプラズマ放電を変化させて音放射する変換機構と考えられます．

　写真2-35はその外観で，シールドカバーの中央に高圧電源と3000℃のプラズマ放電室があり，受け持ち帯域の700Hz以上の高音域を音放射します．エンクロージャーの上部にはガス調整用のパネルがあり，電流計やヒューズなどが取り付けられてお

り，エンクロージャー背面にはヘリウムガスの入った大型ボンベが内蔵されています．

　初期の製品の試聴では，炎の安定に少し時間が必要で，ガスの燃焼時に放電型スピーカーと同じように，わずかな雑音が聴き取れました．

2-8　気流型スピーカーの変換機構

2-8-1　各種気流型スピーカーの変換機構

　気流型スピーカーは，古くから「stentor phone（強力な拡声器）」と称された巨大音響再生の特殊な用途に使用されており，近年は気流型（pneumatic loudspeaker），または空気弁型（air-valve loudspeaker）と称されて開発されているものです．

　この変換機構の基本動作は，一定の流速を持った空気の静流を電気信号で動作する気流弁（固定格子と可動格子）によって変調して音響を発生さ

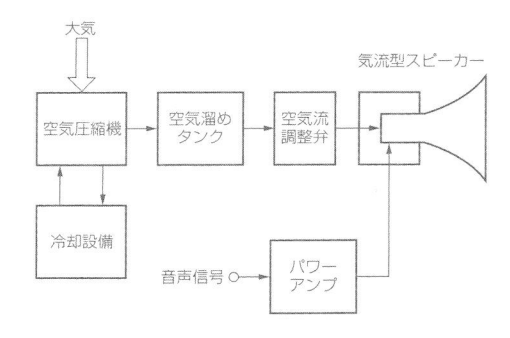

[図2-74] 気流型スピーカーに必要な機器の構成

[写真2-36] 米国ロサンゼルスで使用された気流型の移動式超大型拡声装置（1929年）

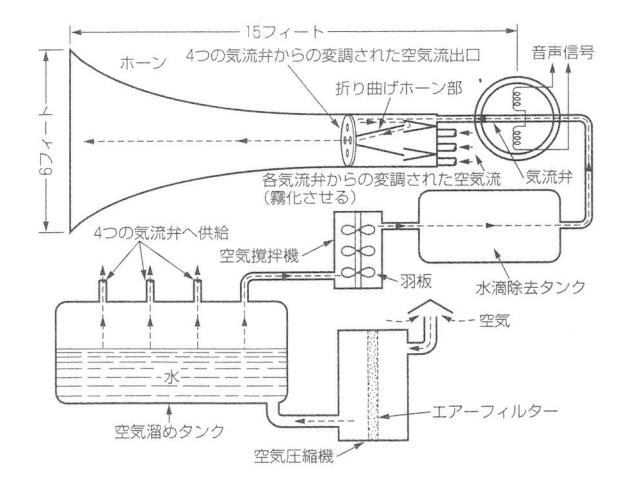

[図2-75] 1929年にロサンゼルスで開発された気流型スピーカーの構成

せるというものです．このため，一定の空気流を持続して気流弁に供給する装置が必要で，**図2-74**に示すように，空気圧縮機を起動し，空気溜めタンクに空気を溜め，この空気溜めから一定の圧力を持った空気流を気流弁に供給する大がかりな装置が必要になります．

一方，気流弁の駆動には，電磁型，動電型などの駆動機構が使われ，小さな電気信号で気流弁を駆動して空気流を変調して大きな音響信号を得るため，電気入力と音響出力の比は100%以上となり，見かけ上非常に高い値の電気音響変換効率が得られるという大きな特徴を持っています．

気流型スピーカーの変換機構の理想的動作としては，気流弁（可動格子）の振動の振幅が周波数に無関係で，加わる電圧に比例して動作することが望まれます．

初期の気流型スピーカーの一例として，1929年に米国ロサンゼルスで製作された大型拡声装置（**写真2-36**）を挙げます．これは，大型ホーンに取り付けられた気流型スピーカーが移動用車に搭載されたもので，防音されたアナウンス室が運転席側に作られており，ハウリングが生じないよう工夫された拡声車となっています[2-51]．

このスピーカーの概略構造（**図2-75**）を見ると，その特徴は，人間の声帯が湿気を持った気流を必要とするように，気流に十分な湿気を与えるよう工夫されていることです．発声機構の詳細は発表されていませんが，4つの独立した気流型スピーカー

がホーンスロートで結合され，長さ15フィート（約4.6m），開口径6フィート（約1.82m）のエクスポーネンシャルホーンに接続されています．

丹羽保次郎の著書[2-52]に掲載された気流型スピーカーの構造図（**図2-76**）は，ガイドン（Gaydon）の設計した「ステンターホーン（Stentorphone）」と称するスピーカーのもので，馬蹄型の永久磁石を使用した電磁型駆動機構が使用され，格子を駆動していますが，詳細は不明です．

1936年に，エルミー（G. W. Elmei）が開発した気流型スピーカーの構造図（**図2-77**）が，オルソン（H. F. Olson）の著書[2-53]に掲載されています．この駆動機構は，電磁型で気流弁の開閉を行

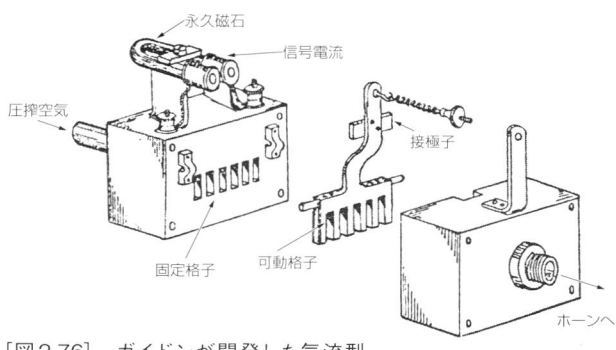

[図2-76]　ガイドンが開発した気流型スピーカー「ステンターホーン」の気流弁駆動部の構造

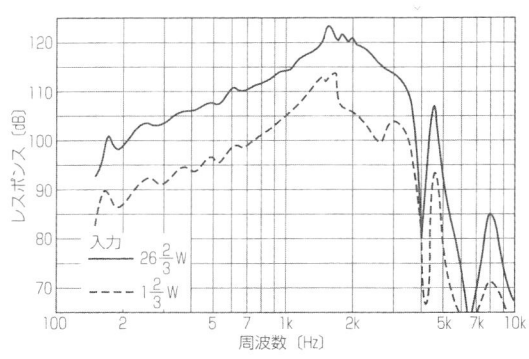

ホーンに2個使用の場合の音圧レベル．測定距離は15フィート（約4.6m）

[図2-79]　エバスの気流型スピーカーの再生周波数特性

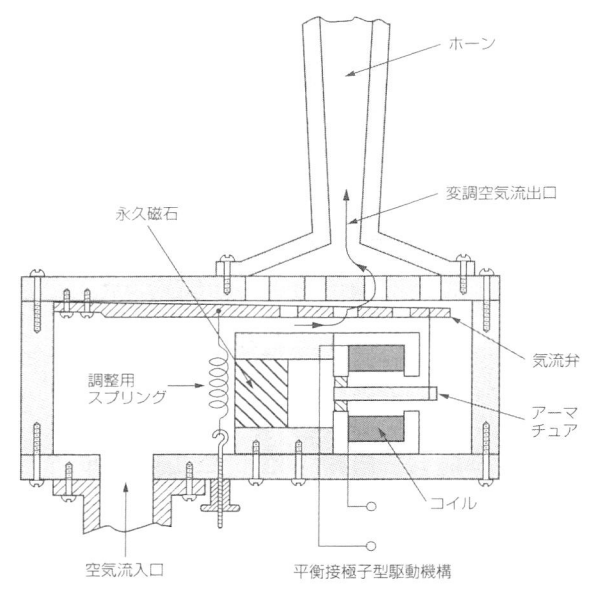

[図2-77]　エルミーが開発した気流型スピーカーの気流弁駆動機構の概要（1936年）

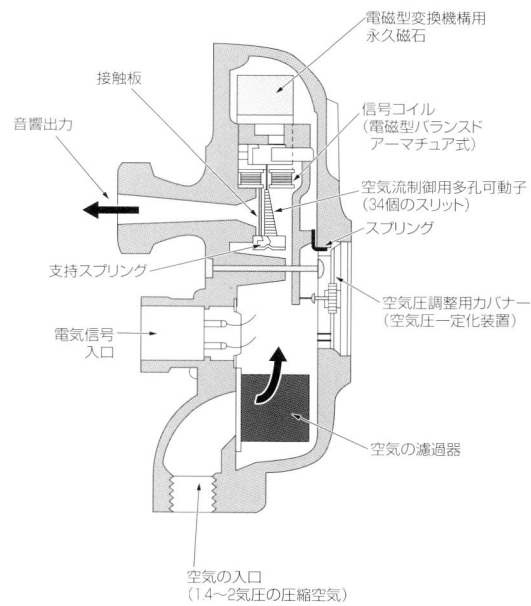

[図2-80]　GEの気流型スピーカー，ステンターホーンの気流弁駆動機構の概要（1945年）

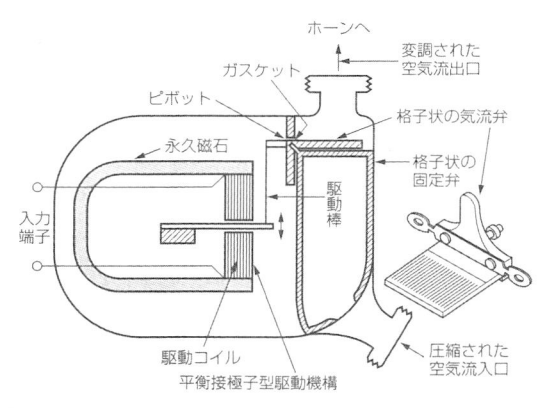

[図2-78]　1942年にエバスが特許出願した気流型スピーカーの気流弁駆動機構の概要

うもので，調整用スプリングが空気流に抵抗して開くよう調整されるようになっています．

また，1950年のベラネック（Leo L. Beranek）の著書[2-54] には，図2-78の構造図に示す気流型スピーカーが掲載されています．この発明はエバス（W. C. Eaves）によるもので，1942年に特許出願し，1945年に特許を獲得した内容[2-55] に類似しています．駆動系は電磁型で，この気流型スピーカーは図2-79の再生周波数特性を持ち，高い出力音圧レベルが得られています．

エバスは，1947年に構造とともに気流弁の形状

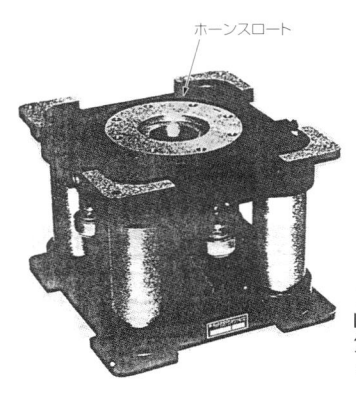

ホーンスロート

[写真2-37]
LTVのEPT-200型
気流型ホーンスピー
カーのドライバー

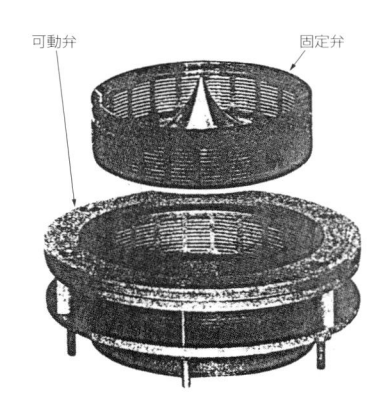

可動弁　　　　固定弁

[写真2-39]
EPT-200型気流
型ホーンドライバ
ーの気流弁の分
解写真

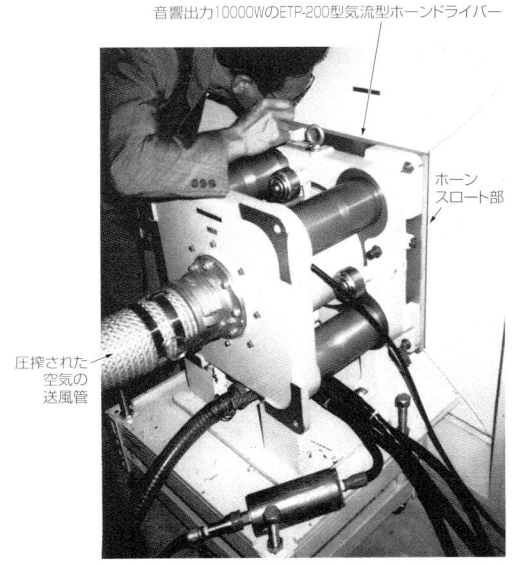

音響出力10000WのETP-200型気流型ホーンドライバー

ホーン
スロート部

圧搾された
空気の
送風管

[写真2-38]　低音用ホーンに固定されたEPT-200型気流
型ホーンドライバー

を改良し，特許[2-56]を取得しています．

　1945年にGEが発表したステンターホーンの変換機構は図2-80[2-57]で，格子状のスリットを電磁型バランスドアーマチュアの振動子で駆動しています．この発明は，ディルクス（C. F. Dilks）によるもので，特許[2-58]を取得しています．空気流には1.4 〜 2気圧の圧縮空気が使用され，音響出力は15 〜 20Wが得られています．

　このように，気流型スピーカーの電気音響変換機構は，いずれも格子状のスリットを持った気流弁がその特徴となっています．

　その後の巨大音響再生用気流型スピーカーには，

航空母艦でのプロペラ飛行機の発進，帰還時の大騒音下における甲板上の整備員への指示命令の伝達用に開発されたものがあったと言われています．

2-8-2　近年の気流型スピーカーの変換機構

　近年における気流型スピーカーによる巨大音響再生の開発用途として，宇宙開発のロケットに搭載する電子機器の地上シミュレーションのための大音響の音場の再現があります．

　これはロケットエンジンの発射時の噴射音（140 〜 160dB）の超高音圧レベルの音場をシミュレートして，この音場でロケットに搭載する精密な測定器や電子機器が，発射時に大気圏内で受ける大音響による共振や振動で破損しないか，その状況を品質確認する地上実験の設備として使用されています[2-59]．

　これに使用される気流型スピーカーの例として，米国のLTV（Ling-Temco-Vought）Ling Altec Inc.のEPT-200型ドライバー（**写真2-37**）があります．このドライバーは再生周波数帯域が20 〜 5000Hz，音響出力10kWの性能を持っています．ホーンに取り付けた外観は**写真2-38**のように大型であり，気流弁の形状は**写真2-39**に示すようにスリット状です．気流弁の断面は**図2-81**で，外周から横スリットの気流弁を通って変調空気流が中心部に集まり，ホーンスロートにつながります．可動弁を駆動するのは電磁誘導型の駆動機構です．

　わが国では，三菱重工業でMAT-101型気流型スピーカーが製作され，1989年に三菱電機の大型

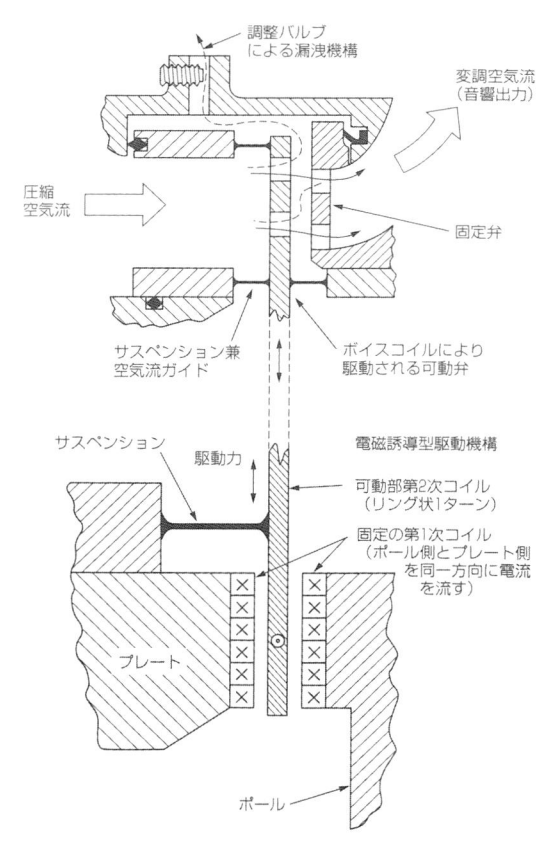

[図2-81]　EPT-200型気流型スピーカーの気流弁駆動機構の概要（気流弁の駆動に電磁誘導型機構が使用されている）

宇宙構造物研究用音響加振実験設備用に設置されました．最大音圧150dB，周波数範囲100〜10000Hzの能力を持つ気流型スピーカー装置です[2-60]．

2-9　エレクトロサーマル（炎型）スピーカーの変換機構とその変遷

　炎型スピーカーの電気音響変換の基本的動作は，ガスの燃焼による炎に音声信号を重畳させて炎に変調を与えると，熱変化の強弱で生じた周辺の空気の膨張収縮変化が音として直接放射されるというものです．

　炎型スピーカーの変換機構の源流は，1901年にドイツのルーマー（E. Ruhmer）が発見した「物言うアーク灯」です．アーク灯に流れる電流に音

声信号を重畳させると，光量の変化とともにアークの強弱の熱変化により空気の膨張収縮が音となって放射されるという熱的現象の研究が進展しました．その成功例は，1952年にフランスのクレインの発明したコロナ放電による電気音響変換器でした．

　コロナ放電に代わり，ガスの燃焼による炎に着目して新しい電気音響変換器を1965年に開発したのが，アーノルド（J. S. Arnold）で，熱変調の「ドラゴンスピーカー」[2-61]と称するものでしたが，その後，1967年に米国のUTC（United Technology Center's）のカタネオ（A. G. Cattaneo），バブコック（W. Babcock），ベーカー（K. L. Baker）が，炎を使った研究を発表しました[2-62]．

　この炎による音放射の最初の基本的な変換器（図2-82）は，ドイツのブンゼン（R. W. Bunsen）が発明したブンゼンバーナーの炎にダイナミック型振動板による空気の圧力変化を与え，炎を変調して音放射するという機構です．

　次に，図2-83の装置で，燃焼している炎への酸素供給量をダイナミック型振動板で変化させて炎に変調を与え，音放射する実験を行っています．

　図2-84は，直流500Vを与えた2つの電極（タングステンまたはカーボン）を長さを6インチにした炎の中に2〜4インチの間隔で挿入して音声信号を重畳させると，炎が変調されて熱変化の強弱による音放射が行われるという実験の模式図です．直流電源の容量は500V/0.2Aで，最大信号時の電流は0.3A程度流れました．変調トランスの2次側のインピーダンスは2000〜2500Ω，駆動用アンプは50W程度を必要としました．

　1969年，バウチャード（J. K. Burchard）の論文[2-63]では，こうした一連の電気信号による炎の音放射を「エレクトロサーマルスピーカー（electrothermal loudspeaker）」と称し，その後，これが統一された用語として一般化されました．

　1971年のペイジ（T. S. Paige）とハミド（M. A. K. Hamid）の研究論文[2-64]でも，エレクトロサーマルスピーカーの名称が使われ，炎の音放射

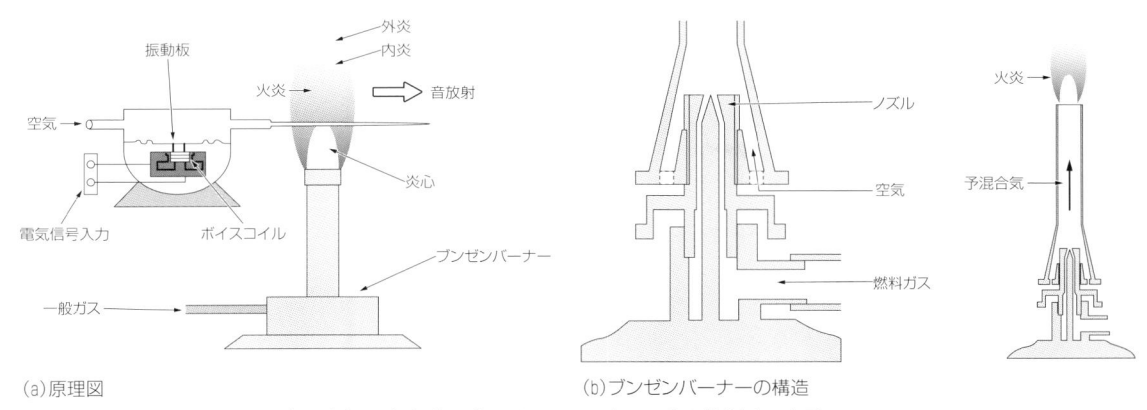

(a) 原理図　　　　　　　　　　　　　　　　　(b) ブンゼンバーナーの構造

[図2-82]　ブンゼンバーナーの炎を空気圧力変化で変調することで炎から音を放射する実験

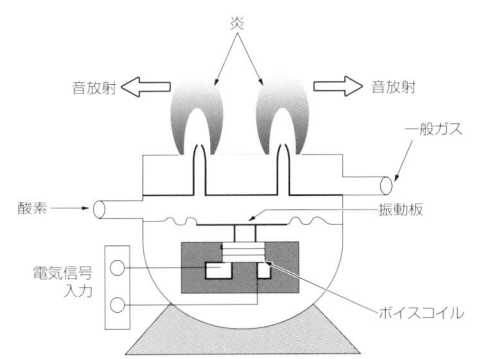

[図2-83]　ガスの炎への酸素供給量を変化させることで炎を変調して音を放射する装置の基本構成

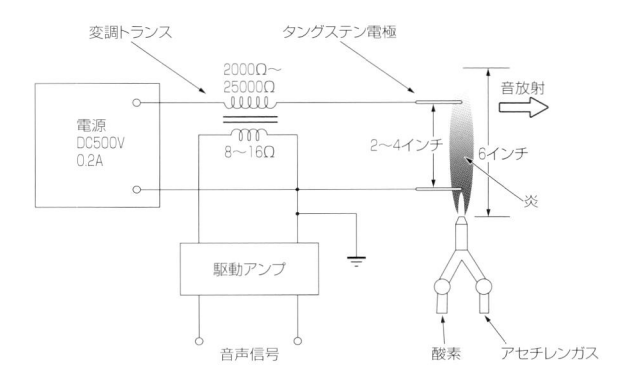

[図2-84]　直接放射型エレクトロサーマルスピーカーの基本構成

を直接放射型からホーン型による音放射にして変換効率を高める研究が進められました.

　直接放射型のエレクトロサーマルスピーカーは, 炎の長さが6インチになるよう燃焼を調整し, この炎の中にタングステンの電極を2〜4インチの間隔で挿入し, DC600〜700V（電源の直流電圧は最大800V）を印加して, これに変調トランスで音声信号電圧を重畳して炎を変化させ, 音の放射を行う変換機構になっています.

　また, ホーン型のエレクトロサーマルスピーカーは, 図2-85に示すように, ホーンスロート部に燃焼室を設け, 電極はバーナーヘッドと炎の先端に近いところに設置して, 約800Vの直流と変調トランスを介した音声信号電圧を重畳したもので炎を変化させて音放射を行う変換機構です. これを追随試作したスピーカーの再生周波数帯域は300Hzく

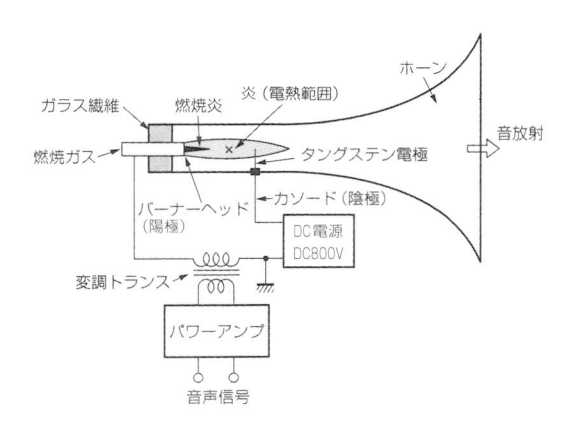

[図2-85]　ホーン型エレクトロサーマルスピーカーの基本構成

らいから8000Hzで, 再生出力音圧レベルは90dB程度であったと報告されています[2-64].

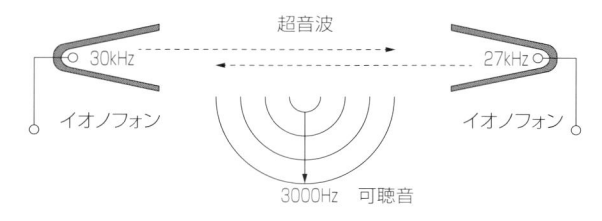

[図2-86]　2つのイオノフォンを使用した超音波再生の実験

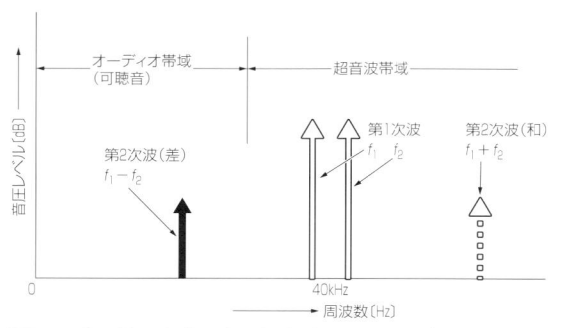

[図2-87]　第1次波の有限振幅音波で生じる第2次波（第1次波の和と差）の発生

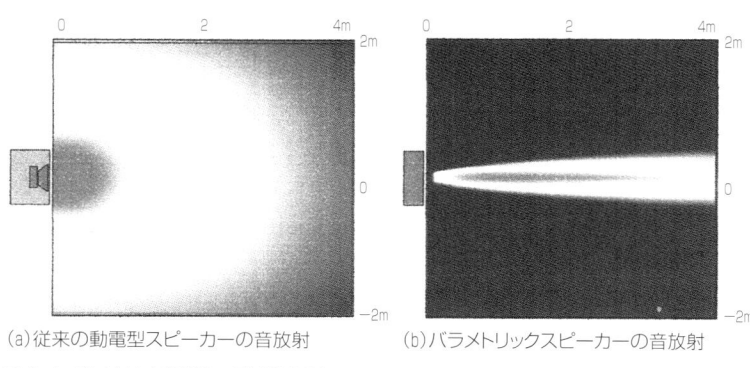

（a）従来の動電型スピーカーの音放射　　（b）パラメトリックスピーカーの音放射

スピーカー開口はともに半径10m、周波数は1000Hz

[図2-88]　従来のスピーカーの音放射状態とパラメトリックスピーカーの音放射状態の比較[2-66]

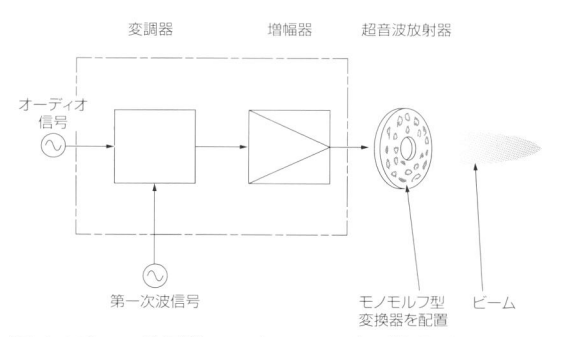

[図2-89]　三菱電機エンジニアリングの「超指向性音響システム」の基本構成

2-10　パラメトリックスピーカーの変換機構とその変遷

「オーディオスポットライト」の異名を持つパラメトリックスピーカーは，ここまでに解説した電気音響変換機構とは基本的動作がまったく異なったものです。

この方式は，第2章7-2項で述べたように，1953年にコロナ放電型スピーカーを発明したフランスのクレインが，図2-86のようにコロナ放電スピーカー2台を対向して配置し，片方に30kHz，もう一方に27kHzの信号を同時に入力する実験を行った際，両スピーカーの中間で3kHzの可聴音が聴こえたとの報告[2-45]に端を発します。クレインは，これを定在波として報告し，コロナ放電スピーカー開発に専念したため，この現象を深く追求しなかったようです。

その後，1960年の初頭になって，この可聴音の存在を理論的に報告したのは，米国のウェスターベルト（P. J. Westervelt）でした[2-65]。

空中で同軸方向に放射された強力な2つの異なる周波数の超音波（第1次波）は，空気の非線形性により，それぞれの周波数の高調波のほかに和と差の周波数成分の結合音（第2次波）を超音波ビーム内に発生させます（図2-87）。

発生した第2次波のうち，2つの超音波周波数の差（$f_2 - f_1$）の音は可聴帯域に生じるので，第1次波の片方を電気信号で振幅変調して同軸方向に放射すると，第2次波では，この信号が復調されて音響信号が発生するというのが，この方式の電気音響変換機としての機能です。このように，第2次波による音声信号の再生を目的とするスピーカーを「パラメトリックスピーカー（parametric loudspeaker）」と称します。

パラメトリックスピーカーの大きな特徴として，第2次波は周波数が低いにもかかわらず，きわめて

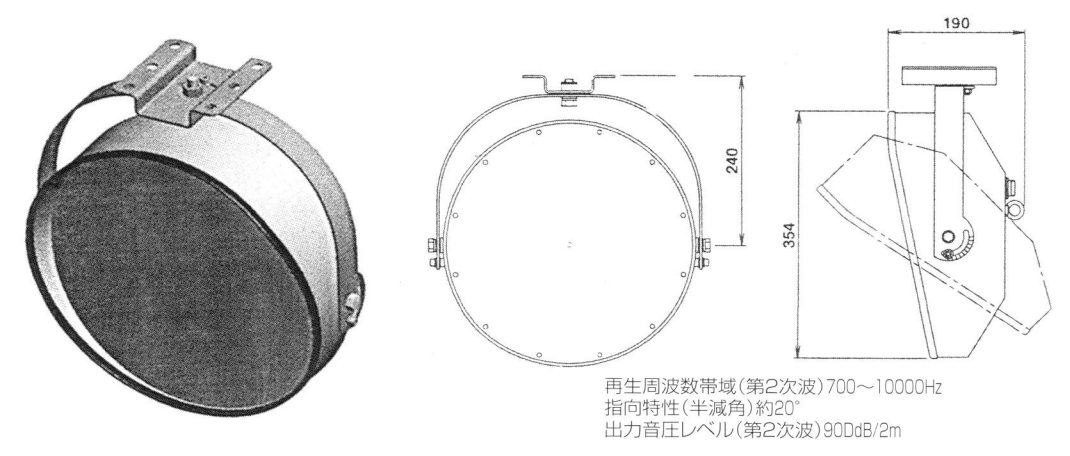

再生周波数帯域（第2次波）700〜10000Hz
指向特性（半減角）約20°
出力音圧レベル（第2次波）90DdB/2m

[図2-90] 実用化された屋外用パラメトリックスピーカーの例（三菱電機エンジニアリングMSP-40E型）

鋭いビーム特性を持ち，サイドロープが小さい超指向性スピーカーの特徴を持っていることがあげられます．動電型スピーカーと音放射を比較（**図2-88**）すると[2-66]，まったく異なっており，第1次波の波長に比べて超音波放射器の大きさが大きいと指向性が非常にシャープになり，特定の方向に信号伝達できる特徴を持っています．

一方，このパラメトリックスピーカーの欠点は，第1次波として強力な超音波の信号が必要であることに対して第2次波の信号が小さく，スピーカーとしての電気音響変換効率が低いことです．

また，第1次波の強力な超音波が人の耳では感知されないにもかかわらず，超音波暴露による頭痛や目眩，吐き気など，人体に影響があるのではないかとの懸念がありました．これまで超音波洗浄機などの使用に当たってのガイドラインはありますが，パラメトリックスピーカー使用に当たってのガイドラインの設定が必要か，これからの問題として残っています．

パラメトリックスピーカーのスペックから見ると，超音波の第1次波の周波数は40kHz〜100kHzに限られ，第1次波の音圧レベル110dBでの第2次波が65dB程度，第1次波を130dBに上げると100dBの第2次波が得られ，音声信号として聴取できます．目安として，聴取時の音圧レベルを80dB程度とすると，第1次波の音圧レベルは125dB程度必要になります．一般には，この環境下での実用化が多いと思われます．

パラメトリックスピーカーは，1980年代になって主に日本で研究が行われ，実用的な試作品が開発されました．

わが国では1981年，日本コロムビアの米山正秀，河面悠，藤本潤一郎，佐々部昭一によってスピーカーへの応用の研究報告[2-67]があり，その後1984年には，鎌倉友男，米山正秀，池谷和夫による実用化への検討[2-68]が行われるなど，この方式のスピーカーの研究論文[2-69, 2-70]が次々と発表されました．

2003年には，三菱電機エンジニアリングの酒井新一が，超指向性音響システムのスピーカーの研究成果を発表[2-71]し，「超指向性音響システム」と称するパラメトリックスピーカーを2004年に製品化しています．

超指向性音響システムは，放射器（エミッター）と変調器，増幅器を組み合わせたパラメトリックスピーカーで，**図2-89**に示すように，変調器で超音波のキャリア信号がオーディオ信号によって変調（振幅変調）された後，アンプで増幅され，超音波放射器に供給されます．この変調器は，オーディオ信号に依存した2つの超音波成分を作る機能を持っています．

超音波放射器は，第2次波の生成効率を高める

ために強力な超音波を放射させることと，超指向性を得るように口径を適度に大きくし，音圧レベルが一様な音源面を作る必要があります．そのために超音波放射器は，超音波の発音素子として直径10mm，共振周波数40kHzのモノモルフ型超音波変換器を207個平面状に並べたアレイ構造にしたものとなっています．このスピーカーは，屋外での使用を目的とした形状（**図2-90**）で，第2次波の再生周波数帯域は音声情報の伝達に十分な700～10000Hzです．指向角度は，水平，垂直方向ともに20°とシャープであり，出力音圧レベルは90dB/2mと実用的な値を得ています．

2-11　特殊な変換機構を持つスピーカー

スピーカーの黎明期には，電気信号を音響信号に変換する方法としてさまざまの発明考案がありました．これらは今日では名称すら忘れ去られたものが多く，ほとんど使用されない方式ですが，ここでは，真空管のない時代から音の発生や拡声のために開発された，さまざまな方式の名称と動作の要点を列挙します[2-72]．

2-11-1　エジソンの摩擦型スピーカーの変換機構

エジソンは，1910年に自分自身が発明した発声映画装置「キネトフォン（Kinetphone）」の上映時に，音響再生するスピーカーとして摩擦型変換機構を発明しました．

この動作は**図2-91**に示すように，白金の金属箔とフッ化カリウムの溶液を含む白亜の電解質との間の摩擦が，その点を通る電流によって変化することを利用したものです．マイカの振動板を駆動するには，ドラムを回転さ

せて回転方向に強く引かれる力を利用して音声信号電流に応じて金属箔の摩擦を変化させ，信号に応じた振動を振動板に伝えて音放射する変換機構のスピーカーでした．

当時は，まだ真空管増幅器がなく，常設館では，長さ400フィートのフィルムの上映時間（8分）に合わせて，エジソンの円筒式蓄音機のホーン前に設置したカーボンマイクロフォンの出力で摩擦型スピーカーを駆動するという方法で上映されていたようです．

2-11-2　ジョンセン・ラーベック型スピーカーの変換機構

このスピーカーは，導体と半導体との間に電圧をかけると吸引力が現れるジョンセン・ラーベック（Johnsen-Rahbeck）効果を利用した変換機構です．

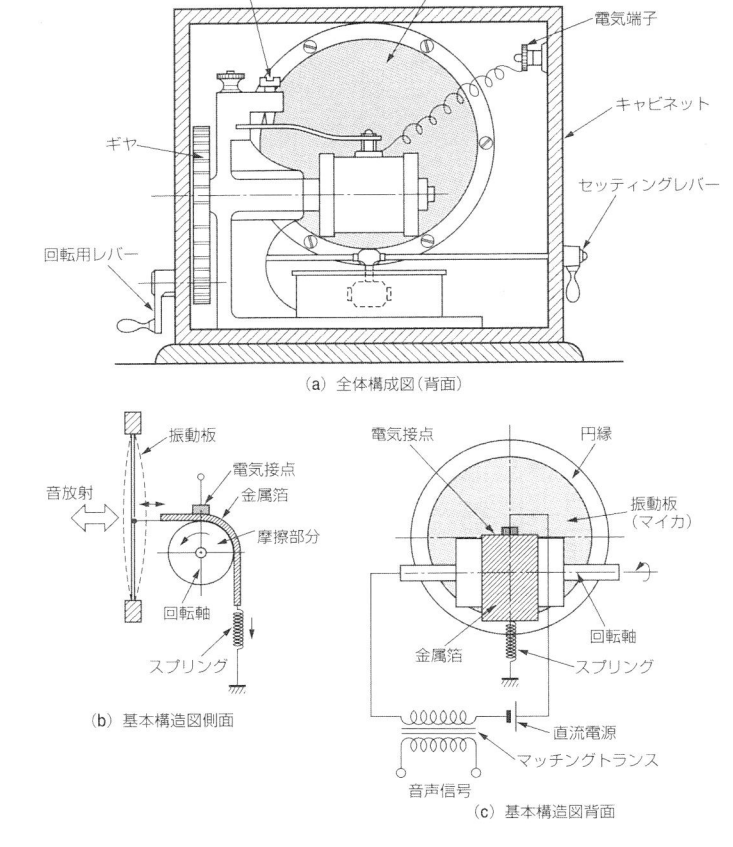

（a）全体構成図（背面）

（b）基本構造図側面

（c）基本構造図背面

[**図2-91**]　エジソンが1910年に発明した摩擦型スピーカーの概略構造

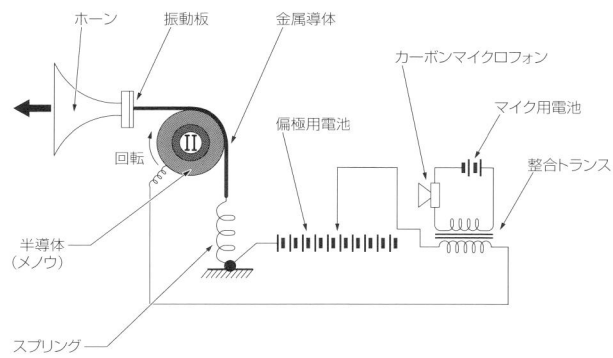

[図2-92]　摩擦の変化を利用して振動するジョンセン・ラーベック型スピーカーの概略構造

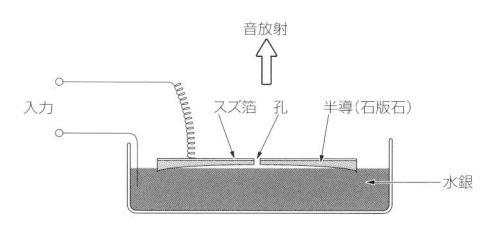

[図2-93]　ジョンセン・ラーベック効果を利用したバーロー型スピーカーの概略構造

この基本動作は，エジソンの摩擦型スピーカーと同じように回転する半導体（宝石のメノウ）と金属箔の間に偏極用の電圧70Vをかけて，あらかじめテンションをかけた金属箔の摩擦の変化による振動を振動板に伝えて音放射するホーン型スピーカーです（図2-92）.

2-11-3　バーロー型スピーカーの変換機構

このスピーカーの変換機構は，前項と同じくジョンセン・ラーベック効果を利用したもので，図2-93に示すように容器に溜めた水銀の上面に半導体（石版石）を浮かべ，この間に少し空隙を作っておいて電圧をかけると，引力と浮力とが釣り合うように半導体が浮沈し，中央の孔から音放射します．これはバーロー（Barlow）が考案した半導体型スピーカーと呼ばれる変換機構です．

2-11-4　熱線型スピーカーの変換機構

このスピーカーの変換機構は，図2-94のように振動板を白金線で引っ張り，これに直流を重畳した音声信号電流を流すことで起こる白金線の収縮伸長を駆動力として音を発声させるスピーカーです．しかし，大きい音の再生は無理のようです．

2-11-5　サーモフォンスピーカーの変換機構

金属の薄箔または細い線に交流電流を通すと，その温度は交流の半周期ごとに上昇または降下し，周囲の媒体の膨脹収縮を起こすため，これを図

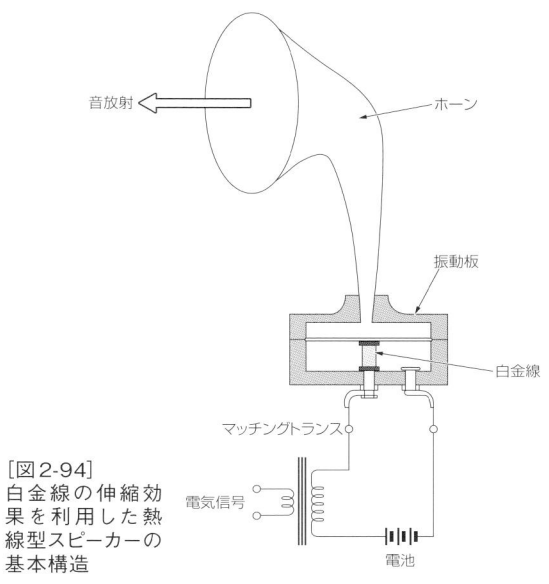

[図2-94]
白金線の伸縮効果を利用した熱線型スピーカーの基本構造

2-95のように小さなガラス管内に封入すれば，交流の熱によって音が発生します．この場合，音の周波数は交流電流の周波数の2倍になるので，直流の上に交流電流を重畳させると，交流と同じ周波数の音が得られます．

このスピーカーをサーモフォン（Thermophone）と称し，発生する音の強さは理論的に計算し得るので，マイクロフォンの較正のための標準音源として使用されました．実際の製品には写真2-40のように，2本の純金製リボンが使用されています．

このサーモフォンの理論は，最初1917年にアーノルド（H. D. Arnold）とクランドル（I. B. Crandall）によって発表されました[2-74]が，その後1922年に，ベル電話研究所のウエントは，さらに精密な理論式を確立しました[2-72]．

また，別に1923年にトレンデレンブルグ[2-75]お

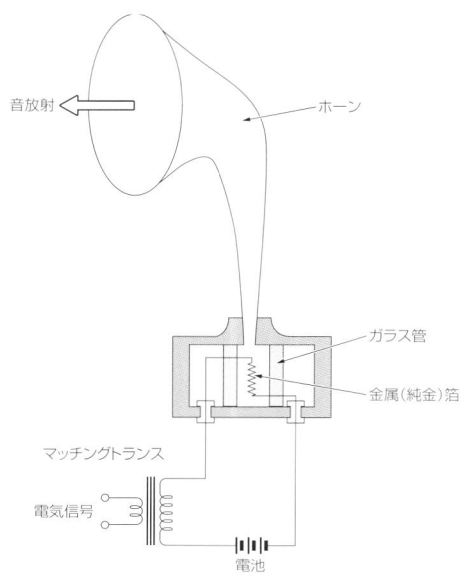

[図2-95]　電流による金属箔の伸縮効果を利用したサーモフォンスピーカーの基本構造

[写真2-40]　マイクロフォン較正用に開発されたサーモフォン型スピーカーの振動板の外観

および1932年にバランタイン[2-76]が，サーモフォンの理論式を発表しています．

参考文献

2-1）Siemens and Halske：ドイツ特許2,355号（1877年），英国特許4,685号（1878年），米国特許242,816号（1881年）

2-2）T. A. Watson：米国特許266,567号（1880年）

2-3）F. L. Capps：米国特許441,396号（1890年）

2-4）C. Cuttriss and J. Redding：米国特許242,816号（1881年）

2-5）O. Lodge：英国特許9,712号（1898年），第2章

2-6）S. G. Brown：英国特許29,833号（1910年）

2-7）Tests on Cone Units, *Wireless World*, Feb. 5,1930/Feb.12,1930

2-8）C. W. Hewlett：*Phys. Rev.*, **19**, p.52, Jan. 1922

2-9）C. L. Farrand：米国特許1,784,517号（1928年）

2-10）真下明：新しい設計のダイナミック，無線と実験，1931年4月

2-11）Magnavox編，リアリズム，小冊（翻訳），1930年ごろ

2-12）E. S. Pridham and P. L. Jensen：米国特許1,448,279号（1920年）

2-13）C. W. Rice and E. W. Kellogg：米国特許，英国特許245,796号（1925年），日本特許公告11108号（1925年）

2-14）C. W. Rice and E. W. Kellogg：Notes on the Development of a New Type of Hornless Loudspeaker, *A.I.E.E.*, 1925

2-15）E. Gerlach and W. Schottky：特許第421,038号（1923年）

2-16）E. Gerlach：*T. F. T.*, Bd.17, s.577, 1924

2-17）E. Gerlach：米国特許1,749,635号（1927年）

2-18）米国特許第1,868,090号（1930年）

2-19）E. C. Wente and A. L. Thuras：High-Efficiency Receiver of Large Power Capacity, *Bell Syst. Tech.*, Jan.1928

2-20）F. Trendelenburg：*Wiss. Veroffentl. aus d. Simens Konzern*, 5, 1926

2-21）小幡重一：実験音響学，岩波書店，1933年

2-22）真下明：拡声器の理論と設計，誠文堂新光社，1934年

2-23）富成襄，岡田養二：超低音再生用平板ウー

ファーの試作（1）〜（3），ラジオ技術，1972年2〜4月号

2-24）八嶋修，鈴木英男，進藤武男：リング状の質量をつけた円板および円輪の振動，日本音響学会誌，第34巻，第8号（1978年）

2-25）田中準一，八嶋修，酒井新一：平板形スピーカー，三菱電機技報，Vol.54，No.12（1980年）

2-26）伏木薫：電子産業の動き　分割振動，キャビティ効果をなくす最近のスピーカーの改良点を見る，日経エレクトロニクス，1979年11月12日，pp.178-195

2-27）H. Kroncke：An Electrostatic Loudspeaker, *Wireless World*, March, 1926

2-28）米国特許第1,644,387号（1927年）

2-29）V. F. Greaves, F. W. Kranz and W. D. Crozier：*The Kyle Condenser Loudspeaker*, Institute of Radio Engineers, 1929

2-30）高村悟，沼沢豊名：技術参考資料第10号「蓄電器型拡声器 Primustaticの試験成績」，日本放送協会技術研究所，1933年8月

2-31）高村悟，青山嘉彦：技術参考資料第9号「蓄電器型拡声器Oszilloplanの試験成績」，日本放送協会技術研究所，1933年6月

2-32）A. M. Nicolson：*The Piezo Electric Effect in The Composite Rochelle Salt Crystal*, America Institute of Electrical Engineers, 1919

2-33）早坂寿雄：音の歴史（電子情報通信学会），コロナ社，1989年

2-34）竹内啓人：平凡社大百科辞典「ロッシェル塩」，平凡社

2-35）S. Ballantine：A Piezo-Electric Loudspeaker for the Higher Audio Frequencies, *I. R. E.*, **21**, 1933

2-36）高村悟：ピエゾ電気高声器ツウイーターの解剖，電波の日本，1936年2月

2-37）藤島啓：圧電セラミックス，日本音響学会誌，第47巻，第2号，1991年

2-38）藤島啓：球形圧電セラミックスピーカーにつ

いて，JAS Journal，1996年7月

2-39）帰山教正，原田三夫：トーキーと天然色映画，日本教材映画，1931年，pp.36-37

2-40）八木秀次：音響科学第9編トーキー（田口涜三郎），オーム社，1939年

2-41）帰山教正，原田三夫：トーキーと天然色映画，日本教材映画，1931年

2-42）最新技術百科「アークサウンド」：TRIGGER，1989年5月，p.52

2-43）*Revue du Son*表紙，No.1，1953年4月

2-44）三村剛昂：科学朝日，1949年5月

2-45）G. Giniaux：Creation D'un Son Dans Le Space Sans Support Visible, *Revue du Son*, No.9, December, 1953

2-46）S. Klein：*Acustika*, Vol.4, No.1, 1954

2-47）G. Shirley：The Corona Wind Loudspeaker, *J. A. E. S.*, Jan. 1957

2-48）小田富士夫：高出力イオンスピーカーの設計，電子技術，第5巻，第5号，1963年

2-49）浅野勇：アイオノフォンの原理，ラジオ技術，1966年1月.

2-50）菊原脩：プラズマ・トウイータの原理と特徴，ラジオ技術，1998年12月

2-51）欧米新知識「巨大な高声器」，ラヂオの日本，1929年7月

2-52）丹羽保次郎：音響工学，オーム社，1938年

2-53）H. F. Olson：*Acoustical Engineering*, D. Van Nostrand, 1957

2-54）L. L. Beranek：*Acoustic Measurements*, John Wiley & Sons, 1950

2-55）米国特許2,371,960号

2-56）米国特許2,428,269号

2-57）粟屋：海外だより　空気流変調式超拡声器，音響，第1巻，第1号（1946年8月号），電気日本社，p.50（*Electronics*, Nov. 1945より転載）

2-58）米国特許2,384,371号

2-59）佐伯多門：大音響発生用スピーカー装置を見学して，JAS Journal，1990年5月

2-60）大型宇宙構造物研究用の音響加振実験設備

を開発，日本経済新聞，1989年9月21日付

2-61）J. S. Arnold：Modulated Combustion
（Dragon）Loudspeaker, *J. A. S. A.*, Vol.38,
pp.416-423, 1965

2-62）James Joseph：Flame Amplification and
a Better HiFi Loudspeaker?, *Populer Elect-
ronics*, May 1968

2-63）J. K. Burchard：Preliminary Investi-
gation of the Electrothermal Loudspeaker,
Combustion and Flame, Vol.13, pp.82-86,
1969

2-64）T. S. Paige and M. A. K. Hamid：Horn-
type Electrothermal Loudspeakers, *I. E.
E. Transactions on Audio and Electro-
acoustics*, Vol. AU-20, No.3, Aug. 1972

2-65）P. J. Westervelt：Parametric Acoustic
Array, *J. A. S. A.*, **35**（1963）, p. 535

2-66）鎌倉友男，酒井新一：パラメトリックスピー
カーの実用化，日本音響学会誌，第62巻，第11
号，2006年

2-67）米山正秀，河面悠，藤本潤一郎，佐々部昭一：
非線形パラメトリック作用のスピーカーへの応用，
電気音響研究会資料，EA81-65，1981年

2-68）鎌倉友男，米山正秀，池谷和夫：パラメトリ
ックスピーカー実用化への検討，日本音響学会
誌，第41巻，第6号，1985年

2-69）青木健一，鎌倉友男，熊本芳朗：パラメトリ
ックスピーカー「音場特性と最適変調方式」，電
子情報通信学会論文誌，A Vol. J74-A No. 3,
1991年3月

2-70）米沢義道：収束型パラメトリックアレイによ
る多方向スピーカー，日本音響学会誌，第53巻，
第8号，1997年

2-71）酒井新一：超指向性音響システムの技術，
JAS Journal, Vol.43, No.5, 6, 2003年

2-72）丹羽保次郎：音響工学，オーム社，1938年

2-73）H. D. Arnold and I.B.Crandall：*Phys.
Rev.*, **10**（1917）, 22

2-74）E. C. Wente：*Phys. Rev.*, **19**（1922）,
333

2-75）F. Trendelenburg：Wiss.Veroffentl.aus
d., *Siemens Konzern*, **3**（1923）, 213.

2-76）S. Ballantine：*J. A. S. A.*, **3**（1932）, 326

第3章

一般拡声（PA）用と
楽音補助拡声（SR）用
スピーカーの歴史と変遷

3-1　スピーカー最初の用途は一般拡声（PA）用

わが国で使われている「スピーカー」という用語は，英語の「loudspeaker」を基にした略語ですが，古くは「拡声器」または「高声器」の訳語が使われており，これには，音を大きく発生する音響再生器という意味がありました．

スピーカー誕生後，最初にこれを利用したのは，大衆に向かって演説するときの声を拡大して，自分の考えを多くの人びとに伝える拡声装置として使用した権力者，あるいは大衆に向かって何かを宣伝するための拡声器として使用した人びとでした．

拡声用として誕生したスピーカーですが，1920年に始まったラジオ放送の受信の際，耳当てのレシ

[写真3-1]　広い空間に音を放射するスピーカーを発明したころのプリッドハム（右）とジェンセン（左）

ーバーに替わって，複数の人が同時に聴くための道具としてラジオ受信機用スピーカーが登場し，大量に製造されました．その後，1926年から始まったトーキー映画の音響再生用スピーカーとして，映画館などの室内で多数の鑑賞者に拡声する大型の高性能スピーカーが開発されました．また，同年に誕生した電気蓄音機による再生のための高性能スピーカーが開発されるなど，需要の拡大とともに，次第に目的用途に適合した各種スピーカーが研究開発され，**図3-1**に示すような分野に展開していきました．

この章で述べる最初の拡声用スピーカーは，マイクロフォンを使って電気信号化した信号を真空管で増幅して，人声を拡声（Public Address；PA）することが目的で発展したスピーカーです．この種のスピーカーの目的は遠く離れた聴取者に音の信号を明瞭に伝えることで，屋内用と屋外用があります．また，時代とともに電気楽器の発達や音楽形式の多様化，また大勢を集めた屋外コンサートが普及してきたことで，楽器音の補助拡声をする必要が生じました．これをサウンドリインフォースメント（Sound Reinforcment；SR，楽音補助拡声）と称し，新しい拡声用スピーカーの用途が生まれ，大音量でありながらPA用スピーカーより広帯域再生の性能を持つスピーカーシステムへと発展しました．

このためPA用とSR用スピーカ

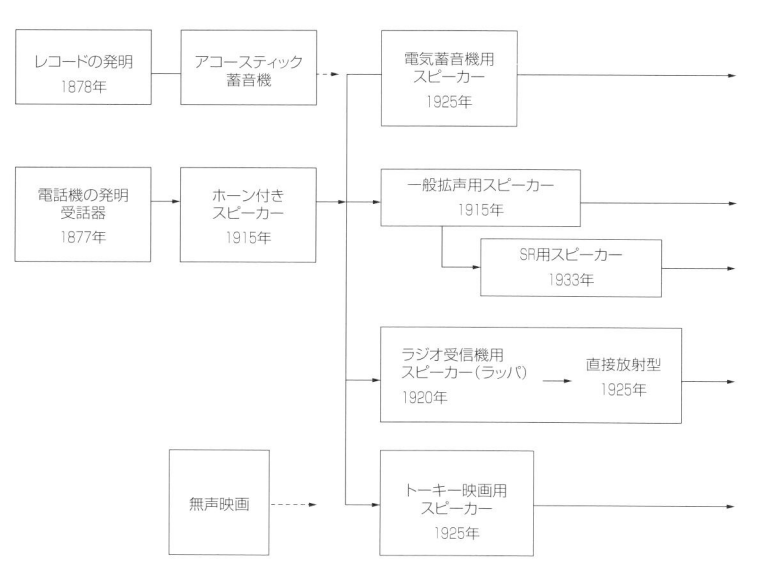

[図3-1]　スピーカー誕生直後に需要があった用途・分野

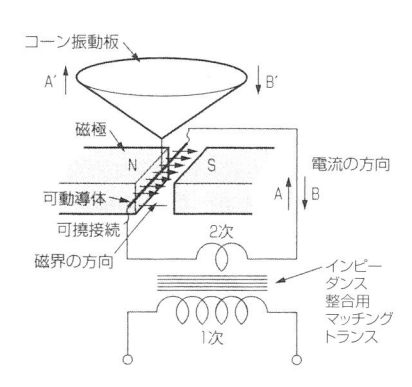

[図3-2]　プリッドハムとジェンセンが開発したムービングバー型の動電型駆動機構

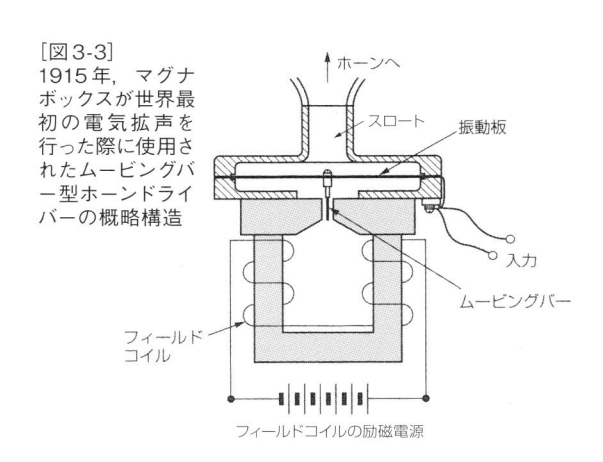

[図3-3]
1915年，マグナボックスが世界最初の電気拡声を行った際に使用されたムービングバー型ホーンドライバーの概略構造

ホーンへ／スロート／振動板／入力／ムービングバー／フィールドコイル／フィールドコイルの励磁電源

[写真3-2]　音放射実験に使用したエジソンの蓄音機「オペラ」のスワンネック型ホーン

ーシステムは規模や性能で大きく違いが出てきて，PA用とSR用スピーカーは時代とともに区別され，取り扱いに変化が生じました．

　最初に誕生したスピーカーは拡声用で，1911年にプリッドハム（E. S. Pridham）とジェンセン（P. L. Jensen）によるものです（**写真3-1**）．最初は，空隙磁極内に導体を懸垂させ，フレミングの左手の法則に従って発生する駆動力を利用する動電型変換機構を考案し，この導体に振動板を連結して音響再生するムービングバー型（動電型）スピーカー（**図3-2**）を発明したのが発端でした．そして，両名が試作したものも含め，当時のスピーカーは聴診器の耳聴管を用いて聴くものでしたが，何気なくエジソン製大型蓄音機「オペラ」のホーン（**写真3-2**）に取り付けたところ，大きな音で部屋の空気を振動させる再生ができることを発見しました．

　これが世界で最初に，スピーカーによって広い空間に音を放射（再生）する発見となりました．

この成功は，一度に大勢の人びとに音を聴かせる拡声が可能になったことを意味し，その後のスピーカーの発展にホーンが大きな役割を発揮することになりました．

　このホーン（horn）については第6章で述べますが，ホーンの効果は古くから知られており，人は日常的に大きな声で他人に声を伝えたいとき，掌を丸めて口元に当てて声を補強する動作をごく自然なしぐさとして使ってきました．

　1915年になって，真空管の発明と，電力増幅作用によって大きな出力の電気信号が得られるよう，コルピッツ（Edwin Henry Colpitts）がプッシュプルの出力回路を発明したこともあって，拡声装置としての条件は整ってきました．

　プリッドハムとジェンセンの両名は，早速大音量で歪みの少ない音を出せるムービングバー型スピーカーを開発し，実用化しました．このムービングバー型ドライバーの駆動部の構造は**図3-3**で，ムービングバーは平面円板の振動板に直結しており，スロート部分の径と振動板径が違った音響変成器を構成していました．ムービングバーは，最大2A程度流しても破損しない強固なものでした．

　これが完成したのは1915年12月の初めで，米国カリフォルニア州のナパ渓谷にあるナパ市のマグナボックス社研究所で，試験のために夜ごと開口径22インチのモーニンググローリー型ホーンと組み合わせたスピーカーを使って蓄音機の音楽を拡声し，周辺の住民の人びとを驚かせました[3-1]．これ

[写真3-3]　口径22インチのホーンにプリッドハムのドライバーを組み合わせて行った世界初の電気拡声

[写真3-4]　1915年のクリスマスイブにサンフランシスコ市庁から50000人の聴衆に向かって拡声するラドルフ市長

[写真3-5]　1917年の会社設立に際して「巨人の声」を意味するラテン語「マグナボックス（Magnavox）」を商標として採用した

が世界最初のスピーカーによる電気拡声（一般拡声＝PA）でした.

　早速，12月11日にサンフランシスコの新聞記者を集めて公開予行試験を行い，翌日の新聞に「驚くべき発明により，人声が数マイルの彼方の群衆に伝えられる」との報道記事が掲載され，一躍注目を浴びました（**写真3-3**）.

　早速，この拡声装置をサンフランシスコ市庁舎屋上に設営されたクリスマスイブパーティ会場で使用することになり，ラドルフ市長がこの拡声装置を使用して，50000人を超える人びとに演説をしました（**写真3-4**）[3-2]. また，アリス・ジェントル（Alice Gentle）の独唱や，蓄音機によるレコード音楽も拡声され，この試みは大成功しました.

　翌1916年には，サンフランシスコ市公会堂に集まった10000人の聴衆に向かって，ジョンソン知事は6マイル離れたグリーン街の自宅で演説し，これを電話ケーブルで伝送して会場で電気拡声し，演説は成功しました.

　このように，スピーカーの誕生の最初の用途は，大衆に広く情報を伝達するPAシステムでした.

　プリッドハムは，このシステムを「マグナボックス（Magnavox, 巨人の声）」と名付けて，これを商標登録しました（**写真3-5**）.

　1919年，米国の大蔵省は，「第5回リバティローン（Liberty Loan）募債」に対する大統領の論告の朗読を無線で受信し，飛行機を利用して上空3000フィートから電気拡声しました. この成功は世界各国に報道され，マグナボックスの名は広く知られることになりました.

　このスピーカー開発に成功した後，開発技師のジェンセンは1917年に独立するため退社し，1918年にスピーカーメーカーの「ジェンセン（Jensen）」を創立しました.

　プリッドハムは，「マグナボックス（Magnavox Corporation）」を設立して新しいスタートを切り，1920年のラジオ放送開始に伴って，ラジオ受信機用スピーカーに重点を置いた事業を展開しました.

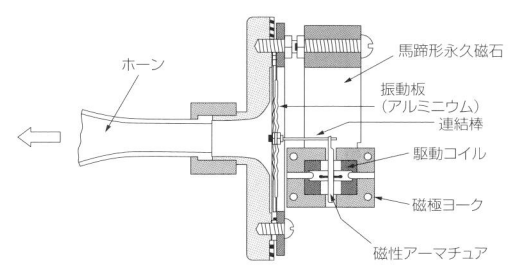

[図3-4]　エガートンが実用化したWE 518型電磁型バランスドアーマチュア型スピーカー（1918年）

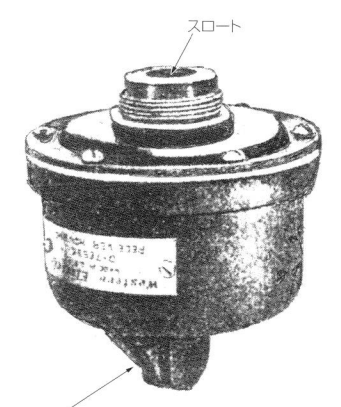

D-76535型ハウジングに取り付けられた 196-W型ホーンドライバー

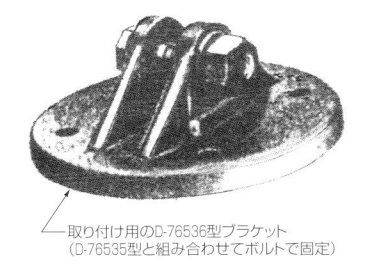

取り付け用のD-76536型ブラケット （D-76535型と組み合わせてボルトで固定）

[写真3-7]　PAシステム用に開発された WE 196-W型ホーンドライバー

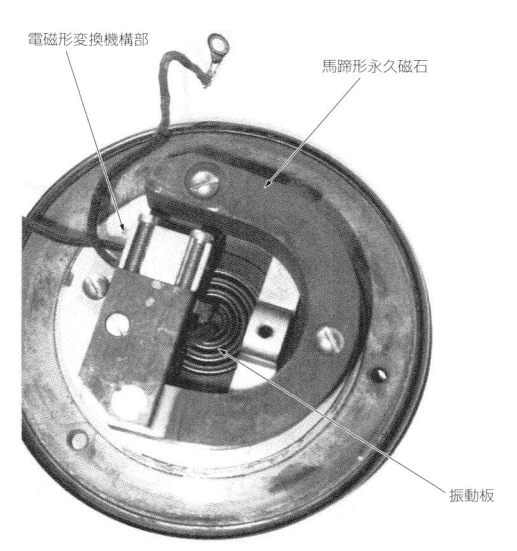

[写真3-6]　518型バランスドアーマチュア型ホーンドライバーの内部構造

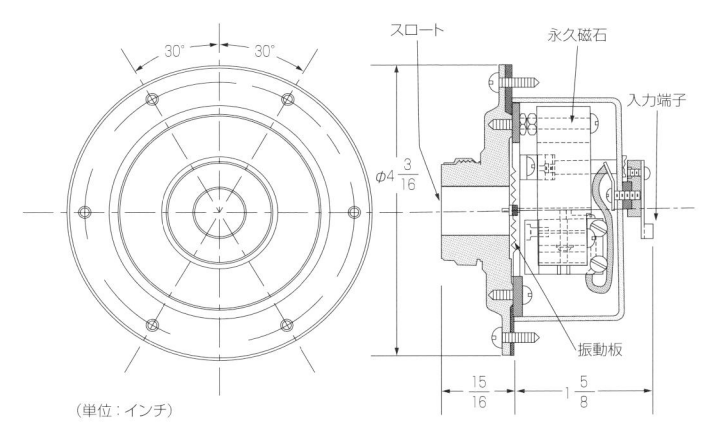

（単位：インチ）

[図3-5]　WE 196-W型ホーンドライバーの概略寸法（エガートンが開発したWE 518型電磁型バランスドアーマチュア型スピーカーを内蔵している）

3-2　WE の一般拡声（PA）用ホーン型スピーカー

マグナボックスのPA用スピーカーの活躍に対し，AT&T（American Telephone & Telegraph Company；アメリカ電信電話会社）は，1920年ころから事業拡大の一つとして「PAシステムによる音の拡声」に取り組むとともに，電話回線を利用した情報伝達の応用として，電話伝送した音を拡声する研究もベル電話研究所（ベル研）で行いました.

1916年ころから真空管の発明によって増幅回路の開発が進み，アンプの用途としてPA装置が開発されました．ベル電話研究所では，これに使用するスピーカーとして，電話用受話器から発展した電磁型のバランスドアーマチュア（balanced amature）型変換機構（図3-4）[3-3]による518型ホーンドライバー（写真3-6）をエガートン（H. C. Egerton）が1918年に開発しました.

この成果により，WEは，このスピーカーをPA用として使用できるよう，防滴型の外装ケースに入れた196-W型（写真3-7）を製作しました．その概略構造は図3-5で，業務用として使用できる堅牢な

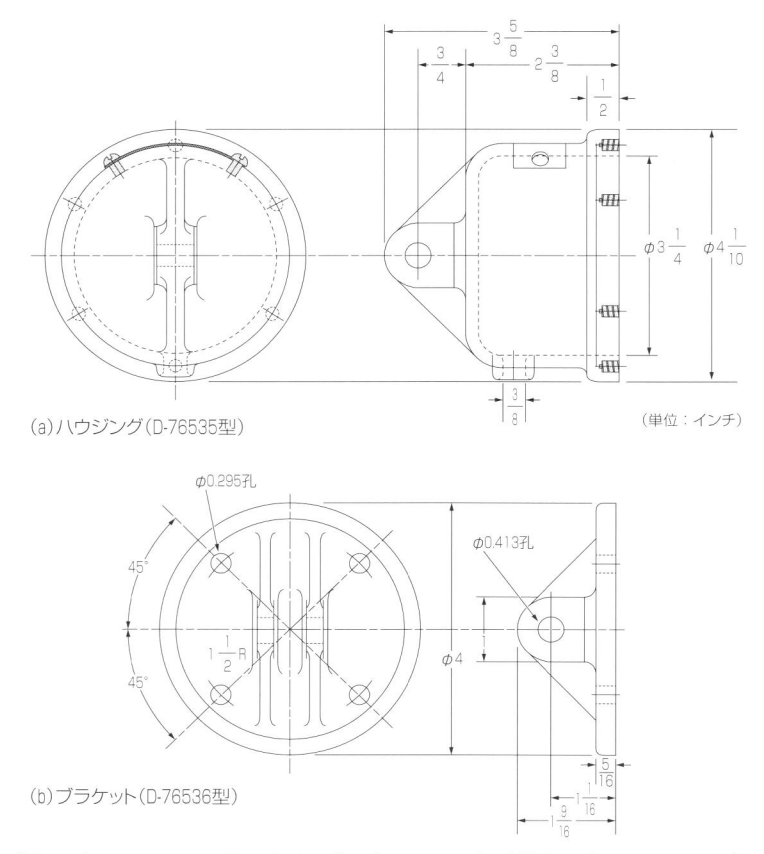

（a）ハウジング（D-76535型）

（単位：インチ）

（b）ブラケット（D-76536型）

[図3-6]　WE 196-W用ハウジングとブラケットの概略構造寸法

[写真3-8]　5-A型ストレートホーン
（1921年）

ハーディングホーンをステージセンターに吊り下げて設置した状態

[写真3-9]　1921年，サンフランシスコで開催された第1次世界大戦終戦記念日の大会にPA用として使用された大型ハーディングホーンの設置状況

ものになっています．また，耐候性に強いD-76535型ハウジングとD-76536型ブラケットを用意して，屋外で使用できるようにしました（図3-6）.

　AT&Tが実施した，記録に残る最初の大規模のPAシステムは，1921年11月11日の第1次世界大戦終戦記念日の催しに，ハーディング（W. G. Harding）大統領が演説した音声を電話伝送して，サンフランシスコの会場に集まった約10万人にリアルタイムに拡声したことで，AT&Tが総力を挙げて実施したこの試みは成功を収めました.

　これに使用したスピーカーは

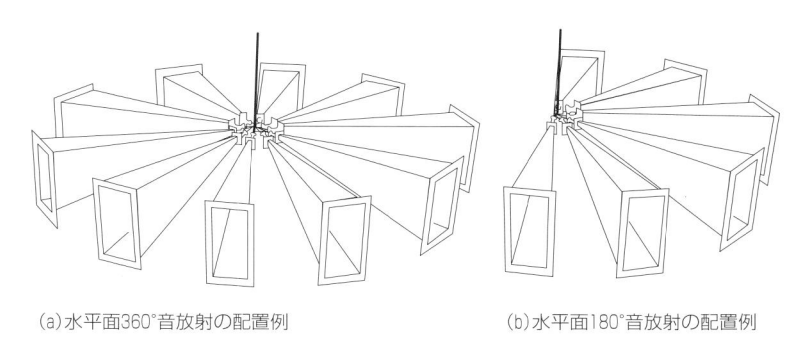

(a)水平面360°音放射の配置例　　　　　　　　　(b)水平面180°音放射の配置例

［図3-7］　5-A型ホーンを使用したPA用スピーカー配置の実施例

［写真3-10］　PAシステムNo.1-Aに使用された出力管211のアンプ

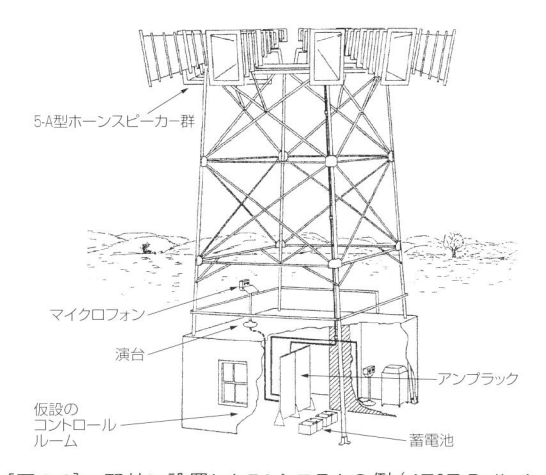

［図3-8］　野外に設置したPAシステムの例（*AT&T Bulletin, No.18, 1922*より）

［図3-9］　講演会場に設置したPAシステムの例

80個で，メインにはWEが新たに開発したコニカルストレートホーン「ハーディングホーン（Harding-type horn）」5-A型（**写真3-8**）を5台，ステージセンター上の天井から吊り下げて拡声しました（**写真3-9**）.

このほかに，AT&TのPAで成功した大きな記録としては，1920年の春，米国ニューヨークのパークアベニューで196-W型を多数使用して行われた募債の拡声があります.

また，マグナボックスに対抗して1921年，ハーディング大統領の邸宅とサンフランシスコのマディソンスクエアガーデンとシビックオーディトリアムとを電話回線で結び，大統領の演説を5万人の聴衆に電気拡声しました.

こうしたPAの成功による実績から，1922年にAT&Tは本格的に拡声事業に取り組むことになり，PA装置の標準機種として用途に適したNo.1-AからNo.4-AのPAシステムを開発しました.

No.1-AのPAシステムは，主として野外で使用するための大規模のシステムで，出力管211を使ったアンプ（**写真3-10**）を使用し，196-W型ドライバーと組み合せた各種ホーンを使用しました. そのときに開発されたのが5-A型，6-A型，7-A型，11A型（第6章5節参照）ホーンで，これらを組み合わせて**図3-7**のような構成のスピーカーシステムを考

［写真3-12］　WE 11A型ホーンを多数使用してビル屋上からビーチに向けてPAした例

［写真3-11］　WEのPA用パワーアンプが並ぶ米国アトランティック市のコンベンションホールのPAシステムコントロールルーム（一部）

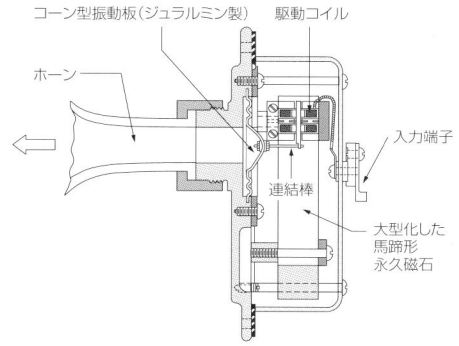

［図3-10］　551型バランスドアーマチュア型変換機構の概略構造

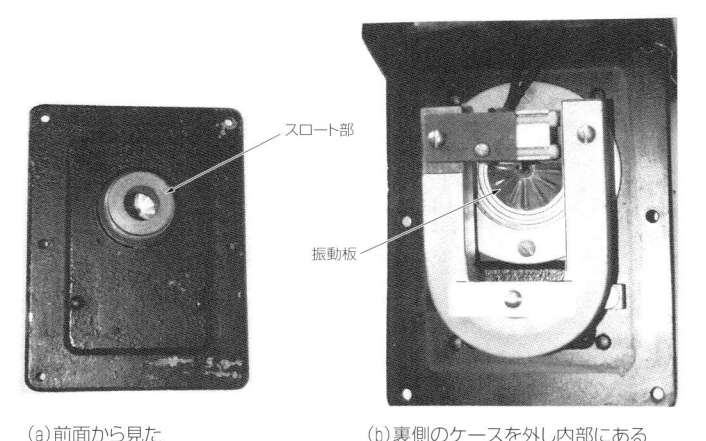

（a）前面から見た
551ホーンドライバー

（b）裏側のケースを外し内部にある
振動板とU字型永久磁石を見る

［写真3-13］　ベル電話研究所のリッカーが開発した551型バランスドアーマチュア型ホーンドライバー（1924年）

案し，図3-8および図3-9のような大型のPAシステムを用途に応じて作りました．

また，駅やオーディトリアム用にコントロールアンプやパワーアンプを複数設置した例（写真3-11）や，屋外のビーチに向けてPAするためにビルの屋上に1本足のスタンド（D-76537）に取り付けてホーンを設置した例（写真3-12）があります[3-4]．

その後，1924年にホーンドライバーの性能改善をベル電話研究所のリッカー（N. H. Ricker）が

行いました．縦リブが入ったジュラルミンのコーン型振動板（写真3-13）を開発して再生帯域を拡大するとともに，永久磁石を大型にして高性能化を図った電磁型バランスドアーマチュア型の549-W型スピーカーを完成させました．また，これを業務用として使用できる堅牢なケースに入れた551型（図3-10）などが作られました．

No.2-AのPAシステムのアンプ系（写真3-14）は中規模で，屋外用や教会，デパート，商店の室内用に使用するシステムでした．6-A型ホーンや7-A型ホーンも使用されましたが，使用現場内に分散配置した「陣笠スタイル」と呼ばれるWE540DW型やKS-6368型などのスピーカーも使われました（写真3-15）．

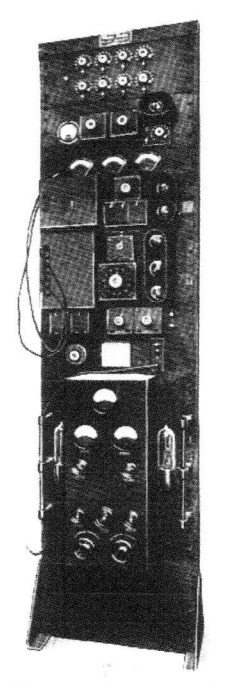

540DW型スピーカー

[写真3-15]
PAシステムNo.2-Aを設置した百貨店に分散配置された540DW型スピーカー

[写真3-14] PAシステムNo.2-Aに使用されたアンプ

15A型ホーン

[写真3-17] スポーツアリーナのPAスピーカーとして15A型ホーンが使用された例

[写真3-16]
PAシステムNo.3-Aに使用された出力管205のアンプ

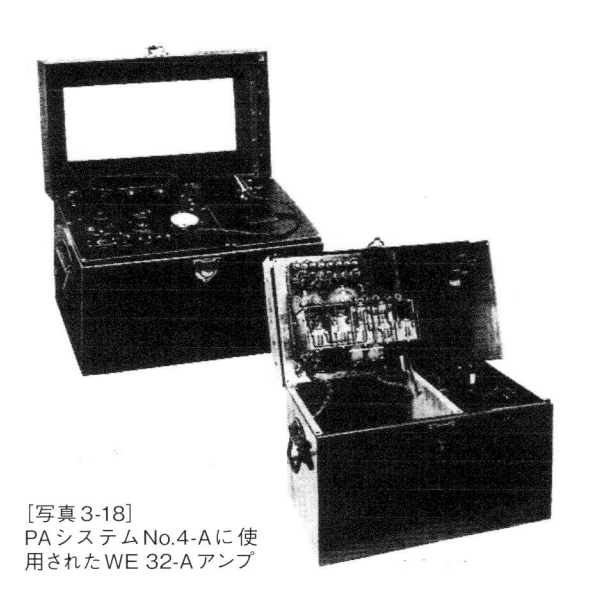

[写真3-18]
PAシステムNo.4-Aに使用されたWE 32-Aアンプ

　No.3-AのPAシステムは，さらに規模が小さくなり，1923年ころのアンプ系は**写真3-16**の規模でした．スピーカーは，大型の15A型などを複数スポーツアリーナの天井に吊り下げて，水平面360°方向に音放射するようにした使用例（**写真3-17**）もあります．また，大学の講堂などでの拡声に使用されました．

　No.4-AのPAシステムのアンプ系はさらに規模が小さくなり32-A型アンプ（**写真3-18**）が使われました．小規模のホールや学校，教会などで適し

[写真3-19]　車載PA装置による拡声の例

[図3-11]　PA装置の進出によって街の静寂が破られ，住民が迷惑する様を描いた風刺画

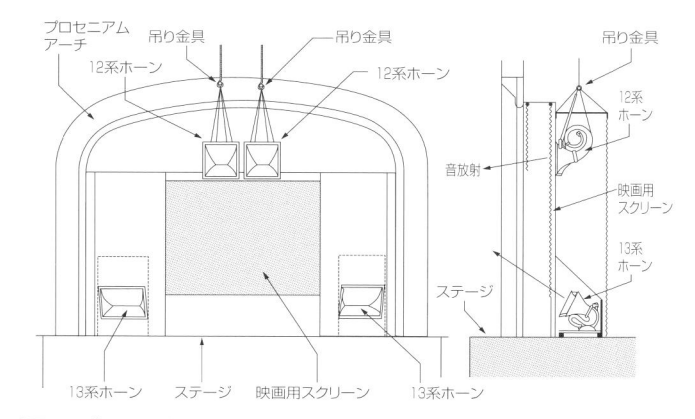

[図3-12]　12系ホーンと13系ホーンのオーディトリアムへの設置例

たシステムで，使用するスピーカーは，それぞれに該当するスピーカーをWEが開発して所有していました．

　当時の拡声装置の使用例として，自動車に搭載したストレートホーンによる拡声（**写真3-19**）[3-5] を示します．このため静かだった街は一変して騒がしくなり，**図3-11**のような風刺画[3-6] が登場するほどでした．

　1929年ころ，WEはトーキー映画用スピーカーを拡声用に使用したNo.4-DのPAシステムを作りました．

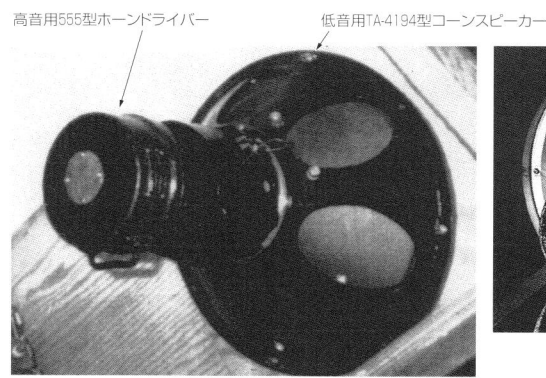

高音用555型ホーンドライバー　　低音用TA-4194型コーンスピーカー

[写真3-20]　同軸型複合スピーカーの元祖となった口径18インチの2ウエイスピーカー

音声と楽器演奏をPAするために低音再生に注力した機種を構成し，動電型ホーンドライバー555型と12系ホーン，13系ホーン，17系ホーンを組み合わせました．**図3-12**は，講堂における構成の例で，トーキー映画の再生にも使用できました．

　WEでは，さらに大型のホーンKS-6256型フォールデッドホーンを開発しました．ホーンドライバー555型が9個取り付けられ，ホーン開口は84×84インチで，カットオフ周波数約43Hzのワイドレンジ再生を狙ったPA用スピーカーです（第6章5節参照）．これを大規模な特設会場などで，天井からワゴンに乗せて吊り下げて使用しました．

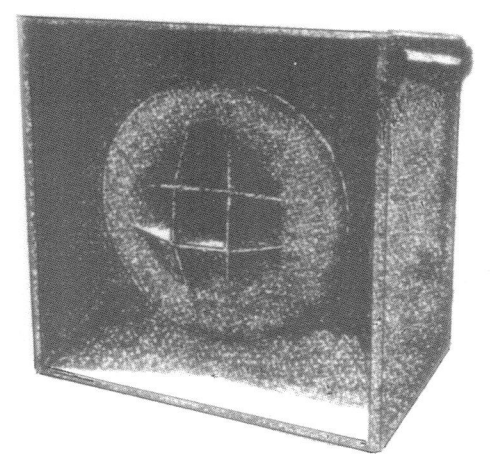

[写真 3-21]　同軸複合 2 ウエイスピーカーを搭載した「ザ・タブ（The Tub）」

[写真 3-22]　音楽デモ用に使用されている「ザ・タブ」（1946 年 5 月，IRE ミーティングで世界最初の磁気テープによる音楽再生のようす）

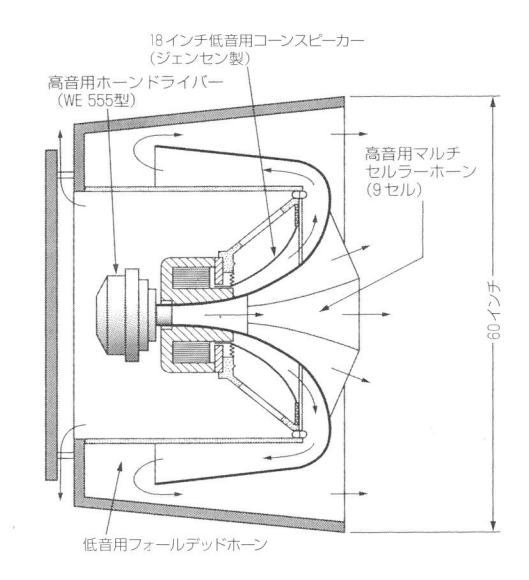

[図 3-13]　同軸複合 2 ウエイスピーカー「ザ・タブ」の概略構造寸法

　こうして AT&T は，次々と用途別に新しい PA システムを開発し推進しました．

　一方，WE は 1936 年にジェンセンとの共同開発で，同軸型複合方式を採用した高品位再生用のオールホーン 2 ウエイスピーカーユニット（写真 3-20）を開発しました．このユニットは，低音用にジェンセン特注の口径 18 インチ（46cm）TA-4194 型スピーカーと，高音用に WE 555 型ドライバーを使用した構成です．

　このユニットを搭載したシステム「ザ・タブ（The Tab）」（写真 3-21）は，1939 年に開催されたニューヨーク万国博覧会での「Railroad on Parade」での拡声用として納入されました[3-7]．こ

のスピーカーシステムには，低音用ホーンの開口が 31 インチ角と 60 インチ角の 2 種類があり，概略構造図（図 3-13）に示すように，低音はフォールデッドホーン，高音はマルチセルラーホーンになっています．

　このスピーカーを屋内での拡声に使用した例には，1946 年の IRE ミーティングでのデモ用（写真 3-22）があります[3-8]．このスピーカーを屋内での拡声に使用した例には，1946 年の IRE ミーティングでのデモ（写真 3-16）[3-6]があります．

3-3　真空管アンプ普及以前の PA セット

　1915 年以降，音声を拡声して多くの聴衆に向かって演説や宣伝などを行う PA システムが，ビジネスとして展開できることがわかったため，スピーカーの強化と，これを駆動する真空管アンプの開発が急がれました．一方で，この PA システムをコンパクトにまとめて電気拡声するシステムが考案されました．最初に開発されたのが，真空管アンプを使用せずに拡声できる，簡易な PA システムでした．

［写真 3-23］　マグナボックスの「テレメガホン」PAセットの製品構成（1916 年ごろ）

カーボンマイクロフォン　　口径24インチのホーンスピーカー

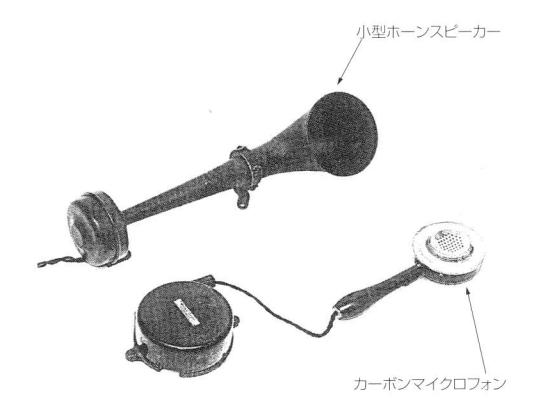

小型ホーンスピーカー

カーボンマイクロフォン

［写真 3-24］　WEの小型ハンドPAセット「シャウホーン」（1920 年ごろ）

1916年ころマグナボックスから「テレメガホン（Telemegafone）」PAセット（**写真3-23**）が発売されました．これはカーボンマイクロフォンのエレメントを4個パラレルに接続して，これに大電流を流す特殊構造で，電流変化をマグナボックスのムービングバー型ダイナミック型スピーカーに直接流して，口径24インチ（61cm）のスワンネック型ホーンから拡声音を放射するPAセットです．可搬型ではありましたが，回路に流す電池と，ドライバーの励磁コイル用電池が必要でした．価額はセットで当時150米ドルしました[3-9] が，このシステムは日本にも輸入され，運動会や集会に使用されたといわれています．

1920年ころ，WEも対抗機種として「シャウホーン（Shawphone）」（**写真3-24**）という小型ハンドPAセットを発売しました．小型ホーンスピーカーは中高音のみ再生する簡易型で，さまざまな用途に使われたようです[3-10]．

近年でも，この流れの「電気メガホン」が，簡易PA用として市場にあります．

3-4　欧州における初期の PA 用スピーカー

欧州では，米国の一連のスピーカーの開発に対して立ち遅れがあったようですが，1920年代のラジオ放送開始とともにスピーカー需要が拡大し，多くのメーカーが誕生し，これとともにPA用スピーカーも開発されるようになりました．

PA用スピーカーで特筆したいのは，1926年から1933年ころにかけてスピーカーの特許を次々と取得した英国のフォクト（P. G. A. H. Voigt）が発明した「トラクトリックスホーン（tractrix horn）」（**写真3-25**）です．これは特徴あるフレア

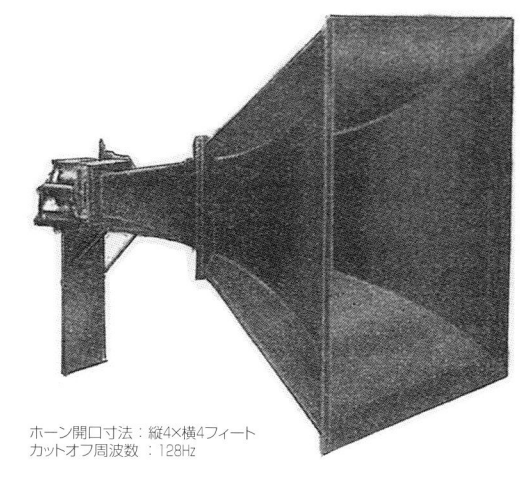

ホーン開口寸法：縦4×横4フィート
カットオフ周波数：128Hz

［写真 3-25］　フォクトが発明したトラクトリックスホーン（1926 年）

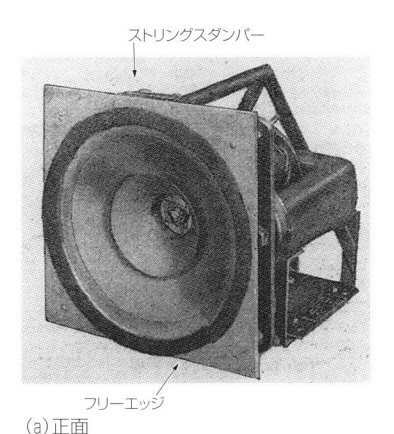

ストリングスダンパー

フリーエッジ

(a)正面 (b)裏面

[写真3-26] フォクトが開発した口径7インチのダブルコーン型ホーンドライバー

[写真3-27] 屋外用にカバーをしたフォクトのダブルコーン型ホーンドライバー

(a) ローラ G-12型

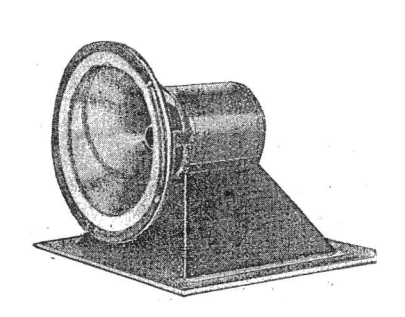

(b) ハートレイ

(c) B.T.H.のR.K.シニア

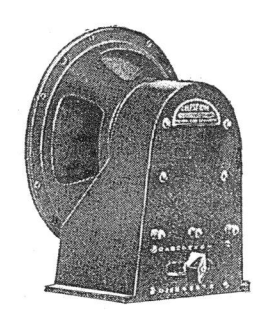

(d) セレッション

[写真3-28] 欧州で使用されたオーディトリアム用スピーカーの代表例

を持ったホーンで，特許[3-11] を取得しています．

ホーン開口が4フィート（約122cm）角で，カットオフ周波数128Hzとなっています．ホーンドライバーとして口径約7インチのダブルコーンダイナミックスピーカー（**写真3-26**）が使用され，これを組み合わせて広帯域再生，高能率のホーン型スピー

カーを実現させました．この裏には，米国のホーンの音質に対する抵抗があり，拡声にも音質に重点が置かれていたと思われます．このため，フォクトのスピーカーは，屋内用だけでなく屋外用にも使用され，耐雨性カバー付き（**写真3-27**）も考案されました．

また，欧州の劇場や大型集会場での屋内用拡声スピーカーにも強力型ダイナミックスピーカーが使われました．これらは「オーディトリアム用スピーカー」と呼ばれ，各種製品が登場しました[3-12, 13]．**写真3-28**はその例で，ホーンバッフルや小型のエンクロージャーに取り付けて使用されました．

欧州では，ホーンの持つ音質を避けて，直接放射型のスピーカーによるPAシステムが次々と開発され，展開しました．

使用するフィールド型ダイナミックスピーカーは，磁気回路の励磁用直流電流を供給する手段として，スピーカー自身に整流回路を取り付けた「AC型」と，ほかの設備から直流電流の供給を受ける「DC型」がありますが，オーディトリアム用スピーカーでは「AC型」が多く使われました．

欧州でのPAスピーカーは，ドイツのナチス政権

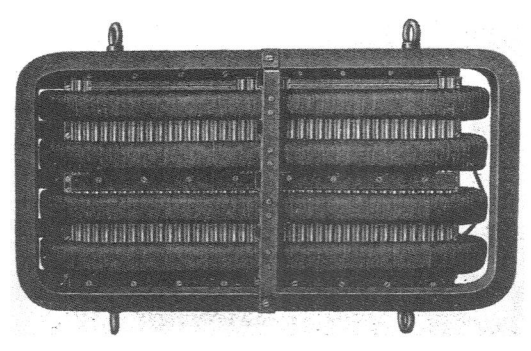

[写真3-29]
シーメンスのノイマンが開発した大型ブラットハラースピーカー（1930年）

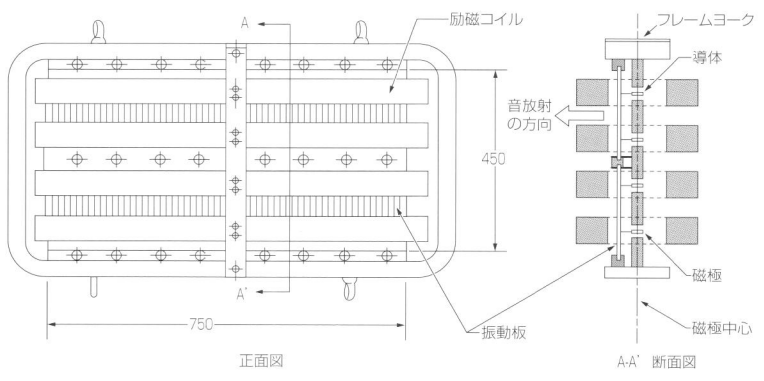

励磁コイル
フレームヨーク
導体
音放射の方向
450
振動板
磁極
磁極中心
正面図
750
A-A' 断面図

[図3-14]　大型ブラットハラースピーカーの概略構造寸法

（a）吊り下げ型

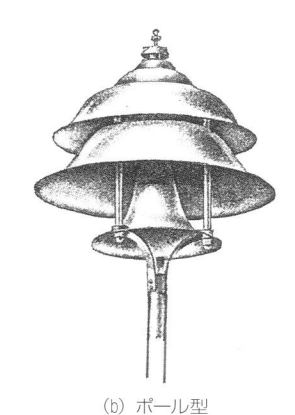

（b）ポール型

[写真3-31]　マッシュルーム型と呼ばれたリフレクター付き無指向性ショートホーンスピーカー

[写真3-30]　バッフル板を取り付けた大型ブラットハラースピーカーによる屋外での再生実験

成立（1933年）を契機に著しく発達しました. 1934年, 首相に就任したヒトラー（A. Hitler）は, 演説を拡声することに大変力を入れるようになり, さらに1936年にベルリンでオリンピックが開催さ

れるのをきっかけに, PA再生システムの研究開発に多くの資源が投入され, さまざまな製品が誕生しました.

すでにシーメンスのノイマン（H. Neumann）が開発していた大型の「ブラットハラー」スピーカー（**写真3-29**）[3-14] が大音量の拡声用に使用されました. **図3-14**に示すように, 振動板寸法が750×450mm, 励磁用コイルの間隙から音放射する特別な構造で, 空隙磁極の磁束密度は20000ガウス以上, 変換効率は25%と高く, 入力は800Wです.

使用時は, **写真3-30**のようにバッフル板を使って取り付けました. 屋外での音量試験では数km離

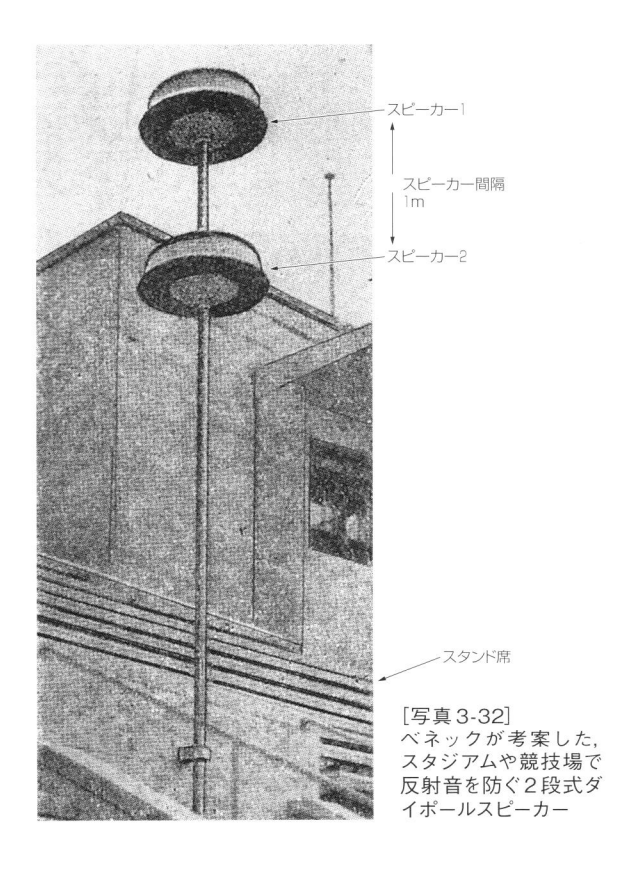

スピーカー1

スピーカー間隔
1m

スピーカー2

スタンド席

[写真3-32]
ベネックが考案した,
スタジアムや競技場で
反射音を防ぐ2段式ダ
イポールスピーカー

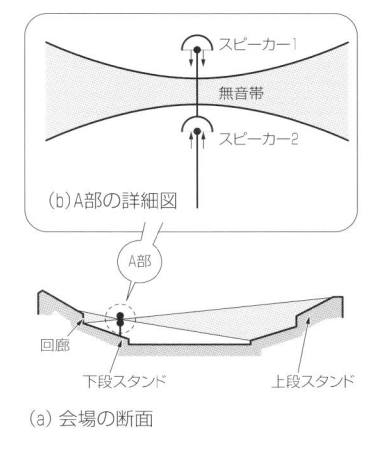

スピーカー1

無音帯

スピーカー2

(b)A部の詳細図

A部

回廊

下段スタンド　　　上段スタンド

(a) 会場の断面

[図3-15]
ベネックの2段式
ダイポールスピーカ
ーの基本原理. ス
ピーカー1と2を逆
相駆動して音を打
ち消すことで無音
帯を作り, 反射音
を防ぐ

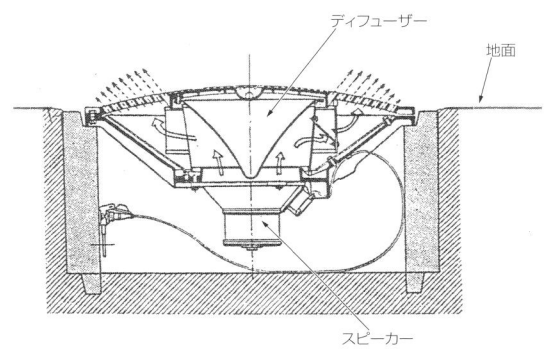

ディフューザー

地面

スピーカー

[図3-16]　テレフンケンで開発された, 地面に埋め込んで
使用する拡声用スピーカーシステム(1938年ごろ)

れても聴取できたといわれています.

　テレフンケン(Telefunken)では, 野外の拡声
に分散配置の方式を提案し, 指向性スピーカーと
無指向性スピーカーの特徴ある製品が発表されま
した[3-15].

　代表的な製品として, マッシュルーム型と呼ばれ
る水平面が無指向性になるリフレクター付きショー
トホーンの特徴ある形状の製品(**写真3-31**)が多く
作られました.

　設置方法には, 吊り下げ型とポールに取り付けた
スタンド型があり, 公園や歩道などに設置する屋外
型と, 集会などに設置する室内用があり, 均一な音
場が得られるような分散配置を考案し, 新しいPA
形式が展開されました.

　また, スタジアムや球場での拡声用として, ベネ
ック(Benecke)は, 1本のポールに2つのスピー

カーを約1m離して取り付け, 位相を逆にして音を
打ち消した無音帯を作り, 客席からの不要な音の
反射を制限して明瞭度を改善した2段式ダイポール
PA用スピーカー(**写真3-32**, **図3-15**)を考案しま
した[3-16].

　1938年ころテレフンケンは, 聴衆にPA用スピ
ーカーの存在を意識させないよう, 地面に埋め込ん
だ状態で拡声するスピーカーを開発し, 実用化し
ました(**図3-16**)[3-17].

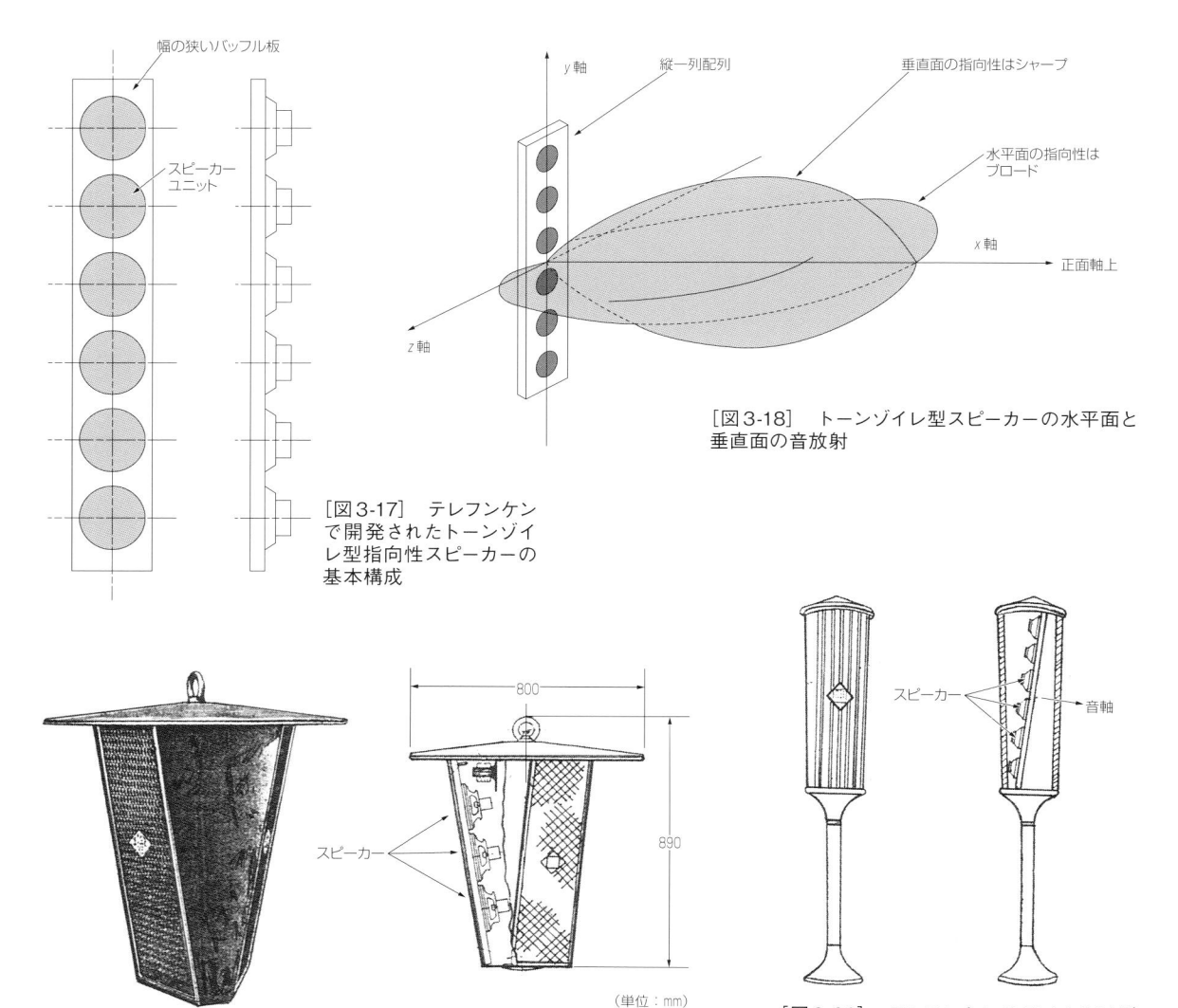

[図3-17]　テレフンケンで開発されたトーンゾイレ型指向性スピーカーの基本構成

[図3-18]　トーンゾイレ型スピーカーの水平面と垂直面の音放射

[図3-19]　テレフンケンのELA-L510型吊り下げ型指向性スピーカー

[図3-20]　テレフンケンのELA-L501型ポール型指向性スピーカー

3-5　指向性スピーカー「トーンゾイレ」

　テレフンケンは，スピーカーの垂直面に鋭い指向性を持つ指向性スピーカーを開発し，これを「トーンゾイレ（Tonsaule；音の柱)」スピーカーと称して商標登録しました．

　この発明は，1948年にハインリッヒ・ベネッケ（綴り不明）とヘルベルト・ベッツォルト（綴り不明）による，縦一列に多数の音源用スピーカーを配列したスピーカーシステム（**図3-17**）で，特許[3-18]

を取得しています．

　その音の放射状況（**図3-18**）を見ると，正面軸上に音響出力が集中するため，スピーカーからの距離変化に対して減衰が少なく，遠くに音が届きます．また，垂直面の指向性が鋭いため，大地や床面からの音の反射が少なく，音の明瞭度が改善されます．

　このため，屋内やアリーナなどでの音声の拡声では，客席に向かって正面軸を合わせると，サービスエリア内では均一な音の伝達ができ，効果を上げます．また，PAで問題になるハウリングの発生

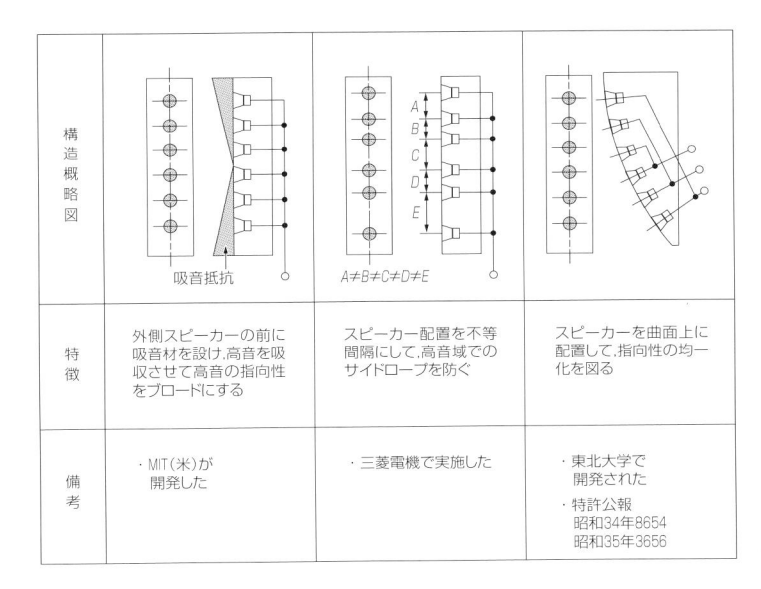

構造概略図	特徴	備考
	直線配列の基本的なもの	・テレフンケンが開発した ・特許公報 昭和32年1261
LPF	外側スピーカーにはLPFを通して、高音の指向性をブロードにする	・エレクトロボイスが開発した ・LR-4s型で使用
W	外側に低音用スピーカーを使い、高音の指向性をブロードにする	・ユニバーシティが開発した ・UCS-6型がある
音響抵抗	スピーカー裏面に音響抵抗素子を入れ、一方向の指向性を得る（低音域がややシャープ）	・富士通信機が開発した ・特許公報 昭和37年6167
吸音抵抗	外側スピーカーの前に吸音材を設け、高音を吸収させて高音の指向性をブロードにする	・MIT（米）が開発した
$A \neq B \neq C \neq D \neq E$	スピーカー配置を不等間隔にして、高音域でのサイドローブを防ぐ	・三菱電機で実施した
	スピーカーを曲面上に配置して、指向性の均一化を図る	・東北大学で開発された ・特許公報 昭和34年8654 昭和35年3656

[図3-21]　各社が開発した指向性スピーカーのスピーカー配列と特徴（岡原勝ほか共編『オーディオハンドブック』オーム社，1978年の佐伯執筆「スピーカー」より作成）

が軽減されるという特徴もあります．

　テレフンケンでは，用途に応じてさまざまなトーンゾイレ型製品を開発しました．その代表的な製品として，ELA-L510型（図3-19）の吊り下げ型システムや，ELA-L501型（図3-20）のポール型システムがあります．これらは主として遊園地や公園に設置され，情報を流しました．

　日本では，日本無線がテレフンケンとの技術提携を結んで国内での特許を管理したため，使用するには日本無線との契約が必要であったために普及が遅れました．

　特許の有効期間が終わった1950年代中ころから，サウンドコラムアレイ（sound column speaker arrays）という名称で，市場に多くの製品が現れました．

　中でも，米国のEV（Electrovoice）のLR-4s型は，高音域の指向性がシャープになりすぎないように，縦一列の外側のスピーカーにローパスフィルターを入れて，高音域の見かけ上のスピーカー数を減らす考案をしています．また，米国のユニバーシティ（University Sound）のUCS-6型では，外側のスピーカーを低音専用スピーカーにして高音域

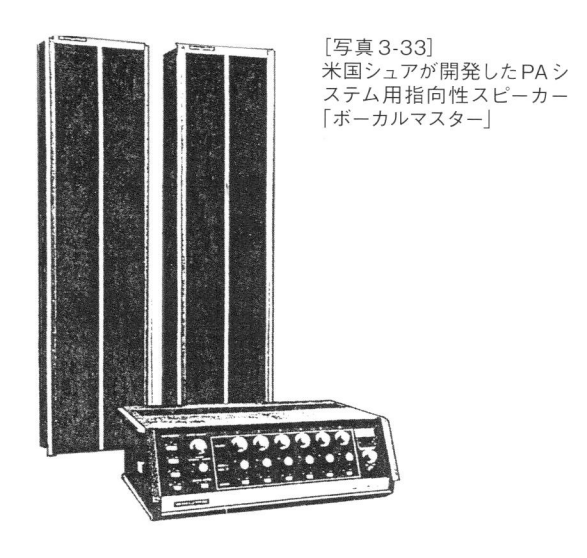

［写真3-33］
米国シュアが開発したPAシステム用指向性スピーカー「ボーカルマスター」

の指向性がシャープになりすぎないようにしています.

　日本では，低音域の指向性を鋭くするためにスピーカー背面に音響抵抗素子を入れる富士通信機による1962年の特許[3-19] や，スピーカーの縦一列配置を曲面配列にして位相調整し，客席方向への指向性を均一化する東北大学の1959年の特許[3-20] などの考案が次々と発表されました. 三菱電機では，一列配置のスピーカー間隔をランダムにして，指向特性で問題になるサイトロープの発生を抑える効果を狙った特許などがあります. これらの考案を図3-21にまとめました.

　1968年代には米国のシュア（Shure）が，「ボーカルマスター」（写真3-33）と称するPAシステムを発売しました. これは初めてヴォーカルをメインにしたPA装置で，画期的なものとして注目されました.

　その後，ヴォーカルだけでなく，楽器の楽音補助拡声（SR）システム用スピーカーシステムへと移行していき，ヴォーカル専用的なPAシステムは徐々に衰退していきました. これに伴って，SR用スピーカーシステムに求める性能が大きく変わってきてきました.

3-6　戦争で使われた大音量スピーカー（ブルホーン）

　再び時代は戻りますが，1937年日中戦争が起こり，翌年日本国内には国家総動員法が公布され，電気蓄音機などの贅沢品の製造が禁止され，ダイナミックスピーカーの生産にも大きな影響を与えました.

　軍は，戦場で敵地に向かって，郷愁の心を誘う音楽や宣伝を大音量で流し，戦意を失わせる「声の弾丸」と称する作戦を行うため，民生用スピーカーを開発してきた優秀な技術者を動員し，「声の弾丸」用スピーカーを研究開発させました.

　この作戦に使用されたスピーカーは，1台で大音量が得られるような強力なもので，記録に残る製品の一例として東京電気が開発したマツダSN-1616型ホーンスピーカー（写真3-34，図3-22）があります. これは，米国のGEやRCAの技術を背景に作られたもので，これと組み合わせるために開発されたドライバーは，口径25cmのコーン型ダイナミックスピーカーで，入力100Wの強力型でした[3-21].

　また，日本音響電気の住吉舛一が1940年に開発した，直径80cmのビームホーンのスピーカー（写真3-35）があります[3-22]. 入力250Wで無風通達距離6kmの性能があり，軍の指令用大出力スピーカーとして使用されました.

　米国では第2次世界大戦で，この種の大出力スピーカーを「ブルホーン（Bull Horn）」と呼び，上陸用舟艇の行動などの指令に使用しました. この用途のWEのスピーカーの例として写真3-36を示します. ホーン型で，口径76cm，奥行き75cmのアルミニウム合金製で，入力500Wです. 同じくWE製スピーカーには，9個のホーンと9個のドライバーで構成した防爆型の製品（写真3-37）[3-23] もあります. また，ジェンセン製では，12個のホーンと12個のホーンドライバーで構成された製品（写真3-38）があります. 指向性が鋭い特徴を持ち，最大入力は500Wです.

　1950年6月に勃発した朝鮮戦争では，韓国から

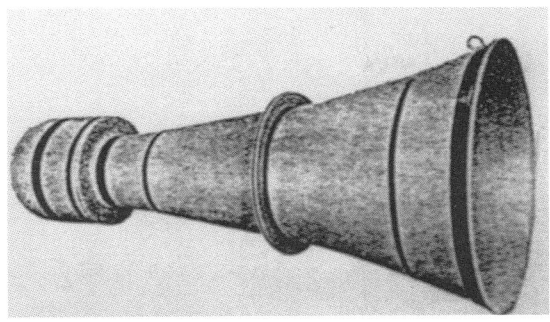

[写真3-34]　第２次世界大戦中に開発された東京電気の
マツダSN-1616型大音量スピーカー

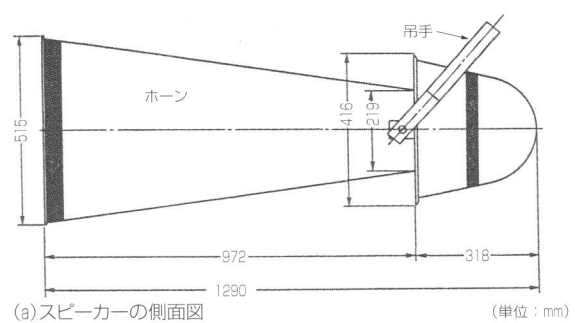

(a)スピーカーの側面図　　　　　　　　　　（単位：mm）

許容最大入力：120W　　　　ボイスコイルインピーダンス：15Ω
再生音域：100〜5000Hz　　　フィールドコイル抵抗：1000Ω(400mA)
投射分布角度：70°　　　　　　ホーン全長：1290mm
総重量：45kg　　　　　　　　ホーン口径：515mm
スピーカーユニット口径　　　　材質：全鉄製
　：205mm(8インチ)

入力：250W
到達距離（無風）：6km

[写真3-35]
日本音響電気が製作
した直径80cmのビー
ムホーン大音量スピー
カー

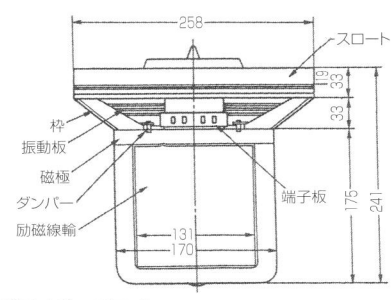

(b)ホーンドライバーユニット

[図3-22]　マツダSN-1616型大音量スピーカーとドライバ
ーの概略構造

入力：500W
再生周波数帯域：400〜4000Hz

[写真3-36]
WEが開発した口径76cmのブルホー
ン（住吉舛一の未公開論文[3-22]より）

入力：250W
再生周波数帯域：600〜4000Hz
防爆型

[写真3-37]
９個のホーンを配列したWEのブ
ルホーン

北朝鮮（朝鮮民主主義人民共和国）に向かって大
型のブルホーンが使われました．写真3-38は，WE
の5-A型ホーンを思わせるストレートホーンが積み
重なった大型システムで，『無線と実験』1954年12

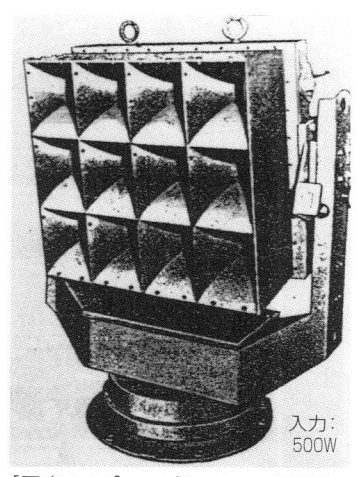

[写真3-38]　12個のホーンを配列したジェンセンのブルホーン

入力: 500W

月号の表紙に掲載されたものです．また，近年では**写真3-40**のようなレフレックスホーンを使用したブルホーンがあります．

ベトナム戦争中の1964年ごろに開発された ヘリコプター搭載用のブルホーンスピーカーの代表例として，米国ユニバーシティのB-24P型（**写真3-41**）を挙げます．**図3-23**に示すように，コンプレッションドライバーが1つのスロートアダプターに3個取り付けられ，対向側にも同じスロートアダプターに3個が取り付けられ，これを4列，合計24個使用した超強力大音量ホーンスピーカーになっています．F. F. コッポラ監督の映画『地獄の黙示録』（1979年）でも見られるもので，1975年まで使用されました．

[写真3-39]　朝鮮戦争で1954年ころ使用されたストレートホーン群のブルホーン（『無線と実験』1954年12月号掲載）

[写真3-40]　北朝鮮に向けて設置して使用したレフレックスホーン群のブルホーン（*Financial Times*, Oct., 18, 2004）

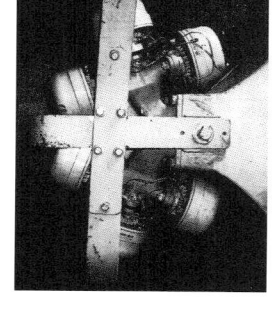

スロート4列にアダプター8個を固定し，角アダプターに3個ずつホーンドライバーを取り付け，合計24個を使用

[写真3-41]　ユニバーシティのB-24P型ブルホーン

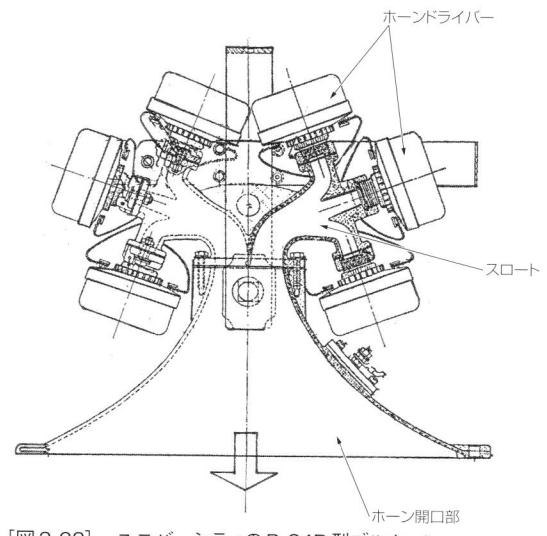

ホーンドライバー

スロート

ホーン開口部

[図3-23]　ユニバーシティのB-24P型ブルホーン

3-7 日本における初期のPA用スピーカー

3-7-1 一般に使用された
PA用ホーンスピーカー（通称「トランペット」）

初期に使用されたPA用ホーンは，エクスポーネンシャル曲線を持ったストレートホーンでしたが，需要が拡大してくると，この長いホーンでは使用上不便な点が生じ，もっとコンパクトにまとめられないかという強い要求が出てきました．

こうして誕生したのが，音道を折り返して短くしたフォールデッドホーン（図3-24）です．フォールデッドホーンの考案は，1924年ころからすでにあり，ドイツのノイフェルト・ウント・クンケ（N&K）のスピーカーなどがラジオ受信機用スピーカーとして使用されていましたが，PA用スピーカーとして登場したのは1930年代になってからです．

時代の要求として，耐候性があって屋外で使用できる，人の声の拡声を中心とした，簡易でコンパクトで装置が必要とされ，そのためのホーンスピー

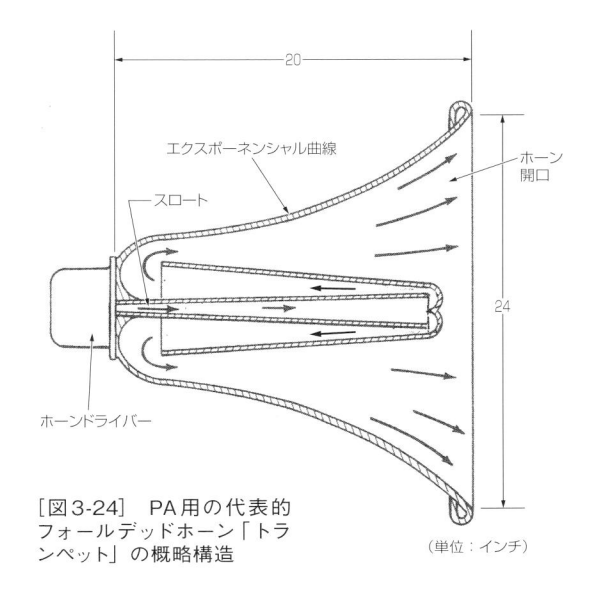

[図3-24] PA用の代表的フォールデッドホーン「トランペット」の概略構造

（単位：インチ）

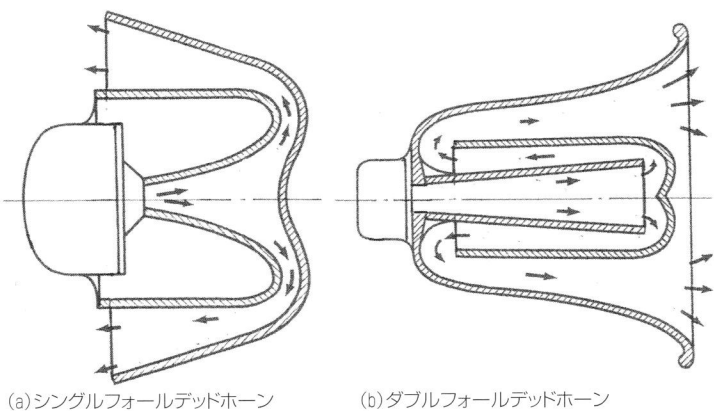

（a）シングルフォールデッドホーン　　（b）ダブルフォールデッドホーン

[写真3-42] 国産「トランペット」の外観例

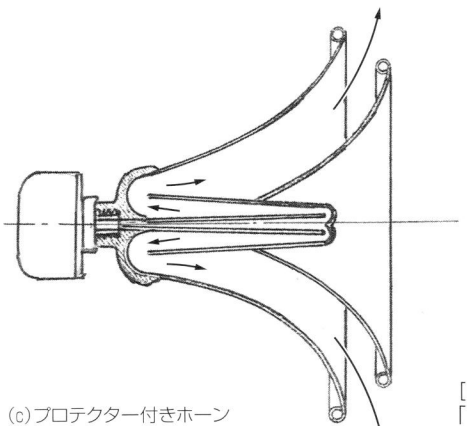

（c）プロテクター付きホーン

[図3-25]
「トランペット」ホーンのバリエーション（1）

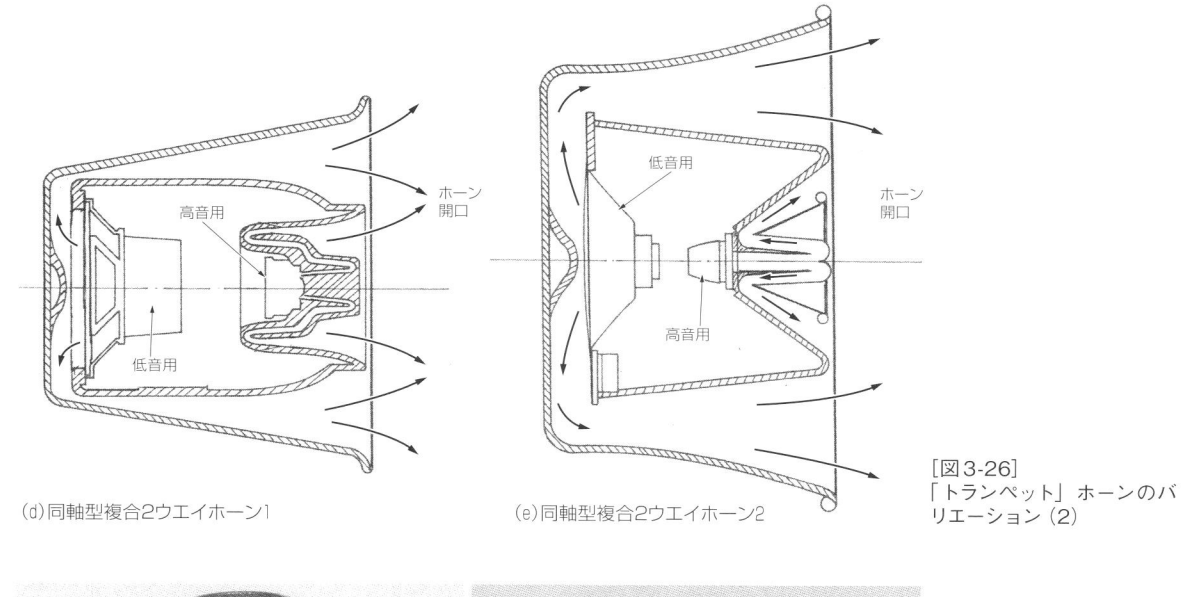

(d) 同軸型複合2ウエイホーン1　　　　　(e) 同軸型複合2ウエイホーン2

[図3-26]
「トランペット」ホーンのバリエーション（2）

(a) ユニバーシティ製SAH-S型　　　　　(b) パイオニア製

[写真3-43]
「トランペット」に使用されたホーンドライバーの例

カーが求められました.

　こうして生まれたのが，通称「トランペット」スピーカーと呼ばれるPA用フォールデッドホーンスピーカー（**写真3-42**）で，これがわが国では代表的なPA用スピーカーとして広く知られるようになりました.

　図3-25に，よりコンパクトにした小型ホーンや，プロテクターを付けて音を拡散するホーンの例を示します. また，**図3-26**のような複合型のPA用スピーカーも考案され，PA用の「トランペット」スピーカーとして市場を形成しました.

　これに適合するホーンドライバーには，**写真3-43**のような製品がありました. 日本ではJIS C 5504でスロート径がϕ19±1.5mmに規定され，メーカー間の製品の互換性を持たせています.

3-7-2　大規模イベントに使用されたSR用スピーカー

　戦後の日本における大規模PAスピーカーの例として，1959年の皇太子のご成婚を祝して競技場に設置された開口4×2mの大型ホーン[3-24]と，1964年10月に日本の復興を象徴する大イベントとして開催された東京オリンピックにおいて国立競技場で使用されたPA用スピーカーシステムがあります.

　オリンピックの開会式と閉会式に，楽団と合唱の生演奏を増強拡声する音楽再生（SR）用大型スピ

(a) 前面

(b) 裏面

[写真3-44]　東京オリンピック（1964年）用に開発されたSR用スピーカー1基分

ーカーシステムが，このために特別に製作されました．このスピーカーは早稲田大学教授の伊藤毅の計画で，音響設計をNHK技術研究所が担当した4ウエイスピーカーシステム（**写真3-44**，**図3-27**）で，3基製作され，外側に装飾用ケースを設けて使用されました．

　拡声のための設置は集中配置方式で，ブラスバンド前面の左側に1基，ブラスバンド前面に1基，右に1基設置して，これをそれぞれ200Wアンプで駆動する方式でした[3-25]．このスピーカーシステムの総合再生周波数特性は，**図3-28**に示すように優れたものでした．

　1967年に国立霞ヶ丘競技場で開催された夏季ユニバーシアード東京大会の開会式と閉会式の吹奏楽と合唱の生演奏の増強拡声（SR用）には，昭電社の服部守らが開発したスピーカーシステム（**図3-29**）が使用されました．このスピーカーシステムのコンポーネントは，有効口径約55cm相当の平面型振動板低音用スピーカー，口径16cmコーン型コーンスピーカーを中音用に2個，コーン型とホーン

型スピーカーを組み合わせた高音用という構成の3ウエイ4スピーカーシステム（**図3-30**）で，幅750mm，高さ550mm，奥行き150mmの後面開放型バッフル板に取り付けられていました．これを4台1組としたSRスピーカーシステム[3-26]が**写真3-45**のように3基設置され，7万人の来場者に拡声しました．

　1970年の日本万国博覧会（大阪万博）のころからは，特別に設計して設置するスピーカーシステムは減少し，既製のスピーカーコンポーネントを複数組み合わせてシステム化し，強化した「スピーカークラスター（speaker cluster）」にまとめる方向に発展していきました．そして，大音響出力を得るために，電気音響変換効率の高いホーンスピーカーが中高音用として本格的に使用されるようになり，国際的に共通した手法が採られるようになってきました．

3-7-3　学校放送設備の教室用拡声スピーカー

　学校内の各教室に小規模の学校放送スピーカー

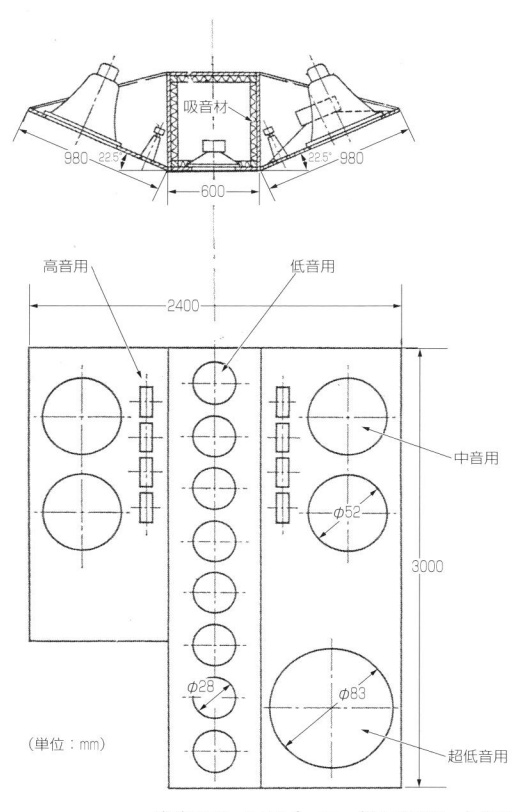

高音用ホーンスピーカー（開口8×16cm）8個
受け持ち帯域：1800〜8000Hz

中音用レフレックスホーン（口径50cm）4個
受け持ち帯域：600〜1800Hz

低音用コーンスピーカー（口径30cm）8個
受け持ち帯域：60〜600Hz

超低音用コーンスピーカー（口径84cm）1台
受け持ち帯域：〜60Hz

［図3-27］　東京オリンピック（1964年）で使用されたSR
用スピーカーの基本構成（1基分）

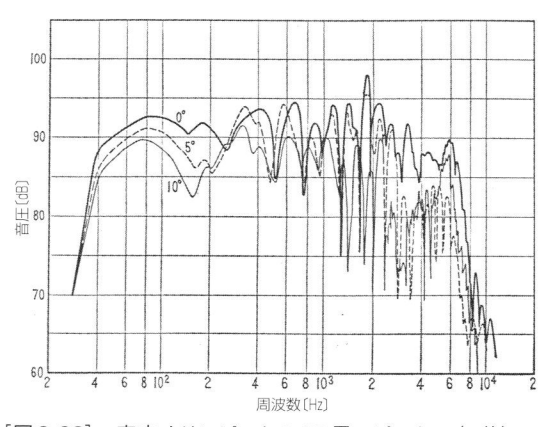

［図3-28］　東京オリンピックのSR用スピーカー（1基）の
垂直面の指向周波数特性

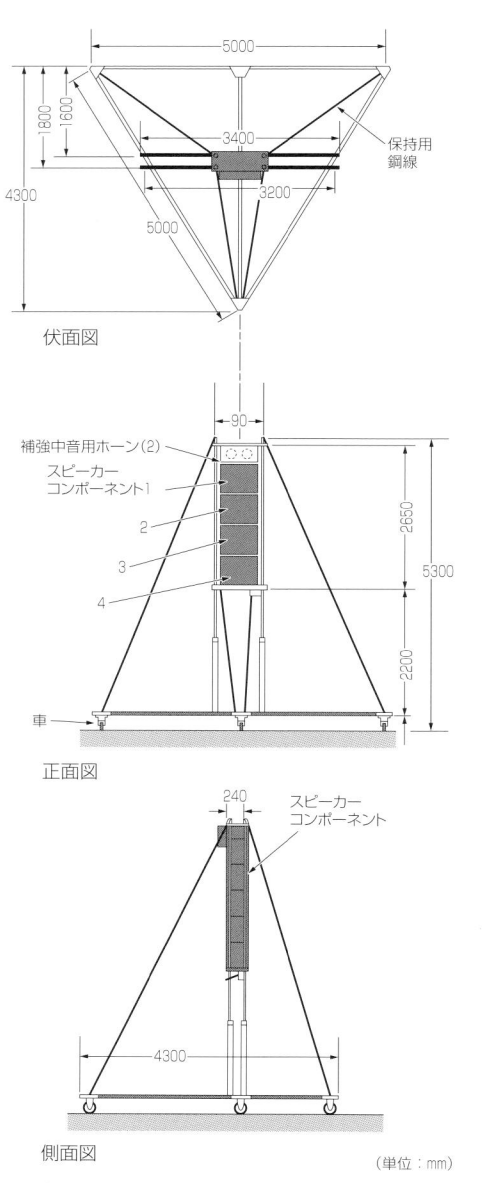

［図3-29］　夏季ユニバーシアード東京大会（1967年）で
使用された昭電社製SR用スピーカー

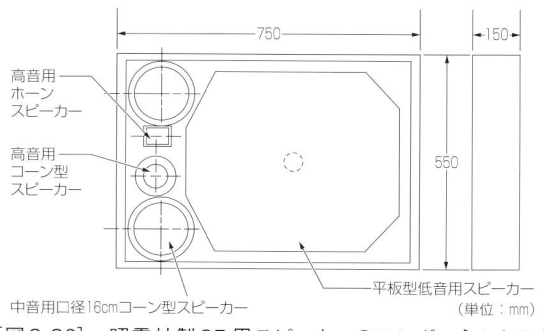

［図3-30］　昭電社製SR用スピーカーのコンポーネントの基
本構成

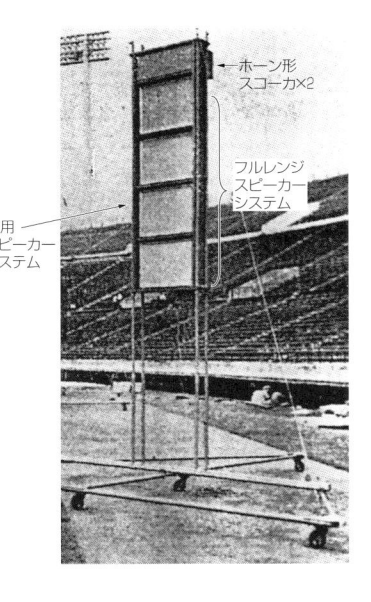

ホーン形
スコーカ×2

フルレンジ
スピーカー
システム

SR用
スピーカー
システム

会場に設置したSR用スピーカーシステム

[写真3-45]　夏季ユニバーシアード東京大会（1967年）の会場に設置されたSR用スピーカーシステム

を設置して，正規の授業に組み入れて利用することが戦前から実施されていましたが，規模も小さく，運用が十分でありませんでした．

戦後の1955年ころから，学校放送設備の標準化が進み，「全国放送連盟（全放連）型学校放送設備」が放送教育研究会全国連盟で検討されて，教室に設置する壁かけ型スピーカーシステムが標準化されました．

このスピーカーシステムは，「全放連1号型スピーカー箱」（図3-31）として規格化[3-27]されました．これは，バッフル面が下向きに傾斜した壁かけ型で，教室用拡声スピーカーとして広く普及しました．内部に搭載したスピーカーは口径16cmのフルレンジ型でした．

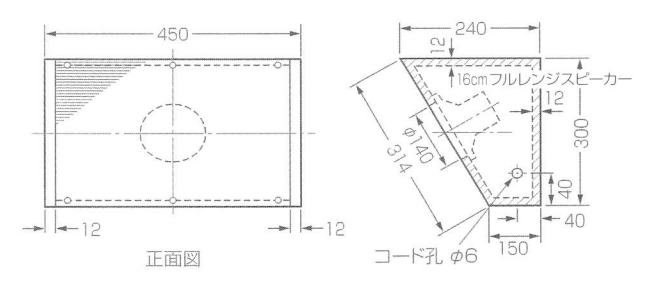

正面図

コード孔 φ6

16cmフルレンジスピーカー

[図3-31]　学校放送設備（教室設置用）「全放連1号型スピーカー箱」の概略構造

使用した音楽演奏が多くなり，これを電気拡声するSRシステムが必要になり，低音から高音まで音域の広い再生が求められました．

わが国でも，グループサウンズ，フォーク，ロック，ニューミュージックなどの音楽公演がさかんになって，大型の電気拡声設備が必要になってきました．

記録に残るSRシステムの取り組みの歴史は，1933年に米国ハリウッドの「ハリウッドボウル（Hollywood Bowl）」で行われたレオポルド・ストコフスキー指揮のクラシックコンサートで，楽器の拡声補強を行ったことに端を発します[3-28]．これは，ベル電話研究所のフレッチャーを中心とした研究チームと，E.R.P.I.の技術者たちにより，当時の最

3-8　SR用スピーカーシステム

1960年代前半の劇場の電気音響設備は，プロセニアムなどに設置された固定設備で，音声，ヴォーカル中心のPAを行うとともに，限られた弱音楽器の補助（ブースター）として電気拡声が使用されてきましたが，1960年代後半になって電気楽器を

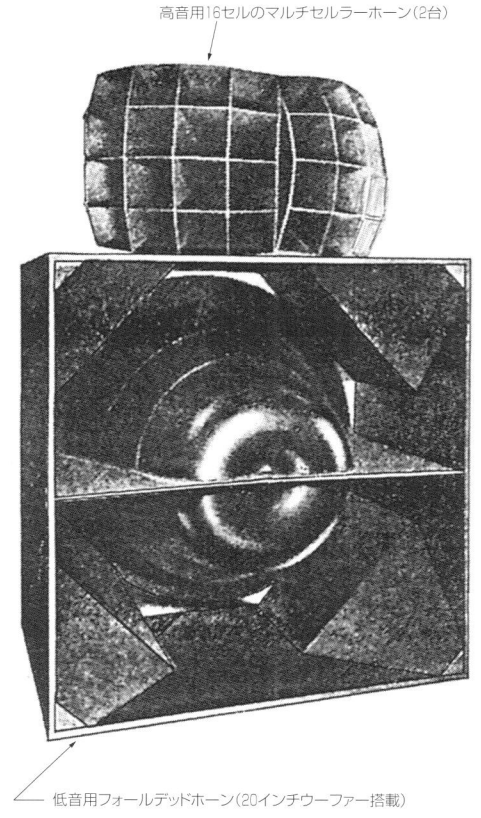

高音用16セルのマルチセルラーホーン（2台）

低音用フォールデッドホーン（20インチウーファー搭載）

［写真3-46］　ハリウッドボウルでSR用として使用されたベル電話研究所のフレッチャーシステム

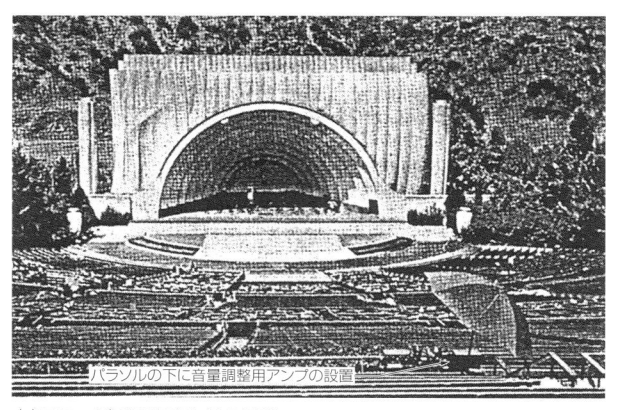

パラソルの下に音量調整用アンプの設置

（a）ステージ正面客席からの展望

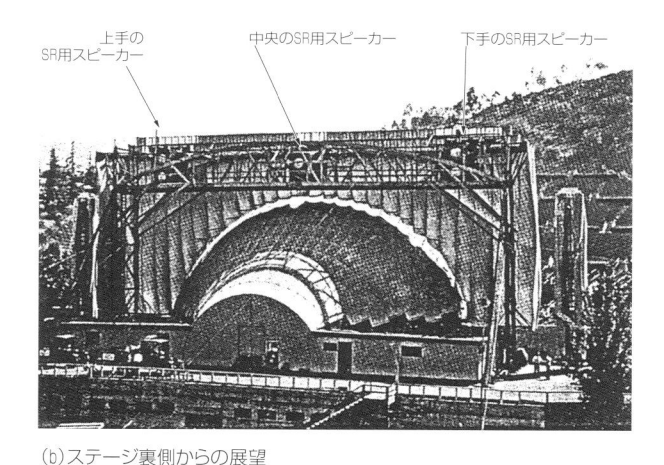

上手の
SR用スピーカー　　　中央のSR用スピーカー　　　下手のSR用スピーカー

（b）ステージ裏側からの展望

［写真3-47］　ハリウッドボウルに設置されたSR用スピーカーの全景と音量調整場所の位置

高級スピーカーであった「フレッチャーシステム」（**写真3-46**，第5章6節参照）を使用した大がかりな音響補強でした．

　このとき使用されたスピーカーは，低音用に口径20インチのホーンドライバーを搭載したフォールデッドホーンを1台，高音用には16セルのマルチセルラーホーン2台に594-A型ホーンドライバーを4個使用した構成の非同軸複合2ウエイ方式のシステムです．

　このSRスピーカーをハリウッドボウルの正面から見たプロセニアムアーチに，左右と中央に3基配置して，3チャンネルステレオにして音響拡声を行いました（**写真3-47**）．舞台裏から見た**写真3-47（b）**からは，上手，下手の各SRスピーカーにはフレッチャーシステム2台を縦積みに，中央は1台を設置

している状況がわかります．これらを**図3-32**のように駆動アンプ10台でドライブしています．

　客席中央よりやや後方に設置したコントロールデスクで，フレッチャーを中心にスタッフが音量調整を行い，デモンストレーションは成功しました．

　その後1970年代まで，こうしたアコースティック系の楽器を電気拡声する試みは多くはありませんでした．性能や音質面で十分な性能を持った電気拡声用のシステムが少なかったため，音質面で敬遠されてきたのかもしれません．電気拡声を行う場合も，劇場の既成の設備でヴォーカルを中心としたPAを行うのが状況でした．また，屋外で何万人もの聴衆に電気拡声するといった公演も，ごく限られたものでした．

　1960年代前半は，前述の米国シュアの「ボーカ

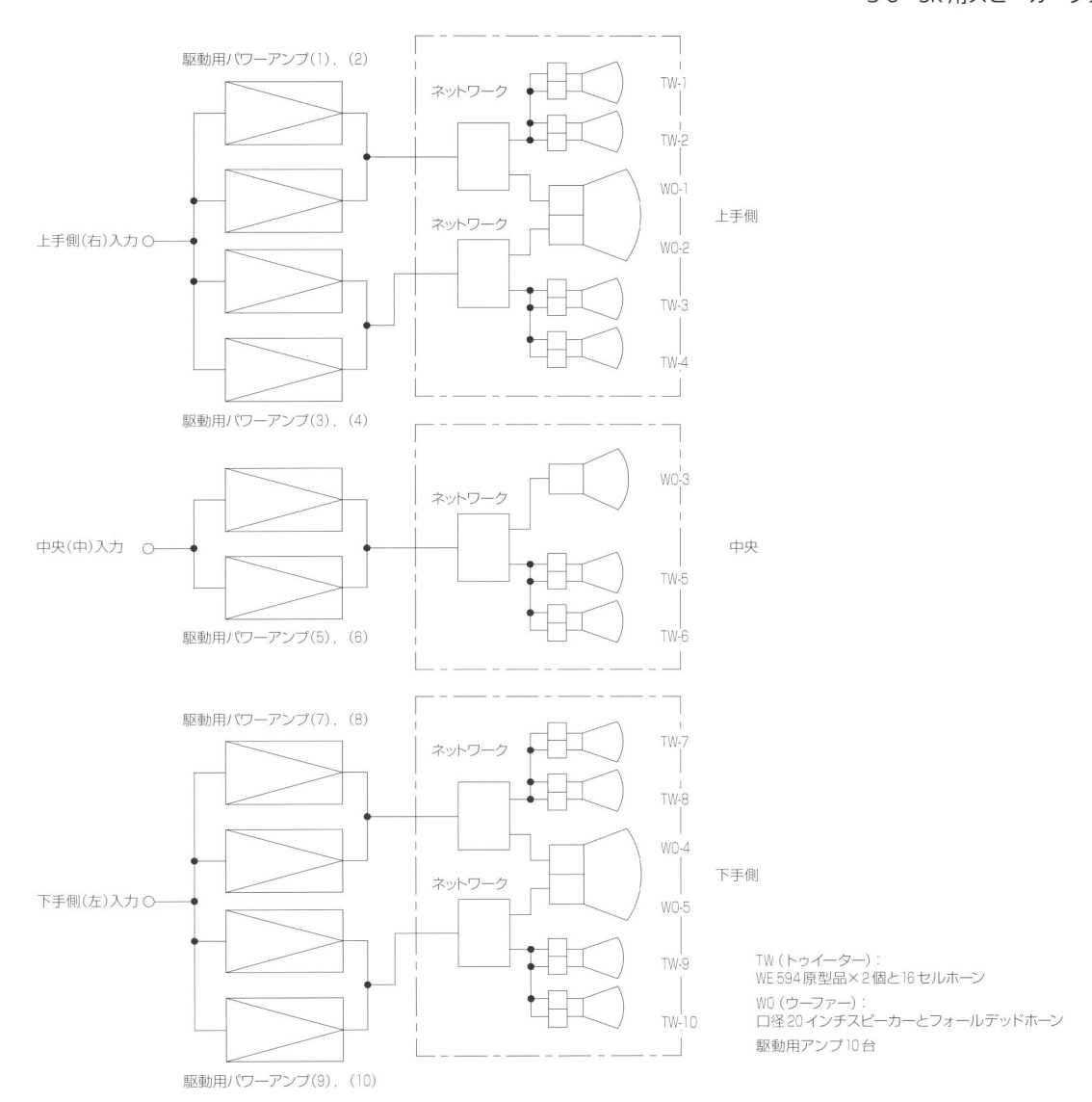

駆動用パワーアンプ(1), (2)

ネットワーク

TW-1

TW-2

WO-1

WO-2

上手側

TW-3

TW-4

上手側(右)入力

駆動用パワーアンプ(3), (4)

ネットワーク

ネットワーク

WO-3

中央

TW-5

中央(中)入力

駆動用パワーアンプ(5), (6)

TW-6

駆動用パワーアンプ(7), (8)

ネットワーク

TW-7

TW-8

WO-4

下手側

WO-5

TW-9

下手側(左)入力

ネットワーク

TW-10

駆動用パワーアンプ(9), (10)

TW（トゥイーター）：
WE 594 原型品×2個と16セルホーン
WO（ウーファー）：
口径20インチスピーカーとフォールデッドホーン
駆動用アンプ10台

［図3-32］　ハリウッドボウルに設置されたSR用スピーカーのブロックダイヤグラム

ルマスター」（**写真3-33**）などのPA用スピーカーシステムなどが多く使用されました．当時の課題は，拡声によるハウリングの抑制と明瞭度の高い音質の追求が中心でありました

　わが国で変化が生じたのは，1966年に英国のビートルズの武道館公演を機に，次々と外人タレントの来日公演が増えて，観客数が大幅に増加し，大出力のSRシステムが求められるようになってからで，その後は急速に進展しました．

　大音量再生を実現させるためには，まずスピーカーの電気音響変換効率の高いオールホーンシステムを使用し，これを舞台両袖に積み上げてパワーを分散させ，トータルで大音量が得られるように設置するSRシステムへと変わっていきました[3-29]．

　1970年から1980年ころまでは，高音部と低音部がセパレートされた製品を組み合わせたコンポーネントシステム（component system）が主力になり，既成のスピーカーをフレキシブルに組み替えて複合化して，最適な再生ができるようにしました．これを必要に応じて数多く積み上げて使用しました．典型的なものは，**図3-33**に示すようなスピーカーの登場でした．製品としては，これまで市場で実

績のあった，アルテック（ALTEC），EV，JBLが中心に活躍しました．

この時代の日本で記録に残るのは，1974年8月に福島県郡山市の開成山公園で行われた「ワンステップフェスティバル」の野外ロックコンサートでした．オノ・ヨーコや沢田研二，内田裕也らが出演し，ステージ両サイドに数多くのスピーカーが積み上げられた「スピーカークラスター」から大音量の拡声が行われました．

そして，1970年後半にはコンサートツアーがアーティストの主要音楽活動になってきて，既設のスピーカーでなく，持ち込みの大規模のスピーカーを上演のため設営する会社が誕生し，時間と労力が多く費やされるようになりました．会場の収容人数は増大し，野外コンサートなどで歓声を打ち破って

聴衆に音楽を届けるために，拡声装置は次第にエスカレートし，強大な音圧で再生する大規模のスピーカークラスターになり，**図3-34**のようにスピーカーの使用数が非常に多くなってきました．

この結果，スピーカー間の音の干渉による特性への影響が大きくなり，再生音質の劣化を防ぐ技術的対策が検討されました．

また，ステージ両サイドにスピーカーを設置した場合，大音響の出力のために，スピーカー近傍の席の観衆に一過性難聴を起こさせるなどの騒ぎが発生しました．一方，こうした強大音圧環境下で長期間仕事を続けた結果，1985年ころになって，ロック演奏者やミクシングエンジニアなど音楽関係者に高度聴覚障害が発生し，「ディスコ難聴」などと呼ばれ，大きな社会問題になりました[3-30]．

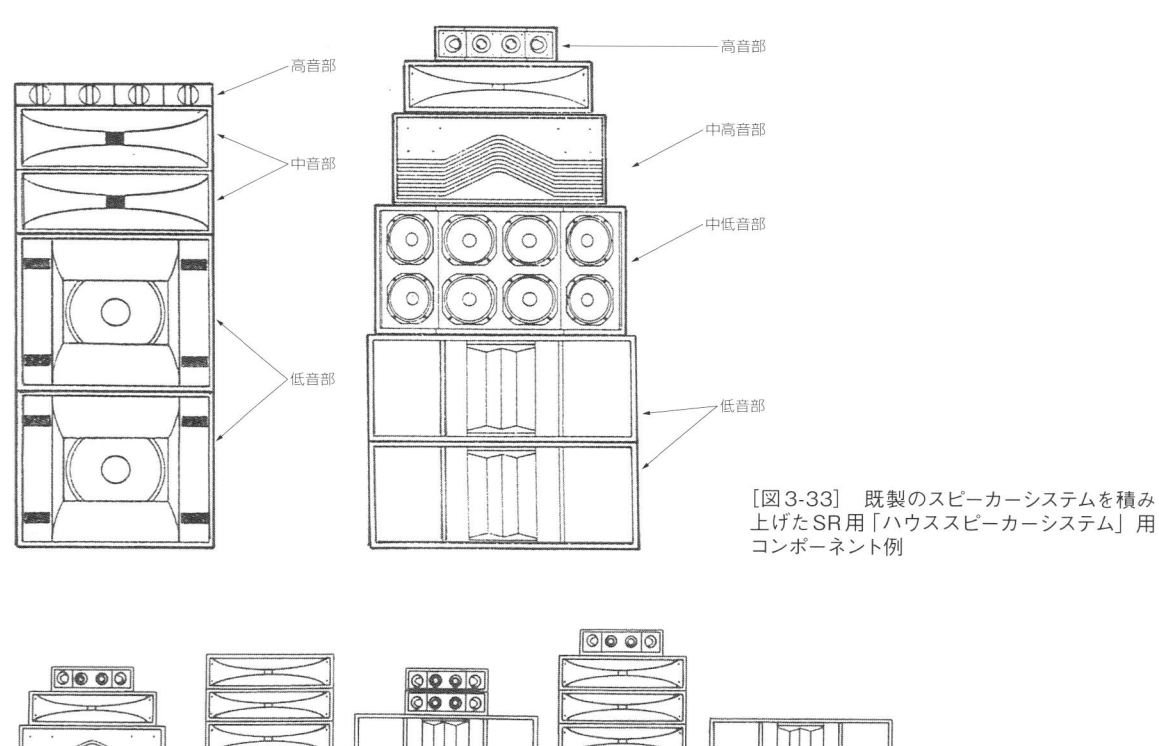

[図3-33]　既製のスピーカーシステムを積み上げたSR用「ハウススピーカーシステム」用コンポーネント例

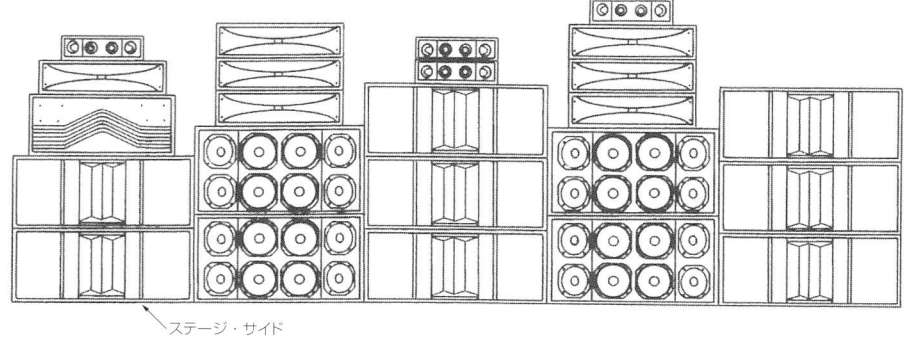

[図3-34]　舞台両袖に積み上げられたハウススピーカーシステムの例[3-29]

3-9　SR用コンポーネントシステムによる大規模ハウススピーカーシステム化へ

コンサートの規模の大型化に伴い，スピーカーシステムを舞台の両袖に積み上げると，まるで大がかりな舞台装置のようになるため，これを「ハウススピーカーシステム」とも呼ぶようになりました．写真3-48，49は，その例です．

また，これをアリーナなどのコンサートで吊り下げて使用する場合には，写真3-50，51のように吊り下げ金具を使用して，複雑なスピーカーシステムの形態を作りあげています．

この時代，主流として活躍したのはアポジ（Apogee Sound），EAW（Eastern Acoustic Works），メイヤー（Meyer Sound）などの製品です[3-31]．

音量と音質の向上のためにSR用スピーカーシステムは広帯域化され，超低音用，低音用，中低音用，中高音用，高音用など，専用ユニットによる5ウエイ級の構成になり，これをマルチアンプ駆動する大がかりなものに変わってきました．

ところが，エスカレートしてシステムの規模が大型になるほど，スタッキングによるスピーカーユニット間の位相の干渉，指向周波数特性の劣化などを解消するための調整に時間がかかることになり，この時間を技術的に短縮できないか，また，多数ス

[写真3-48]　舞台両サイドに積み上げられたSR用ハウススピーカーシステムの例

[写真3-49]　直接放射型コンポーネントスピーカーを多数吊り下げたSR用ハウススピーカーシステムの例

[写真3-50]　天井より吊り下げられたSR用ハウススピーカーシステムの例（アルテックのカタログより）

[写真3-51]　天井より吊り下げられたSR用ハウススピーカーシステムの例（エレクトロボイスのカタログより）

ピーカーを使用することによる大型化による問題といった課題が次々と噴出してきました.

設営では，組み立てや結線に多大の時間と労力がかかり，積み上げたスピーカーの転倒を防止する安全面の配慮などあって，公演開始までの準備時間をいかにして短縮するかが問題となりました. さらに，公演終了後の機材の撤収や搬送車への積み込み時間などの短縮も問題となりました.

こうしたことから，運搬や設営に便利なようにSR用スピーカーの小型化が望まれるようになりました.

1973年に，位相反転型エンクロージャーの設計に「ティール・スモール（Thiele and Small）理論」が発表され，これを活用することで位相反転型低音用スピーカーの設計技術が進み，それまで主流になっていた低音用ホーン型に代わって，高性能設計による小型位相反転型エンクロージャーが誕生し，小型化が進みました.

また，単体のユニットの耐入力，能率が向上し，既製のコンポーネントタイプのユニットの複数使用から，1980年代前半にはワンボックスタイプで，各帯域のユニットを組み込んだスピーカーシステム（図3-35）を複数台組み合わせたSR用システムへと主流が変化していきました.

また，高性能化のため，チャンネルデバイダーとデジタルディレイを組み合わせた低音部と高音部のタイムアラインメントの調整や，システムをスタックしたときの相互の位相干渉を防ぐ対策などが検討されました.

3-10　SR 用ワンボックススピーカー積み上げのラインアレイスピーカーシステム

1980年後半になって，さらに音質の改善が求められ，ワンボックスタイプのSR用スピーカーに中音域専用ホーンを追加してヴォーカルの音質を改善した，3ウエイ方式や4ウエイ方式の「2ボックスタイプ」が登場するとともに，独立した超低音専用スピーカーを使用して「3ボックスタイプ」にすることで，広帯域再生を狙うようになりました.

そして，これを大量に積み上げてスタックした場合に発生する音響的な弊害を最小限に抑え，音の定位や明瞭度を向上させるために，エレクトロニクス制御の専用プロセッサーが使用されるなど，エレクトロニクス機材を搭載して改善することが1990年ころに開発されました. これは「スピーカーマネージメントシステム」と称され，SR用スピーカーシステムは，この方向で発展していきました[3-32].

こうして生まれたデジタル式のスピーカーマネージメントシステムは，その後のSRスピーカーには必要不

［図3-35］　耐入力の強化と高能率化のためにワンボックスタイプスピーカーを積み上げたスタック式 SR 型スピーカー

[写真3-52] ワンボックスタイプのスピーカーを積み上げたラインアレイ式SR用スピーカーの例

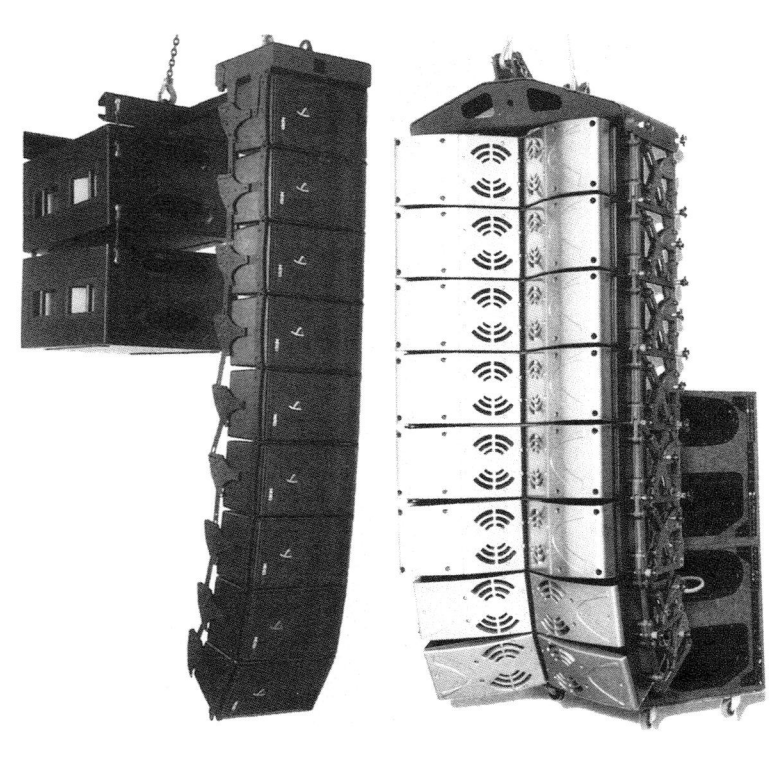

(a) NEXO GEO-Dシリーズ，垂直アレイシステム

(b) NEXO GEO-Tシリーズ，タンジェントアレイシステム

[写真3-53] 欧州のラインアレイ式SR用スピーカーの例

可欠な存在となりました．その主とした狙いは，客席から見てピンポイントの音源を狙うように音響的な調整をすることでした．

また，スピーカーを積み上げて設置する構成方法にも改善がありました．設置されたスピーカーによって客席前方両端席でステージ全体が見えなくなる「見切れ」を防ぐことや，スピーカーに近い席の聴衆が大きな音圧にさらされることによる難聴障害を起こさないよう，客席の音圧レベルを均一化することが検討されました．

このために，1993年ころから，トーンゾイレのように垂直方向に配列した多数の音源を合成して1本の線状音源にし，垂直指向性を制御しようとしたラインアレイ型が考案されました．

水平面の指向性は各ワンボックススピーカーシステム単体の性能に依存しているため，スピーカー配置を左右非対称ユニット配置にし，高音域ではほかの高音スピーカーと干渉を防ぐため，鋭い垂直指向性を持つホーンユニットにするなど工夫が行われました．

また，垂直面の指向性を維持できる下限の周波数はラインアレイの長さによって決まるため，中低音域の指向性をどこまで維持するかを検討して，長さを決めています．

このSR用ラインアレイスピーカーシステムの設置方法は，客席の形に合わせて弓形，J字形にするのが一般的（写真3-52）で，近距離用と遠距離用の2段構成にして客席へのカバーエリアを区別して，遅延や補正をコントロールするなど，客席の音圧レベルや伝播特性が均一化されるように改善されました．

この考案はフランスのL-Acousticsが最初で，その後普及して多くのSR用スピーカーシステムに採り入れられ，ワンボックススピーカーにも特徴ある製品が登場しました．

スピーカーの設置方法は，フライング方法が積

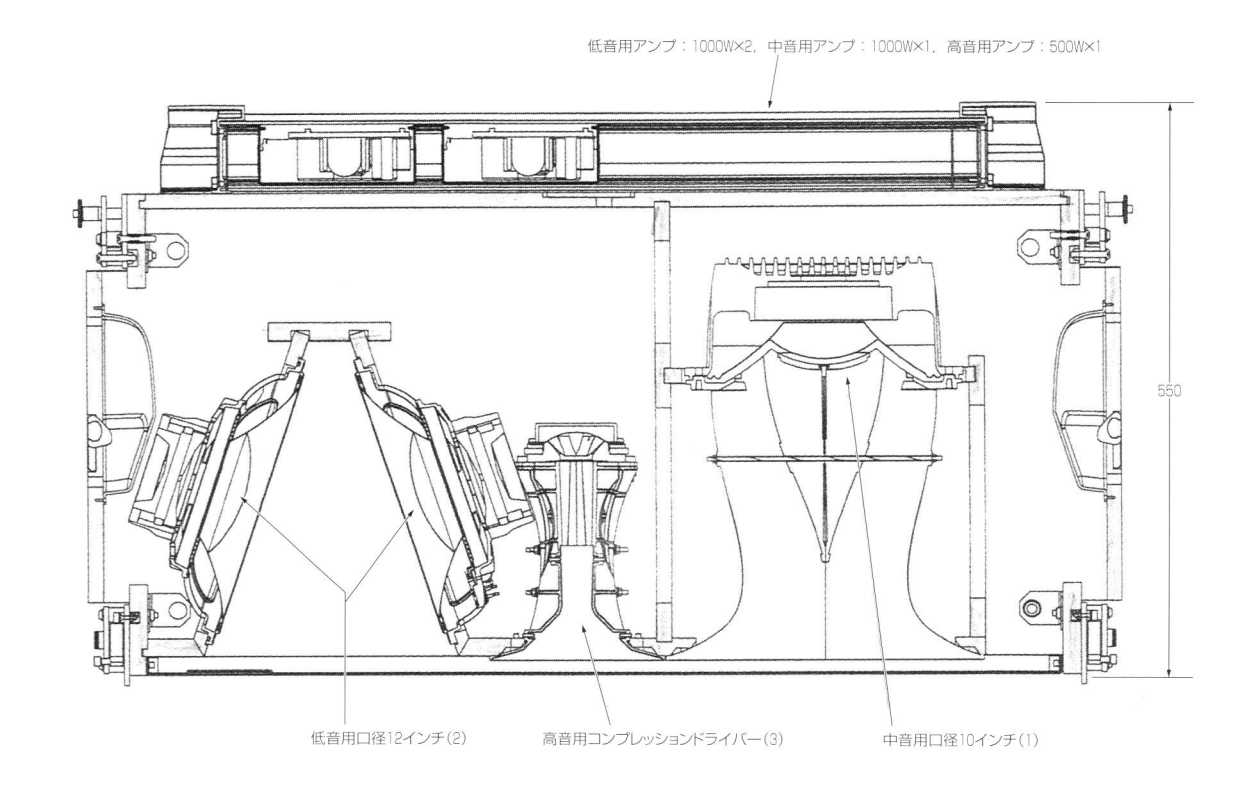

低音用アンプ：1000W×2，中音用アンプ：1000W×1，高音用アンプ：500W×1

550

低音用口径12インチ（2）　　　高音用コンプレッションドライバー（3）　　　中音用口径10インチ（1）

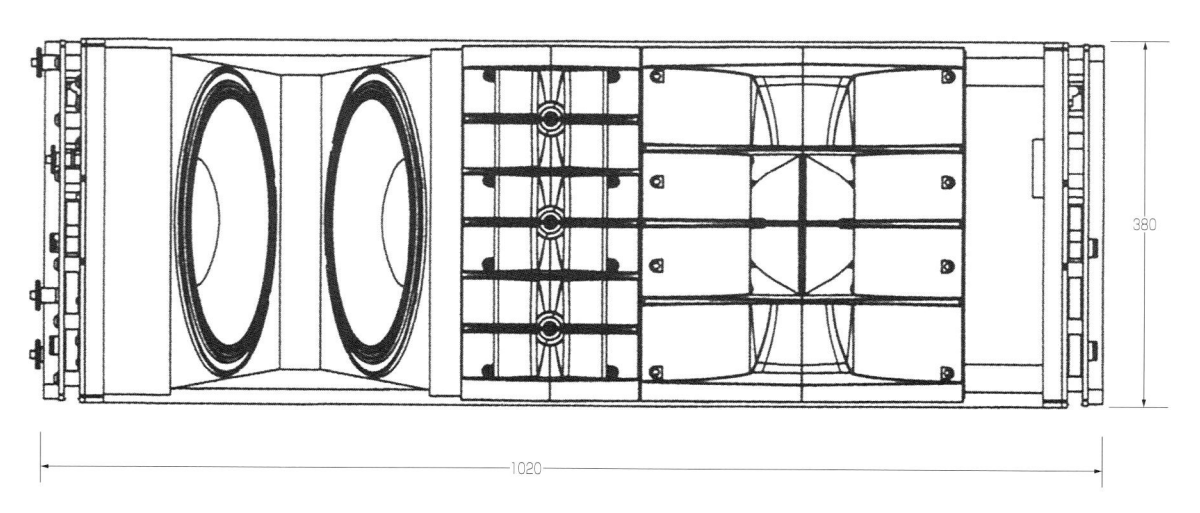

380

1020

再生周波数帯域：50〜20000Hz
最大音圧レベル：143dB
3ウエイマルチアンプ方式
クロスオーバー周波数　　：320Hz，1300Hz
（　）内は使用台数

（単位：mm）

［図3-36］　RCFのTTL55-A型アクティブ3ウエイ方式ラインアレイモジュール

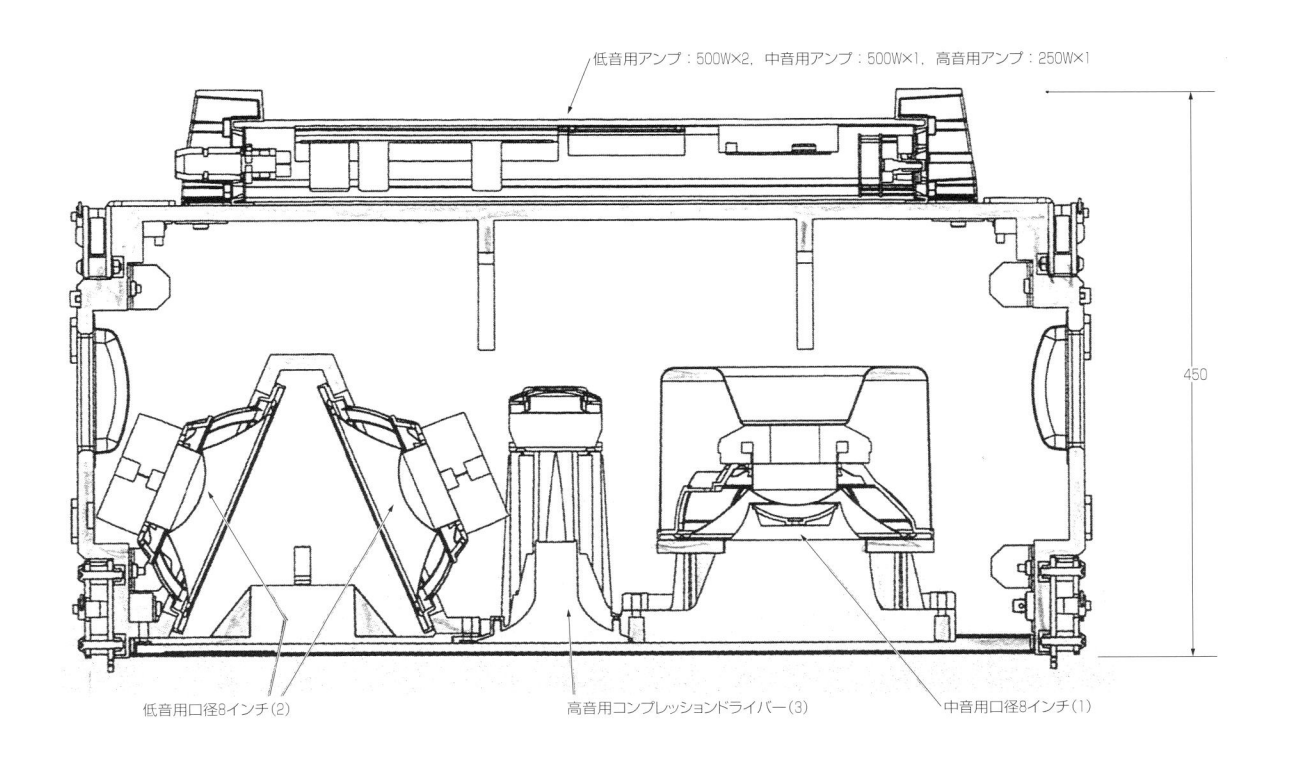

低音用アンプ：500W×2，中音用アンプ：500W×1，高音用アンプ：250W×1

450

低音用口径8インチ（2）　　　　高音用コンプレッションドライバー（3）　　　　中音用口径8インチ（1）

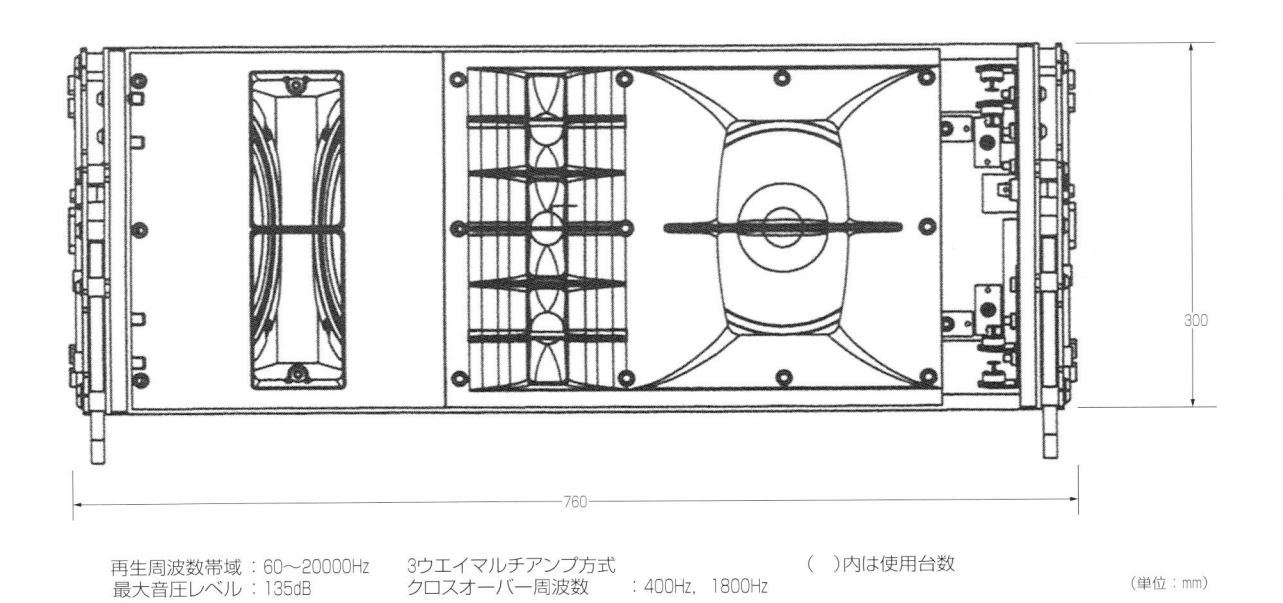

300

760

再生周波数帯域：60〜20000Hz　　　3ウエイマルチアンプ方式　　　　　　　　　（　）内は使用台数
最大音圧レベル：135dB　　　　　　クロスオーバー周波数　　：400Hz，1800Hz

（単位：mm）

[図3-37]　RCFのTTL33-AII型アクティブ3ウエイ方式ラインアレイモジュール

極的に採用されるようになり，屋外では大型クレーンを使用した吊り下げ方法が採られ，屋内のコンサートホールでは吊り下げ用設備を新設して使用されるようになるなど，SRスピーカーシステムのフライングが一般化してきました．

これによって，設置時間と音響特性の調整時間が短縮される利点が生まれました．しかし，屋内のホールでは1階席，2階席というように客席に段差が多いため，ラインアレイの効果が得られるかどうかケースバイケースでそれぞれ検討が必要といわれています．

一方，ワンボックスタイプのパッケージスピーカーシステムの内部にコントロールエレクトロニクス回路とパワーアンプを搭載して，過大入力を保護するリミッター／コンプレッサー，チャンネルデバイダー，位相やタイムアラインメントの遅延補正機能，総合特性の改善のための周波数補正などが組み込まれ，迅速に総合音響特性が改善できる新しいSRスピーカーシステムに向かって進展してきました[3-33, 34]．この代表としては，フランスのL-Acousticsとドイツのd&b audiotechnikの製品があります．SR用ラインアレイスピーカーシステムの代表的な製品例として**写真3-53**を示します．また，ワンボックススピーカーのユニット構成や内部構造の状態の例として，**図3-36, 37**を示します．

参考文献

3-1）Magnavox編：リアリズム，小冊（翻訳），1930年ごろ

3-2）J. K. Hilliard：Historical Review of Horn Used for Audience-type Sound Reproduction, *J. A. S. A.*, Vol.59, No.1, Jan. 1976

3-3）米国特許第1,365,898号

3-4）J. E. Crowley：Addressing Atlantic City Conventions, *B. S. T. J.*, Dec. 1931

3-5）*Wireless World*より

3-6）*Wireless World*より

3-7）無線と実験編：アンテナは語る　70，無線と実験，1940年1月号（第191号），p.82

3-8）写真：*High Fidelity*，April 1976

3-9）M. E. McMahon：*Vintage Radio*, Greenwood's, 1981, p.203

3-10）田口達也：ヴィンテージラヂオ物語，誠文堂新光社，1993年

3-11）英国特許：第278,098号（1927年）

3-12）Loud Speakers for Large Outputs, *Wireless World,* Feb. 5, 1937

3-13）Public Address Equipment, *Wireless World*, Mar. 20, 1936

3-14）H. Newmann：Zur Frage des Wirkungsgrades Elektrodynamisch Dewegter Kolbenmembranen, Wissenschaffliche Vero ”Tfentlichungen aus dem Siemens-Kongern, September, 1930

3-15）日本実用新案出願公告　昭31-20008（1956年）

3-16）八木秀次編：音響科学，第4編　電気音響学，オーム社，1939年，p.221

3-17）池田圭：スピーカーの変遷史（7），ステレオサウンド，第11号，1969年

3-18）ハインリッヒ・ベネッケ，ヘルベルト・ベッツォルト：日本特許公告　昭32-1261（1957年）

3-19）日本特許公報　昭37-6167

3-20）二村忠元，城戸健一：建築における電気音響装置，建築音響装置研究会議講演論文集，昭和36年度，1962年3月

3-21）日本オーディオ協会編：オーディオ50年史，拡声装置編，日本オーディオ協会，1986年

3-22）住吉舛一：HiFi論（未公開）

3-23）グラビア：無線と実験，1955年7月

3-24）大型スピーカーを使用した「皇太子のご結婚を祝う」2つの演奏会：無線と実験，1959年6月

3-25）中島平太郎：オリンピック開閉会式時の国立競技場の音響設備，NHK技研月報，第8巻，第2号，1965年

3-26）服部守：有効口径54.8cm相当平板形SPシステム，ラジオ技術，1968年1月

3-27）放送教育用受信施設技術規格ERS-A001, 1

号型スピーカー箱, 放送教育研究会全国連盟, 1960年

3-28) A. R. Soffel：Sound Reinforcing System for Hollywood Bowl, *B. S. T. J.*, March 1937

3-29) 木下正三：コンサート用SRスピーカーシステムの変遷と今後, サウンド・リインフォースメント, 誠文堂新光社, 1984年8月

3-30) 小野博, 猪忠彦：大音圧の音楽聴取による難聴, 日本音響学会誌, 第42巻, 第6号, 1986年

3-31) 八幡泰彦：創立10周年の原稿, プロサウンド

3-32) 菰田基生：ホール用スピーカーの動向, 静けさ, よい音, よい響き, 永田音響設計, 通巻183号, 2003年3月

3-33) 稲生眞：スピーカーについて考える, 静けさ, よい音, よい響き, 永田音響設計, 通巻189号, 2003年9月

3-34) 永田穂：コンサートホールの拡声の音について, 静けさ, よい音, よい響き, 永田音響設計, 通巻209号, 2005年5月

第4章

ラジオ受信機用
スピーカーの誕生と
1945年ころまでの変遷

4-1　ラジオ受信機用ホーンスピーカー

4-1-1　ラジオ放送の夜明け

　マルコーニ（Guglielmo Marconi）の発明した無線電信は，火花放電によって発生する電波を区切ってモールス符号化して送信する情報伝達であり，1876年にベル（A. G. Bell）が発明した電話は，電線を使って特定の人と結ばれて音声（情報）を相互に交信することができる情報伝達でした.

　これに対して，1900年代になって，不特定多数の人を対象に一方向に音声や音楽情報を伝達するという，まったく新しい「放送」というシステムが，無線通信の一つとして発明されました.

　電波の利用による放送の誕生は，情報の速報性において，同じ目的で使われていた新聞や雑誌を追い越しました. ラジオ受信機を設置すれば，誰でもリアルタイムに情報が聴取できる伝達システムとして，「放送」は20世紀前半の画期的な発明でした.

　放送は，活字であった情報伝達を音声で伝え，さらに音でしか表現できない「音楽の伝達」という，これまでにない新分野を開拓し，音楽鑑賞という，これまでの情報伝達になかった分野で新風を吹き込みました.

　この放送の基本となるのは，電波に音声をいかにして乗せるかという課題でした. この研究では，米国ピッツバーグ大学教授のフェッセンデン（Reginald Aubrey Fessenden）が，電波を音声信号によって振幅変調する送信方法を発明し，1900年に特許を取得しました.

　これを実験するためには，持続する安定した電波を作る必要があったので，フェッセンデンは高周波交流発電機を製作して，これによって生成した電波を音声や音楽で変調し，1906年12月に世界最初の音声信号送信の公開実験に成功しました.

　その後，真空管による発振回路の発明があり，特許は1913年にド・フォレスト（Lee De Forest）が獲得（特許権の係争で勝訴）して，AM変調による送信が急激に発展しました.

　1908年にフランス・パリのエッフェル塔の上からレコードを使って音楽を放送したり，米国のメトロポリタン歌劇場から劇場中継放送を行うなど，積極的な実験放送が行われ，受信する側にも次第に興味を持つ人びとが増えてくることになりました.

　こうした放送の実験の続く中，聴取者の要望もあって，不定期な実験放送から，ニュースや音楽を毎日定時的に「ラジオ放送」する本格的な放送へ移っていきました.

　1920年11月2日，高いポテンシャルの放送技術を持っていた米国WH（Westinghouse Electric and Manufacturing Company，ウェスティングハウス電機製造会社）が，同社社屋内の放送実験局（コールサインKDKA）から定時番組としてラ

[写真 4-1]
ウエスチングハウス内のラジオ放送実験局KDKAにおける放送の状況[4-1]

[表 4-1]
初期のラジオ受信機の形態とスピーカー方式の変遷

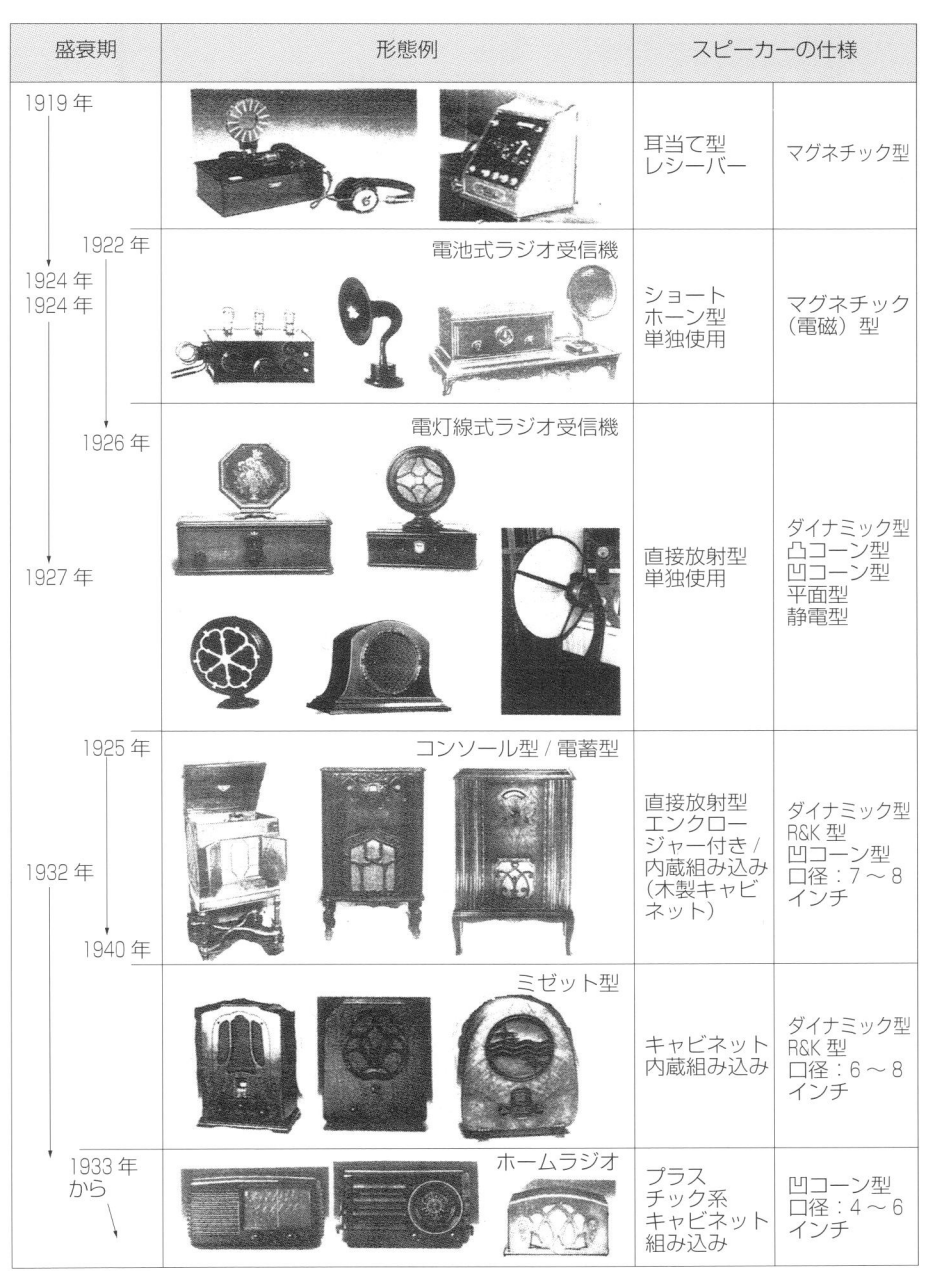

盛衰期	形態例		スピーカーの仕様	
1919 年			耳当て型 レシーバー	マグネチック型
1922 年 1924 年 1924 年	電池式ラジオ受信機		ショート ホーン型 単独使用	マグネチック （電磁）型
1926 年 1927 年	電灯線式ラジオ受信機		直接放射型 単独使用	ダイナミック型 凸コーン型 凹コーン型 平面型 静電型
1925 年 1932 年 1940 年	コンソール型 / 電蓄型		直接放射型 エンクロージャー付き / 内蔵組み込み （木製キャビネット）	ダイナミック型 R&K 型 凹コーン型 口径：7 ～ 8 インチ
	ミゼット型		キャビネット 内蔵組み込み	ダイナミック型 R&K 型 口径：6 ～ 8 インチ
1933 年 から	ホームラジオ		プラスチック系 キャビネット 組み込み	凹コーン型 口径：4 ～ 6 インチ

ジオ放送（出力100W）を開始（**写真4-1**）したのが世界最初の定時放送になりました[4-1].

　一方，この定時放送を受信する受信装置も研究が進みました．放送開始当初は，放送の受信には鉱石を検波器として使用した「鉱石ラジオ」が使用されました．鉱石ラジオは，電池などの電源を必要とせず，受話器（レシーバー）で聴取するコンパクトなものでした．

　真空管の発明後，ラジオ受信用の検波や増幅などの回路技術が開発され，次々に実用化され，真空管によるラジオ受信機が誕生しました．

　真空管ラジオには，1800年にボルタ（A. G. A. A. Volta）が発明した電池が電源に使われました．フィラメント用のA電池とプレート用のB電池が必需品であり，本格的なラジオ放送が開始された後，大きな需要となりました．

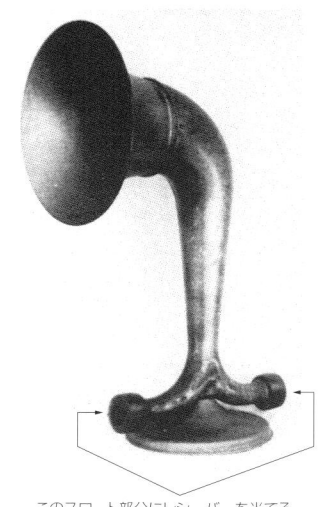

このスロート部分にレシーバーを当てる

[図4-1]　1台の受信機の出力を分割して各自のレシーバーで聴く初期のラジオ聴取の例，まだスピーカーで部屋に音を放射する技術がなかった（Cynthia A. Hoover, Museum of History and Technology, *The History of Music Machines,* Drake Publishers Inc., 1971）

[写真 4-2]　左右のレシーバーをホーンスロートに取り付けて空間に音を放射して聴くホーン

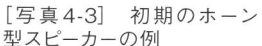

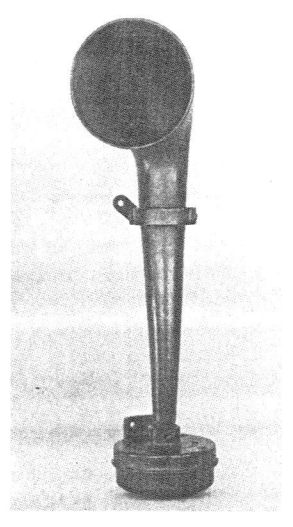

[写真 4-3]　初期のホーン型スピーカーの例

スピーカーは開発当初，第3章で述べたように音を拡大する拡声用として進展しましたが，放送の開始とともに，ラジオ受信機のスピーカーとしての大きな需要が期待され，家庭向けのラジオ受信機用スピーカーの研究開発が急速に行われました．

初期のラジオ放送の時代から1940年代ころまでのラジオ受信機の形態と，これに付随したスピーカーの変遷を**表4-1**にまとめました．

4-1-2　初期のラジオ受信機用スピーカー

ラジオ受信機用スピーカーが大きく発展したのは，真空管式の受信機が開発された1921年ころからでした．

前述のように，ラジオ放送開始のころは，両耳に当てて聴く受話器（レシーバー）を耳にかけて聴いていたので，複数の人が同時に聴くには，**図4-1**のようにラジオの出力を分割して聴くしかなく，家族一同が楽しくラジオを聴くということはできませんでした．このため，耳に受話器をかけずに，家族全員が一緒にラジオ番組を楽しむことができるラジオ受信機の開発が望まれました．

最初に作られたのが，受話器をホーンの両側にあるスロート部分に固定して，受話器を簡易なホーンドライバーとして使用し，広い空間に少しでも音を放射して聴取できるよう考案した製品（**写真4-2**）でした．

これをヒントに，受話器の構造の電磁型（マグネチック型）変換機構を組み込んだラジオ用ホーンスピーカーが登場しました．最初は，メガホンに似たストレートホーンに組み込んで音を再生するホーンスピーカー（**写真4-3**）が作られました．これがラジオ受信機用スピーカーの最初になりました．

[図4-2]
英国ブラウンのクリスタボックス型スピーカーの接続回路（1928年の『ラヂオの日本』掲載の広告より）

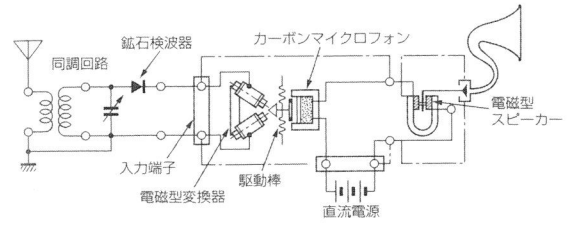

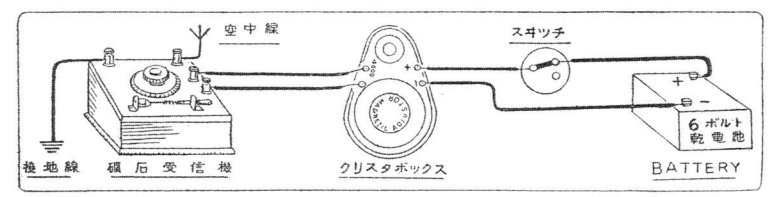

[写真4-4]
クリスタボックス型スピーカー
（1924年）

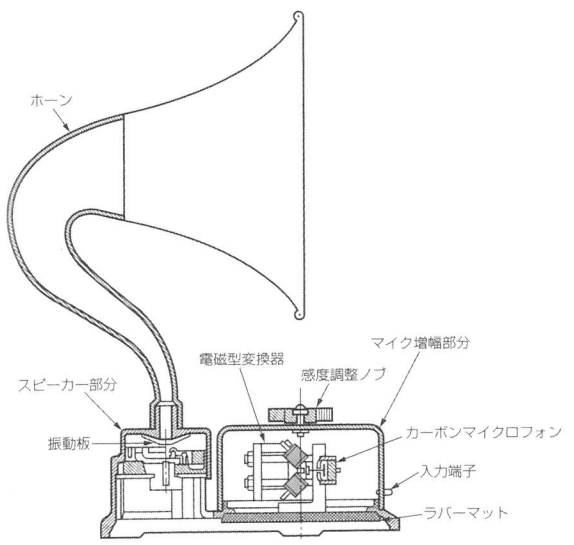

[図4-3]　クリスタボックス型スピーカーの概略構造

4-1-3　鉱石ラジオでホーンスピーカーを鳴らす

ラジオ放送受信機のスピーカーとして，まったく次元の違う発想で登場したのが，1924年に英国のブラウン（Brown）が「クリスタボックス（Crysta Vox）」の商品名で販売した，真空管増幅のない鉱石ラジオ用スピーカーです．これは，電界強度の強いエリアで使用すると，雑音の少ないきれいな音で再生できる製品でした．

鉱石式ラジオで受信したμV単位の微小な音声信号で，普通のラジオ用スピーカーを直接鳴らすことは無理だったので，図4-2に示すように，検波電流を電磁型変換ユニットで機械的な微小振動にして，この振動を連結棒でカーボンマイクロフォンの振動板に直接伝え，背面にあるカーボン粒子の電気的接触抵抗を変化させ，そこに流れる直流電流を振動電流として大きく変化させて，直列につながった電磁型ホーンスピーカーを駆動して音を再生するよう考案したものでした．内部構造は図4-3で，その外観を写真4-4に示します．

4-1-4　ラジオ用ホーンスピーカーを開発した代表的なメーカーの製品

ラジオ受信機用スピーカーの研究開発は米国や欧州の各国で行われ，結果的にはレシーバーに代わって，ラジオ用ホーンスピーカーが作られるようになりました．これは，真空管の性能がまだ十分でなかったため，ラジオ受信機の出力が小さいことから，音質よりも能率を優先して，ホーンスピーカーが作られたからです．

家庭に持ち込むホーンとして開口径が小さく短いホーンだったのでカットオフ周波数が高く，さらに技術的にも振動板前室の音響設計が十分でないため，再生周波数帯域は400Hzくらいから2000Hz程度の狭いものでした．

このラジオ用ホーンスピーカーは需要に対応して大きく伸びて，1920年から1927年ころまでの比較

[表4-2]　マグナボックスのラジオ用ホーンスピーカーの製品一覧

型名		発売年	高さ〔インチ〕	口径〔インチ〕	ホーン形状	フィールドコイル		入力インピーダンス〔Ω〕
						抵抗〔Ω〕	電流〔A〕	
LS-2		1918	33	22	スワンネック	8	0.6	
RT		1920	17	6		8	0.6	1700
R1		1920	17	6	ストレート	8	0.6	1700
R2	-A	1920	33	22	スワンネック	8	0.6	1700
	-B	1922	32	18	スワンネック	8	0.6	1500
	-C	1925	31・1/2	18	スワンネック	8-50	0.6-0.1	670
R3	-A	1921		6	ストレート	—	1.0	1670
	-B（初期）	1921	26	14	ストレート	7	1.0	1400
	-B（後期）	1922	28	14	スワンネック	5	1.0	680
	-C	1923	28	14	スワンネック	5	0.7	720
	-D	1924	28	14	スワンネック	8-50	0.6-0.1	700
R4		1921		14	ストレート	—	1.0	
M1	A	1924	26	14	スワンネック	マグネチック型		400
M3		1925	26	15	スワンネック			1300
M4		1925	18・1/2	11	スワンネック			1400
CM4		1925						1300
PM4		1925						1400
M6		1925	17	12	スワンネック			1400
M20		1925	8	8×14				1800

入力インピーダンス：1500Ω
フィールドコイル：8Ω
励磁電流：DC0.6A
ホーン形状：スワンネック型
ホーン開口径：14インチ
高さ：32インチ

(a) R2-B型（1922年）

入力インピーダンス：1400Ω
フィールドコイル：7Ω
励磁電流：DC1.0A
ホーン形状：ウインドセイル型
ホーン開口径：14インチ
高さ：26インチ

(b) R3-B型（初期型, 1921年）

入力インピーダンス：680Ω
フィールドコイル：5Ω
励磁電流：DC1.0A
ホーン形状：スワンネック型
ホーン開口径：14インチ
高さ：28インチ

(c) R3-B型（後期型, 1922年）

[写真4-5]　マグナボックスのダイナミック型ホーンドライバーを使用したホーンスピーカー

的短い期間ではありましたが，数多く作られました．

米国では約300万台のホーンスピーカーが作られ，メーカーも80社以上，機種は1200種類以上あったといわれています．

当時，優れたラジオ受信機用ホーンスピーカーを開発した米国のメーカーとしては，アトウォーター・ケント（Atwater Kent），マグナボックス（Magnavox），RCA（Radio Corporation of America）の3社が圧倒的で，WE（ウエスタンエレクトリック），ディクトグラフ（Dictograph Products），ウインクラー・ライヒマン（Winkler-Reichmann），ローラ（Rola）などのメーカーが続きました．

マグナボックスは，発明特許を持つダイナミック型の駆動機構を持つホーンスピーカーを商品化しました．**表4-2**に示すように，1920年にR1型およびR2型が発売され，音質の良いR2型が好評を得ると，翌1921年にR3型を発売し，R2型，R3型の2機種（**写真4-5**）が高級機種として多くの需要を得ました．

取り扱い面では，フィールドコイルに励磁電流を流すDC6Vの電池を用意する必要がありましたが，ダイナミック型の音質と安定性が需要を伸ばしたようです．わが国にも輸入され，ダイナミック型のラジオ用ホーンスピーカーの代表機種として，高く評価されています．

また，マグナボックスはマグネチック型のホーンスピーカーシリーズとして，1924年にM1型，1925年にM3型およびM4型，M6型を続けて発売し，ホーンの形状や塗装仕上げなどの組み合わせのバリエーションで，広い客層を狙いました．

WEの電磁型ホーンスピーカーには，**表4-3**に示す機種がありました．

WEは電話の受話器の開発研究から，1918年にエガートン（H. C. Egerton）が開発したバランスドアーマチュア（平衡接極子）型電磁型変換機構（**写真4-6**）を搭載し

馬蹄形永久磁石　駆動コイル　磁極　バランスドアーマチュア

[写真4-6]　WEのエガートンが開発した518型電磁型変換機構の駆動部（1918年）

た518型ホーンドライバーは，一般拡声や放送機の付属機器として使用する業務用に注力した用途でした．一方，家庭用のラジオ受信機用ホーンスピーカーには，マッチングトランス112A型を搭載し，ウインドセイル型ホーン8-A型と組み合わせた10D型が1921年に発売されています．また，家庭用と

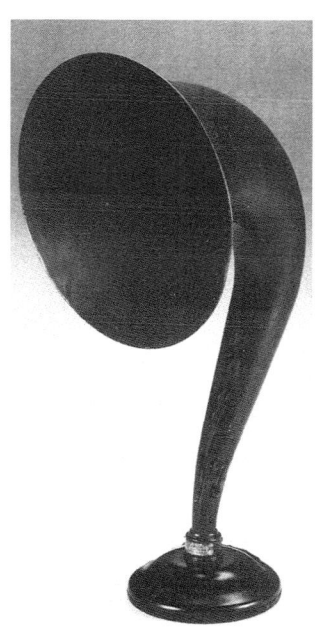

入力インピーダンス：1100Ω
ホーン形状：スワンネック型
ホーン開口径：10インチ
高さ：19インチ

入力インピーダンス：1000Ω
マッチングトランス内蔵
ホーン形状：ウインドセイル型
ホーン開口径：14インチ
高さ：30インチ

(a) 521W型（1923年）

(b) 10D型（1921年製）

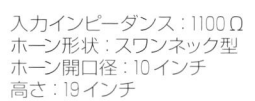

[写真4-7]　電磁型ホーンドライバーを使ったWEのホーンスピーカー

[表4-3]　WE の電磁型ホーンスピーカーの製品一覧

| 型名 | 発売年 | 高さ〔インチ〕 | 口径〔インチ〕 | ホーン | | ドライバー | | その他 |
				型名	材質	形式	インピーダンス〔Ω〕	
シャウホーン		13						テレメガホン式
518W	1918	30	14	8-A型	モールド	平衡接極子	300	7Aアンプに適合
196W	1919					平衡接極子		PA用
10D	1921	30	14	8-A型	モールド	平衡接極子	1000	7Aアンプに適合
512CW	1924	23	10		モールド	イヤフォン式	1100	
521W	1923	19	10	9-A型	真鍮	イヤフォン式	1100	
543W	1925	23	10		モールド	イヤフォン式	1100	
10A	1923					518W型		7Aアンプと組み合わせ，PA用
14A	1924	12	11×13	木箱ホーン		527型	1000	アンプ内蔵，PA用

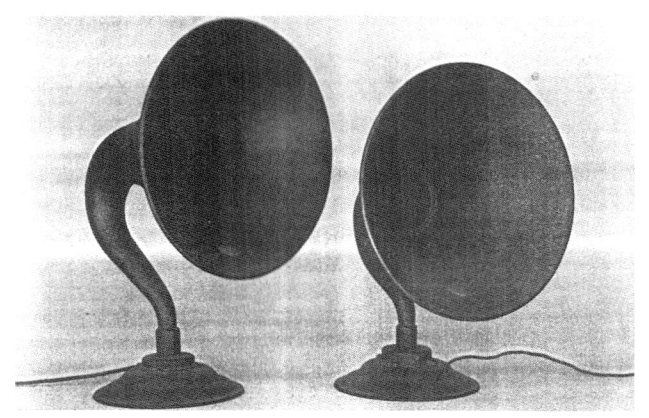

入力インピーダンス：300 Ω
マッチングトランスなし
ホーン形状：スワンネック型
ホーン開口径：14・1/2インチ
高さ：21・1/2インチ

（a）H型（1925年製）

入力インピーダンス：1000 Ω
マッチングトランス内蔵
ホーン形状：スワンネック型
ホーン開口径：14・1/2インチ
高さ：19・1/4インチ

（b）L型（1924年製）

[写真4-8]　電磁型ホーンドライバーを使ったアトウォーター・ケントのホーンスピーカー

[表4-4]　アトウォーター・ケントのラジオ用ホーンスピーカーの製品一覧

型名	発売年	高さ〔インチ〕	口径〔インチ〕	形状	ホーン材質	その他
G	1926	21・1/2	14・1/2		金属	緑色
H	1925	21・1/2	14・1/2		金属	ダークブラウン
L	1924	19・1/4	14・1/2		金属	ダークブラウン
M	1923	22・1/4	14・1/2	スワンネック	金属	ネック取り付けが異なる
		23	14・1/2		金属	ネック取り付けが異なる
		25	14・1/2		金属	ネック取り付けが異なる
		25・3/4	14・7/8		真鍮	ネック取り付けが異なる
R	1924	16・1/4	14・3/8		金属	ダークブラウン

して低価格の522-C型ホーンドライバーを開発し，1923年に9-A型ホーンと組み合わせた521W型，1924年に9-A型ホーンと組み合わせた521W型（**写真4-7**）を製品化しました．

アトウォーター・ケントは，1923年に発売したM型に次いで1924年にL型，1925年のH型（**写真4-8**）をラジオ受信機用スピーカーとして発売しました．これらは市場で好評を得て，それぞれマーケットシェアを大きく確保しました．

表4-4は，これらの機種を示すものです．M型にはネックの高さに違いのある製品がありました．

RCAのラジオ用ホーンスピーカー（**表4-5**）は，当時GEとWHで分担して製作されていました．

よく知られているUZ-1325型（**写真4-9（a）**）は，1923年にGEが開発したもので，この1機種でマーケットシェアを大きく伸ばしました．日本にも数多く輸入されました．

一方のWHが開発したFH型（**写真4-9（b）**）は，ウインドセイル型ホーンを搭載した製品で，両機種は同じRCAのブランド名「ラジオラ（Radiola）」で販売されましたが，形状や音質性能に違いがありました．

[表4-5] RCAのラジオ用ホーンスピーカーの製品一覧

型名	発売年	高さ〔インチ〕	口径〔インチ〕	ホーン形状	メーカー
U-Z1325	1923	25・1/4	12	スワンネック	GE
U-Z1320	1923		12	スワンネック	GE
FH	不明	28・1/2	14・1/2	ストレート	WH

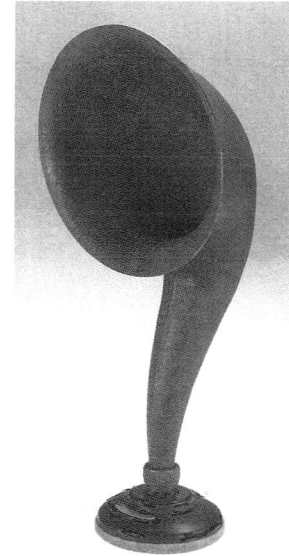

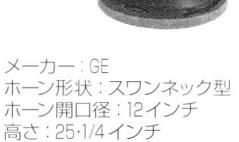

メーカー：GE
ホーン形状：スワンネック型
ホーン開口径：12インチ
高さ：25・1/4インチ

メーカー：WH
ホーン形状：ウインドセイル型
ホーン開口径：12インチ
高さ：28・1/2インチ

(a) UZ1325型（1923年製）

(b) FH型

[写真4-9] RCAの電磁型ホーンドライバーを使ったホーンスピーカー

[写真4-10]
ウェスティングハウスのフォールデッド型ホーンの「ボカローラ」ホーンスピーカー

取り付け金具

ホーンドライバー

たものです．放送用モニタースピーカーとして使用される一方，1923年にはRCAのラジオラⅤ型とラジオラⅥ型のセット用スピーカーとして使用されました．

このように，高能率を求めたラジオ用スピーカーは，少しでも大きい音量を要求する市場に対応して，ラジオ受信機の爆発的な販売とともに付随して大きく伸びて，スピーカービジネスは一度に大きな市場を形成しました．

当時のスピーカー生産は，多くの作業員による手作業で行われました．写真4-11はその状況を伝えるもので，ホーンのスワンネック型のスロート部分の曲面を研磨機で磨き加工している作業と

WHが1922年に発売した「ボカローラ（Vocarola）」ホーン（**写真4-10**）はフォールデッド（渦巻き型）ホーンで，壁かけ用として開発され

(a) スワンネック型ホーンのネックの鋳物の研磨仕上げ作業

(b) ホーンドライバーの組み立てとホーンとの組み合わせ作業

[写真4-11] 全盛期のラジオ用ホーンスピーカーの生産状況

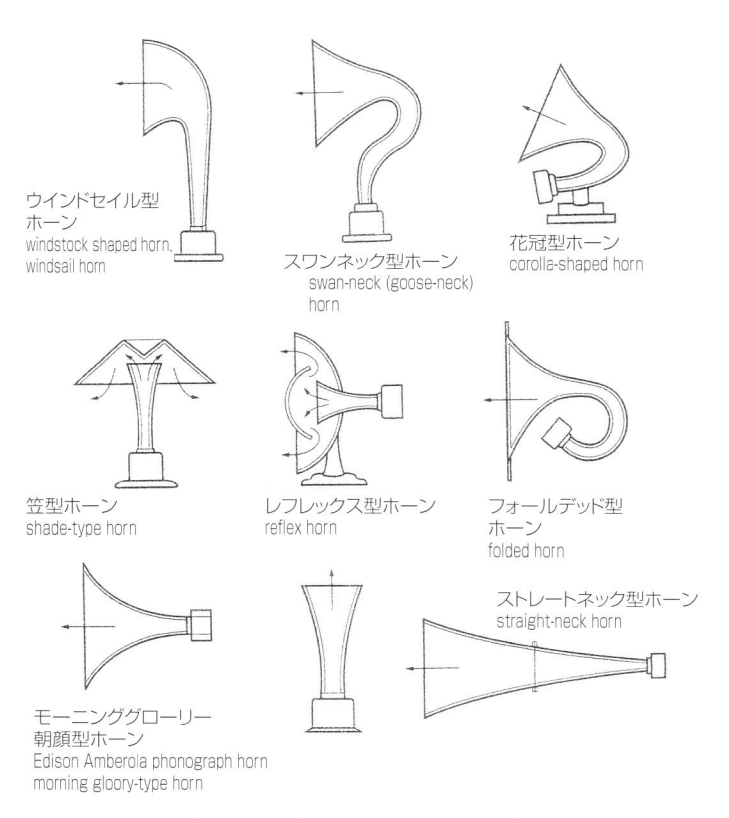

ウインドセイル型ホーン
windstock shaped horn,
windsail horn

スワンネック型ホーン
swan-neck (goose-neck)
horn

花冠型ホーン
corolla-shaped horn

笠型ホーン
shade-type horn

レフレックス型ホーン
reflex horn

フォールデッド型ホーン
folded horn

ストレートネック型ホーン
straight-neck horn

モーニンググローリー
朝顔型ホーン
Edison Amberola phonograph horn
morning gloory-type horn

［図4-4］　ラジオ用ホーンスピーカーのホーン形状と呼称

ホーンスピーカーの組み立て作業のようすです．

4-1-5　ラジオ用ホーンスピーカーの形状の違いによる名称区分

　初期のラジオ用ホーンスピーカーの形状は，メガホンのような実用的なストレートホーンでしたが，エジソンの蓄音機と同様に，ホーンが部屋の調度品となって装飾が凝らされるようになり，ボックス型ホーンスピーカーや床置き台付きのホーンスピーカーまで，数多くの製品が作られました．このホーンの代表的な形状と名称を**図4-4**に示します．

　最も人気があったのは，スワンネック（swan-neck）またはグース（ガチョウ）ネック（goose-neck）と呼ばれる曲線を持つホーンで，全体数のおよそ35％を占めたといわれています．次に多かったのはウインドセイルホーン（windsail）型，あるいはストレートネック（straight-neck）型で，これらが全体数の30％程度だったようです．

　日本では，こうしたラジオ用ホーンスピーカーを総称「ラッパ」と呼び，その後のコーン型スピーカーを含め，「ラッパ」は，ラジオ用スピーカー全体の代名詞として長く使用されました．

4-2　ラジオ受信機用直接放射型スピーカー

4-2-1　ホーンレス（直接放射型）の電磁駆動型スピーカーの誕生

　ラジオ用のホーンスピーカーは能率が高いのですが再生する周波数帯域が狭く，ラジオ受信機の発展とともにつれて，満足する音質が得られないという不満が出てきました．そして最初に求められたのは，音の硬さを和らげる低音域の再生でした．

　このためにスピーカーの再生方式が見直され，駆動部分に直接大型の振動板を取り付けて音を放射することで，ホーンに支配されていた低音再生帯域を拡大できるのではないかとチャレンジが行われました．

　こうした流れの最初の考案は，1877年にドイツのシーメンス（E. W. Siemens）が特許出願したダイナミックスピーカーのコーン型振動板（第2章**図2-1**参照）が古くからよく知られていたことから，空気を押して空間に音を直接放射する剛性の高い

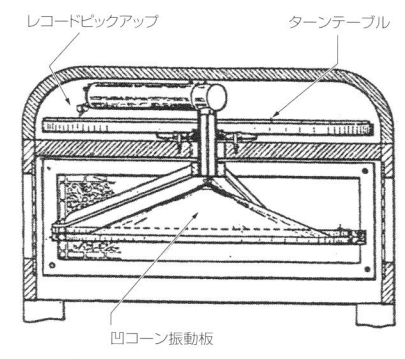

レコードピックアップ　　　　　ターンテーブル

凹コーン振動板

［図4-5］　ホプキンスが考案したレコードピックアップで直接駆動するコーン型振動板の構造（1914 年）

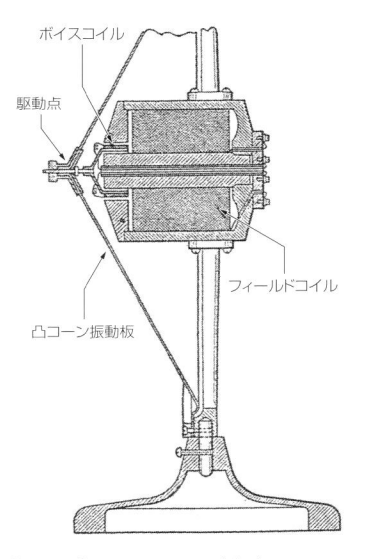

[図4-6] ファランドが考案したムービングコイルで直接コーンを駆動する直接放射型スピーカー（1921年）

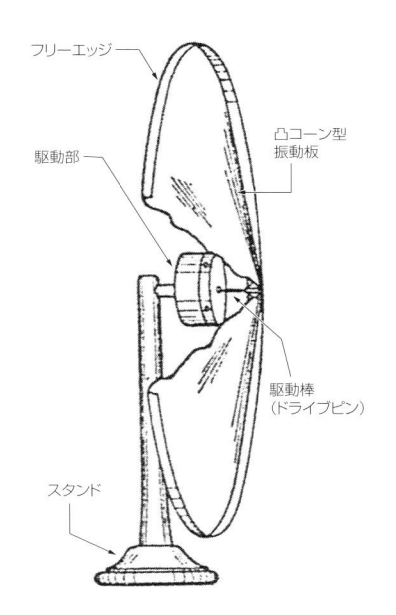

[図4-7] 1923年にWEが特許出願したフリーエッジ式直接放射スピーカーの構造

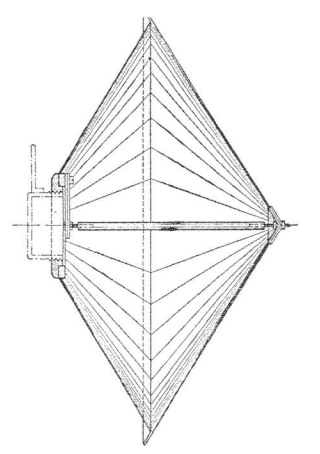

[図4-8] ダモウルが1923年に特許を取得したダブルコーン振動板の概略構造

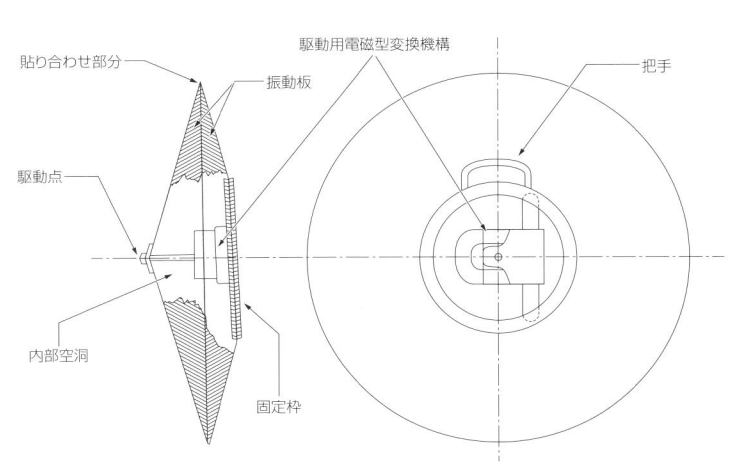

[図4-9] リッカーとウィーゲルによる二重コーン貼り合わせ振動板の概略構造（1924年）

[写真4-12] WE 548型大口径36インチ直接放射型スピーカー（1924年）

形として，振動板を円錐形にしたコーン型が採用されました.

1914年にホプキンス（H. F. Hopkins）が発表した，蓄音機の針の振動を直接コーン振動板に伝えて鳴らす考案（**図4-5**）[4-2] がありました.

その後，1921年にファランド（C. L. Farrand）が，ムービングコイルに直結した凸型コーン（エッジは固定）を使用したスピーカー（**図4-6**）を発明[4-3] しました. これに対して1923年，WEがフリー

エッジタイプの凸型コーン振動板を使用したスピーカー（**図4-7**）の特許[4-4] を取得するなどして，急速にコーン型振動板による直接放射型スピーカーの研究開発が進展しました.

一方，1923年にダモウル（H. D'Amour）によるダブルコーン振動板（**図4-8**）の特許[4-5] が取得されたことから，WEのリッカー（N. H. Ricker）とウィーゲル（R. L. Wegel）は，ダモウルの特許を避けるため，1924年に，対向した二重貼り合わ

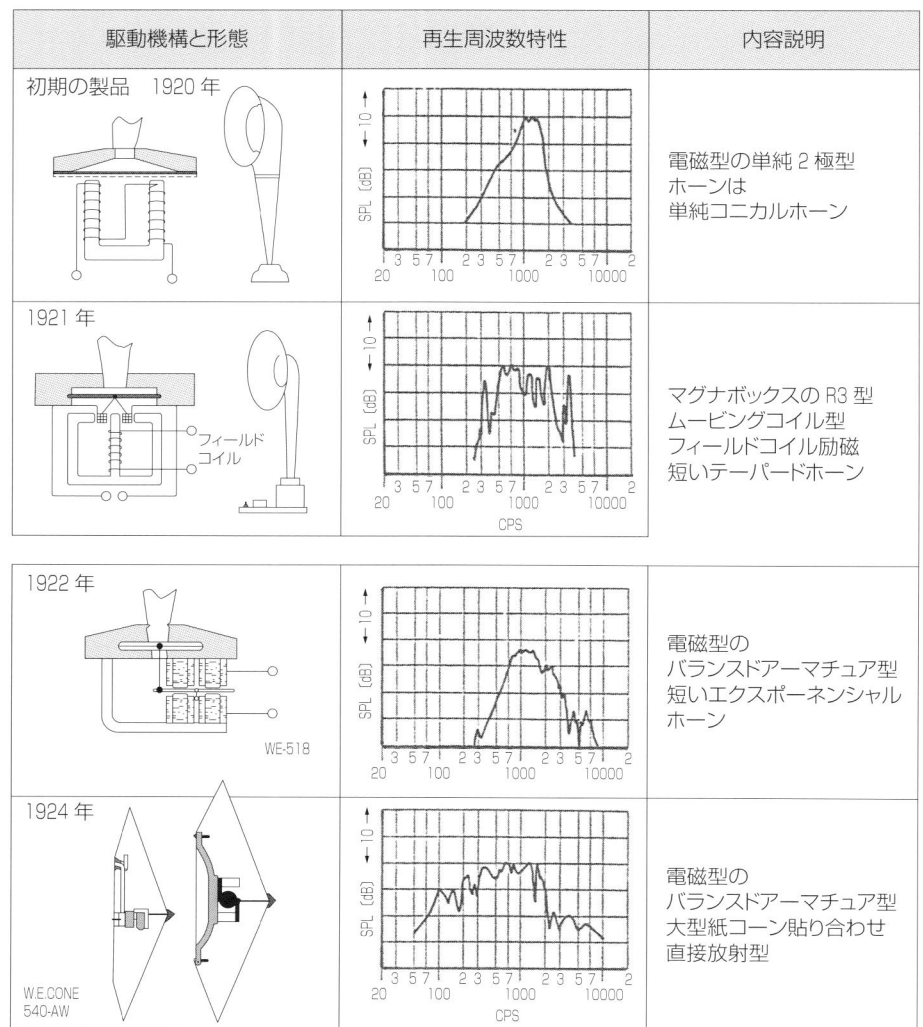

駆動機構と形態	再生周波数特性	内容説明
初期の製品　1920 年		電磁型の単純 2 極型 ホーンは 単純コニカルホーン
1921 年		マグナボックスの R3 型 ムービングコイル型 フィールドコイル励磁 短いテーパードホーン
1922 年　WE-518		電磁型の バランスドアーマチュア型 短いエクスポーネンシャル ホーン
1924 年　W.E.CONE 540-AW		電磁型の バランスドアーマチュア型 大型紙コーン貼り合わせ 直接放射型

[図 4-10]
ベラネックの論文[4-7] に掲載された 1920 年代のスピーカーの再生周波数特性

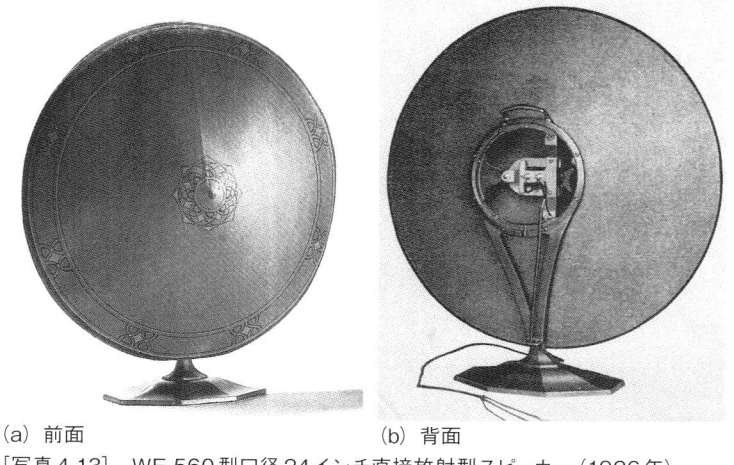

(a)　前面　　　　　　　　　(b)　背面
[写真 4-13]　WE 560 型口径 24 インチ直接放射型スピーカー（1926 年）

せの振動板を新しい駆動機構の構造とした直接放射型スピーカー（**図 4-9**）[4-6] を開発しました.

　最初のスピーカーは 2 機種で, 大口径の 36 インチ（約 91cm）の 548 型（**写真 4-12**）と, 口径 18 インチ（約 46cm）の 540 型で, 電磁平衡接極子（バランスドアーマチュア）型の駆動部を内部に組み込み, 片面のコーン振動板の頂点を駆動して音を直接放射する構造のスピーカーでした.

[図4-11] 1926年ごろのWEの直接放射型二重コーン（陣笠スタイル）スピーカー

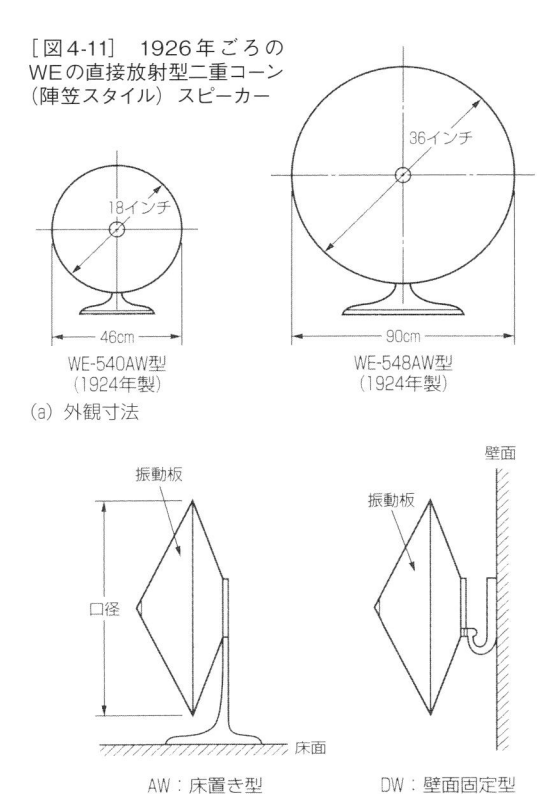

18インチ
WE-540AW型
（1924年製）
46cm

36インチ
WE-548AW型
（1924年製）
90cm

24インチ
WE-560AW型
（1926年製）
61cm

（a）外観寸法

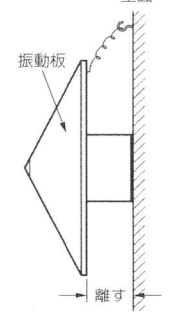

振動板
口径
床面
AW：床置き型

振動板
壁面
DW：壁面固定型

振動板
壁面
離す
CW：吊り下げフック型

（b）設置方法の違いによる型名の違い

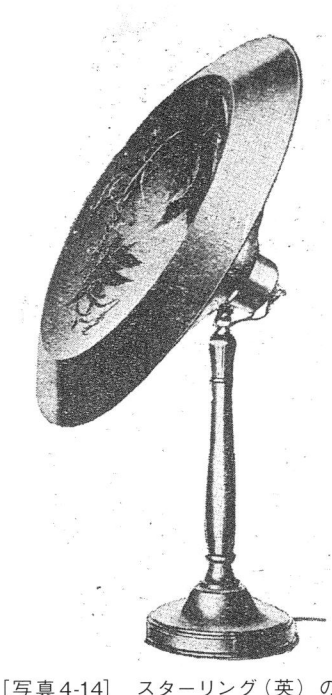

[写真4-14] スターリング（英）の口径15インチエッジレス直接放射型スピーカー「メロボックス」

　口径が大きいために低音がホーン型より豊かで，指向性もブロードになり，音質が良かったために好評を博しました.

　このスピーカーの再生周波数特性は，1933年に発表されたデータ（**図4-10**）[4-7]に示すように，ほかの機種と違って再生帯域が広く，低い周波数まで伸びていて，これまでのホーンスピーカーでは得られない特性になっています.

　WEでは好評に応えて，1926年に中庸の口径24インチ（約61cm）の560型（**写真4-13**）を発表し，**図4-11**の3機種を揃えて，直接放射型スピーカーによる広帯域化の先陣を切りました.

　この音質の良さが広く認められ，欧州や日本でも輸入され，日本では，このスピーカーは通称「陣笠スピーカー」と呼ばれて愛用され

ました.

　その後，1925年に英国のスターリング製の「メロボックス（Mellovox）」（**写真4-14**）の口径15インチのエッジレス振動板の直接放射型スピーカーや，1927年に米国のストロンバーグ・カールソン（Stromberg-Carlson）製の口径22インチと口径

フロア型
口径：22インチ
高さ：24·1/2インチ
（a）16型

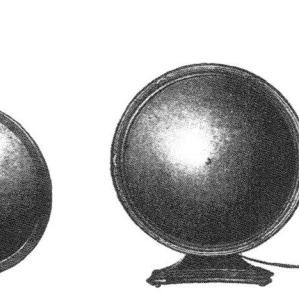

壁吊り下げ型
口径：22インチ
（b）17型

テーブル型
口径：16インチ
高さ：18インチ
（c）14型（15型はセット用）

[写真4-15] ストロンバーグ・カールソンの口径22，26インチの直接放射型スピーカー（1927年）

16 インチの凸コーン型直接放射型スピーカー（**写真 4-15**）が販売されるなど，直接放射型スピーカー製品が続々と登場しました．

このころ，ラジオ受信機自体，真空管の発達と電灯線からの電源供給による「エリミネーター方式」になることで，スピーカーへのパワー供給が増加して，能率本位から音質の良いスピーカーへと要求が変わってきていました．

このため，直接放射型スピーカーの良さが広く知られ，スピーカーメーカー各社は急激に直接放射型スピーカーの開発を進め，逆に 1926 年を境にホーンスピーカーは次第に衰退し，1927 年には市場から消えました．

こうしてラジオ受信機用スピーカー市場は，直接放射型の通称「マグネチックスピーカー」に様変わりし，振動板を駆動する電磁型駆動機構にもさまざまな方式が登場しました（第 2 章 2 項参照）．

最初は，変換駆動機構には単一可動鉄片型の駆動部がありましたが，動作の安定したバランスドアーマチュア（平衡接極子）型に重点が置かれ，再生周波数特性も次第に良くなってきました[4-8]．

ラジオ用スピーカーの口径も，10 インチ，7 インチと小さくなり，形状も受信機の上に独立して置く箱型や小型バッフルに変わり，意匠的にも工夫された製品が出てきました．

この時代の著名な製品である RCA の 100 型（**写真 4-16**）は GE が製造したもので，電磁型駆動機構はベル電話研究所の開発したバランスドアーマチュア型（**図 4-12**）を採用（RCA への供給は特許の相互乗り入れができたため）したもので，安定した動作をしました．また，ラジオの雑音を抑えて聴きやすいように，ハイカットフィルター（**図 4-13**）を挿入して，3000Hz 以上を抑制しています．

RCA の 100A 型（**写真 4-17**）は，100 型のデザインと異なる円形型で，フレームが簡略化された電磁型スピーカーが搭載されています．再生周波数

[写真 4-16]　GE が製造した RCA の 100 型バランスドアーマチュア型スピーカー（1925 年）

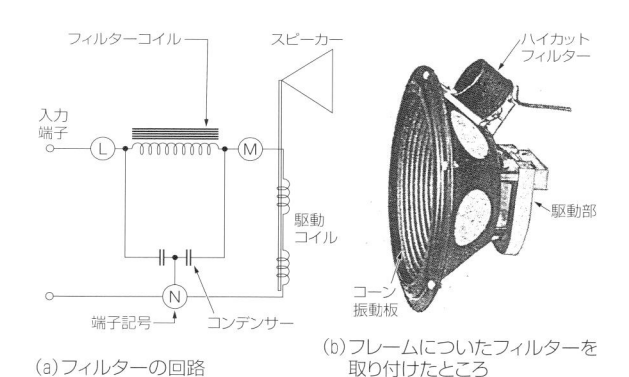

(a) フィルターの回路　　　(b) フレームについたフィルターを取り付けたところ

[図 4-13]　100 型スピーカー内蔵のハイカットフィルター

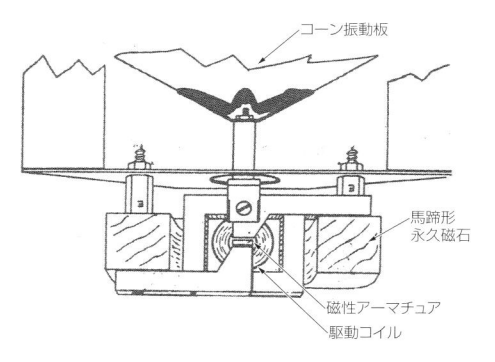

[図 4-12]　RCA の 100 型スピーカーのバランスドアーマチュア駆動機構

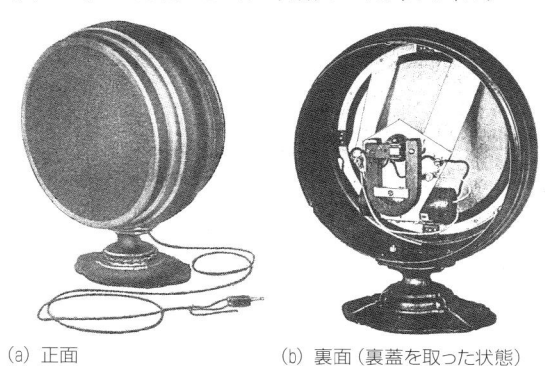

(a) 正面　　　　　(b) 裏面（裏蓋を取った状態）

[写真 4-17]　GE が製造した RCA の 100A 型バランスドアーマチュア型スピーカー（1926 年）

帯域は200 ～ 3000Hzで，AM用ラジオ受信機に適した素晴らしい特性を持っています．

　同じくGEが製造して1929年にRCAが発売した，モダンなデザインの100B型（**写真4-18**）があります．搭載したスピーカーは100A型と同じ電磁型です．これと組み合わせたラジオ受信機は，当時としては斬新なフロアスタンディング型で，アンプ付きスピーカーと組み合わせるコンポーネントシステムのRCAラジオラ33型（**写真4-19**）でした．

　続いてGEが製造したRCAの103型（**写真4-20**）

[写真4-20]　GEが製造したRCAの103型バランスドアーマチュア型スピーカー

[写真4-18]　GEが製造したRCAの100B型バランスドアーマチュア型スピーカー

（a）使用状態は布カバー付き　　（b）布カバーを除いた状態
[写真4-21]　裏面から見た103型スピーカー

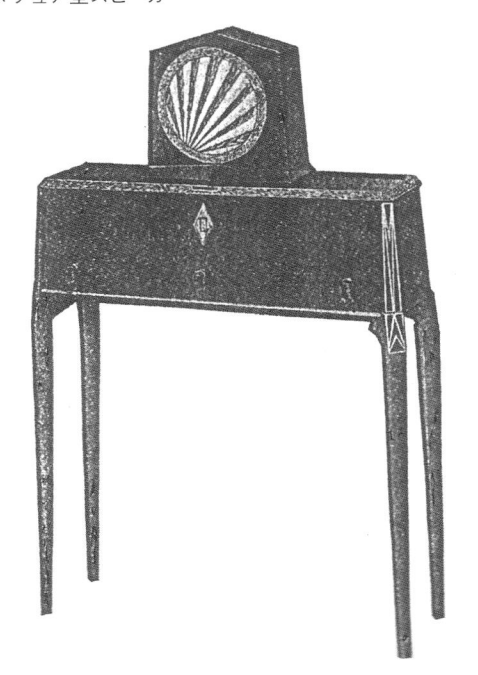

[写真4-19]　RCAのラジオラ33型と組み合わせた100B型スピーカー

[写真4-22]　RCAのラジオラ60型と組み合わせた103型スピーカー

は，スピーカー前面にゴブラン織りの華やかなネットを張ったスピーカーで，背面は後面開放型で，保護用の布袋で覆われています（**写真4-21**）．103型の性能は，100A型に比較すると前面のゴブラン織りのネットの影響か，高音域の特性が乱れています

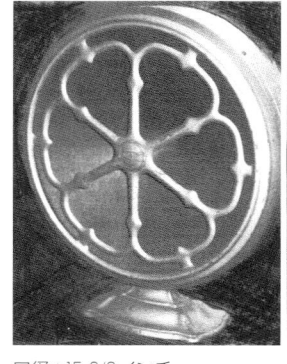

口径：15·3/8インチ　　　　口径：13·1/4インチ

（a）E-2型　　　　　　（b）E-3型

[写真4-23]　アトウォーター・ケントの直接放射型スピーカー

（a）前面　　　　　　（b）背面

[写真4-24]　マグナボックスの直接放射型スピーカー

す．この103型と組み合わせたラジオ受信機のRCAのラジオラ60型（**写真4-22**）は，落ち着いた雰囲気を醸し出しています．

　RCA以外にも，アトウォーター・ケントのE-2型，E-3型（**写真4-23**），マグナボックス製（**写真4-24**），フィリップス製2109型（**写真4-25**），英国マルコーニフォンの105型や75型など（**写真4-26**）といった直接放射型スピーカーがありました．

　しかし，この時期はバッフル効果による低音再生の改善の概念がなく，単に装飾した置物として作られていました．

4-2-2　初期の平面型振動板による直接放射型の電磁駆動型スピーカーの開発

　欧州では，米国の流れと違った展開で，直接放射型スピーカーの振動板を平面型にした製品が作られました．その代表的な製品はフランスのゴーモン（Gaumont）の優美な形態のスピーカーでした．

　振動板を平面的にして剛性を得るため，短冊型のパーチメント紙に細かい三角錘状の折目を付けて折り畳んで「襞」を作り，この両端をつなぐように，一辺を中心にして丸い円形にしたもの（**図4-14**）で，中心部は襞が集まり，周辺では襞の幅が広くなる形状の振動板です．剛性の高い平面振動板の中心部を駆動します．

（a）前面　　　　　　（b）背面

[写真4-25]　フィリップスの2109型直接放射型スピーカー

（b）75号（コーン型）

（a）105号（ドラム型）

[写真4-26]　マルコーニフォンの直接放射型スピーカー

この振動板の発明は，1909年に特許[4-9]を取得したもので，最初は蓄音機の再生用として，直接針で駆動する製品として発表されました．これを1923年に口径15インチの平面スピーカーにして，「ルミエール（Lumiere）」の型名で製品化しました（**写真4-27**）．次いで1925年には，「ロータス（Lotus）」および「アンクノン」（**写真4-28**）を発売しました．同社のスピーカーは，駆動系は電磁型でしたが，ラジオ・フランスの放送用モニタースピーカーに使用されるなど，高い性能評価を得るとともに，フランスの優美さを持った部屋の調度品の役割も兼ねていることから世界の注目を浴び，ゴーモンは一躍有名メーカーとなりました．

一方ドイツでは，シーメンスのゲルラッハ（E. Gerlach）とショットキー（W. Schottky）が，1924年に電磁型駆動機構から動電型駆動機構に考え方を発展させて，バンド型（今日ではリボン型と称する）のマイクロフォンとスピーカーを発明[4-10]し，これをきっかけに翌1925年，同社のリッガー（H. Riegger）が，凸凹の襞の付いたアルミニウムの平面振動板を前面駆動する直接放射型スピーカーを発明しました．これは，リッガーの設計思想の中にあった，

剛性の高い振動板を完全なピストン振動域で使用して再生するスピーカーを理想とする考え方を実現したものでした．これが，後述するブラットハラースピーカーの源流になるものです（詳細は第5章

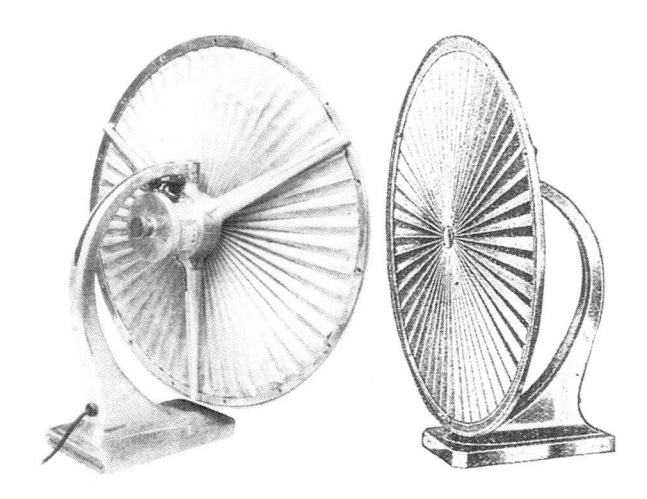

［写真4-27］ ゴーモンの口径15インチスピーカー「ルミエール」（NHK放送博物館所蔵）

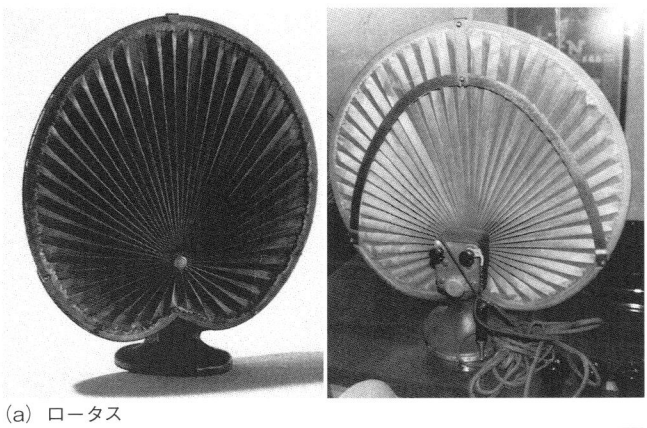

（a）ロータス

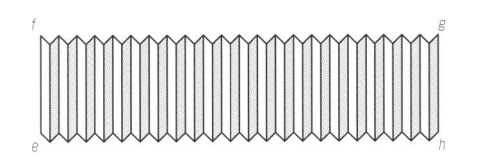

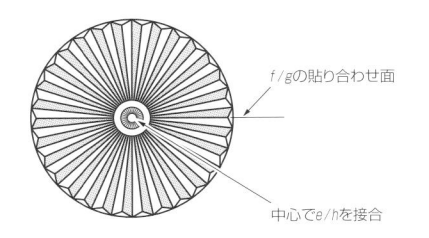

［図4-14］ ルイ・ルミエールが発明した平面振動板の特許説明図（1909年）

f/gの貼り合わせ面
中心でe/hを接合

（b）アンクノン
［写真4-28］ ゴーモンのロータスと黒色のアンクノン

13-2項参照）．しかし，この方式はラジオ用スピーカーとしての実用性は遠く，特別の用途の高性能スピーカーや業務用の拡声用スピーカーとなりました．

4-2-3　動電型直接放射型R&Kスピーカーの発明とバッフル効果の発見

1925年にGEのライス（C. W. Rice）とケロッグ（E. W. Kellogg）が開発したRCA 104型直接放射型ダイナミックスピーカー（**写真4-29**）は，第2章4-2項で述べたように「R&Kスピーカー」と呼ばれました．104型は，バッフル効果と低域共振周波数を低くした慣性制御方式を実現することにより，コーン振動板の周辺エッジを柔らかいセーム皮で支持したフリーエッジとし，大型のエンクロージャーに取り付けて小型ながら豊かな低音再生を実現しました．

これによって高音質再生が一段と進み，104型ダイナミックスピーカーは一躍有名になるとともに，これを搭載したRCAの大型の高級ラジオや電気蓄音機を次々と開発され，ラジオ受信機用スピーカーの世界は一変しました．

RCAは当初，ラジオ受信機の組み合わせセット（いわゆる「バラコン」）販売を考え，ループアンテナ，スーパーヘテロダイン受信機，アンプ付きスピーカーシステムに，GEのR&Kスピーカーを搭載したRCA 104型，続いて105型，106型スピーカーシステムを開発し，システムを組み合わせる商品展開を考えました．

このRCA 104型（**写真4-30**）は，1925年に開発された，世界最初のエンクロージャー付きのR&Kスピーカーで，エンクロージャー内部にアンプが搭載されている製品で，製造はGEです．小口径ながら低音を豊かに再生し，大きな話題となりました．

続いて発売された105型（**写真4-31**）では，ユニットと内蔵アンプが改良されました．

シリーズの3番目である106型（**写真4-32**）には，フレームが変更され，ここにフィールドコイル励磁用の整流回路（セレン整流器で整流）を取り付けたAC型のR&Kスピーカー（**写真4-33**）が搭載されています．また，パワーアンプも内蔵しなくなり，本来のスピーカーシステムになっています．前面の

［写真4-29］　GEのライスとケロッグが開発した口径8インチコーン型のRCA 104型直接放射型ダイナミックスピーカー

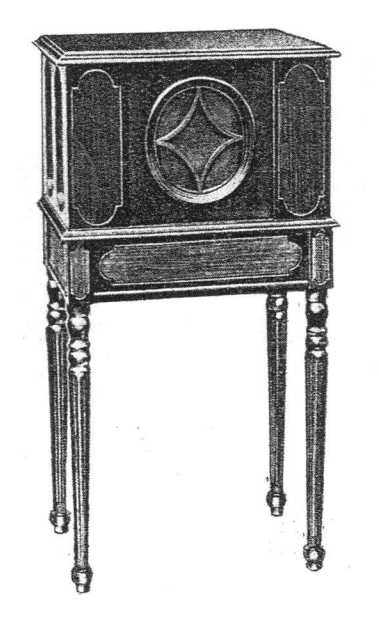
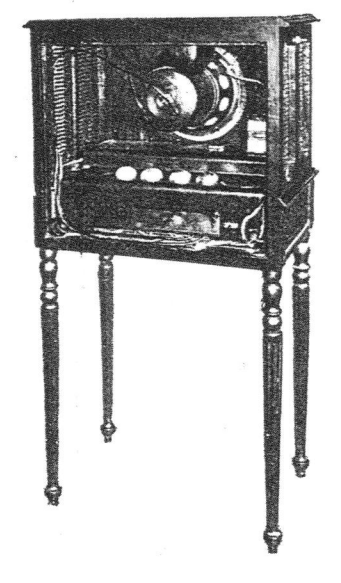

［写真4-30］　R&Kスピーカーを搭載したRCAの104型スピーカーシステム（内蔵アンプは外部電源使用）

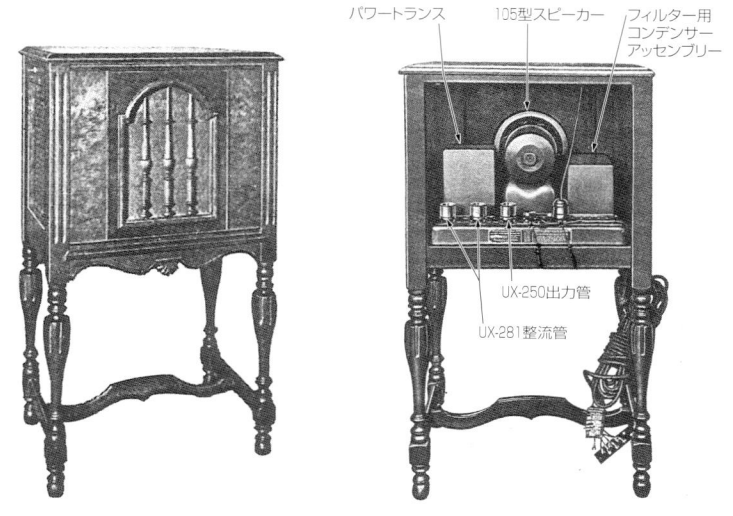

[写真4-31]　R&Kスピーカーを搭載したRCAの105型スピーカーシステム（アンプ内蔵）

パワートランス
105型スピーカー
フィルター用コンデンサーアッセンブリー
UX-250出力管
UX-281整流管

[写真4-32]　AC型R&Kスピーカーを搭載したRCAの106型スピーカーシステム（製造はGE）

[写真4-33]　RCA 106型スピーカーシステムに搭載されたAC型R&Kスピーカー（製造はGE）

[写真4-34]　ブランズウィックが開発した世界初の電気蓄音機「パナトロープ」P-11型（製造はGE）

スピーカーネットはゴブラン織りのゴージャスなもので，日本でもこのスピーカーを好んで購入した愛好家が多かったと聞いています．

こうして，ライスとケロッグによる本格的なダイナミックスピーカーの開発は，その後のダイナミックスピーカーに大きい影響を与えるとともに，エンクロージャーによるバッフル効果で低音を豊かに再生できる効果が得られたことで，高級なラジオ受信機の形態が大きく変わりました．

その結果，米国らしい豪華なコンソール型の電気蓄音機とラジオ受信機が誕生し，これまでのラジオ受信機の概念を大きく変えました．

世界初の電気蓄音機は，1925年にGEが製造し，RCAがOEM供給した米国ブランズウィック（Brunswick）の「パナトロープ」P-11型（**写真4-34**）でした[4-11]．これにはR&Kスピーカーが搭載されており，蓄音機の音質を一変しました．

RCAも自身の企画として，同様のコンソール型の製品を計画し，豪華なラジオ受信機ラジオラ30型

（写真4-35）を初めて販売しました（製造はGE）.
電灯線から整流して電源を供給するエリミネーター方式の最初の製品ですが，最新型にもかかわらずR&Kスピーカーではなく，なぜか電磁型のスピーカー相当品が搭載されています.

RCAはこれとは別に，1925年以後に，GE製のコンソール型エンクロージャーとR&Kスピーカーを組み合わせた製品を次々と開発しました.

1926年に開発されたラジオラ32型（写真4-36）には，初めて104型R&Kスピーカーが搭載されました. 翌1927年には，104型の後継機種の105型R&Kスピーカー（写真4-37）を搭載したラジオラ

62型（写真4-38）およびラジオラ64型（写真4-39）が発売されました.

一方，RCAの傘下になったRCAビクターの製品にも，初めて104型R&Kスピーカーを搭載した電気蓄音機オルソフォニック・エレクトローラ12-15型が開発されました. 既成のアコースティック蓄音機の形状であるオルソフォニック・ビクトローラ4-3型の流れの形態になっています. また，この型番から見るとRCAビクターは，急遽電気式蓄音機を開発したようで，その後に改良されています. 好評を得たのは，1928年に改良された12-15E型（写真4-40）でした. 真空管にはUX-250やUX-281型が使われた製品で，日本でも好評を得ています.

続いてRCAビクターは，1929年に104型R&Kスピーカーを改良したR-32型R&Kスピーカー（写真4-41）を開発し，これをラジオ受信機R-32型と電気蓄音機ラジオエレクトローラRE-45型（写真4-42）に搭載して販売しました[4-12].

こうしたR&Kスピーカーと大型エンクロージャーの組み合わせによるラジオ受信機は「コンソール

[写真4-35]　最初のエリミネーター式ラジオ「ラジオラ30型」（1925年）. 製造はGEで，100A型バランスドアーマチュア型スピーカーを搭載していた

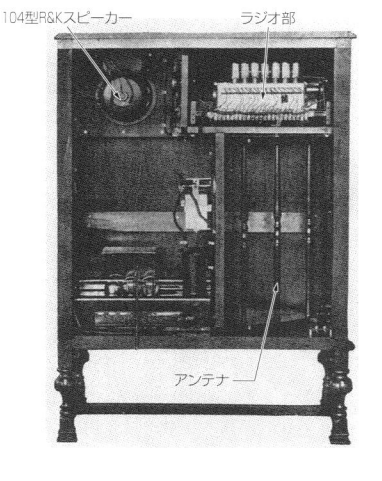

104型R&Kスピーカー　　　　ラジオ部

アンテナ

[写真4-36]　104型スピーカーを搭載したRCAラジオラ32型（1926年）

[写真4-37]
105型R&Kスピーカー（1928年）

型ラジオ受信機」と呼ばれ，電気蓄音機とともにその音質は最高級品として迎えられ，他社もこれに追随するようになりました．

しかし1929年，ニューヨークでの株式の大暴落をきっかけに世界大恐慌が始まり，この不況下では豪華なコンソール型ラジオ受信機から，小型化されたテーブル型の「ミゼット」型ラジオ受信機へ，販売の中心は徐々に移っていきました．

米国の華やかなラジオ受信機の展開に対し，1934年ころまで英国の特定地域では，家庭への商用電気の供給が遅れたため，ラジオ放送の受信には電池式に頼るしかない状況でした．

このため英国の受信機開発では，電池の消耗の少ない高周波増幅に重点を置き，低周波増幅はレシーバーを鳴らす程度の出力にとどめた製品が歓迎されました．しかし，これに満足しないで簡易に音量を拡大できる製品として「Bクラス」と称するラジオ用スピーカーが開発されました．

このラジオ用スピーカーは，電池式の双3極電力増幅管を使用したB級プッシュプル方式のアンプ

(a) 外観

(b) 内部

105型R&Kスピーカー

[写真4-38] 105型スピーカーを搭載したRCAラジオラ62型（1927年）

105型R&Kスピーカー

(a) 外観 (b) 内部

[写真4-39] ラジオラ62型の姉妹機として発売されたRCAラジオラ64型（1927年）

(a)外観

104型R&Kスピーカー

(b)内部

[写真4-40] RCAビクターが104型スピーカーを初めて搭載したオルソフォニック・エレクトローラ12-15E型電気蓄音機（1928年）

（図4-16）をスピーカーに搭載したものです.

　入力トランスと出力トランスを搭載し,出力管にムラード（Mullard）のPM2B[4-13]あるいはコッサー（Cossor）の220Bが使用され,出力1.2Wの出力が得られました.

　写真4-43は,こうした使用目的の「クラスB」タイプのスピーカーで,英国流に永久磁石を使用し

たパーマネント型でした.特殊な用途だったので,わが国に輸入された製品はなかったようです.

4-2-4　ミゼット型ラジオ受信機用スピーカー

　必需品となったラジオ受信機は1930年代になると,不況と政治不安のために形態を変えました.

　新たに現れた受信機は,床置きの大型コンソール型に対して,テーブルや家具の上に置く小型のエンクロージャーになり,その形態は,一説には教会の正面の外観を基にしたといわれるデザインでした.縦長で,丸味のある尖った天井の筐体上部にスピーカーを配置し,ネットの外側の格子のデザインは,教会の正面のステンドグラスの形を連想させるものでした.下部中心に小さいダイヤル目盛り

［写真4-41］
大型フィールドコイルを持つRCAビクターのR-32型ライス・ケロッグ・スピーカー（1929年）

［写真4-42］
RCAビクターの「ラジオエレクトローラ」RE-45型電気蓄音機（1929年,R-32型ダイナミックスピーカー,45プッシュプルアンプ搭載）

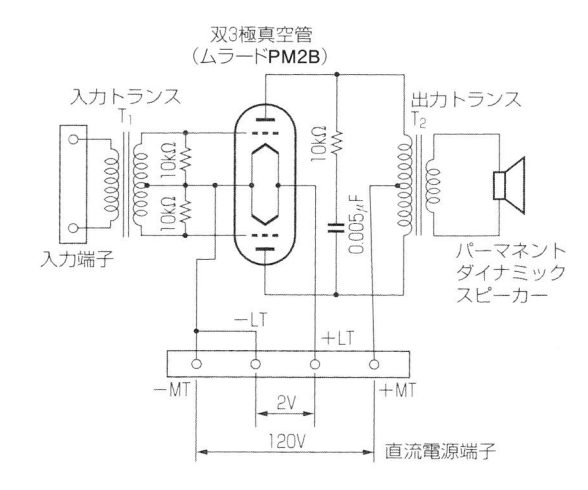

［図4-16］　クラスBタイプのスピーカーに搭載された電池式アンプの回路

（a）ベーカー　　　　　　　（b）トリオトロン　　　　　（c）ローラ（英）

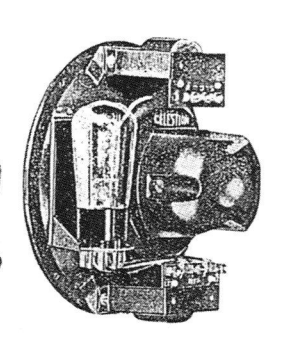

（d）セレッションPM-9型

［写真4-43］　電池式出力アンプ搭載の英国製クラスBタイプスピーカー

窓を見せ，3個のツマミを配置した形態で，これを「ミゼット型」ラジオ受信機と呼びました.

こうしたミゼット型ラジオは1931年ころから登場し，アトウォーター・ケントの84型やRCAのR7A型，フィリップスの831A型を例として掲げます（写真4-44）.

内部の受信機は，6球スーパーヘテロダイン方式などでした．1933年ころには4球式の簡易なラジオから8球や10球の高級ラジオなど，バラエティに富んだ製品が作られました.

スリム化されたため内部スペースは小さかったのですが，R&K型のダイナミックスピーカーを使用していたので，簡素化されたものの，高音質が保たれていました（写真4-45）.

ミゼット型は，中波放送と短波放送が受信できる「オールウェーブ」と呼ばれる高級ラジオ化へと進み，ツマミも増えて「テーブル型」ラジオ受信機（写真4-46）に形態を変えていきました.

テーブル型ラジオのスピーカーは口径6〜9インチのダイナミック型で，整流回路から励磁電流を得て使用するDC型が一般的になりました.

その後，1940年代にはラジオ受信機の普及とともに，家庭内のエンターテインメント的役割が低くなり，パーソナル化の方向に進み，さらに小型化が進みました.

ラジオ受信機に搭載するスピーカーは，小口径で外来雑音を再生しない音の明瞭度の高い音質が求められるようになり，ラジオ用スピーカーは次第にHi-Fiスピーカーとは違った発展をしてきました.

参考文献

4-1）水越伸：メディアの生成　アメリカ・ラジオの動態史，同文館出版，1993年

4-2）英国特許第16,602号

4-3）英国特許第178,862号

4-4）米国特許第231,798号

4-5）米国特許第239,245号

4-6）米国特許第1,859,892号，米国特許第1,926,888号

4-7）L. L. Beranek：Loudspeakers and Microphones, *J. A. S. A.*, Sept., 1954

4-8）杉本岳大，小野一穂，岩城和正，黒住幸一，田辺逸雄：再発見　歴史的スピーカーとその音響特性，日本音響学会誌，第62巻，第11号，2006年

4-9）米国特許第239,245号

4-10）A New Loudspeaker, *Wireless World and Radio Review*, July 2, 1924

6球スーパーヘテロダイン式

(a) アトウォーター・ケント84型（1931年）　　(b) RCA R7A型（1933年）　　(c) フィリップス831A型（1931年）

[写真4-44]　1931年ごろから登場した各社のミゼット型ラジオ受信機の例

 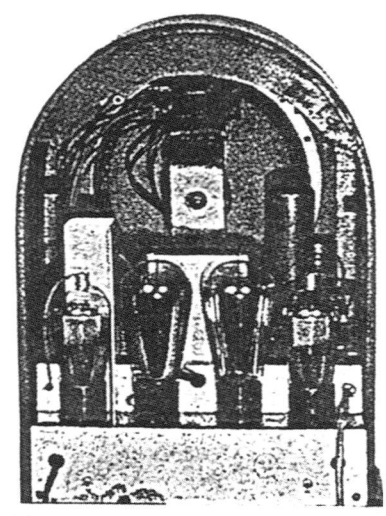

（a）8 球スーパーヘテロダイン式（1931 年）　（b）4 球普及型（1931 年）

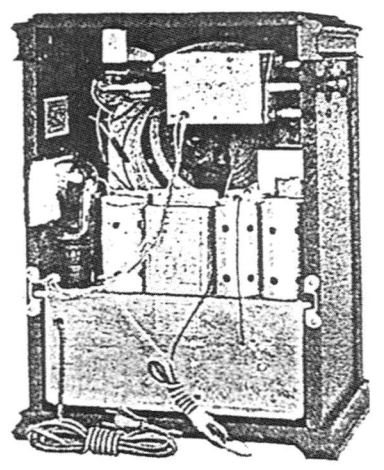 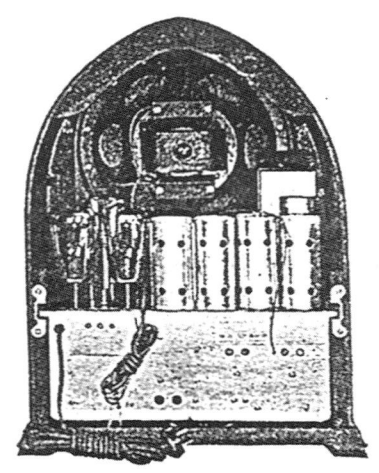 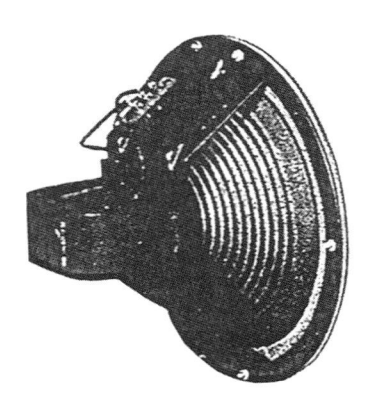

（c）GE K80 型 8 球オールウェーブ　　（d）GE 10 球スーパーヘテロダイン式　（e）簡素化されたラジオ内蔵型 R&K スピーカーユニットの例

［写真 4-45］　ミゼット型ラジオの内部と当時のラジオ内蔵用ダイナミックスピーカーの例

4-11）A. N. Goldsmith：Progress in Radio Receiving During 1925, *General Electric Review*, Jan. 1926

4-12）A. N. Goldsmith：Progress in Radio Receiving During 1929, *General Electric Review* Jan. 1930

4-13）Mullard：*The Master Valve Guide* 1933-4

［写真 4-46］　テーブル型の高性能オールウェーブラジオの例

第5章

トーキー映画用
スピーカーシステム

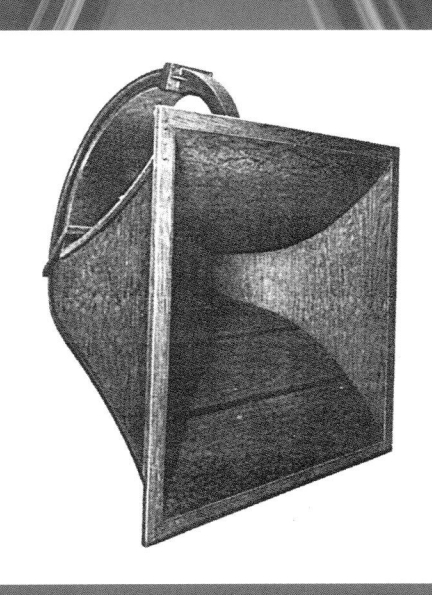

5-1　無声映画から発声映画への転換

　誕生したばかりの映画は，セリフや音楽のない白黒フィルムの「無声映画」で，「活動写真（モーション・ピクチャー）」と呼ばれていました．

　このため，映画館で上映するときには，楽器演奏者がスクリーンに映る画面を見ながらオーケストラピットなどで演奏する音楽や弁士による語りを付けて観客に聴かせていました．

　映画評論家の淀川長治の「無声時代の撮影所音楽」（『映画のおしゃべり箱』中央公論社，1986年所収）と題する随筆によると，1903年にフランスのル・バルジィ（Charles Le Bargy）監督は，自分の作品である活動写真を上映する映画館に，指定した伴奏音楽の楽譜を送って演奏させたとあります．同様に，アメリカ映画でも楽譜が用意されたケースもあったと言われています．

　撮影したシーンを効果的に表現するために，監督は映像とともにセリフや音楽による演出効果を必要としていました．また，観衆も映像と音が同期してスクリーンから出てくることを望みました．しかし，これには多くの技術的な問題を解決するに要する時間と，有能な研究開発者の出現が必要でした．

　「発声映画」の変遷については，次の第5章2項で述べますが，映画フィルムに同期して声や音楽を再生するために，どのように音声を記録再生するかには，さまざまな試行錯誤の歴史があります．また，映画劇場の大勢の観衆に，音をどのようにして伝達するか．真空管のない時代にどのように音を拡声するかに始まって，その道のりは長く，激しい競争がありました．

　しかし，真空管の発明に端を発して，電気増幅，電気録音再生，スピーカーの音放射など，多くの技術開発が行われ，1926年に，これらを総合した技術の結晶として初めて発声映画が誕生しました．

　「トーキー（talkie ＝ talking sound）映画」と呼ばれた「発声映画」を鑑賞した大衆は，「写真に音を与えた」と高く評価し，一挙に上映する映画

館や劇場が増加しました．また，音響再生装置の設置が急増し，機器製造の産業が発展しました．

　同様に映画制作にも拍車がかかり，1928年から始まった不況の中でも，映画産業は大きく発展していきました．一方，上映する映画館に観客が殺到したため，観客を収容できる規模の大きい劇場が次第に増加しました．多くの観客に満足を与える映像の大きさとともに，規模の大きい音響再生装置を設置することが経営的に重要になりました．

　映画館・劇場での音響再生装置の最も重要なことは，観客が満足する音量で再生できることで，映画館で使用されるスピーカーは，これまでのスピーカーと違った新しいジャンルの「トーキー映画用スピーカー」として発展することになりました．トーキー映画用スピーカーには，屋内で多くの観客を対象に音を拡声することとともに，音声や音楽などの音を高品位再生することが求められたので，再生周波数帯域が広く，良い音質で再生するための新技術開発が必要でした．

　映画産業では，トーキー映画事業を発展させるために，電気音響再生装置へ多額の投資が行われ，開発を支援したので，ほかの分野のスピーカーとは異なった技術が発展しました．

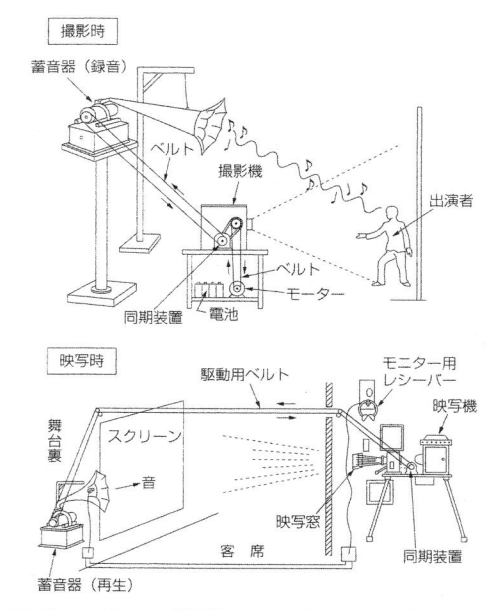

[図5-1]　エジソンが発明した，画像と音を同期して再生する「キネトフォン」（1889年）

5-2 トーキー映画方式の変遷の概要 [5-1]

無声映画から音の出る発声映画への転換は，映画の夢の実現であり，大衆の喜びは大きく，娯楽需要の大きな原動力になり，経済界にとっても有望な事業として発展しました．

最初に映画に音を付けた「発声映画」は，1900年にフランスで開催されたパリ万国博覧会でのデモンストレーションで，画面と音を同期させる技術は，まだ実験段階でした．

米国のエジソン（T. A. Edison）は，自身が発明した活動写真と円筒型の蓄音機を組み合わせて同期化を図り，発声映画「キネトフォン（Kinetophone）」（図5-1）を発表しました．

1902年にフランスのゴーモン（Leon Gaumont）は，最初の同期装置を持った発声映画を「クロノフォン（Chronophone）」（写真5-1）と名付けて発表しましたが，当時は電気音響再生の技術が未開発だったため，再生音を拡大できずに終わっています．

その後，真空管による増幅ができるようになって，再び研究開発が活発化し，1919年から1928年ころには多くのトーキー映画方式が生まれました．

その主力の「三大発声映画方式」と言われるものは図5-2に示す方式で，この中で最も早く上映されたのが「ヴァイタフォン（Vitaphone）」方式の映画でした．

ヴァイタフォン方式は，ベル電話研究所が開発したレコードの電気吹込法を利用したもので，AT&T（The American Telephone & Telegraph Campany）傘下のWE（Western Electric）が映画界に売り込みました．しかし，1924年ころは本格的にトーキー映画に取り組もうとするWEに対し，映画界は拒否を続けていました．これまで撮影した多数の無声映画の在庫や，撮影スタジオ，映画劇場の設備など，その設備費用で躊躇していたのです．

この中でワーナー・ブラザース（Warner Bros.）映画会社が唯一興味を持って対応したため，映画史上に残る世界最初のトーキー映画『ドン・ファン（Don Juan）』は，ワーナー・ブラザース系列に

[写真5-1] ゴーモンが発明した「クロノフォン」トーキー映画システム（1902年）．平円盤式蓄音機との同期化に同期電動機を使用

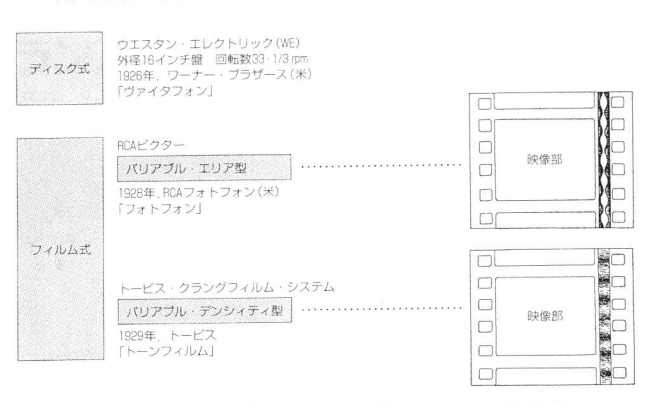

[図5-2] 1930年ごろのトーキー映画システムの各方式

[写真5-2] 世界最初のトーキー映画の上映にニューヨークのワーナー劇場前に集まった観衆（Bell Laboratories Record, Aug., 1946）

ターンテーブル

ターンテーブル

[写真 5-3]　WE製の平円盤式トーキー映画システムを採用した映写機の例（B. Brown, *Talking Pictures*（2nd ed.）, Sir Isaac Pitman & Sons, 1933 より）

より，1926年8月6日にワーナー劇場で上映されました（**写真5-2**）．音楽は，107人編成のニューヨーク・フィルハーモニック・オーケストラが演奏するワーグナーの「タンホイザー序曲」が，映像とともに流れました．

　この映画に使用されたヴァイタフォン方式は，映画フィルムとは別に音声や音楽をレコード盤に記録して，これをフィルムと同期して再生するディスク方式でした．フィルム1巻分の上映時間約11分に合わせて外径16インチとした回転数33·1/3rpmの円盤レコードの内側から外側に音を記録した縦溝式のレコードを使用したもので，映写機にレコードターンテーブルが付属していました（**写真5-3, 4**）．

　その再生音質は，当時のほかの方式と比較して格段に良く，観衆からも高い評価を得たのですが，上映回数とともにレコードの摩耗が生じること，レコードの取り違えや「溝飛び」などのトラブルがあって，運用や保守の点で苦労したと言われています．

　その後，1927年からはケース（T. W. Case）が

発明した「ムービートーン（Movietone）」方式のトーキー映画がフォックス・フィルム（Fox Film）によって，光学録音サウンド方式の最初として上映され，WEも1932年にフィルム式録音に変わっていきました．

　これに対してRCAは，1921年にGEのホクシー（C. A. Hoxie）が発明した，音声電流で小鏡を振動させ，反射光をフィルムに横波式に録音する「オシログラフ（Oscillograph）」法の特許を持っていました．これを基にWHとGEの研究開発の成果を得て，RCAは1928年に映画界に積極的に乗り出し，「RCAフォトフォン方式」を発表しました．そして1932年には，これをRCAビクター傘下の組織にして取り組みました[5-3]．

　この方式は，信号が面積変化として記録される「バリアブルエリア（面積）型」と称する，通称「鋸の目」と呼ばれたもので，映画フィルムと別のフィルムにサウンドトラックを設け，ここに音に比例した模様をオシログラフ式録音法で記録して，再生

ラベル内には数字を示した表があり，チェックすることによってレコードの摩耗による音質劣化を防いだ

［写真5-4］ ヴァイタフォン方式に使用された平円盤式レコード

時に光の強弱を音に変換するものでした．

　このバリアブルエリア型方式では，再生時の照射スリットのズレによって歪みが生じることと，5000Hz以上の高音で歪みが多いなどの欠点が指摘されました．しかし，フィルムの現像による音質への影響は少なかったようです．

　もう一つの方式は，ドイツの発声映画「トーンフィルム」方式で，これは信号を濃淡の変化で記録する「バリアブルデンシティ（濃淡）型」です．この方式の基本は，1923年にフォクト（P. G. A. H. Voigt），エングル（J. Engel），マッソレ（J. Massole）の3名の発明による「トリ・エルゴン（Tri-Ergon）方式」で，この特許が主体となっています．

　その後，さまざまの変遷があって，1928年にドイツが統一して国産化を図ることになり「トン・ビルド・シンジケート（Ton-Bild-Syndicate）」を組んで開発を進めました．

　Ton-Bild-Syndicateを略してトービス（Tobis）と呼ばれていたこの会社は，大手電気メーカーの

シーメンス・ウント・ハルスケ（Siemens und Halske，本書ではシーメンスと略）とAEG（Allgemeine Elektricitats-Gesellschaft）を中心とするクラングフィルム（Klangfilm）会社との競争市場となって争ったため，1929年に合併して「トービス・クラングフィルムシステム（Tobis-Klang-film System）」を創設して全ドイツを統一し，事業分担を明確にしました．

　録音方式には，トービス式グリムランプを使った方式やグローランプ式，ケルセル式，ライトバルブ式などがあり，縞目模様の濃淡として音声が記録されますが，フィルム現像処理に注意が必要だったといわれています．

　このように，1930年ころの世界のトーキー映画には，米国のWEのヴァイタフォン系とRCAのフォトフォン系の2大メーカーおよびドイツを中心としたトーンフィルム系の3つの方式があり，トーキー映画システムの市場を獲得しようとシェア争いが生じ，技術面では特許の権利の主張などで係争が起きました．

　このため1930年7月22日，フランスのパリにおいて，E. R. P. I.（Electrical Research Products, Incorporated）とRCAの米国側2社と，欧州のトービス・クラングフィルムの3社が行った会談によって，地域協定と特許権の協定が成立して，トーキー映画の進展が見られるようになりました．

　そして次の項で述べるように，3つの系列は，それぞれ特徴のある製品を作りました．

5-3　トーキー映画の動向に伴う映画興行の背景とサウンドトラック

映画制作の会社によるトーキー映画方式の違いによって映写機器や設備が異なることから，トーキー映画の普及とともに，それぞれの映画館が系列化され，映画を配給する組織が生まれました．

活動写真は，撮影されたフィルムが著作物であり，観客の目に触れて初めて「映画」としての価値が生まれます．映画を映画劇場や映画館で上映することで，観客から鑑賞料金を徴収することが「興行」として成り立つということによって，映画産業は非常に重要なビジネスであると考えられるようになりました．

映画を制作する企業は，大衆に向かって映画を宣伝するとともに，上映興行権を持つ映画著作物であるフィルムをプリントして複製し，上映する映画館に一定期間貸し出し（これを「配給」という），契約料金を徴収し，利潤を得る仕組みを作りました．

音響再生装置の違いや観客動員数で，大都市と地方では等級の違いが付けられていたようです．そして，一つの映画制作企業の全作品を専門に取り扱う専門館システムの系統は「ブロックブッキング」と称されました．このように，映画配給の組織制度が生まれたわけです．

米国のハリウッドでは，このブロックブッキングの制度によって，1930年代にその全盛期を迎えました．

1935年には，ロックフェラー財閥とモルガン財閥という二大金融資本の支配下のもとに，映画制作大手8社が「アメリカ映画制作者連盟（MPPA）」を組織し，映画配給の95％を独占するようになりました．大手8社は，パラマウント映画（Paramount Pictures Corporation），ワーナー・ブラザース，MGM（Metro-Goldwyn-Mayer Inc.），20世紀フォックス（20th Century Fox），RKO（Radio Keith Orpheum Entertainment），ユニバーサル（Universal Pictures Company, Inc.），コロンビア（Columbia Pictures Industries, Inc.），ユナイテッド・アーチスツ（United Artists Entertainment LLC）で，中でもパラマウント，ワーナー・ブラザース，MGM，20世紀フォックス，RKOの5大会社だけでアメリカ映画のほぼ80％を制作し，4000館の一流封切り館を所有しており，当時の総売上高（興行収入）の88％を占めていたといわれています．特に1930年代に最も高成績を上げたMGMは，最盛期には年間42本の長編映画を制作しています[5-2]．

この状況に対して，米国政府は1938年，8大映画会社を相手取って反トラスト法（独占禁止法）違反として訴え，戦後の1946年に劇場チェーンを解体し，制作・配給側と興行側の2部門に分離させました．

一方，トーキーの映画音楽の現代的なパターンを作り出したのはハリウッドの音楽監督のスタイナー（Max Steiner）で，『キングコング』（1933年，RKO）や『男の敵』（1935年，RKO）などの作品が最初といわれています．当時のトーキー映画製作は，録音機がないために，撮影と同時に音をフィルムに録音しなければならず，写真5-5のように大型のパラボラ型集音マイクなどを使ってロケを行っています．

映画のオープニングのタイトルで，大編成のオーケストラ演奏による音楽を流してムードを醸し出し，後は監督の意図や嗜好に従って音楽を適度に流し，アクションを盛り上げる効果音を使うなどの試みが行われ，1960年代までハリウッドの映画音楽が主流を形成してきました．

このため，映画劇場での上映には低音の豊かな音質の良い再生が必要になり，映画館で聴く音楽が一番いい音ということになりました．そして観客は，この感動を家庭も味わうためにレコード音楽にも映画音楽が取り入れられるようになり，1936年ころには「サウンドトラック音楽」の最初のレコードが販売されました．これもトーキー映画の大衆への浸透の強さを示す一つと言えます．

こうした背景がトーキー映画用スピーカーに高品位再生を求めるようになり，次々に大型の高性能ス

ピーカーが開発されました.

この第5章では,主要なトーキー映画用スピーカーを開発したWEとRCAとシーメンスを中心に,その機種の変遷や特徴を述べます.

［写真5-5］ トーキー映画撮影ロケ時のパラボラ型集音マイクの使用状況（前出 *Talking Pictures* など）

5-4　初期のWE製トーキー映画用スピーカー

5-4-1　フルレンジ再生を狙った 555型ホーンドライバーの誕生

　トーキー映画用スピーカーの開発を最初に行ったのはWEでした．ヴァイタフォン方式は，円盤レコードに録音された縦振動の信号を音源としてピックアップで変換し，アンプで増幅する，今日のオーディオ再生と変わらないシステムでした．

　スピーカー開発の重責を担った，ベル電話研究所のウエント（E. C. Wente）と若いサラス（A. L. Thuras）は，どのようなスピーカーを開発するか，当惑したものと思います．

　当時のWEは，一般拡声用のマグネチック型ホーンドライバーを使用した屋外用スピーカーを中心に展開し，ラジオ受信機用スピーカーは一部のみにとどめていました．そこに，初めて屋内用拡声スピーカーを使って，トーキー映画『ドン・ファン』のサウンドを再生することになり，しかも音源はニューヨーク・フィルハーモニック・オーケストラの演奏するワーグナーの「タンホイザー序曲」でした．音域の広い音楽を大音量で大観衆に聴かせることができる，高性能スピーカーを開発する必要があったのです．

　WEの技術的流れからすると，スピーカーはホーン型が主流だったので，ホーン型スピーカーで低音から高音までの広帯域を再生する必要がありました．また，ワーナー劇場の大勢の観客に十分な音量で再生をしなければならないため，高能率のスピーカーが必要で，この2つの条件を満足させるなければなりませんでした．

　低音を出して音質を良くするためには，WEのこれまでの電磁型ホーンドライバー（レシーバー）では不十分で，新しい動電型（ダイナミック型）ホーンドライバーを開発する必要がありました．

　ベル電話研究所では，1926年にマックスフィールド（J.P.Maxfield）とハリソン（H. C. Harrison）が開発した蓄音機のサウンドボックスの振動板[5-4]を参考に，新しい動電型ホーンドライバーを設計して振動板の形状を決定し，特殊な構造（**写真5-6**）の剛性の高い振動板と，タンジェンシャルエッジの支持部（**図5-3**）を設けました．振動板の材質はアルミニウム合金で，その成形には，ファーマー（W. J. Farmer）が研究[5-5]した電話機の受話器や送話器の振動板製作技術の成果を応用し，振動板（ダイヤフラム）とエッジを同時成形する優れた技術が投入されました．

　また，ボイスコイルは厚さ0.002インチ（約0.05mm），幅0.015インチ（約0.38mm）のリボン線を1層巻きした「エッジワイズ巻き」（**図5-4**）で，これをボビンを介して振動板に固定することで，振

(a) スロート側（前面）

(b) ボイスコイル側（裏面）

［写真5-6］　555型ホーンドライバーの振動板

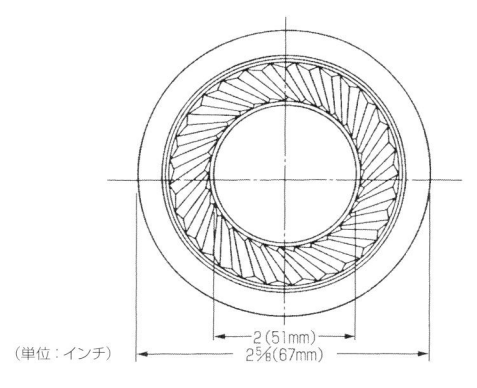

（単位：インチ）

[図5-3] 555型のタンジェンシャルエッジ

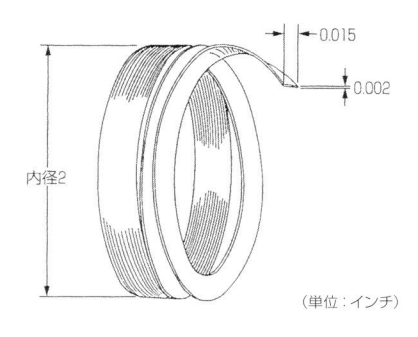

（単位：インチ）

[図5-4] リボン線で巻いた555型のボイスコイルの詳細寸法

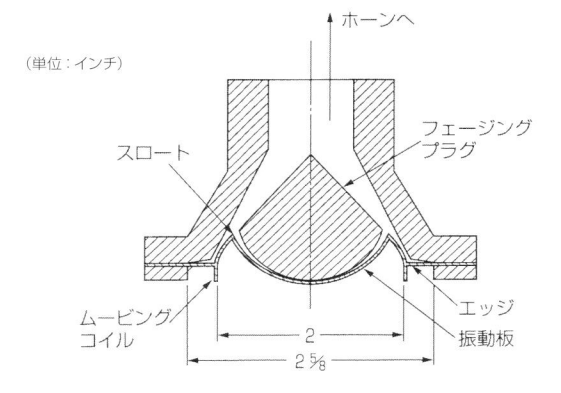

[図5-5] 555型の振動板とスロート周辺の概略構造寸法

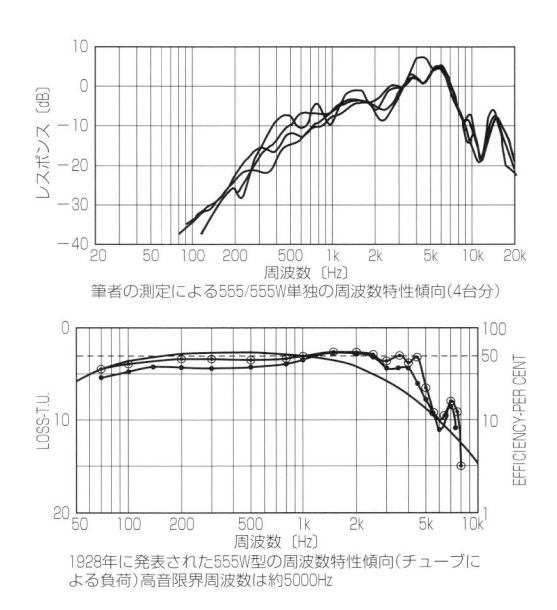

筆者の測定による555/555W単独の周波数特性傾向(4台分)

1928年に発表された555W型の周波数特性傾向(チューブによる負荷)高音限界周波数は約5000Hz

[図5-6] 555型ホーンドライバー単独の再生周波数特性

動系の質量を1.0gに抑えるという軽量設計を実現しています[5-6].

　高音域の拡大のために，振動板前面にフェージングプラグ（位相等化器）が設けられました．さらに，高音域を6000Hzまで伸ばすという当時の目標を達成するために振動板前の空気室を狭くする必要があり，工作精度の高い組み立てが要求されました．この部分の寸法図を**図5-5**に示します．その結果，再生周波数特性（**図5-6**）の高音限界は6000Hz付近まで滑らかな特性で，限界周波数から降下しています．

　次に，ドライバーの電気音響変換効率を高めるためにウエントらは音響理論解析を行い，ホーンドライバーのスロート部分に音響変成器の構造（コンプレッション方式）を設けて，振動板面積に対して絞り込みを行い，ドライバーの変換効率（能率）を高めました[5-7].

　こうして誕生したのがWEの555型ホーンドライバーです．555型は，**図5-7**に示すように，これまでにない新しい構造を持ち，各部品の分解写真（**写真5-7**）を見ると，精度の高い切削加工技術を使った部分が多く見られます．

　早速，ウエントとサラスは，555型ホーンドライバーについて，1926年に特許を申請しています[5-8]. 続いて1928年，両名は，このスピーカーの技術論文[5-9]を発表しました．

　555型ホーンドライバーの磁気回路はフィールドコイル型で，磁極部分の厚みを絞り込むことで磁束密度を限りなく高めています．フィールドコイル

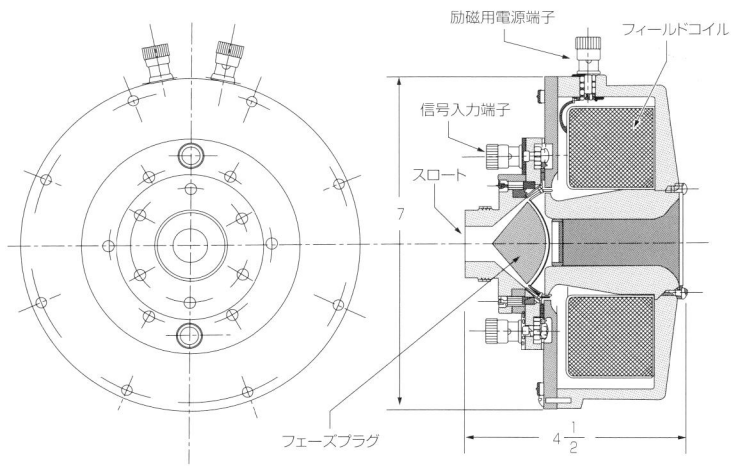

コンプレッションドライバー
ムービングコイル型ダイナミックスピーカー
初期製品型番：555W型
後期製品型番：555型
振動板：φ2インチ,
　　　　アルミニウム合金タンジェンシャルエッジ
ボイスコイルインピーダンス：16 ～ 25Ω
直流抵抗：12.8Ω
フィールドコイル直流抵抗：4.5Ω
励磁電圧：DC7V
励磁電流：DC1.5A
最大入力：6W
総重量：20ポンド（約9kg）

[図5-7]　555型ホーンドライバーの概略仕様と構造寸法

555W型ドライバー完成品
重量　20ポンド

スロート部分（裏側から）

フェージングプラグの付いたフレーム（表側から）　（裏側から）

[写真5-7]　555型ホーンドライバーの
フェージングプラグ周辺の構造

振動板とボイスコイル（裏側から）

フィールドコイルを内蔵した磁気回路

に励磁電圧DC7V，励磁電流1.5Aを供給して空隙磁束密度20000ガウス（2テスラ）が得られる設計値になっています．このために，磁極の材料には純鉄が使用されたものと思われます．

　初期の555型は，低音から高音まで再生するフルレンジ再生に用いられたため，振動板のバックプレッシャーを抜くようにセンターポール側に孔があ

けられており，メッシュ板で背面をカバーしていましたが，その後，単板で塞いだ形になりました．

　WEでは電話機関係の機器も扱っていたこともあって，スピーカーは「レシーバー（receiver）」または「ラウドスピーキングレシーバー」と呼ばれており，完成した555型ホーンドライバーもこのように呼ばれていましたが，本書ではほかのスピーカ

ーとの関連もあって，すべて「スピーカー」とします.

　また，555型は，初期にはイリノイ州で生産されていましたが，後年，ノースカロライナ州の工場に生産が移されました．前者の製品は555W型，後者は555型と区別されるといわれますが，本書では基本的に555型に統一しました.

　この555型ホーンドライバーが最初に使用されたのは，1926年8月6日にニューヨークのワーナー劇場で行われた世界最初のトーキー映画上演における再生でした．このデビューのために，開発担当のウエントが完成したホーンドライバーを持参して取り付けたのは，封切りからわずか2週間前でした.

　これが，後世にその名を轟かす名品555型ホーンドライバーの誕生でした.

　当日の映画の入場料は10米ドルと高価でしたが，観客はこの映画で満足を得ることができたと伝えられています．この上映が好評を得たのは，当時のフィルムに録音する光学的記録より，信号対雑音比（S/N）が良く（約38dB），音が明確に聴こえたためと言われています.

　ワーナー・ブラザースは，翌1927年10月に『ザ・ジャズ・シンガー（*The Jazz Singer*）』を封切り，トーキー映画を一般大衆へ普及させるきっかけを作りました.

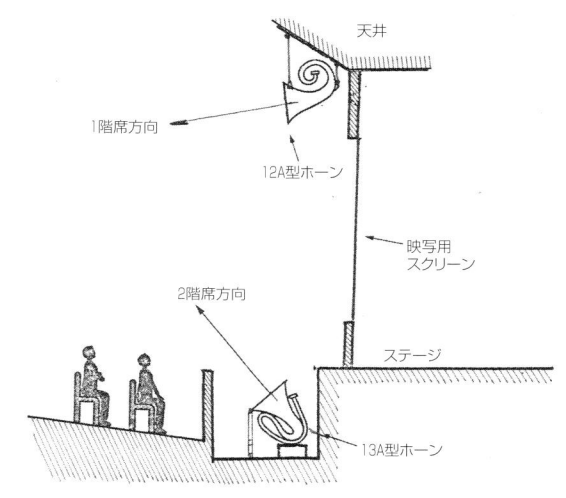

［図5-8］　トーキー初期（音透過スクリーンがない時代），12A型と13A型ホーンスピーカーをスクリーン前に設置した例

5-4-2　フルレンジ用カーブドホーンの開発

　WEでは，これまで一般拡声用ホーンとして5-A型，6-A型，7-A型，11-A型などを生産していましたが，ホーン型はカットオフ周波数が高く，低い音を出すには適していませんでした.

　トーキー映画に使用するフルレンジ用ホーンとしては，カットオフ周波数が低く低音再生ができる，開口の大きいエクスポーネンシャルホーンが必要でした．このようなホーンは，スロートから開口までが長くなってしまうため，ストレートホーンでは取り扱いや設置に無理があるので，折り曲げてコンパ

［写真5-8］　12A型木製カーブドホーン

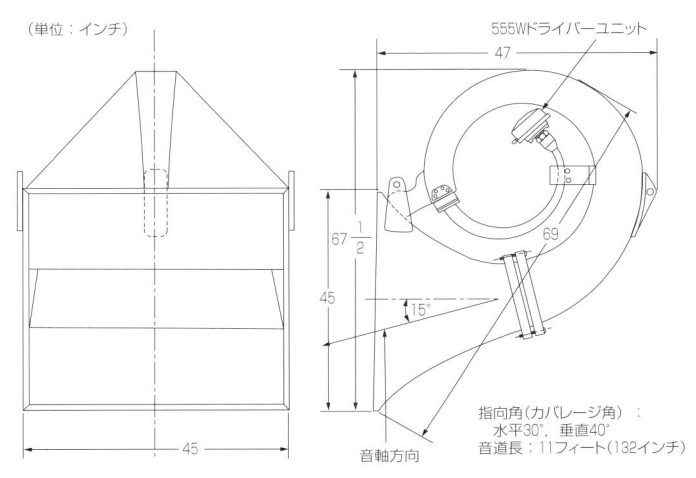

［図5-9］　12A型木製カーブドホーンの概略仕様と構造寸法

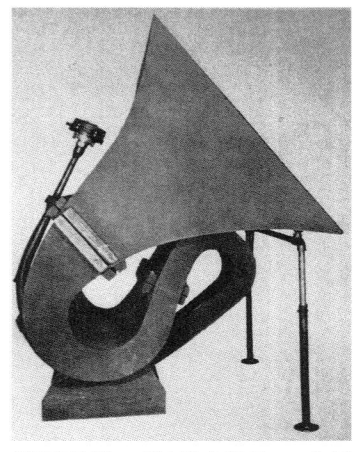

[写真 5-9] 13A 型木製フォールデッドホーン

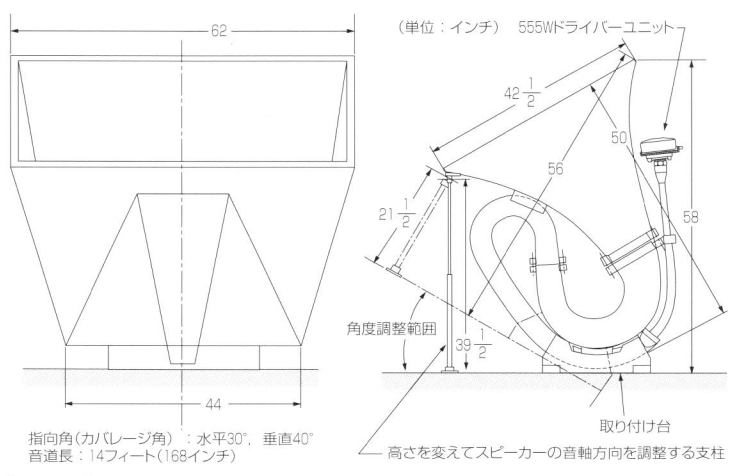

指向角(カバレージ角)：水平30°，垂直40°
音道長：14フィート(168インチ)

（単位：インチ） 555Wドライバーユニット

角度調整範囲

取り付け台

高さを変えてスピーカーの音軸方向を調整する支柱

[図5-10] 13A 型木製フォールデッドホーンの概略仕様と構造寸法図

クトになる構造のカーブドホーンの開発が必要でした．

映画館や劇場にトーキー映画用スピーカーを設置するには制約がありました．当時の映画用スクリーンは背面から音が透過しないため，スクリーンの前側か左右の側面にスピーカーを配置する必要が

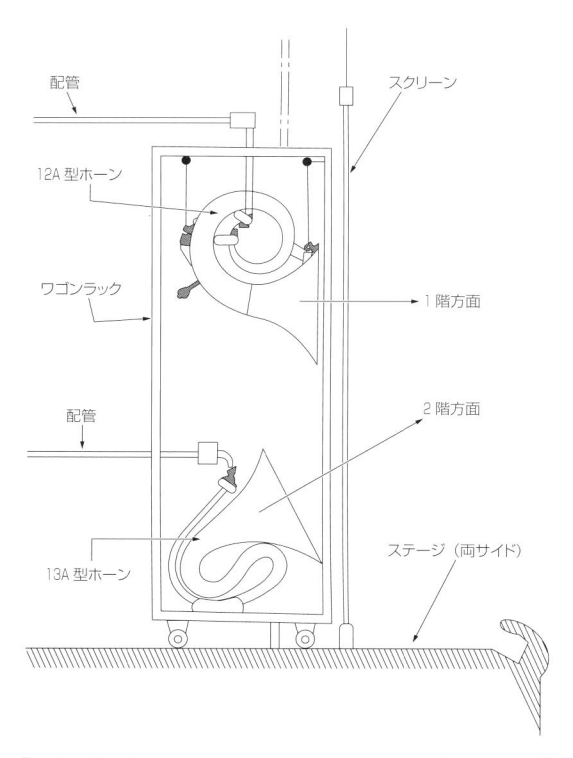

[図5-11] 12A 型と13A 型ホーンスピーカーをステージ移動用カーゴに取り付けた例

あったので，大きなホーンスピーカーを設置する方法には工夫が必要でした．

WEが最初に想定した設置方法は，**図5-8**のようにオーケストラピットや無声映画時代の楽器演奏ボックスの床に上向きに設置して2階席を狙うホーンスピーカーと，舞台プロセニアムから吊り下げて1階席を狙う下向きのホーンスピーカーを設置する配置でした．

こうして1927年に開発されたホーンは，PA用と違って音道をぐるぐると曲げて奥行きを短くしたカーブド型の12A型ホーン（**写真5-8**，**図5-9**）と，音道を何回か屈曲させたフォールデッド型の13A型ホーン（**写真5-9**，**図5-10**）の2機種で，それぞれトーキー映画用スピーカーとして完成しました．

12A型は吊り下げて使用することを狙った構造で，開口45インチ（約114.3cm）角，奥行き47インチ（約119.4cm）です．ステージのプロセニアムアーチの両サイドに吊り下げた格好で12A型を設置し，主として1階席を狙いました．P-290177型アタッチメントを使用してホーンドライバーを2個使用する12B型もありました．

13A型は床置きを狙った構造で，角度調整ができる支柱を持っており，開口が62インチ（約157.5cm）×42·1/2インチ（108cm）の長方形で，これまでにない大型ホーンでした．

ステージのスクリーン両サイドに設置できる移動

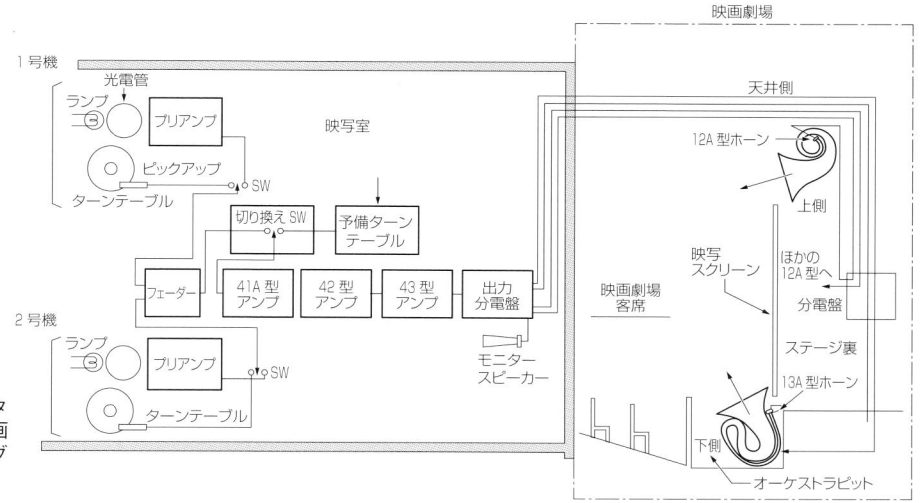

[図5-12]　初期のヴァイタフォン方式のトーキー映画の再生系のブロックダイヤグラム

用として，12A型と13A型を1組にしてラックに組み込んだ移動用ワゴン形式のものも考案されました（**図5-11**）．

このホーンスピーカーを使用した初期のヴァイタフォン方式のトーキー映画用再生系のブロックダイヤグラムとホーンスピーカーの配置を**図5-12**に示します．

当時の映画のスクリーンは，キャンバスに酸化マグネシウムを塗り，反射率を高くするためアルミと青銅の粉末を油性塗料に混ぜて塗布して映写効率を向上していました．そのためにスクリーンは銀色であったため，これを「銀幕」と称し，映画スターは「銀幕のスター」と呼ばれました．

トーキー映画時代になって，スクリーン裏に設置したスピーカーから音を放射する方法が検討され，スクリーンに映写効果が劣化しない程度の孔をあける，音の透過方法が研究されました．

1927年，スポナブル（E. I. Sponable）は，7mmピッチで直径約1mm孔を全面に穿孔した透過型映画用スクリーンを開発しました．画面の明るさは5～8%程度失われましたが，音の透過損失は少なく，5000Hzまでは75～80%程度（**図5-13**）あり，十分実用に耐えました．この結果，1927年以降は銀幕のスクリーン裏の中央にスピーカーを設置して客席に向かって音を再生することができるようにな

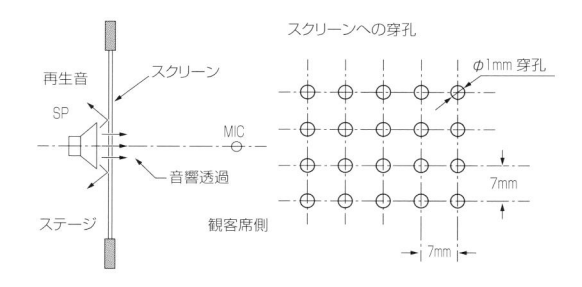

スクリーンへの 穿孔程度	音響特性	
総面積の 44%	1kHz 10kHz	−1dB −4dB
総面積の 4～5%	4kHz～5kHz 10kHz	−6dB −10dB
穿孔なしの場合	1kHz 5kHz	−10dB −25dB

[図5-13]　映写スクリーンの音の透過程度を検討した際の音響透過特性

り，これが標準となりました．

このスクリーンの実用化によって，スピーカーの設置条件の制限が少なくなり，WEは新しい高性能の大型ホーンスピーカーを開発することができました．

［1］17A型ホーンの誕生

この成果を知って，WEのスクラントム（D. H.

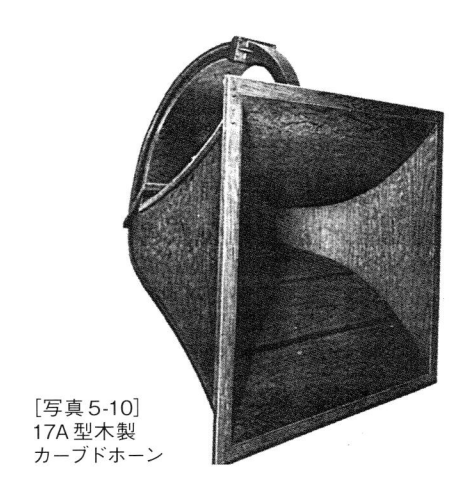

[写真 5-10]
17A 型木製
カーブドホーン

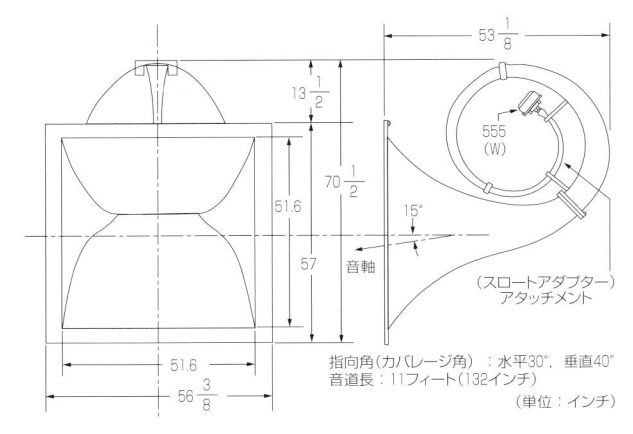

指向角(カバレージ角)：水平30°，垂直40°
音道長：11フィート(132インチ)

(単位：インチ)

ホーン システム 型番	ホーン 型名	アタッチ メント 番号	ドライバー 555（W） の個数
15A	17A	7-A	1
15B	17B	8-A	2
15C	17C	10-A	4
15D	17D	16-A	3

[図5-14]　17A型木製カーブドホーンの概略仕様と構造寸法

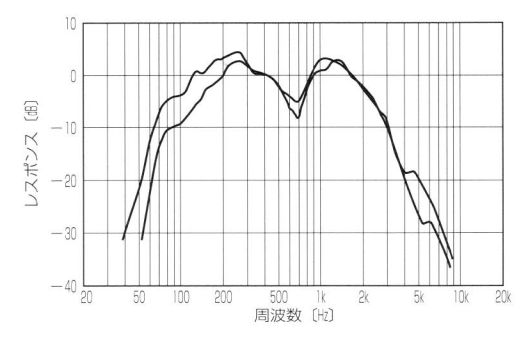

[図5-15]　17-A型ホーンと555型ドライバーを組み合わせたホーンシステムの再生周波数特性（単独の15A型ホーンシステムを著者が測定）

G. Scrantom）は，新しいカーブドホーン（curved horn）を開発し，特許を1928年11月に出願し，1932年4月に登録[5-10] されました．このホーンは，フルレンジ再生のための低音再生を狙って，カットオフ周波数を約57Hzに設定したもので，開口52インチ（約132.1cm）角，音道長さ132インチ（約335.3cm）という大型の木製17A型カーブドホーン（**写真5-10**）です．

ホーン単体の型名が「17A型」で，ホーンドライバーの取り付け方によって**図5-14**のように型名が付けられています．17A型ホーンのスロート部分にホーンアタッチメントを取り付け，555型ドライバーを1個取り付けたホーンシステムが15A型，2個取り付けたものが15B型，4個取り付けたものが15C型，3個取り付けたものが15D型と区別され，アタッチメントを含めたホーンシステムの型名で取り扱われ，システム規模に応じて使い分けられました．

このシステムは，一般には「15A型ホーン」と呼ばれますが，これは正確にはアタッチメントを含めたホーンシステム全体を指す名称です．

この15A型ホーンシステムの再生周波数特性の傾向は，**図5-15**のように555型の高音域限界（6000Hz）より低い周波数から減衰傾向になっています．これは，ホーンが木製のためです．

ホーン素材をファブリック製にして軽量化を狙っ

たKS-6353型も製作されました．

[2] 16A型ホーンの登場

新しいフルレンジホーンとして1930年に登場したのが，金属製の16A型フォールデッドホーンでした．開発の目的は，スクリーン裏の狭い空間に設置するための薄型化にありました．

映画専用の劇場のスクリーン裏は狭く，演劇などと兼用して映画を上映する劇場では，スピーカーをスクリーンと一緒にバトンで昇降させる必要がありました．このため，奥行きの短いスピーカーが求め

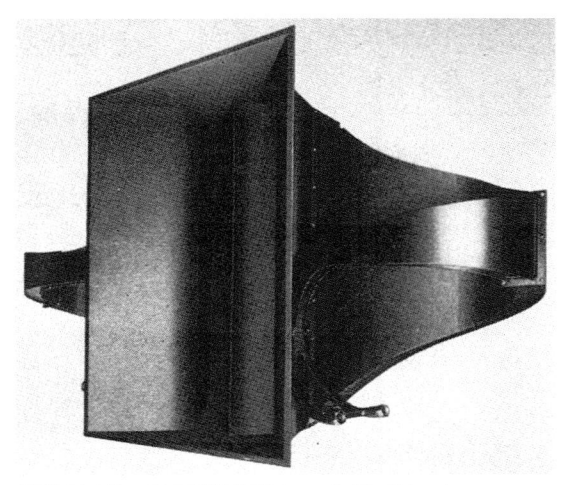

[写真5-11] 16A型鉄板製フォールデッドホーン

られました.

この要望に対して, WEのブラットナー (D. G. Blattner) が16A型の形状を発明し, 新しい薄型の大型フルレンジ用ホーンとして1930年に開発しました. また, 特許[5-11] を申請しました.

この16A型ホーンの形状は, 超薄型にするために非常に変わった形状を採っています. 外観は**写真5-11**, 構造は**図5-16**で, 両サイドにスロートを持つ2組の扁平型ホーンの合体になっています.

ホーンの材質は鉄板で重量もあり, 奥行きは25・5/8インチ (約65.1cm) と短く, 開口は2つのホーンがつながって幅46・1/2インチ (約118.1cm), 高さ62・1/8インチ (約157.8cm) と大きく, ホーンスロート部分のアタッチメントによって, 両側に各1個の555型ドライバーを使用した6016-A型ホーンシステム, 両側にそれぞれ2個 (両方で4個) の6116-A型, 両側それぞれ3個 (両方で6個) の6216-A型の3種類のシステムが用意されていました (**図5-16**).

このホーンは, 木製の17A型と違って, 同じ555型を使用しても金属製なので高音域の減衰は少なく, **図5-17**のように, 6000Hzまで伸びている傾向を示しています.

16A型と同じく, 薄型でホーン素材をファブリック製にして軽量化したKS-6575型とKS-6576型があります. KS-6575型は9-B型アタッチメントを使

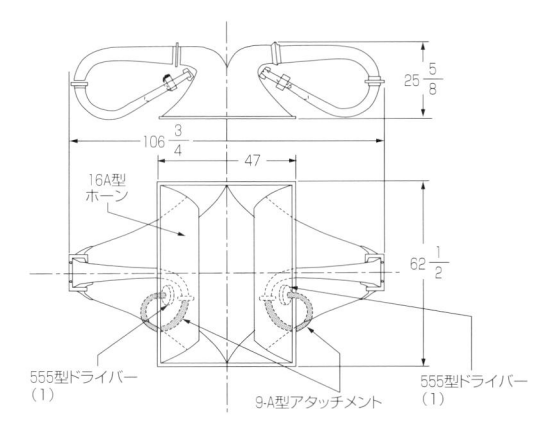

指向角(カバレージ角):水平60°, 垂直40°
音道長:119インチ
(単位:インチ)

ホーン システム 型番	ホーン 型名	アタッチメント 番号	ドライバー 555 (W) の個数
6016-A	16A	9-A	2
6116-A	16A	8-A	4
6216-A	16A	16-A	6

[図5-16] 16A型鉄板製フォールデッドホーンの概略仕様と構造寸法

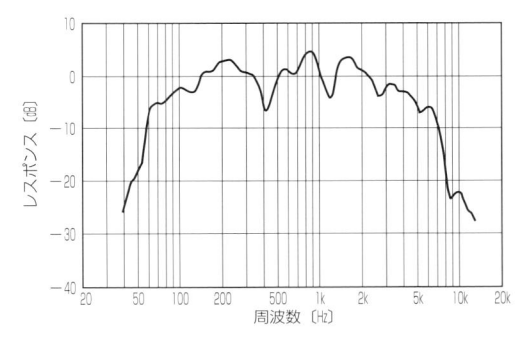

[図5-17] 16A型ホーンと555型ドライバーを組み合わせたホーンシステムの再生周波数特性 (単独の6016-A型ホーンシステムを著者が測定)

ってホーンドライバー555型を2個搭載したもので, KS-6576型は8-B型アタッチメントを使って555型を左右各2個 (合計4個) 搭載したホーンです. 形状は16A型と若干異なります (**図5-18**, **写真5-12**).

[3] 22A型ホーンの開発

開発の時期は少し後になりますが, 22A型ホーン (**写真5-13**) は1935年に発表されたWEの中音用ホーンで, 555型ホーンドライバーと組み合わせて使用するトーキー映画用スピーカーです. 奥行き寸法を短くして, スクリーン裏の狭い場所にも設置

できることを目的とした製品です.

22A型の登場で，17A型ホーンを使用した3ウェイ構成は姿を消しました.

22A型ホーンの素材は金属で，重量は約18kgと重くなっています.

図5-19に示すように28インチ（約71.2cm）角の開口で，カットオフ周波数は約250Hzと低く，300～3000Hzの中音用に適しています．その再生周波数特性の傾向は**図5-20**に示すように優れています.

このホーンは，スロートのアタッチメントが3種類用意されており，555型ドライバーが1～3個使用できるようになっています．アタッチメントと組み合わせたホーンシステムの機種名は6022-A型（**写真5-13**（a）），6122-A型（**写真5-13**（b）），6222-A

［写真5-12］　ニューヨークの劇場のスクリーン裏に取り付けられたKS-6576型ホーンの例（*B. S. T. J.*, Jan., 1931）

（材質：ファブリック，寸法：インチ）

［図5-18］　KS-6576型ファブリック製フォールデッドホーンの概略仕様と構造寸法

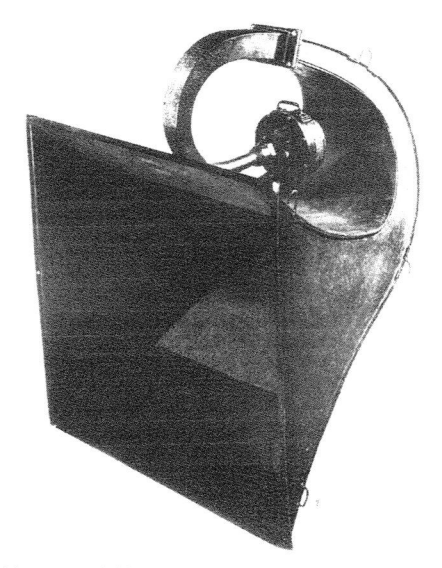

（a）555型1個使用の6022-A型ホーンシステム

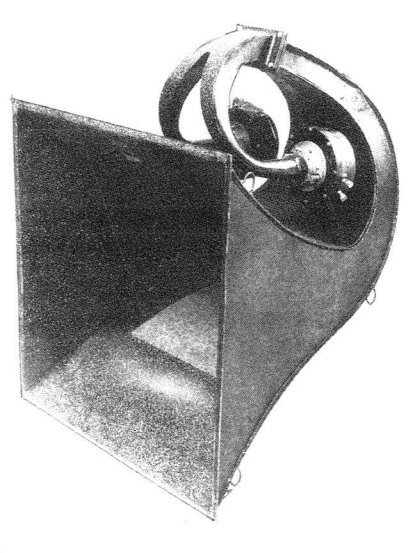

（b）555型2個使用の6122-A型ホーンシステム

［写真5-13］
22A型系カーブドホーン

型で, 小型ながら強力な性能を発揮しました.

コンパクトなのでスクリーン裏に複数使用できることから, 1935年以後の「ワイドレンジ」シリーズ後期のスピーカーシステムの中音用として使用されました.

5-4-3　聴取レベル向上への挑戦

大規模な映画館や劇場で, 映画の鑑賞者に十分な音量で再生するためには, 駆動用アンプとスピーカーを複数使用して, 少しでも音量増加を図るしかありませんでした.

最初は, マルチスロート（**写真5-14**）を作り, 17A型ホーン1台に555型ドライバーを2台, 4台, または9台取り付けてマルチアンプ駆動を試みました.

逆に, 12台の17A型ホーンをスクリーン裏に設置して音量の増加を確認する実験（**写真5-15**）が, ハリウッドで有名なチャイニーズシアター

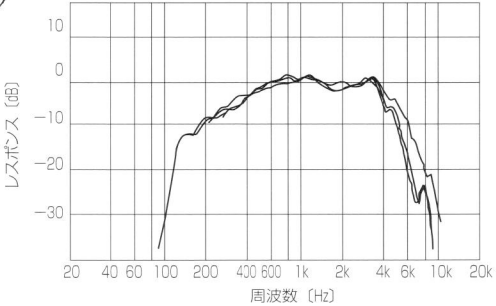

[図5-20]　22A型ホーンと555型ドライバーを組み合わせたホーンシステムの再生周波数特性（単独の6022-A型ホーンシステムを著者が測定）

（単位:インチ）

指向角（カバレージ角）：水平20°, 垂直40°

ホーン システム 型番	ホーン 型名	アタッチ メント 番号	ドライバー 555 (W) の個数
6022-A	22A	12-A	1
6122-A	22A	13-A	2
6222-A	22A	15-A	3

[図5-19]　22A型鉄板製カーブドホーンの概略仕様と構造寸法

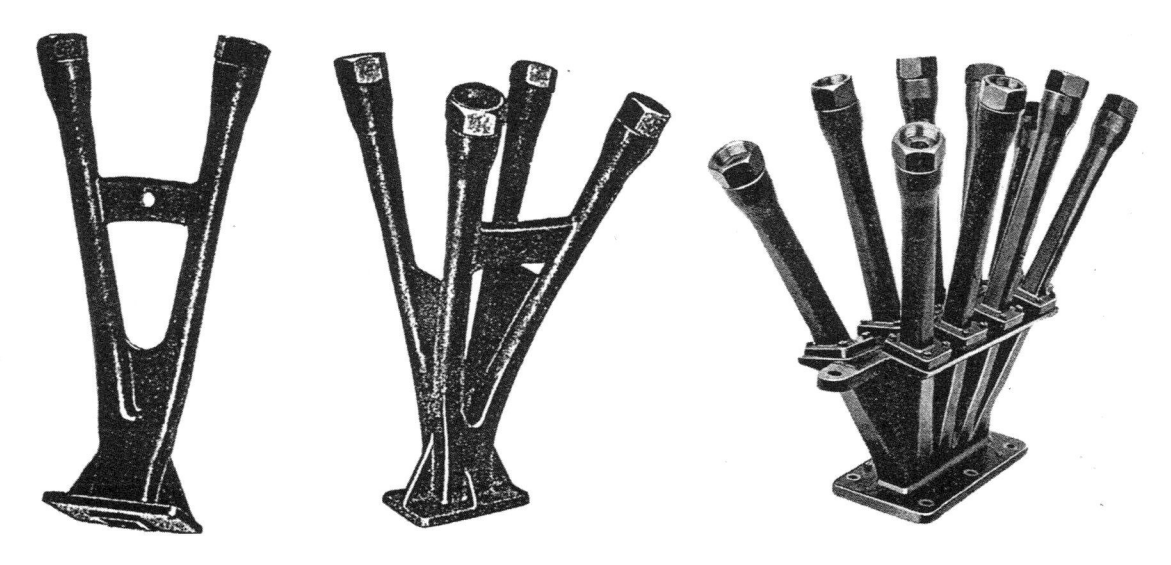

(a) 2個使用　　　　　(b) 4個使用　　　　　(c) 9個使用

[写真5-14]　パワー増強のため使用された17-A型ホーン用マルチスロートアタッチメント

で実施され，音量の増加を確認するなどの検討が行われました．

　しかし，その後，パワーの出る真空管が次々と開発され，順次聴取レベルの向上が図られることで，大規模なスピーカーの設置は見られなくなりました．

　一方，17A 型ホーンを複数使用する場合は，図 5-21 のように組み合わせたスピーカーシステムをスクリーン裏に配置して使用する技術資料が作られました．客席数と客席配置に対応して，音量の確保と指向性を緩和させる音軸の方向を検討した結果得られた組み合わせ技術です．

　また初期には，スクリーン裏の音の反射や共鳴を

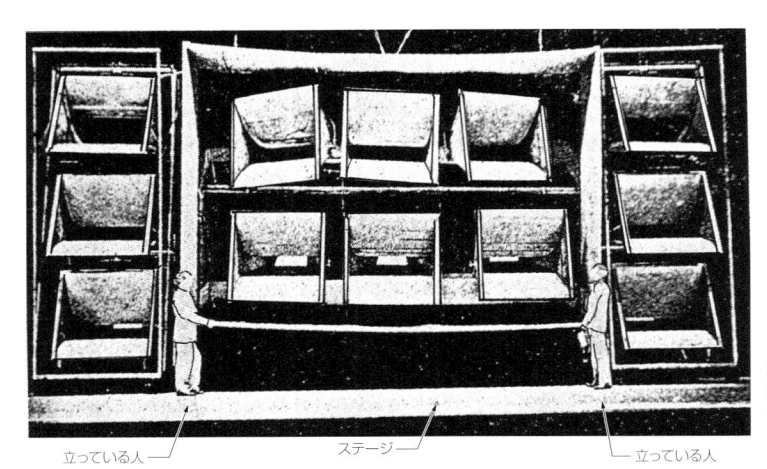

[写真 5-15]
ハリウッドのチャイニーズシアターのスクリーン裏に 17A 型ホーン 12 台を設置して実施した音量増強試験のスピーカー配置（スクリーンは横幅 11.3m，高さ 7.3m）

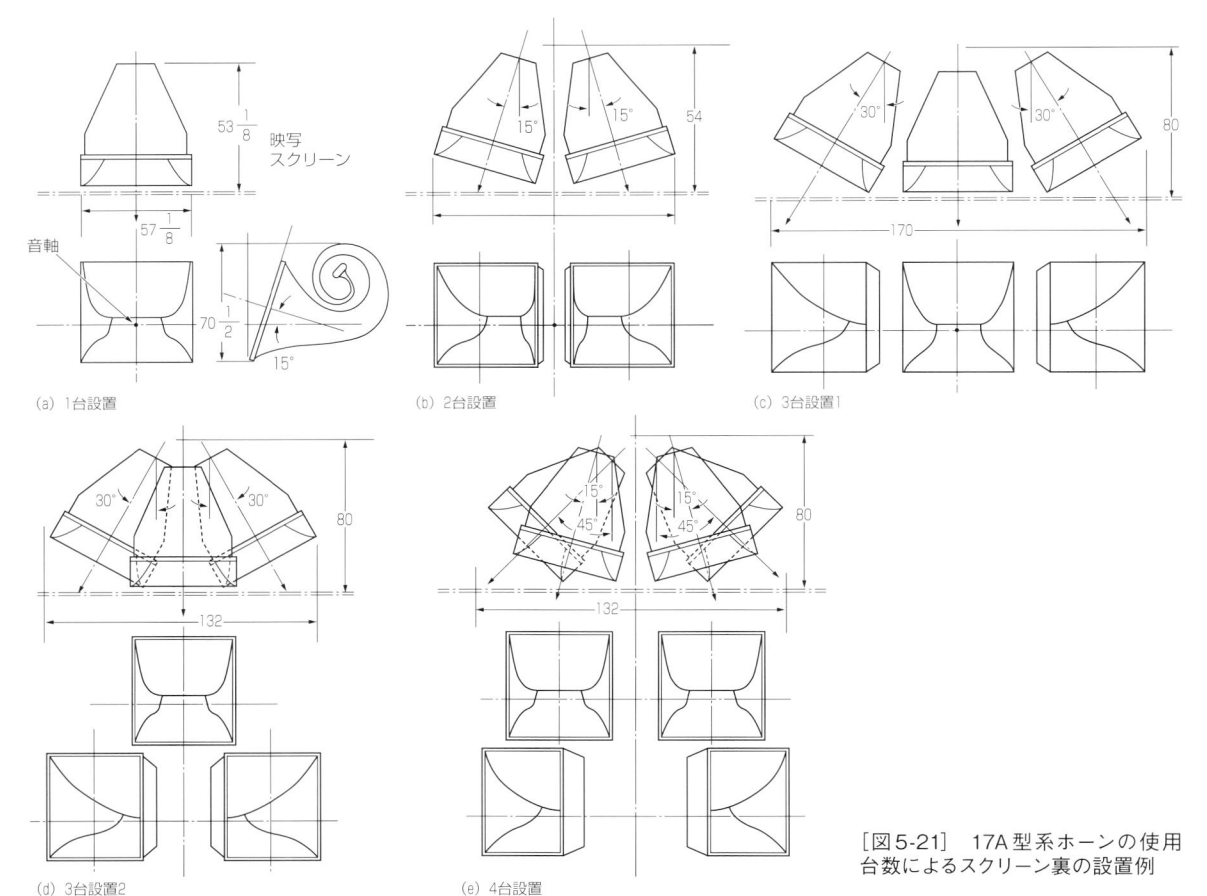

[図 5-21]　17A 型系ホーンの使用台数によるスクリーン裏の設置例

防ぐため，**写真5-16**のように背面に吸音材を充填した箱を取り付けて，音の回り込みや共振を防いでいます[5-12]．

16A型系ホーンでは，1組のホーンの左右のアタッチメントに片側3台まで555型が使用できるので，数多くのホーンを並べて実験した記録はないようで

す．しかし，大型の映画館や劇場を対象に，**図5-22**に示す組み合わせが考案され，映画鑑賞者が満足できる聴取レベルを確保しました．

（a）スクリーン裏での設置例

（b）スクリーン裏の音のこもりを抑えるために貼られた吸音材

（c）ホーンのまわりを覆った例

［写真5-16］ 映画館での17A型系ホーンの設置状況

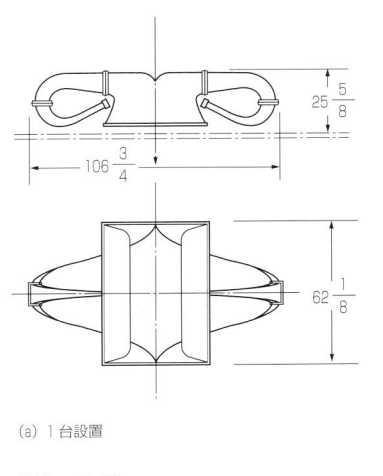

(a) 1台設置

（単位：インチ）

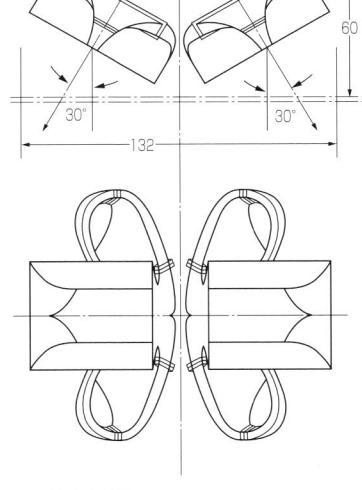

(b) 2台設置

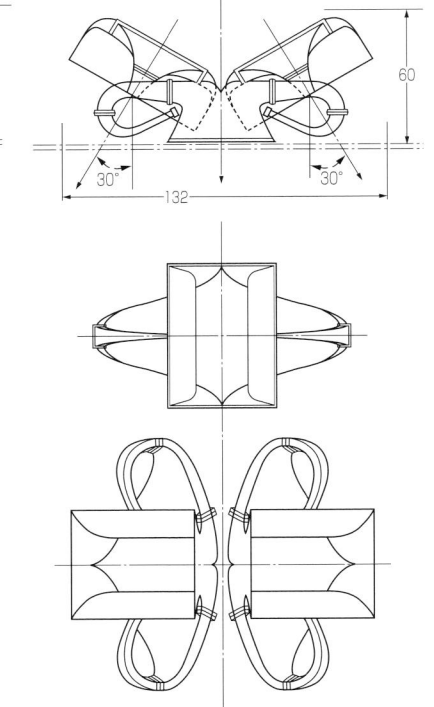

(c) 3台設置

［図5-22］ 16A型系ホーンの使用台数によるスクリーン裏の設置例

5-5 「ワイドレンジサウンドシステム」トーキー映画用スピーカーシステム

　1932年，映画フィルムのサウンドトラックの記録再生方式が改良され，高音域の拡大やフィルムに起因する雑音の低減という，音質面での大きな進展がありました．

[図5-23]　1933年に開始した「ワイドレンジサウンドシステム」のエンブレム

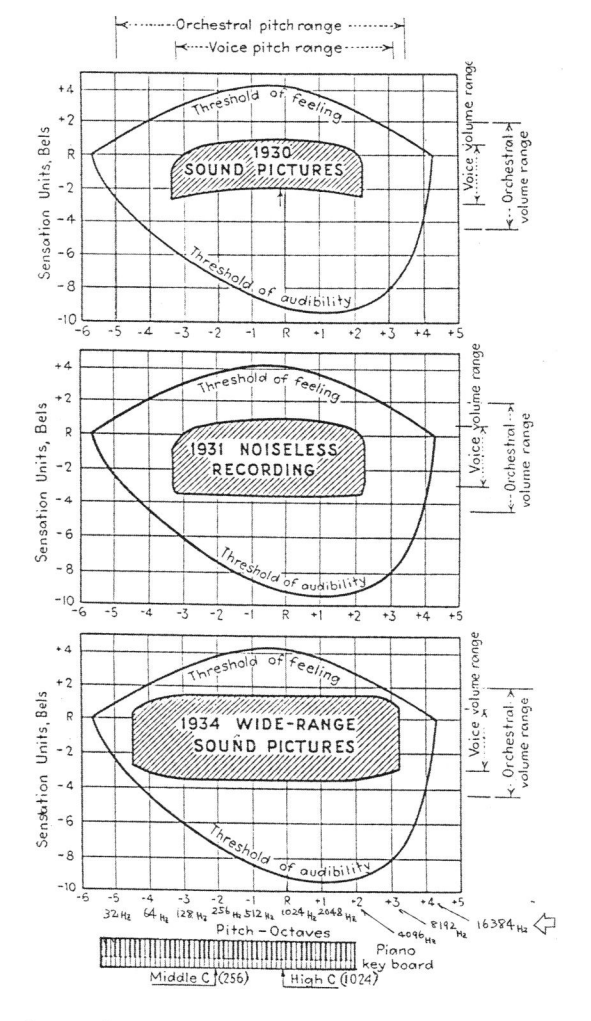

[図5-24]　WEが広告で訴えた，ワイドレンジサウンドシステムの再生帯域幅の違い

　フィルムトーキーの録音記録方式には，大きく分けて，RCA系の面積型波形（area type soundtrack，通称「鋸目」）と，WE系の濃淡型波形（density type soundtrack，通称「縞目」）の2つがあり，それぞれ特徴のある技術が開発されました（第5章2節参照）．

　WEでは，1933年にベル電話研究所のウエントがライトバルブ（light valve）式録音方式を発明し，濃淡型無雑音方式のトーキー映画を開発しました．これによって，1926年から使用されてきた電気吹き込み円盤レコード方式のトーキーと比較して，一段と高性能化できることになりました．

　このため，ワーナー・ブラザースはディスク式トーキーを中止して，光記録方式のフィルムトーキーに切り替えました．その結果，これまで再生周波数帯域が100 ～ 6000Hz程度であったのに対し，50 ～ 10000Hzのワイドレンジ再生へと改善できました．

　WE（E. R. P. I.）は，早速このトーキー映画のワイドレンジ再生に取り組み，「ワイドレンジサウンドシステム」として，新しい商品の展開で業界に打って出ました．これを徹底させるため，新しいエンブレム（図5-23）を作って音響機器に表示するとともに，さらに，これまでの再生周波数帯域幅との違いを強調した宣伝（図5-24）を展開し，トーキー映画市場に新風を吹き込みました．

5-5-1　高音用ホーンスピーカーの開発

　トーキー映画の初期段階では，15A型ホーンシステムによるフルレンジ再生を行っていましたが，映画上映の回数が増えるとともに，客席へ均一な高音域の音を配分するための指向性の問題が出てきました．

　ベル電話研究所では，ホーンの高音域の指向性について測定や改善の研究を行っていました．ボストウィック（L. G. Bostwick）は，この研究で指向性の測定成果を示し，「優れたスピーカーとは何か」と題した報告[5-13] を1929年5月に行い，続いて，この改善のために新提案の高音用ホーンスピー

カーを開発し，1929年9月に特許[5-14]を出願しました．

1個のスピーカーで全帯域を再生する考えが定着していた時代に，WEは帯域を分割して受け持つ帯域専用スピーカーを作り，これを組み合わせて複合型スピーカーシステムとして性能を改善するという新しい発想による世界最初の試みを行いました．

このときに開発されたのが，596-A型および597-A型高音専用スピーカー（**写真5-17**）でした．その外観はストレートホーンで，**図5-25**に示すように，スロート部分にはウエントとサラスが考案したフェージングプラグを踏襲して，砲弾型の大きなフェージングプラグを設けました．再生周波数帯域は3000〜12000Hzと広く，高音域を専用に再生する

優れたホーンスピーカーに仕上がっています[5-15]．

振動板は厚さ0.05mmのジュラルミン製で，直径1インチのドーム型です．ここにアルミニウムのエッジワイズ巻きのボイスコイルを直接接着して振動系を作っています．振動系の重量は0.16gと軽く

型名	概略構造	直流励磁電源 電圧〔V〕	直流励磁電源 電流〔A〕	最大入力〔W〕	ボイスコイルインピーダンス〔Ω〕
596-A		7	1.06	6	20
596-B	図A	24	0.285	6	20
A-596-A		75	0.1	6	20
597-A		7	1.06	6	20
597-B	図B	24	0.285	6	20
A-597-A		75	0.1	6	20

(a) 596-A型

(b) 597-A型

[写真5-17] WEの高音用ホーンスピーカー

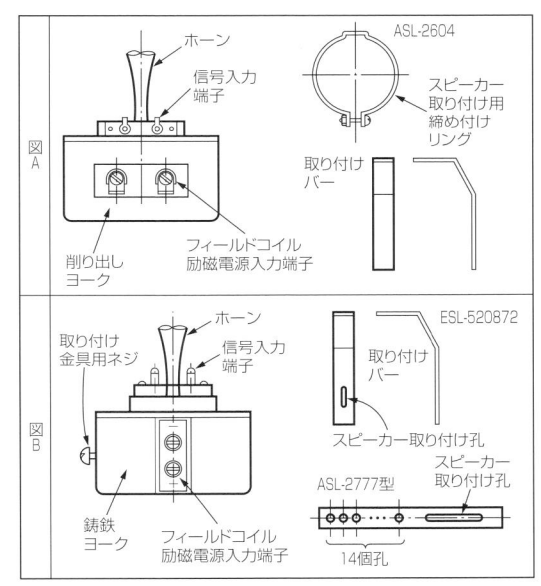

[図5-26] 高音用596/597型系スピーカーの種類と概略構造と仕様

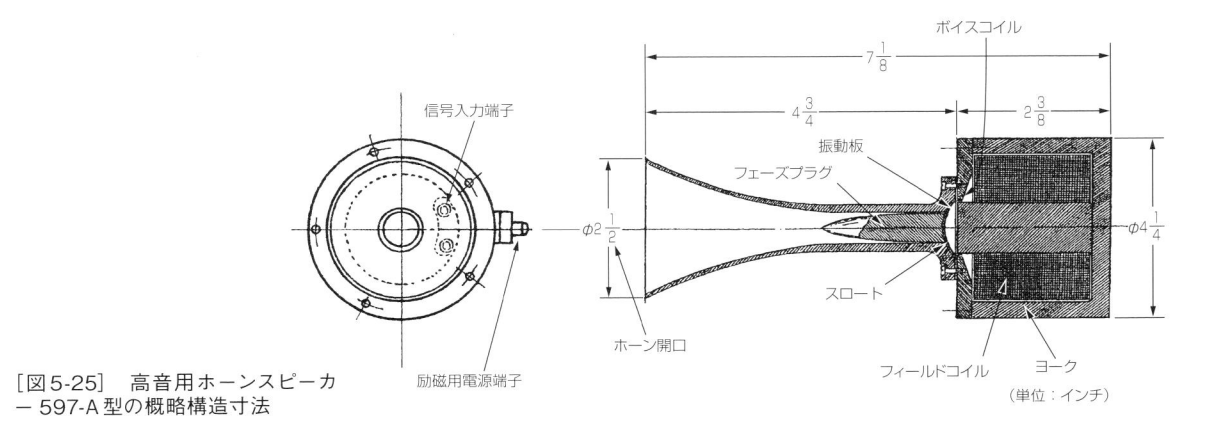

[図5-25] 高音用ホーンスピーカー597-A型の概略構造寸法

[写真5-18]　完成した596-A型と15A型ホーンを組み合わせた最初の複合型2ウエイスピーカー

設計されています.

　ホーンは開口径が2・1/2インチ（約6.35cm）で,長さ4・3/4インチ（約12cm）の亜鉛合金製で,ホーン開口部を手で塞いだときに軽量な振動板に空気圧がかかって破損しないよう,1か所に空気がリークする孔が設けられています.

　磁気回路は電磁型で,磁極の空隙磁束密度

18000ガウス（1.8テスラ）を得るためにフィールドコイルは大型です.型名が596型と597型に区分されていますが,これはフィールドコイルへに供給する直流の電圧の違いです.また,励磁電源入力端子と信号入力端子の違いもあり,図5-26に種類と概略仕様および概略構造を示します.

　596型高音専用スピーカーが完成すると,写真5-18のように15A型ホーンシステムの開口面に吊り下げて,図5-27のデバイディングネットワーク回路を使って4000Hzで組み合わせた複合型2ウエイ方式としました.この再生周波数特性をボストウィックは論文として発表し,この複合方式の特許[5-16]を1929年9月に申請しました.

5-5-2　低音用スピーカーの概略仕様

　これまで使用してきた17A型ホーンは,開口面積の関係でカットオフ周波数が低い（70Hz）ため,低音域の音量を増加したとき555型ホーンドライバーの負担が大きく,これを避けるために新規に低音専用のダイナミック型スピーカーを挿入して,再生帯域を分割して担当する複合型3ウエイ方式にすることを考えました.

　当時,ダイナミックスピーカーの特許権はGEやマグナボックスが保有していた関係で,WE自身での開発は難しく,ジェンセン（P. L. Jensen）が開発したジェンセン社のダイナミックスピーカーをWE向けの特別仕様としてOEM調達しました.

　低音用スピーカーは,口径の違う2種類とフィールドコイルの励磁方式2種類（AC型,DC型）を

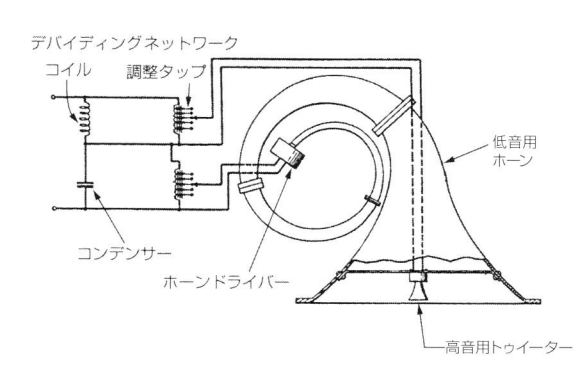

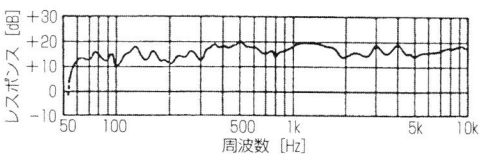

[図5-27]　ボストウィックが開発した複合型2ウエイスピーカーシステムの構成と再生周波数特性

組み合わせた4機種（**表5-1**）を調達しました。TA-4151型にはTA-4151A型，TA-4153型にはTA-4153A型というバリエーションがそれぞれありますが，これははコーン紙の振動板の改良による違いです。

それぞれの概略寸法と接続回路を**図5-28～31**に示します。このように4種類の低音用スピーカーを設定した理由は不明ですが，最初は，スクリーン裏の電源供給の条件や整流管の断線など，故障防

[表5-1]　ワイドレンジシリーズに採用された低音用スピーカーユニットの種類と概略仕様

口径〔インチ〕	型名	構造図	励磁電源電圧〔V〕	ボイスコイルインピーダンス〔Ω〕
13	TA-4151	図5-28	AC115	10.5
	TA-4151A			
	TA-4153	図5-29	DC105	
	TA-4153A			
12	TA-4165	図5-30	AC115	8
	TA-4166	図5-31	DC105	8

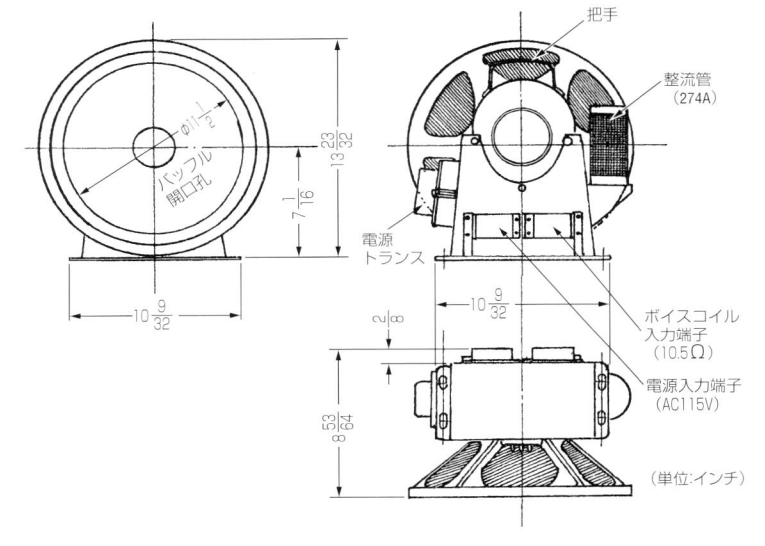

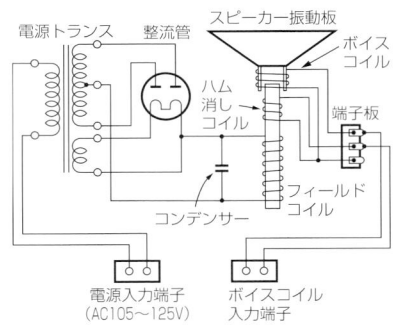

[図5-28]
口径13インチのTA-4151型（AC型）低音用スピーカーの概略寸法と電気回路図

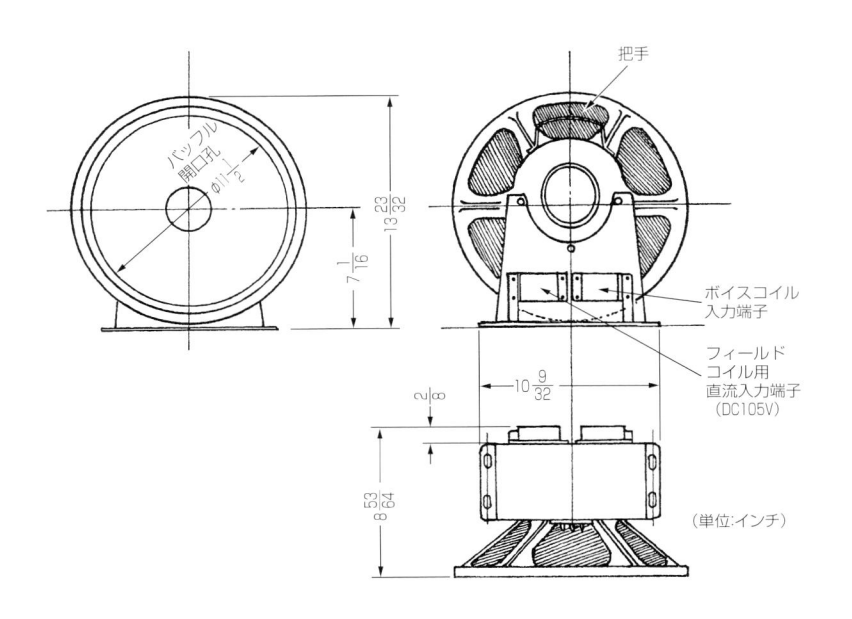

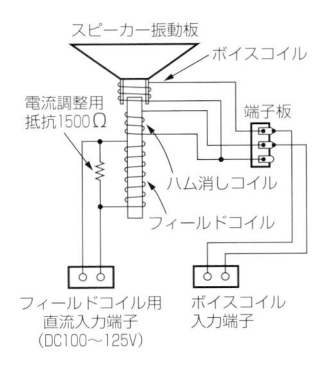

[図5-29]
口径13インチのTA-4153型（DC型）低音用スピーカーの概略寸法と電気回路図

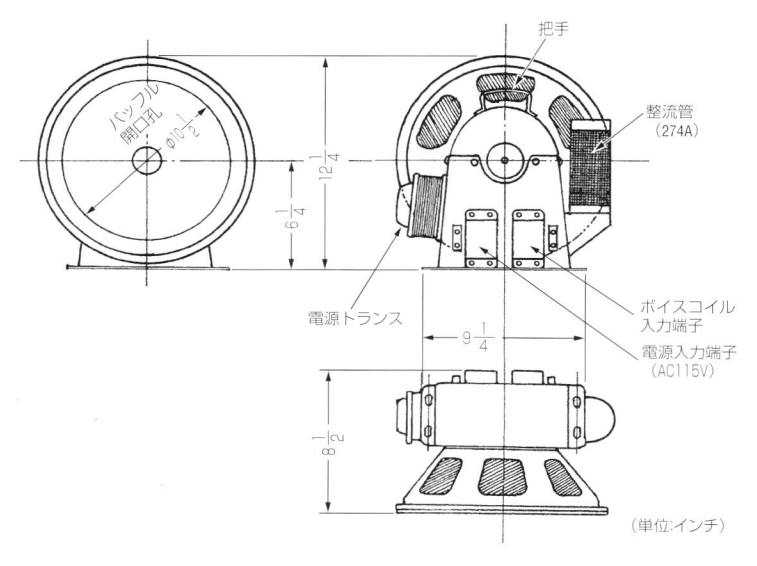

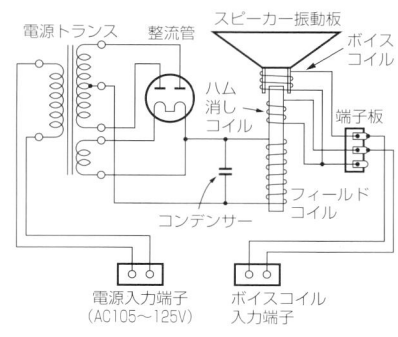

[図5-30]
口径12インチのTA-4165型
（AC型）低音用スピーカーの概
略寸法と電気回路図

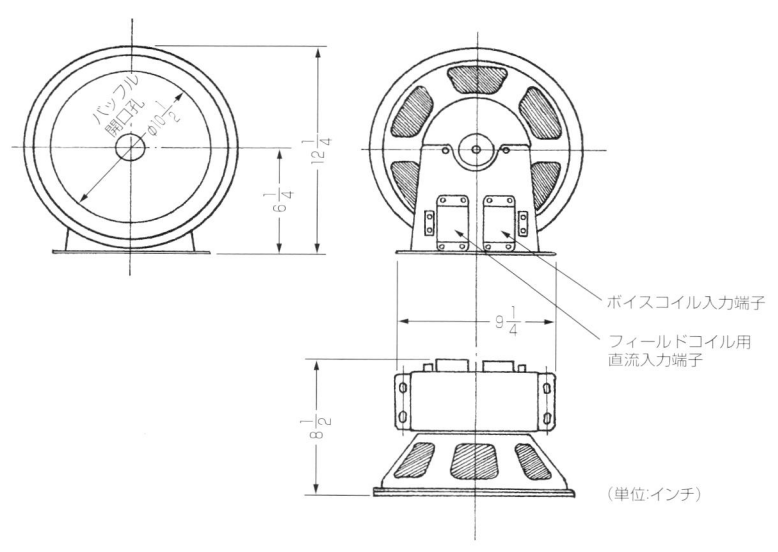

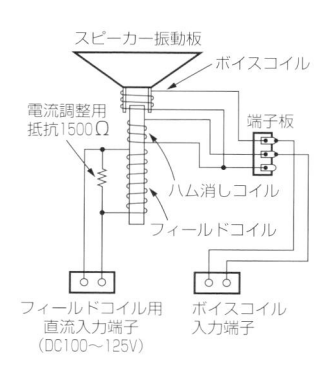

[図5-31]
口径12インチのTA-4166型
（DC型）低音用スピーカーの概
略寸法と電気回路図

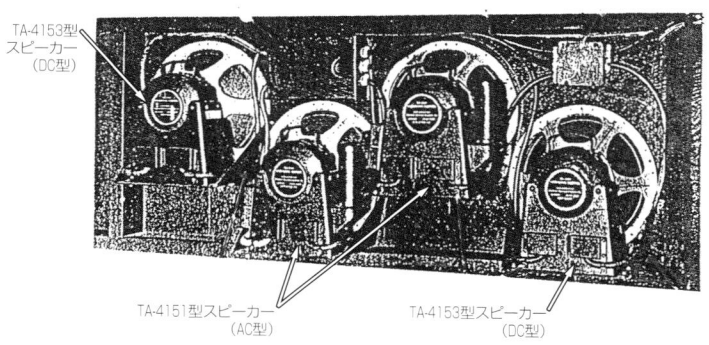

[写真5-19]　TA-4151型2台とTA-4153型2台をバッフル板に取り付けた低音
用スピーカー

[写真5-20]　口径13インチのTA-4151
型（AC型）低音用スピーカー（背面）

[表5-2] ワイドレンジサウンドシステムに採用された低音用バッフル板の種類と概略仕様

バッフル板の部品番号	搭載スピーカー		外形寸法〔インチ〕		備考
	型名	数量	幅	高さ	
ASO-6436	TA-4151	6	132	60	
ASO-6435	TA-4151	4	132	60	
ASO-3863	TA-4151	4	132	60	597-A（2）付き
	TA-4151またはTA-4153	2			
ASO-3891	TA-4151	2	96	96	597-A（1）付き
ASO-6341	TA-4165	2/1	60	96	

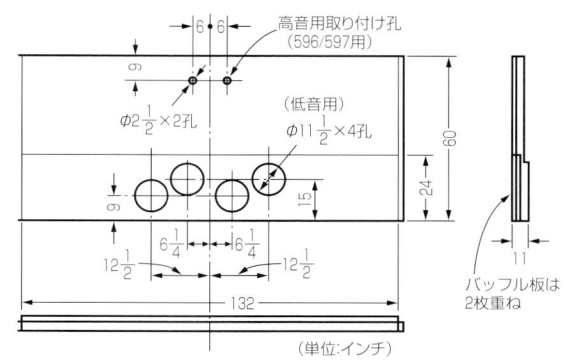

[図5-34] ASO-3863型低音用バッフル板の形状と概略寸法

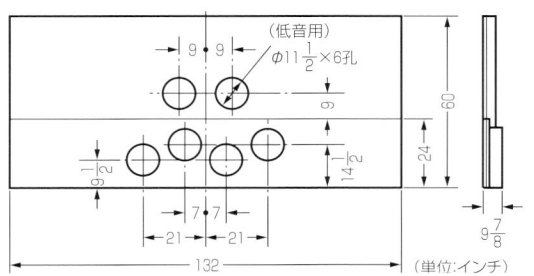

[図5-32] ASO-6436型低音用バッフル板の形状と概略寸法

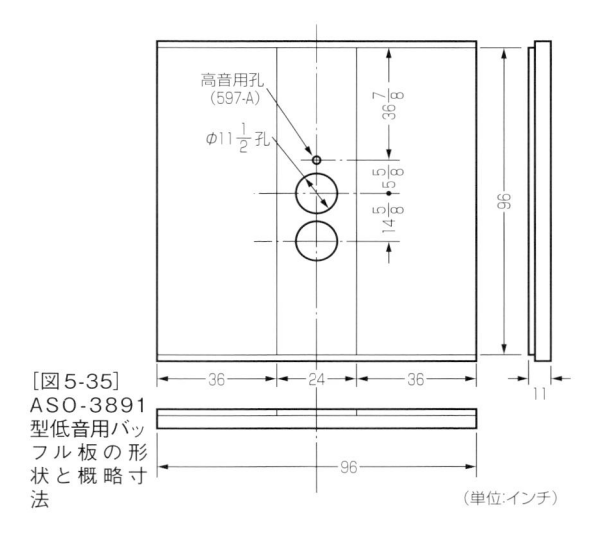

[図5-35] ASO-3891型低音用バッフル板の形状と概略寸法

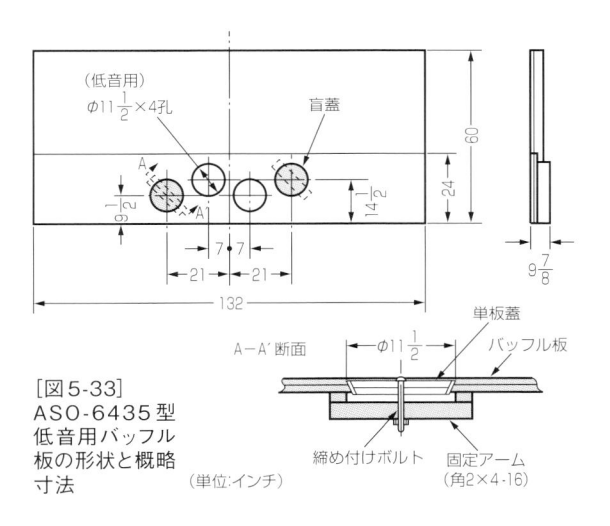

[図5-33] ASO-6435型低音用バッフル板の形状と概略寸法

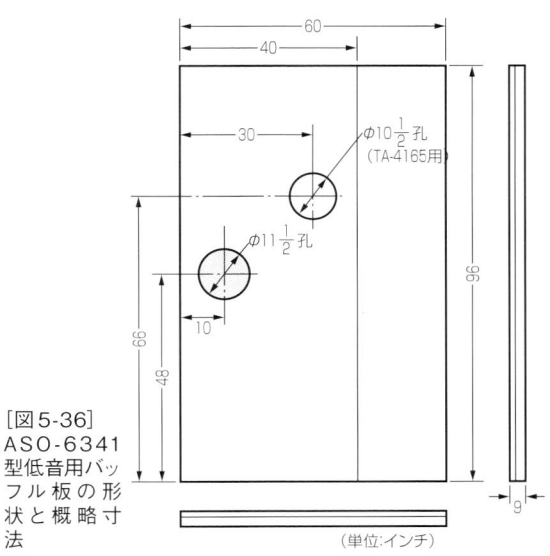

[図5-36] ASO-6341型低音用バッフル板の形状と概略寸法

止の対策を兼ねて両機種を並行使用していたようです．写真5-19はバッフル板に4個取り付けられた状態を後ろ側から見たもので，AC型のTA-4151型2個とDC型のTA-4153型2個が取り付けられ，この4台で低音用ユニットを構成しています．重量も大きくなるので専用キャスターが付けられるようになっています．

しかし，その後の実績によって，TA-4151（A）型（**写真5-20**）が多く使用されたようです．

5-5-3　低音用バッフル板の種類と概略仕様

低音用スピーカーのバッフル板は，低域の再生限界周波数を50Hzとして，この周波数の半波長が約340cmになる関係から，幅132インチ（11フィート≒335.3cm）のフラットバッフル板になっています．このバッフル板に，1〜6個の低音用スピーカーを搭載するよう，各種のバッフル板が用意されました．

バッフル板は，**表5-2**に示すように5種類あります．**図5-32**〜**36**は，それぞれの形状と概略寸法を示したものです．これらに型名はなく，部品番号で区別されて使用されました．

ここに掲載した図は，複雑さを避けるため補強桟を省略しましたが，実際のバッフル板は裏側に縦横に複数の補強桟が取り付けられて，非常に剛性が高くなっています．

ASO-3863型およびASO-3891型は，高音用の597型（または596型）をこのバッフルに取り付けるためのものです．

5-5-4　帯域分割用ネットワーク

3ウエイスピーカーシステム用ネットワークとして，TA-7257型（**写真5-21**）があります．クロスオーバー周波数は300Hzと3000Hzで，−6dB/octの減衰特性となっており，**図5-37**に示す電気的特性で周波数帯域を分割しています．回路（**図5-38**）を見ると，中音域は低音カットがなく，オートトランスフォーマーの形が仕組まれた特徴あるネットワーク回路になっています．3ウエイ用としては，ほかにTA-7284型とTA-7297型があります．

5-5-5　駆動用アンプ

スピーカーシステムの駆動用アンプは，1928年に開発されて使用実績のある41A型電圧増幅器と，42A型電力増幅器および43A型ブースター増幅器が使用されました．

41A型と42A型を組み合わせた出力は1.9W，さ

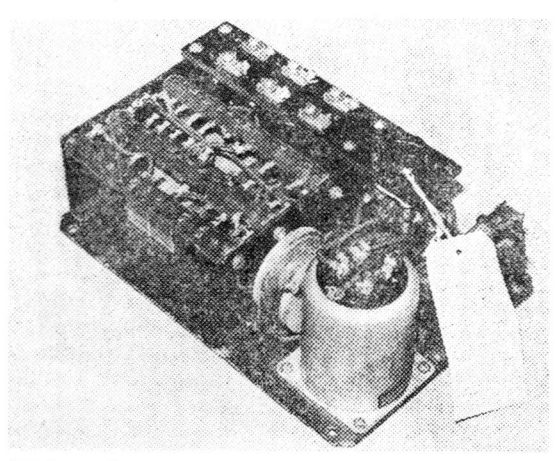

[写真5-21]　TA-7257型3ウエイ用ネットワーク（『無線と実験』1982年7月号掲載の八島誠の資料より）

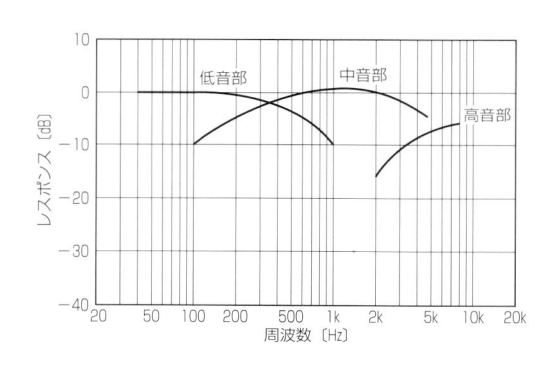

[図5-37]　TA-7257型3ウエイ用ネットワークの電気的伝送特性（E. R. P. I.の技術資料ASL-8261より）

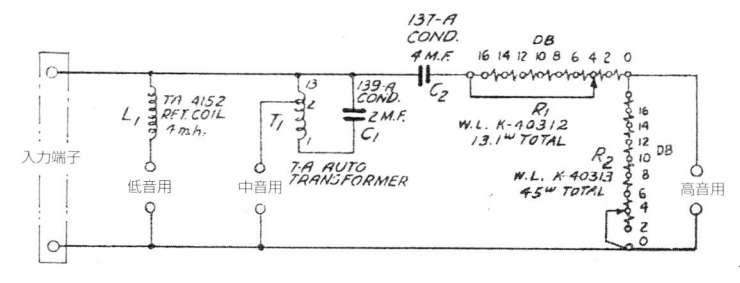

[図5-38]
TA-7257型3ウエイ用ネットワークの回路

らにこの出力を43A型でブーストすると出力は9.5Wになります.

1933年からの後期では，43型を改良した43B型になり，出力が24Wに強化されています. ほかにも46型，47型アンプが新規に登場してきました. これによって，映画鑑賞者への聴取レベルアップができました.

5-5-6　フィールドコイルの励磁電源

ワイドレンジサウンドシステムに使用される中音用と高音用スピーカーのフィールドコイルが必要とする直流は，使用するスピーカーユニットによって大きく異なっています.

555型は7V/1.5A，597-A型は7V/1.0Aで，電圧は同じでも電流値が異なるので，この電圧を各ユニットに配分するためは，その接続を図5-39のように電流が定格値を充たすように抵抗で分流するなど，やや複雑な回路構成になっています.

また，フィールドコイルに流れる電流の方向によってスピーカーの極性が反転するため，極性を合わせた結線が必要になります.

この直流を供給する電源装置には，24Vの直流

電圧を出力するものが多く，WEの代表的な機種としてはTA-7276型パワーユニットがあります. これは増幅器などへの電源の供給も兼ねており，スピーカーのフィールド用にはDC24V（最大4.5A）が供給されます.

このほかにDC18Vのパワーユニットや，24Vや12Vの蓄電池が使用されました.

低音用のフィールドコイルの励磁方法には，外部から直流電流を供給してもらうDC型もありましたが，スピーカー自身に励磁回路を持ったAC型が多く使用され，直接交流電源115Vの供給で，各スピーカーは独立した整流回路で励磁しています.

5-5-7　ワイドレンジサウンドシステムの 3ウエイスピーカーシステムの構成

スピーカーシステムとして世界最初と思われる本格的な複合型3ウエイ方式を採用したワイドレンジサウンドシステムは，低音域は50 ～ 300Hz，中音域は300 ～ 3000Hz，高音域は3000 ～ 10000Hzに再生帯域を分割し，総合的に50 ～ 10000Hzまでの広帯域再生する，これまでにない「ワイドレンジ」となりました.

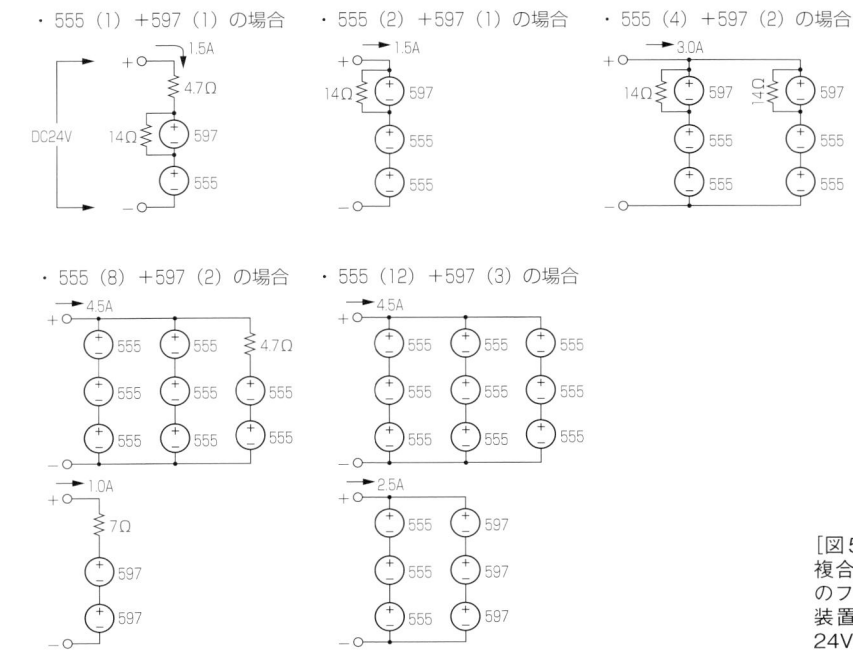

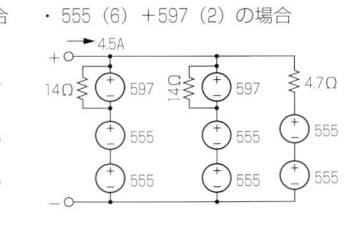

[図5-39]
複合型システムの各スピーカーユニットへのフィールド電流の供給方法（直流電源装置TA-7276型パワーユニットよりDC24Vが供給される場合）

区分した各帯域の専用スピーカーに初めて，低音用にウーファー（woofer），中音用にスコーカー（squowker），高音用にトゥイーター（tweeter）と名称が付与されました．これらの名称は，今日でも複合型スピーカーシステムの各帯域に広く使用されています．

ワイドレンジサウンドシステムを映画館や劇場に設置するためは，さまざまな条件をクリアする必要がありました．WEは，既製品のシステムを納入するのではなく，イージーオーダー製品として顧客の要望を満足させる営業を展開し，顧客の建造物の建築条件やスクリーンまわりの条件を考慮して，担

[表5-3]　1933年前期のワイドレンジシステム用サウンドシステムの分類と概略仕様

組み合わせ		中音部		低音部		高音部	ネットワーク
		ドライバー部	ホーン配置	スピーカー	バッフル板部品番号		
17A型ホーン系のシステム	システム1	15B（1）　555×2		TA-4151（1）TA-4153（1）	ASO-3891	597（1）	TA-7297
	システム2	15A（2）　555×2		TA-4151（1）TA-4153（1）	ASO-3891	597（1）	TA-7297
	システム3	15B（1）　555×4		TA-4151（2）TA-4153（2）	ASO-3863	597（2）	TA-7297
	システム4	15B（1）15A（2）　555×4		TA-4151（2）TA-4153（2）	ASO-3863	597（2）	TA-7297
	システム5	15B（1）15A（2）　555×4		TA-4151（2）TA-4153（2）	ASO-3863	597（2）	TA-7297
	システム6	15A（3）　555×3		TA-4151（1）TA-4153（1）	ASO-3891	597（1）	TA-7297
	システム7	15A（3）　555×3		TA-4151（2）TA-4153（2）	ASO-3863	597（2）	TA-7297
	システム8	15B（2）15A（1）　555×5		TA-4151（3）	ASO-3863	597（2）	TA-7297
	システム9	15B（3）　555×6		TA-4151（3）	ASO-3863	597（2）	TA-7297
	システム10	15B（2）15A（2）　555×6		TA-4151（4）	ASO-3863	597（2）	TA-7297
16A型ホーン系のシステム	システム1	6016-A（1）　555×2		TA-4151（1）TA-4153（1）	ASO-6435	597（1）	TA-7297
	システム2	6116-A（1）　555×4		TA-4151（2）TA-4153（2）	ASO-3863	597（2）	TA-7297
	システム3	6016-A（2）　555×4		TA-4151（2）	ASO-3863	597（1）	TA-7297
	システム4	6016-A（2）　555×8		TA-4151（4）	ASO-6435	597（2）	TA-7297
	システム5	6116-A（1）6016-A（2）　555×8		TA-4151（4）	ASO-6435	597（2）	TA-7297
	システム6	6116-A（3）　555×12		TA-4151（6）	ASO-6436	597（3）	TA-7297

[表5-4]　1935年後期のワイドレンジサウンドシステム用スピーカーシステムの分類と概略仕様

型　　番	新システム-1	新システム-2	新システム-3	新システム-4	新システム-5
客席数	3000席以上	1500～3000席	1000～1500席	600～1000席	600席未満
スピーカーシステム複合方式	3ウエイ	3ウエイ	3ウエイ	3ウエイ	3ウエイ
低音部					
低音用スピーカー	TA-4151-A	TA-4151-A	TA-4151-A	TA-4151-A	TA-4165-A
使用数	6	4	2	1	1
バッフル板	ASO-6436	ASO-6435	ASO-6435	ASO-6341	ASO-6341
中音部					
ドライバー	555	555	555	555	555
使用数	12	8	2	2	1
ホーンシステム	6116-A	6116-A	6016-A	6022-A	6022-A
使用ホーン数	16A型（3）	16A型（2）	16A型（1）	22A型（2）	22A型（1）
または					
ホーンシステム	6122-A	6122-A	6122-A		
使用ホーン数	22-A型（6）	22-A型（4）	22-A型（2）		
高音部					
ホーンスピーカー	597-A	597-A	597-A	597-A	597-A
使用数	3	2	1	1	1
ネットワーク	TA-7297	TA-7297	TA-7297	TA-7297	TA-7297

当のセールスエンジニアが取りまとめて，施工する方法が採られました．

受注後は，担当セールスエンジニアがE. R. P. I. の制作した技術資料（*Equipment Bulletin*）[5-17] に従って，詳細に分類された部品コード番号のキーコンポーネントやパーツをE. R. P. I.から調達して，現地で組み合わせてスピーカーシステムを施工する方法を実施しました．

このため，スピーカーシステムには型名がなく，各部品番号に終わっています．また，完成品がどのような構成で，要望の多かった機種はどれだったのかといった状況は，工事関係者が記録を残していないため，今ではわからなくなっています．ワイドレンジシリーズのシステムを設置した完成品の写真が残されていないのは，こうした理由があったからと思われます．また，完成したスピーカーシステムがスクリーン裏に隠れた設備のため，今日では知る人も少ないと思います．

しかし，残されたE. R. P. I.の1933年の技術資料を詳細に見ると，そのシステム規模の全貌と構成がわかってきました．取り付け要領の図面や接続回路図などを組み合わせて考察すると，**表5-3**に示す16機種と，**表5-4**に示す1935年以後の後期の5機種の形態が蘇ってきました．

5-5-8　中音用に17A型系ホーンをメインとしたスピーカーシステム
——前期ワイドレンジサウンドシステム（1）

映画館，劇場の客席数や客席配置（2階，3階などのフロア）に対応するスピーカーシステムの構成は，初期段階からさまざま検討され，10機種の構成がありました．

収容客席数に対応するスピーカーシステムの構成を，以下順を追って述べます．

［システム1］

このシステムは小規模（600席以下）のシステムで，**図5-40**に示す15B型ホーンシステム1台を中心とした3ウエイシステムです．

中音部の15B型ホーンシステムは上から吊り下げ，低音用にTA-4151型を2台と高音用に596-Aまたは597-A型1台をバッフル板ASO-3891型に取り付けた組み合わせです．高さは約170インチ（約432cm），幅約96インチ（約244cm），奥行き約55インチ（約140cm）です．

［システム2，3］

客席数600席以上1000席程度の中型劇場向けの組み合わせのスピーカーシステムで，**図5-41**に示

すように中規模構成と小規模構成の2種類のシステムがあります.

　中規模構成（システム3）は，中音部の15B型ホーンシステムを2台，15°外向きに音軸を開いて吊り下げ，低音部はTA-4151型2台と，TA-4153型2台および高音用スピーカー2台をバッフル板ASO-3863型に取り付けた構成になっています.

　小規模構成（システム2）では，中音部に15A型ホーンシステムを2台，同じく音軸を15°開いて

吊り下げ，この下にASO-3863型のバッフル板にTA-4151型2台と，高音用スピーカー1台を取り付けた構成になっています. 高さは約135インチ（約343cm），幅約132インチ（約335cm），奥行き54インチ（約137cm）で，これがスクリーンの中央裏に設置されます.

　写真5-22は，これまでに「ワイドレンジサウンドシステム」の写真として，現在確認できる唯一のものです[5-18].

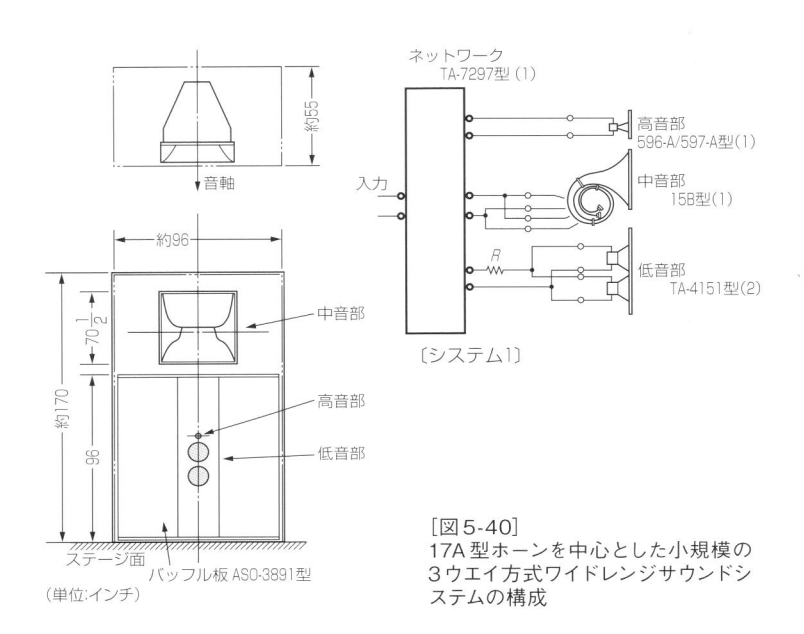

[図 5-40]
17A型ホーンを中心とした小規模の3ウエイ方式ワイドレンジサウンドシステムの構成

［写真 5-22］　17-A型ホーンを中心とした中規模の3ウエイ方式によるワイドレンジサウンドシステム

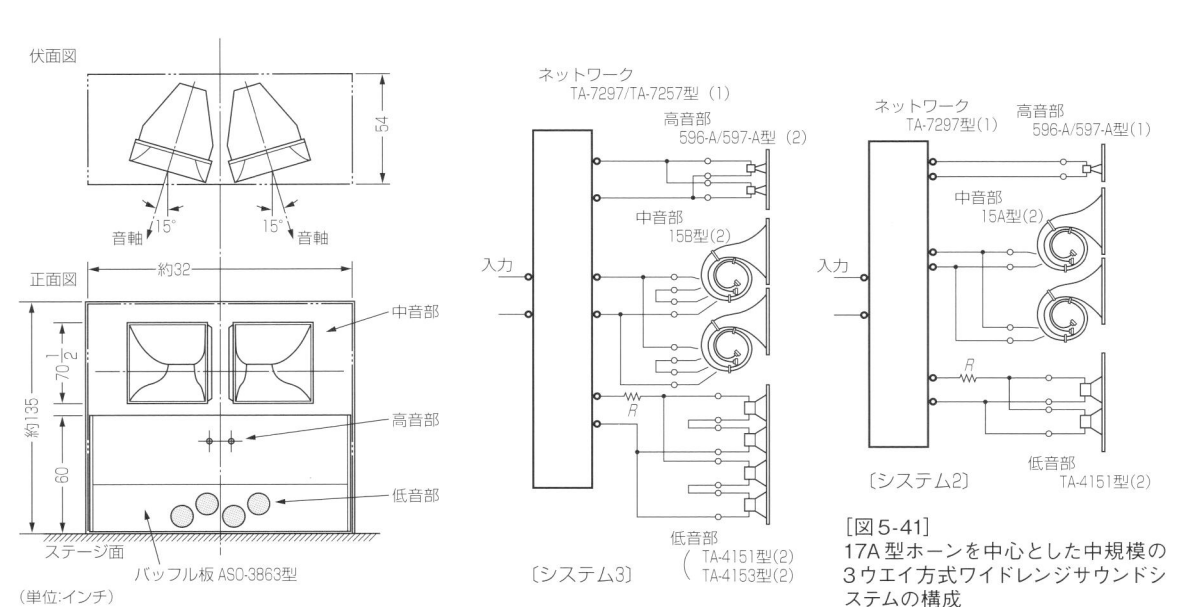

[図 5-41]
17A型ホーンを中心とした中規模の3ウエイ方式ワイドレンジサウンドシステムの構成

［システム4，6，8，9］

客席数1000席から1500席の大型シアター向けの大規模構成のシステムです．17A型ホーンを2段に積み上げた構成で，**図5-42**のように中音部は上段センターに15-B型1台，下段に15A型2台を左右に各30°音軸を外向きに開いて吊り下げて配置しています．低音部と高音部はバッフル板ASO-3863に取り付けられています．

WEでは，これを「標準スクリーン用の組み合わせ」としています．この組み合わせでは，スクリーン裏中央に音軸を置くことができる寸法になっています．

中規模構成のシステム6では，中音部の上段と下段に同じ15A型を使用した構成になっています．高さが約201インチ（約5.1m），幅132インチ（約335cm），奥行き約80インチ（約203cm）です．

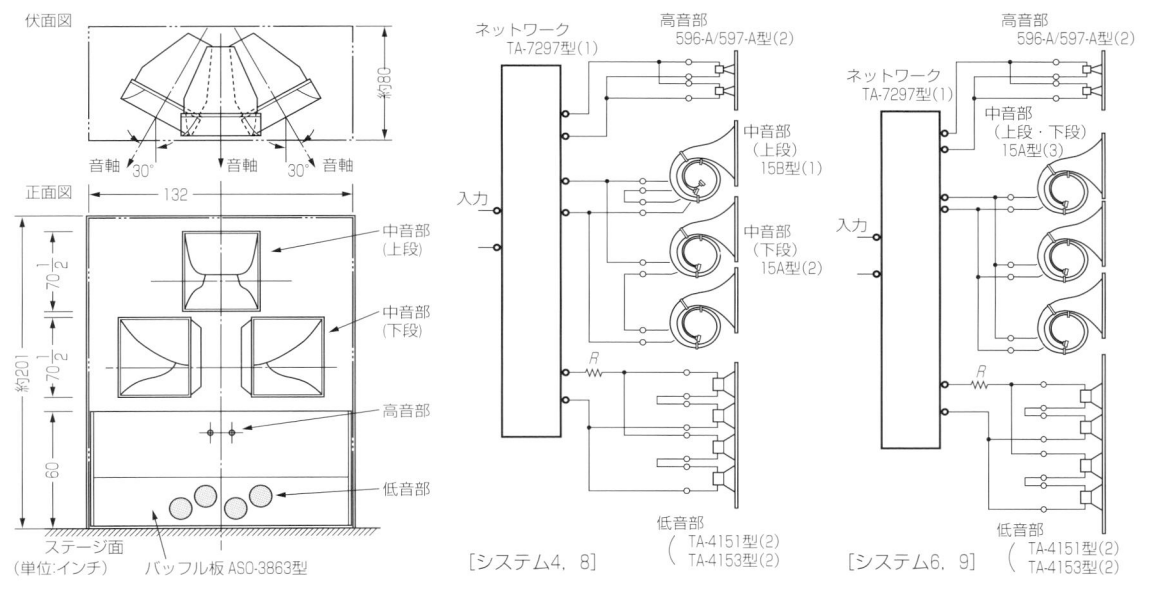

［図5-42］　17A型ホーンを中心とした大規模の3ウエイ方式ワイドレンジサウンドシステムの構成

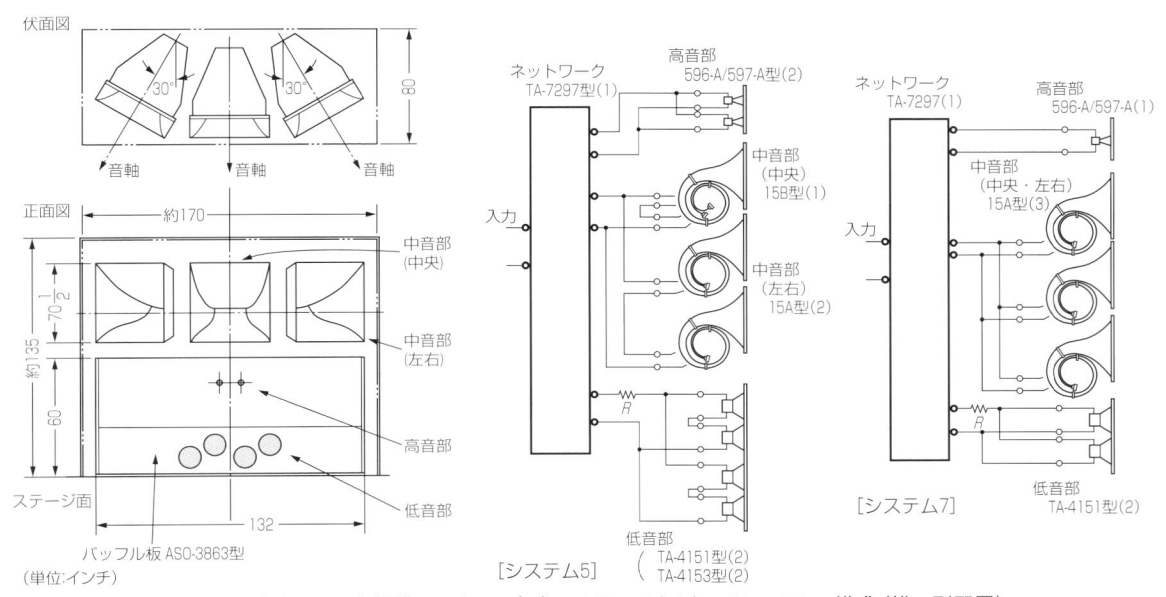

［図5-43］　17A型ホーンを中心とした大規模の3ウエイ方式ワイドレンジサウンドシステムの構成（横一列配置）

大規模構成では，15B型を3台使用したシステム9と，15B型を2台と15A型1台で構成したシステム8があります．

これは客席配置に応じて現場合わせで設けられたスピーカーシステムのようです．

[システム5，7]

同じく大規模構成のシステムで，高さに制限がある場合，または客席が水平面で広がっている場合に使用されたものです．**図5-43**のように17A型ホーンを横一列に配置し，センターの音軸と左右のホーンの音軸を30°外向きに振った状態に吊り下げて設置し，音のサービスエリアを広げた構成です．このため，幅は約170インチ（4.3m），高さは約135インチ（約343cm）と横幅の広い構成になっています．

大型構成のシステム5では，中央に15B型1台と左右に15A型を各1台配置しています．低音部と

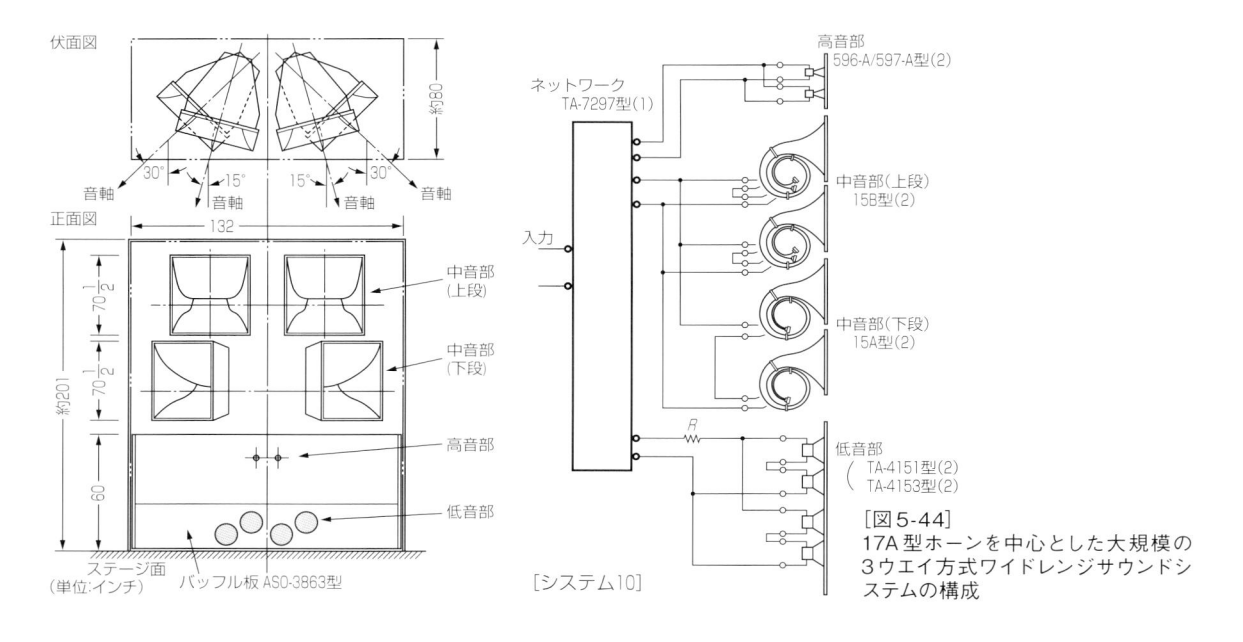

[図5-44]
17A型ホーンを中心とした大規模の3ウエイ方式ワイドレンジサウンドシステムの構成

[システム10]

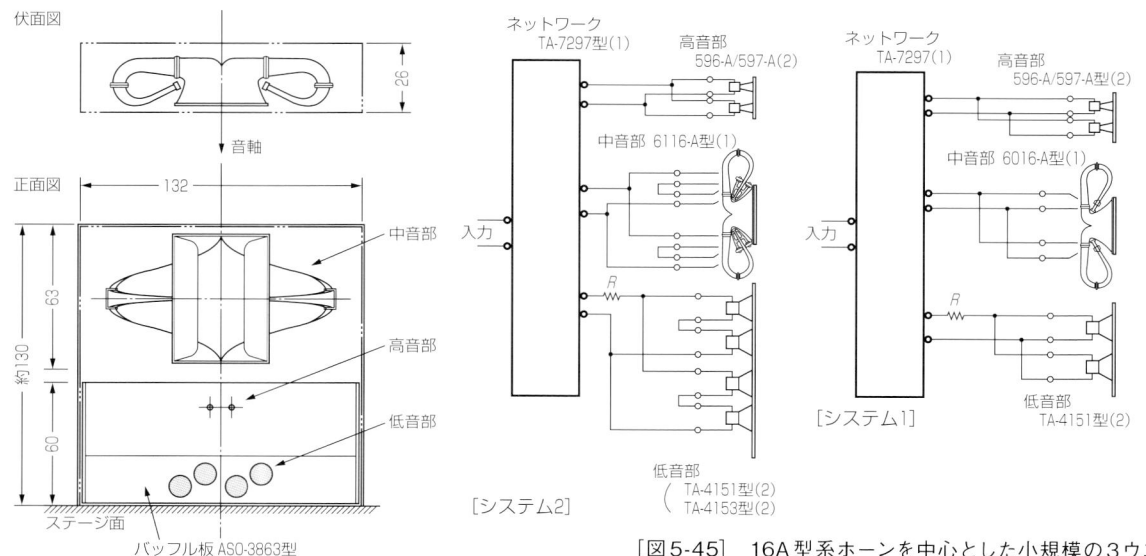

[図5-45]　16A型系ホーンを中心とした小規模の3ウエイ方式ワイドレンジサウンドシステムの構成

高音部はシステム4，6，8，9と同じです．

中型構成のシステム7は，中音部は15A型を3台使用し，低音部はTA-4151型2台と高音部は1台の構成です．

［システム10］

このシステムは，17A型系ホーンを4個使用した最大級の規模構成のシステムで，客席数3000席以上を狙ったものです．**図5-44**に示すように上段に15B型2台外向きに音軸を15°開いて吊り下げ，下段は15A型を2台，音軸を外向きに30°開いて吊り下げた設定になっています．低音部と高音部はシステム4，6，8，9と同じです．高さは約201インチ（5.1m），幅132インチ（約335cm），奥行き約80インチ（約203cm）です．

5-5-9　中音用に16A型系ホーンをメインとしたスピーカーシステムの構成
——前期ワイドレンジサウンドシステム（2）

中音用として16A型系のホーンをメインにした3ウエイスピーカーシステムは，当初は薄型ホーンとして，スクリーン裏の狭い空間に設置する目的で構成されました．大型劇場では，緞帳などと同様にスクリーンと一緒に吊って昇降して収納できるというメリットを持っています．

このシステムには，小規模から大型規模まで6つのシステム構成があります（**表5-3**参照）．

［システム1，2］

小規模システムは，中音部に6116-A型ホーンシステムで構成したシステム2と6016-A型ホーンシステムで構成したシステム1の2種類（**図5-45**）があり，ホーンドライバー555（W）型が4個または2個で，それぞれ大きく異なっています．

低音部と高音部はバッフル板ASO-3863型に取り付けられ，規模に応じてユニットの使用数を変えます．

16A型ホーンを使用した3ウエイのワイドレンジシステムの現在確認できる唯一の写真が，*J. A.*

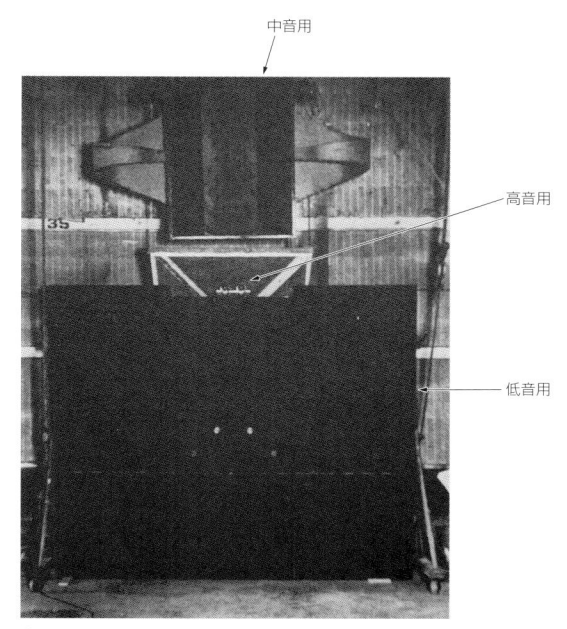

［写真5-23］　ヒリアードの論文に掲載された6116-A型ホーンを中心とした3ウエイ方式のワイドレンジシステム（低音用4台，中音用1台，555型4個，高音用2台）

E. S. の1976年1月号にヒリアードが発表した記事[5-19] 中の**写真5-23**です．

［システム3，4］

このシステムは，**図5-46**に示すように中音部の16A型ホーンを縦にして上下の指向特性を良くし，これを左右2台，音軸を外向きに30°開いた吊り下げ形の構成となっています．これは指向特性が水平面でシャープになるのを防ぐためです．6116-A型2台のシステム4は低音部にTA-4151型4台またはTA-4151型2台とTA-4153型2台を使用し，高音部は597-A（または596-A）型2台をバッフル板ASO-3863型に取り付けています．

構成の小さいシステム3では，中音部は6016-A型が2台となり，低音部は2台，高音部は1台の構成になります．

［システム5，6］

このスピーカーシステムは大規模のシアター用で，その構成は**図5-47**に示すように大型で，高さが概算約235インチ（約6m）になります．これはオー

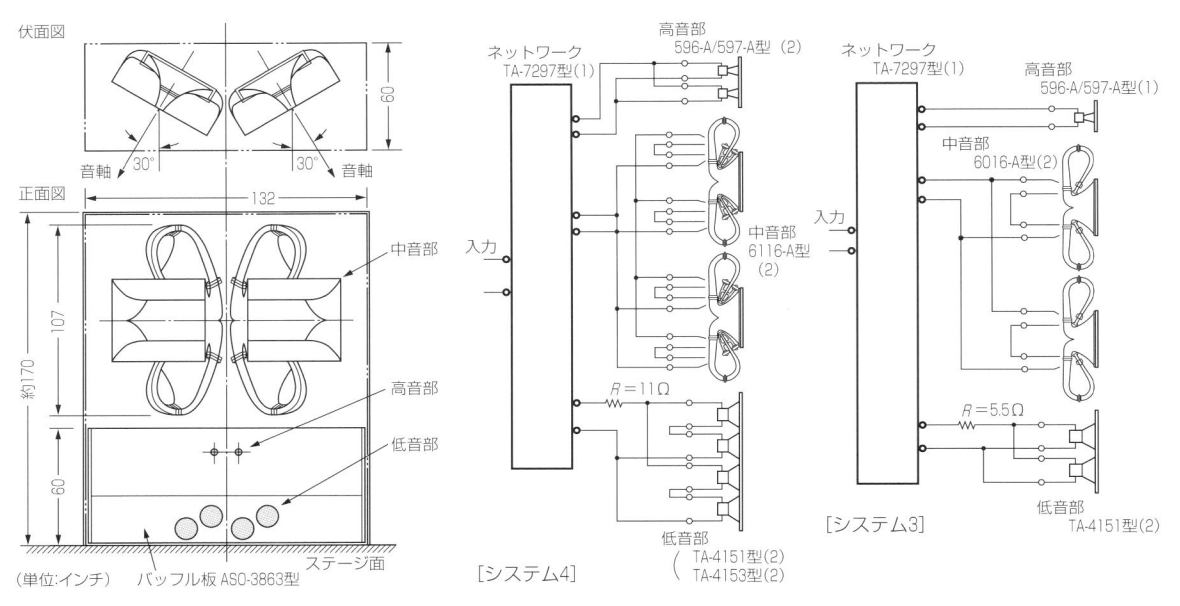

[図 5-46]　16A 型系ホーンを中心とした中規模の 3 ウエイ方式ワイドレンジシサウンドステムの構成

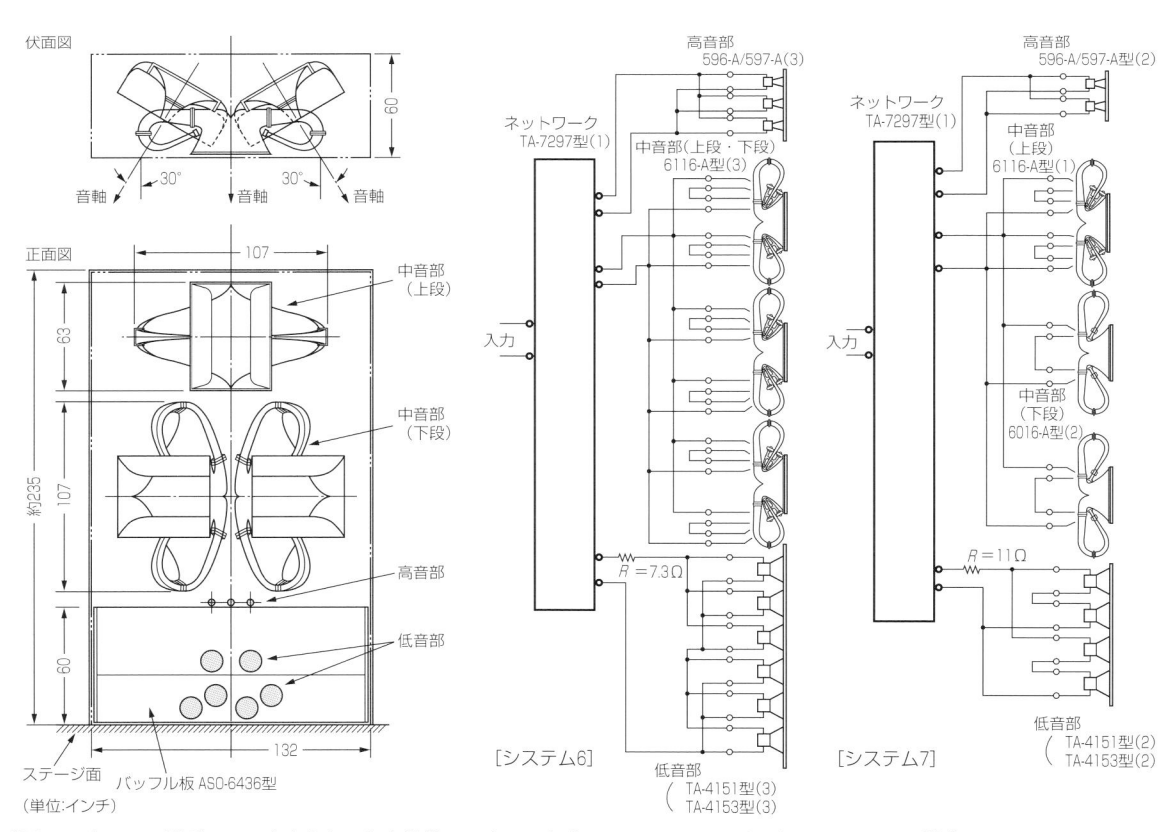

[図 5-47]　16A 型系ホーンを中心とした大規模の 3 ウエイ方式によるワイドレンジサウンドシステムの構成

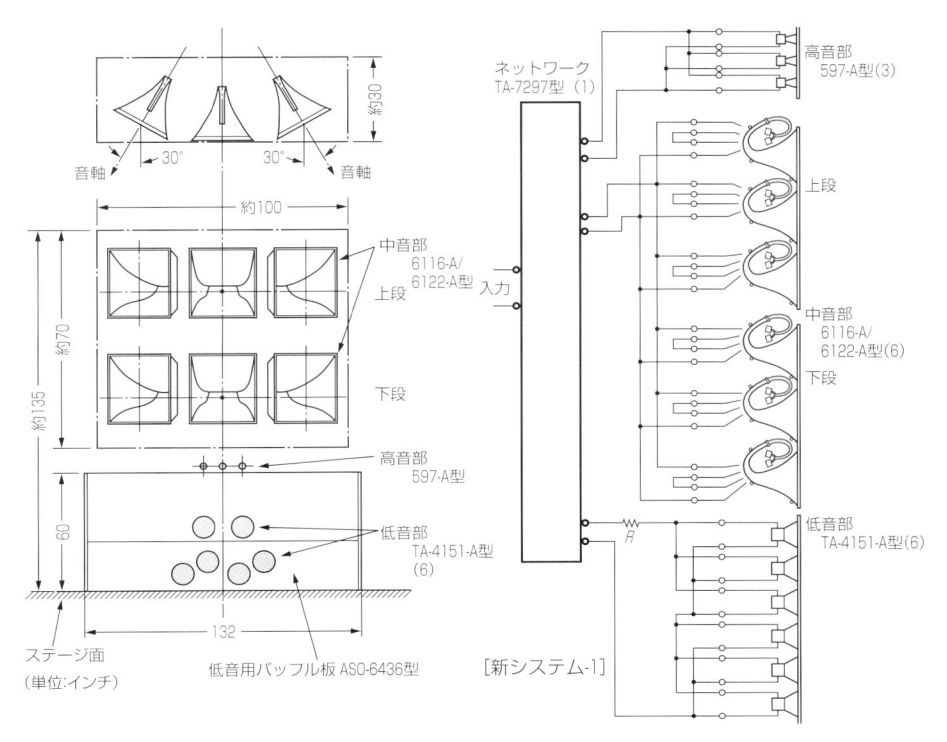

[図5-48] 22A型系ホーンを中心とした大規模の3ウエイ方式によるワイドレンジサウンドシステムの構成

ディトリアムのプロセニアムアーチの高さが10m以上の大型の劇場などで使用する場合と考えられます．システム6は，555型ホーンドライバーを4個使用した6116-A型ホーンシステムを3個積み上げているので555型を12台使います．高音部は3台，低音部は6台使用する3ウエイ構成です．アンプとのインピーダンスマッチングや，フィールドコイルの励磁電流の供給も複雑です．

スピーカーユニットの使用数を少なくしたシステム5では，中音部の上段に6116-A型1台，下段に6016-A型2台を使用し，低音部は4台，高音部は2台使用の構成です．

これらの接続図の低音用スピーカー回路には，Rで示す抵抗が挿入されています．これはネットワークから見たインピーダンスを整合させるため，7Ωの抵抗3本を組み合わせて2.33Ω，3.5Ω，7.0Ω，10.5Ω，21.0Ωの値を選んで使用しているものです．

以上のようにWEは，この豪華な「ワイドレンジサウンドシステム」を大規模から小規模のシステムまで16機種用意して，顧客のニーズに対応してい

ます．また，この音響再生設備をレンタル契約で貸し出しして，映画館や劇場の初期の設備投資を軽減する方法を展開しました．

E. R. P. I.は，ベル電話研究所の技術協力や特許の関係に守られた営業活動で，結果的には1935年ころまでには市場を独占し，マーケットシェアを大きく伸ばしました．これを裏付ける調査資料によると，1933年6月次点の納入実績は，米国で5130館，欧州で3522館，総計8652館になり，第2位のRCAフォトフォンの総計4800館に対して約2倍に及ぶ独占状態に近い形になっていました．

5-5-10 中音用に22A型ホーン系を含む新規のスピーカーシステム
——後期のワイドレンジサウンドシステム

後期のワイドレンジシステム用として登場したのが22A型系ホーンを中音用とした新シリーズの3ウエイスピーカーシステムです（表5-4参照）．

トーキー映画の音響装置の設営がだんだんと大都市から周辺の地方都市に移っていくと，小規模

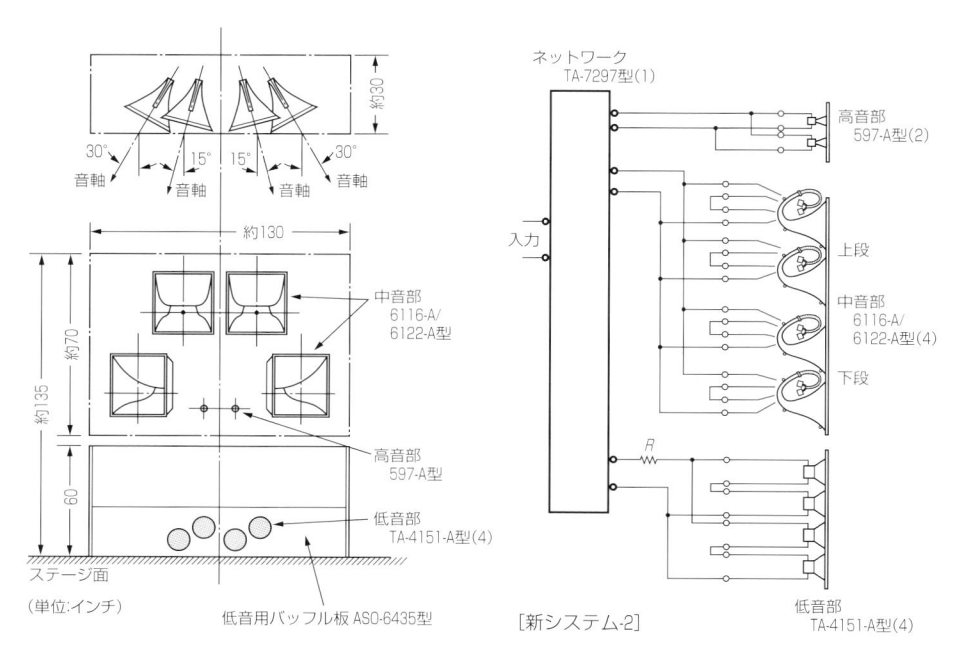

ネットワーク
TA-7297型(1)

入力

高音部
597-A型(2)

上段

中音部
6116-A/
6122-A型(4)

下段

R

低音部
TA-4151-A型(4)

[新システム-2]

約130

30°　15°　15°　30°
音軸　音軸　音軸　音軸

約130

中音部
6116-A/
6122-A型

高音部
597-A型

低音部
TA-4151-A型(4)

約170

約135

60

ステージ面

(単位:インチ)

低音用バッフル板 ASO-6435型

[図5-49]　22-A型系ホーンを中心とした中規模の3ウエイ方式ワイドレンジサウンドシステムの構成

の映画館が多くなり，設置するスクリーン裏のスペースが十分でなくなったため，奥行きの短いコンパクトなスピーカーシステムが求められるようになり，これまでワイドレンジサウンドシステム用としてメインで使用してきた17A型系ホーンは形状が大きく，市場ニーズに合わなくなってきました．

　このためWEは，このホーンに替わって使用できる本格的な22A型中音用ホーンスピーカーを開発しました．開口面積を17A型ホーンの1/4に小さくして，カットオフ周波数をやや高めの130Hzに設定し，問題の奥行き寸法を54インチ（約137cm）から27インチ（約68cm）に半減させました．

　1935年以降の後期，この22A型ホーンを中音用として組み込んだ3ウエイスピーカーシステムの新しい組み合わせが3機種構築され，従来の16A型系ホーンと2系統の機種構成で展開されました．

　また，駆動アンプは新型の86A型（出力15W）や87A型などが開発されて出力が増強されたため，小規模の構成でも大きい音量が確保できるようになりました．

[新システム-1]

　このシステムは客席数3000席以上の大型劇場のトーキー映画用スピーカーシステムとして構築されたものです．図5-48のように中音用に新開発の22型ホーン系にアタッチメントの13A型を用いた6122-A型ホーンシステムを6台使用し，ドライバー555型を12台使用した強力型の3ウエイにまとめています．

　このホーンでは，水平面の指向特性を改善するため，センターと左右に横並びにした3台を2段重ねの配置にしています．スピーカーシステム全体の高さは約135インチ（約343cm）と低く，16型ホーン系の半分近い高さでまとめることができました．また奥行き寸法は30インチ（約76cm）の薄さになり，スクリーン裏のスペース問題が解消されました．

[新システム-2]

　客席数1500席から3000席の劇場や大型映画館に適応するスピーカーシステムで，中音用に新開発の22A型ホーン系の6122-A型を4台使用し，下段

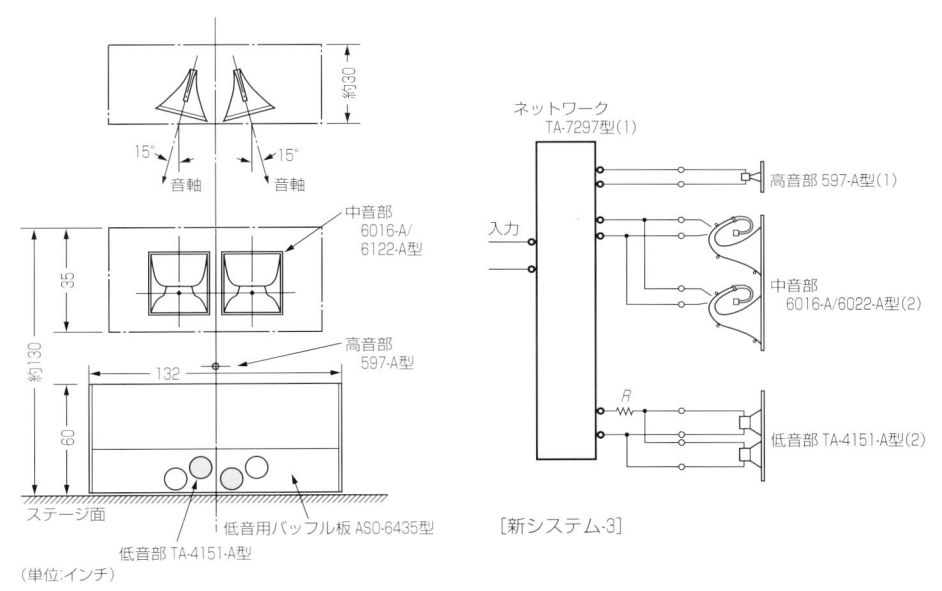

ネットワーク
TA-7297型(1)

入力

高音部 597-A型(1)

中音部
6016-A/6022-A型(2)

低音部 TA-4151-A型(2)

R

[新システム-3]

約130

15° 15°
音軸 音軸

中音部
6016-A/
6122-A型

35

高音部
597-A型

約130

132

60

ステージ面

低音用バッフル板 ASO-6435型

低音部 TA-4151-A型

（単位:インチ）

[図5-50] 22A型系ホーンを中心とした小規模の3ウエイ方式によるワイドレンジサウンドシステムの構成

はセンターと左右の3台，上段はセンター1台配置で，**図5-49**に示す3ウエイ構成になっています．低音用はTA-4151-A型を4台，ASO-6435型バッフル板に取り付け，高音用は597-A型が2台です．システムの高さは約135インチ（約343cm）で，幅約130インチ（約330cm），奥行き約30インチ（約76cm）です．

[新システム-3]

客席数1000席から1500席の中規模の劇場や映画館に対応する規模のスピーカーシステムです．中音用に6022-A型を2台，左右に15°開いた角度に音軸を向けた配置で，**図5-50**はその構成と概略寸法です．

このように，1933年から始まった「ワイドレンジサウンドシステム」のスピーカーシステムは，注文に応じてスクリーン裏に設営され，人目に見えないところで活躍し，素晴らしいサウンドで映画館の観客を満足させたのです．しかし，この後期ワイドレンジサウンドシステムも，初期製品と同様，完成した記録写真は今のところ見付けることができません．

その後，トーキー映画のサウンド品質はますます改善され，この「ワイドレンジサウンドシステム」よりさらに高性能スピーカーシステムを求める声が上がり，多くの開発研究が進みました．

WEは，1937年にベル電話研究所の新しい技術で開発した「ミラフォニックサウンドシステム」を打ち出し，トーキー映画用音響再生装置のスピーカーシステムは，次のステップの新しい方向に向かって大きく進展することになりました．

(a) 研究室

(b) 試作工作室

[写真 5-24]　ボストン市にあったベル電話研究所
(1886 年ごろ)

ベルシステム最初の職員
R. W. Devonshire

AT&T社長
(1913年以降)
W. S. Gifford

A. G. Bellの助手
T. A. Watson

[写真 5-25]　ベル電話研究所が正式に発足したころの
AT&T 社長ギフォード，ワトソンら

5-6　ベル電話研究所のスピーカー研究と大型 2 ウエイ「フレッチャーシステム」

5-6-1　ベル電話研究所の創立とその成果

　本章では，トーキー映画用スピーカーの変遷を述べていますが，この項で取り上げる「フレッチャーシステム」は，直接トーキー映画用スピーカーとしては使用されなかったスピーカーです．しかし，その技術的な影響力は大きく，その後の高忠実度再生用スピーカーの原点となる大きな役割を果たし，特にこのために開発されたキーパーツは，新しいトーキー映画用スピーカーの原点となる大きなインパクトを与えました．

　このスピーカーシステムの誕生の背景には次のようなことがありました．

　ベル電話研究所の研究は本来，電話機の性能改善にありましたが，2 チャンネルのステレオ効果を持った電話による情報伝達の研究が進み，この結果として高品位伝送の良さを一般大衆に周知させるためにデモンストレーションする必要がありました．このデモ用に使用する高品位再生の大型スピーカーシステムとして開発されたのが「フレッチャーシステム」で，ベル電話研究所の開発研究責任者フレッチャー（Harvey Fletcher）の名前にちなんで命名されました．

　電話を発明した A. G. ベルは，1877 年にベル電話会社を創立し，事業を興しました．その後ベル電話会社は，1880 年にアメリカン・ベル電話会社（American Bell Telephone Company）に社名を変更し，1899 年にはアメリカン・ベル電話会社の資産をその子会社であった AT&T（The American Telephone and Telegraph Company：アメリカ電信電話会社）に移して，現在の AT&T が誕生しました．ベル自身は 1881 年に電話の事業から身を引き，発明で得られた莫大な財産を投入して，これまで研究してきた聴覚障碍児の教育を行いました．また，ベルの助手として活躍した T. A. ワトソンも，この年に退任しています（p.25 コラム参照）．

　ベル電話研究所は，1886 年にボストン市の小部

屋（**写真5-24**）で始まりました．1907年に当時の社長ヴェイル（T. N. Vail）が，職人芸的な手探りの開発研究から，科学的な裏付けのある本格的な研究体制を作る必要があると考えて，優秀な研究者や専門分野の学者を集めて，ニューヨーク市ウエスト通り463番地にベル電話研究所を移しました．

その後，AT&Tの副社長であったギフォード（Walter S. Gifford）が1913年に社長に就任すると，WEと共同出資で1925年1月1日に「ベル電話研究所（Bell Laboratories Inc.）」を正式に発足させました（**写真5-25**）．

WEは，1869年に創立された会社で，ベル電話会社のライバルであるウエスタンユニオン（The Western Union Company）傘下の製造部門を受け持っていましたが，1881年にアメリカ・ベル電話会社に買収され，1882年からベルの電話装置を製造する系列会社になりました．

1926年にトーキー映画の事業を発表すると，WEはトーキー映画専門会社のE. R. P. I.を設立させ，一方で放送事業を撤退したことから，トーキー映画事業を主力をおき，1928年には大手映画会社やその他の映画制作会社とトーキーシステムのライ

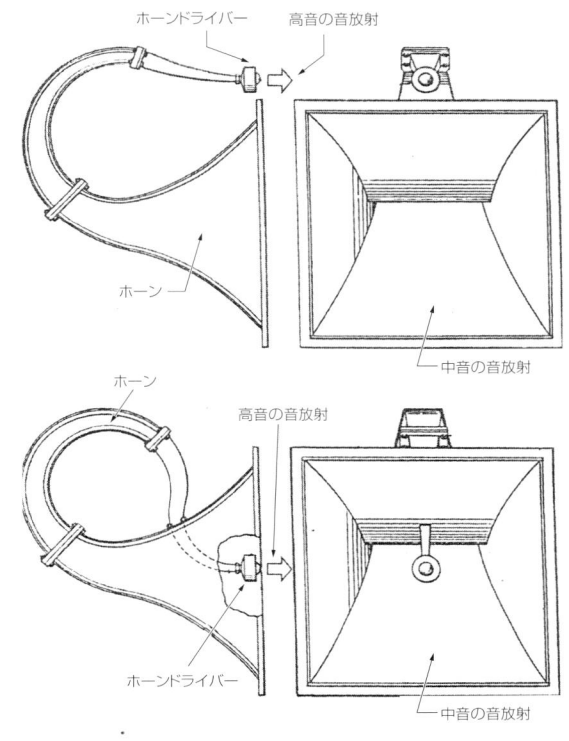

［図5-51］　ウエントとサラスが考案したホーンドライバーの振動板の前後の音放射を利用して再生するスピーカーの構造

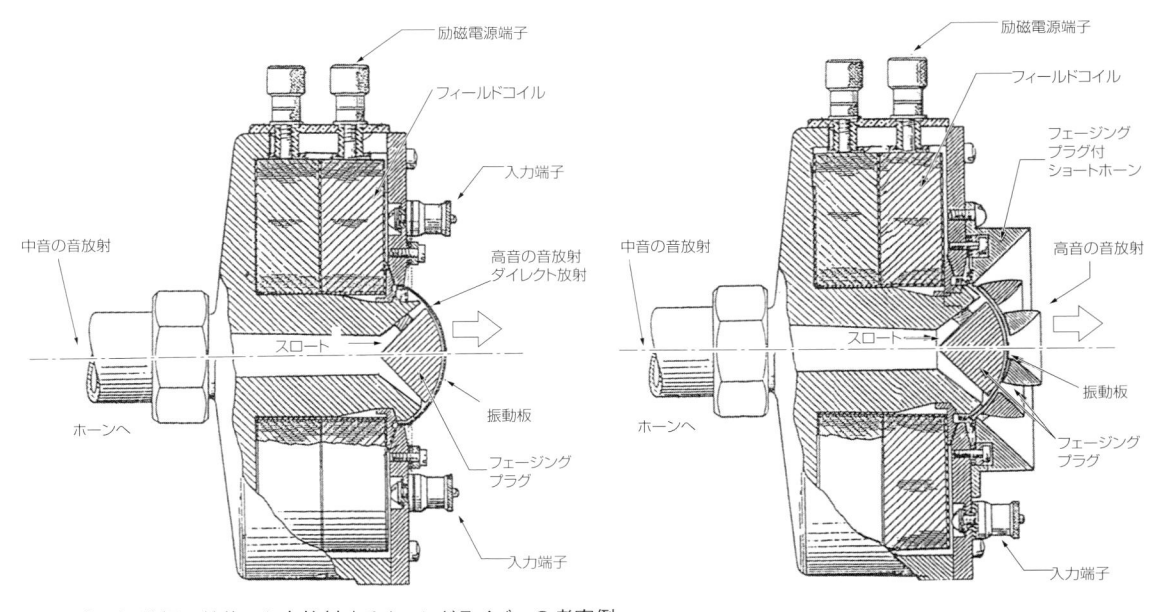

［図5-52］　振動板の前後から音放射するホーンドライバーの考案例

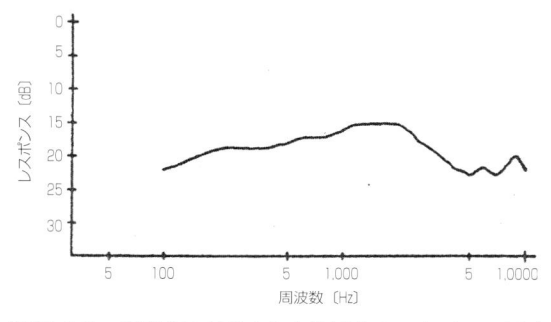

[図5-53]　振動板の前後から音放射するスピーカーの再生周波数特性（特許に添付されたもの）

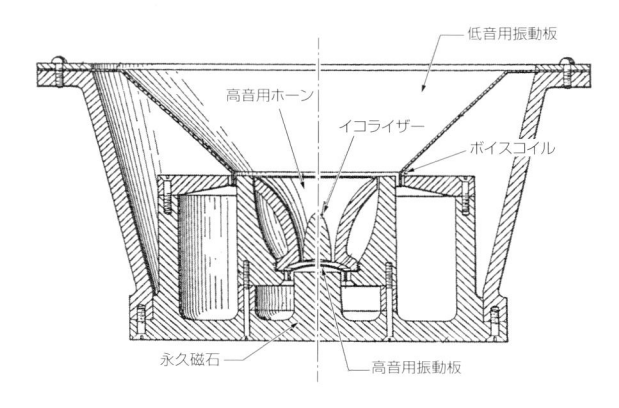

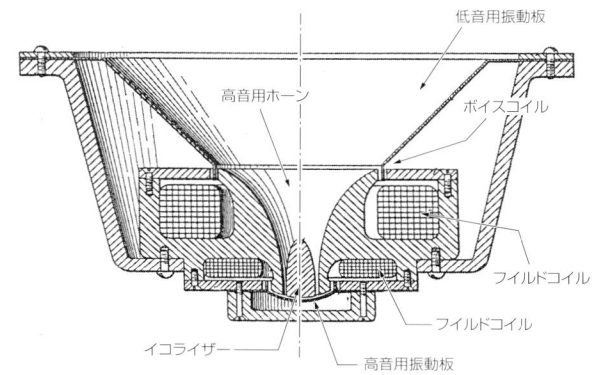

[図5-54]　ベル電話研究所のボストウィックが考案した世界最初の同軸型複合2ウエイスピーカーの構造（特許出願時の添付図面より）

センス契約を終結させる活動を行いました.

WEは，第5章5節で述べた「ワイドレンジサウンドシステム」を主力にトーキー映画事業を展開して大きな成果を上げ，マーケットシェアを大きく伸ばすことができました. WEのトーキーシステムのシェアが全米の約90%となったことが米国の独占禁止法に抵触し，これをきっかけに1935年にAT&T自身は映画事業から完全に撤退し，E. R. P. I.を手放すことになりました.

ギフォード社長の経営哲学では，AT&Tの第一の使命は「可能な限り安い料金で，最良の電話サービスを提供すること」であり，これを提唱，実践したギフォードは，「電話事業関係以外には投資しない」と発言しました. 電話事業以外への分散化を避けて，放送事業や映画事業から撤退し，強い意志でAT&Tを今日の業績へと展開させていったのです[5-20].

映画からの撤退後，トーキー映画事業は解体され，E. R. P. I.の残留者などによって，1936年に，「アルテックサービス（All Technical Servide Corporation)」が設立され，業務を引き継ぎました. ALTECとは，「ALl TECHnical」略したもので，この会社のその後の活躍については第5章9節で述べます.

こうした動きとは別に，ベル電話研究所はトーキー映画用スピーカーの開発研究を1935年まで行い，次々と成果を上げました.

ウエントとサラスは，555型ホーンドライバーで

もっと高音を再生できないか，考えを巡らせました. そして，1932年に2人は別々に図5-51の特許[5-21]を申請しました. その狙いは17A型ホーンに新しいアタッチメントを作り，図5-52に示すような改良したホーンドライバーを製作し，高音を直接振動板から放射するということでした. 振動板の前後から音放射することで，1台のホーンドライバーに2ウエイ方式的役割を持たせる発想で，これを試作した結果，10000Hzまで伸びた測定データ（図5-53）が得られています.

しかし，ここで重要なのは初めて磁気回路のポールを通してフロント側に音を放射する「リアドライブ」方式のホーンドライバーの概念が生まれたことでした. これが第5章8節で述べる，優れた性能を持つ594型ホーンドライバーの基本的な発想の原点になったと考えられます.

一方，ボストウイックは，596型高音用スピーカ

[写真5-26]　ベル電話研究所のマスコットとして「オスカー」の愛称で呼ばれた実験用のダミーヘッド人形

[写真5-27]　「オスカー」を使用してタンバリンの音の方向と移動を確認する立体音響再生実験

[写真5-28]　17-A型ホーンの前で指揮者のレオポルド・ストコフスキー（中央）と対談するフレッチャーおよびE.R.P.I.関係者（1931年）

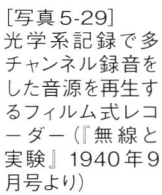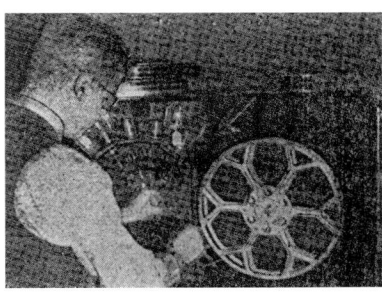

[写真5-29]
光学系記録で多チャンネル録音をした音源を再生するフィルム式レコーダー（『無線と実験』1940年9月号より）

ーに引き続き，低音用スピーカーの磁気回路の中に高音用ホーンを埋め込んだ同軸型2ウエイスピーカー（図5-54）を1929年に発明しました．これは世界最初の同軸型2ウエイスピーカーですが，製品化はされませんでした[5-22]．また，ハリソンやブラットナーも同様な考えで特許を出願していますが，製品化はされませんでした．

　こうしてさまざまな特許を出願したベル電話研究所のスピーカーの研究は，ひとつの段階を終えました．

5-6-2　立体音響再生の研究

　トーキー映画用スピーカーの新しい方向を示す試金石となった幻のスピーカーシステムと呼ばれる「フレッチャーシステム」の生い立ちを知るには，ベル電話研究所が1920年代の中ごろより研究を進めていた立体音響再生について述べる必要があります．

　人間の耳の「両耳（双耳）効果」の理論は，1845年にドイツの生理学者ウェーバーによって証明されていましたが，1920年ころまで，一般には人間の耳が2つある理由やその働きについては十分理解されず，腎臓や肺のように2つあるうち1つは予備という程度の知識でした．

　両耳聴覚による音の効果の性質や構造が科学的に解明され始めたのは20世紀になってからで，さまざまな実験が報告されています．

　ベル電話研究所の技術陣が研究を始めたのは，

この耳による聴覚の研究で，電話の通信品質の向上を狙ったものでした．

1920年代後半，ベル電話研究所は「オスカー」の愛称で呼ばれたダミーヘッドを持つ人形（**写真5-26**）を研究用に製作しました．左右の耳にマイクロフォンを取り付け，別々に増幅した信号をヘッドフォンで聴くと，それまでの電話で聴く音と違って，左右の音による効果で音の動きや声の位置がわかる方向感や，部屋の空間の広がりが感じられました．

この両耳効果による音場感は，これまでと次元の違うもの（実際には1881年にこの効果は発見されている）で，人間に耳が2つあることの意味を明確に説明するものでした．ベル電話研究所は，この効果を電話伝送に応用できないかと立体音響再生の研究に取り組みました（**写真5-27**）．

ベル電話研究所では，以前からレコードの電気録音・再生を研究するため，フィラデルフィア管弦楽団の指揮者であるストコフスキーに協力を求め

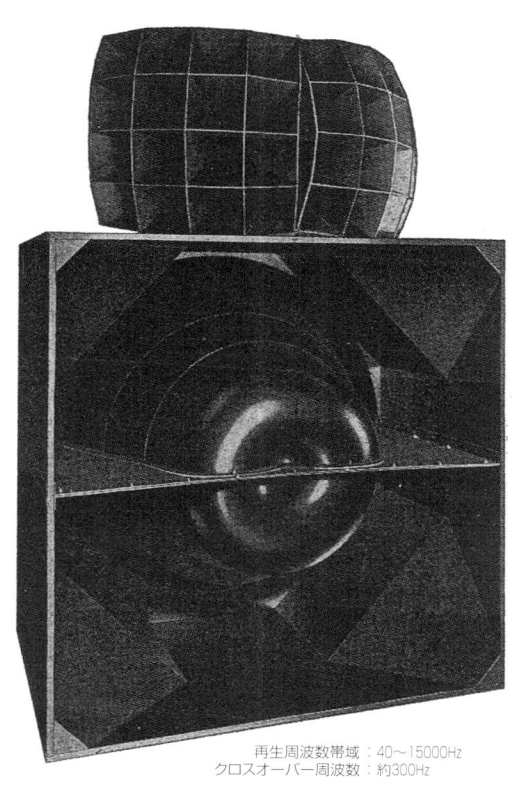

再生周波数帯域：40〜15000Hz
クロスオーバー周波数：約300Hz

［写真5-30］　大型高性能複合型2ウエイスピーカーシステム「フレッチャーシステム」

（**写真5-28**），本拠地のアカデミー・オブ・ミュージックの大ホールでのオーケストラの演奏会やリハーサルなどの音楽を次々と光学系フィルムに録音（当時2チャンネル以上の多チャンネル録音を記録する録音機として光学式を使用）して研究していました（**写真5-29**）．

その関係からか，1932年にはステレオによる録音の実験が開始され，マイク位置による音像の定位や広がり感といった内容が検討されました．1932年には，ワックス盤に1本溝で縦振動と横振動の2つに分離して記録した，2チャンネルステレオ録音を行っています[5-23]．

また，ベル電話研究所は，この立体音響再生の実験に飽き足らず，2チャンネルステレオから3チャンネルステレオへと発展させました．この研究は電話だけでなく，映画におけるサウンドトラックへの発展も視野に入れていました．本来，立体音響再生は，音源側のオーケストラの楽器それぞれに（無限個の）マイクロフォンを置き，独立した伝送回路で送り，再生側で楽器の配置通りに（無限個の）スピーカーを配置して音を再生するのが望ましいと考えられていたのですが，2チャンネルまたは3チャンネルの再生で十分であるとベル電話研究所は確信し，これを「Auditory Perspective」と命名し，多くの成果を論文として残しています[5-24, 25]．

この研究成果を広く専門家に知らせるため，ベル電話研究所は驚くべき計画を立てました．

それは3チャンネルステレオの立体音響再生実験で，演奏が行われるフィラデルフィアのアカデミー・オブ・ミュージックの大ホールから電話回線を使用して600マイル離れたワシントンD. C.の憲法会館ホールまで遠距離伝送し，ここにスピーカーを配置して3チャンネル立体音響を高忠実度再生しようという計画でした．これは今でいう「生中継によるステレオ再生」で，1933年4月27日の夜に実施されました．

これにはベル電話研究所のフレッチャーを筆頭に，聴覚心理，伝送路線，マイクロフォン，スピーカー，アンプ増幅，建築音響などの多岐にわたる著

名な電気音響関係の研究者が参加し，指揮者スト
コフスキーの指揮，監督によりフィラデルフィア管
弦楽団の生演奏を再生しました．この実験は，3チ
ャンネル立体音響の素晴らしさを広く知識人に認
識させる効果を上げました[5-26]．

　このとき使用されたのが冒頭で述べた高忠実度
再生用スピーカーシステム「フレッチャーシステ
ム」（**写真5-30**）[5-27] です．

5-6-3　フレッチャーシステムの開発

　この3チャンネル立体音響再生のために開発され
たスピーカーは，オールホーンの複合型2ウエイ方
式で，高音部は世界初の16セクトラルホーンが2
基，約60°クロスして取り付けられたもので，水平
面で120°，垂直面で60°まで良好な範囲とした指向

特性を持っています．低音部は開口面が60×60イ
ンチでカットオフ周波数を約60Hzに設定したもの
で，世界初の低音専用のフロントロード型フォール
デッドホーンでした．

　クロスオーバー周波数は300Hzで，総合再生周
波数帯域は40〜15000Hzと広く，高忠実度再生
を行うために製作されました．

　駆動するアンプは，WEの**242A**真空管を使用し
た60Wアンプを2台並列で120W/1台分の出力で
駆動しています．

　この低音用ホーンはウエントが考案[5-28] したもの
で，**図5-55**に示すように，上部と下部の2つに分割
された対称形にできているものを重ね合わせて組
み立てたエンクロージャーです．外壁は木製で，2
つが重なる面は金属板をボルトで留めて合体して

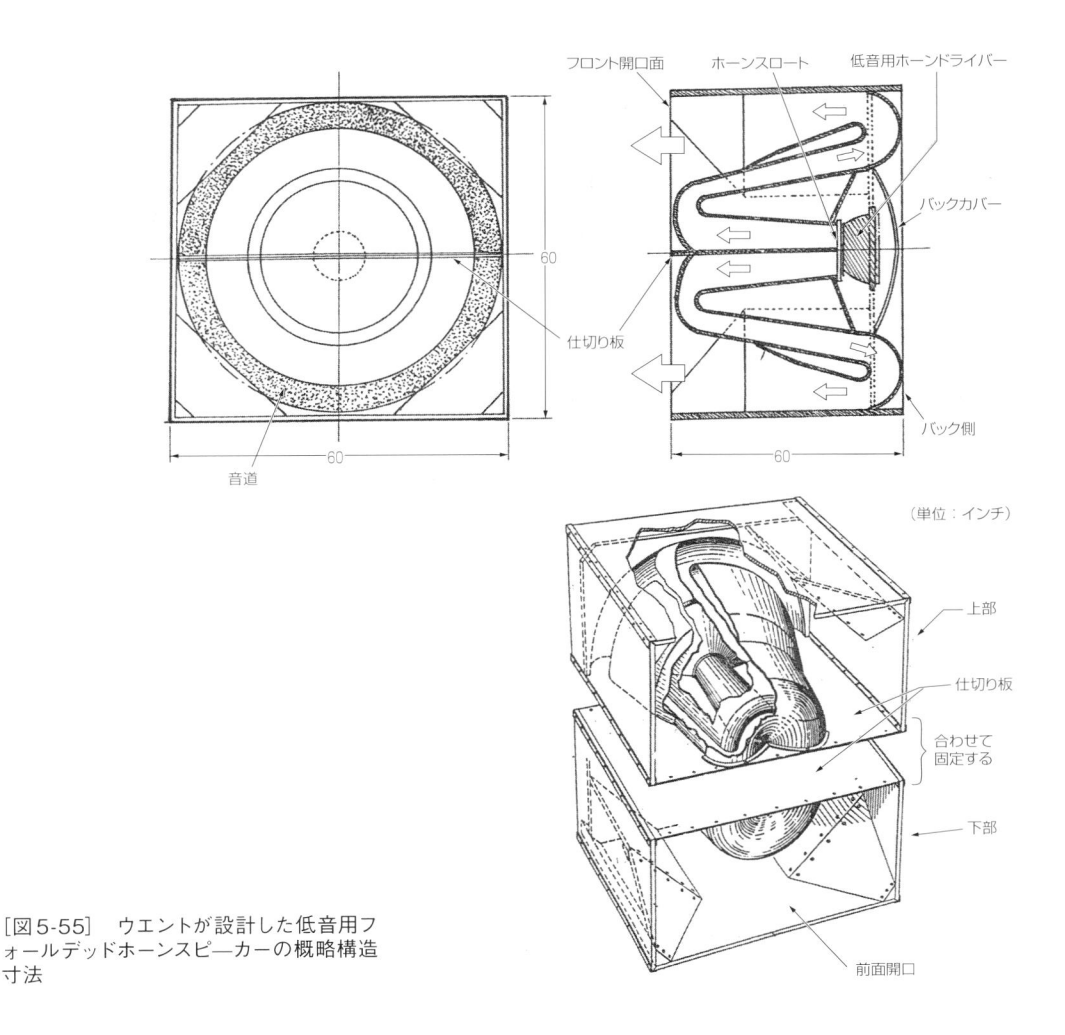

[図5-55]　ウエントが設計した低音用フ
ォールデッドホーンスピーカーの概略構造
寸法

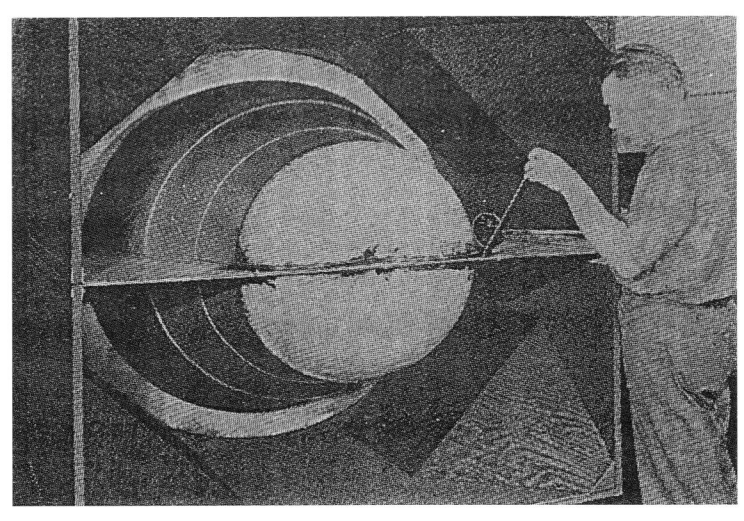

[写真5-31]
低音用ホーン前面の上部と下部の
接合仕上げ作業

います．これは折り返しホーン部分の補強の役目も
しているようです．ホーンフレア部分は金属板をヘ
ラ押しして作り上げた手作り品で，デッドニングさ
れています．**写真5-31**は，前面のホーンフレアー部
分に防振用のコンパウンドを塗布する作業中のもの
で，白い輪が見えるのは金属面を溶接して製作
した継ぎ目で，剛性を増すため少し湾曲してつない
でいることがわかります．先端に白く見えるのは塗
料による汚れを防ぐカバーです．

　このフォールデッドホーンのドライバーは，サラ
スが担当し，1933年に開発した口径20インチ（約

50cm）の低音用スピーカーでした．再生周波数帯
域は35〜400Hzを受け持っています．この低音用
スピーカーの構造は，**図5-56**に示すように従来の
ダイナミックコーンスピーカーと違って複雑で，高
音用のホーンドライバーのリアドライブ形式のよう
になっています．この構造について，1933年に特
許[5-29]が出願されています．

　低音用の大型振動板は屈曲した形状で，厚さ
4・1/2ミルのジュラルミン系金属材料が使われ，軽
量化を図りながら剛性を高めています．振動板は
周辺エッジのみで支持され，可撓性を高くするた

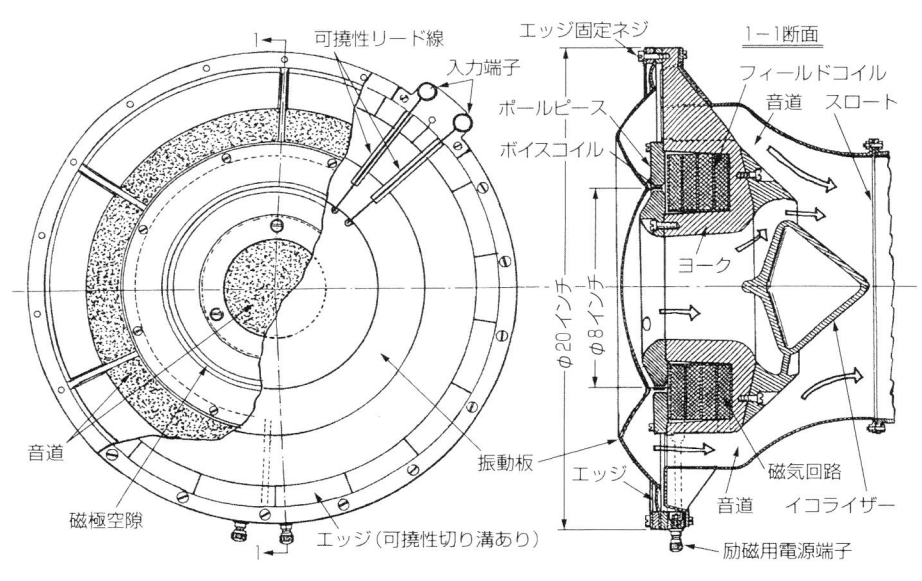

[図5-56]
サラスが設計した口径20
インチ（約50cm）の低音
用スピーカーの概略構造寸
法

[写真5-32]　低音用の口径20インチの大型振動板を手に説明を聞くフレッチャー（右）

[写真5-33]　低音用と高音用のフィールドコイルの巻線加工

め，切れ目を多く入れています.

　ボイスコイル径は8インチ（約20cm）と大型で，ボビンを介して振動板に固定されています. **写真5-32**はジュエット（F. B. Jewett）から説明を聞きながら，完成した振動部を手で触って確認しているフレッチャーです.

　磁極の空隙磁束密度は20000ガウスと高く，高音域スピーカーに負けない能率70%を出すための強力磁気回路となっています. フィールドコイルの電線の詳細は不明ですが，**写真5-33**のように平角

線が使用されており，線間に絶縁紙を巻き込んで，テンションをかけて巻いています. 作業者左手の横にあるのが1層分で，これを4層重ねてフィールドコイルにしています.

　写真5-34で，エンクロージャーの後ろ側から見た低音用スピーカーの取り付け状態を見ることができます. バックカバーを取った右側と，左側のスピーカーの振動板を取り外して外周のスロート部

[写真5-34]
組み立て中のフレッチャーシステムの低音部と高音用ホーンおよびドライバー

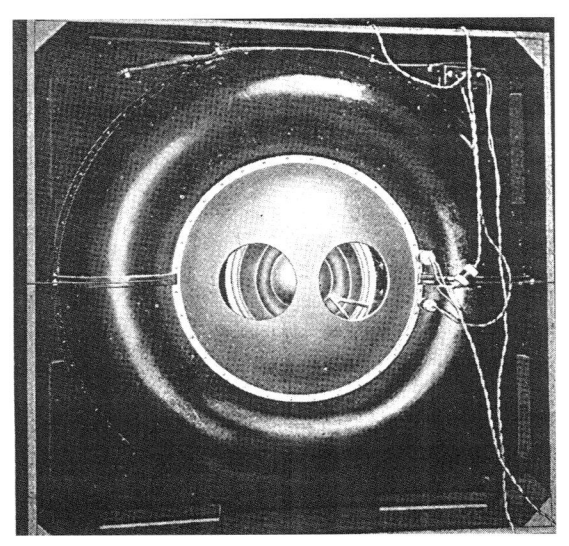

[写真5-35]　フレッチャーシステム低音部の裏側からバックカバー越しに見た低音用スピーカー

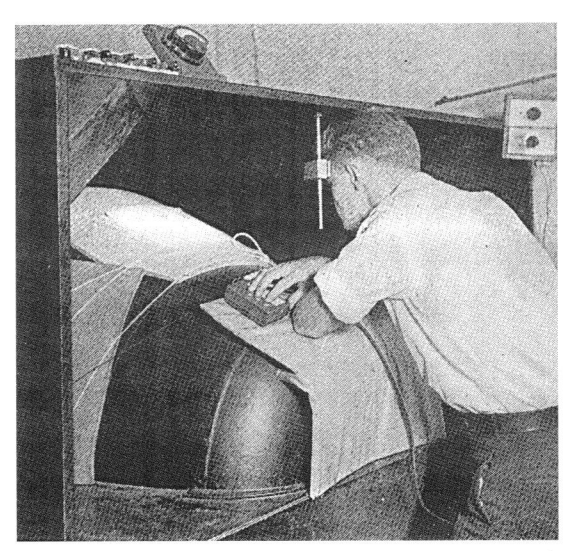

[写真5-36]　低音用ホーンの開口部で音を聴きながら周波数を切り換え，ビリつきをチェックする

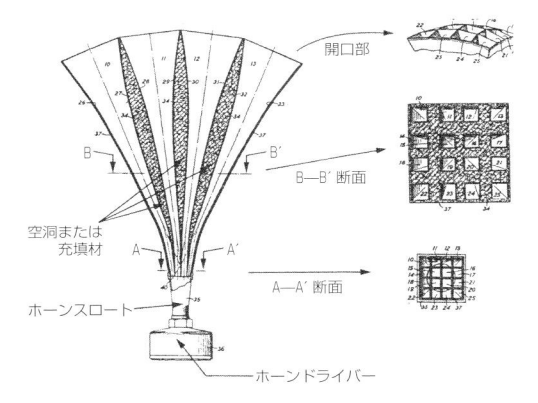

[図5-57]　ウエントが考案した世界最初のセクトラルホーンの特許出願図

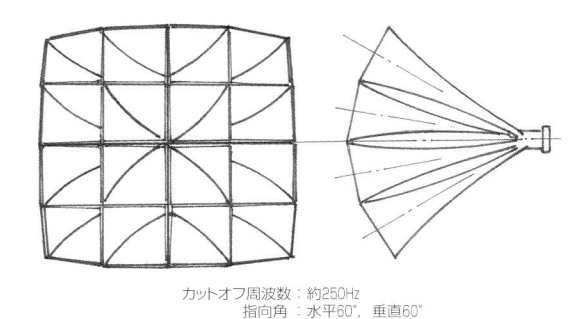

カットオフ周波数：約250Hz
指向角：水平60°，垂直60°

[図5-58]　フレッチャーシステム用に開発された16セルのセクトラルホーンの概略形状（寸法は不明）

[写真5-37]　高音用セクトラルホーンの各セルのハンダ仕上げによる組み立て作業

分とセンターのスロート部分が見えます．中央には高音用マルチセルラーホーンとホーンドライバーが置いてあり，最終的な組み立て前の状態であることを示しています．

　写真5-35は，口径20インチの低音用スピーカーにバックカバーを取り付けて，アンプ側と励磁用電源とケーブルによって接続された完成状態の写真で，バックカバーの孔から振動板が見えています．また，**写真5-36**は低音用スピーカーに正弦波を入力して，ホーンのビリつきがないかを耳で確認しているところで，十分なデッドニングを行っています．

　高音部は，ウエントが考案した世界最初のセクトラルホーンで，1933年4月に特許[5-30]を出願しま

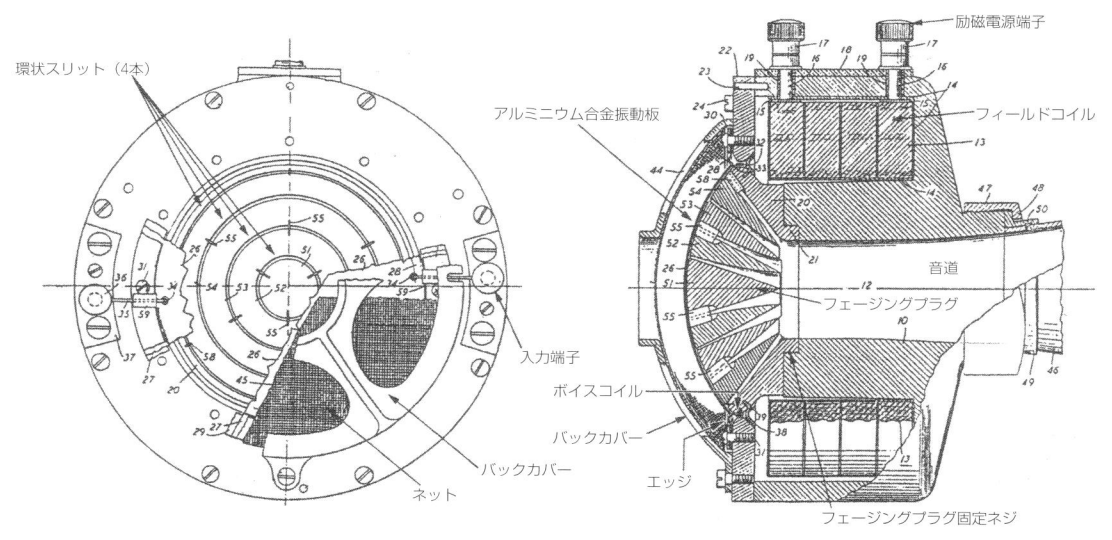

[図5-59]　ウエントが設計した高音用ホーンドライバーの特許出願図

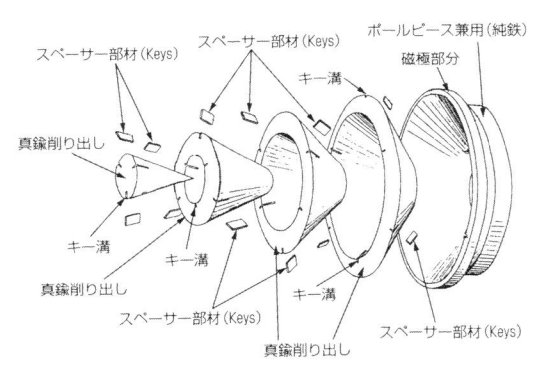

[図5-60]　高音用ホーンドライバーに搭載されたフェージングプラグの構造

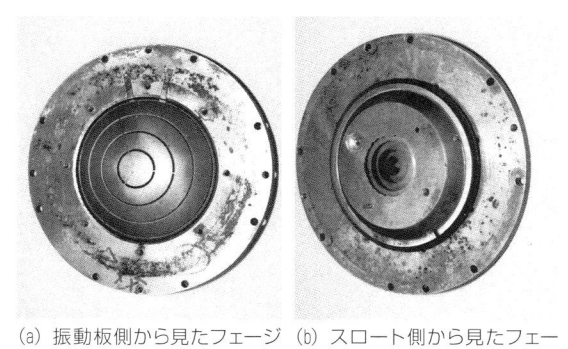

(a) 振動板側から見たフェージ　(b) スロート側から見たフェー
　　ングプラグのスリット　　　　ジングプラグの末端

[写真5-38]　高音用ホーンドライバーの高音域の性能改善のために初めて採用されたフェージングプラグ

した．特許出願時の構造図（**図5-57**）では，スロートから開口まで4×4＝16に分割されています．これを原型に，カットオフ周波数を約250Hzに設計したものが**図5-58**で，詳細は不明ですが，水平面と垂直面が同じく指向性60°を持った形状になっています．

　セクトラルホーンの製作作業のようすが**写真5-37**で，それぞれのセルをハンダ仕上げして作り，これをつないだ形にして構成し，外側にフエルト地を貼っています．

　高音用のホーンドライバーは，ウエントが開発し，改良を考えていた現用の555型から脱皮して，新しい発想のリアドライブ方式のホーンドライバーを開発しました．その大きな特徴は，複雑な構造を持つフェージングプラグを開発したことで，これによって高音域を10000Hzまで均一に伸ばすことができた画期的なホーンドライバーです．

　この新設計のホーンドライバーは，1933年3月に特許申請され，1936年に認許されました[5-31]．初期のものは図5-59に示す構造で，スロート部分はネジ込み式になっています．振動板は直径4インチ（約10.2cm）と大きく，厚さ0.002インチ（約0.05mm）のアルミ合金箔を優れた成形技術できれいに仕上げています．この振動板の音放射面積に対するフェージングプラグのスリット面積の絞り込み比率は約8.7に設計されており，高能率化を狙っ

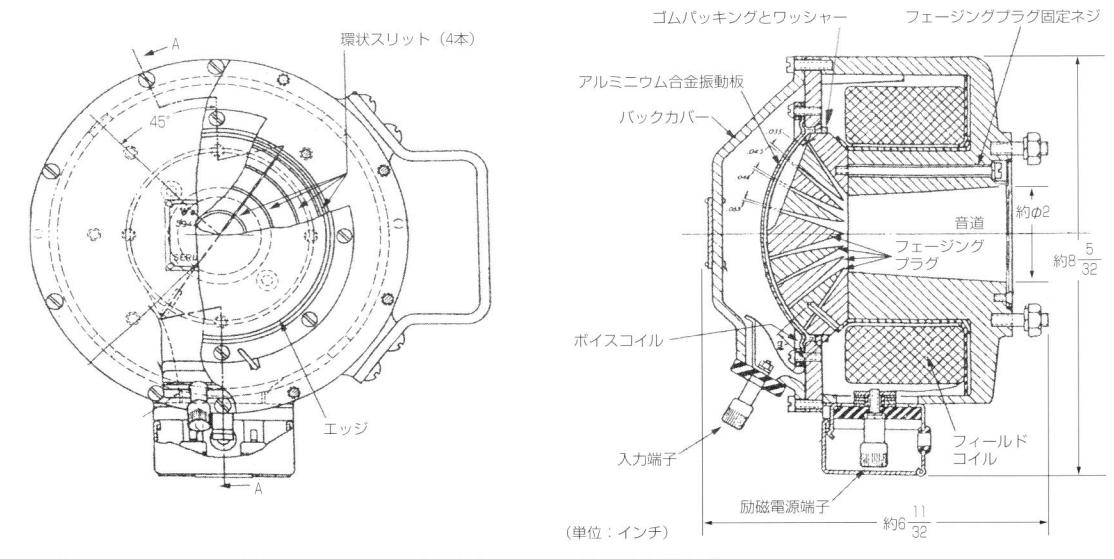

環状スリット（4本）

A

45°

エッジ

A

ゴムパッキングとワッシャー　　フェージングプラグ固定ネジ

アルミニウム合金振動板

バックカバー

ボイスコイル

入力端子

励磁電源端子

音道
フェージング
プラグ

約φ2

約8 5/32

フィールド
コイル

約6 11/32

（単位：インチ）

[図5-61]　1936年にWEが製品化したホーンドライバー594-A型の概略構造寸法

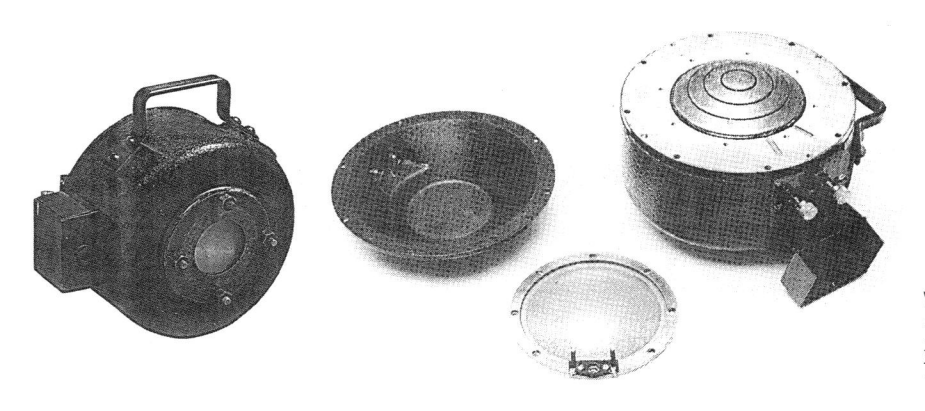

[写真5-39]
WEで製品化した594-A型
ホーンドライバーの分解写
真（『無線と実験』1982年
7月号より）

ています．

　フェージングプラグの分解図を**図5-60**に示します．フェージングプラグには精度の高い仕上げが要求され，**写真5-38**のように環状のスリットが四重になって，ここから音はスロートの方向に導かれます．

　このホーンドライバーは使用帯域が中音から高音であるため，振動板周辺を支持するエッジは波形のロールエッジに変わり，幅も1/8インチ（約3.2mm）と狭くなっています．ボイスコイルはアルミリボン線の35回巻きで，直流抵抗は約12.8Ωとなっています．

　磁気回路は，フィールドコイルに励磁電圧DC24V（30W）を印加して空隙磁束密度18400〜

20000ガウスを得ています．これは磁極のプレートとポールの材料に，WEのエルメン（G. W. Elmen）が1929年に実用化した鉄50％とコバルト50％の合金「パーメンジュールまたはパーメンダー（Permendur）」を使用して，飽和磁束密度を極限に高めた成果でした．また，磁極空隙の周辺の音の共振を防ぎ，バックプレッシャーが漏洩しないように，ゴムリングとワッシャーで背面から締め上げています．

　このホーンドライバーは優れた性能を持っていましたが，1936年になるまでトーキー映画用としては使用されませんでした．1936年になって初めてWEで生産される際に，型名は594-A型となりました．

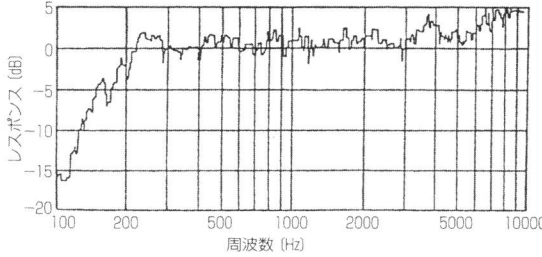

(a) 小さい部屋で測定した高音用セクトラルホーンの
再生周波数特性

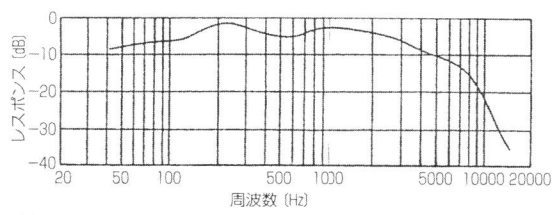

(b) ホールの聴取位置でのフレッチャーシステムの
総合再生周波数特性

[図5-62] フレッチャーシステムの再生周波数特性

[写真5-40] 無響室内での標準再生用スピーカーとして聴感試験に使用中のフレッチャーシステム(見学者へのデモンストレーション)

594-A型の構造を図5-61に示します. フレッチャーシステムに使用されたものとはスロート部分の取り付け構造が変わり, 磁極周辺の構造やバックカバーが密閉型になるなど違いがあります. 写真5-39は, 594-A型の分解写真です.

一方, 完成したフレッチャーシステムの総合周波数特性は, 図5-62(b)に示すように40〜10000Hzまで良好です[5-32]. これまでのバッフル板や小型エンクロージャーにユニットを取り付けた低音用スピーカーと違って, 効率良く豊かな低音を再生するホーンスピーカーは驚きをもって迎えられました. また, 高音部は300Hz以上10000Hzまで均一な再生周波数特性(図5-62(a))を持ち, 指向性も改善され, ホールの聴取位置においても優れた特性を発揮しました.

このフレッチャーシステムは, ステレオ再生のデモに使用された後, ベル電話研究所での等音ラウドネス曲線の聴感試験の音源(写真5-40)としての利用や, 1936年にハリウッドボウルのSR用スピーカーとしての実験, また1941年のイーストマン劇場での生演奏とのすり替え実験など, 歴史に残る貴重な活躍をしています.

このスピーカーシステムの音を聴いた業界の知識人たちはその音質に驚き, なんとしてもこのスピーカーシステムをトーキー映画用スピーカーとして使用したいと映画業界が動きました.

フレッチャーシステムの技術的な功績は, ①低音部にカットオフ周波数の低い本格的なホーンの使用, ②リアドライブのコンプレッションホーンドライバーの開発, ③環状リングのフェージングプラグの開発, ④マルチセルラーホーンの開発による指向特性の改善などがあり, これまでのスピーカーシステムから, 大型の高性能スピーカーシステムへのターニングポイントとなりました.

しかし, WEはトーキー映画用スピーカーとして生産することを拒否したため, とうとう市場には製品として姿を見せずに消えてしまいました. このことからフレッチャーシステムは「幻のスピーカーシステム」と呼ばれるようになりました.

歴史的に貴重な, 最初の高性能Hi-Fiスピーカーシステムであっただけに, 1台でも後世に残しておいてほしかったとは, すべてのスピーカー研究者の声でしょう.

5-7　MGMが開発したトーキー映画用スピーカー「シャラーホーンシステム」

5-7-1　新トーキー映画用スピーカー開発の動機

　1930年代前半の米国民の生活は，大恐慌の影響で経済的には厳しいものでしたが，映画館に通って映画を楽しむことを求めた人びとも多く，映画産業は非常に好調に波に乗りました．当時のロードショーでは，収容人員4000人を超す大劇場に観客が押しかけ，1日何回かの上映を繰り返すなどの盛況ぶりでした．

　映画関係者は，観客が満足できる音量と音質が得られ，故障のない音響再生装置を求めました．映画会社は「費用はいくらかけてもよいから，よい物を作れ」とアンプやスピーカー技術者にプレッシャーをかけました．

　こうした時期に第5章6項で述べた「フレッチャーシステム」が，1933年4月27日の「生中継によるステレオ再生」実験を大成功させたことから，フレッチャーシステムをトーキー再生用スピーカーとして使用したいとの映画関係者の声が強くなりました．

　フレッチャーシステムを聴いて，これこそ次期メインスピーカーであると色めき立った映画関係者もいました．再生周波数帯域は広く，低音の豊かさと高音域の指向特性の良さ，歪み感のない音など，今後のトーキー映画の音質向上に重要な役割を持つスピーカーとして期待したわけです．この時期，再生音質を良くするために新しい高性能スピーカーが渇望されていたのです．関係者は，ベル電話研究所で開発されたフレッチャーシステムの試作機を当然WEが製品化するものと思っていたのですが，WEは映画界に対して，このスピーカーの製品化を拒否したのです．

　この開発中止は，トーキー映画用スピーカーのこれまでの発展の流れを，新しい方向に大きく転換させる要因を作ることになりました．

　映画業界のトップであったMGM（Metro-Goldwyn-Mayer Studios）は，この問題で立ち上がり，WEに頼らず自社独自で新しい高性能のスピーカーを開発する決意をしました．1934年にMGMの音響担当部長シャラー（Douglas Shearer）を中心にプロジェクトチームを結成し，その開発計画を実施することになりました．

　その主なメンバーとして，オルソン（H. F. Olson），ボルクマン（John Volkman），スノウ（Bill Snow），ブラックバーン（J. F. Blackbum），ヒリアード（J. K. Hilliard），ランシング（James Bullough Lansing），ステファンス（R.L.Stephens），キムバル（H. R. Kimball）ら，優秀な技術者が集まり，この開発への協力を得ることができました．

　早速，ベル電話研究所のフレッチャーシステムを借りて，基礎実験として試聴やほかのスピーカーとの比較試験を行い，開発構想を練りました．

　このプロジェクトの中心的働きをしたのが，これを機会にMGMに勤務し，その後アルテック・ランシングで活躍したヒリアードです．彼はこのスピーカーの開発について，後に多くの論文を書いています[5-33〜35]．

　ヒリアードが考えた基本的なトーキー映画用スピーカーの設計思想は，

①2ウエイ方式が良く，広帯域化する

②クロスオーバー周波数は，人の声が分断されない250Hzとする

③電気音響変換効率は，50％（高効率）を望む

④ダイナミックレンジは，50〜60dBを確保する

⑤音像の位置がスクリーンの中央付近になるよう配置する

⑥移動に必要な範囲の軽量化と，適正な価格

などでした．

　ところが，フレッチャーシステムの試聴を繰り返すうちに，新しい問題を発見しました．これはタップダンスのレコードの再生時に，ほかのスピーカーではタップの音にエコーがない歯切れの良い音であったのに対し，フレッチャーシステムでは，エコーが付いたように聴こえることでした．そこで，低音のみの再生や高音のみの再生などの実験を行っ

てみると，エコーは聴こえないことがわかり，最終的に低音の音源と高音の音源から試聴位置に到達する時間差に原因があることを突き止めました．

これは，フレッチャーシステムでは低音用のホーンの音道を折り返しているため短く感じましたが，これを直線にすると11フィート（132インチ≒335.3cm）であるのに対して，高音用のホーンの長さは3フィート（36インチ≒91.5cm）という差があります（図5-63）．そして，その位置の違いから，音の到達時間差が8mm/sあることを突き止め，これを揃えて時間遅れをなくすことが設計のキーポイントであることがわかったのです．その結果，聴感上の検知限界として1mm/s以内にすることも，基本的な設計思想に加えることになりました．これが今日のタイムアラインメントの考え方の基になりました．

5-7-2 大型2ウエイスピーカーシステム「シャラーホーンシステム」の開発

ヒリアードは，この条件を考慮に入れ，最初に低音用のホーン設計を行いましたが，開口面の広いエクスポーネンシャルホーンを折り曲げてフォールデッドホーンにしてコンパクトにしても，実際の音導管を短くしなければ，タイムアラインメントを揃えることはできないことを知りました．そこで，オ

ルソンに助言を求めて対策を考え，カットオフ周波数50Hzの開口面から短い位置のホーン断面をスロート面として，この面積に相当する低音用スピーカーの振動板面積で充填すれば，エクスポーネンシャルホーンの長さを短くすることができることを考案しました．

このためランシング・マニファクチャリング（Lansing Manufacturing Company）で商品化していた15X型を改良した大口径の15Xs型口径15インチコーン型スピーカー（写真5-41）を4台使用して，目的の面積を得ることにしました．結果的にはホーン開口寸法を80インチ角（面積6400平方インチ），ホーン長40インチの大きさでカットオフ周波数50Hzを得ました．しかし映画館のスクリーン裏のスペースを考えると，もう少し短くする必要があったため，この構造設計をステファンスが担当して図5-64の構造のフォールデッドホーンを設計しました．これを2分割した2ブロックにし，積み重ねて80インチ角の開口面が得られるようになっています．

高音部のホーンドライバーの開発担当者は，このプロジェクトの結成時にヒリアードが目を付けていた，ランシングのJ. B. ランシングでした．当時32歳だったランシングは，ホーンドライバーなどの修理を含め実践的技術を持っていました．ランシング

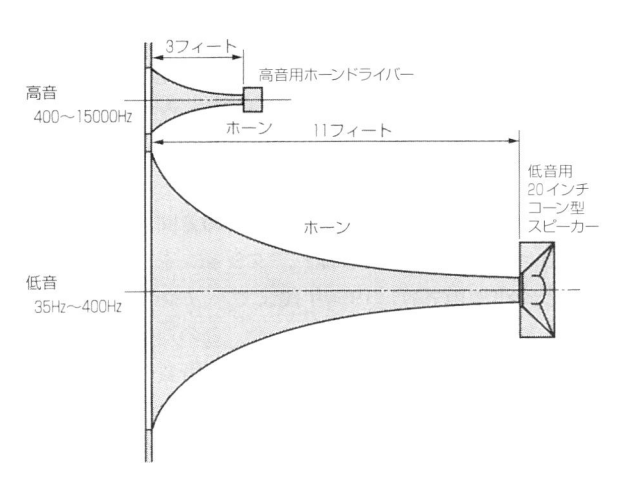

[図5-63] ベル電話研究所のフレッチャーシステムの高音用ホーンと低音用ホーンの音源位置のズレ（タイムアラインメントが8フィート＝92インチ）

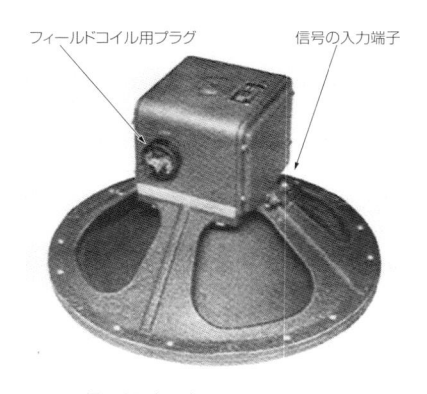

口径：15インチ
再生周波数領域：40～500Hz
入力：40W
ボイスコイルインピーダンス：12Ω

[写真5-41] シャラーホーンシステムの低音用に採用されたランシングの15Xs型15インチスピーカー

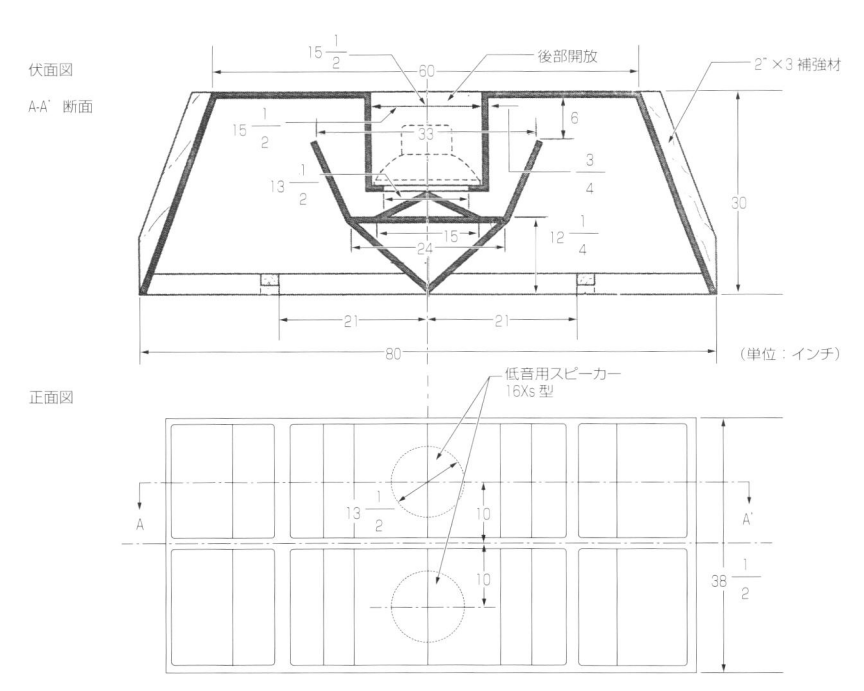

伏面図
A-A'断面

正面図

低音用スピーカー
16Xs型

2ブロック構成（2段重ね）の
大型と1ブロック構成の
中型がある

（単位：インチ）

［図5-64］　シャラーホーンシステムの低音用フォールデッドホーンの1ブロックの概略構造寸法

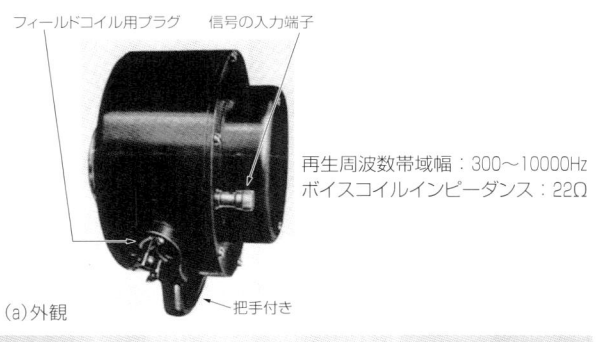

フィールドコイル用プラグ　　信号の入力端子

再生周波数帯域幅：300〜10000Hz
ボイスコイルインピーダンス：22Ω

（a）外観

把手付き

（b）分解したダイヤフラムの付いたプレート側と
　　ポール側のフェージングプラグ

［写真5-42］　シャラーホーンシステムの高音用として開発された
284型ホーンドライバー

は，早速ベル電話研究所で開発したフレッチャーシステムのホーンドライバーを調査し，ヒリアードの提案で振動板の面積が半分の振動板径2.8インチのコンプレッションホーンドライバー284型（**写真5-42**，**図5-65**）を開発しました．

　しかし，最初からうまくいったわけではありませんでした．完成したホーンドライバー

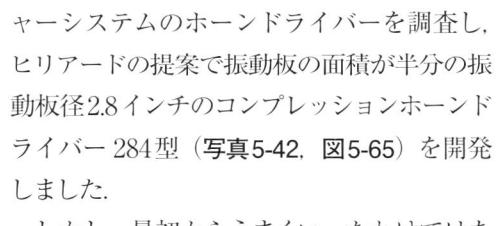

ボイスコイル　　　　　フィールドコイル

ジュラルミン
成形振動板

スロート

環状スリット

（単位：インチ）

［図5-65］　シャラーホーンシステムの高音用ホーンドライバー284型の概略構造寸法

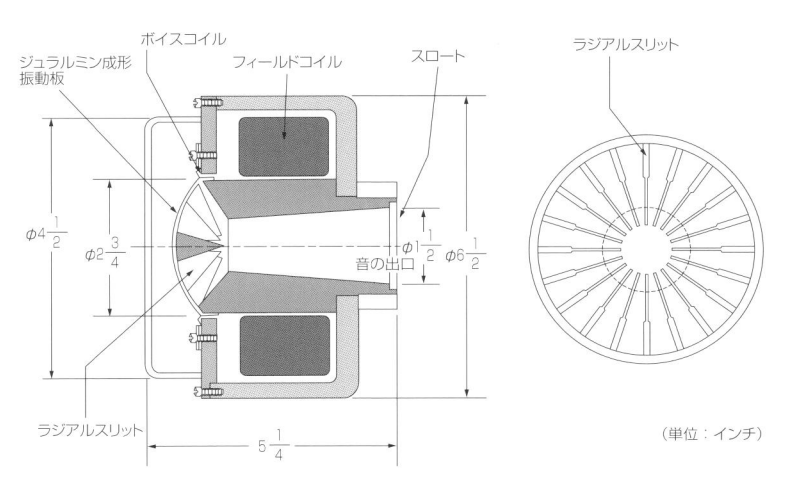

ジュラルミン成形振動板 / ボイスコイル / フィールドコイル / スロート / ラジアルスリット

φ4 1/2　φ2 3/4　音の出口　φ1 1/2　φ6 1/2

ラジアルスリット

5 1/4

（単位：インチ）

[図5-66]　特許対策として284型の代わりに開発されたラジアルスリットのフェージングプラグを持つ285型ホーンドライバーの概略構造寸法

フィールドコイル用プラグ

把手

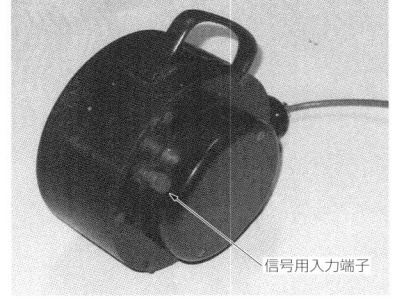

信号用入力端子

[写真5-43]　シャラーホーンシステム用に短期間存在したラジアルスリットにした285型ホーンドライバー

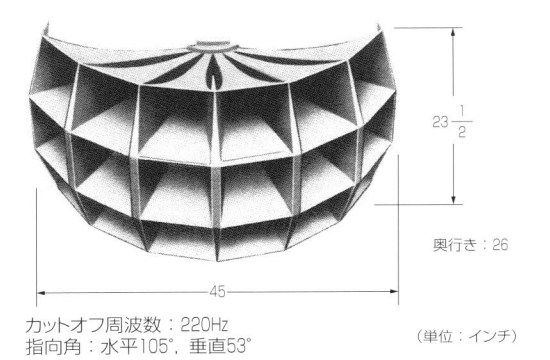

23 1/2

奥行き：26

45

カットオフ周波数：220Hz
指向角：水平105°，垂直53°

（単位：インチ）

[写真5-44]　シャラーホーンシステムの高音用18セルのマルチセルラーホーンの概略仕様と寸法

のフェージングプラグの形状が，WEが特許を持っている環状のフェージングプラグに類似しているとの申し立てがあり，変更を求められました。このためランシングは，プロジェクトメンバーのブラックバーンの考案[5-36]で，特許抵触を避けるためにラジアルスリットのフェージングプラグを採用した285型（写真5-43，図5-66）を完成させました。その後，この件について特許をブラックバーンが調査した結果，類似の技術論文を見付けることができ，公知例として提示し，特許問題を切り抜けたといわれています。最終的には，再び環状スリットを使用したホーンドライバー284E型が完成しました。

高音用ホーンは，フレッチャーシステムでは4段4列の16セルのホーンを2台組み合わせて水平面の

指向性を120°としていたのに対して，ホーン1台で指向性の改善を狙って水平面105°の18セル（3段6列）マルチセルラーホーン（写真5-44）を開発しました。そして，高音のパワー強化のため，2台のドライバーが使用できるY型のスロートを開発し，1本のホーンに2台のホーンドライバーを取り付けた構成としました。

2ウエイ方式の帯域分割用ネットワークは図5-67に示す回路構成で，インピーダンスを12Ωに整合するように低音部は直列・並列接続をしています。

総合的な性能仕様は，再生周波数範囲が50～8000Hz，指向特性は水平面110°垂直面60°となっており，開発初期の目標を達成しています。発表された特性データ（図5-68）を見ると，50～10000Hzと帯域は広く，クロスオーバー周波数250Hzでのつながりもスムーズです。

これは，これまでにない新しい形状と最高の性能を持つトーキー映画用スピーカーシステムの誕生でした。

完成した2ウエイシステムは，図5-69のようにホーンの両側と下部にウイングを付けた形で，高さ120インチ（約305cm），幅144インチ（約366cm）

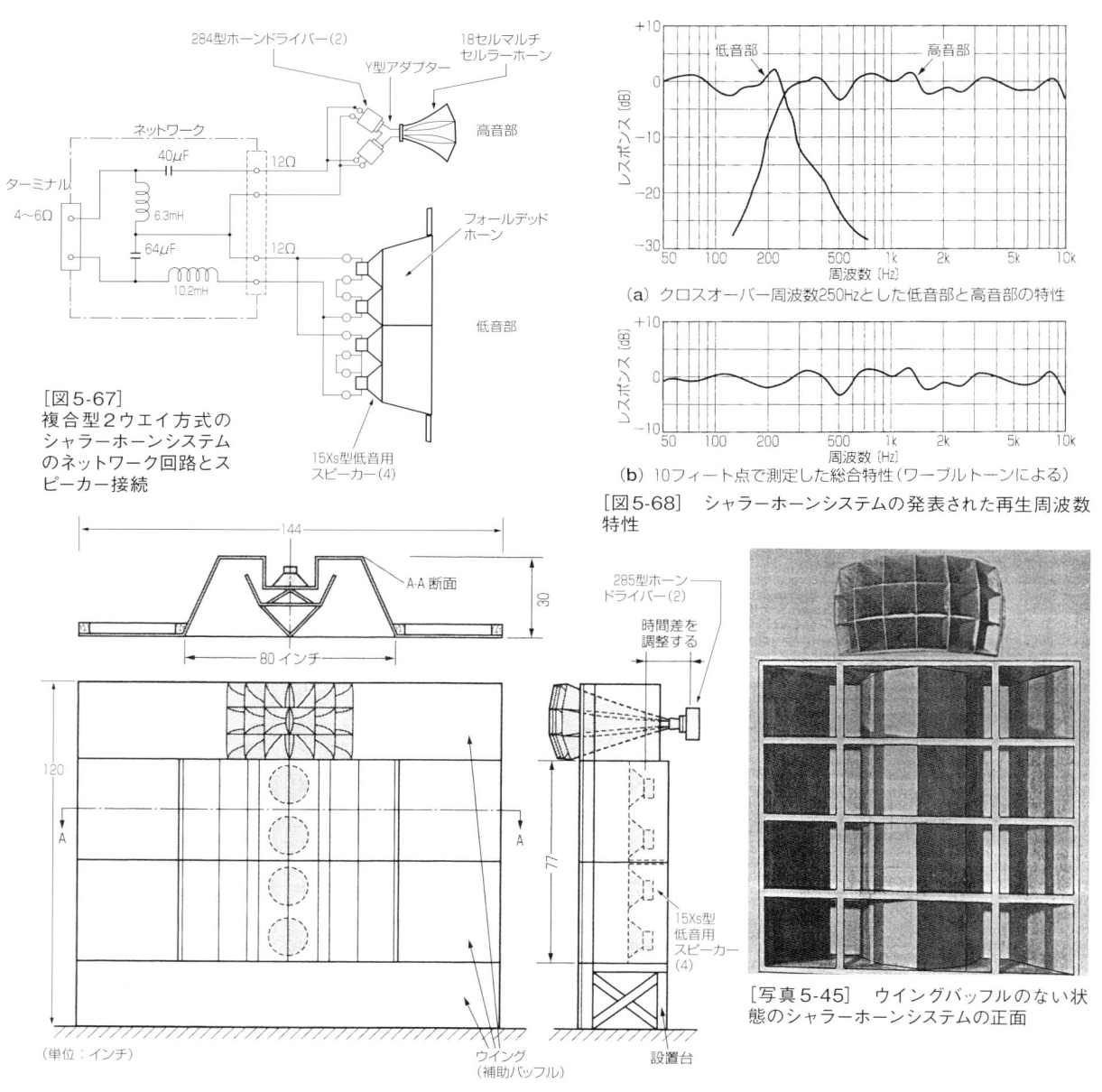

[図5-67]
複合型2ウエイ方式の
シャラーホーンシステム
のネットワーク回路とス
ピーカー接続

（a）クロスオーバー周波数250Hzとした低音部と高音部の特性

（b）10フィート点で測定した総合特性（ワーブルトーンによる）

[図5-68]　シャラーホーンシステムの発表された再生周波数
特性

[図5-69]　ウイングバッフルを付けた標準装備のシャラーホー
ンシステムの概略構造寸法

[写真5-45]　ウイングバッフルのない状
態のシャラーホーンシステムの正面

と大きくして，低音のバッフル効果を狙いました．

　写真5-45はウイングのない状態の外観で，姉妹
機種として，低音用ホーンを1ブロック使用し，2
台の低音用スピーカーで構成した小規模用途用ス
ピーカーシステム（写真5-46）も開発しました．

　このスピーカーシステムの完成に伴い，責任者
であったMGMの音響担当部長ダグラス・シャラ
ーの名にちなんだ「シャラーホーンシステム」と命

[写真5-46]　ウイングが四面に取り付けられた中型のシャラ
ーホーンシステム

名されました.

5-7-3 トーキー映画の音質改善と普及への貢献

早速,映画劇場で実際にシャラーホーンシステムの試聴実験を行い,豊かな低音再生と高音域の指向角の広さから,多くの人はその音質の良さを高く評価しました.

MGMでは,このスピーカーシステムをトーキー映画用として普及させるため,映画技術協会(M. P. E. S.;Motion Picture Engineering Society)に働きかけて技術資料を公開してシアタースピーカーの標準として扱い,使用できるようにしました.このため,RCAフォトフォンをはじめ各映画関係会社は,同様の形態のスピーカーシステム(写真

5-47)を製作し,映画劇場に設置して使用しました.

さらに,1935年に映画館の音響特性の標準として,35mm光学録音の総合再生周波数特性「アカデミーカーブ」(図5-70)を設定し,技術テストを行いました.

1936年には,このシャラーホーンシステムの功績に対して,MGMのシャラーホーンシステムの開発チームは,アカデミー映画芸術科学技術賞を受賞しました.受賞の直後オスカー像を前にしてダグラス・シャラーをはじめ関係者が集まった記念写真があります(写真5-48).また,MGMのスタジオで1938年に完成したスピーカーを試聴するため,ヒリアードとランシングの2人が揃って写った貴重な写真があります(写真5-49).

(a) RCAのフォトフォンの大型システム

(b) エレクトロボイス(米)の大型システム

(c) ランシング・マニファクチャリングの大型システム(横置き構造)

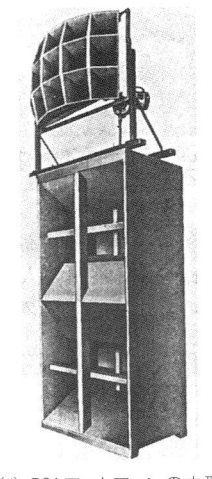

(d) RCAフォトフォンの中型システム(補強が追加された縦置き構造)

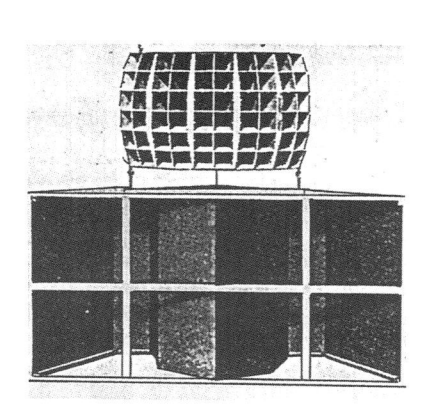

(e) ジェンセン(米)の中型システム(B型システムBP-401)

(f) クラングフィルム(独)の「オイロッパ・クラルトン」大型システム(30インチウーファー使用)

[写真5-47] シャラーホーンシステムの基本設計を基に各社が開発したトーキー映画用スピーカーシステム

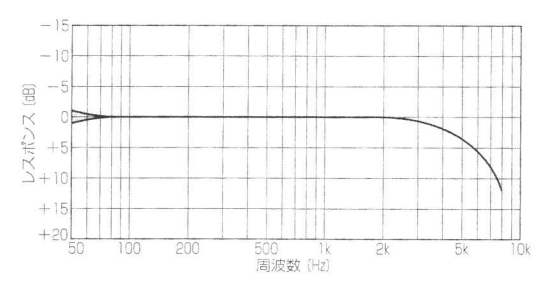

[図5-70]　1935年に設定された35mm光学式トーキー映画用の「アカデミーカーブ」（総合再生周波数特性の標準特性）

[写真5-49]　カリフォルニアのMGMスタジオで試聴する関係者たち．後部席左側がヒリヤード，右側がランシング，前列左よりベネクレッセン，中央がキャリントン，右側が後にアルテック社長となるワード

[写真5-48]　アカデミー賞のオスカー像を囲んで受賞を慶ぶ開発関係者（1936年）．右端がシャラー，右から3人目がランシング，その左がヒリヤード

　シャラーホーンシステムの誕生により，オールホーンロードの2ウエイ方式で，高音部にはマルチセルラーホーン搭載が，一つの形として定着することになりました．

　シャラーホーンシステムの影響で，その後の映画界の音に対する取り組みは大きく変わり，良い音の再生を求めて，次々と新しい機種が生まれてきました．

5-8 WEのミラフォニックサウンドシステム用「ダイフォニックスピーカーシステム」

WEは，MGMが開発したシャラーホーンシステムの登場に対し，1936年から1937年にベル電話研究所の開発協力を得て，キーコンポーネントの駆動アンプやスピーカーユニット，低音用ホーン，高音用ホーンを新開発し，1937年に「ミラフォニックサウンドシステム（Mirrophonic Sound Systems）」と称する新しい音響システム群を完成しました（**写真5-50**）．

WEはミラフォニックサウンドシステムに対して，再び新たにロゴプレート（**図5-71**）を作り，ステータスとして性能の優秀さを訴えました（初期の1936年と後期の1937年ではデザインが変更されています）．

この音響システム群に使用されたのは，新しく開発された「ダイフォニック（Di-Phonic）」スピーカーシステムと称するトーキー映画用スピーカーシステム群で，これまでのワイドサウンドシステムシリーズから大きく脱皮した，大型高性能スピーカーです．

このシステムの構成は，オーディトリアムの収容人員（客席数）に応じたトーキー映画用電気音響再生装置を6段階にランク付けした「Mシリーズ」を設定し，これに対応したダイフォニックスピーカーシステムが構成されています

前述のように，1936年にWEおよびE. R. P. I.が映画事業を解体されることから，このミラフォニックサウンドシステムは，最後の力で完成した製品と思われます．

5-8-1 低音部のホーンとスピーカー

ダイフォニックスピーカーシステムの低音部は，MGMのシャラーホーンの影響もあって，大型のフォールデッドホーンが採用されています．このためWEは，口径の大きい18インチのコーン型スピーカー4台を使用してホーンのスロート面積を大きくし，ホーンの音道を短くすることを考えました．

このためにWEは1936年に，口径18インチの大型低音用スピーカーをジェンセンに特別に注文し，TA-4181-A型（**写真5-51**）を製作させました．紙コーン振動板を使用したダイナミックスピーカーで，磁気回路は**写真5-52**のように大型のヨークカバー兼用の磁気回路を鋳造して製作した一体物になった構成です．フィールドコイルの励磁方法はDC方式で，使用目的によってフィールドコイルに印加する直流電圧が異なり，それぞれTA-4181-A型（DC24V），TA-4183-A型（DC115V），TA-4194-A型

[写真5-50] ミラフォニックサウンドシステム用大型ダイフォニックスピーカーシステム

(a) 初期（1936年）

(b) 後期（1937年）

[図5-71] ミラフォニックサウンドシステムのロゴプレート

[写真 5-51]　口径 18 インチの TA-4181-A
型低音用スピーカー

[写真 5-52]　TA-4181-A 型低音用スピーカーの磁気回路構成部品 (ヨーク,
プレート, フィールドコイル)

（DC10V）の型番が付けられています（**図5-72**）.

　この低音用スピーカーの特徴の一つは, 振動板がカーブドコーンになっており, 普通の低音専用と違って, 高音域まで再生周波数範囲を伸ばした設計となっていることです. システムとしての使用時は, ネットワークで300Hzまたは400Hzでカットされますが, 非常時に音声帯域をフルレンジでも再生できるように, ストレートホーンを通じて3000Hzまで伸びたメリハリのある音が再生できるように作られています. また, スパイダーは, 紙で作られたアウトサイドダンパーで, 低域共振周波数を約25Hzに下げるための工夫がなされています. 全体として振動系の質量は軽く（約115g）して, 能率の高いスピーカーに仕上げています.

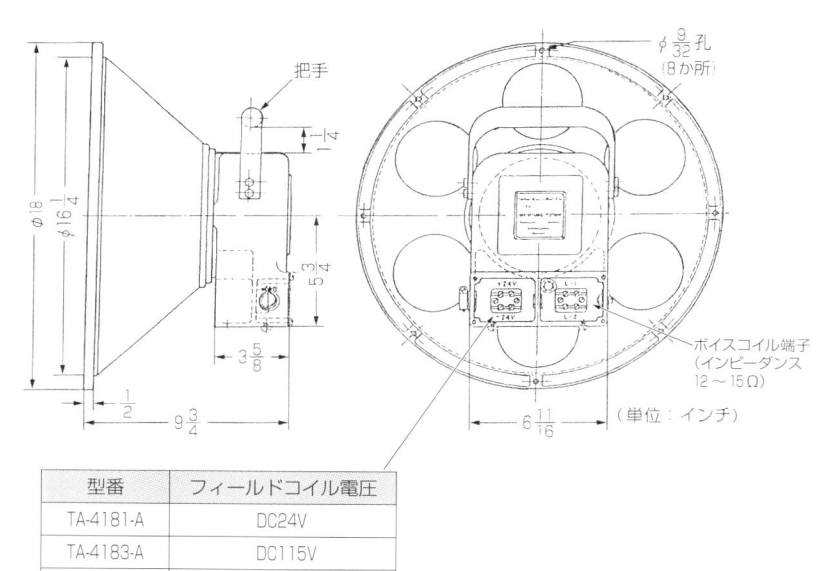

型番	フィールドコイル電圧
TA-4181-A	DC24V
TA-4183-A	DC115V
TA-4194-A	DC10V

[図5-72]　口径18インチの低音用スピーカーの概略構造寸法とフィールドコイル電圧の違いによる型名区分

低音用スピーカーを収容するエンクロージャーは，3機種あります．

[1] TA-7397型ストレートホーン

最も大型のTA-7397型ストレートホーン（図5-73）は，低音用スピーカー4台を搭載したもので，MシリーズのM-101型，M-1型，M-2型システムに使用されます．

低音の開口寸法は高さ96インチ（約244cm），幅68インチ（約173cm）で，シャラーホーンシステムの低音用ホーンよりも開口が大きく，カットオフ周波数が若干低く設計されています．

奥行き寸法は36・1/2インチ（約93cm）とやや長く，スピーカーの背面は開放型になっています．

両サイドにそれぞれ大きさの違う専用のウイングが取り付けられると，高さ106インチ（約269cm），幅132インチ（約335cm）と大きくなり，低音再生のバッフル効果を高めています．このため，50Hzまで均一なレベルで再生されています．

[2] TA-7396型ストレートホーン

TA-7396型ストレートホーン（図5-74）は低音用スピーカー2台を搭載したもので，ホーン開口寸法は高さ48インチ（約122cm），幅68インチ（約173cm）で，TA-7397型の半分の開口になっています．上部と左右に専用のウイングを取り付けると，外形寸法はTA-7397型と同じになりますが，低音再生限界は少し高めになります．中規模のM-3型，

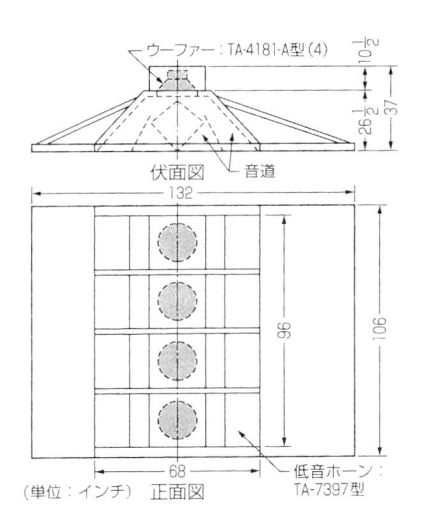

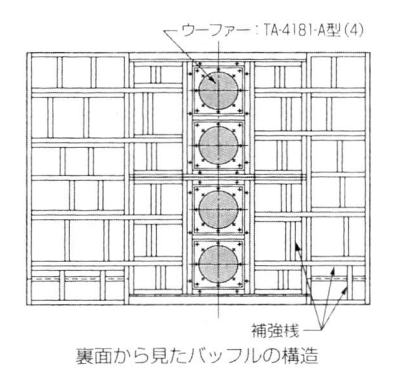

裏面から見たバッフルの構造

[図 5-73]
TA-7397型低音用ホーンの概略構造寸法

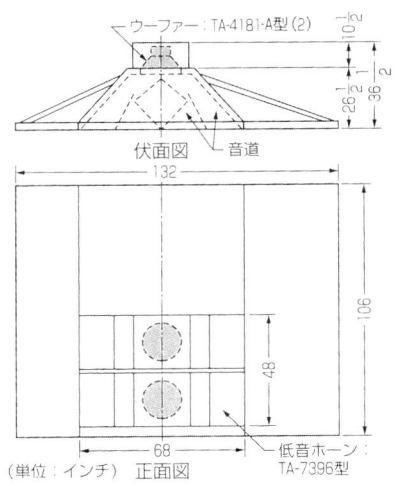

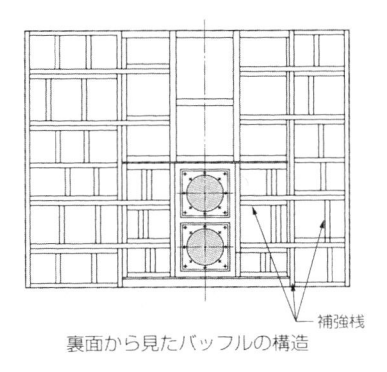

裏面から見たバッフルの構造

[図 5-74]
TA-7396型低音用ホーンの概略構造寸法

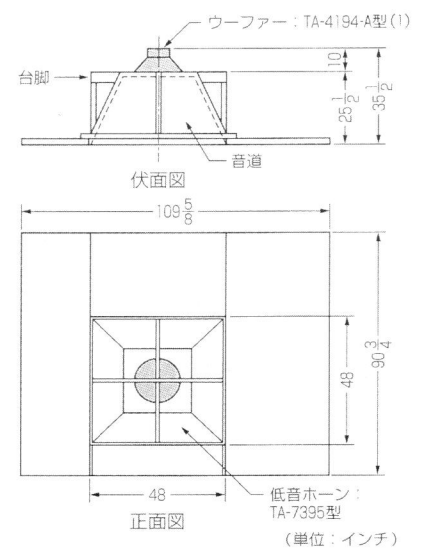

伏面図

正面図

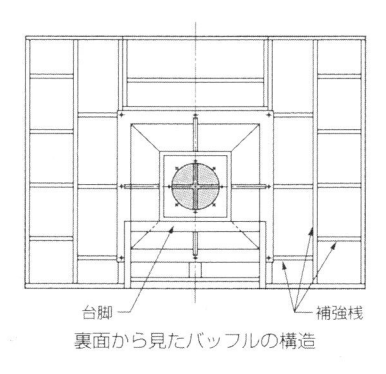

裏面から見たバッフルの構造

[図5-75]
TA-7395型低音用ホーンの概略構造寸法
（単位：インチ）

[写真5-53]
高音用594-A
型コンプレッシ
ョンホーンドラ
イバー（1936
年）

M-4型システムに使用されます.

［3］ TA-7395型ホーンバッフル

　小規模のM-5型システムに使用するTA-7395型ホーンバッフル（**図5-75**）は，低音用スピーカー1台で開口面が小さく，周辺のウイングバッフルで囲まれた形になっています．これだけは独特の音質に作られたようです.

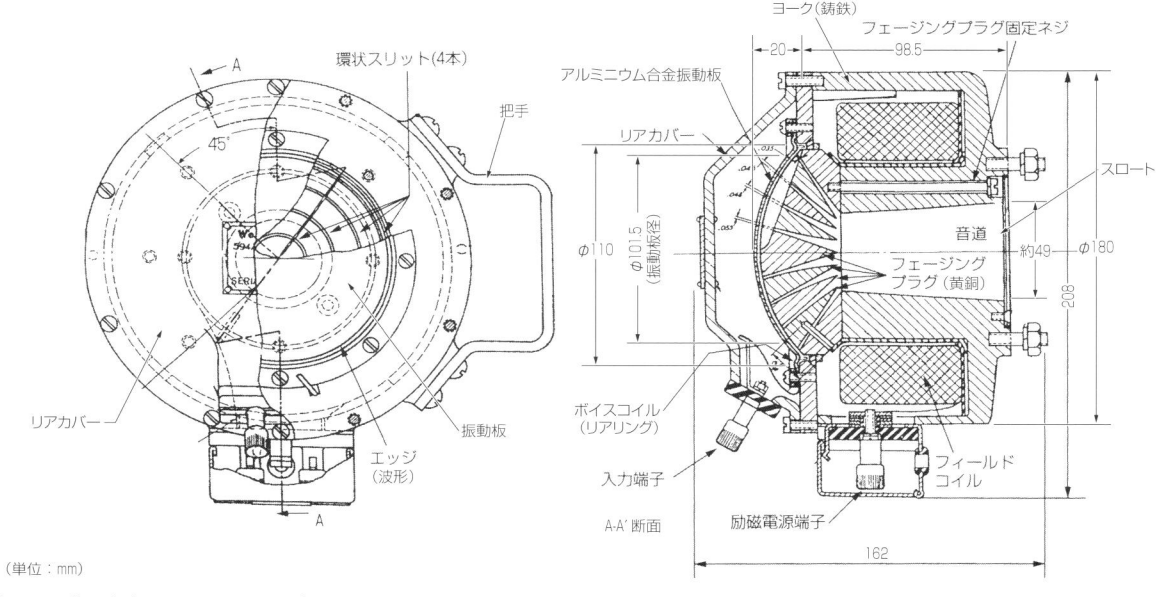

（単位：mm）

[図5-76]　高音用594-A型コンプレッションホーンドライバーの概略構造寸法

5-8-2 高音部のホーンドライバーとマルチセルラーホーン

高音部のホーンドライバーは，1933年にサラスとウエントがフレッチャーシステムのために開発したホーンドライバーを商品化して，型名を594-A型（写真5-53，図5-76）としたものを使っています．フェージングプラグが4つの環状リングの構造になっており，再生周波数帯域は300〜12000Hzと広く，先に開発された555型に比較すると，最初から2ウエイ用の高音専用スピーカーとして設計された違いがあります．

振動板径が4インチと非常に大きく，ハンドリングパワーが大きいため，大音量再生にも対応でき，ダイフォニックスピーカーシステムの中音，高音を受け持つ大きな役割を果たしています．

従来からの555型ホーンドライバーも，このシリーズの小規模のM-4型，M-5型システムに使用するように計画され，ホーンを短くした専用のホーンで300Hz以上を受け持つ高音用として使用されています．

適用される高音用ホーンは，システムの規模によりアタッチメントを変え，目的に応じたホーンドライバーの使用数が設定されています．

新しく開発したマルチセルラーホーンは，1936年に開発された24A型，25A型，26A型の3機種と，1937年に開発された27A型，28A型の2機種でした．

これらのバリエーションの狙いは，オーディトリアムの形状や客席状態に応じて，水平面，垂直面の指向特性を改善することに重点を置いた使い分けと，555型と594-A型の使い分けができるようにという配慮からです．

［1］24型系ホーン

24型系ホーン（写真5-54）の開口面は，高さ26インチ（約66cm），幅35インチ（約89cm）の平面で，4×3列の12セルのマルチセルラーとなっています．ホーンドライバーのスロート径が違うため，アタッチメントは19-A型，19-B型，19-C型を使用しています．594-A型の個数と奥行き寸法が異なる2種の24A型と，555型を使用する24B型の2系統に区分されます．

［2］25型系ホーン

25型系ホーン（写真5-55）は，これまで好評であったホーンドライバー555型を使用することを目

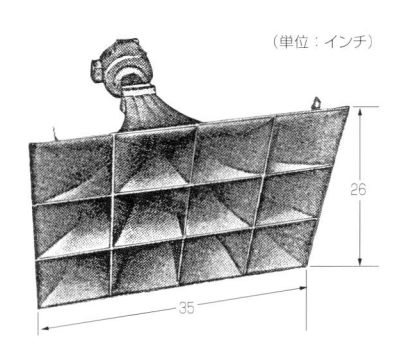

（単位：インチ）

ホーン番号	アタッチメント	奥行き〔インチ〕	適用ホーンドライバー
24A型	19-A	27	594-A（1）
24A型	19-B	28・1/8	594-A（2）
24B型	19-C	35・3/4	555（1）

セル数：12（3×4），指向角度：水平70°，垂直40°

［写真5-54］ 12セルの24型マルチセルラーホーン（1936年）

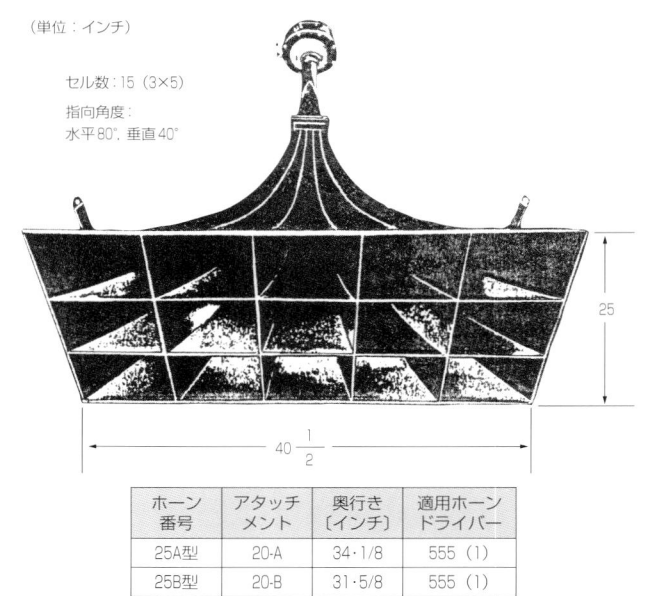

（単位：インチ）

セル数：15（3×5）
指向角度：
水平80°，垂直40°

ホーン番号	アタッチメント	奥行き〔インチ〕	適用ホーンドライバー
25A型	20-A	34・1/8	555（1）
25B型	20-B	31・5/8	555（1）

［写真5-55］ 15セルの25型マルチセルラーホーン（1936年）

セル数：15（3×5）
指向角度：水平70°,
　　　　　垂直40°

（単位：インチ）

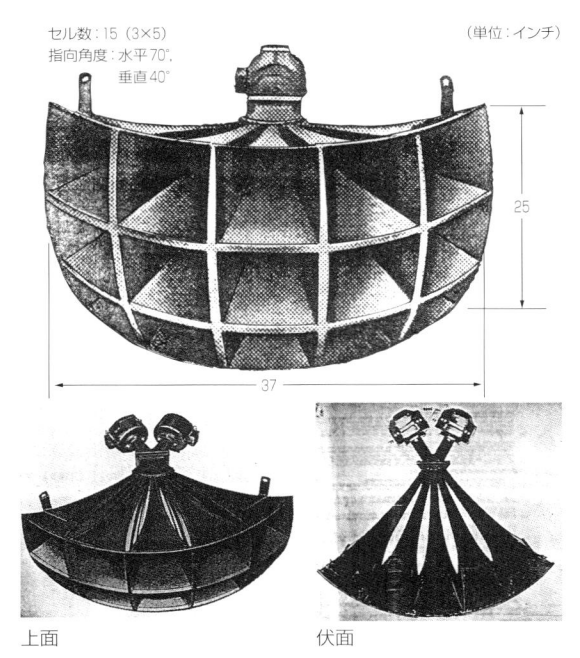

25

37

上面　　　　　　　　伏面

ホーン番号	アタッチメント	奥行き〔インチ〕	適用ホーンドライバー
26A型	22-A	32・1/2	594-A（1）
26B型	22-B	33	594-A（2）

［写真5-56］　15セルの26型マルチセルラーホーン（1936年）

（単位：インチ）

セル数：12（2×6）
指向角度：水平110°,
　　　　　垂直40°

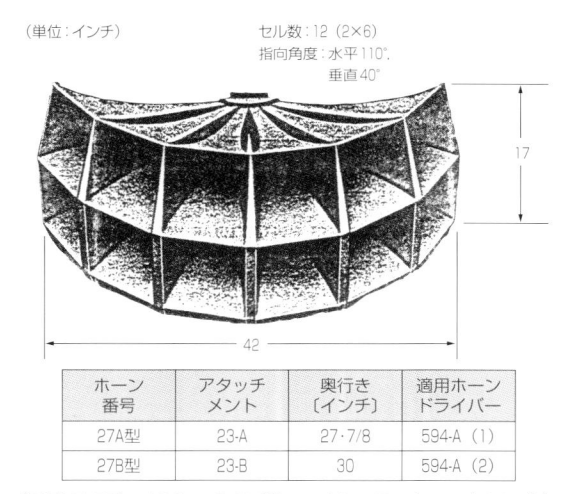

17

42

ホーン番号	アタッチメント	奥行き〔インチ〕	適用ホーンドライバー
27A型	23-A	27・7/8	594-A（1）
27B型	23-B	30	594-A（2）

［写真5-57］　12セルの27型マルチセルラーホーン（1937年）

的に作られたもので，ホーンは長く，5×3列の15セルのマルチセルラーホーンです．アタッチメントは20-A型と20-B型で，555型1台使用と2台使用で使い分けました．

（単位：インチ）

セル数：18（3×6）
指向角度：水平110°,
　　　　　垂直40°

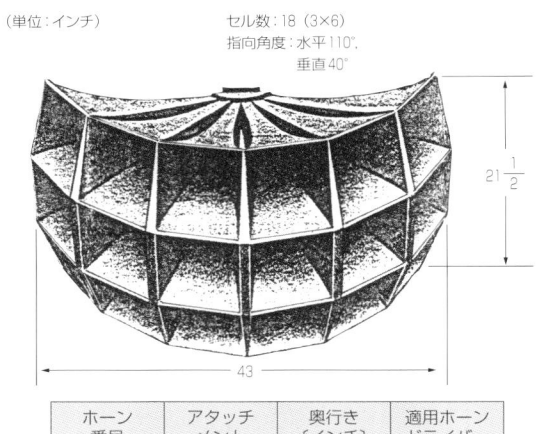

21 1/2

43

ホーン番号	アタッチメント	奥行き〔インチ〕	適用ホーンドライバー
28A型	24-A	29・1/2	594-A（1）
28B型	24-B	32	594-A（2）

［写真5-58］　18セルの28型マルチセルラーホーン（1937年）

［3］26型ホーン

　26型系ホーン（**写真5-56**）は，独立したホーンが連結された5×3列の15セルを持つマルチセルラーホーンです．開口面は球面状に広がり，水平面，垂直面の指向性を良くしています．594-A型専用で，アタッチメントは22-A型と22-B型で，26A型（594-A型1台）と26B型（594-A型2台）の2種があります．

［4］27型系ホーン

　27型系ホーン（**写真5-57**）は，独立したホーンが連結した6×2列12セルを持つマルチセルラーホーンです．開口面が球面状で横幅が広く，水平面の指向性が110°と広角になった特徴的なホーンです．ホーンドライバーは594-A型が使用され，23-A型アタッチメントの1台用の27Aホーンと23-B型アタッチメントの2台用の27B型ホーンがあります．

［5］28型系ホーン

　28型系ホーン（**写真5-58**）は，独立したホーンが連結して作られた6×3列18セルを持つ大型のマルチセルラーホーンです．27A型と姉妹品の形状で，水平面の指向性が110°と広角を狙ったものです．アタッチメントは24-A型と24-B型を使用し

[表5-5]　ミラフォニックサウンドシステム（Mシリーズ）用の型番別概略仕様とダイフォニックスピーカーシステムの構成

型番	M-101	M-1	M-2	M-3	M-4	M-5
適合する映画劇場客席数	3000席以上	3000席以上	1500〜3000席	800〜1500席	800〜1500席	500席以上
駆動アンプ						
出力〔W〕	150	100	50	15	15	8
型名（使用数）	86（1）＋87（3）	86（1）＋87（2）	86（1）＋87（1）	86（1）	86（1）	91（1）
ダイフォニックスピーカーシステム	2ウエイ	2ウエイ	2ウエイ	2ウエイ	2ウエイ	2ウエイ
高音部						
ホーン	24A，26A，27A	24A，26A，27A	24A，26A，27A	24A，26A，27A	25A	24B，25A
アタッチメント	19-B，22-B，23-B	19-B，22-B，23-B	19-A，22-A，23-A	19-A，22-A，23-A	20-B	19-C，20-A
ドライバー（台数）	594-A（2）	594-A（2）	594-A（1）	594-A（1）	555（2）	555（1）
低音部						
ホーンバッフル	TA-7397	TA-7397	TA-7397	TA-7396	TA-7396	TA-7395
スピーカー（台数）	TA-4181-A（4）	TA-4181-A（4）	TA-4181-A（4）	TA-4181-A（2）	TA-4181-A（2）	TA-4194-A（1）
ネットワーク	TA-7375-A	TA-7375-A→TA7473	TA-7375-A	TA-7444-A	TA-7444-A	TA-7375-A
励磁用電源	TA-4144-A	TA-4144-A	TA-4144-A	TA-4144-A	TA-4144-A	不明

て，28A型（594-A型1台）と28B型（594-A型2台）ホーンがあります．

5-8-3　ダイフォニックスピーカーシステムの構成

　ミラフォニックサウンドシステムは，**表5-5**に示すように客席数に応じて，Mシリーズでは6種類となっています．

［1］M-101型システム

　Mシリーズの最大級のM-101型システム（**写真5-59**）は，3000席以上の大型ホールに適したスピーカーシステムです．M-101型ダイフォニックスピーカーシステムの回路構成を**図5-77**に示します．出力段に87型アンプを3台設け，前段の86型アンプ1台の間にデバイディングネットワークを設けたマルチチャンネルアンプ方式でドライブする構成になっています．高音用（HF）に87型1台，低音用

マルチセルラーホーン(26型を使用した場合)

TA-7397型ストレートホーン

[写真 5-59]
M-101型ダイフォニックスピーカーシステムの外観（M-1型, M-2型 はM-101型と類似の外観）

（a）表面

（b）裏側から見た低音用スピーカーの取り付け状態

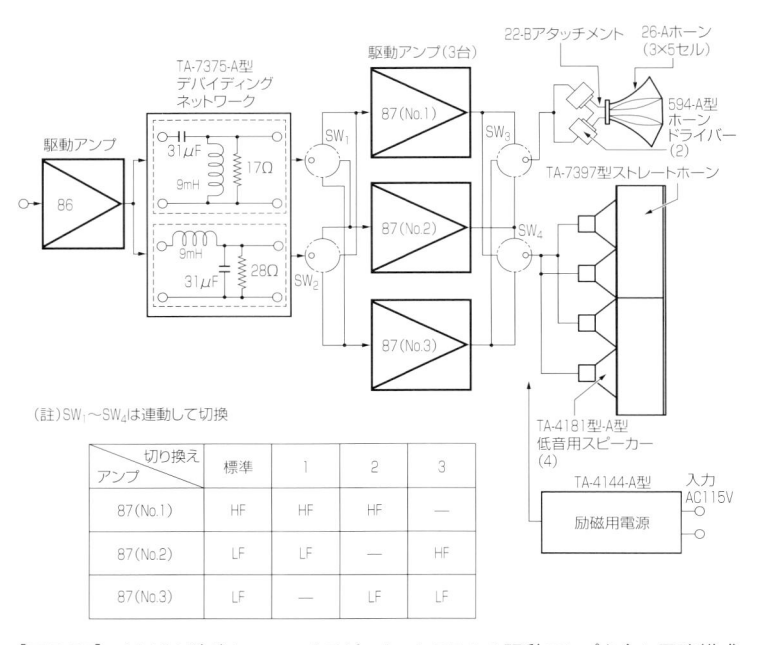

（註）SW₁～SW₄は連動して切換

アンプ	切り換え　標準	1	2	3
87（No.1）	HF	HF	HF	—
87（No.2）	LF	LF	—	HF
87（No.3）	LF	—	LF	LF

［図5-77］　M-101型ダイフォニックスピーカーシステムの駆動アンプを含む回路構成（26A型ホーン使用の場合）

に87型2台でスピーカーを駆動するとともに，切り換えスイッチにより駆動するアンプの受け持ち帯域を変えることができる，高性能を狙ったシステムです．

ネットワークはTA-7375-A型が使用され，フィールドコイルの励磁用電源はTA-4144-A型が使用されています．

［2］M-1型システム

M-1型システムは同じく3000席以上の劇場などに適したシステムで，外観はM-101型と類似していますが，アンプの総合出力は100Wで，出力段は87型アンプ2台の並列駆動，前段はM-101型同様86型アンプ1台の構成です．図5-78に示すよう

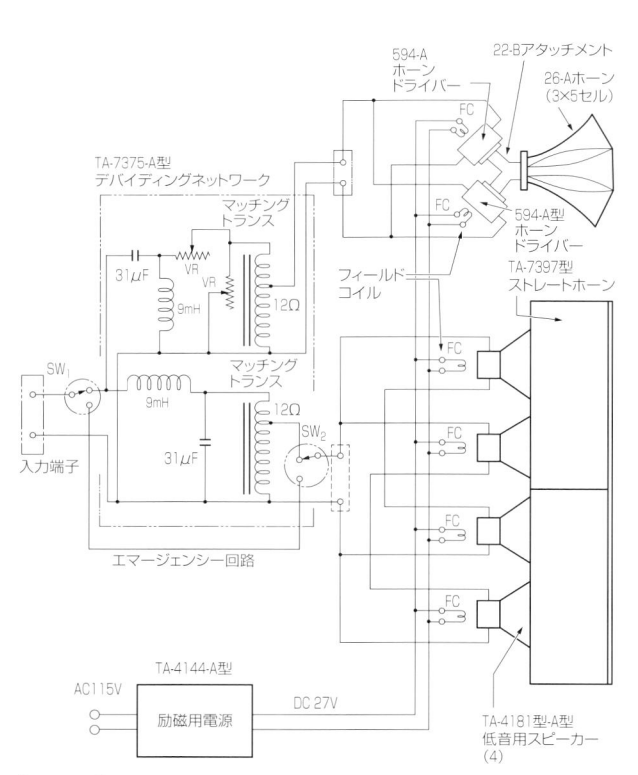

［図5-78］　M-1型ダイフォニックスピーカーシステムのネットワークを含む回路構成（26A型ホーン使用の場合）

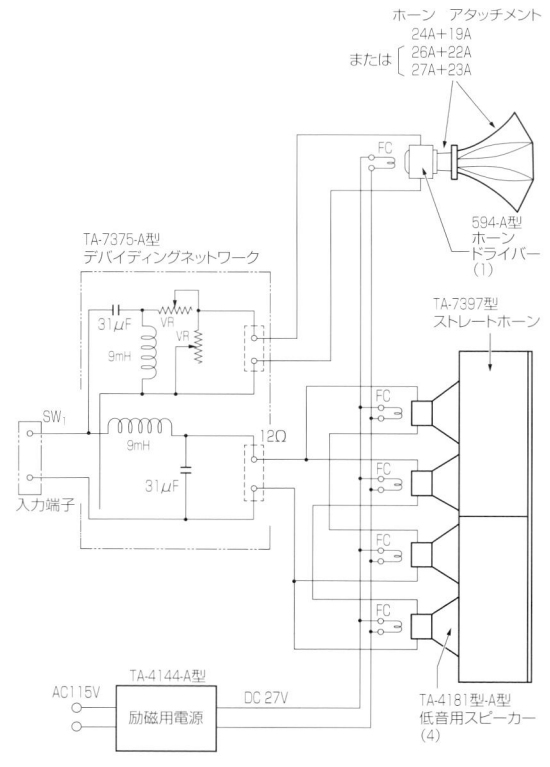

［図5-79］　M-2型ダイフォニックスピーカーシステムのネットワークを含む回路構成

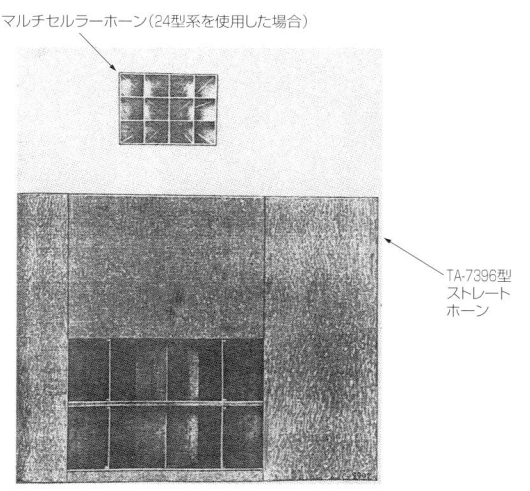

マルチセルラーホーン（24型系を使用した場合）

TA-7396型
ストレートホーン

[写真 5-60] 24型高音用ホーンを搭載した M-3型
ダイフォニックスピーカーシステム

に出力段の後にネットワークを入れた2ウエイ方式
になっています。このネットワークは TA-7375-A
型でしたが，その後，マッチングトランスを搭載し
た TA-7473型が使われるようになり，12Ω，6Ω
などのマッチングが切り換えできるようになりまし
た。フィールドコイルの励磁用電源は，TA-4144-A
型が使用されています。

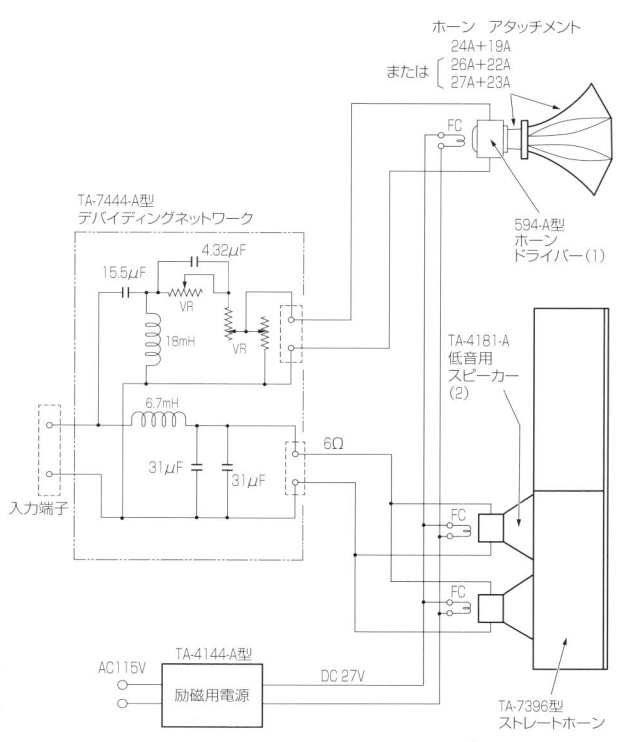

[図 5-80] M-3型ダイフォニックスピーカーシステムのネットワークを含む回路構成

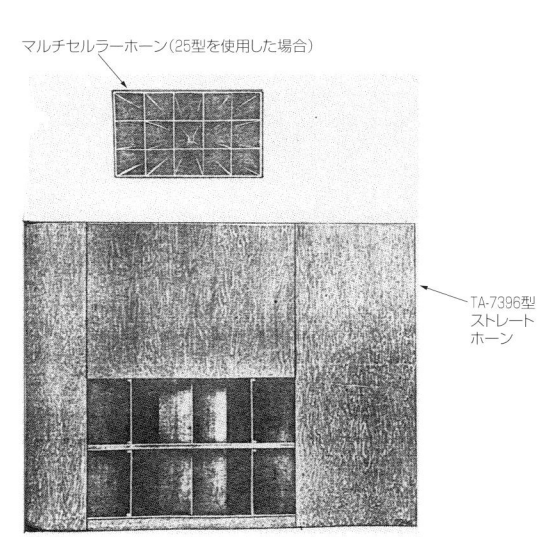

マルチセルラーホーン（25型を使用した場合）

TA-7396型
ストレートホーン

[写真 5-61] 25型高音用ホーンを搭載した M-4型
ダイフォニックスピーカーシステム

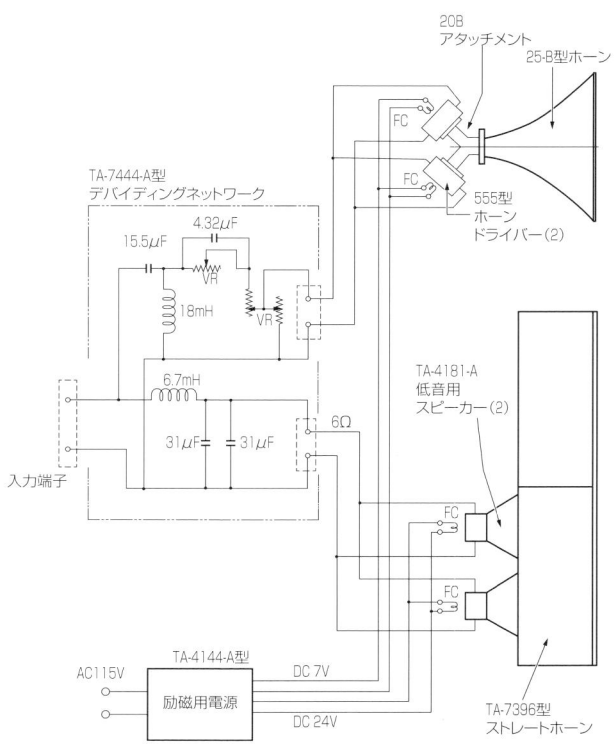

[図 5-81] M-4型ダイフォニックスピーカーシステムのネットワークを含む回路構成

マルチセルラーホーン(25型系を使用した場合)

TA-7395型
ストレート
ホーン

裏側から見た
M-5型
システム

[写真5-62]　25型高音用ホーンを搭載したM-5型
ダイフォニックスピーカーシステム

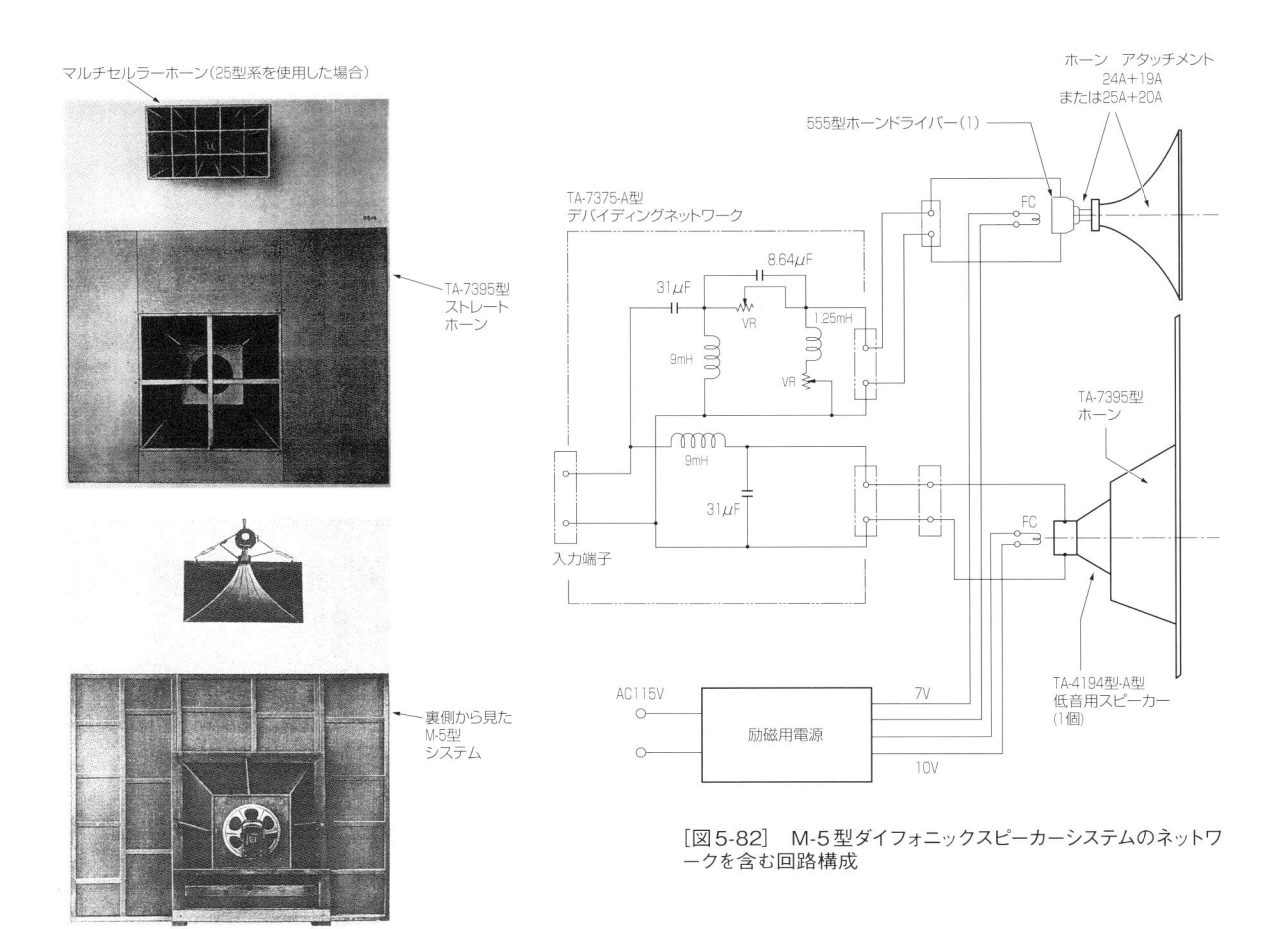

ホーン　アタッチメント
24A+19A
または25A+20A

555型ホーンドライバー(1)

TA-7375-A型
デバイディングネットワーク

8.64μF

31μF

VR

1.25mH

9mH

VR

9mH

31μF

入力端子

TA-7395型
ホーン

FC

TA-4194型-A型
低音用スピーカー
(1個)

AC115V

励磁用電源

7V

10V

FC

[図5-82]　M-5型ダイフォニックスピーカーシステムのネットワークを含む回路構成

［3］M-2型システム

　M-2型システムは，1500～3000席の劇場に適した構成で，スピーカーシステムの前面はM-101型と類似していますが，**図5-79**のようにM-1型システムと違って高音部のホーンドライバーが594-A型1台になっています．ネットワークはTA-7375-A型が使用され，フィールドコイルの励磁用電源はTA-4144-A型が使用されています．

［4］M-3型システム

　M-3型システムは，客席数が800～1500席の中型ホールに適した構成で，外観は**写真5-60**のように，低音部のホーンが1段のTA-7396型になり，TA-4181-A型スピーカーが2台になっています．高音部は24-A型マルチセルラーホーンと594-A型

ホーンドライバーが組み合わされて使用されています．

　図5-80のように低音部が6Ωになるため，ネットワークはTA-7444-A型に変わっています．フィールドコイルの励磁用電源はM-2システムなどと同様にTA-4144-A型が使用されています．

［5］M-4型システム

　M-4型システム（**写真5-61**）は，M-3型と同じく中型のホールに対応しますが，高音部に555型ホーンドライバーが使用されるため，25-A型や25-B型マルチセルラーホーンとの組み合わせになっています．**図5-81**のように高音部は597-A型ではなく555型を2台使用するようになっています．ネットワークはTA-7444-A型が使用され，555型ホーンドライバーの高音域の補正を行っています．フィールドコイルの励磁用電源はTA-4144-A型が使用され，

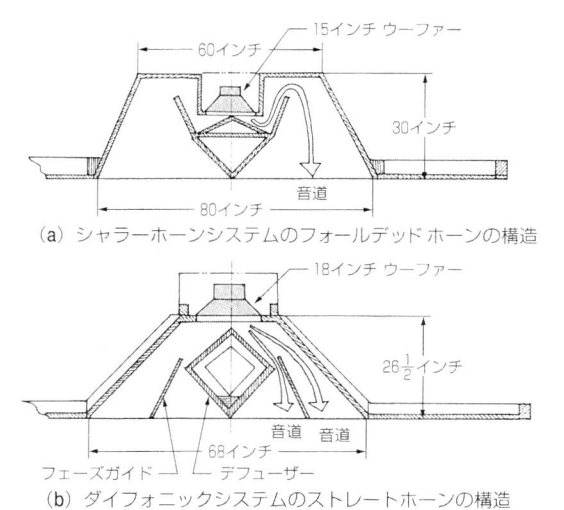

[図5-83]　シャラーホーンシステムとダイフォニックシステムの低音用ホーンの違い

(a) シャラーホーンシステムのフォールデッドホーンの構造

(b) ダイフォニックシステムのストレートホーンの構造

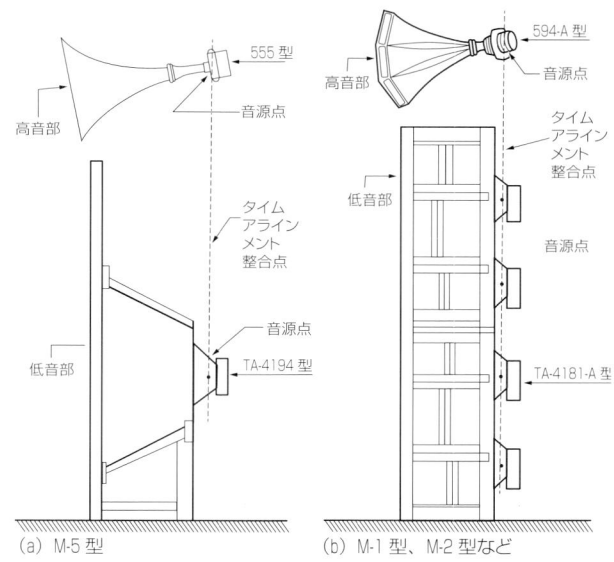

(a) M-5 型

(b) M-1 型、M-2 型など

[図5-84]　E. R. P. I.のブレテンに掲載されているタイムアラインメントの整合の設置指示

DC7V と DC24V が供給されています.

[6] M-5型システム

　M-5型システム（**写真5-62**）は，客席数500人程度を対象とした小規模の映画館向きで，TA-7395型のホーンバッフルの開口面積がほかのシステムと違って小さく，低音再生能力が異なっています. 高音部はホーンドライバーに555型を主力として使用するため，24型系か25型系のマルチセルラーホーンが組み合わされています.

　図5-82に示すように口径18インチのTA-4194-A型1台と高音部の555型1台が使われていますが，これらはフィールドコイルの励磁電圧が異なるので，励磁用電源からはDC7VとDC10Vが供給されています. ネットワークはTA-7375-A型が使用され，555型ホーンドライバーの特性補正を行うようになっています.

　このように，WEは1933年のフレッチャーシステムを製品化しなかった関係からか，トーキー映画用スピーカーとして脚光を浴びたMGMのシャラーホーンシステムを意識して差別化した設計を行った背景をシステム構成や構造の中にうかがうことができます.

① 小型から大型の製品6機種を用意し，映画劇場の規模に応じてさまざまに対応できる戦略を採っている

② 高音部は，ホーンドライバーの555とともに，新たにフレッチャーシステムで開発した本格的な2ウエイ用の594-A型ドライバーを製品化してパワーアップし，ホーンと組み合わせるアタッチメントにより，使用するドライバー数の増減を図っている. また，映画劇場の客席配置に合ったホーンの指向特性を重視し，マルチセルラーホーンのセル数の違った機種を用意している

③ 低音部のホーン長を短くするために大きくしたスロート部分の面積に合った低音用スピーカーとしてジェンセンの特別製大口径の18インチコーン型スピーカーをOEMで調達し，これを複数使用してカットオフ周波数50Hzまで再生している

④ 低音用ホーンは，シャラーホーンシステムと外観はよく似ているが，**図5-83**に示すように構造は違い，フォールデッドホーンではなく，ウーファーの前にディフューザーの働きをする四角い角柱があるストレートホーンとしている. また，高音用ホーンとのタイムアラインメントの整合を完全に行うよう，**図5-84**のように設置の指示を明

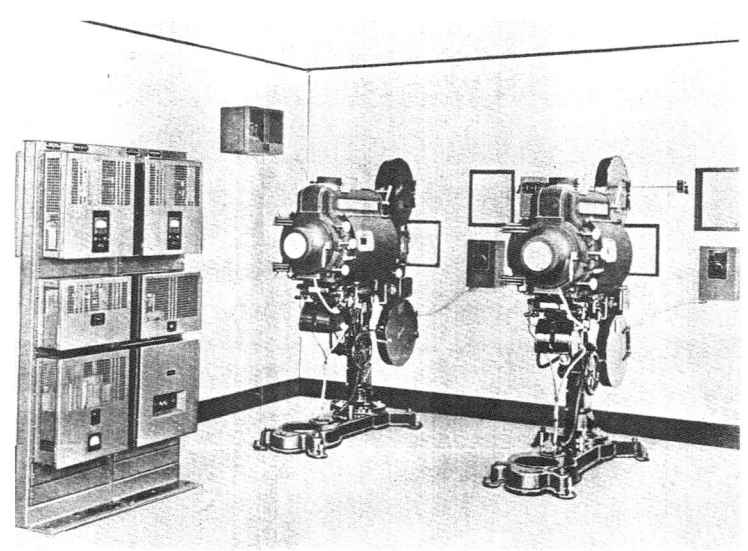

[写真5-63]
映写室に設置されたミラフォニックサウンドシステム用アンプ群（左側のラックにマウントされているのはアンプ群，右は映写機2台）

　確にしている

⑤補助バッフルのウイングは左右非対称にして，特性の乱れを防ぐ対策をしている．また，その補強桟の取り付けは頑丈な構造になっている

　など，WEは徹底した製品作りを行っています．

　写真5-63は，新しい映写室にミラフォニックサウンドシステム用のアンプ群がラックに設置された状態で，当時の映画興行のレベルを知ることができます．

5-9 アルテック・ランシング創立とトーキー映画用スピーカーシステム

5-9-1 アルテック・ランシングの創立

1937年以降，WE系のダイフォニックスピーカーは進展していましたが，WEとアルテック・サービスのジョージ・キャリントン（George Carrington）社長をはじめ幹部は，ある脅威を感じていました．MGMが開発したシャラーホーンシステムが好評のため，その影響を受けていたこともありますが，それよりもMGMが開発プロジェクトのキーマンであったヒリアードとランシングの2名を掌握し，ここに資本力を投入して新会社を設立して高性能のトーキー映画用スピーカーを製作し，業界に進出するのではないかという懸念でした．

早急に手を打って，この2人を良い条件でWE系の会社に迎え入れ，トーキー映画用スピーカーの技術開発の中核として確保することができれば，WE系列の業務を安定して維持でき，技術的にも市場を掌握できるものとWEの経営陣は考えました．

結果的には，1941年にアルテック・サービスにこの2人を幹部として迎え入れ，これまで彼らが行ってきたトーキー映画用機器のサービス業務から解放して，スピーカーシステムの開発製造事業に専念させることにしました．

このため，新会社の社名を「アルテック・ランシング・コーポレーション（ALTEC Lansing Corporation）」とし，これまでのサービス業種はアルテック・サービスと分離して残し，新会社では2人を中心にした開発製造技術を持つ体質を作り上げ，知名度の高い「ランシング」を商標に使用して展開しました．

一方，就任したヒリアードとランシングの2人は，ベル電話研究所とWEが持つスピーカー関係の特許ライセンスを自由に使用できることで，フェージングプラグのあるホーンドライバー，同軸2ウエイ方式，エッジワイズボイスコイル，セクトラルホーンなどの技術を駆使して，自由度の高いスピーカー開発設計ができる環境を得ました．また，ランシングはこれまで自分で開発してきたスピーカーやエンクロージャーなどの技術や製品のすべてをこの新会社に譲渡して，新会社で自由に仕事ができることを夢見ました．

[表5-6] Wシリーズスピーカーシステムの概略仕様と構成内容

型番	75-W-5	30-W-5	18-W-5	18-W-8
適応規模	大劇場	2000席以下	1200席以下	800席以下
再生周波数帯域〔Hz〕	50〜10000	60〜10000	80〜10000	
最大入力〔W〕	40	20	20	20
電気インピーダンス〔Ω〕	12	12	12	12
複合方式	2ウエイ	2ウエイ	2ウエイ	2ウエイ
クロスオーバー周波数〔Hz〕	500	500	500	800
高音部				
ドライバー（使用数）	287（2）	287（1）	287（1）	901-B（1）
ホーン	1505（15セル）	1505（15セル）	1505（15セル）	808（8セル）
励磁電源	DC220V	DC220V	DC220V	なし
低音部				
スピーカー（使用数）	415（4）	415（2）	415（1）	1565-U（1）
ホーンバッフル	H-280	H-180	H-120	H-24
励磁電源	DC220V	DC220V	DC220V	なし
ネットワーク	N-500-A	N-500-A	N-500-A	N-800-A

5-9-2 「Wシリーズ」スピーカーシステムの開発

新会社のスタートの販売製品として，ランシングは，早速トーキー映画用スピーカーの開発に取り組みました．企画としては，映画館の客席数に対応して表5-6に示す4機種を設定し，これに該当するキーパーツは，これまで自分が旧会社で開発したスピーカーやフォールデッドホーンなどを改善して使用することを考えました．

低音部は，415型スピーカー（写真5-64，図5-85）を使用しました．415型は，ランシングが1937年に開発した「アイコニック（Iconic）」システムで使用された815型15インチスピーカーをランシングが1938年に改良したものです．

415型はフィールド型のコーンスピーカーで，これまで長年WEが使用してきた仕様と違って，フィールドコイルの直流抵抗が1600Ωで，励磁用電源はDC220V/138mAであり，励磁用電源の端子はRCAフォトフォン系で使用されているプラグ式でした．

小規模の18-W-8型用に，口径15インチのパーマネント型スピーカー1565-U型（写真5-65）が開発されました．アルニコ磁石を使用し，ボイスコイルインピーダンス6Ω，入力18Wとなっています．

低音用ホーンは，構造的にはMGMで開発したフォールデッドホーンに類似し，WE系のダイフォニックスピーカー用ホーンとは異なっています．断面（図5-86）はシャラーホーンシステムに類似した構造になっています．しかし，ランシングは一捻り

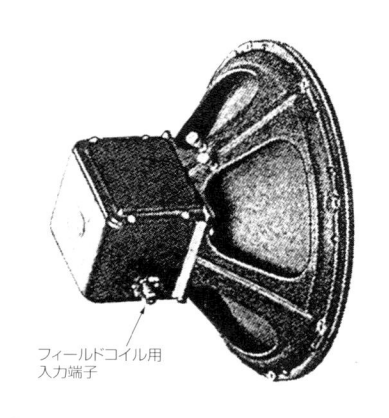

口径：15インチ（外径15・3/16インチ）
奥行き高さ：9・3/4インチ
入力：18W
ボイスコイルインピーダンス：6Ω

［写真5-65］　18-W-8型用として新規に開発した1565-U型パーマネント型低音用スピーカー

［写真5-64］　815型を改良した口径15インチの415型低音用スピーカー（1938年）

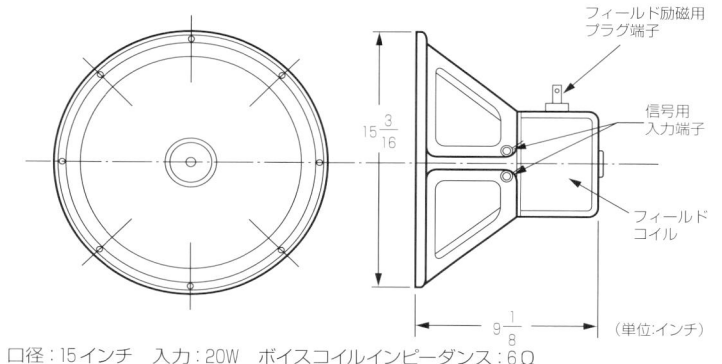

口径：15インチ　入力：20W　ボイスコイルインピーダンス：6Ω
ボイスコイル径：2インチ　フィールドコイル抵抗：1600Ω　励磁用電源：DC220V/138mA

［図5-85］　口径15インチ415型（フィールド型）低音用スピーカーの概略仕様と構造寸法

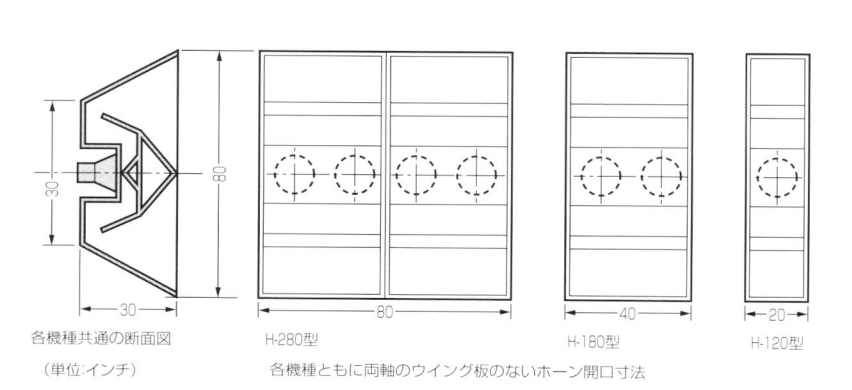

各機種共通の断面図
（単位：インチ）

各機種ともに両軸のウイング板のないホーン開口寸法

H-280型　H-180型　H-120型

［図5-86］　Wシリーズに使用した低音用フォールデッドホーンの概略構造寸法

して，シャラーホーンとは90°回転した位置をスピーカーの正常設置としました．これは外観的な違いを狙っただけではなく，高さを変えることなく，横幅の違いで大，中，小の低音用ホーンが構成できる合理的な考案です．指向性は垂直面が良い状態になります．

H-280型フォールデッドホーンは大劇場用に作られたもので，415型低音用スピーカーを4台搭載し，前面の開口は80×80インチ（約203cm），カットオフ周波数は50Hzで後面は開放型です．これは次に述べるH-180型を2台連結した構造です．

H-180型は，415型低音用スピーカーが2台搭載できるフロントホーンで，ホーン開口は40インチ（約102cm）×80インチ，低音再生は60Hz以上となっています．

H-120型は，H-180型の縦半分の構造で，415型低音用スピーカーが1台搭載できるフロントホーンで，ホーン開口面は20インチ（約51cm）×80インチ，低音再生は80Hz以上となっています．

H-24型は，アイコニックラインの構成で，2つのポートを持ったバスレフ方式になっています．

高音部のホーンドライバーは，シャラーホーンシステムに使用した285型を1941年に改良してフェ

ージングプラグのリングスリットにし，ホーンスロート部の取り付けを3本のボルト締め付け構造にした287型（**写真5-66，図5-87**）です．

287型は，ダイヤフラム径2・3/4インチ，スロート径1.4インチ，ボイスコイルインピーダンス22Ω，フィールドコイル2500Ω，励磁用電源はDC220V/88mAとなっています．

小規模の18-W-8型には，アイコニックシテスムに使用した801型を原型に，1941年にこれをパーマネント型に改良した901-B型が使用されました．外径は5インチ，奥行き高さ3・3/8インチで，801型に比べて小型です．入力20W，ボイスコイルインピーダンス15Ω，ダイヤフラム径2・3/4インチの仕様です．

高音部に使用するホーンはフレッチャーシステムやシャラーホーンシステム以来，マルチセルラーホーンがトーキー映画用スピーカーシステムのシンボル的な扱いになっているためか，ここでもセル数の多いものが使用されました．

Wシリーズに向けて，ダイフォニックスピーカーシステムで使用した26型（15セル）をやや小型にした形状の15セルのホーンを1941年に開発しました．

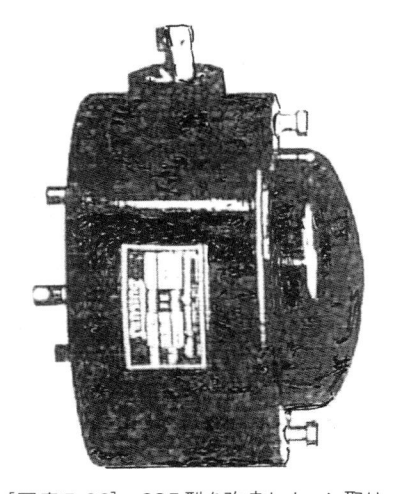

[写真5-66]　285型を改良しホーン取り付けボルト式にした287型ホーンドライバー（1941年）．銘板は「ALTEC-LANSING」ではなく「Lansing」になっている．最初に発表された写真では入力端子がプレート側にある

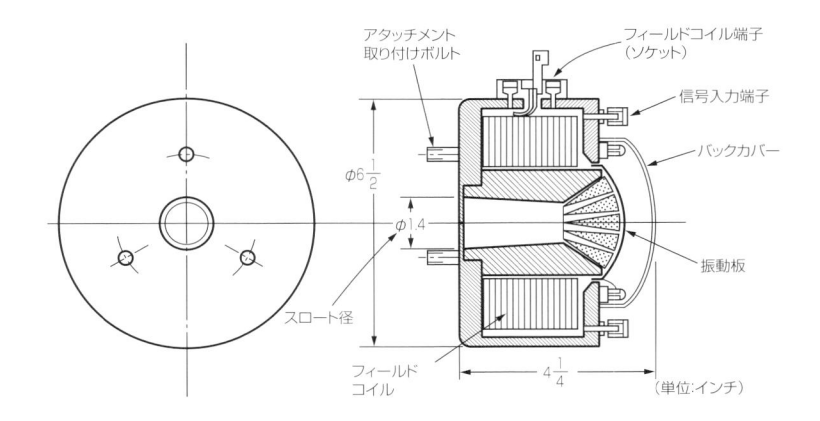

入力	ボイスコイルインピーダンス	ボイスコイル径	フィールドコイル抵抗	励磁用電源
20W	22Ω	2・3/4インチ（ロールエッジ）	2500Ω	DC220V/88mA

[図5-87]　高音用ホーンドライバー（フィールド型）287型の概略仕様と構造寸法

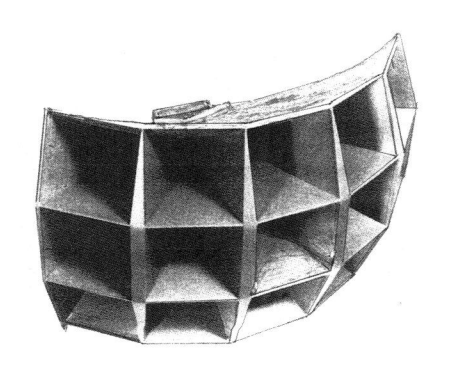

[写真5-67]　Wシリーズ向けとして新規に開発した
15セルの1505型マルチセルラーホーン

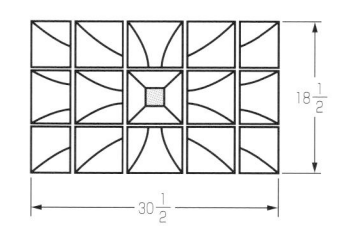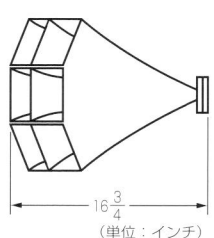

（単位：インチ）

セル数	指向角度		クロスオーバー周波数	スロート径〔インチ〕
	水平	垂直		
3×5セル	100°	60°	500Hz	1.4

[図5-88]　15セルの1505型マルチセルラーホーンの概略構造寸法

ホーンのセル数：2×4セル
（マルチセルラーホーン）
指向角度：水平80°，垂直40°
クロスオーバー周波数：800Hz
外形寸法：W16・1/2×H8・1/2×D12・1/2インチ

[写真5-68]　8セルの808型マルチセルラーホーン
（1937年）

この製品はそれぞれエクスポーネンシャルホーンになっているセルを5列3段にまとめた15セルの1505型ホーン（**写真5-67**，**図5-88**）で，今日の1505-B型と違って，各セルの隙間が見えないよう上下左右に板を貼りつけた「コンプレックス（complex）型」になっています．指向性は水平100°，垂直60°で，クロスオーバー周波数500Hzが推奨値です．

新型の901-B型ホーンドライバーと組み合わせて使用するホーンは，アイコニックシテスムに使用した4列2段の8セルの808型マルチセルラーホーン（**写真5-68**）です．クロスオーバー周波数は800Hz

で，小規模の映画館用に使用する18-W-8型に使用されました．

アタッチメントは，Y型のダブルスロートアタッチメントと，シングルのアタッチメントが用意されており，287型を1台または2台使用できるようになっています．

フィールドコイルの励磁用電源は，F-500-A型が使用されました．この電源は整流管5Z3型を2本使用して出力DC220V/400mAの容量を持っています．

2ウエイの帯域分割ネットワークは，クロスオーバー周波数が500HzのN-500-A型でした．また，適用インピーダンス12Ωに対し，TJ-401-B型のマッチングトランスを使用して，スピーカー側の低インピーダンスとマッチングするようになっています．

完成したWシリーズのトーキー用スピーカーシステムは次の通りです．

[1] 75-W-5型

大型劇場用として構成した75-W-5型（**写真5-69**）は，低音用にH-280型フォールデッドホーンを使用し，両サイドと下部にウイングを付けて，高さ130インチ（約330cm），横幅140インチ（約356cm），奥行き32・3/4インチ（約83cm）としています．また，**写真5-70**のように下部のウイングのない機種もあり，高さが100インチ（約254cm）になっています．背面から見た写真では，低音部の後蓋はスリット状になった後面開放型になっています．

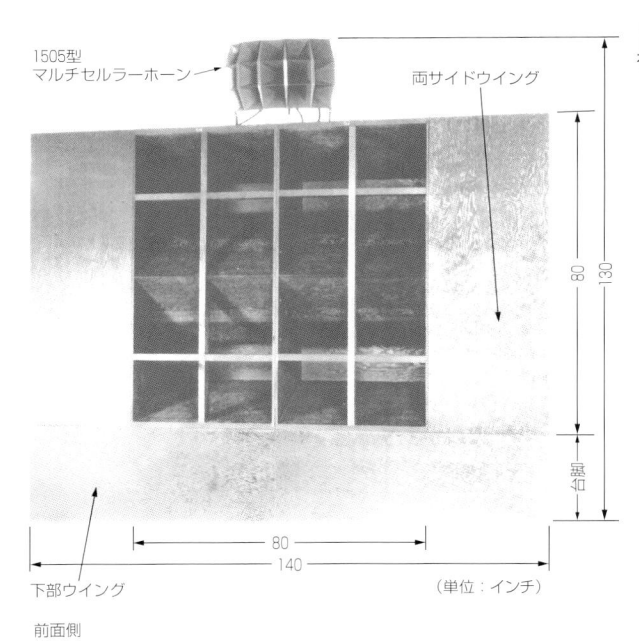

前面側

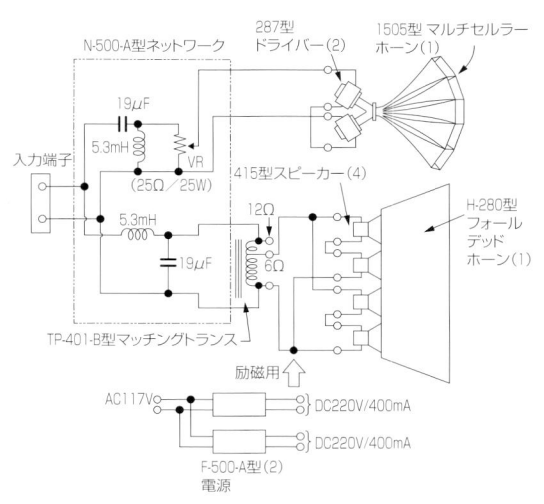

［写真5-69］ 75-W-5型大型
複合2ウエイスピーカーシステム

［図5-89］ 75-W-5型スピーカーシステムのネットワークを含む回路構成

［写真5-70］ 後ろ側から見た下部ウイングのない75-W-5型

高音部は15セルの1505型マルチセルラーホーンにY型のダブルスロートアタッチメントを使用して287型ホーンドライバーを2台搭載しています。75-W-5型の接続を**図5-89**に示します。

［2］30-W-5型

30-W-5型（**写真5-71**）は，客席2000席級を狙ったスピーカーシステムで，縦型に伸びた開口面を持ち，両サイドにウイングを付けて，高さ100インチ（約254cm），幅100インチ，奥行き32・3/4インチ（約83cm）になっています。

背面からみると，低音部は415型が2台，高音部は1505型ホーンに287型ドライバー1台が取り付けられた構造がよくわかります。

［3］18-W-5型

18-W-5型（**写真5-72**）は，客席数1200席程度を狙ったもので，H-120型のフォールデッドホーンの両サイドにウイングを付けて，外観寸法は高さ100インチ（約254cm），横幅80インチ（約203cm），奥行き30インチ（約76cm）となっています。スピーカーの構成は，低音部に415型1台と高音部は1505型ホーンに287型ドライバー1台です。

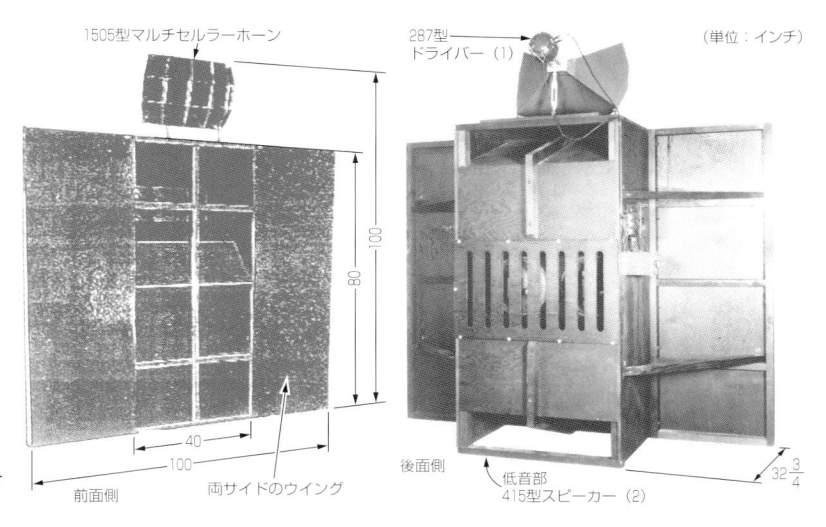

1505型マルチセルラーホーン

287型ドライバー（1）

（単位：インチ）

前面側

100
80

40
100

両サイドのウイング

後面側

低音部
415型スピーカー（2）

32 3/4

[写真5-71]　30-W-5型複合
2ウエイスピーカーシステム

［4］18-W-8型

18-W-8型（**写真5-73**）は，客席数800席程度以下の劇場に向けた小型のシステムで，低音部はフラットバッフルのように平らで，両サイドのウイングを取り付けた状態の外観寸法は，高さ75インチ（約190cm），横幅84インチ（約213cm），奥行き18・3/4インチ（約47.6cm）です．使用スピーカーは，低音用に1565-U型，高音用の901-B型で，ともに永久磁石を使用したパーマネント型です．

Wシリーズの75-W-5型と30-W-5型システムは，米国の映画技術協会の「アカデミーカーブ」（第5章7-3項参照）設定後の1948年に発行された *Technical Bulletin*（April, 1948）に，規定の測定法による性能テストデータが掲載されており，アカデミーカーブを満足する高性能な特性を持っていることを示しています．

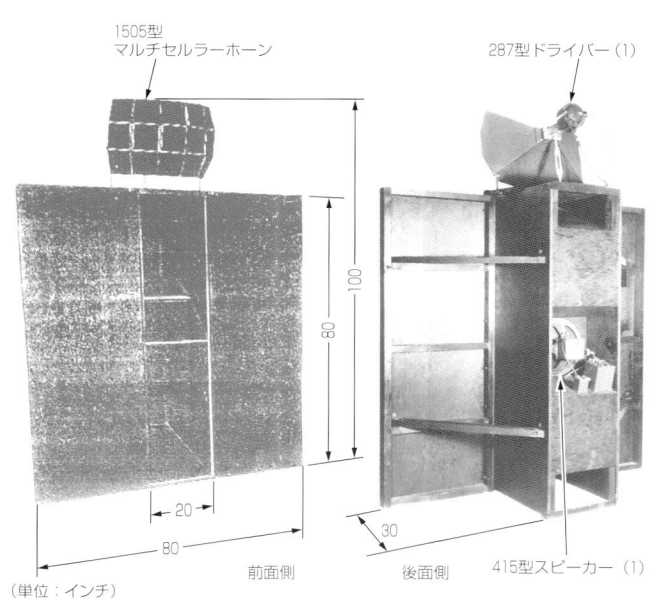

1505型
マルチセルラーホーン

287型ドライバー（1）

100
80

20
80

前面側

30

後面側

415型スピーカー（1）

（単位：インチ）

[写真5-72]　18-W-5型複合2ウエイスピーカーシステム

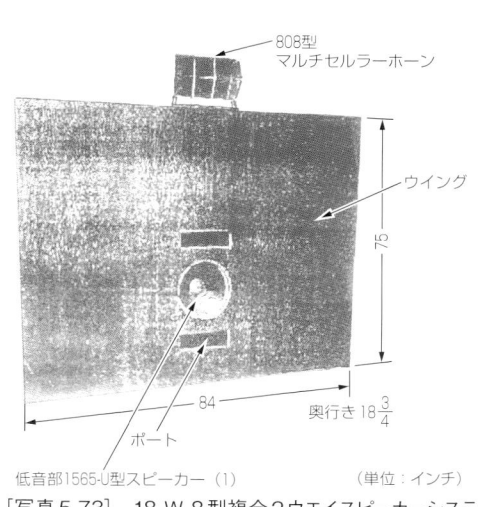

808型
マルチセルラーホーン

ウイング

75

84

奥行き18 3/4

ポート

低音部1565-U型スピーカー（1）

（単位：インチ）

[写真5-73]　18-W-8型複合2ウエイスピーカーシステム

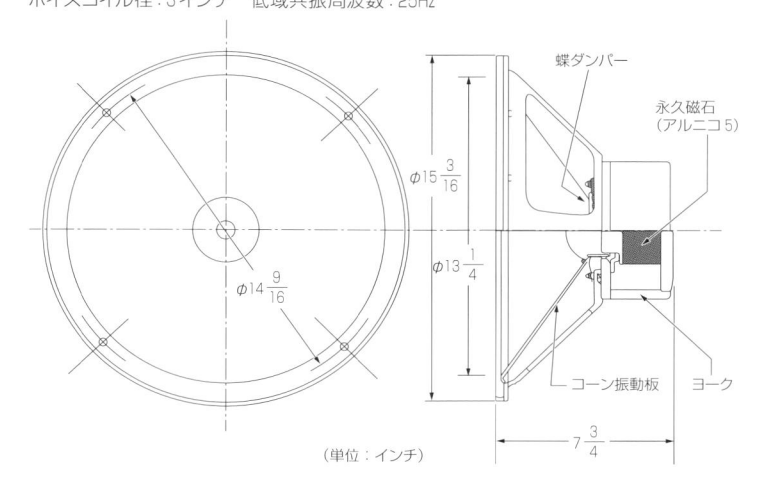

口径：15インチ　　入力：30W　　ボイスコイルインピーダンス：20Ω
ボイスコイル径：3インチ　　低域共振周波数：25Hz

蝶ダンパー

永久磁石
（アルニコ5）

φ15 3/16

φ14 9/16

φ13 1/4

コーン振動板　　ヨーク

7 3/4

（単位：インチ）

［写真5-74］　パーマネント磁気回路になっ
た口径15インチの515型低音用スピーカー

［図5-90］　口径15インチ515型（パーマネント型）低音用スピーカーの概略仕様
と構造寸法

5-9-3　ヒリアードとランシングの活躍による アルテック・ランシングの基幹製品の完成

　アルテック・ランシングで活動を開始したヒリアードとランシングの2人は，これまでの実績とベル電話研究所の特許資料やWEの技術をミックスして，新会社のオリジナル製品である，新しい高性能スピーカーの開発に取りかかりました．

　ちょうど，戦争中の軍需産業品として開発された強力なアルニコ5磁石が入手できるという情報をキャリントン社長が耳にし，これを早速入手してパーマネント型スピーカーの開発に着手しました．

　これが2人にとって幸運をもたらす結果となりました．それまでのフィールドコイルを使用した励磁型スピーカーに代わって，新しいパーマネント型スピーカーを開発することができ，アルテック・ランシングの基幹製品を次々と作ることができ，後世に残る著名なスピーカーを生み出しました．

　アルテック・ランシングのパーマネント化への取り組みの最初は，ランシングが1938年に開発した当時の現用機種のフィールド型415型（口径15インチ）低音用スピーカーをパーネント型磁気回路に改良した515型低音用スピーカー（**写真5-74**）の開発（1945年）でした．

　改良点は，許容入力30Wの強力型にするために

WEの技術を導入して，ボイスコイルを径3インチの銅リボン線のエッジワイズ巻きとし，インピーダンス約20Ωに設定しました．概略構造寸法図は**図5-90**で，振動板は修理サービスが便利なように，クランプリングを用いて外側の縁にネジで固着する新設計を採っています．

　また，高音用ホーンドライバーは，MGM用で開発した284型，285型を基本に，そのシリーズの287型のフィールドコイル型を1945年にパーマネント型にした288型ホーンドライバー（**写真5-75**，**図5-91**）という，後世に名を残した製品です．

　288型ホーンドライバーは，これまでベル電話研究所の特許の関係で使用できなかったタンジェンシャルエッジを採用し，その加工成形はランシングの工夫によって，薄板の金属振動板と一体成形する水圧式の製造方法が開発されました．この技術でボイスコイル径2・3/4インチのアルミニウム薄板振動板を成形し，288型ホーンドライバーに搭載しました（**写真5-76**）．ボイスコイルからの引き出し線は，以前に555型の修理で経験した実績から，ベリリウム銅のリード線をボイスコイルにスポット溶接する方法を採用し，耐久力を高めるとともに，故障時に振動板ユニットの交換を現場でできるようにベークライト成形品のリングで固定する方法を

[写真5-75]　パーマネント磁気回路になった288型高音用ホーンドライバー．銘板は「ALTEC-LANSING」ではなく「Lansing」になっている．最初に発表された写真では入力端子がプレート側にある

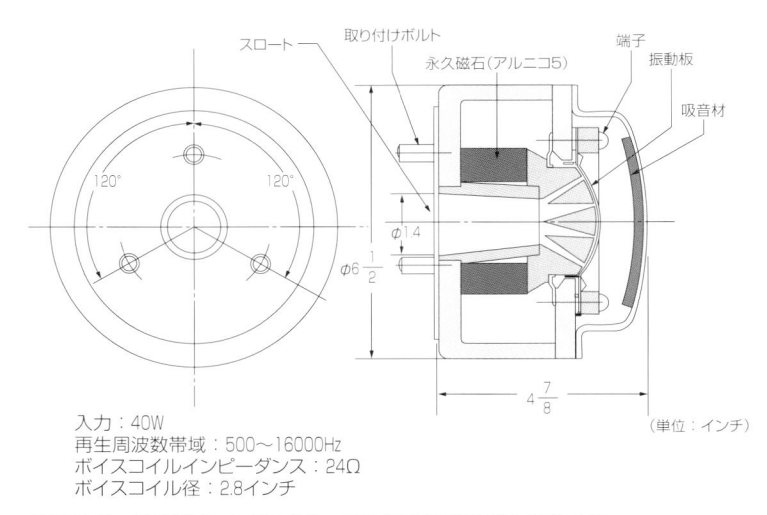

入力：40W
再生周波数帯域：500〜16000Hz
ボイスコイルインピーダンス：24Ω
ボイスコイル径：2.8インチ

（単位：インチ）

[図5-91]　高音用ホーンドライバー288型の概略仕様と構造寸法

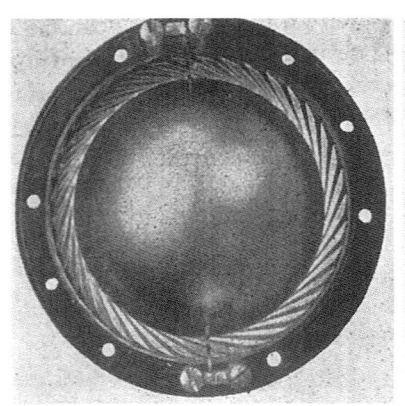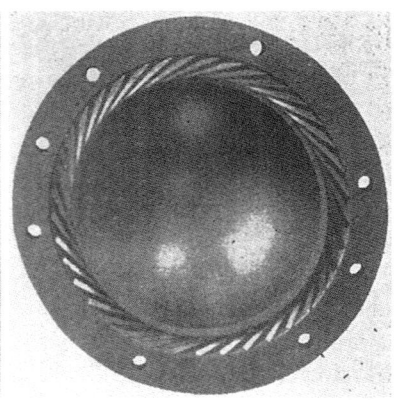

[写真5-76]　288型高音用ホーンドライバーの振動板に採用したタンジェンシャルエッジとボイスコイル引き出し線の構造

考案し，位置調整のためにノックピンを設けました．

ボイスコイルはエッジワイズ巻きで，ボイスコイルインピーダンスは約24Ωに設定しています．

再生周波数帯域は500〜16000Hzと広く，入力40Wの高性能なホーンドライバーになりました．

また，ランシングはこの開発の勢いで，ベル電話研究所のボストウィックが発明したものの，製品化できなかった同軸型2ウエイスピーカーの開発に取り組みました．

1944年に作られた試作品はフィールド型磁気回路でしたが，1945年にパーマネント型磁気回路として，アルテック・ランシングの代表的製品となった604型同軸複合型2ウエイスピーカーが完成しました．

ランシングはヒリアードの薦めもあって，この成果を1944年に彼自身が論文[5-37, 38]として発表し，この複合2ウエイ構成スピーカーを「デュプレックス（Duplex）」という商品名にしています．

ヒリアードは，着々と実績を上げたランシングに音響工学や高等数学を指導しながら，2人で次々に学会や協会に技術発表を行い，活躍しました．また，この時期に新しいトーキー映画用スピーカーシステムを開発するに当たり，2人はシャラーホーンシステムが誕生して10年の歳月が経過した映画劇場で，使用現場の意見を収集し，改善点を見つけるため市場調査を行いました．

その結果，次のような点を新型のシアタースピーカーに採用することを考えました．

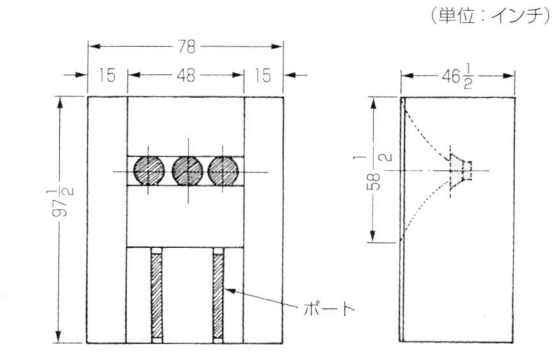

[図5-92]　H-310型フロントホーン付き複合型エンクロージャーの概略構造寸法

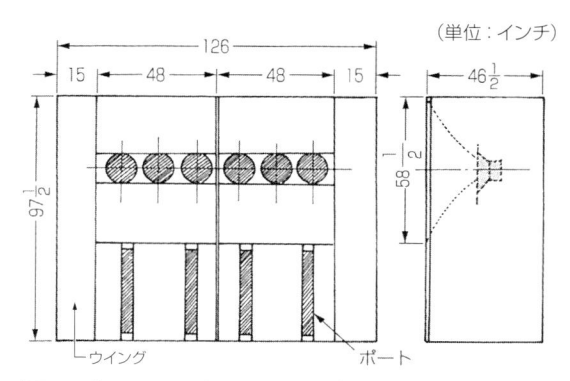

[図5-93]　H-610型フロントホーン付き複合型エンクロージャーの概略構造寸法

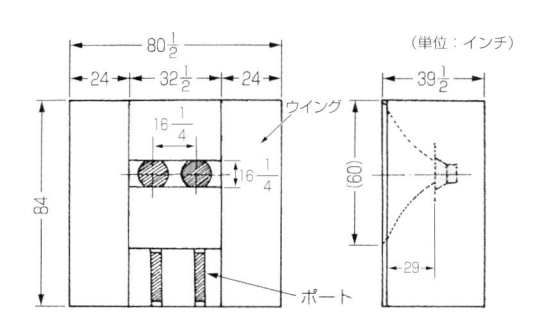

[図5-94]　H-210型フロントホーン付き複合型エンクロージャーの概略構造寸法

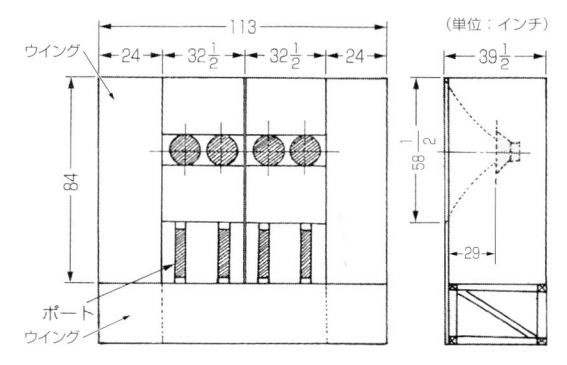

[図5-95]　H-410型フロントホーン付き複合型エンクロージャーの概略構造寸法

①低音用ホーンはストレートホーンにする（250～500Hzの帯域の特性の改善による音のプレゼンスの改善）

②低音用スピーカーは裏面が閉じた位相反転型エンクロージャーにして，低音の再生を改善する（後面開放型ではスクリーン裏に放射されていた音が再生音質に影響を与えていたので，空間の残響や共振を解消する）

③音のサービスエリアから見て，1階席，2階席を狙うために低音用ホーンフレアを垂直に付ける

④スピーカーユニットは，すべて永久磁石を使用したパーマネント型を採用し，効率を高める

⑤故障時の振動板交換作業を現場で可能にする

　この結果，次のような大型から小規模の低音用ホーンが新規に開発されました.

　その基本となるのは，低音用スピーカーを1～3台搭載したフロントホーン型の複合型エンクロージャーの開発でした.

　3台搭載のフロントホーンの複合型エンクロージャーはH-310型（**図5-92**）で，ホーンの開口寸法は48インチ（約122cm）×58·1/2インチ（約149cm），位相反転型のポートを前面に2つ持っています.

　これを2台横に連結したのがH-610型（**図5-93**）で，横幅126インチ（約320cm）と最大の大きさになり，低音のカットオフ周波数も50Hzと低くなります.

　2台搭載のフロントホーンの複合型エンクロージャーH-210型（**図5-94**）のホーンの開口寸法は32·1/2インチ（約82.6cm）×58·1/2インチ（約149cm）で，位相反転型との複合型エンクロージャーです. 低音特性は，ホーンのカットオフ周波数の下に位相反転の共振を設定して，低音限界再生を伸ばしています. この場合も2台横に連結したH-410型（**図5-95**）があり，ウイングを取り付けると横幅113インチ（約287cm）の大型です. また，大型スクリーンに対応するためにスピーカー台（図

225

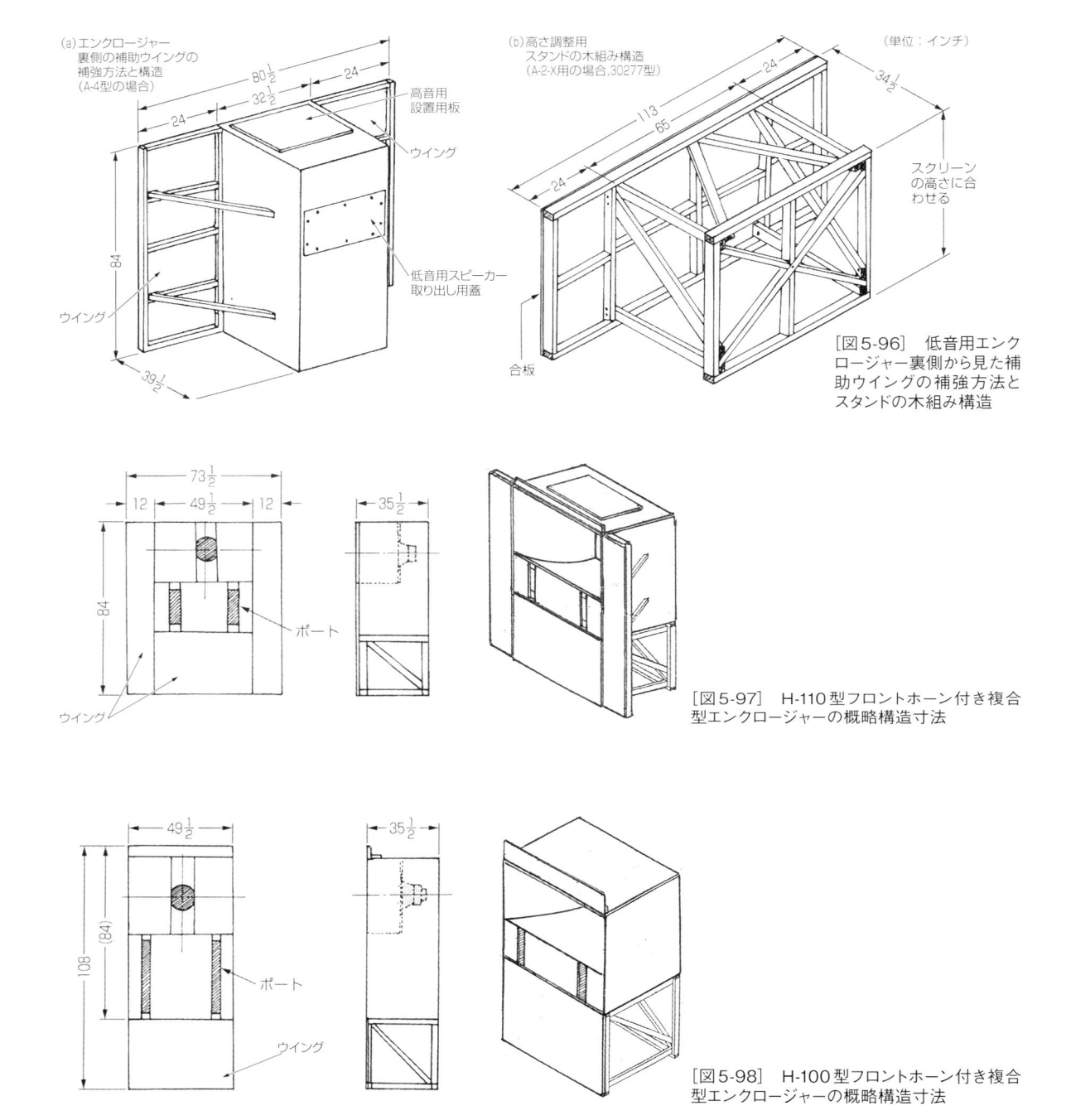

(a) エンクロージャー
裏側の補助ウイングの
補強方法と構造
(A-4型の場合)

高音用
設置用板

ウイング

低音用スピーカー
取り出し用蓋

ウイング

(b) 高さ調整用
スタンドの木組み構造
(A-2-X用の場合, 30277型)

（単位：インチ）

スクリーン
の高さに合
わせる

合板

[図5-96] 低音用エンク
ロージャー裏側から見た補
助ウイングの補強方法と
スタンドの木組み構造

ポート

ウイング

[図5-97] H-110型フロントホーン付き複合
型エンクロージャーの概略構造寸法

ポート

ウイング

[図5-98] H-100型フロントホーン付き複合
型エンクロージャーの概略構造寸法

5-96）が作られ，下部にもウイングが取り付けられ
ています．

　1台搭載のフロントホーンの複合型エンクロージ
ャーにはH-110型（**図5-97**）とH-100型（**図5-98**）
の2種類があります．H-110型は，上部に高音部の

ホーンを搭載することを前提としたもので，H-100
型は同軸2ウエイ（デュプレックス）型スピーカー
を搭載するものです．

　高音部のマルチセルラーホーンは，カットオフ周
波数が400Hzのシリーズ（H-1804型，H-1504型，

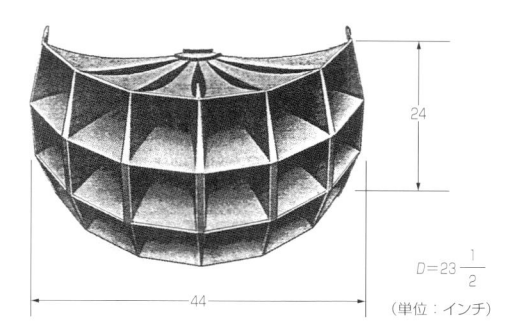

ホーンのセル数：3×6セル
指向角度：水平125°，垂直60°
クロスオーバー周波数：400Hz

［写真5-77］　18セル（3×6）のH-1804型マルチセルラーホーン

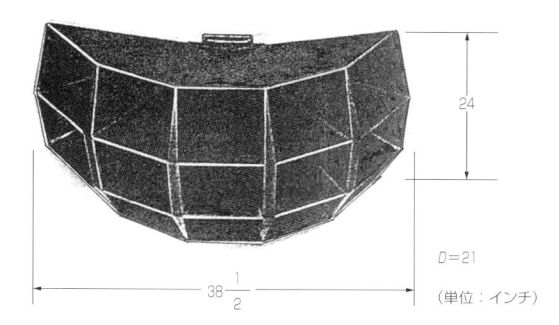

ホーンのセル数：3×5セル
指向角度：水平105°，垂直60°
クロスオーバー周波数：400Hz

［写真5-78］　15セル（3×5）のH-1504型マルチセルラーホーン

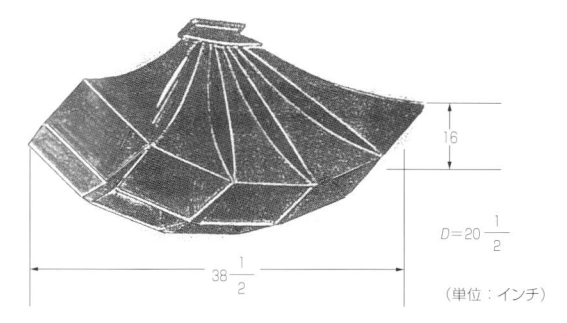

ホーンのセル数：2×5セル
指向角度：水平100°，垂直40°
クロスオーバー周波数：400Hz

［写真5-79］　10セル（2×5）のH-1004型マルチセルラーホーン

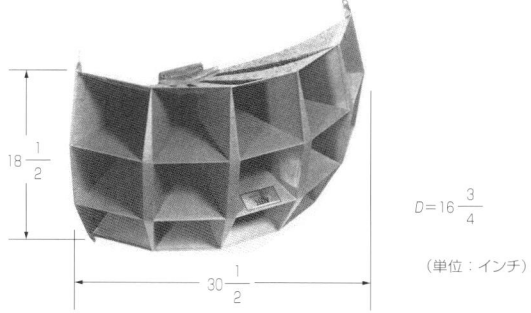

ホーンのセル数：3×5セル
指向角度：水平105°，垂直60°
クロスオーバー周波数：500Hz

［写真5-80］　15セル（3×5）のH-1505型マルチセルラーホーン

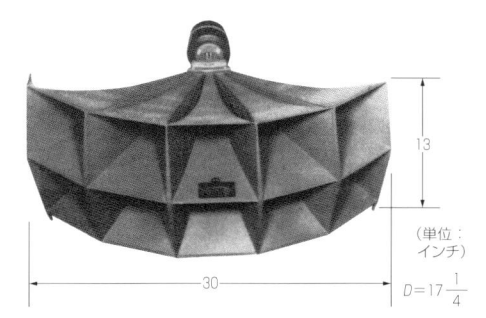

ホーンのセル数：2×5セル
指向角度：水平100°，垂直40°
クロスオーバー周波数：500Hz

［写真5-81］　10セル（2×5）のH-1005型マルチセルラーホーン

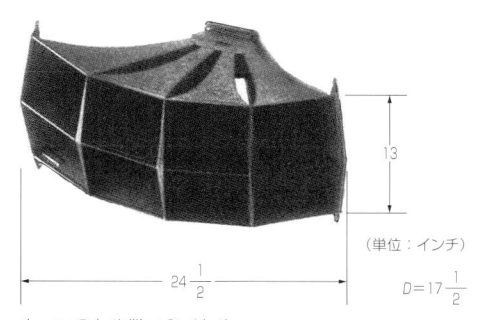

ホーンのセル数：2×4セル
指向角度：水平80°，垂直40°
クロスオーバー周波数：500Hz

［写真5-82］　8セル（2×4）のH-805型マルチセルラーホーン

H-1004型）と，500Hzのシリーズ（H-1505型，H-1005型，H-805型）の合計6機種があります．

［1］H-1804型

　18セルのH-1804型（**写真5-77**）は，幅44イン

チ（約112cm），高さ24インチ（約61cm），奥行き23・1/2インチ（約60cm）の大型です．指向角は水平面で125°，垂直面で60°と広く，ダブルスロートのアダプター30170型を使用してホーンドライバー2台が使用できます．

ダブル用

30170型ダブルスロート
30172型ダブルスロート

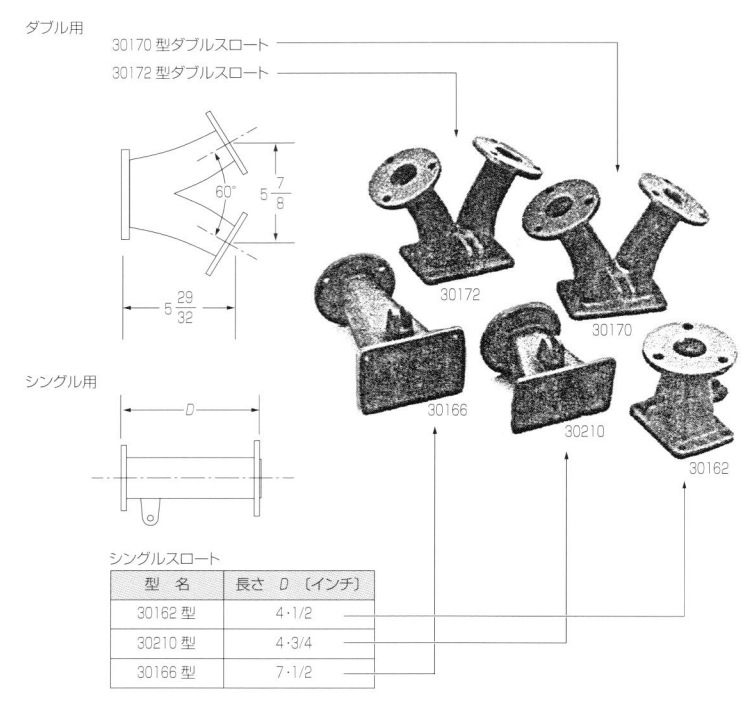

30172

30170

30166

30210

30162

シングル用

シングルスロート

型　名	長さ　D　〔インチ〕
30162型	4・1/2
30210型	4・3/4
30166型	7・1/2

［図5-99］　マルチセルラー
ホーンスロート用アタッチメント

［2］ H-1504型

　H-1504型（**写真5-78**）は15セルのホーンで，指向角は水平面で105°，垂直面で60°と広い音放射性能を持っています．

［3］ H-1004型

　H-1004型（**写真5-79**）は10セルのホーンで，指向角は水平面で100°，垂直面で40°と音放射角度が狭くなっています．

［4］ H-1505型

　500HzシリーズのH-1505型（**写真5-80**）は，セル数が15セルと大きく，幅30・1/2インチ（約77.5cm），高さ18・1/2インチ（約47cm），奥行き16・3/4インチ（約42.5cm）です．指向角は水平面が105°，垂直面で60°と音放射角度は広くなっています．このホーンもダブルスロートのアダプター30170型を使用するとホーンドライバー2台が使用できます．

［5］ H-1005

　H-1005型（**写真5-81**）は5個のセルが2段のス

リムな10セルホーンで，指向角は水平面で100°，垂直面で40°の音放射角度です．

［6］ H-805型

　H-805型（**写真5-82**）はセル数が2段で8セルの小型マルチセルラーホーンです．指向角は水平面で80°，垂直面で40°と狭くなっています．

　こうしたマルチセルラーホーンは，ホーンドライバーの使用数とホーン取り付け面の形状で，**図5-99**に示すアタッチメントが使用されて，組み立てられます．

5-9-4 「Aシリーズ」スピーカーシステムの誕生

　キーパーツの完成後，1945年に新たにスピーカーシステム化したのが「Aシリーズ」のトーキー映画用スピーカーシステムです．

　アルテック・ランシングはイメージアップを図るため，「ザ・ボイス・オブ・ザ・シアター（the Voice of the Theater；VOTT）」の名称を打ち出

[表5-7] Aシリーズスピーカーシステムの概略仕様と構成内容

型番	A-1-X	A-2-X	A-1	A-2	A-3-X	A-4-X	A-3	A-4	A-5	A-6
客席数〔人〕	9000	6000	3500〜4600	2800〜3700	—	1600〜2750	1800	1200〜1300	750〜1000	—
許容入力〔W〕	200	150	100	80	75	60	50	40	30	20
入力インピーダンス〔Ω〕	24	24	24	24	24	24	24	24	24	12
低音域限界〔Hz〕	45	55	45	55	50	60	50	60	65	70
複合形式	2ウエイ	2ウエイ	2ウエイ	2ウエイ	2ウエイ	2ウエイ	2ウエイ	2ウエイ	2ウエイ	デュプレックス
クロスオーバー周波数〔Hz〕	500	500	500	500	500	500	500	500	500	2000
高音部										
ホーン	H-1804 H-1504 H-1004	H-1804 H-1504 H-1004	H-1505 H-1005	H-1505 H-1005	H-1505 H-1005	H-1505 H-1005	H-1505 H-1005 H-805	H-1505 H-1005 H-805	H-1505 H-1005 H-805	—
アタッチメント	30170 30170	30170	30172 30170	30172 30170	30172 30170	30172 30170	30166 30210 30162	30166 30210 30162	30166 30210 30162	
ドライバー（使用数）	288（4）	288（4）	288（2）	288（2）	288（2）	288（2）	288（1）	288（1）	288（1）	—
低音部										
ホーンキャビネット	H-610	H-410	H-610	H-410	H-310	H-210	H-310	H-210	H-110	H-100
高さ調整用スタンド	30281	30277	30281	30277	—	—	—	—	—	—
スピーカー（使用数）	515（6）	515（4）	515（6）	515（4）	515（3）	515（2）	515（3）	515（2）	515（1）	604（1）
ネットワーク	N-500-C	N-500-C	N-500-C	N-500-C	N-500-C	N-500-C	N-500-C	N-500-C	N-500-C	N-200-B

[写真5-83] 大型のA-1型およびA-1-X型スピーカーシステム（ポートの形状が一般的なA-1型，A-1-X型とは異なっているが詳細不明）

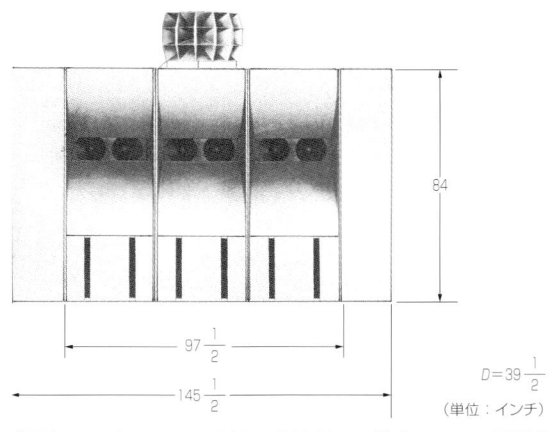

[写真5-84] H-210型を3台連結して構成したA-1型相当のスピーカーシステム（ウエストレックスの仕様書にはないシステム）

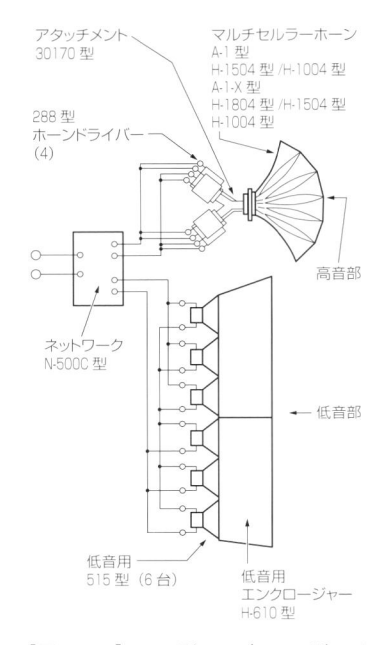

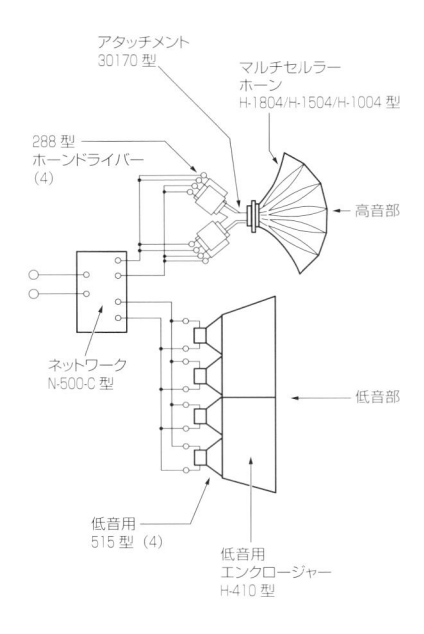

［図5-100］　A-1型およびA-1-X型スピーカーシステムのネットワークを含む回路構成

［写真5-85］　下部にウイングバッフルの付いたA-2-X型スピーカーシステム

［図5-101］　A-2-X型スピーカーシステムのネットワークを含む回路構成

し，性能や音質の素晴らしさを宣伝するとともに，このシリーズは，客席数9000席に及ぶ大規模な映画館や劇場にも対応する10システムをラインアップし，他社とのさらなる差別化を図りました．

　発表された総合的なシステムの型番とスピーカーシステムの仕様を**表5-7**に示します．

　また，ヒリアードとランシングは，これに関する技術的な論文5-39)を発表し，その取り組みに業界は注目しました．

［1］A-1-X型

　A-1-X型（**写真5-83**）は，客席数9000席と最大級のシアターを狙った大型システムで，H-310型ホーンキャビネットを2連にして515型低音用スピーカー6台を搭載（H-610）し，両サイドにウイングを取り付けて低音の再生限界周波数45Hzを狙ったものです．

　高音部は，オーディトリアムの関係から指向性を考慮して使い分けられるよう，H-1804型18セルマルチセルラーホーン，またはH-1504型15セルマルチセルラーホーン，あるいはH-1004型10セルマル

チセルラーホーンに30170型のダブルスロートアタッチメントを2個取り付け，これに高音用ドライバー288型を4個搭載した**図5-100**の構成です．

　写真5-84は，奥行き寸法を短くするためにH-210型を3台連結して構成した例で，後期に使用されたものと思われます．

［2］A-2-X型

　A-2-X型（**写真5-85**）は，客席数6000席程度のシアターを狙ったスピーカーシステムで，低音部はH-210型ホーンキャビネットを2台連結（H-410）にして，両サイドにウイングを取り付けた構造で，低音のカットオフ周波数は55Hzとなっています．高音部は，A-1-X型と同じ高音用ドライバー288型を4個搭載しており，全体は**図5-101**の構成となっています．

［3］A-1型

　A-1型は，客席数3500〜4600席程度を狙ったスピーカーシステムで，外観的にはA-1-X型と類似しており，515型低音用スピーカーを6台搭載し

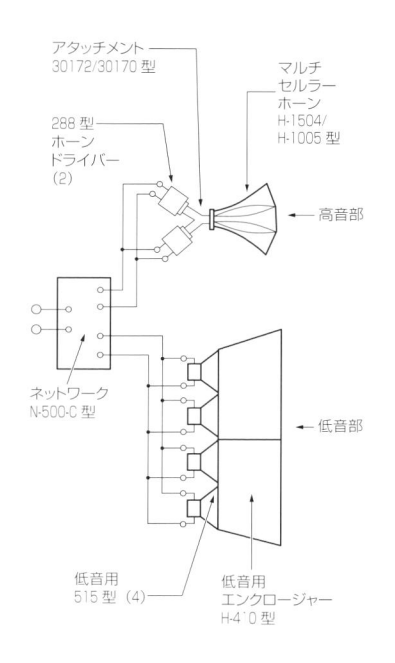

[図5-102]　A-2型スピーカーシステムのネットワークを含む回路構成

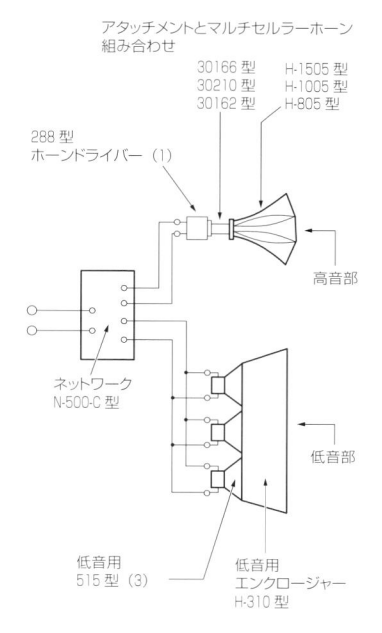

[図5-103]　A-3型スピーカーシステムのネットワークを含む回路構成

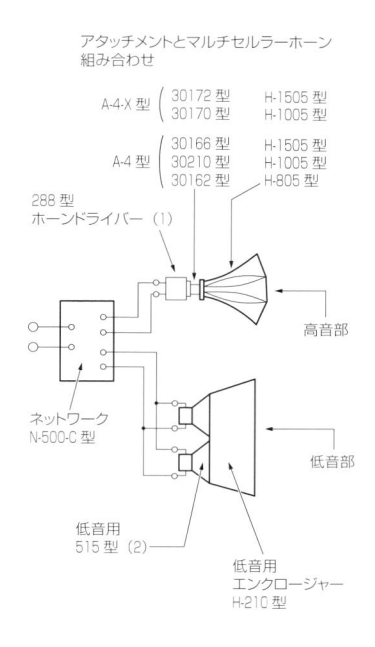

[図5-104]　A-4型およびA-4-X型スピーカーシステムのネットワークを含む回路構成

ています．高音部の構成はA-1-X型とは異なり，H-1505型15セルマルチセルラーホーンかH-1005型10セルのマルチセルラーホーンとなり，ダブルスロートアタッチメント30170型または30172型に高音用ドライバー288型を2個搭載するという仕様です．

［4］A-2型

A-2型は，客席数2800〜3700席のシアターを狙ったシステムで，A-2-X型と低音部の構成は同じですが，高音部はH-1505型15セルマルチセルラーホーンかH-1005型10セルのマルチセルラーホーンを使用し，ダブルスロートアタッチメント30170型により高音用ドライバー288型を2個搭載する構成で，全体は**図5-102**のようになっています．

［5］A-3-X型

A-3-X型はA-2型とは低音部が異なり，515型低音用スピーカー3台をH-310型ホーンキャビネットに搭載した構成で，低音の再生限界周波数は55Hzです．ウイングは左右のみにあり，スピーカー台は

なく，直置きの仕様です．

高音部はA-2型と同じ構成で，H-1505型15セルマルチセルラーホーンか，H-1005型10セルのマルチセルラーホーンを使用し，全体の構成は**図5-103**となっています．このスピーカーシステムは，スタジオやダビングルーム専用として使用されたようです．

［6］A-4-X型

A-4-X型は，客席数1600席程度を狙ったシステムで，低音部の515型低音用スピーカーが2台をH-210型ホーンキャビネットに搭載しています．

高音部は，ダブルスロートアタッチメント30170型か30172型が使用され，高音用ドライバー288型2個搭載の仕様になっています．（**図5-104**）

［7］A-3型

A-3型の低音部はA-3-X型と同じで，515型低音用スピーカー3台をH-310型ホーンキャビネットに搭載した構成になっています．高音部の高音用ドライバー288型は1個でシングルスロートアタッチ

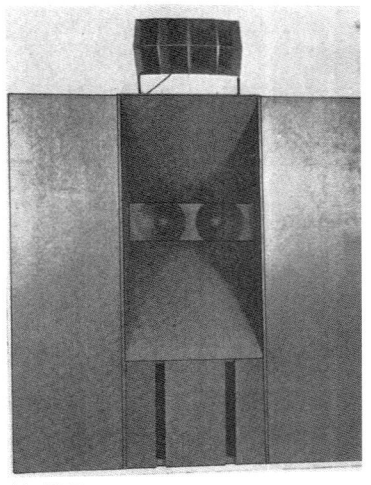

(a) 前面

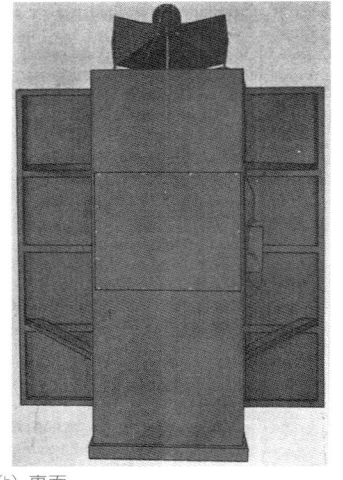

(b) 裏面

[写真5-86]　A-4型スピーカーシステム

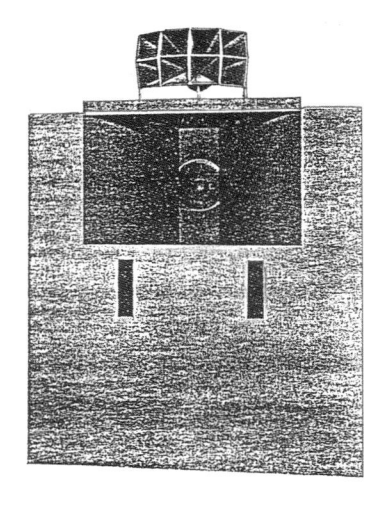

[写真5-87]　下部にウイングバッフルの付いた A-5型スピーカーシステム

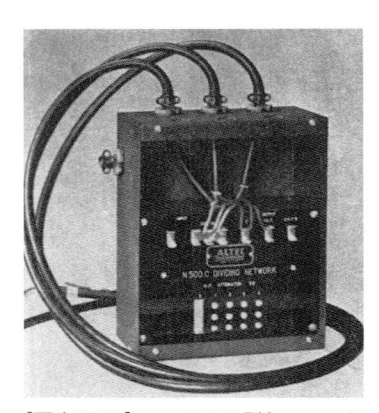

[写真5-88]　N-500-C型ネットワーク

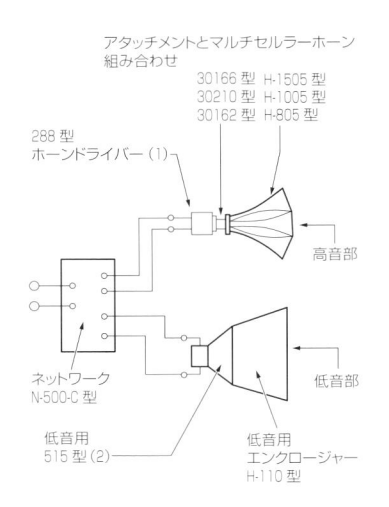

[図5-105]　A-5型スピーカーシステムのネットワークを含む回路構成

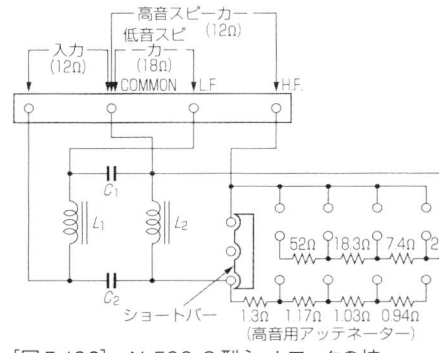

[図5-106]　N-500-C型ネットワークの接続回路

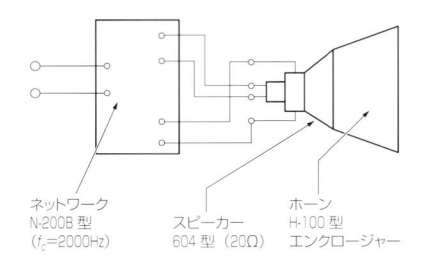

[図5-107]　A-6型スピーカーシステムのネットワークを含む回路構成

メントが組み合わされます．また，小規模ではH-805型マルチセルラーホーンが使用されることもありました．A-3-X型と同様，使用場所はスタジオやダビングルーム専用と指定されています．

[8] A-4型

A-4型（**写真5-86**）は，客席数1200席程度の劇場用で，低音部の規模はA-4-X型と同じですが，高音部は高音用ドライバー288型が1個で，シングルスロートアタッチメントと組み合わされた構成です．

[9] A-5

A-5型（**写真5-87**）は，さらに規模が小さく客席数750席程度を狙ったもので，低音部は515型低音用スピーカー1台，高音部は288型が1台で，シングルスロートアタッチメントと組み合わせてH-

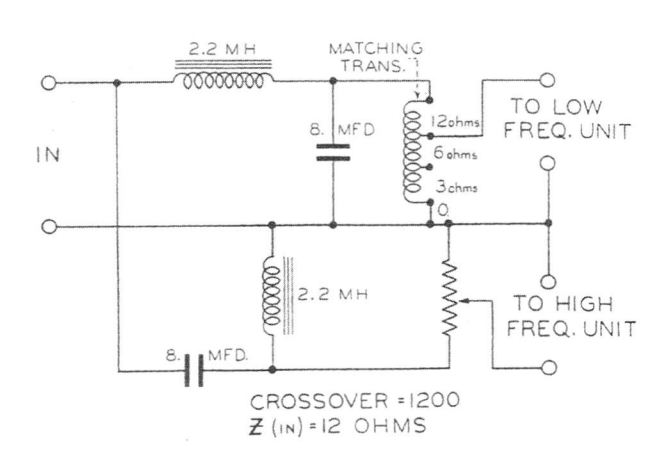

[写真5-89]　N-2000-A型ネットワーク

1505型，またはH-1005型，H-805型のマルチセルラーホーンが使用されました．回路構成は**図5-105**です．

これら9種のシステムに使用するデバイディングネットワークはN-500-C型でした．N-500-Cの外観は**写真5-88**，接続回路は**図5-106**です．

[10]　A-6型

A-6型は，規模の小さい場所に使用するためのシステムで，両袖のウイングのないシンプルな形であり，新規開発の604型同軸2ウエイスピーカー（Duplex）を1台使用した構成です（**図5-107**）．ネットワークは604型専用のN-2000-A型（**写真5-89**）が使用されました．

これらのAシリーズは，米国の映画技術協会の「アカデミーカーブ」に準じるパブリックな性能テストが1948年に行われ，Wシリーズよりも高性能な特性が得られています[5-40]．

米国内でのAシリーズの販売は，国内のWEの販売会社との関係があって難しく，映画関係の機器を国際市場に販売していた「ウエストレックス（Westrex）」を使って，このスピーカーをウエストレックスブランドで海外に販売しました．このためかアルテック・ランシングのカタログはなく，ウエストレックスブランドのカタログや技術資料が残っています[5-41]．

この開発後，どのような事情があったのかランシングは，ヒリアードとのコンビを断ち切り，5年間の約束の期限を延長することなく，1946年にアルテック・ランシングを飛び出し，自立することになりました．

ランシングの独立は，その後の高性能スピーカーの開発の流れに大きい影響を与えることになりました．

5-10　WE の「L シリーズ」トーキー映画用スピーカーシステム

5-10-1　WE の新シリーズのスピーカーユニット

　アルテック・ランシングのトーキー映画用スピーカーの開発が軌道に乗ったころ，ベル電話研究所とWEでは放送事業に特化し，FM放送の開始を見込んだ放送機器の開発とともに，付帯するスタジオ設備機器の一つとして新しいワイドレンジ高性能スピーカーの開発研究を行いました．

　スピーカーの研究は，これまで活躍してきたベル電話研究所のウエントが光学式録音システムのライトバルブ方式の研究開発に取り組んだため，この後継者として1938年ころからホプキンス（H. F. Hopkins）が新しい発想を基に，スピーカーの研究を行うようになりました．

　その最初の成果が，口径9.5インチのメタルコーン振動板による750A型フルレンジスピーカー（写真5-90）でした．

　750A型の開発目的は，高品位再生を狙った放送用モニタースピーカーで，新しい試みとしてダンパーレスのメタルコーン振動板を使用したスピーカーユニットの設計が行われました．構造図（図5-108）を見ると，ボイスコイル径を4インチと大きく選び，永久磁石はU字型の断面を持つリング状の大型磁石を使用したことがわかります．ボイスコイルとセンターコーンの背面の音圧を抜くために，ポールと永久磁石の中心を空洞にしています．この磁石

[写真5-90]　1938年にベル電話研究所で開発された口径9.5インチの750A型メタルコーンスピーカー

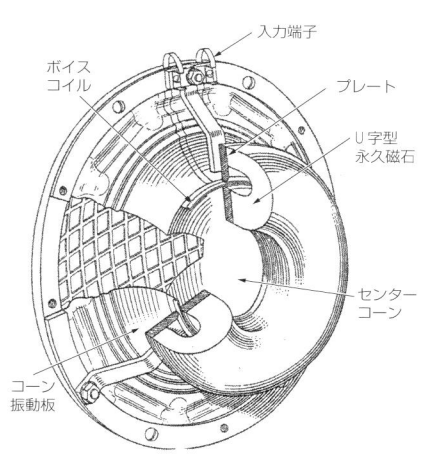

[図5-108]　750A型メタルコーンスピーカーの断面構造

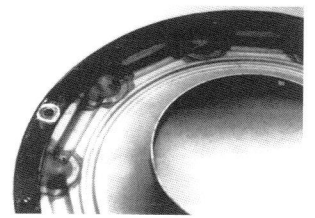

（a）振動板の裏面　　　　　（b）エッジ周辺のクローズアップ
[写真5-91]　750A型スピーカーの振動板の裏面から見たエッジ周辺の状態

（a）論文に掲載された試作品　　（b）製品として入手したスピーカー
[写真5-92]　裏面から見た750A型スピーカーのフレームと磁気回路部

外形寸法：W17×H24×W13・1/2インチ

[写真5-93]　750A型を搭載した751B型フルレンジスピーカーシステム

はU字型で当時の一般的な着磁設備が使用できなかったのか，着磁コイルを内蔵して，これに電流を流して着磁しています．

振動板（**写真5-91**）はアルミニウム合金の成形品で，振動系を振動板周辺に支持するための外周のコルゲーションエッジの外側に多角形の直線状の襞を作って横ブレを防ぐ構造です．

このスピーカーの技術開発については1940年に論文[5-42]が発表され，掲載された図版（**写真5-92(a)**）ではフレームは3本足のオープンな形状でしたが，製品はプレス仕上げのフレームに変わって開口孔に防塵ネットが張られています（**写真5-92(b)**）．

このスピーカーユニットの型名は750A型で，これを搭載した最初のシステムは，シンプルな密閉型エンクロージャーと組み合わせた751B型スピーカーシステム（**写真5-93**）で，グレーのラッカー仕上げでした．外形寸法は幅17インチ（約43.2cm）×高さ24インチ（約61cm）×奥行き13・1/2インチ（約34.2cm），再生周波数帯域は80 ～ 10000Hz，ボイスコイルインピーダンスは8Ω，入力は20Wとなっています．

5-10-2　WEの700系統のスピーカーシステムとニューラインの高性能スピーカー

1941年から1942年にかけて，WEでは700系統のスピーカーシステムを開発しました．目的は，先の751B型に代わって新しい複合方式の高性能放送用モニタースピーカーを製作するためのものでした．

[表5-8]　WEが1940年に製作したスピーカーシステムの型名別仕様と構成

型名	仕様	スピーカー構成
753A	60 ～ 15000Hz VC=16Ω	3ウエイ 低音：KS-12004型 中音：722A型ドライバー 　　　32A型ホーン 高音：752A型 ネットワーク 　D173049 　D173048
753B	60 ～ 6500Hz VC=16Ω	2ウエイ 低音：KS-12004型 高音：722A型ドライバー 　　　32A型ホーン ネットワーク 　D173048
753C	60 ～ 15000Hz VC=16Ω	2ウエイ 低音：KS-12004型 高音：713A型ドライバー 　　　32A型ホーン ネットワーク 　D173048

各スピーカーシステムの構成は，**表5-8**に示すように低音用スピーカーは共通してジェンセン製の15インチのKS-12004型パーマネントダイナミックスピーカーを使用し，中音用の722A型ホーンドライバーは，再生周波数帯域は500 ～ 6500Hz，ボイスコイルインピーダンス16Ωで，**写真5-94**に示すようにホーンに取り付けるためのスペーサーが必要です．姉妹機として720A型（**写真5-95**）があります．

組み合わせて使用する32A型ホーン（**写真5-96**）

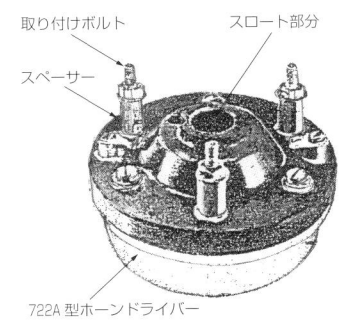

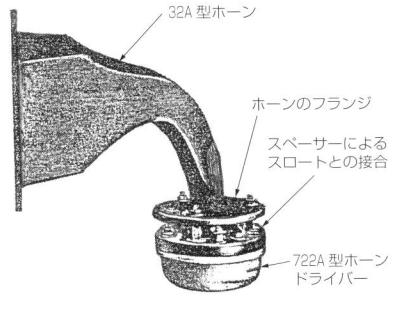

許容入力		25W
再生周波数帯域		500 ～ 6500Hz
ボイスコイル インピーダンス		16Ω
外形寸法	径	4・1/16インチ
	高さ	2・3/4インチ

[写真5-94]　722A型ホーンドライバーの概要

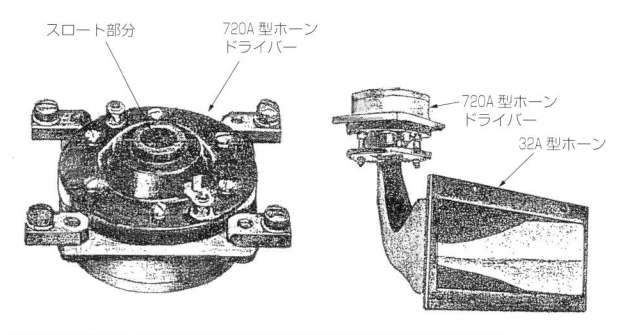

許容入力	再生周波数帯域	ボイスコイルインピーダンス	外形寸法	
			径	高さ
25W	500〜6500Hz	16Ω	4·1/16インチ	2·3/4インチ

［写真5-95］　720A型ホーンドライバーの概要

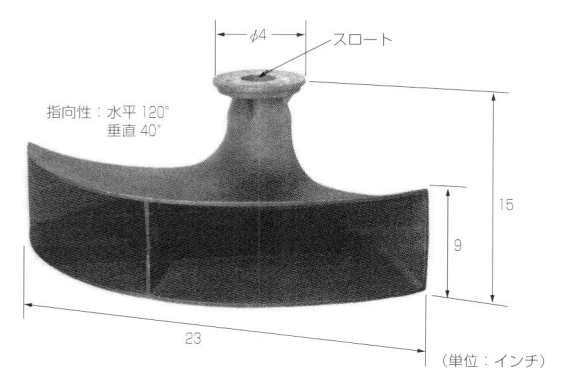

指向性：水平120°
　　　　垂直40°

（単位：インチ）

［写真5-97］　31A型ホーンの形状と概略寸法

［表5-9］　WEの713系のコンプレッションホーンドライバーの種類と概略仕様

型名	振動板材質	ボイスコイル	再生周波数帯域
713A	アルミ合金	16Ω	800〜15000Hz
713B	布入りベークライト	4Ω	800〜10000Hz
713C	アルミ合金	4Ω	800〜15000Hz

は，L字型に曲がったシングルホーンで，指向角水平90°，垂直60°です．姉妹機種として31A型ホーン（**写真5-97**）が開発されています（31A型には27A型アタッチメントが必要）．

高音用の713系のホーンドライバー（**写真5-98**）には，形状が同じで振動板材料の違いやインピーダンスの違いによって713A型，713B型，713C型の3種があります（**表5-9**）．形式は，**図5-109**のように永久磁石を使用したリアドライブ方式です．713B型の振動板は布入りベークライト製（**写真**

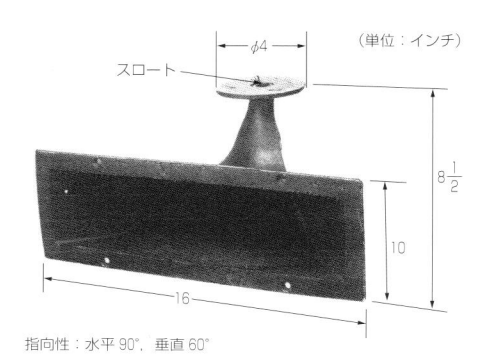

指向性：水平90°，垂直60°

［写真5-96］　32A型ホーンの形状と概略寸法

スロート

バックカバー（端子カバー）

［写真5-98］　ホプキンスが開発した713系ホーンドライバー

5-99）で，これまでの金属振動板と違って音が柔らかく，高音再生限界は10000Hzとやや低くなっています．これに対してアルミ製振動板を使った713A型と713C型は再生周波数帯域が800〜15000Hzと広く，音質や性能に違いがあり，用途目的により使い分けられるようになっています．

スピーカーシステムは，753A型，753B型，753C型の3機種が開発されました．

753A型システムは3ウエイ方式で，再生周波数帯域60〜15000Hzの広帯域再生を狙ったモニタースピーカーです．エンクロージャーは**写真5-100**に示すようにフロント面に縦の桟が6本入った外観で，ウォールナット仕上げです．外形寸法は幅20インチ（約51cm）×高さ30インチ（約76cm）×奥行き13·1/2インチ（約34cm）となっています．

753B型システムは2ウエイ方式で，高音用に722A型ホーンドライバーを使用しているため再生

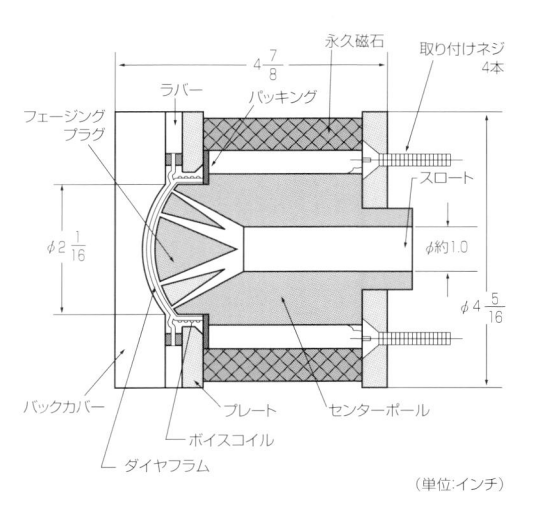

[図5-109] WE の713系コンプレッションホーンドライバーの概略構造寸法

（単位：インチ）

帯域の限界は6500Hzと狭く，目的用途の違うスピーカーシステムと思われます．ボイスコイルインピーダンスは16Ω，入力は25Wです．

753C型システムは，高音部のホーンドライバーに新開発の713A型を使用した2ウエイ方式で，再生周波数帯域は60〜15000Hzと広く，高品位の放送用モニタースピーカーとしての性能を持っています．

その後，第2次世界大戦後の1947年になって，WEは，「ニュー・ライン・オブ・ワイドレンジ・ハイクオリティ・スピーカー（New Line of Wide-range High Quality Speaker）」シリーズを発表しました．

このシリーズは，表5-10に示す5機種（754A型，

バックカバー側

ボイスコイル側（フェージングプラグ側）

[写真 5-99] 713B型ホーンドライバーに搭載された布入りベークライト振動板

外形寸法：
W20×H30×W13・1/2インチ

[写真 5-100]
WE の753A型3ウエイスピーカーシステム

[表5-10] WE の「ニューライン・オブ・ワイドレンジ・ハイクオリティ・スピーカー」シリーズの型名別外観形状と概略仕様

型名		外観形状	仕様など	用途など	型名	外観形状	仕様など	用途など
754	A		口径：12インチ ボイスコイル：4Ω 再生周波数帯域： 60〜10000Hz アルニコ磁石 厚さ：3・3/4インチ	屋内用強力型 トーキー映画用など	755A		口径：8インチ ボイスコイル：4Ω 再生周波数レンジ： 70〜13000Hz アルニコ磁石 厚さ：3・3/4インチ	屋内用フルレンジ
	B		振動板はフェノール樹脂	屋外用，競技場など				
728B			口径：12インチ ボイスコイル：4Ω 再生周波数帯域： 60〜10000Hz アルニコ磁石 757Aシステムの低音部用 厚さ：3・25/32インチ	単一コーン フルレンジ	756A		口径：12インチ ボイスコイル：4Ω 再生周波数レンジ： 65〜10000Hz アルニコ磁石 厚さ：3・1/4インチ	放送モニター用

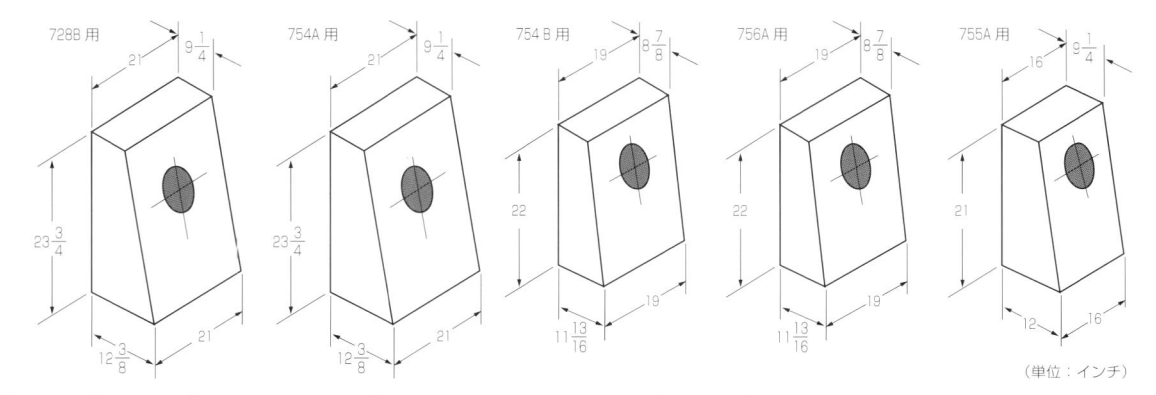

[図5-110]　WEの「ニュー・ライン・オブ・ワイドレンジ・ハイクオリティ・スピーカー」シリーズの推奨エンクロージャーの概略寸法

公称口径：12インチ
入力：15W
再生周波数帯域：
60 ～ 10000Hz
ボイスコイルインピー
　ダンス：4Ω

[写真5-101]
低音用口径12インチ
754A型スピーカー

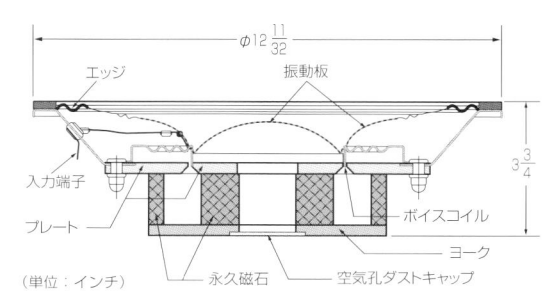

[図5-111]　低音用754A型スピーカーの概略構造寸法

754B型，728B型，755A型，756A型）で，すべて強力なアルニコ磁石を使用したパーマネント型ダイナミックスピーカーです．

　これらのユニットは，次の新しいトーキー映画用スピーカーシステム「Lシリーズ」のキーパーツとして開発されたものと，教会やシアターの壁面に分散配置して使用する一般拡声用システムのキーパーツとして開発されたものがありました．

　一般拡声では，大型スピーカーをステージ側に設置する方法が多かったのですが，これと違って側壁に分散配置して一般拡声に使用する方式のために，各スピーカーを薄型のユニット構造にし，それぞれのエンクロージャーが奥行きの小さい指定箱（図5-110）になるよう設計されています．これは主として音声帯域を中心に再生するシステムとして考えられたからと推察されます．

　新しいトーキー映画用スピーカーシステムに搭載

する低音用スピーカーは口径12インチの扁平コーン型スピーカー754A型（写真5-101）です．754A型は図5-111のように，磁極を挟んで内側と外側に磁石を使用したダブルマグネットの強力な磁気回路構造で，奥行き寸法は3·3/4インチ（約9.5cm）と薄くした設計です．許容入力は15W，ボイスコイルインピーダンス4Ωの仕様です．

　高音部のホーンドライバーには713B型が使用され，これと組み合わせるホーンはマルチセルラーホーンではなく，新しい発想で音道をセパレートしたセクトラルホーンでした．このシリーズには，KS-12024型（写真5-102），KS-12025型（写真5-103），KS-12027型（写真5-104）の3機種がありました．

　中でもKS-12024型は，横置きに並べて扇形のように2台連結して設置すると水平方向の指向角度を100°にできる構成のホーンです．このためスロート側が曲がっており，上下にドライバーを取り付ける構造になっています．この形状によって，従来のY

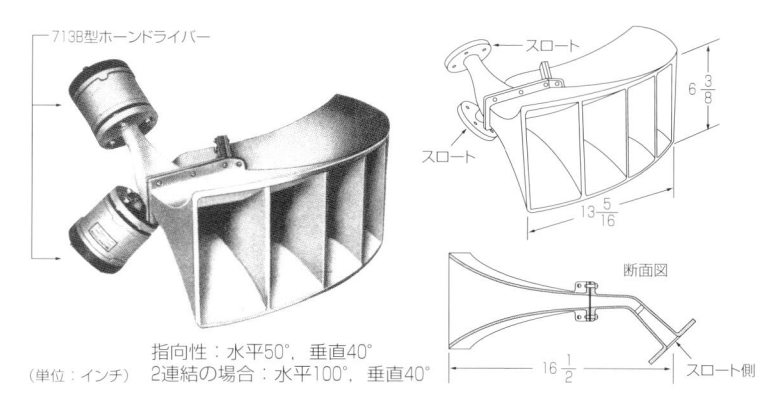

指向性：水平50°，垂直40°
2連結の場合：水平100°，垂直40°
（単位：インチ）

[写真5-102]　KS-12024型高音用セクトラルホーンの形状と概略寸法（写真は2連結の状態）

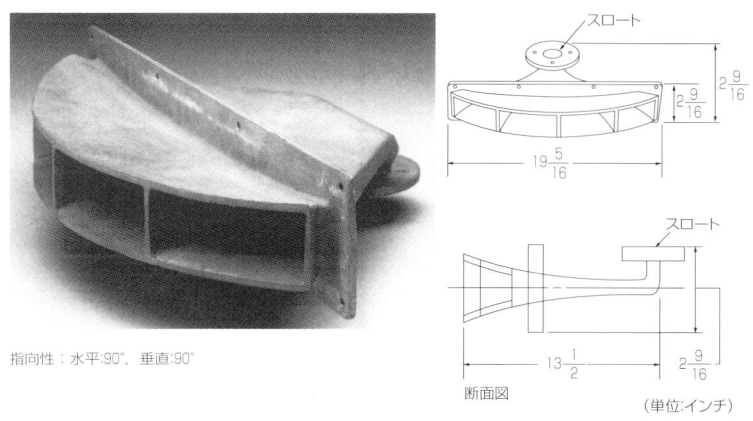

指向性：水平:90°，垂直:90°

断面図

（単位:インチ）

[写真5-104]　KS-12027型高音用セクトラルホーンの形状と概略寸法

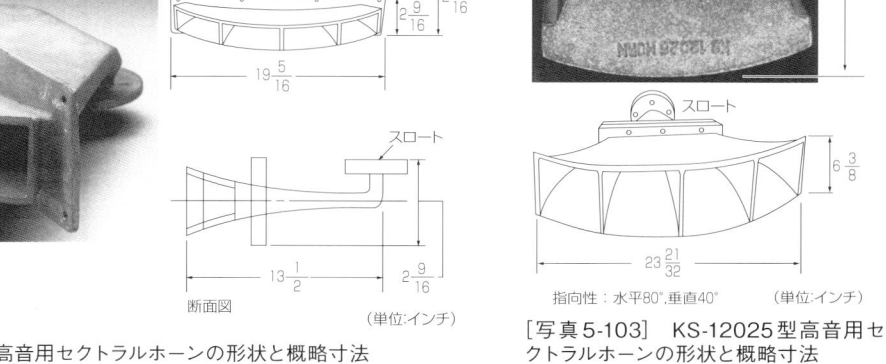

指向性：水平80°，垂直40°　　（単位:インチ）

[写真5-103]　KS-12025型高音用セクトラルホーンの形状と概略寸法

[図5-112]　713B型ホーンドライバーとKS-12024型ホーンを組み合わせた場合の再生周波数特性（筆者測定）

字型のダブルスロートは使用されなくなっています.

　713B型ドライバーとKS-12024型ホーンを組み合わせたシステムの再生周波数特性（**図5-112**）は，トーキーサウンドのS/Nを改善する優れた特性を持たせており，高音は6000Hzから降下しています.

5-10-3　「Lシリーズ」のトーキー映画用スピーカーシステム

　1945年，前述のようにWEは，これまで輸出販売を担当した子会社を「ウエストレックス（Westrex）」に改称し，海外向け販売を開始しました.スピーカーはアルテック製品を取り扱いました.

　しかし，どのような経営方針があったのか，1947年から「Lシリーズ」[5-43]の新しいトーキー映画用スピーカーシステムは，ベル電話研究所で開発したスピーカーユニットを使用して，1947年から1949年および1953年に**表5-11**に示す6機種を開発しました.

　この開発の中心になったのはホプキンスで[5-44]，彼は性能を改善するために，試作中のスピーカーシステムを屋外の高い位置に設けた測定台に固定（**写真5-105**）して再生特性（**図5-113**）を得るなど，

[表5-11]　ウエストレックスが1947年から発売したLシリーズスピーカーシステムの型番別構成と概略仕様

型番	L-12	L-11	L-9 (1949年設定)	L-10	L-8 (1953年設定)	L-5
適応規模	5500	2800	2800	1750	1000	600
許容入力〔W〕	120	60	60	30～40	30～40	15
入力インピーダンス〔Ω〕	12/6	24/12	24/12	24/12	24/12	—
複合形式	2ウエイ	2ウエイ	2ウエイ	2ウエイ	2ウエイ	フルレンジ
クロスオーバー周波数〔Hz〕	800	800	800	800	800	
高音部						
ホーン	KS-12024 KS-12025	KS-12024 KS-12025	KS-12024 KS-12025	KS-12024 KS-12025	KS-12024 KS-12025	—
使用数	2	2	1	1	1	—
ホーンブラケット	RA1401B	RA1401B	RA1401B	RA1401B	RA1401B	—
使用数	2	2	1	1	1	—
ドライバー	713B	713B	713B	713B	713B	—
使用数	2	2	1	1	1	—
低音部						
ホーンキャビネット	WEX-819	WEX-819	WEX-819	WEX-800	WEX-837	WEX-796
使用数	2	1	1	1	1	1
ウイングバッフル	2	2	2	2	ビルトオン	—
スピーカー	754A	754A	754A	754A	754A	754A
使用数	4	2	2	1	1	1
ネットワーク	N2/N3	N2/N3	N2/N3	N2/N3	N2/N3	—
使用数	2	1	1	1	1	—

[写真5-105]　Lシリーズのスピーカー開発時，地面の音反射を避けて宙吊りした音響測定のようす

再生周波数特性を重視して検討しました．**写真5-106**は，完成したL-11型の前に立つホプキンスです．

［1］L-12型

　L-12型は客席数5500席以上の大型劇場に適用するスピーカーシステムで，低音部はWEX-819型フロントホーンで，背面は密閉型キャビネットを2台使用し，左右ウイングを取り付けた構成です．L-12型（**図5-114**）の外形寸法は，幅126インチ（約320cm），高さ94インチ（約239cm），奥行き48インチ（約122cm）です．

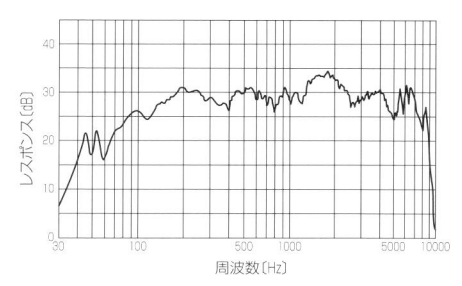

[図5-113]　屋外で測定されたLシリーズスピーカーシステムの再生周波数特性例[5-44]

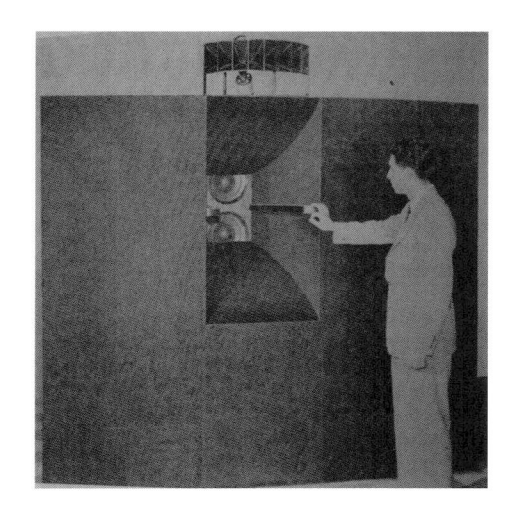

[写真5-106]
完成したL-11型の前に立つホプキンス（L-11型の前面と裏面）

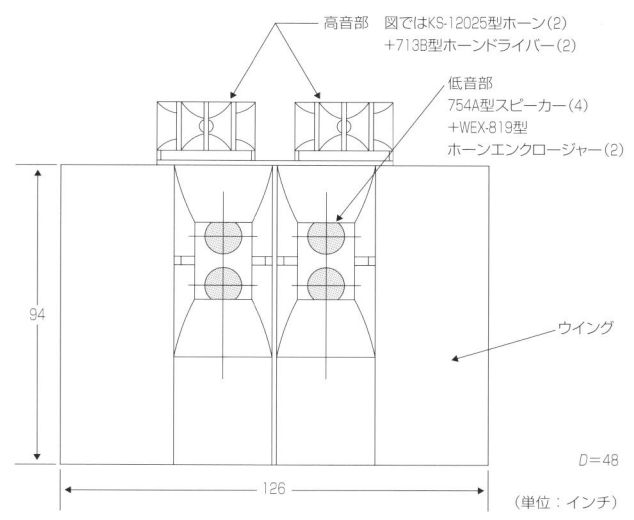

[図5-114]　L-12型2ウエイスピーカーシステムの概略構造寸法

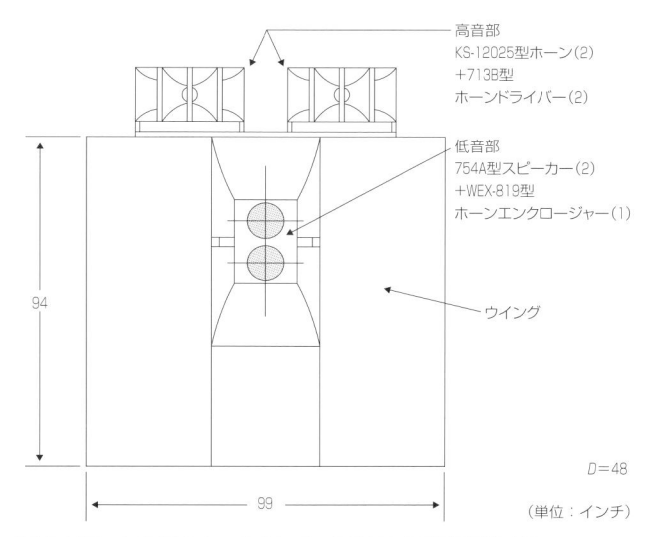

[図5-115]　L-11型2ウエイスピーカーシステムの概略構造寸法

低音用スピーカーは754A型4台で，高音部はKS-12024型ホーンを扇形に配置して，713B型ホーンドライバーを2台使用する構造です．**図5-114**は，KS-12025型を2台横一列に配置したものを示しています．ネットワークはN2型またはN3型が使われました．駆動アンプは120W級です．

［2］L-11型

　L-11型は，客席数2800席程度の大型劇場に適用するスピーカーシステムで，低音部はWEX-819型ホーンキャビネットを1台使用し，外形寸法（**図5-115**）は，幅99インチ（約251cm），高さ94インチ（約239cm），奥行き48インチ（約122cm）です．低音用スピーカーは，754A型が2台，高音部はKS-12024型またはKS-12025型を2台使用した構成の2ウエイシステムです．ネットワークはN2型またはN3型が使われました．駆動アンプの出力は60W級で，L-12型より半減しています．

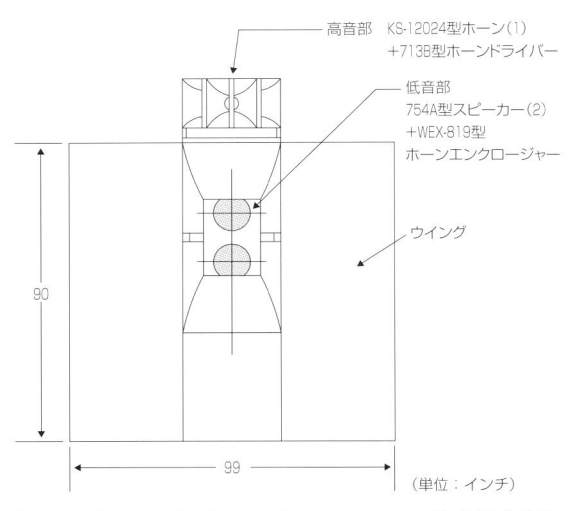

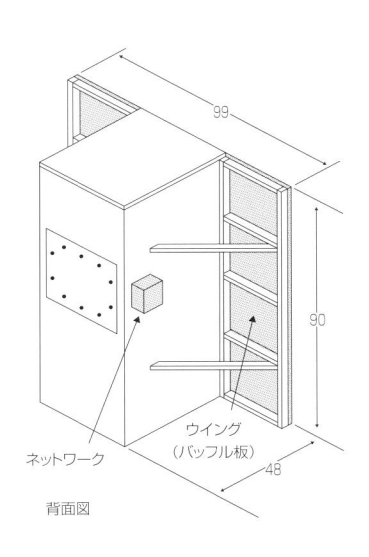

高音部　KS-12024型ホーン(1)
　　　　+713B型ホーンドライバー

低音部
754A型スピーカー(2)
+WEX-819型
ホーンエンクロージャー

ウイング

90

99

(単位：インチ)

ネットワーク

ウイング
(バッフル板)

90

48

背面図

[図5-116]　L-9型2ウエイスピーカーシステムの概略構造寸法

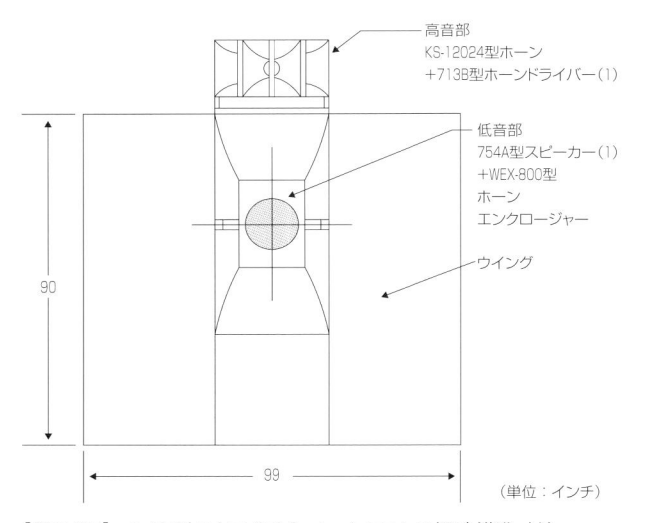

高音部
KS-12024型ホーン
+713B型ホーンドライバー(1)

低音部
754A型スピーカー(1)
+WEX-800型
ホーン
エンクロージャー

ウイング

90

99

(単位：インチ)

[図5-117]　L-10型2ウエイスピーカーシステムの概略構造寸法

［3］L-9型

　L-9型はAシリーズとの関係から開発が遅れ，1949年にLシリーズに組み入れられました．L-11型とL-10型の中間的な構成で，低音部はWEX-819型ホーンキャビネット1台で，外形寸法（**図5-116**）は，高さが90インチ（約229cm）がL-11型より4インチ低くなっています．低音用スピーカーは754A型が2台で，高音部はKS-12024型またはKS-12025型1台で，713B型ホーンドライバー1台の2ウエイシステムです．ネットワークはN2型またはN3型が使われました．

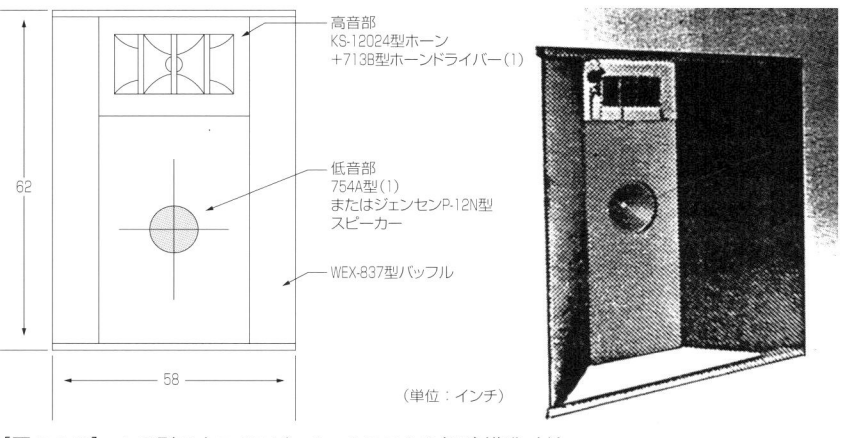

高音部
KS-12024型ホーン
+713B型ホーンドライバー(1)

低音部
754A型(1)
またはジェンセンP-12N型
スピーカー

WEX-837型バッフル

62

58

(単位：インチ)

[図5-118]　L-8型2ウエイスピーカーシステムの概略構造寸法

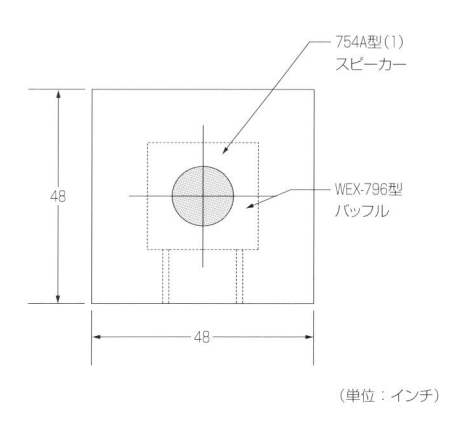

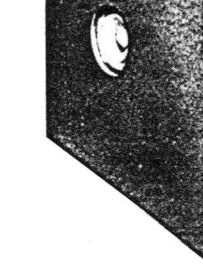

[図5-119] L-5型スピーカーシステムの概略構造寸法

（単位：インチ）

［4］L-10型

L-10型は，客席数1750席程度の劇場に適応する小さいシステムで，ウイングや設置台のサイズはスクリーンの関係からL-9型と同じ寸法（図5-117）にまとめています.

［5］L-8型

L-8型は，トーキー映画事情がマルチチャンネルステレオに変わってきた1953年に開発されたもので，そのためか，ほかのLシリーズの形状とは異なっています. 外形（図5-118）はバッフル板だけのシンプルな構成で，幅58インチ（約147cm），高さ62インチ（約157cm）のやや小型になっています. 使用するスピーカーユニットはL-10型と同じです.

［6］L-5型

L-5型は，754A型スピーカーをフルレンジ（本来フルレンジスピーカー）で使用した構成で，図5-119のように48インチ（約122cm）角のウイングの裏側に密閉箱が付いた構造です.

このように，Lシリーズのスピーカーシステムは，低音用に口径12インチスピーカーを使用した小型化の傾向を持っていますが，大きなウイングを付けることで低音を有利に再生しています. 高音部もマルチセルラーホーンからセクトラルホーンに代わっ

て，コンパクトになっています.

WEとの関係はよくわかりませんが，アルテック・ランシングはトーキー映画用の「Aシリーズ」に「ザ・ボイス・オブ・ザ・シアター（VOTT）」を全面に打ち出し，経営の中心的機種として進めてきました.

また，1946年にランシングが退社した後もアルテック・ランシングの社名は変更しませんでしたが，ヒリアードがデザインしたシンボルマーク「マエストロ」（図5-120）をカタログなどに使用することで，これまでとの違いを示しました.

1949年になってWEは，アルテック・ランシングにサウンドプロダクト部門の製造権を譲渡し，製造した製品をウエストレックスに供給するとともに，販売した製品のサービス修理業務などの仕事も移管しました.

この製造権の譲渡によってアルテック・ランシングはアンプ，マイクロフォン，スピーカーなどの生産を行うようになり，一挙に事業が拡大することになりました.

しかし，問題は営業関係の販売権が複雑なことでした. 従来からの関係で，製作したWE系の製品は，アルテック製でなくWEのブランド名で，大きなディストリビューターを経由して販売するといった販売権を握られていました.

米国内はグレイバー・エレクトリック（Graybar Electric）に販売権があり，カナダおよびニューファンドランド地域（当時は英領で1949年よりカナダに編入）はノーザン・エレクトリック（Northern Electric）に権利があり，ほかの国はインターナショナル・スタンダード・エレクトリック（International Standard Electric）が権利を持っていました（図5-121）.

1948年には「ニュースタンダードサウンドシステム」を企画し，600席クラスの映画館から1200席,

［図5-120］　ヒリアードがデザインしたアルテック・ランシングのシンボルマーク「マエストロ」（1946年）

DISTRIBUTOR IN THE UNITED STATES
GraybaR
ELECTRIC COMPANY
General Offices: 420 Lexington Avenue, New York, N.Y.
A NATIONAL ELECTRIC SERVICE
(a) 米国内

GENERAL DISTRIBUTOR FOR CANADA AND NEWFOUNDLAND
Northern Electric Company
LIMITED
General Offices and Plant: 1261 Shearer Street, Montreal, P. Q.
TWENTY-THREE BRANCHES FROM COAST TO COAST
(b) カナダとニューファンドランド地域

DISTRIBUTOR IN OTHER COUNTRIES
International Standard Electric Corporation
67 Broad Street　　　　New York, U.S.A.
Offices in all principal cities
(c) その他の外国

［図5-121］ 1950年ごろのWEの主要なディストリビューター

(a) WE系

(b) アルテック系

［写真5-107］　755A型スピーカーの銘板の違い

さらに1200席以上の劇場の音響設備などに適したさまざまな組み合わせのサウンドシステムを構築するなど，製品の系列は複雑になってきました．

　このためWE系の製品は，WEの厳格な検査を受けたアルテック・ランシング生産品にWEの検査済みマークのスタンプを印した銘板を貼り付けて，WE系の販路に流しました．したがって市場には，同じ製品でもWEブランドとアルテックブランドの2種類が流通していました．

　例えば，755A型スピーカーは，WEブランドとアルテックブランドで，フレームの塗装に違いがあり，WE系では検査マークのスタンプ印があります（**写真5-107**）．

　こうしたことから，アルテック・ランシングでは自社のオリジナル設計のスピーカーを開発し，これを新ルートで販売する体制へ脱却することを急ぎました．

　その一例は，1969年に開発した「パンケーキ」と称する755E型です．これは755Aとの差別化の

ために厚みを薄く，性能も変えて，アルテックブランドで販売して成功体験を得ました．そして一般市場向けに400系シリーズのスピーカーユニットが加わって，自社ブランド製品を自社のルートで販売する方向に展開していきました．

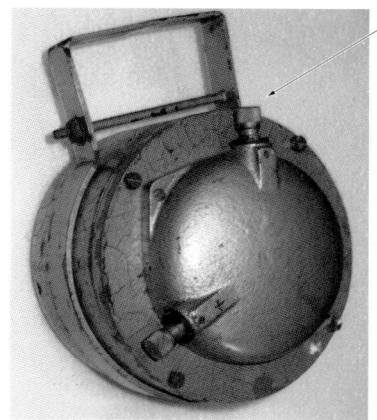

把手

ターミナル

ボイスコイルインピーダンス：20〜24Ω
振動板径：2・3/4インチ
ボイスコイル導体：アルミリボン
空隙磁束密度：17500ガウス
使用帯域：500〜15000Hz

[写真 5-108] ロンドンウエスタンの2090-A型高音用ホーンドライバー

[写真 5-109] ロンドンウエスタンの音響レンズ付きホーンと
組み合わせた2090-A型ホーンドライバー

[写真 5-110] ロンドンウエスタンの30150-A型高音用ホ
ーンドライバー

5-11 英国におけるウエストレックスのトーキー映画用スピーカーシステム

　1945年，WEの一部門であったウエストレックスは，独立してウエストレックス社（Westrex Corp.）を創立し，1949年にはE. R. P. I.を買収し，世界市場に映画産業機器の販売を進める大躍進を見せました．

　英国にもビジネスを展開したウエストレックスは，ヨーロッパ市場に対してヨーロッパサウンドを狙って，英国ロンドンで新しい設計のトーキー映画用スピーカーを開発するようになりました．この期間は短かったのですが，これらの製品は英国ウエストレックスの通称にちなんで「ロンドンウエスタン」と呼ばれ，米国製とは一味違った製品が作られました．

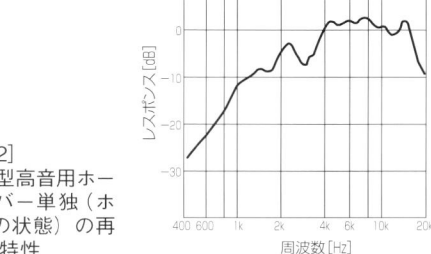

[図5-122]
2090-A型高音用ホー
ンドライバー単独（ホ
ーンなしの状態）の再
生周波数特性

　このロンドンウエスタンのスピーカーシステムに使用する高音用ホーンドライバーとして2090-A型と30150-A型が開発されました．2090-A型（**写真5-108**）の技術的な仕様はアルテック・ランシングのドライバー288型に類似し，ボイスコイル径は2・3/4インチ，アルミリボン線のエッジワイズ巻きです．空隙磁束密度17500ガウス，許容入力30W，

ホーン番号	正面形状	側面形状（単位：インチ）		開発年
2095-A 1セル	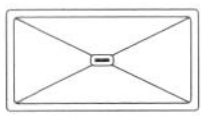	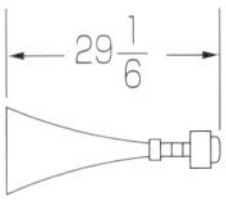 ← 29$\frac{1}{6}$ →	ドライバー 30150-B型	1952
2091-A 8セル		← 31 → 50146型 アダプター	ドライバー 30150-B型 68148 アタッチメント	1950
2092-A 12セル		← 27$\frac{3}{4}$ → 68149アタッチメント	ドライバー 2090-A型	1952
2093-A 15セル		← 24$\frac{3}{4}$ → 68151アタッチメント	ドライバー 2090-A型	1952
2094-A 10セル		68149アタッチメント	ドライバー 2090-A型	1954

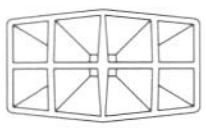

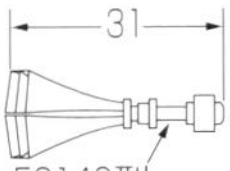

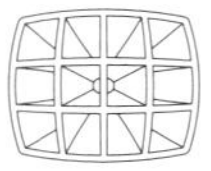

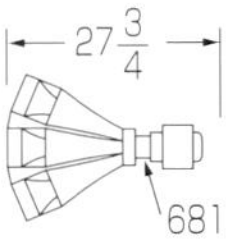

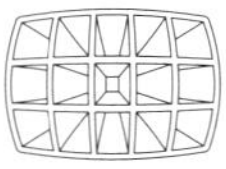

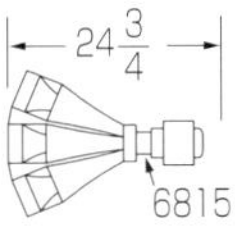

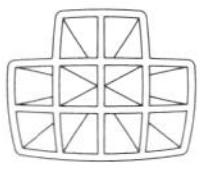

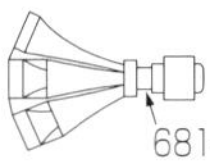

[図5-123]　ロンドンウエスタンの高音用ホーンの形状と構成

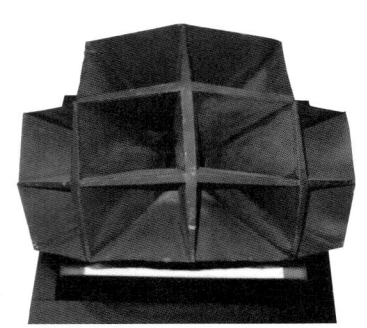

[写真5-111]
ロンドンウエスタ
ン特有の形をした
2094-A型マルチ
セルラーホーン

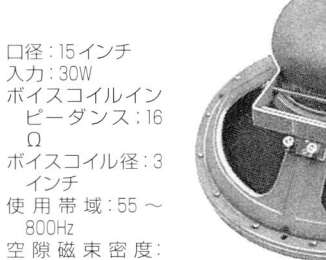

口径：15インチ
入力：30W
ボイスコイルイン
　ピーダンス：16
　Ω
ボイスコイル径：3
　インチ
使 用 帯 域：55 〜
　800Hz
空 隙 磁 束 密 度：
　13200ガウス

[写真5-112]　ロンドンウエスタンの口径15インチの2080-A型低音用スピーカー

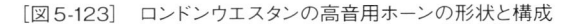

ホーン番号	正面形状	低音用スピーカー（使用数）	概略構造寸法図	開発年	ホーン番号	正面形状	低音用スピーカー（使用数）	概略構造寸法図	開発年
2081-A		2080-A（1）	図5-125	1950	2084-D		2080-A（1）	図5-132	1954
2082-A		2080-A（2）	図5-128	1954	2084-E		2080-A（4）	図5-133	1954
		2080-A（4）	図5-129	1954	2085-A	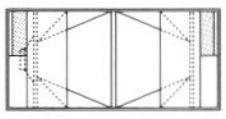	2080-A（2）	図5-126	1952
2084-C		2080-A（2）	図5-130	1954			2080-A（4）	図5-127	1952
		2080-A（4）	図5-131	1954					

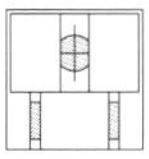

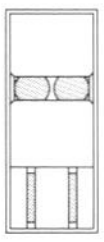

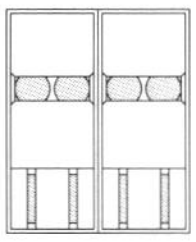

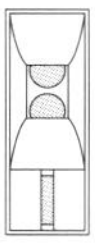

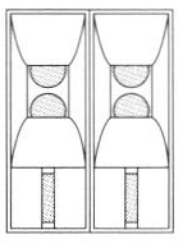

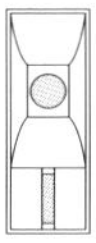

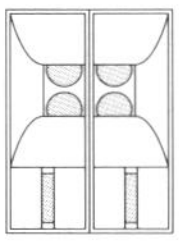

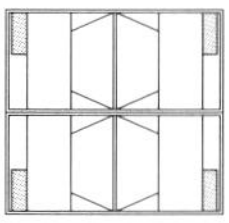

[図5-124]
ロンドンウエスタンの低音用ホーンエンクロージャーの形状
と構成

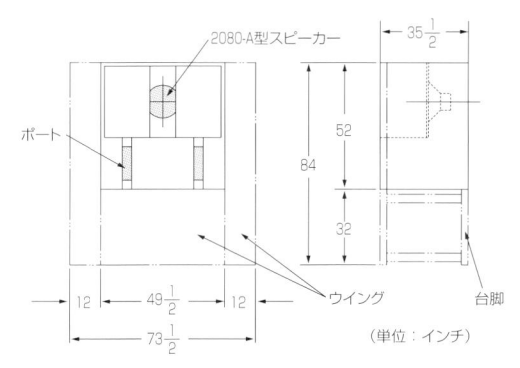

[図5-125] 2081-A型低音用ホーンエンクロージャーの概略構造寸法

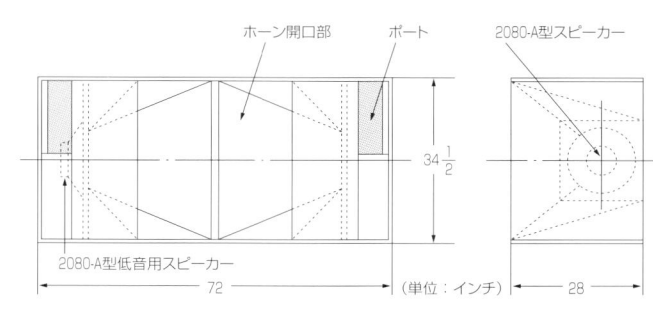

[図5-126] 2085-A型1段の場合の低音用ホーンエンクロージャーの概略構造寸法

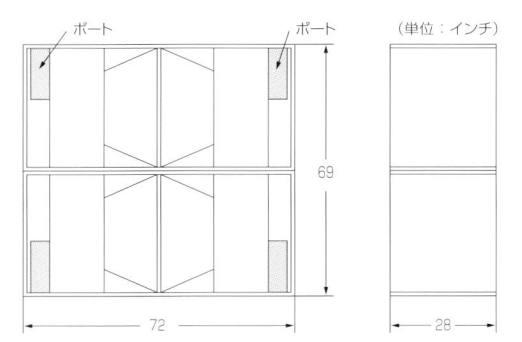

[図5-127] 2085-A型2段の場合の低音用ホーンエンクロージャーの概略構造寸法

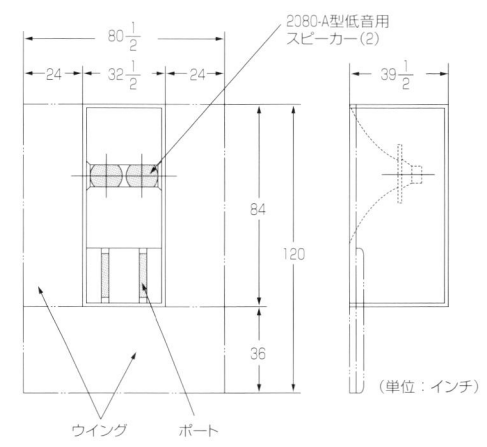

[図5-128] 2082-A型1台の場合の低音用ホーンエンクロージャーの概略構造寸法

再生周波数帯域500 〜 15000Hzとなっています. 2090-A型ドライバーの周波数特性（**図5-122**）の高音域は15000Hz以上に伸びており，その特性傾向は音響レンズを使用することを前提として開発されています. このことは，2090-A型をスラント型音響レンズの付いたホーン（**写真5-109**）と組み合わせた民生用の「Acoustilens 20/80」型とした製品からも伺えます.

また，30150-A型ホーンドライバー（**写真5-110**）は，WEの555型の磁気回路部を永久磁石に改良した製品で，1950年ころから使用されました.

この高音用ドライバーと組み合わせて使用するホーンとして，**図5-123**に示す5種類のホーンが，1950年から1954年にかけて開発されました.

中でも特徴のあるのは，2094-A型マルチセルラーホーン（**写真5-111**）です. ホーン開口の中央部は2段2列の4セルで，左右と上部に各2セルが角

度を持って配置された10セルホーンで，通常の12セルの上部両端が欠けたような特殊な形状をしています.

低音部を受け持つスピーカーユニットとしては，アルテック・ランシングの低音用515型と技術的な仕様が類似した口径15インチの2080-A型（**写真5-112**）が開発されました. 磁気回路部に把手がある形状で，高音用の2090-A型と揃った外観を持たせています. 概略仕様は，空隙磁束密度は13200ガウス，ボイスコイルインピーダンス16Ω，ボイスコイル径は3インチ，低域共振周波数は55Hz，許容入力30W，再生周波数帯域の上限が800Hzとあり，推奨するクロスオーバー周波数は675Hzとなっています.

また，低音部を受け持つホーン型エンクロージャーは，1950年から1954年にかけて開発された，**図5-124**に示す9種類があります.

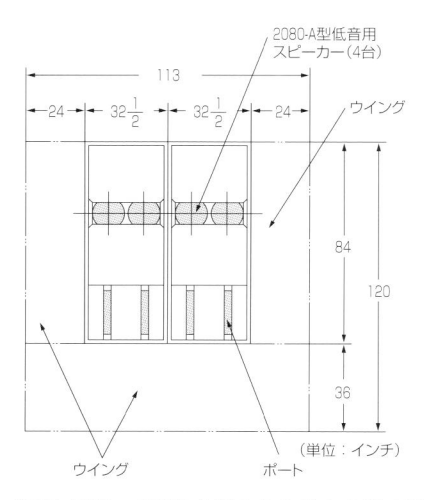

[図5-129] 2082-A型2台の場合の低音用ホーンエンクロージャーの概略構造寸法

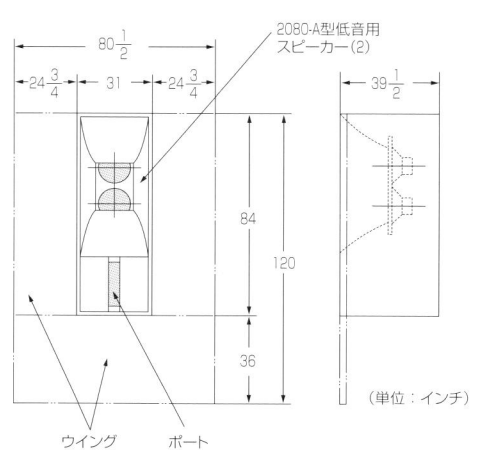

[図5-130] 2084-C型1台の場合の低音用ホーンエンクロージャーの概略構造寸法

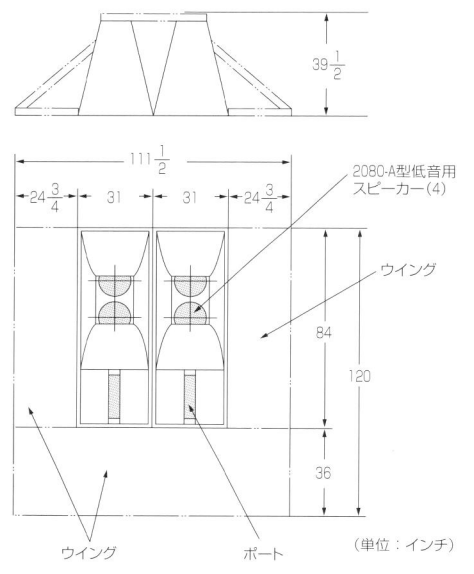

[図5-131] 2084-C型2台の場合の低音用ホーンエンクロージャーの概略構造寸法

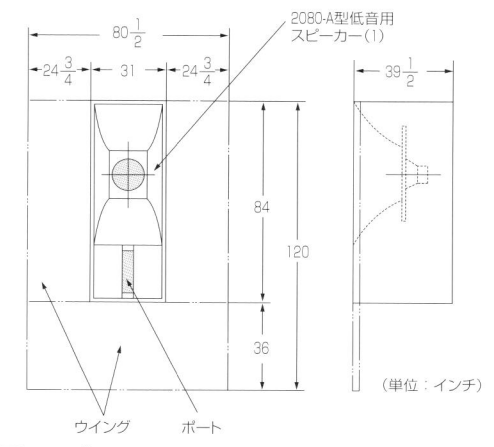

[図5-132] 2084-D型低音用ホーンエンクロージャーの概略構造寸法

1950年，最初に開発されたのは，米国アルテック・ランシングのA7系と類似した形状の2081-A型（**図5-125**）で，そのサイズは高さ52インチ（約132cm），幅49・1/2インチ（約126cm），奥行き35・1/2インチ（約90cm）で，低音用15インチの2080-A型スピーカー1台を搭載するショートホーンと位相反転型の複合型エンクロージャーでした．

続いて1952年に開発されたのは，2085-A型エンクロージャー（**図5-126**）です．これはレフレック

スホーンを横に2台連結したような構造で，左右に2080-A型低音用スピーカーを各1台搭載しています．構成としては，この製品と，2段重ねにして低音用スピーカー4台搭載したもの（**図5-127**）の2種類があります．

2082-A型（**図5-128**）は，アルテック・ランシングのAシリーズ相当品で，低音用スピーカーが横一列に並ぶストレートホーン構造で，縦ポートの付いたバスレフ方式を採用しています．両サイドと下方にウイングを付けて低音再生を補助するとともに，スクリーンのセンター位置に音源を合わせる構造になっています．この2082-A型を2台横並びに使用した構成のシステム（**図5-129**）もありました．

[写真5-113] ロンドンウエスタンの2094A型と2084-C型（1台）と組み合わせたスピーカーシステム例

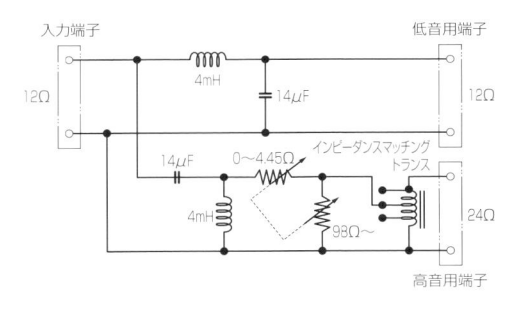

[図5-134] ロンドンウエスタン31772-A型ネットワークの回路

2084系列は，米国WEのLシリーズ相当のホーンエンクロージャーで，低音用スピーカーが縦に並んだ構造で，縦型ポートのバスレフ方式を採用しています．**図5-130**はスピーカーユニット2台使用の場合，**図5-131**は4台使用の場合，**図5-132**は1台使用した2084-D型です．

写真5-113は，低音部に2084-C型，高音部に2094-A型ホーンを搭載したスピーカーシステムです．

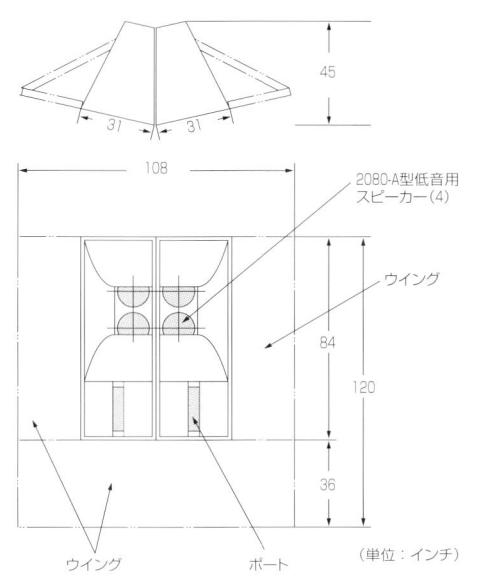

[図5-133] 2084-E型低音用ホーンエンクロージャーの概略構造寸法

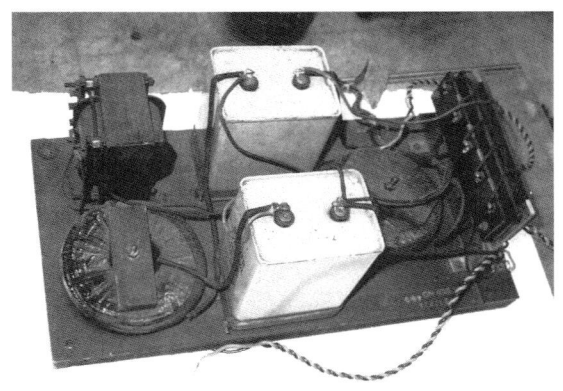

[写真5-114] 31772-A型2ウエイ用ネットワーク

特徴あるのは2084-E型（**図5-133**）で，エンクロージャーの側壁を合わせて，スピーカーの音軸が左右に開いた形で使用する構造になっています．これは低音用スピーカーの中音域の指向性を考慮したものと思われます．

ロンドンウエスタンのトーキー映画用スピーカーシステムは，こうした低音用エンクロージャーと高音部のホーンをそれぞれ劇場や映画館の規模に応じて組み合わせて，顧客の要望に対応して設置されました．これらはすべて2ウエイ方式で，そのネットワークは31772-A型が使用されています．図

[写真5-115]　ロンドンの映画劇場におけるシネラマ用5チャンネルステレオのスピーカー設置状況（G. A. Briggs：*Loud-speakers*, Rank Wharfedale（1958）より）

5-134はその回路で，**写真5-114**のように，基板に部品が固定された構造です．

しかし，1950年代の米国ではトーキー映画の方式に大きな変化があって，スピーカーシステムは多大な影響を受けることになりました．

その最初の影響は，1952年にウエストレックスが「シネラマ（Cinerama）」映画を発表し，マルチチャンネルステレオを大きく打ち出したため，スクリーン裏に5ch再生のためのスピーカーシステムが5台並ぶ時代に移ったことです．**写真5-115**は，ロンドンの映画劇場に設置したシネラマ用スピーカーの配置状況で，低音部に2082-A型，高音部に2092-A型ホーンを搭載したシステムが並んでいます．これまでスクリーン裏に1セットのスピーカーでよかったのに対して，一挙にスピーカー数が増えたことになります．

続いて，1953年に20世紀フォックスも「シネマスコープ」の映画を発表し，4チャンネルステレオが登場し，続いて1955年には再びウエストレックスが「Todd-AO」システム映画を発表し，6チャンネルステレオになりました．

こうした動向があって，ステレオのチャンネルごとに従来の大型スピーカーシステムを設置するにはスクリーン裏が狭く，新方式の上映には映画用スピーカーシステムの小型化が求められるようになり，次第に大型スピーカーシステムの需要が減少して

いきました．

ウエストレックスは，こうした状況から，英国でも第5章10項に述べた1955年に開発した14型や15型スピーカーシステムが主要機種として使用されるようになり，これまでのロンドンウエスタンのトーキー映画用スピーカーの事情が変わりました．

また1958年，ウエストレックスはリットン・インダストリーズ（Litton Industries, Inc.）に買収され，その後，映画用スピーカーシステムの姿は消えてしまいました．

5-12　RCAフォトフォンのトーキー映画用スピーカーシステム

5-12-1　RCAフォトフォンの進出

RCA（Radio Corporation of America）　は，米国の連邦政府と軍部の働きかけによって1919年10月に創立された会社です．米国は戦争などの非常事態に対応する無線通信の国産化を早急に立ち上げる必要があったため，政府の支持を得て，米国の大手電機メーカーのゼネラル・エレクトリック（GE）とウェスティングハウス電機製造会社（WH）が出資して米国のマルコーニ無線電信会社（Marconi Wireless Telegraph Company of America，アメリカン・マルコーニ）の利権を買収し，私企業でありながら政府と軍部の指導の下

に設立した会社でした.

1920年以後,ラジオ放送の普及に応じてRCAの事業は発展し,ナショナル放送会社（NBC；National Broadcasting Company）を支配下に置くなど積極的な事業拡大を進め,1928年には映画業界に進出してきました.

フィルムに光学式で記録する発声映画方式の一つとして,GEのホクシー（C. A. Hoxie）が1921年に発明した「オシログラフ法」がGEとWHの共同によって1928年に実用化され,トーキー映画システムとして完成していたため,RCAの狙いは,これを事業として実用化することでした.RCAは早速,この方式を「RCAフォトフォン」（図5-135）と命名し,事業化のために「RCAフォトフォン会社（RCA Photophone Inc.）」を設立しました.

1929年,RCAは事業を拡大するためにビクター蓄音機会社（Victor Talking Machine Company）を買収して合併し,「RCAビクター（RCA Victor）」としました.（図5-136）.そしてその傘下にRCAフォトフォンを置き,映画部門を担当して,トーキー映画装置の製造,据付工事などの業務を行うようにしました.

RCAフォトフォンは,米国をはじめ英国,フランス,イタリア,オーストラリア,インドの6か国にRCAのトーキー映画装置の製造,据付工事などのライセンスを与

え,展開しました.

その結果,RCAフォトフォン方式による映画劇場への納入状況は,1933年の資料統計では世界6か国で製作され,4800システムに達しました.これはWE系の8652システムに対して約2：1の比率です.

5-12-2 コラム状配置の直接放射型スピーカー ——第1世代のRCA系トーキー映画用システム

発声映画の初期は,トーキー映画システムの方式が各社違うように,スピーカーシステムにおいても,系列によって再生方式や構成に違いがありました.

前節までに述べたヴァイタフォン方式のWE系スピーカーシステムに対し,WHとGEの技術的支援を受けていたRCAフォトフォン系では,直接放射型のコーンスピーカーを使用したトーキー映画用スピーカーシステムを立ち上げました.

これは,RCAフォト

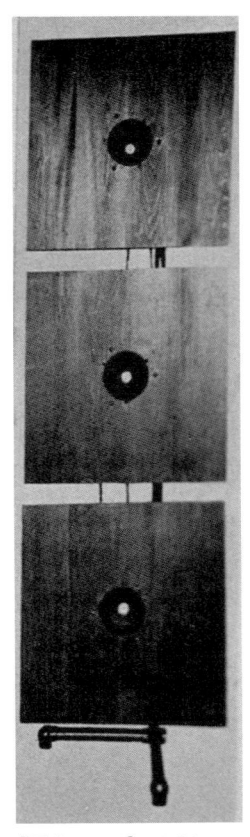

[図5-135]　RCAフォトフォンのエンブレム（1930年ごろ）

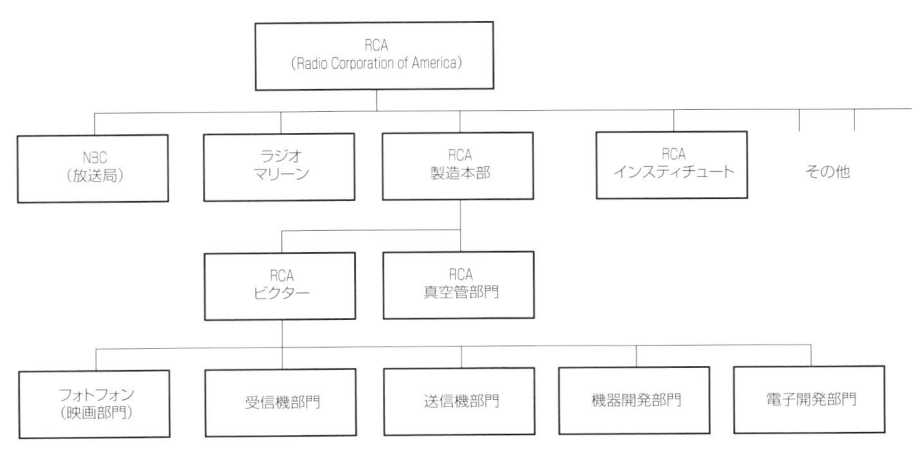

[図5-136]　1929年ごろのRCA各事業部の組織図

[写真5-116]　RCAフォトフォン最初のコラム型トーキー映画用スピーカーシステム

［写真5-117］ 大型バッフル板に口径15インチのUZ-3112B型スピーカーを6台取り付けたトーキー映画用スピーカーシステム

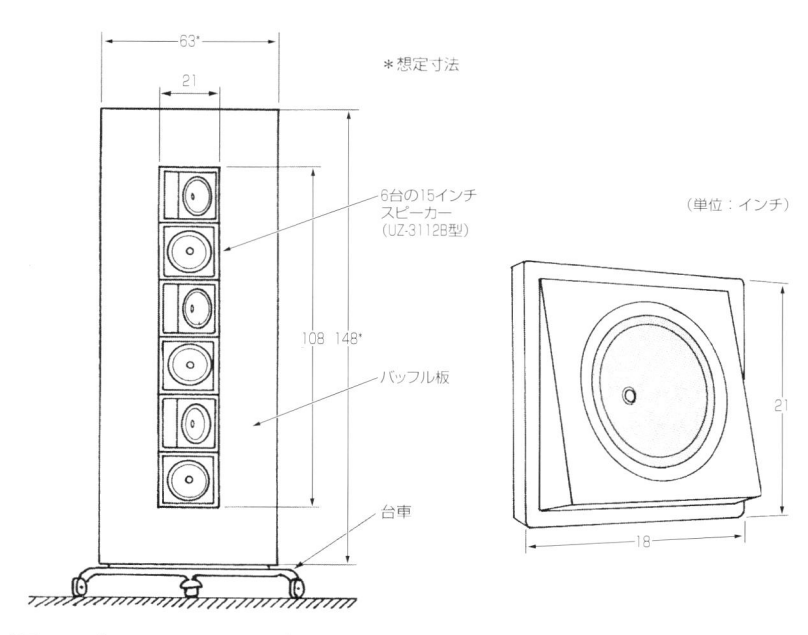

［図5-137］ RCAフォトフォン第1世代のスピーカーシステムの概略構造寸法

フォン系が他社系列にないGEのR&K（ライス・ケロッグ）型コーンスピーカーを前面に打ち出すことで性能や音作りに特徴を持たせ，他社との差別化や特許権による拘束などの戦略があったためだと考えられます．

第1世代のRCAフォトフォン系のトーキー映画用スピーカーシステムはGEのR&K型コーンスピーカーを縦一列に並べた柱状のコラム型（sound column speaker）トーキー映画用スピーカーシステム（**写真5-116**）でした．このスピーカーシステムを，映写スクリーン両サイドに並べた装置で，1928年に最初の発声映画上映に使用しました．

その後，再生音域や音量の関係からGEは新しい大口径の15インチフルレンジスピーカーを開発し，これを傾斜したサブバッフルに取り付け，これを縦一列に6個コラム状に配置し，台車によって移動できる構造のスピーカーシステム（**写真5-117**）を開発し，上映に使用しました．

このスピーカーシステムは，**図5-137**に示すように高さ148インチ（約376cm），幅63インチ（約160cm）の大きなバッフル板でした．この1つのサブバッフルは指向性を良くするために音軸の異なる面にスピーカーを取り付けられています（**写真5-118**）．当時は，音の透過する映写用スクリーンがなかったため，舞台の映写スクリーン両脇にこのシステムを設置して使用しました．

このシステムのためにGEが開発したスピーカーUZ-3112B型（**写真5-119**）は，貼り合わせコーン振動板のフリーエッジで，概略構造（**図5-138**）を

前面　　　　　　　裏面内部

［写真5-118］ 2台のUZ-3112B型スピーカーを音軸をずらしてサブバッフルに取り付けた状態

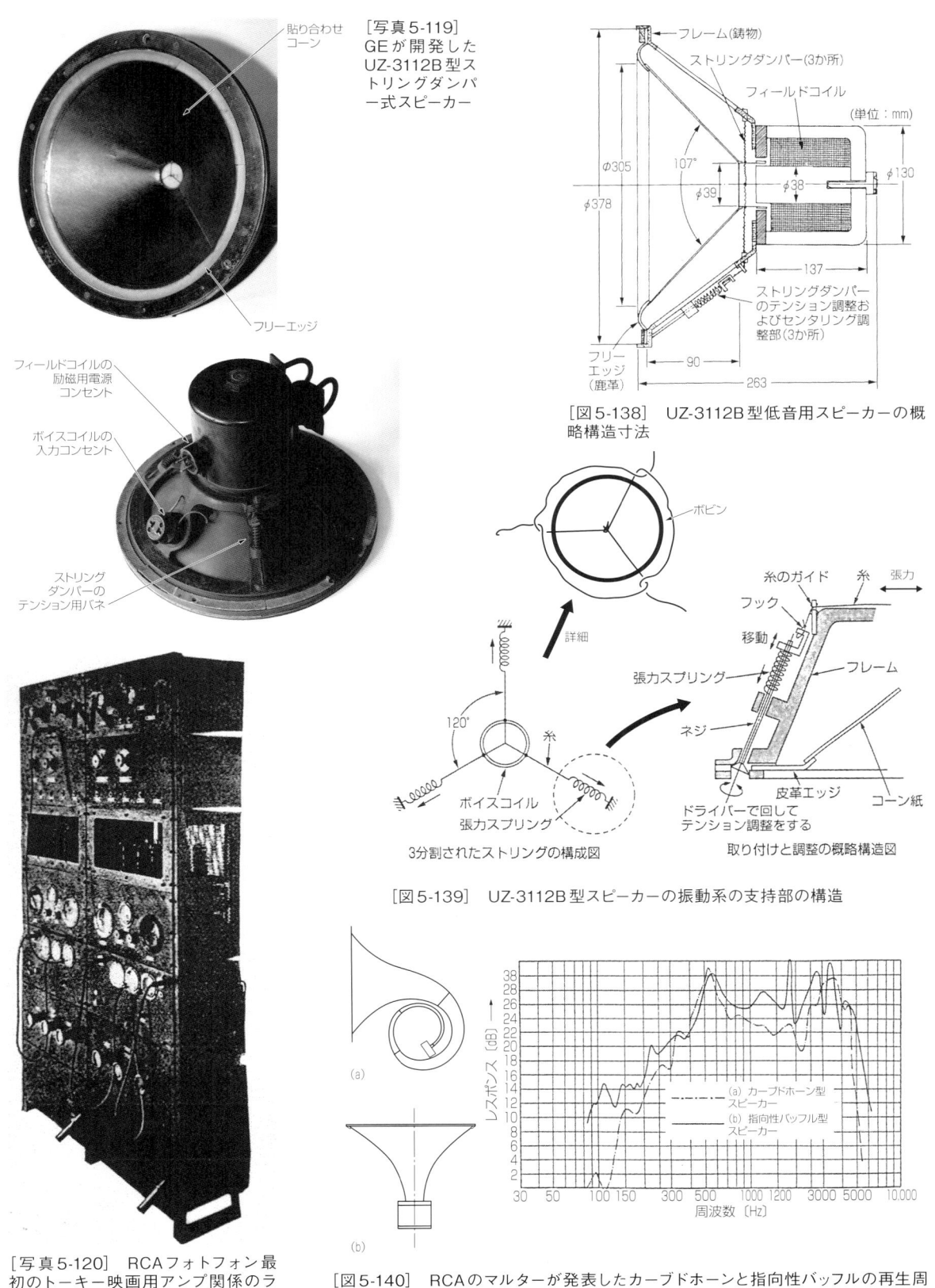

［写真5-119］
GEが開発した
UZ-3112B型ス
トリングダンパ
ー式スピーカー

貼り合わせ
コーン

フリーエッジ

フィールドコイルの
励磁用電源
コンセント

ボイスコイルの
入力コンセント

ストリング
ダンパーの
テンション用バネ

フレーム(鋳物)

ストリングダンパー(3か所)

フィールドコイル

(単位：mm)

φ305　107°　φ38　φ130

φ39

φ378

137

ストリングダンパー
のテンション調整お
よびセンタリング調
整部(3か所)

90　263

フリー
エッジ
(鹿革)

［図5-138］　UZ-3112B型低音用スピーカーの概
略構造寸法

ボビン

詳細

120°　糸

ボイスコイル
張力スプリング

3分割されたストリングの構成図

糸のガイド　糸　張力

フック　移動

張力スプリング　フレーム

ネジ

皮革エッジ　コーン紙

ドライバーで回して
テンション調整をする

取り付けと調整の概略構造図

［図5-139］　UZ-3112B型スピーカーの振動系の支持部の構造

(a)

(b)

38
36
34
32
30
28
26
24
22
20
18
16
14
12
10
8
6
4
2

レスポンス〔dB〕

(a) カーブドホーン型
スピーカー
(b) 指向性バッフル型
スピーカー

30　50　100 150　300　500　1000 2000 3000 5000　10,000

周波数　〔Hz〕

［写真5-120］　RCAフォトフォン最
初のトーキー映画用アンプ関係のラ
ック収容状況（1928年）

［図5-140］　RCAのマルターが発表したカーブドホーンと指向性バッフルの再生周
波数特性

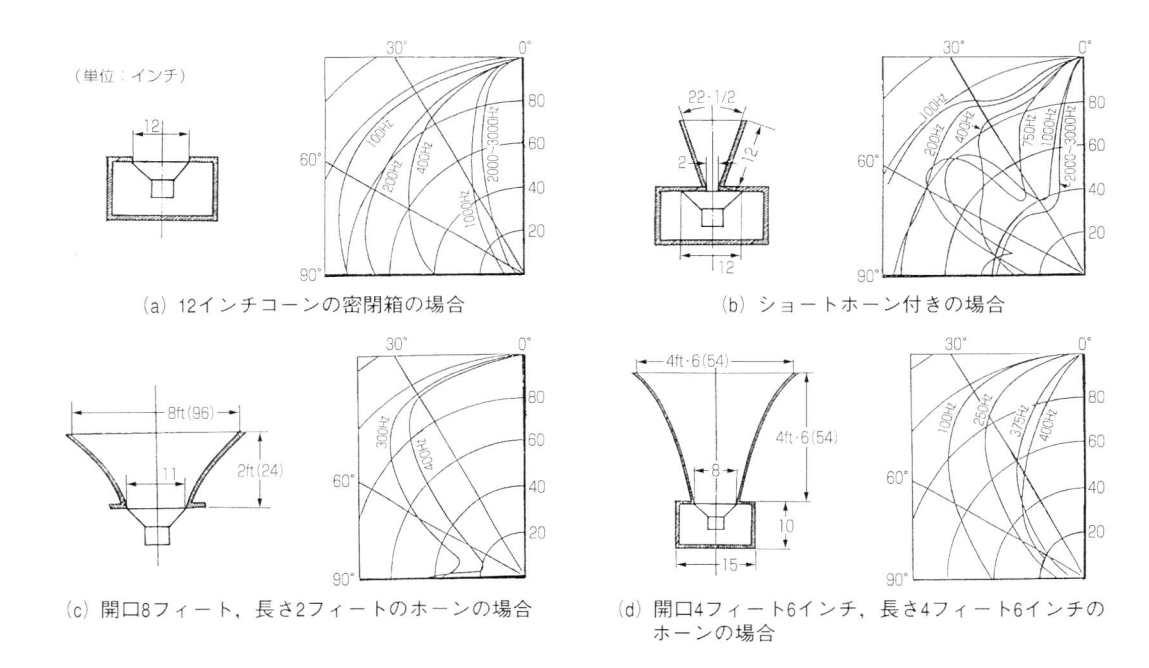

（単位：インチ）

（a）12インチコーンの密閉箱の場合

（b）ショートホーン付きの場合

（c）開口8フィート，長さ2フィートのホーンの場合

（d）開口4フィート6インチ，長さ4フィート6インチの
　　ホーンの場合

[図5-141]　各種形状の指向性バッフルを使用して測定した指向性パターン

見ると，強固な鉄フレームに壺型のフィールドコイル磁気回路が固定されており，振動板は頂角107°のフラットコーンで，基本的には104型R&Kスピーカーの姉妹機種です。

　入力15W，ボイスコイルインピーダンス15Ωで，フィールドコイルは1000Ωで励磁電流100mAです。低域共振周波数を下げるため，ダンパーは糸吊りサスペンションを採用し，糸を図5-139のようにボイスコイルボビンに120°分割でかけて，スプリングの張力で引っ張る構造になっています。糸吊りサスペンションの張力の狂いで，空隙磁極内に懸垂したボイスコイルがコイルタッチした場合，前面のフレーム周辺にある孔からネジ回しで調整できる構造になっています。

　初期の駆動用の増幅器は，出力12WのSP-26型や5WのA-2型が使用されました（写真5-120）。

5-12-3　指向性バッフルを使ったシステム
——第2世代のRCA系トーキー映画用システム

　RCA創立の後，GEのスピーカー研究開発者として著名なケロッグ（E. W. Kellogg）が，トーキー映画システムの開発のためにRCAビクターに転籍して，新しいスピーカーの開発に取り組みました。

　1930年ころ，映写幕が音を透過する透過型スクリーンになり，WEでは著名な17型ホーンが開発されてスクリーン裏から音再生をするようになったため，RCAフォトフォンは，これに対抗するスピーカーを開発する必要がありました。

　このため，ケロッグの配下にあったマルター（L. Malter）は，早速WEの17型ホーンを屋外で音響測定（図5-139）するとともに，直接放射型のダイナミックスピーカーの前にさまざまな形状の指向性バッフルを付けて音響再生特性（図5-140）の検討を行いました。この検討には当時としては珍しくスピーカーを屋外に設置して行った音響測定で，写真5-121のように指向性バッフルのスピーカーを上向きにして，マイクロフォンを12〜20フィート上に設置して測定しています[5-45]。また，ケロッグもスピーカーの特性測定に関する成果を論文[5-46]として，1930年の米国音響学会誌に発表しています。

　一方，直接放射型スピーカーの音放射について，ウォルフ（I. Wolff）とマルターが，理論解析と検

[写真5-121] 屋外における指向性バッフルのスピーカーの音響測定（1930年ごろ）

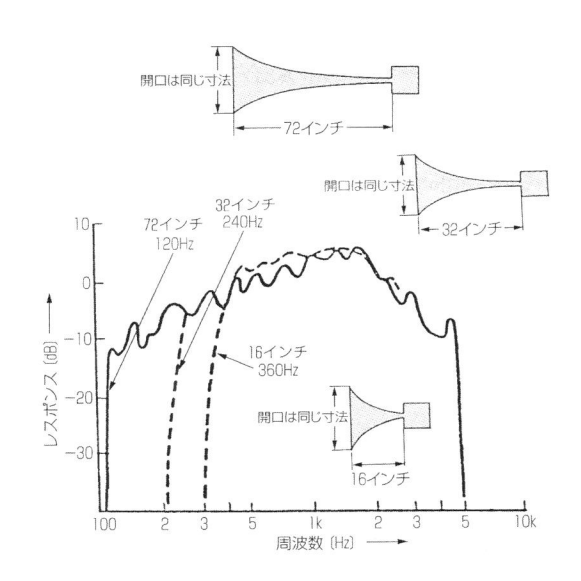

[図5-142] 開口寸法が同一の場合のホーン長の違いによる再生周波数特性

討データを論文[5-47]として発表し，指向性バッフルの妥当性を示しています．

また，開口寸法が同じホーンの長さの違いによる特性の違い（**図5-142**）を検討し，音声の明瞭度を重視した音声帯域の再生を目標に，ショートホーンが優位であると考えました．

一方，スピーカー技術の発展に大きな功績を残したオルソン（H. F. Olson）が1928年にRCAに入社して，最初に手がけたのは，トーキー映画の制作現場で撮影機の騒音を拾いにくい8の字形指向特性を持つリボン型マイクロフォンの発明で，その後，スピーカー関係の研究に着手しました．そして1932年にトーキー映画用指向性バッフルのスピーカーの研究をまとめ，その論文[5-48]を映画技術協会誌に発表しました．この論文では低音用，中音用，高音用の指向性バッフルスピーカーを検討し，その測定データを基に，2ウエイ，3ウエイ方式のユニットとして使

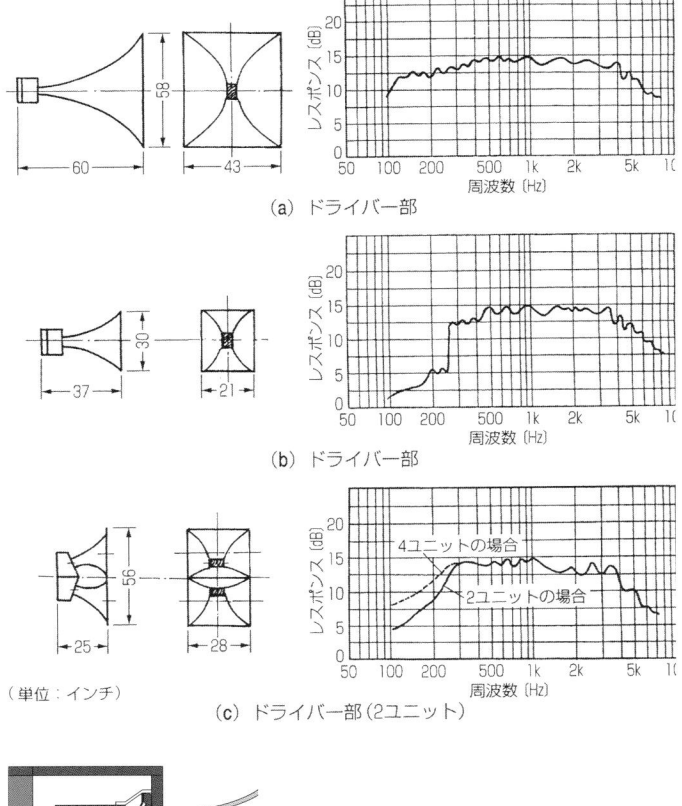

（a）ドライバー部

（b）ドライバー部

（単位：インチ）

（c）ドライバー部（2ユニット）

ドライバー部の構造

[図5-143]
形状の異なる指向性バッフルによる再生周波数特性（オルソン）

使用スピーカー：MI-1425A 型
ボイスコイルインピーダンス：15 Ω
フィールドコイル励磁電圧：DC100V
ホーン長：27インチ
カットオフ周波数：300Hz

［写真5-122］　RCAフォトフォン第2世代のPL-30型指向性バッフル付きスピーカー

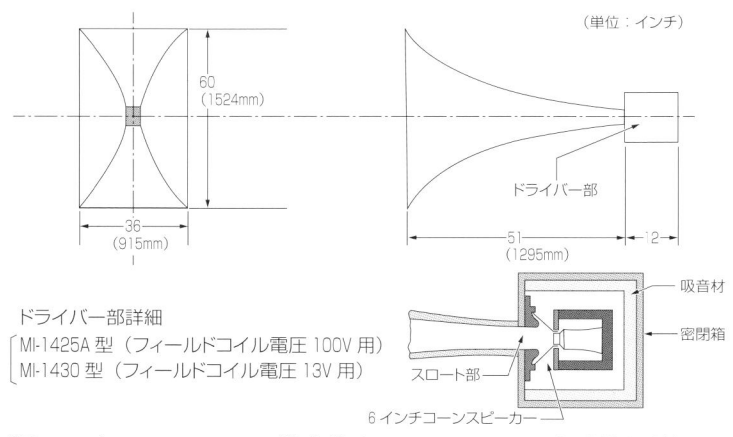

（単位：インチ）

ドライバー部詳細
「MI-1425A 型（フィールドコイル電圧 100V 用）
 MI-1430 型（フィールドコイル電圧 13V 用）

吸音材
密閉箱
スロート部
6インチコーンスピーカー
ドライバー部

［図5-144］　RCAのPL-30型指向性バッフルのスピーカーの概略構造寸法

用できる可能性を示しました（**図5-143**）.

　このように，RCAビクターは，理論と測定データを基に，RCAフォトフォンの第2世代のトーキー映画用スピーカーとして，ホーンスロート部分の音響変成器を軽く絞った構成の「指向性バッフル」スピーカーシステムの性能を立証するとともに，現状のトーキー映画用スピーカーとして総合的性能から見て，実用的な優位性を提唱しました.

　最終的に，第2世代のRCAフォトフォンのスピーカーとして商品化されたのは，PL-30型指向性バッフル付きスピーカー（**写真5-122**，**図5-144**）でした.

　PL-30型に使用されたスピーカー（ドライバー）は振動板径6インチのコーン型スピーカーで，再生周波数特性を見ると低音域不足を感じますが，当時のトーキー映画の総合音響特性としては音声の音質が良く，明瞭に聴こえたと言われています.

　このスピーカーの採用の理由には，ホーンが長くないため取り扱いが容易で，複数取り付けて客席へ均等に音を分散させることができ，指向特性を総合的に改善でき，能率も高くできた点が挙げられています.

　このスピーカーは，カニングハム（T.D.Cunningham）によって，1931年に映画技術協会誌に報告[5-49]されています.

　その後オルソンは，1934年にRCA音響研究所（Acoustical Research）の創立とともにその所長に就任し，その後のRCAの電気音響技術の研究の中心となり，スピーカーではホーンの理論解析と測定データを重視して，数多くの論文を残しました.

　中でも1937年に発表した「ホーンラウドスピーカー」[5-50]はホーンの基本的な動作を示したもので，今日でも活用される貴重な資料になっています.

　しかし，オルソン自身は，自分の持つスピーカー哲学から，ホーンドライバーをコンプレッション型にはせず，コーン型の直接放射型スピーカーに徹してHi-Fi再生へ執念を燃やし，独自のポリシーを貫きました.

　これは，ホーン用ドライバーにコーン型振動板を使用する場合，ホーンスロート部分の音響変成器の構造に非常に難しい問題があります.**図5-145**はその例で，振動板とスロートの空気室の精度を十分に設定することが難しく，絞り込みが大きい場合の振動板の剛性や強度の問題もあり，欲張った高能率と高音域の拡大は避けたほうが無難であると考えたようです.

5-12-4　フォールデッドホーンによる複合型2ウエイシステム
——第3世代のRCA系トーキー映画用システム

　RCAフォトフォンでは，ケロッグの指揮の下でバリアブルエリア型光記録方式の映写機を開発し，総合的にフィルム式トーキーの高性能化が達成できました.このためスピーカーも新しい第3世代の

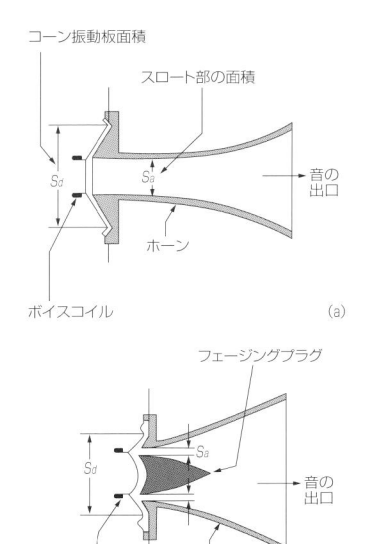

コーン振動板面積
スロート部の面積
S_d
S_a
音の出口
ホーン
ボイスコイル
(a)

フェージングプラグ
S_d
S_a
音の出口
ボイスコイル
ホーン
(b)

フェージングプラグ
S_d
S_a
音の出口
ボイスコイル
ホーン
(c)

[図5-145]　コーン型振動板を使用
したホーンスロート部分の音響変成器
の構造の違い

[写真5-123]
RCA フォトフォン第3
世代の高音用ホーンド
ライバー MI-1428B 型

振動板：
ファイバーシートのコー
ン型
ボイスコイルインピーダ
ンス：4Ω
フィールドコイル励磁電
圧：DC13V

[図5-145]
RCA フォトフォン
の高音用マルチセ
ルラーホーンの機
種別概略仕様

型　名	ホーンの前面形状	セル数	水平指向角
MI-1464		9	$16\frac{1}{2}°$
MI-1465		12	70°
MI-1466		15	$87\frac{1}{2}°$
MI-1467		18	105°

スピーカーシステムを開発する必要が生じました.
その開発の取り組みにはバテセル（M. C. Batsel）
とリイフステック（C. N. Reifsteck）が活躍しまし
た[5-51].

　この結果，1935年以後のRCA フォトフォンでは
初めて低音用に大型のシャラーホーンシステム（第
5章7項参照）と同じフォールデッドホーンを採用
し，複合型2ウエイ方式で構成する，新しい低音用
と高音用スピーカー（RCA フォトフォンではスピ
ーカーを「メカニズム」と称した）を開発しました.
　高音用ホーンドライバーは，独特の形状（**写真
5-123**）で，ファイバーシートを成形して作ったコ
ーン型振動板を使用したダイナミック型コンプレッ
ションドライバーです. このドライバーは，磁気回

路の励磁用フィールド電圧の違いで，MI-1428A
型，MI-1428B 型，MI-1443型の3種類があります.
MI-1428A 型とMI-1428B 型はフィールドコイルの
直流抵抗が13Ωで，13Vの直流電源，MI-1443型
は直流抵抗678Ωで，115Vの直流電源を必要とす
るものです. この外側は防水型になっており，屋外
でも使用することを想定して作られたものと思われ

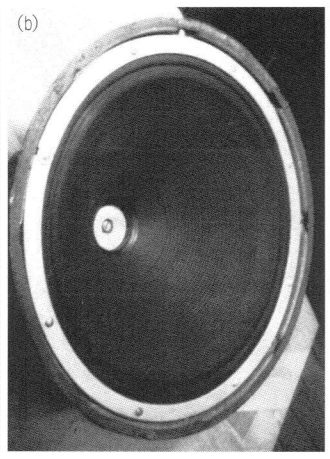
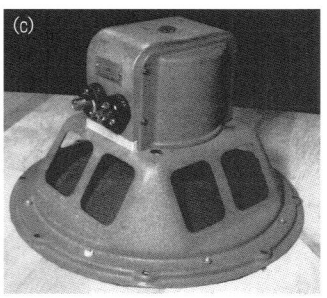

(a) 前期のコルゲーションなしのコーン紙
(b) 後期のコルゲーション付きのコーン紙
(c) 磁気回路側から見た外観

［写真5-124］
RCAフォトフォン第3世代の低音用スピーカー MI-1444型

［写真5-125］　RCAフォトフォン第3世代の低音用スピーカー MI-1434型（ランシング・マニファクチャー製）

［写真5-126］　RCAフォトフォン第3世代の低音用スピーカー MI-1433型（マグナボックス製）

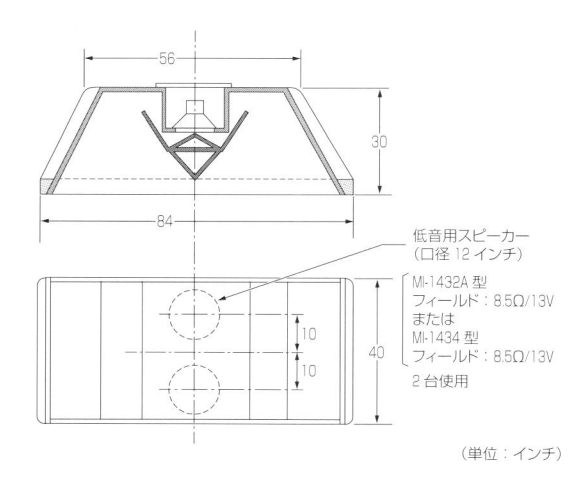

低音用スピーカー
（口径 12 インチ）

MI-1432A型
フィールド：8.5Ω/13V
または
MI-1434型
フィールド：8.5Ω/13V
2台使用

（単位：インチ）

［図5-147］　RCAフォトフォンの低音用ホーンMI-1456型の概略構造寸法

ます．

　これと組み合わせる高音用ホーンとして，**図5-146**に示すマルチセルラーホーン4機種が開発され，オーディトリアムの客席数などによって使い分けられました．

　低音用スピーカーは，口径15インチのMI-1444型ダイナミックスピーカー（**写真5-124**），口径12インチのMI-1434型（**写真5-125**），口径10インチのMI-1433型（**写真5-126**）の3機種があります．

　フィールドコイルの励磁用直流電源は3系統あり，MI-1444型はフィールドコイルの直流抵抗が678Ωで115V，MI-1434型は直流抵抗8.5Ωで13V，MI-1436型は直流抵抗が8.5Ωで13V，MI-1433型は直流抵抗678Ωで117Vの直流電源が必要となっています．

　このMI-1444型はGE製ですが，MI-1434型はランシング・マニファクチャー製で，MI-1433型はマグナボックス製が使われました．

　低音部のエンクロージャーは，フォールデッドホーン構造で，MGMのシャラーホーンシステムと同じ寸法となるように作られています．これはシャラーホーンシステムの開発時にオルソンが技術指導

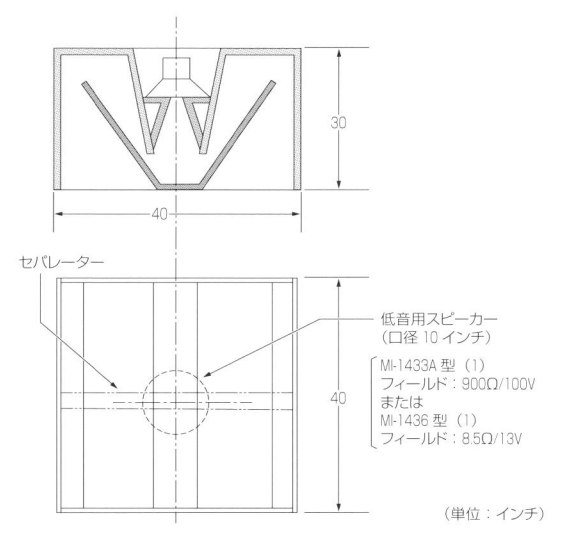

[図5-148]　RCAフォトフォンの低音用ホーンMI-1457型の概略構造寸法

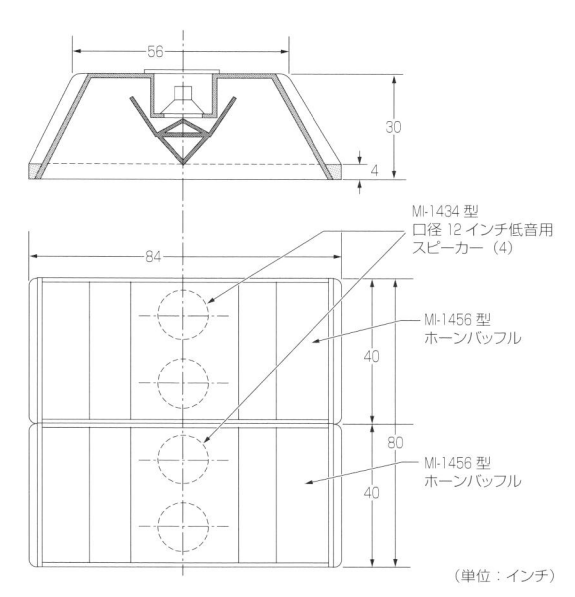

[図5-149]　MI-1456型2台連結した低音用ホーンの概略構造寸法

した関係で，RCA フォトフォンはこれを採用しました．

　基本的にはMI-1456型（**図5-147**）とMI-1457型（**図5-148**）の2機種があり，さらにMI-1456型を2

段重ねた構造（**図5-149**）のホーンエンクロージャーがあります．

　RCA フォトフォンは，これを総合して1937年に

[表5-12]　RCAフォトフォン第3世代のスピーカーシステムの種類と構成

システム名		PG-118	PG-117	PG-116	PG-115	PG-105A
複合形式		2ウエイ	2ウエイ	2ウエイ	2ウエイ	2ウエイ
最大入力〔W〕		60	30			20
クロスオーバー周波数〔Hz〕		300	300	300	300	300
高音部						
ホーン		MI-1464	MI-1464	MI-1453	MI-1453	MI-1453
		MI-1465	MI-1465	MI-1469	MI-1469	MI-1469
		MI-1466	MI-1466			
		MI-1467	MI-1467			
ドライバー（使用数）		MI-1428B（2）	MI-1428B（1）	MI-1430（1）	MI-1430（1）	MI-1425A（1）
		またはMI-1443（2）	またはMI-1443（1）			
フィールド	DC電圧〔V〕	13/115	13/115	13	13	100
コイル	直流抵抗〔Ω〕	8.5/678	8.5/678	8.5	8.5	900
ボイスコイルインピーダンス〔Ω〕		4/4	4/4	15	15	15
低音部						
ホーンバッフル		MI-1456	MI-1456	MI-1457	MI-1457	MI-1457
スピーカー（使用数）		MI-1434A（4）	MI-1434A（2）	MI-1436（1）	MI-1436（1）	MI-1433（1）
		またはMI-1444（4）	またはMI-1444（2）			
フィールド	DC電圧〔V〕	13/115	13/115	13	13	100
コイル	直流抵抗〔Ω〕	8.5/678	8.5/678	8.5	8.5	900
ボイスコイルインピーダンス〔Ω〕		30	30	15	15	15
デバイディングネットワーク		MI-1483A	MI-1483A	MI-1484	MI-1484	MI-1484

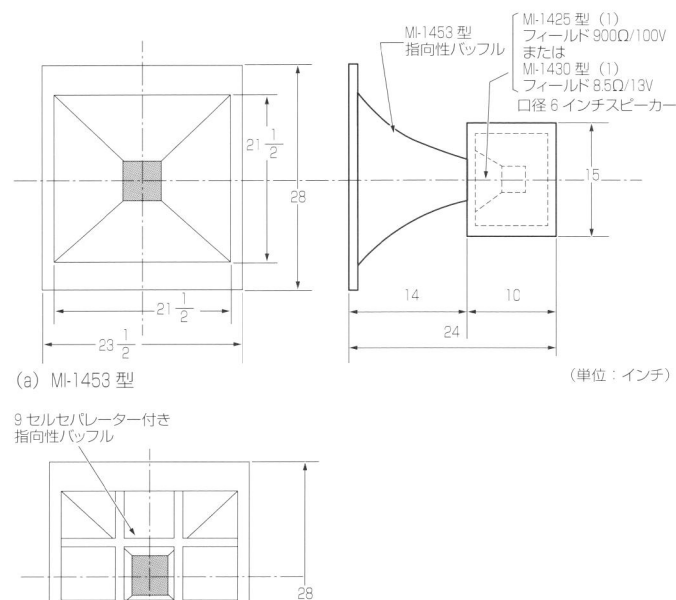

（a）MI-1453 型

（b）MI-1469 型

MI-1453 型
指向性バッフル

MI-1425 型（1）
フィールド 900Ω/100V
または
MI-1430 型（1）
フィールド 8.5Ω/13V
口径 6 インチスピーカー

9 セルセパレーター付き
指向性バッフル

（単位：インチ）

[図 5-150]　MI-1453 型指向性
バッフルおよび MI-1469 型指向
性バッフルを使用したスピーカー
の概略構造寸法

[写真 5-127]　MI-1430 型高音用ホーンドライバ
ー（φ6 インチのペーパーコーン振動板）

[写真 5-128]　MI-1430 型スピーカーをドライバ
ーとした MI-1469 型指向性バッフル（高音用スピ
ーカー）

第 3 世代のスピーカーシステム 5 機種を完成させま
した．その概略構成内容を**表 5-12**に示します．

　RCA フォトフォンでは，駆動増幅器とスピーカ
ーのボイスコイルインピーダンスの整合のために，
増幅器の出力インピーダンスを 250Ω に設定して，
増幅器とスピーカー間のケーブルによる伝送ロスを
防ぐ配慮をしています．このためスピーカー側にマ
ッチングトランスを設置し，ユニットの接続が並列
接続でインピーダンスが低くなってもインピーダン
スが完全に整合するようになっています．

　強力型の PG-118 型では，Y 字型のアダプターで
ドライバー 2 台を取り付けて使用するようになって
います．

　新規開発した MI-1453 型ホーンは，これまでの
指向性バッフルを改良したもので，**図 5-150**に示す
ように振動板径 6 インチのペーパーコーン振動板の
MI-1430 型（**写真 5-127**）または MI-1425A 型ホー
ンドライバーが使われています．MI-1430 型と
MI-1425A 型の違いはフィールドコイルの直流電源

で，前者は直流抵抗が 8.5Ω で 13V，後者は直流抵
抗 900Ω で 100V となっています．ボイスコイルイ
ンピーダンスは 15Ω です．スロート部分は**図 5-145**
(a)に示す構造の絞り込みがあります．

　初期は MI-1453 型指向性バッフルが使われてい
ましたが，後期は MI-1469 型（**写真 5-128**）指向性
バッフルが使用されました．

　こうして製作された RCA フォトフォンの大型ス
ピーカーシステムは，MGM のシャラーホーンシス

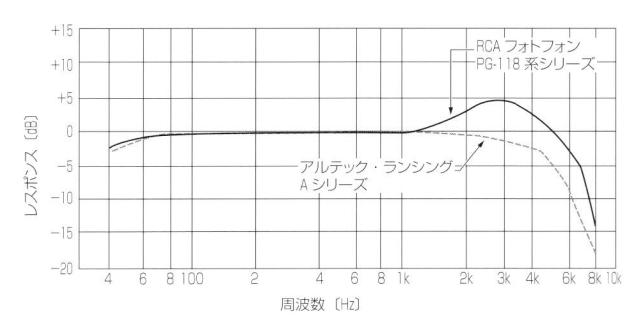

[図5-151]　RCAフォトフォンの補正周波数特性（アルテック・ランシングのAシリーズとの比較）

テムとは外観は似ていてもトーキー映画用スピーカーとしての総合的な性能に違いがあり，RCAフォトフォンでは設置条件を配慮した音質調整を自社製アンプの電気回路の補正で行っています．

1940年4月に発表された活動写真研究委員会（Motion Picture Research Counil, Inc.）の資料（図5-151）[5-52] によると，その3000Hzを中心に約5dBほど強調されていることがわかります．

5-12-5　マルチセルラーホーン搭載の複合型2ウエイシステム──第4世代のRCA系トーキー映画用システム

1939年に映写機のサウンドヘッドや増幅器の改良があり，システム全体の改良が行われました．スピーカーシステムは，大型のPG-118型，PG-117型に代わってPG-143A型，PG-142A型などが開発され，第4世代のRCAフォトフォンのトーキー映画用システムが誕生しました．

その要点は，駆動するアンプの出力増強が大きく，スピーカー側ではこれまでの実績から構成を固定化し，フィールドコイルの励磁電圧を115Vに統一するなど，取り扱い面の改善がありました[5-53]．

この第4世代トーキー映画用システムは，**表5-13**に示す7機種です．

大型劇場対応のPG-143A型のシステム全体の構成を**図5-152**に示します．強力なパワーを出すためにMI-9354型パワー段の後段に60W出力のMI-9355型パワーアンプを2台並列運転して120Wの

[表5-13]　RCAフォトフォン第4世代のスピーカーシステムの種類と構成

システム名	PG-143A	PG-142A	PG-140A	PG-139	PG-134	PG-129	PG-105A
複合形式	2ウエイ	2ウエイ	2ウエイ	2ウエイ	2ウエイ	2ウエイ	2ウエイ
最大入力〔W〕	120		60	30	30	30	
クロスオーバー周波数〔Hz〕	400	400	400	400	400	400	400
高音部							
ホーン（使用数）	MI-1466 (2)	MI-1467 (1)	MI-1467 (1)	MI-1465 (1)	不明 (1)	MI-1464 (1)	MI-1469 (1)
ドライバー（使用数）	MI-1443 (4)	MI-1443 (2)	MI-1443 (2)	MI-1443 (1)	MI-9447 (1)	MI-1443 (1)	MI-1425A (1)
フィールドコイル　DC電圧〔V〕	115	115	115	115	永久磁石	115	115
直流抵抗〔Ω〕	678	678	678	678	—	678	900
ボイスコイルインピーダンス〔Ω〕	4	4	4	4	7.5	4	15
低音部							
ホーンバッフル	MI-1456 (2)	MI-1456 (2)	MI-1456 (1)	MI-1456 (1)	不明 (1)	MI-1456 (1)	MI-1457 (1)
スピーカー（使用数）	MI-1444 (4)	MI-1444 (4)	MI-1444 (2)	MI-1444 (1)	MI-6237 (1)	MI-1444 (1)	MI-1433 (1)
フィールドコイル　DC電圧〔V〕	115	115	115	115	永久磁石	115	115
直流抵抗〔Ω〕	678	678	678	678	—	678	678
ボイスコイルインピーダンス〔Ω〕	30	30	30	30	2	30	15
デバイディングネットワーク	MI-9475	MI-9475	MI-9475	MI-9475	MI-9478	MI-9476	MI-1484

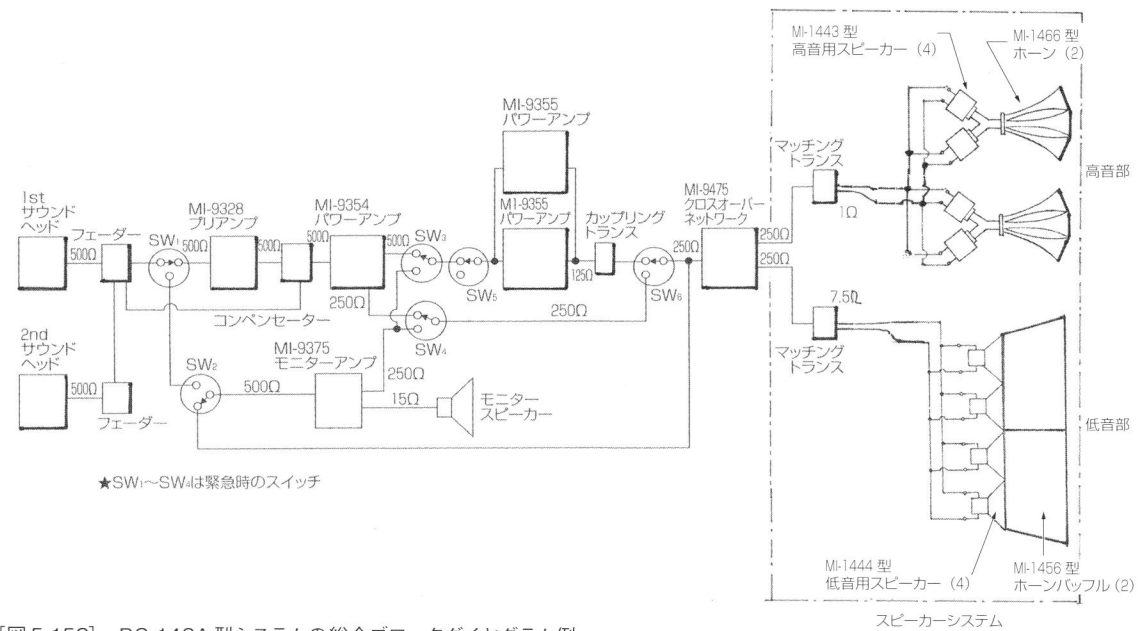

[図5-152]　PG-143A型システムの総合ブロックダイヤグラム例

高音部：MI-1443（2）とMI-1467（1）
低音部：MI-1444（4）とMI-1456（2）

[写真5-129]　RCAフォトフォン第4世代のPG-142A型スピーカーシステム

パワーを引き出し，カップリングトランスでラインインピーダンス250Ωにしてスピーカーに送り出しています．クロスオーバーネットワークは，ラインインピーダンス250Ωで帯域分割し，スピーカー側のマッチングトランスで1Ω，2Ω，4Ω，7.5Ω，

15Ωなどに変換してスピーカーと整合しています．このため，高音部はホーンドライバーが4台並列接続で1Ω，低音部は4台並列接続で7.5Ωの値でマッチングさせています．

　PG-142A型システムは，終段のパワーアンプMI-9355型が1台で，スピーカーシステムの構成は，高音用スピーカーMI-1443型が2台，低音部はPG-143A型と同じで，外観は**写真5-129**です．

　PG-140A型システムの駆動増幅器は，終段のパワーアンプMI-9354型が1台で，スピーカーシステムも低音用ホーンが1台となり，縦型にしたスリムな形状（**写真5-130**）です．

　PG-134型システムの終段のパワーアンプはMI-9251型が1台で，スピーカーは高音用がMI-9447型1台，低音用がMI-6237型で，**写真5-131**に示す新しい形状です．

　PG-105A型システム用のスピーカーシステム（**写真5-132**）は，日本でもよく知られているもので，低音用は小型のフォールデッドホーンのMI-1457型にMI-1433型口径10インチの低音用スピーカー1台，高音用には6インチのコーン型スピーカーMI-1425型をMI-1453型ストレートホーンに取り付

高音部：MI-1443（2）とMI-1467（1）
低音部：MI-1444（2）とMI-1456（1）

［写真5-130］ RCAフォトフォン第4世
代のPG-140A型スピーカーシステム

［写真5-131］ RCAフォトフォン第4世代の
PG-134型スピーカーシステム（スピーカーユニット
はパーマネント型）

高音部：MI-1425A（1）とMI-1453（1）
低音部：MI-1433（1）とMI-1457（1）

［写真5-132］ RCAフォトフォン第4世代のPG-105A型ス
ピーカーシステム

けた構成の2ウエイスピーカーシステムです．高さ
68インチ（約173cm），幅40インチ（約102cm），
奥行き30インチ（約76.2cm）です．パワーアンプ
はMI-1223型が使用されました．

　PG-134型システムのスピーカーシステムは，初
めてパーマネント型スピーカーが搭載されたモデル
ですが，詳細は不明です．

5-12-6　デフラクションホーン搭載の複合型 2ウエイシステム
──第5世代のRCA系トーキー映画用システム

　オルソンのホーンスピーカーは，ホーンの形と開
口を変えると指向特性が広範囲に変化することを
考案し，この結果，相対する2つの上下面を指数関
数（エクスポーネンシャルフレア）に従った曲面に

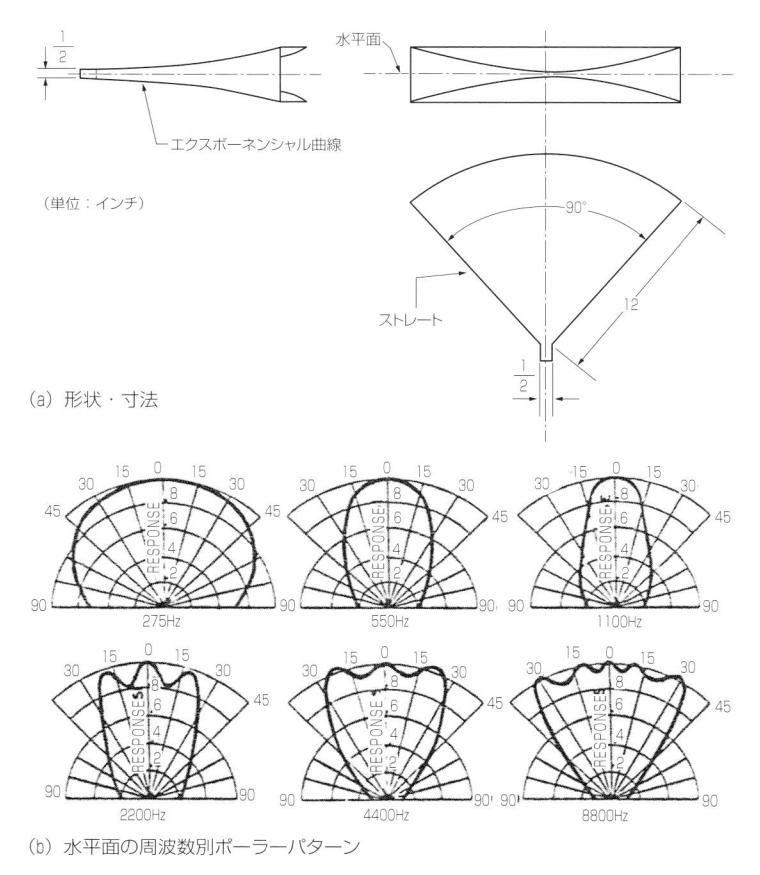

（a）形状・寸法

（b）水平面の周波数別ポーラーパターン

［図5-153］　オルソンが発表したデフラクションホーンの概略構造寸法と水平面の周波数ごとの指向性パターン

（a）伏面図

（b）正面図

（c）A-A断面図

（d）　使用例

［図5-154］　ボルクマンが考案したスピーカーシステム用デフラクションホーンの概略構造

し，もう一方の相対する2つの側面を直角に開く形状の「デフラクションホーン」（図5-153）を発明しました．

　このホーンと，マルチセルラーホーンの指向特性をそれぞれ測定し比較データを発表しました[5-54]．

　その結果，マルチセルラーホーンのような複雑な構造でなくても，水平面での指向特性は遜色ないことがわかり，トーキー映画用スピーカーのシンボルのように使用されてきたマルチセルラーホーンに陰りが生じるきっかけを作りました．

　この新しいホーンの原理を応用して，1942年にボルクマン（J. F. Volkman）は垂直面の改善のために，劇場の1階前方席と後部席および2階席方向に別々の音軸となるようホーンを重ねて使用する方法（図5-154）を考案して特許[5-55]を出願しました．そしてRCAフォトフォンの第5代目のスピーカーシステムは，これを搭載した新しいトーキー映画用スピーカーシステム（写真5-133）となりました．

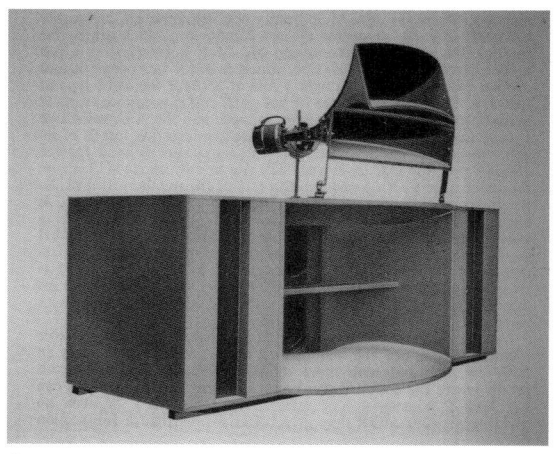

［写真5-133］　RCAフォトフォン第5世代のPG-301型デフラクションホーン搭載のスピーカーシステム

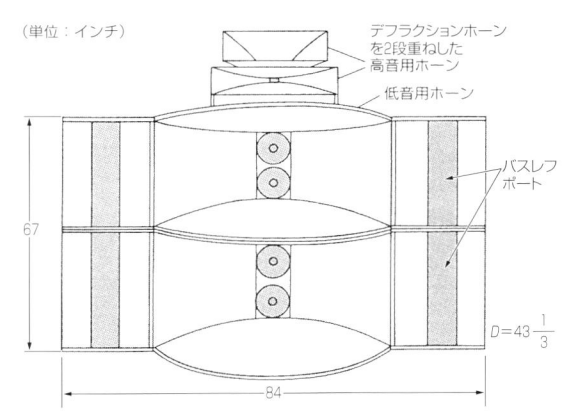

[図5-154] RCAフォトフォン第5世代のPG-301型デフラクションホーン搭載スピーカーシステムの概略構造寸法

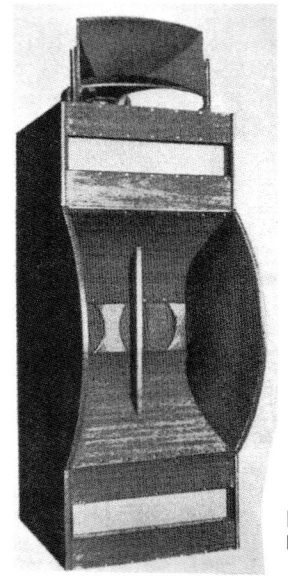

[写真5-134]
国産のRCAフォトフォン
FB-56型スピーカーシステム
（縦型にして使用した例）

　低音用ホーンは，これまでのMGMのシャラーホーンに使われたフォールデッドホーンから脱却して，開口面フレアを曲面にしたストレートホーンで，両サイドにバスレフポートを設けた新しい形状にまとめました．

　横幅が84インチ（約213cm），高さ33・1/2インチ（約85cm），奥行き43・1/4インチ（約110cm）で，PG-301型（図5-155）は2段重ねの大型でした．

　この時期，RCAと技術提携して国産化をしていた東京電気は，1937年ころからトーキー映画用スピーカーの純国産化を狙って開発を進めており，1941年6月号の『無線と実験』の表紙に，このスピーカー群が掲載されました．戦争色が濃くなって，その動向は消えましたが，戦後にシネマスコープに

よる4チャンネルステレオ再生のトーキー映画用スピーカーの開発などで蘇り，RCAフォトフォン第4世代のスピーカーのような傾向の低音用ホーン（**写真5-134**）が開発され，新しいシステムのFB-56型（**図5-156**）とFB-55型（**図5-157**）が登場しました．

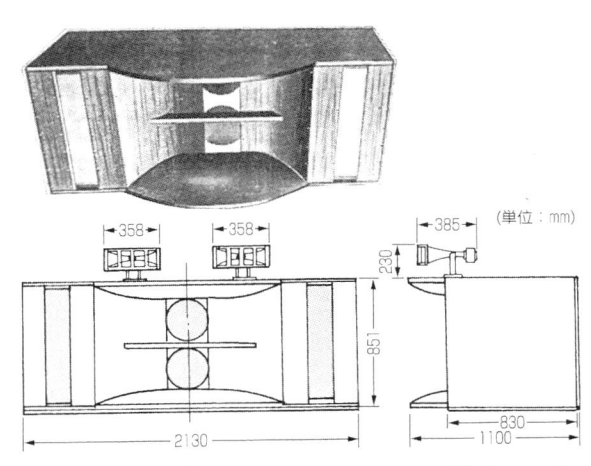

[図5-156] 国産RCAフォトフォンのFB-56型バッフルの概略構造寸法

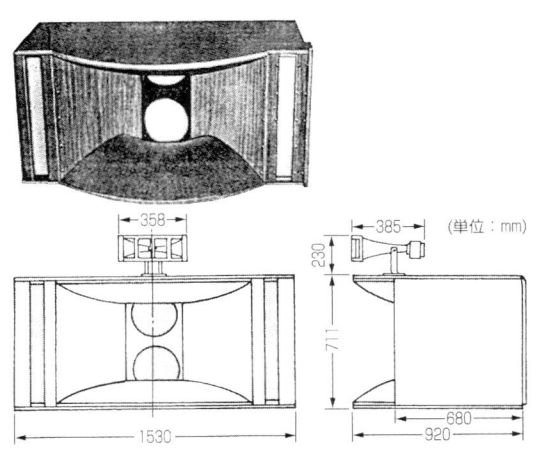

[図5-157] 国産RCAフォトフォンのFB-55型バッフルの概略構造寸法

5-13　欧州のトーキー映画用スピーカーシステム

5-13-1　ドイツにおける
トーキー映画用スピーカーの誕生と背景

第5章2項の「トーキー映画方式の変遷の概要」で述べた三大発声映画方式の一つ「トービス・クラングフィルム（Tobis-Klangfilm）」システムは，トーンフィルム方式の光学式バリアブルデンシティ（濃淡）型でした．

1928年，ドイツのAEG（Allgemeine Elektricitats-Gesellshaft）とシーメンス・ハルスケ（Siemens und Halske，本書ではシーメンスと略）は共同出資で全ドイツを統一した映画会社の設立を企て，1929年に「トービス・クラングフィルム会社」を設立し，トーキー映画事業を展開しました．

対外的には米国よりも出遅れたドイツは，自国で映画産業を自給自足できる国として威信をかけて挑戦し，米国のE. R. P. I.（WE）やRCAに対して，欧州市場はドイツの独占区域であると主張し，安定した需要が確保できる地域を設定するよう，1929年にフランスのパリで三者が集まり会談を行いました．

最終的には，1930年7月22日に地域協定が成立し，ドイツにはドイツ，中欧諸国，スカンジナビア諸国の市場が与えられました．米国は米国，カナダ，オーストラリア，ニュージーランド，インド，ソ連が与えられ，その他諸国は自由地域となりました．

こうして「トービス・クラングフィルム会社」は，この協定によって設定された地域で独占して事業を展開することになりました．

この結果，1932年8月にはトービス・クラングフィルム系の映画館のトーキー映画用再生装置設置数は3457館と大きく進展しました．

トービス・クラングフィルム系のトーキー映画用音響機器のうち，スピーカーシステムの開発はシーメンスが担当し，初期には，大きく分けて2つの異なった設計思想のスピーカーが生産されました．

その一つは，1925年にシーメンスのリッガー（H.

[図5-158]　ブラットハラースピーカーの駆動系の基本構造

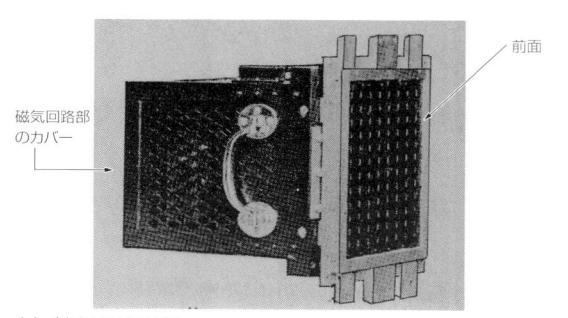

(a) 斜めからの外観

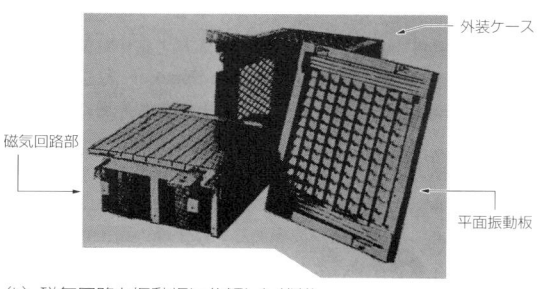

(b) 磁気回路と振動板に分解した状態

[写真5-135]　リッガーが開発したブラットハラーの標準音源用スピーカー（1925年）

Riegger）が提唱した，「完全なピストン振動域だけを活用して，平面振動板を全面駆動して直接音を放射する」という設計思想に基づく「ブラットハラー（Blatthaller）」型スピーカーでした．

もう一つは，1898年にロッジ（Oliver J. Lodge）が特許取得したムービングコイル型を基本にしたダイナミックコーン型スピーカーで，シーメンスは「クラングフィルム（Klangfilm）」ブランドのスピーカー系列を作りました[5-56]．

5-13-2　ブラットハラー型スピーカーの開発

シーメンスが「ブラットハラー」と呼ぶ全面駆動型平板スピーカーの生い立ちについては，第2章4〜5項で述べました．

ブラットハラーは，振動板が完全なピストン運動をする構造になっており，これは1925年にGEが発表したR&K型スピーカーがコーン振動板の頂部を駆動するのに対して，平面振動板を全面駆動してピストン振動領域を広く，高性能化を狙った設計思想で，GEとの技術的差別化を図るものでした．

1924年にリッガーが開発した構造（図5-158）は，矩形の振動板をボイスコイルが一筆書きで4分割するよう，ジグザグに横断して均一な駆動力を全面に与えるものでした．ボイスコイルの実効長が短いためインピーダンスは低く，専用のマッチングトランスで整合するようになっています．

最初の製品は20×20cm角の平面振動板のスピーカーでした．振動板は絶縁物のペルチナックス（Pertinax）の薄板で，アルミ薄板に比較して3000Hz以上の高域共振を抑え，均一な特性が得られました．外観および分解写真（写真5-135）に示すように，外装ケースの中には大型の励磁用フィールドコイルがある磁気回路が取り付けられています．

結果的に非常に優れた再生周波数特性が得られたため，このスピーカーは平面波が得られる標準音響再生用スピーカーとして，マイクロフォンの音響的な較正（キャリブレーション）用に使用されるなどの用途に発展しました．

日本では高性能スピーカーとして東京帝国大学（現在の東京大学）が輸入して，レイリー盤による較正の代わりに，このスピーカーをキャリブレーションの音源として使用した報告[5-57]があります．

トービス・クラングフィルム系のトーキー映画用

前面に木製のグリル付き
振動板：ペルチナックス
外形寸法：400×400mm
入力：600W

[写真 5-136]　中型ブラットハラースピーカー（1927 年）

前面の木製グリルを外した状態

[写真 5-137]　小型ブラットハラースピーカー（1927 年）

[写真5-138]　小型ブラットハラースピーカーの振動板とエッジ周辺のクローズアップ

スピーカーとして使用するようになったのは，リッガーの設計思想を引き継いだガーディン（H. Gerdien）やターンデルエレンベルグ（B. F. Terndelelenburg）が，1927年に中型と小型の2機種のブラットハラースピーカー（**写真5-136，137**）を開発した結果でした．

　大型は，振動板にペルチナックスを使用し，大きさ540×540mm（2916m²）で，許容入力600Wの強力型スピーカーでした．ガーディンは，振動板が完全なピストン運動を行うため，駆動部に注目して振動板に波形のリブを多数入れて剛性を増すとともに，このリブがボイスコイル導体と直角に交わるように配置して，これをリベットで固着する方法

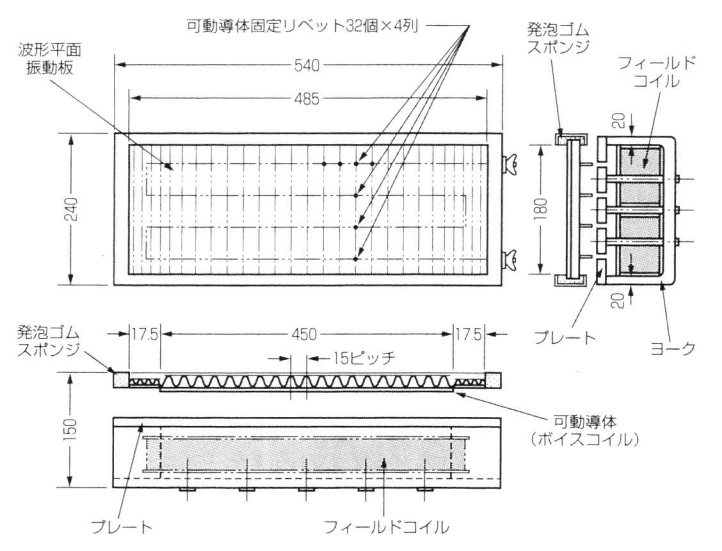

[図5-159]　小型ブラットハラースピーカーの概略構造寸法

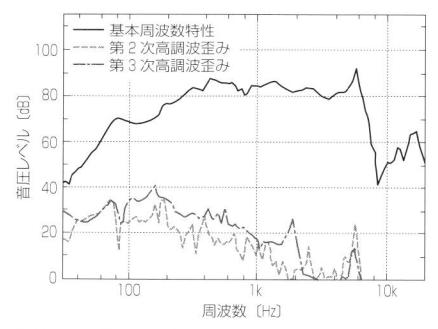

[図5-160]　小型ブラットハラースピーカーの音圧周波数特性 [5-60]

[写真5-139]　小型のブラットハラースピーカーを4基並列に使用した例 [5-59]

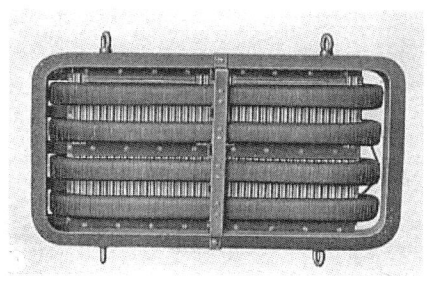

[写真5-140]　ノイマンが開発した大型ブラットハラースピーカーの前面（1930年）

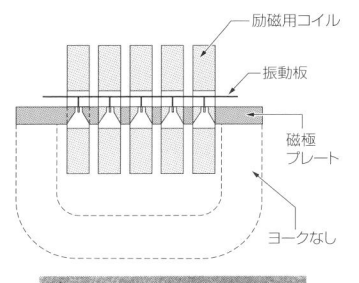

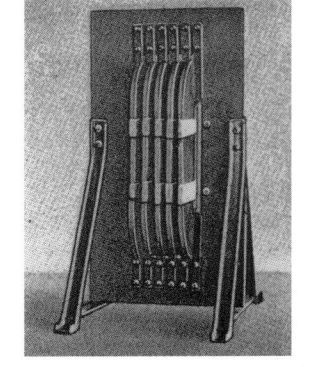

[図5-161]　ノイマンが開発した大型ブラットハラースピーカーの基本構造と外観（1930年）

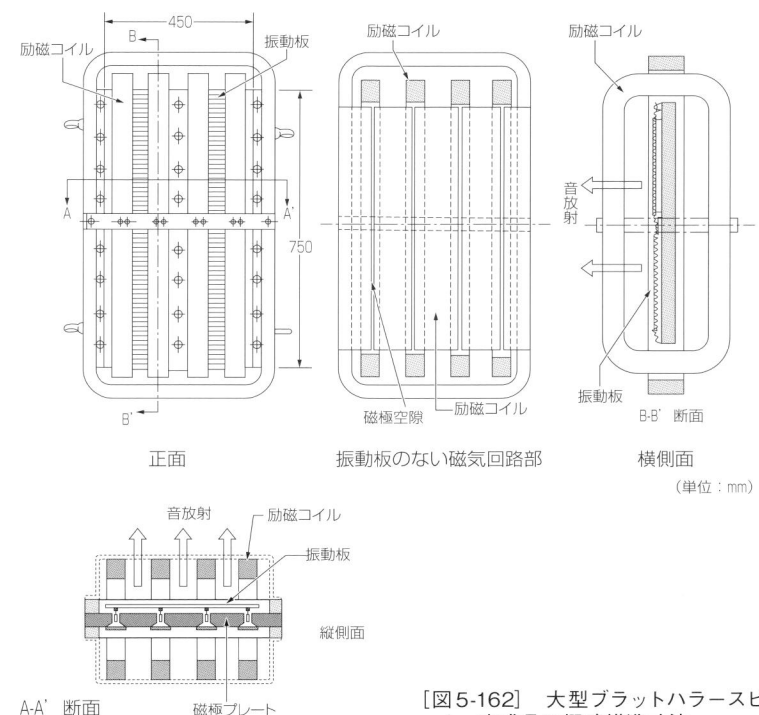

正面　　　　　　　　　振動板のない磁気回路部　　　　　　横側面

（単位：mm）

A-A'　断面　　　　磁極プレート

[図5-162]　大型ブラットハラースピーカー完成品の概略構造寸法

を考案し，1928年に特許[5-58]を取得しています．その固着状況を前面から見たものが**写真5-138**です．

　小型は，ブラットハラースピーカーとしてよく知られている代表的な製品で，振動板面積200×540mm（面積1080m²）で，面積は大型より約37％小さいのですが，許容入力は200Wと大きく，アルミニウムの薄板に波形のリブを入れた振動板を大型と同様にリベットで固定する加工で強化しています．**図5-159**に示すように，振動板の縦長方向にボイスコイル導体を2往復させて4分割し，振動板の波型リブと直行させています．

　完成品は共通して振動板の前に木製のグリル（格子）が付いており，振動板の保護とともに音を拡散させる効果を狙っています．また，両者ともに鉄製の大型スタンドが付属していて，スピーカーを設置後，上下方向の角度調整を両横のハンドルネジで行うようになっています．

　写真5-139は，1928年に英国の映画劇場のトーキー用スピーカーステムとして設置された4台の小型ブラットハラースピーカーの例です[5-59]．

　日本には，この小型ブラットハラースピーカーが何台か輸入されましたが，現存するのは中央放送局の技術研究所（現・NHK放送技術研究所）が研究用として入手した1台で，今はNHK放送博物館で動態保存され，貴重な存在になっています．

　本体の寸法は高さ540mm，幅275mm，奥行き161mm，重量90.8kgです．スタンドを含めた総重量は127kgで，小型ながら1人で移動させるのは困難です．

　2006年にNHK放送技術研究所は再生周波数特性を測定し，そのデータ（**図5-160**）を発表しました[5-60]．

　その後，このスピーカーは大出力用として大型化が進められ，1930年，シーメンスのノイマン（H. Neumann）が強力型のブラットハラースピーカー（**写真5-140**，**図5-161**）[5-61]を開発しました．

　この構造の基本的は**図5-162**に示すように，これまでの形と異なり，励磁コイルが外側を覆って隙間から直接音放射する平板型スピーカーとなっています．

[写真 5-141]　屋上に設置した大型バッフル板にブラットハラースピーカーを取り付けて測定する様子

　このスピーカーの構造を図5-161に示します．振動板は大きく，幅450×長さ750mm（面積3375 m²）で，大音量の再生を行うため，振動板を中芯とした空間にフィールドコイルが巻かれて固定され，フィールドコイルの中心に磁束が集中するようにプレートを設けて磁極を作り，直流大電流を流して磁極空隙に22000ガウス（2.2テスラ）以上の磁束を得る大型の磁気回路です．

　ボイスコイル入力は800Wで，電気音響変換効率が25％と高能率になっています．この構造は特許[5-62]として1928年に出願され，1930年に取得されています．

　写真 5-141は，このスピーカーの音響特性を測定するため，ビルの屋上でバッフル板に取り付けて測定しているところです．また，**写真 5-142**は屋外での動作試験で，数km離れた遠い場所でも再生音を聴くことができたと言われています．

[写真 5-142]　大型のブラットハラースピーカーを屋上で吊り下げて行う性能試験の様子

　その後，ブラットハラースピーカーは，トーキー映画用の需要よりも，当時のドイツの政策などの影響で，大音量再生の拡声用スピーカーへと進展していきました．

5-13-3　リッフェル型
トーキー映画用スピーカーシステム

　シーメンスのゲルラッハ（E. Gerlach）は，1923年に可動導帯型（リボン型）電気音響変換器を発明し，特許[5-63]を出願しました．1924年になって，ゲルラッハとショットキー（W. Schottky）の両名

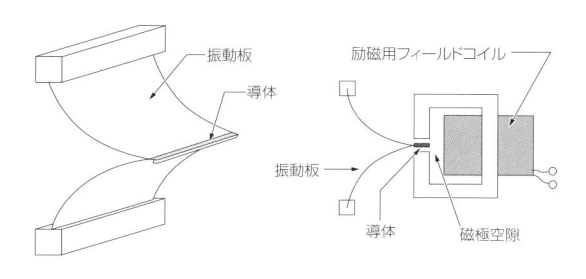

[図5-163]　ゲルラッハが考案したリッフェル型スピーカーの基本構造

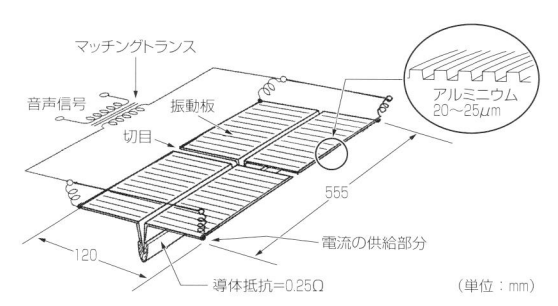

[図5-164]　リッフェル型スピーカーのボイスコイルへの給電方法の概要

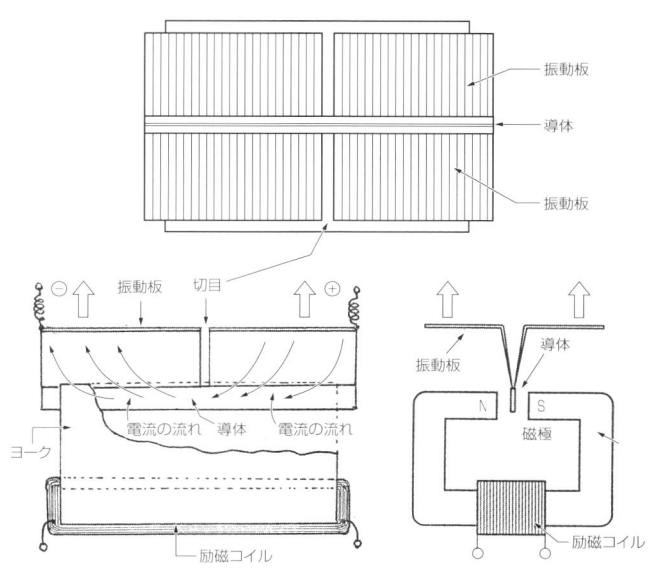

[写真5-143]
1928年に実用化された ELL-17型リッフェル型スピーカー（外側にガード用メッシュ格子付き）

[図5-165] リッフェル型スピーカーにおいて想定される電流の流れと概略構造

によって，初めてリボン型スピーカーは完成しました．

その後，1924年にドイツのワグナー（K. W. Wagner）などによってリボン型スピーカーは実用化されました．

一方，ゲルラッハは，リボン型より電気音響変換効率を高くしようと，同1924年，導体バーに振動板を取り付けて音放射する構造（図5-163）のスピーカーを開発しました[5-64]．これが「リッフェル（Riffell）」型スピーカーの基本形となり，1927年にさらに改良が施され，特許[5-65]を出願しました．

改良されたリッフェル型スピーカーの構造は図5-164です．振動板は長さ555×幅120mmの長方形で，20〜25μmのジュラルミンの薄板を凸凹に折り曲げて強度を高めた平板です．前面はフラットで，側面から見るとT字形に折り曲げたV字形の溝があり，その付け根に直線の導体（導体抵抗0.25Ω）が固定されています．

このボイスコイルへ振動板周辺から信号電流が給電されます．振動板の長手方向の中央部に切れ目があるため，磁極に懸垂した導体の部分に集中して電流が流れ，図5-165に示す駆動力が発生する仕組みです．

低音用スピーカー

スクリーン裏の下部に取り付けられたリッフェル型スピーカー

[写真5-144] 映画館のスクリーン外周に取り付けられたリッフェル型スピーカー

[写真5-145] スクリーンサイドに多数配置したオシロプラン型静電スピーカーの使用例

高音部はブラットハラー式振動板を持つ KL-43012 型ホーンドライバー（2）

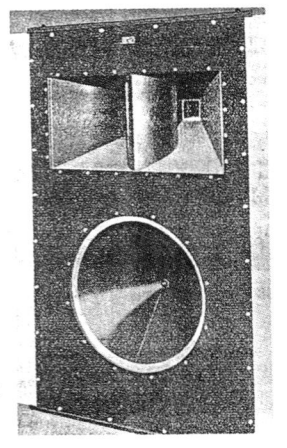

[写真5-146]
クラングフィルムの最初の大
型スピーカーシステム「オイ
ロッパ」KL-44008型

（a）前面　　　　　　　　　　（b）側面

低音部の口径 76cm の
カンチレバー式スピーカー　（c）裏面

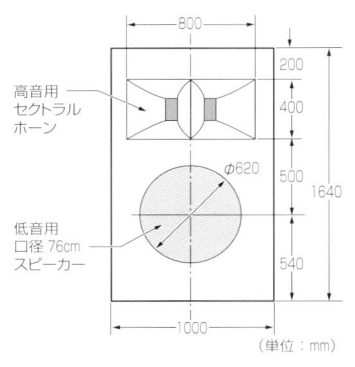

高音用
セクトラル
ホーン

低音用
口径 76cm
スピーカー

[図5-166]　オイロ
ッパKL-44008型2
ウエイスピーカーシス
テ ム の 概 略 寸 法
（1931年）

（単位：mm）

リッフェル型スピーカーは1928年に実用化され，
長方形の振動板を持った形状（**写真5-143**）のスピ
ーカーとして製品化されました．

このスピーカーはトービス・クラングフィルムの
2ウエイ方式トーキー映画用スピーカーの高音用ス
ピーカーとして使用されました．**写真5-144**は，ス
クリーン側面に設置した直接放射型の低音用コー
ンスピーカーと組み合わせて使用した例です．

また，1928年ころの欧州では，リッフェル型と
は電気音響変換機構は異なりますが，トーキー映
画用スピーカーとしてオシロプラン型静電スピーカ
ーを多数配置したシステム（**写真5-145**）を使用し
た例もあります．

5-13-4　1931年のクラングフィルム系
トーキー映画用スピーカーシステム

　トービス・クラングフィルム系トーキー映画用ス
ピーカーシステムのもう一つの流れは，1931年に
完成したシーメンスの直接放射型のコーンスピーカ
ーやホーンスピーカーユニットを組み合わせた複合
方式の「オイロッパ（Europa）」や「ゼットン
（Zetton）」および「オイロトン（Euroton）」です．

　最初に登場したオイロッパ（**写真5-146**）は2ウ
エイ方式で，低音部には口径76cm（30インチ）の
超大型スピーカーが搭載されています．そのバッフ
ル板の概略寸法を**図5-165**に示します（ドイツでは
CGS単位を使用しています）．

　振動板はストレートコーンで，周辺支持はフリー
エッジ方式でした．35 ～ 200Hzの周波数帯域を受
け持ち，最大入力は50Wという仕様です．

　駆動機構には，複雑な構造のカンチレバー方式
が採用されています．大口径の振動板は，表面積
が広くなるために振動による空気の付加質量が非
常に大きくなり，コーン紙の剛性を持たせるために
コーン斜面の肉厚を厚くする必要がありますが，厚
い振動板では重量が重くなって感度が低下するた
め，これに対応した大きな駆動力が必要になります．
この駆動力を得るためにカンチレバー方式が採用
されました．

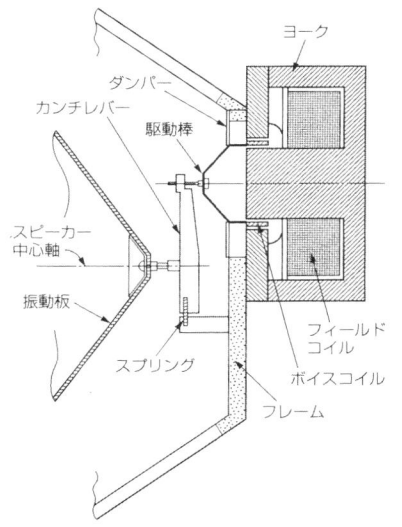

（a）駆動部分の概略構造

（a）マッチングトランスの見える側
（下部はフィールドコイル）

（b）入力端子の見える側
（端子カバーを外した状態）

［写真5-147］　クラングフィルム系の高音用KL-43012型ホーンドライバーの外観

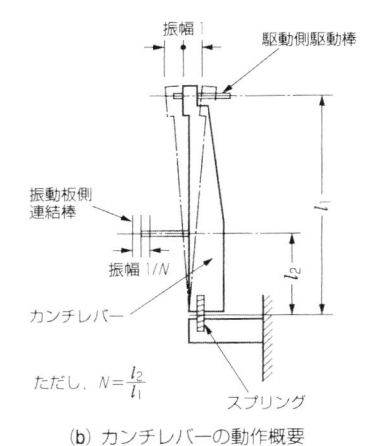

（b）カンチレバーの動作概要

［図5-167］　オイロッパの低音用スピーカーの駆動系の構造とカンチレバーの動作概要

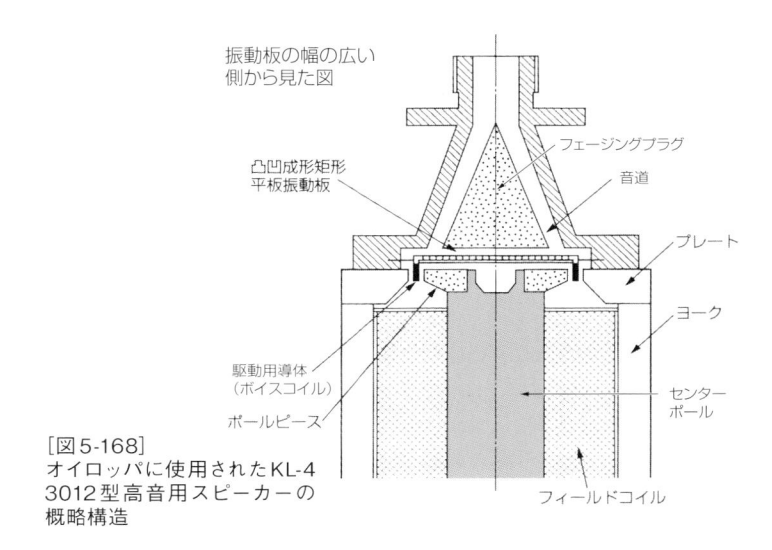

振動板の幅の広い側から見た図

［図5-168］
オイロッパに使用されたKL-43012型高音用スピーカーの概略構造

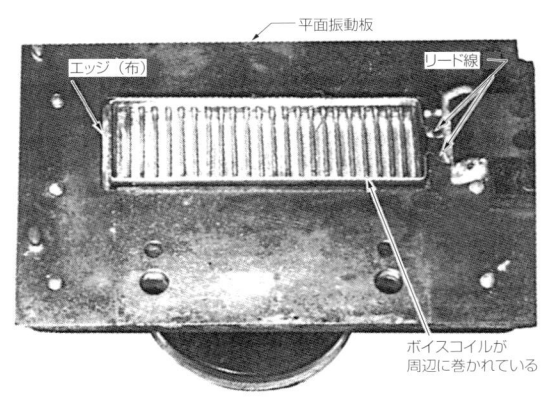

［写真5-148］　高音用ホーンドライバーの振動板を磁気回路側の裏から見た状態（マイク・サイトウ氏撮影）

全幅300cm　高さ164cm

［写真5-149］　クラングフィルム系オイロッパにウイングを付けた状態

[写真5-150]　映画館のスクリーン前に設置したオイロッパスピーカーシステムの使用例（透過型スクリーンのない時代）

台車に設置し，スクリーン中央に近い点を音軸にしている

[写真5-151]　透過型スクリーンが採用された後のオイロッパの使用例

KL-42004型スピーカー

フィールドコイル励磁用電源
(DC220V)

台に設置し，スクリーン中央に近い点を音軸にしている

[写真5-152]
ゼットンKL-42004型口径26cmスピーカーとバッフルを取り付けたスクリーン裏への設置例

クラングフィルムでは，制動の効いた Q_0 の低い特性を得るために「テコの理」を応用したカンチレバー方式の駆動系（図5-167）を考案し，ボイスコイルに取り付けられた駆動棒と振動板を駆動させる連結棒の位置を約1/3の比率の距離にして，ボイ

スコイルの駆動力を「テコの理」で軽減させています．これは米国のスピーカーの発想と違う大口径の低音用スピーカーの設計の一つで，直接放射型での効率の高い低音再生を狙ったものです．

高音部は，2つのホーンドライバーを長いY型のアダプターで1つのエクスポーネンシャルホーンにつないだ構造です．KL-43012型ホーンドライバー（写真5-147，図5-168）は，シーメンスのゲルラッハが1924年に発明したブラットハラー型を踏襲した矩形のフラット振動板で，振動板周辺を1ターンのボイスコイルで駆動する構造は，シーメンス独特の発想といえます．低インピーダンスなので，マッチングトランスでインピーダンスを整合しています．平板の振動板の前に角錐形のフェージングプラグ（位相等化器）の付いた構造で，スロートにつながっています．

振動板は写真5-148に示すように小さい矩形平板で，表面に波形の凸凹溝を入れて剛性を高めています．この再生周波数帯域は200 〜 12000Hzと言われています．

映画劇場で使用されるオイロッパは，写真5-149

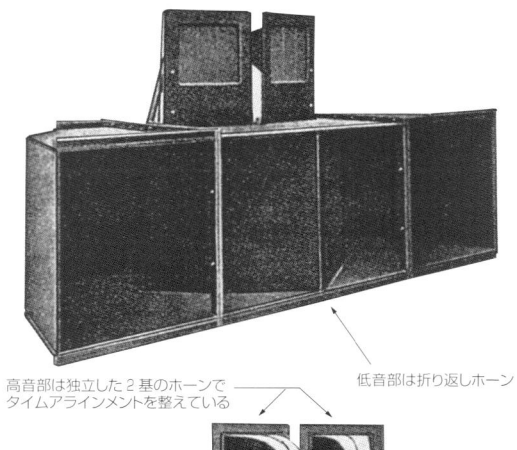

高音部は独立した2基のホーンで
タイムアラインメントを整えている

低音部は折り返しホーン

[写真5-153] 大型の「オイロッパ・クラトーン」2ウエイス
ピーカーシステム（1936年）

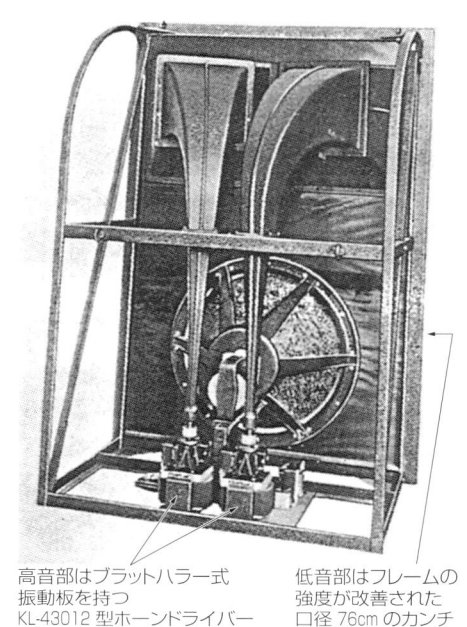

高音部はブラットハラー式
振動板を持つ
KL-43012型ホーンドライバー
（2）

低音部はフレームの
強度が改善された
口径76cmのカンチ
レバー式スピーカー

[写真5-154] 口径76cmの低音用スピーカーをバッフル板
に取り付けたオイロッパ・クラトーンⅡ型2ウエイスピーカー
システム

のように両サイドに1m幅のウイングを付けて，低
音域のバッフル効果を高めています．トーキー初期
には，まだ透過型スクリーンが開発されていなかっ
たため，**写真5-150**のようにスクリーン下に設置し
て使用されています．

　その後，音の透過性の高いスクリーンが使用さ
れるようになってからは，台脚を使用して床面より
高くし，スクリーン中央に音軸を合わせて使用する
ようになりました（**写真5-151**）．

　客席数の少ない映画館では，1932年に開発され
たゼットンKL-L42004型フルレンジスピーカー（**写
真5-152**）が使われました．大型放熱フィンの付い
た磁気回路を持った口径26cmの直接放射型スピ
ーカーです．フィールドコイルにはDC220Vを与
え，強力な励磁を行いました．

　大型バッフル板に取り付けてステージ上に置く
場合，スクリーンの中央に音軸を合わせるために台
脚を使用して持ち上げています．

　ちょうどこのころ，ドイツは政治的に不安定で，
1933年にナチス政権が成立し，戦時色が強くなり
ましたが，映画界では，1932年11月にトービス・
クラングフィルム式クラトーン無雑音方式が完成し，
一段とトーキー映画が音質向上した時期でありまし
た．このため，トーキー映画用スピーカーの性能を
いっそう高める必要があり，新しいスピーカーシス
テムが1936年に開発されました．

5-13-5　1936年のクラングフィルム系
トーキー映画用スピーカーシステム

　1936年に開発されたスピーカーシステムの中に，
大型の「オイロッパ・クラトーン（Europa Klar-
ton）Ⅰ」KL-44008型（**写真5-153**）があります．
これは1500人以上収容の映画劇場向けで，外観は
基本的には初期のオイロッパの低音用と高音用ユ
ニットを分離し，低音部はフレームを強化して折り
返しホーンに搭載して低音域の増強を図り，この低

［表5-14］　オイロッパ系機種

型名	オイロッパ	オイロッパ・クラトーン	オイロッパ・ユニオール	オイロッパ・ユニオール・クラトーン	オイロッパ・クラトーン	オイロネット・クラトーン
型番	KL-44008	I型: KL-44008	KL-43004	KL-43006	KL-43007	
開発年〔年〕	1931	1936	1936	1936	1936	
客席数	1500以上	1500	1000	800	800	400
概略形状	76cm	76cm	36cm	36cm	36cm	
形状寸法〔mm〕 高さ	1640	—	1050	1500	—	1050
形状寸法〔mm〕 幅	1000	—	550	550	—	550
形状寸法〔mm〕 奥行	—	—	465	650	—	465
スピーカー（使用数） 低音	76cm（1）	76cm（1）	KL-44006（1）	KL-44022（1）	KL-44022（1）	
スピーカー（使用数） 高音	KL-43012（2）	KL-43012（2）	KL-43012（1）	KL-43012（1）	KL-43030（1）リアドライブ	
その他		II型は低音用フレームの改良				

音部のホーン上に，指向性の改善を図って2分割して外向きに角度を付けた高音部のホーンを置いた2ウエイ方式となっています．

　また，大型の低音ホーンの代わりにオイロッパ相当のバッフル板に配置したオイロッパ・クラトーンII型（**写真5-154**）システムがあります．この詳細はわかりませんが，ユニットを改良して着せ替えたように思われます．

　オイロッパ系の機種は，客席数の規模に応じて**表5-14**に示す姉妹機種が開発されました．

　オイロッパ・ユニオール（Europa-Junior）KL-43004型（**写真5-155**）は，バッフル板の大きさが高さ1050mm，幅550mm，奥行き465mmであり，低音部は口径36cmのKL-44006型フィールド型コーンスピーカーと，高音部にブラットハラー型の振動板を持つKL-43012型ホーンドライバーとホーンを組み合わせた，複合型2ウエイスピーカーシステムです．高音部のホーンは長いためL字形に屈曲さ

せているのが，この時期のスピーカーシリーズの特徴となっています．

　使用時は，両サイドにウイングの補助バッフルが取り付けられました．

　収容客席800席程度の規模には，「オイロッパ・ユニオール・クラトーン（Europa-Junior Klarton）」KL-43006型（**写真5-156**）がありました．低音部は口径36cmのKL-44022型フィールド型コーンスピーカーと，高音部はKL-43012型ホーンドライバーと緩やかな曲線を描いたホーンが使われています．ドライバーがバッフル板の最下面に固定されていて，開口部はセパレーターで3分割されています．

　構造的には鉄製のLアングルの骨組みで作られており，高さ1500mm，幅550mm，奥行き650mmで，両袖にウイングを付け，台脚に乗せて使用されています．

　同じく収容客席800席程度の映画館に「オイロッ

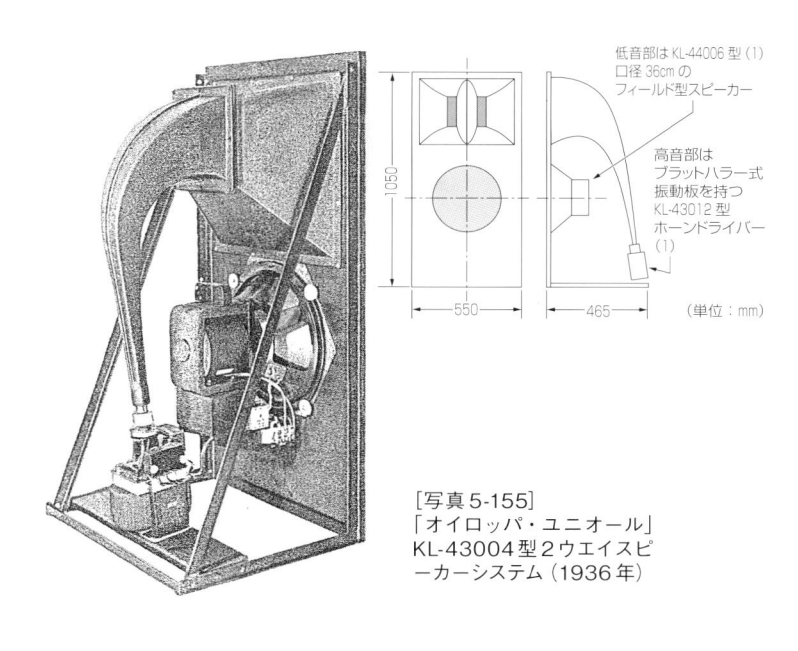

低音部は KL-44006 型（1）
口径 36cm の
フィールド型スピーカー

高音部は
プラットハラー式
振動板を持つ
KL-43012 型
ホーンドライバー
（1）

1050

550　　465

（単位：mm）

［写真 5-155］
「オイロッパ・ユニオール」
KL-43004 型 2 ウエイスピー
カーシステム（1936 年）

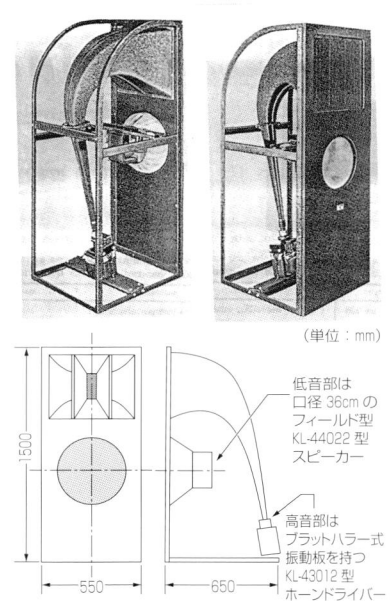

（単位：mm）

低音部は
口径 36cm の
フィールド型
KL-44022 型
スピーカー

高音部は
プラットハラー式
振動板を持つ
KL-43012 型
ホーンドライバー

1500

550　　650

［写真 5-156］　「オイロッパ・ユニオー
ル・クラトーン」KL-43006 型 2 ウエイス
ピーカーシステム（1936 年）

低音部は
口径 36cm の
フィールド型
KL-440022 型
スピーカー
（1）

高音部は KL-43030 型コンプレッション
ホーンドライバー（1）

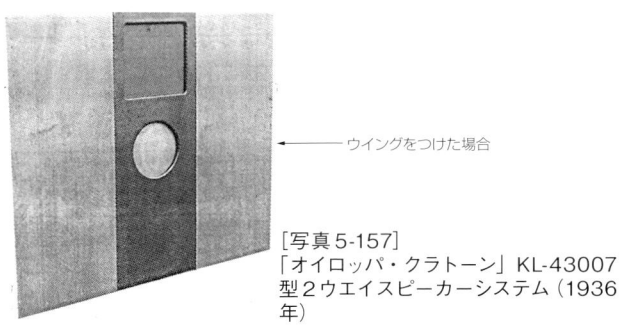

ウイングをつけた場合

［写真 5-157］
「オイロッパ・クラトーン」KL-43007
型 2 ウエイスピーカーシステム（1936
年）

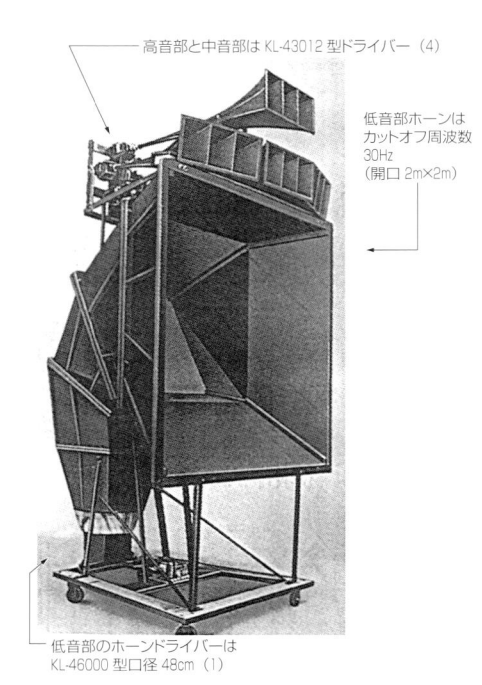

高音部と中音部は KL-43012 型ドライバー（4）

低音部ホーンは
カットオフ周波数
30Hz
（開口 2m×2m）

低音部のホーンドライバーは
KL-46000 型口径 48cm（1）

［写真 5-158］　超大型「オイロノア」KL-49600
型 3 ウエイスピーカーシステム（1937 年）

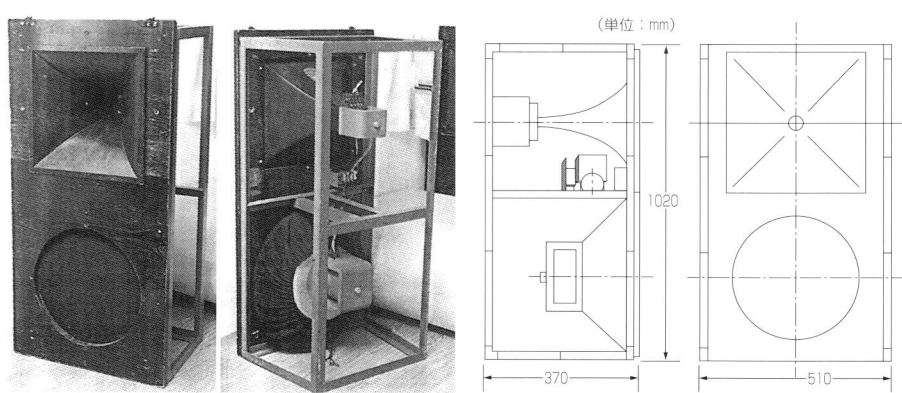

（単位：mm）

[写真 5-159]
コンスキ・クリューガー社の
KL-51 型 2 ウエイスピーカー
システム

[表 5-15]　オイロダイン系の機種

開発年〔年〕	型名	概略形状	形状寸法〔mm〕($H \times W \times D$)	使用スピーカー（使用数）	その他
1940	カール・クリューガー KL-15	40cm	1020×510×375	ホーン寸法 365×365cm角形 低音 φ40cm	ボイスコイル インピーダンス 15Ω f_c＝500Hz
1947	KL-L430	36cm	815×490×410	KL-L301 KL-L401	バッフル板 H1976× W1950mm
1950	KL-L431	38cm	815×490×410	KL-L301 KL-L402	アルミ製ホーン
	KL-L431a	38cm	815×490×410	KL-L301 KL-L402	樹脂製ホーン ネットワーク 回路改良
—	KL-L438	38cm	815×490×410	KL-L301 KL-L406	低音用は パーマネント型 高音用は フィールド型
1960	KL-L439	38cm	815×490×410	KL-L302 KL-L-406	低音用，高音用 ともに パーマネント型
1965	C71233-A6-A1		815×490×410	C72233-A22-A1 C70246-B560-A1	クロスオーバー 周波数500Hz
1951	オイロダインG EW2234	バッフル	3150×2850 ×750	KL-L431（2）	音軸を交差させる （水平面）
1949	EW2149	バッフル	1965×3400 ×可変	KL-L430（2）	音軸を水平面で 開く

パ・クラトーン（Europa-Klarton）」KL-43007型（**写真5-157**）複合型2ウエイスピーカーシステムがあります．低音部は口径36cmのKL-44022型で，高音部は新開発のダイヤフラムを使用したリアドライブタイプのKL-43030型を使用した複合型2ウエイスピーカーシステムです．

翌1937年，超大型の「オイロノア（Euronor）」（**写真5-158**）が開発されました．高さ4m，幅2m，奥行き2.5mで，低音部は口径48cmのコーン型スピーカー KL-46000型を搭載したホーン型で，中音部と高音部はセクトラルホーンにKL-43012が計4個使用され，クロスオーバー周波数は300Hzと9000Hzの複合型3ウエイスピーカーシステムで，ベルリンの劇場で使用されました[5-66]．

5-13-6 戦後のクラングフィルム系 トーキー映画用スピーカーシステム

第2次世界大戦後，ドイツは敗戦の混乱の中にありましたが，1950年代にかけてクラングフィルム系の映画産業を急速に立ち上げ，多くのスピーカーシステムを開発し，映画館に供給しました．

(1)「オイロダイン」スピーカーシステムの系譜

戦後復興中の市場では，小規模から中規模でコンパクトな形態の機器が求められました．

このため，1935年ころから登場していたコンスキ・クリューガー（Konski Kruger）の創設者のカール・クリューガー（Karl Kruger）が開発したKL-51型2ウエイスピーカーシステム（**写真5-159**）がコンパクトにまとまった高性能製品であったため，シーメンスはこれを基本に，さらに小型化した2ウエイスピーカーシステムを1945年に「オイロダイン（Eurdyn）」の商品名で完成させました．

オイロダインは，シーメンスのクラングフィルム系トーキー映画用として使用されるとともに，室内用拡声にも使用されるなど広い用途に対応しました．長期間この形式を踏襲しながら，**表5-15**に示すように長く改良を重ねて，ロングライフ製品とし

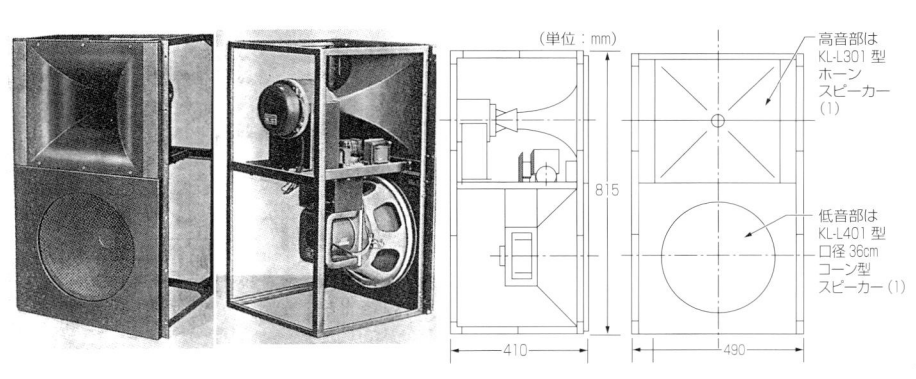

[写真 5-160] 最初のオイロダインKL-L430型2ウエイスピーカーシステム

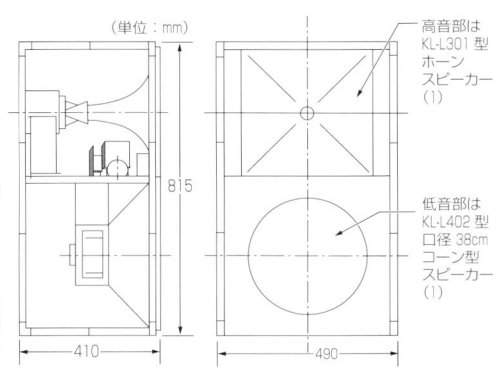

[写真 5-161] オイロダインKL-L431型2ウエイスピーカーシステム

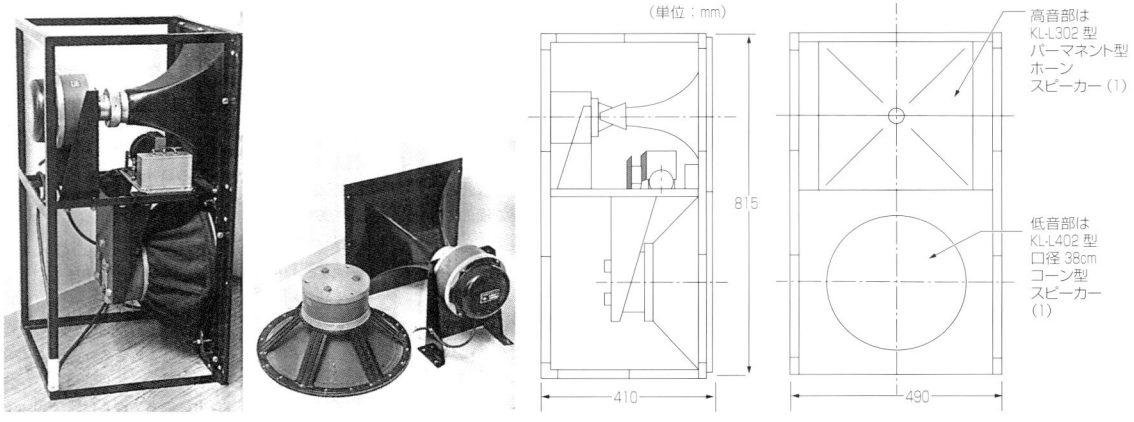

単位：mm

高音部は
KL-L302型
パーマネント型
ホーン
スピーカー（1）

低音部は
KL-L402型
口径38cm
コーン型
スピーカー
（1）

815

410

490

[写真5-162] オイロダインKL-L439型2ウエイスピーカーシステム

(a) 斜め正面（ホーン付き）

(b) 音響レンズの裏面

[写真5-163] 1957年ころ、オイロダインの高音部に採用された音響レンズKL.LZ303型

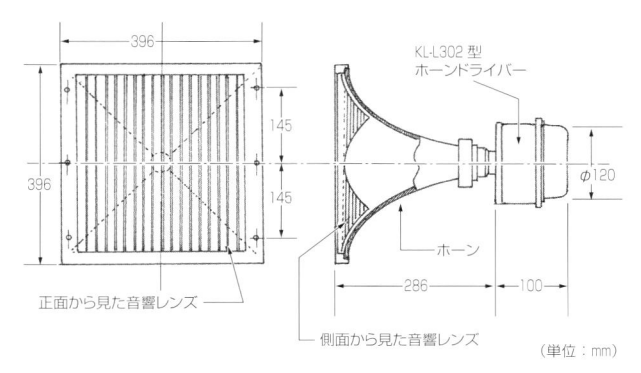

396

396

145

145

正面から見た音響レンズ

側面から見た音響レンズ

KL-L302型
ホーンドライバー

φ120

ホーン

286

100

単位：mm

[図5-169] 音響レンズKL.LZ303型を取り付けた高音用ホーンスピーカーの概略構造寸法

て活躍しました。

　オイロダインの特徴は、それまでは高音部に長い曲面を持ったホーンが使用されていたのに対し、比較的短いフレアのコンパクトなストレートホーンを開発し、米国系と同じようなコンプレッションタイプのKL-L301型（フィールド型）ホーンドライバーを開発して搭載した非同軸複合型2ウエイ方式にしたことです。

　オイロダインの最初の製品であるKL-L430型（写真5-160）は、低音用に口径36cmのKL-L401型（フィールド型）ユニットと、高音用ホーンドライバーKL-L301型（フィールド型）ユニットを使用した複合型2ウエイスピーカーシステムで、クロスオーバー周波数は500Hzです。使用時は両サイドにウイングが装着されるようになっています。

　低音用に大口径38cmスピーカー KL-L402型

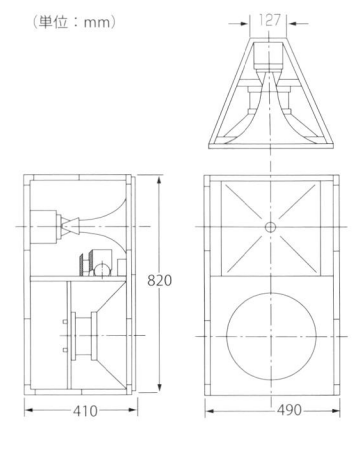

（単位：mm）

127

820

410　　490

[写真5-164]
シーメンスのオイロダイン
C71233-A6-A1型2ウエイ
スピーカーシステム

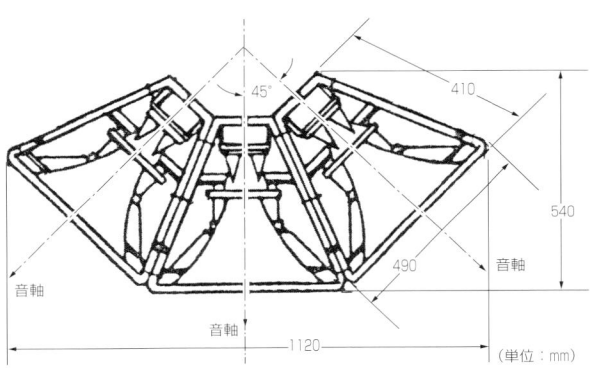

45°
410
540
490
音軸
音軸
音軸
1120
（単位：mm）

[図5-170]　オイロダインC71233-A6-A1型を3台組み合せた場合の構造

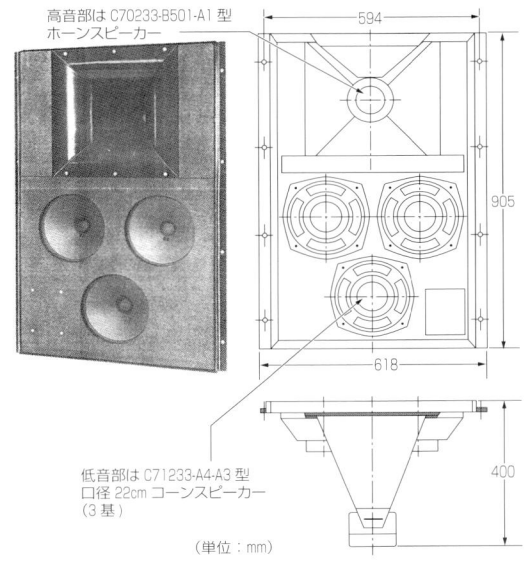

高音部はC70233-B501-A1型
ホーンスピーカー

594

905

618

400

低音部はC71233-A4-A3型
口径22cm コーンスピーカー
（3基）

（単位：mm）

[写真5-165]　シーメンスのオイロダインC71233-A98-A1型2ウエイスピーカーシステム

（フィールド型）を搭載したKL-L431型（**写真5-161**）が1950年に登場しました．また，ネットワーク回路を改善し，アルミ製だったホーンを樹脂製に変更したKL-L431a型もあります．

　この時代，映画劇場の規模の関係で，オイロダインKL-L430型を縦に2台積み上げてバッフルに固定したオイロダインG型（EW2234型）と，オイロダインKL-L430型を固定したバッフル板2枚を横に配置したEW2149型があります．これらの狙いは，2台のスピーカーの音軸の角度を少し変えることによる客席への指向性の改善です．

　その後，高性能の永久磁石が入手できるようになって，低音用に口径38cmのパーマネント型スピーカーKL-L406型が開発されました．高音用ホーンドライバーはフィールドコイル型のKL-L301型のままKL-L406型との組み合わせの複合2ウエイ

スピーカーシステムであるオイロダインKL-L438型が登場しました．1960年には，高音用ホーンドライバーにパーマネント型のKL-L302型が搭載されたKL-L439型（**写真5-162**）として完成しました．

　1957年ころになって，高音用ホーンの指向特性を改善するために，ホーン開口部に取り付けて使用する音響レンズKL.LZ303型（**写真5-163**）が開発されました．その構造は，ホーン内側に入り込んだ波形傾斜板（**図5-169**）です．

　1965年以降，クラングフィルム系の映画用スピーカーはシーメンスブランドとなりますが，オイロ

[表5-16]　クラングフィルム系スピーカーその他機種

開発年〔年〕	型名	概略形状	形状寸法〔mm〕(H×W×D)	使用スピーカー(使用数)	その他
1936～	ビオダイン KL-9430		820×450×280	KL-44021（1）KL-L42006（1）	オイロッパ・ユニオール・クラトーンの代替
—	ビオダイン KL-L437		815×450×232	KL-L402（1）KL-L305（1）フィールド型	
1953	デュオフォン KL-L445		1100×630×365	KL-L205（2）KL-L406（1）	バッフル寸法 H 2000×W 2000 mm
—	KL-L501		930×460×200	KL-L405（2）	
1950	KL-L502		—	KL-L312（3）	
—	C70233-B5016-A7		—	C72233-A10-A7（3）	音響レンズ付き

ダインはそれまでの約15年間，外形寸法を変えずに長期間活躍しました.

　1965年のオイロダインC71233-A6-A1型スピーカーシステムから，映画用ではなく室内の拡声用やオーディトリアム用として使われるように変わりました. このために鉄枠の後面の寸法が変えられ，梯形柱になりました（**写真5-164**）. これは**図5-170**のように3台組み合わせることで45°の音軸を90°に拡大して広範囲に音を放射することを狙ったためです.

　また，ハイパワー化のために低音用スピーカーを3台マルチドライブする新型のオイロダインC71233-A98-A1型2ウエイスピーカーシステム（**写真5-165**）が開発されました. 入力20W，定格音圧レベル104dBと高性能化しています.

　一方，クラングフィルム系のスピーカーシステムの1グループとして，高音用のホーンを使わないダブルスピーカー構成で，小型バッフル板に取り付けられた「ビオダイン（Biodyn）」系があります.

　ビオダインは，1936年の初期からKL-9430型やKL-L437型が大型のバッフル板に囲まれて使用されました.

　ビオダインを含むその他のクラングフィルム系の製品群を**表5-16**にまとめました.

(2) オイロノア系とビオノア系の大型スピーカーシステム

　戦後復興も進み，次第に大型化したトーキー映画館や劇場に対応して，トーキー映画用スピーカーも大型スピーカーシステムが開発され，新しい機種系列が誕生しました. この機種系列（オイロノアとビオノア）をまとめて**表5-17**に示します.

　また，この時期から永久磁石を採用したパーマネント型ユニットが主流となり，低音用ストレート

前面　　　　　　　　　　　　　　側面

高音部はKL-L301型
　　　ホーンスピーカー（4）
低音部はKL-L402型
　　　コーンスピーカー（4）
外形寸法：
　　　H3500×W2900×D1900mm

［写真5-166］
1950年に登場した超大型
「オイロノアⅡ」2ウエイスピ
ーカーシステム

［表5-17］　オイロノア／ビオノア系の機種

開発年〔年〕	型名	概略形状	形状寸法〔mm〕(H×W×D)	使用スピーカー（使用数）	その他
1930年代	オイロノア KL-49600		4000×200×2500	低音：KL-46000 (1) 48cm　中高音：KL-43012 (4)	クロスオーバー周波数300Hz，9000Hz
1950	オイロノアⅡ		3500×2900×1900	低音：KL-L402 (4)　中高音：KL-L301 (4)	クロスオーバー周波数500Hz
―	オイロノア・ユニオール KL-L432		2520×2520×1230	低音：KL-L402 (2)　中高音：KL-L301 (2)	脚足：高さ600mm
―	オイロノア・ユニオール KL-L441		2520×2520×1155	低音：KL-L406 (2)　中高音：KL-L302 (2)	脚足：高さ1200，900，600mm　クロスオーバー周波数500Hz
―	ビオノア KL-L433		1820×2500×1000	低音：KL-L405 (2)　中高音：KL-L302 (1)	
―	ビオノアⅡ KL-L443		1850×2500×1000	低音：KL-L405 (2)　中高音：KL-L302 (2)	

ホーンと新開発の高音用コンプレッションドライバーとストレートホーンを組み合わせたオールホーン型スピーカーシステムが登場してきました．

「オイロノア（Euronor）Ⅱ型」（**写真5-166**）[5-67]は，1500席以上の映画劇場を対象とした超大型の

スピーカーシステムです．

低音部は，口径39cmのKL-L402型（フィールド型）4台をフロントロードのストレートホーンに搭載し，その上に高音部のKL-L301型（フィールド型）ホーンドライバー4台を設置した構成です．

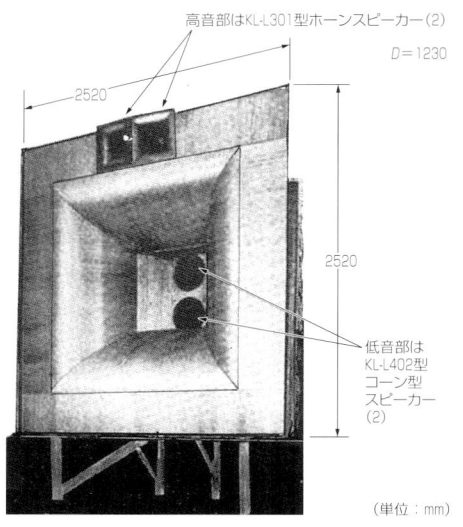

ホーンバッフル寸法：*H*2520×*W*2520×*D*1230mm
再生周波数帯域：40〜15000Hz
クロスオーバー周波数：500Hz

[写真5-167]　オイロノア・ユニオールKL-L432
型2ウエイスピーカーシステム

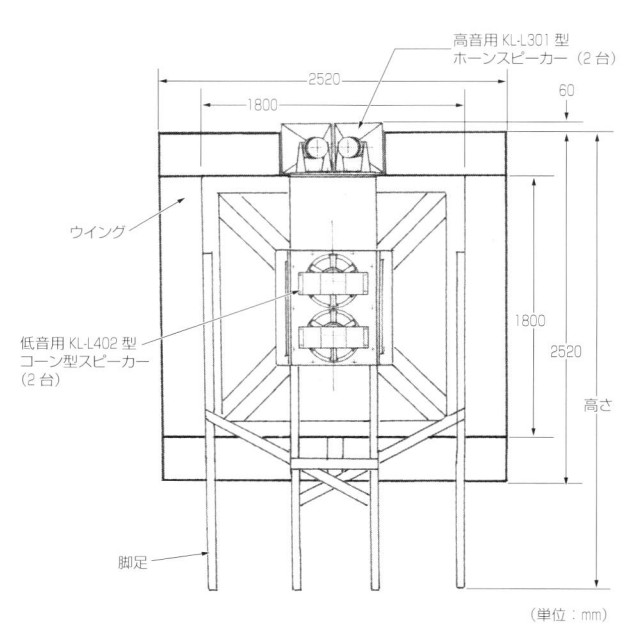

[図5-171]　オイロノア・ユニオールKL-L432型2ウエイスピーカー
システムの概略構造寸法

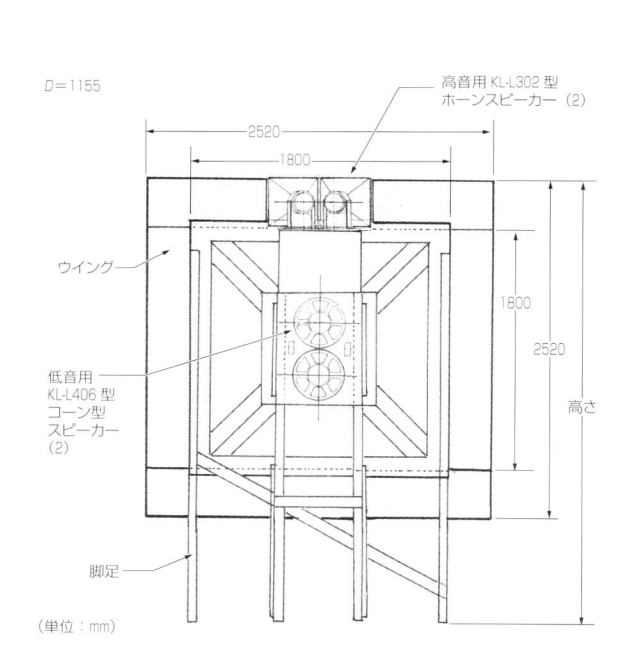

[図5-172]　オイロノア・ユニオールKL-L441型2ウエイスピ
ーカーシステムの概略構造寸法

外形寸法は高さ3500mm，幅2900mm，奥行き1900mmと大きく，これがスクリーン裏に設置されました．

オイロノアⅡ型の姉妹機種として，規模を半分にした「オイロノア・ユニオール（Euronor Juni-

or）」KL-L432型複合型2ウエイスピーカーシステム（**写真5-167**）があります．スピーカーユニットはオイロノアⅡ型と同じフィールド型を使用したもので，低音部は口径39cmのKL-L402型が2台，高音部はKL-L301型が2台で，バッフル板を含めた大きさは，高さ2520mm，幅2520mm，奥行き1230mmです（**図5-171**）．

永久磁石を使用したパーマネント型ユニットが開発されてから，このオイロノア・ユニオールはKL-L441型2ウエイスピーカーシステムに改良されました．

改良版であるオイロノア・ユニオールKL-L441の使用ユニットはいずれもパーマネント型で，低音部にKL-L406型を2台，高音部にKL-L302型ホーンドライバーを2台搭載しています．オイロノア・ユニオールと奥行きを除く外形寸法は同じで（**図5-172**），再生周波数帯域は40〜15000Hz，クロスオーバー周波数500Hz，20W駆動アンプ2台使用となっています．

オイロノア・ユニオールの下位機種に「ビオノア（Bionor）」KL-L433型（**写真5-168**，**図5-173**）と「ビオノアⅡ」KL-L443型（**図5-174**）があります．

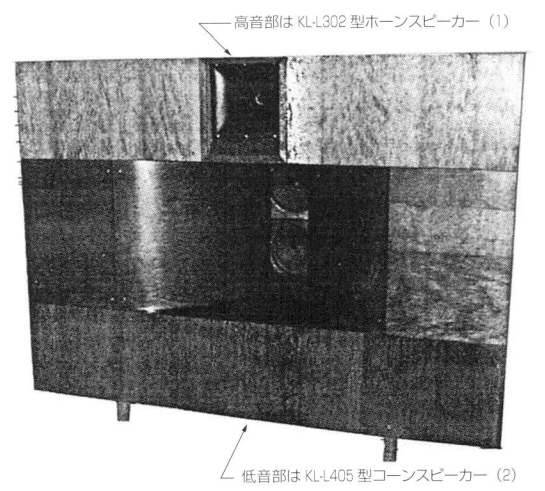

高音部は KL-L302 型ホーンスピーカー（1）

低音部は KL-L405 型コーンスピーカー（2）

[写真5-168]　ビオノア KL-L433 型 2 ウエイスピーカーシステム

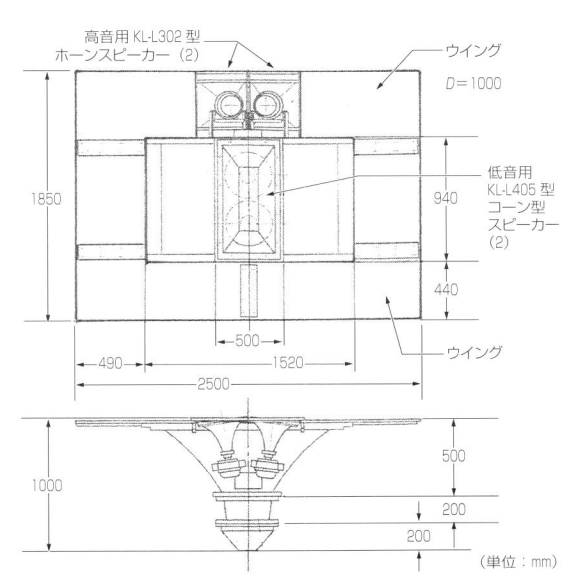

高音用 KL-L302 型ホーンスピーカー（2）

ウイング　$D=1000$

低音用 KL-L405 型コーン型スピーカー（2）

ウイング

（単位：mm）

[図5-174]　ビオノア II KL-L443 型 2 ウエイスピーカーシステムの構造寸法

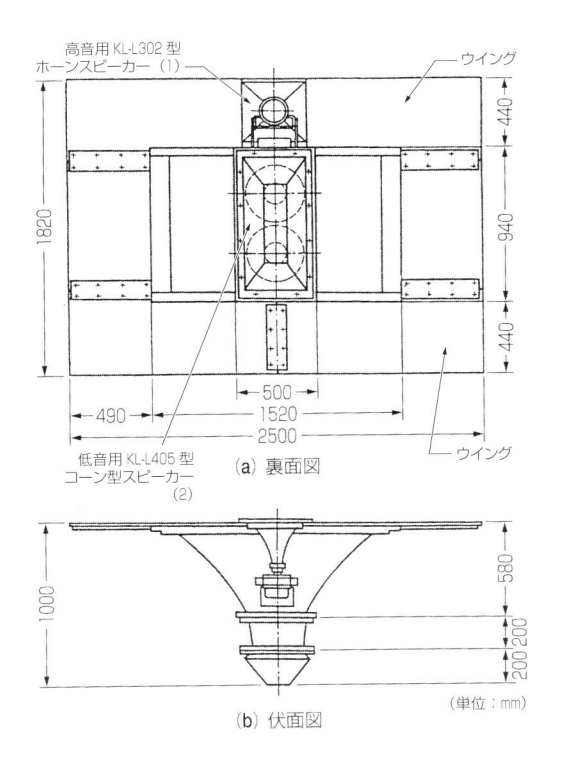

高音用 KL-L302 型ホーンスピーカー（1）

ウイング

低音用 KL-L405 型コーン型スピーカー（2）

ウイング

（a）裏面図

（b）伏面図

（単位：mm）

[図5-173]　ビオノア KL-L433 型 2 ウエイスピーカーシステムの構造寸法

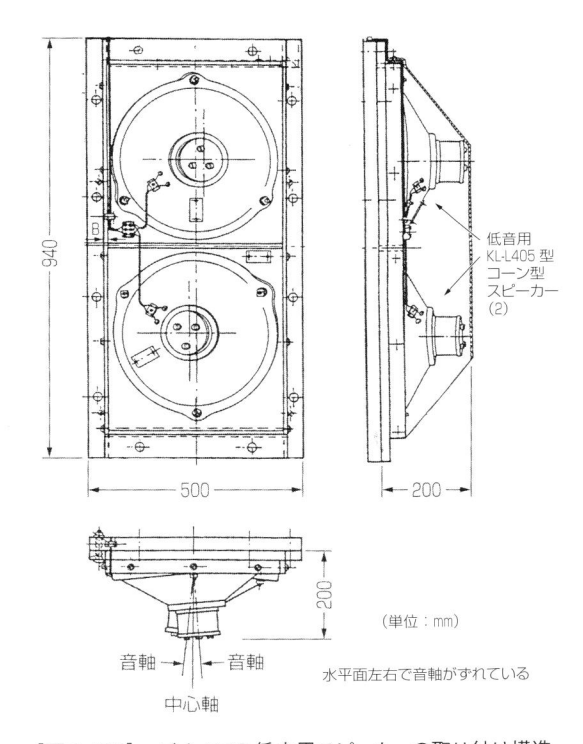

低音用 KL-L405 型コーン型スピーカー（2）

音軸　音軸

中心軸

水平面左右で音軸がずれている

（単位：mm）

[図5-175]　ビオノアの低音用スピーカーの取り付け構造

　ビオノア KL-L433 型は，低音部に KL-L405 型（パーマネント型）を 2 台使用し，水平面左右に音軸をずらしてバッフルに取り付けることで，水平面の指向角を広げています（**図5-175**）．

　高音部は KL-L302 型（パーマネント型）ホーンドライバーとホーン 1 台を搭載しています．外形寸法は，ウイング付きで高さ 1820mm，幅 2500mm，奥行き 1000mm で，再生周波数帯域は 50 〜 15000

［表5-18］　クラングフィルム系スピーカーに使用された高音用ホーンドライバー

開発年	型名	形状	振動板	磁気回路	その他
1931	KL-43012		ブラットハラー型 フロントドライブ	フィールド型	再生周波数帯域： 200 〜 12000Hz
1950	KL-43030		フィールドコイル型 直流抵抗 1.6kΩ		ボイスコイルインピーダンス 12.4Ω
—	KL-L301		リアドライブ ロールエッジ リングフェージングプラグ	フィールド型	
—	KL-L302		リアドライブ ロールエッジ アルミドーム	パーマネント型	
—	KL-L303		リアドライブ タンジェンシャルエッジ	パーマネント型	

Hz，クロスオーバー周波数500Hz，20W駆動アンプ1台使用となっています．

　ビオノアⅡ KL-L443型は，高音部のKL-L302型ホーンドライバーを2台に強化した構成で，低音部はKL-L405型2台の構成になっています．高さは1850mmであり，ビオノアとは若干違っています．

　このように，クラングフィルム系のトーキー映画用スピーカーシステムは時代とともに多くの機種が開発され，その名称と型名と用途が複雑で，搭載された使用ユニットがさらに絡み合って複雑になっています．そこで，使用したスピーカーユニットを区分して一覧表にしました．表5-18は高音用，表5-19は口径の大きい（36cm）低音用の機種系列をそれぞれ示しています．表5-20は口径の異なる低音用スピーカーの機種群，表5-21には中口径のフルレンジ系と思われるスピーカーユニットをまとめました．詳細不明な箇所もありますが，参考になると思います．これらの表はクラングフィルムのウェブサイト（http：//klangfilm.free.fr/index.php）を参考に作成しました（同ウェブサイトは2018年5月現在http://www.klangfilm.orgに移転しています）．

5-13-7　その他の欧州のトーキー映画用スピーカーシステム

（1）ツァイス・イコンのスピーカーシステム

　欧州のトーキー映画用音響機器の製造に，高級カメラレンズメーカーとして著名なツァイス・イコン（Zeiss Ikon）が参画し，「イコフォクス（Ikovox）」シリーズを発表しました．

　同社は映写機の製造とともにトーキー映画用アンプを含めた総合システム化を推進し，スピーカーシステムも製作しました．

　初期の内容は不明ですが，1945年代後半から永久磁石を使用したパーマネント型スピーカーで構成した2ウエイシステムを製造しており，表5-22の6機種がありました．

［表5-19］ クラングフィルムスピーカーに使用された口径36cm低音用スピーカー

開発年	型名	形状	振動板	磁気回路	その他
1930	KL-44006		コーン紙 フィックスドエッジ 蝶ダンパー	フィールド型 直流抵抗 2.0kΩ	ボイスコイル インピーダンス 15Ω
1930	KL-44021		コーン紙 蝶ダンパー	フィールド型 直流抵抗1.766kΩ	ボイスコイル インピーダンス 7.8Ω
1930年代	KL-44022		コーン紙 フリーエッジ 蝶ダンパー	フィールド型 直流抵抗 2.8kΩ	ボイスコイル インピーダンス 15Ω
－	KL-44025		コーン紙 フィックスドエッジ 蝶ダンパー	フィールド型	
1930年代	KL-44032		コーン紙 蝶ダンパー	フィールド型 直流抵抗 2.0kΩ	ボイスコイル インピーダンス 15Ω
1930年代	KL-L9401		コーン紙 フィックスドエッジ 蝶ダンパー	フィールド型 直流抵抗 1.9kΩ	ボイスコイル インピーダンス 15Ω KL-L401相当品

[1] イコフォクスCD型

大型のスピーカーシステムです（写真5-169）．高音部には8セクトラルホーンが使われ，低音部は口径20cmのコーン型を4台使用して，幅520mm，高さ1720mmのバッフル板に取り付けられたシンプルな構成のスピーカーシステムです．使用時には両袖にウイングを取り付けて幅1740mmにします（図5-176）．

[2] イコフォクスD型

イコフォクスD型（写真5-170）の低音部は口径46cmの大型コーンスピーカー1台，高音部はイコフォクスCD型と同じ8セクトラルホーンが使われ

ています（写真5-171）．低音用のバッフル板は幅520mm，高さ1720mmでイコフォクスCD型と同じ寸法（図5-177）で，両袖にウイングを付けると横幅1740mmとなります．

[3] イコフォクスAD型

イコフォクスAD型（写真5-172）の高音部は口径14cm（コーン振動板径10cm）のダイナミックスピーカーを丸型のサブバッフル板に取り付けたもので，低音用は口径30cmコーン型スピーカー2台を使用しています．高音用を含めたバッフル板は，幅520mm，高さ2085mmで，両袖にウイングを取り付けて幅1740mmで使用しています．再生周波

［表5-20］　クラングフィルム系スピーカーに使用されたさまざまな口径の低音用スピーカー

口径〔cm〕	型名	形状	振動板	磁気回路	その他
不明	KL-L501		コーン型 センターダンパー	フィールド型	
36	KL-L401		コーン型 蝶ダンパー	フィールド型	
38	KL-L402		コーン型	フィールド型 直流抵抗1.8kΩ 壺型ヨーク	ボイスコイル インピーダンス4.8Ω
36	KL-L405		コーン型	パーマネント型	ボイスコイル インピーダンス15Ω
38	KL-L406		コーン型 蝶ダンパー	パーマネント型	ボイスコイル インピーダンス 6Ω
不明	KL-L407		コーン型	パーマネント型	

数帯域は50 〜 10000Hzです.

［4］ イコフォクスBD型

イコフォクスBD型（**写真3-173**）は，低音用に口径46cmのコーン型スピーカーをバスレフ方式のエンクロージャーに搭載したものです. 幅1044mm，高さ1934mm，奥行き500mmと大型になっています. 再生周波数は30 〜 10000Hzで，帯域の広い高性能スピーカーです.

［5］ イコフォクスA型

規模の小さい映画劇場向けのイコフォクスA型（**写真5-174（a）**）は，口径が30cmと14cmのコーンスピーカーがそれぞれ2台，計4台をバッフル板に取り付けた構成です. 幅610mm，高さ1720mmのバッフルが2枚を屏風のように立てて使用するもので，全体の幅は最大1220mmです. スピーカーは，この接合部分寄りに対称に接近して配置されており，バッフルをV字形にすると両音軸が開いた形に設置できます.

［6］ イコフォクスE型

イコフォクスE型（**写真5-174（b）**）は，イコフォクスA型同様，小規模な劇場向けの製品です. フルレンジの口径30cmコーンスピーカー1台が取り付けられたバッフル板のもう片面はウイングにな

[表5-21] クラングフィルム系スピーカーに使用されたフルレンジ（中口径）スピーカー

口径 [cm]	型名	形状	振動板	磁気回路	その他
20	KL-L204		ダブルコーン型 フラットコーン	パーマネント型	ボイスコイル インピーダンス15Ω
20	KL-L205		ダブルコーン型 フラットコーン	パーマネント型	ボイスコイル インピーダンス15Ω
30	KL-L305		コーン型 センターダンパー	フィールド型 AC型	ボイスコイル インピーダンス15Ω
30	KL-L306		コーン型 センターダンパー	パーマネント型	ボイスコイル インピーダンス15Ω
25	KL-L307		コーン型 蝶ダンパー	パーマネント型	ボイスコイル インピーダンス15Ω フルレンジ用
25	KL-L9403		コーン型	パーマネント型	
30	KL-42006		コーン型 センターダンパー	フィールド型 直流抵抗2.5kΩ	ボイスコイル インピーダンス15Ω フルレンジ用 $f_0=70Hz$
30	KL-42020		コーン型 センターダンパー	フィールド型	

っており、イコフォクスA型同様、屏風のように立てて使用します。外形寸法は幅1180mm（最大），高さ1720mmです。

(2) フィリップスのスピーカーシステム

欧州のトーキー映画用スピーカー市場に戦後進出してきたのがオランダのフィリップス（Royal Philips）で，「シネマラウドスピーカー」と称してスピーカーシステムを開発しました。

高音用ホーンドライバー EL5502/00型（**写真5-175**）は，タンジェンシャルエッジの振動板，磁極空隙磁束密度18000ガウスの高性能磁気回路を搭載したリアドライブのコンプレッションドライバーです。概略寸法は**図5-178**で，このドライバーと

［表5-22］　イコフォクス系スピーカーシステム

型名	形状寸法〔mm〕	使用スピーカー（使用数）	その他
イコフォクスCD	ウイング 2210 / 1720 520 1740	ウーファー：20cm（4） トゥイーター： 8セクトラルホーン（1）	
イコフォクスD	ウイング 2210 / 1720 520 1740	ウーファー：46cm（1） トゥイーター： 8セクトラルホーン（1）	ボイスコイル インピーダンス 15Ω
イコフォクスAD	ウイング 2085 / 1720 520 1740	ウーファー：30cm（2） トゥイーター： 14cm（1）	ボイスコイル インピーダンス 15Ω 入力20W
イコフォクスBD	1934 1044　　D＝500	ウーファー：46cm（1） トゥイーター： 14cm（1）	ボイスコイル インピーダンス 15Ω 入力25W
イコフォクスA	1720 1220（最大）	ウーファー：30cm（2） トゥイーター： 14cm（2）	バスレフ式 ボイスコイル インピーダンス 15Ω 入力20W
イコフォクスE	1720 1180（最大）	フルレンジ：30cm（1）	ボイスコイル インピーダンス 15Ω 入力10W

[写真5-169]
ツァイス・イコンのイコフォクス
CD型2ウエイスピーカーシステム

ウイングなし

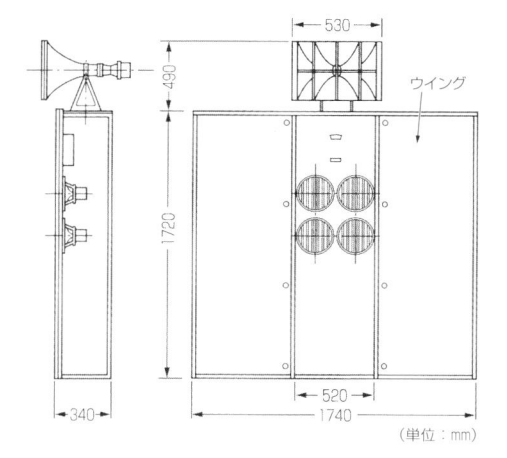

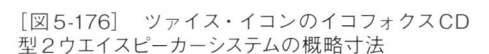

（単位：mm）

[図5-176] ツァイス・イコンのイコフォクスCD
型2ウエイスピーカーシステムの概略寸法

ウイングなし

[写真5-170] ツァイス・イコンのイコフォクス D型2ウエイスピ
ーカーシステム

組み合わせて使用するホーンには，**図5-179**に示す
3×5セルのEL5601/10型と，4×5セルのEL23
32/10型の2機種があり，さらにホーンドライバー
を取り付けるアダプターにより，それぞれ2つに区
分されます．EL5502/00型が1個（シングルスロー

ト）がEL5601/10型，2個（ダブルスロート）が
EL5601/20型となり，2332/00型でも同じく2332/
10型と2332/00型となります．

　低音用スピーカーは，口径30cmのEL5550/00
型コーンスピーカー（**写真5-176**）で，空隙磁束密

（a）8セクトラルトゥイーター

（b）46cmウーファー

［写真 5-171］　ツァイス・イコンのイコフォクスＤ型に使用された低音用と高音用スピーカー

W1740 × H2085mm

［写真 5-172］　ツァイス・イコンのイコフォクスAD 型 2 ウエイスピーカーシステム

ウイング

530
490
1720
340
520
1740
（単位：mm）

［図 5-177］　ツァイス・イコンのイコフォクスＤ型 2 ウエイスピーカーシステムの概略寸法

W1044 × H1934 × D500mm

［写真 5-173］
ツァイス・イコンのイコフォクスBD型 2 ウエイスピーカーシステム

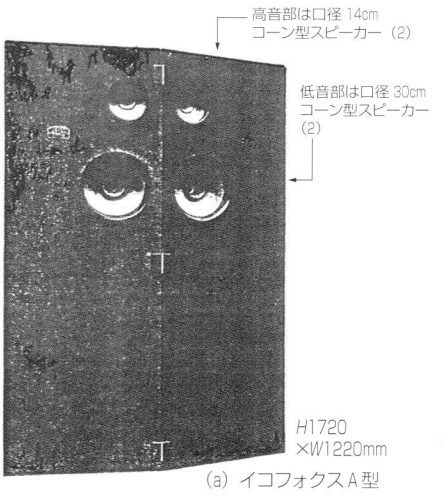

高音部は口径 14cm
コーン型スピーカー（2）

低音部は口径 30cm
コーン型スピーカー
（2）

H1720
×W1220mm

（a）イコフォクスＡ型

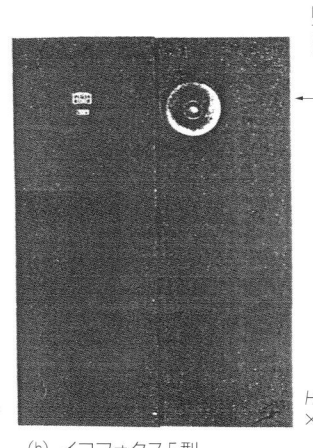

口径 30cm
フルレンジスピーカー
（1）

バッフル板は 2 枚で，接続面で折り曲げることができる

H1720
×W1180（最大）mm

（b）イコフォクスＥ型

［写真 5-174］
ツァイス・イコンのイコフォクスＡ型とイコフォクスＥ型スピーカーシステム

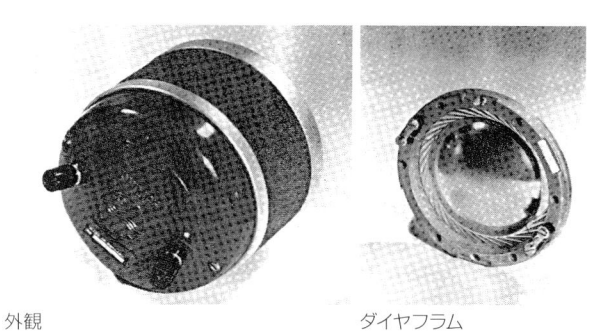

外観　　　　　　　　　　　　ダイヤフラム

[写真 5-175]　フィリップス EL5502/00 型高音用ホーンドライバー

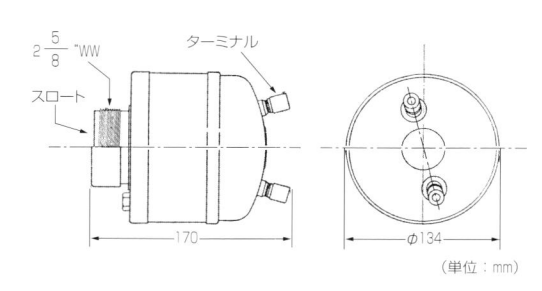

[図 5-178]　EL5502/00 型高音用ホーンドライバーの概略寸法

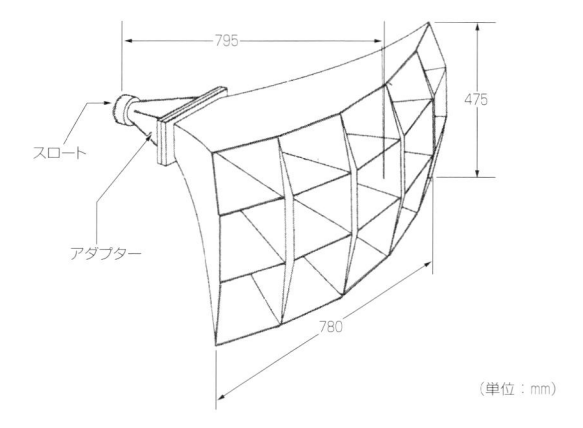

（a）セル数 15（3×5）タイプ　EL5601/10 型ホーン　　　　　（b）セル数 20（4×5）タイプ　2332/10 型ホーン

(a) セル数 15 (3×5) タイプ	ホーン型名	組み合わせドライバー（使用台数）
シングルスロート	EL5601/10 型	EL5502 型 (1)
ダブルスロート	EL5601/20 型	EL5502 型 (2)
(b) セル数 20 (4×5) タイプ		
シングルスロート	2332/10 型	EL5502 型 (1)
ダブルスロート	2332/00 型	EL5502 型 (2)

[図 5-179]　フィリップスの高音用
マルチセルラホーンの種類と概略構造寸法

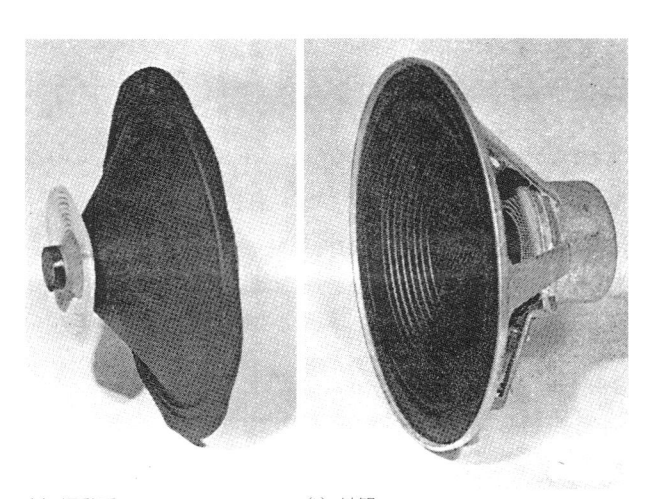

（a）振動系　　　　　　　（b）外観

[写真 5-176]　フィリップス EL5550/00 型口径 30cm 低音用スピーカー

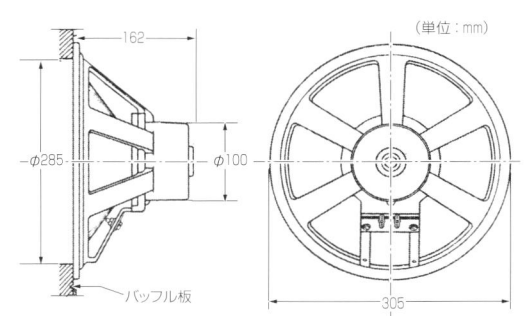

[図 5-180]　フィリップス EL-5550/00 型低音用スピーカーの概略構造寸法

293

[表5-23]　フィリップス製トーキー映画用スピーカーシステムの機種構成表

型番	低音部（使用数）		高音部（使用数）	
	スピーカー	ホーン	ドライバー	ホーン
750	EL5550/00（1）	2263/05	EL5502/00（1）	EL5601/10
1000	EL5550/00（2）	2361	EL5502/00（1）	EL5601/10
1500	EL5550/00（4）	2277	EL5502/00（2）	EL5601/20
モアザン1500	EL5550/00（4）	2363	EL5502/00（4）	EL5601/20 またはEL2332/00

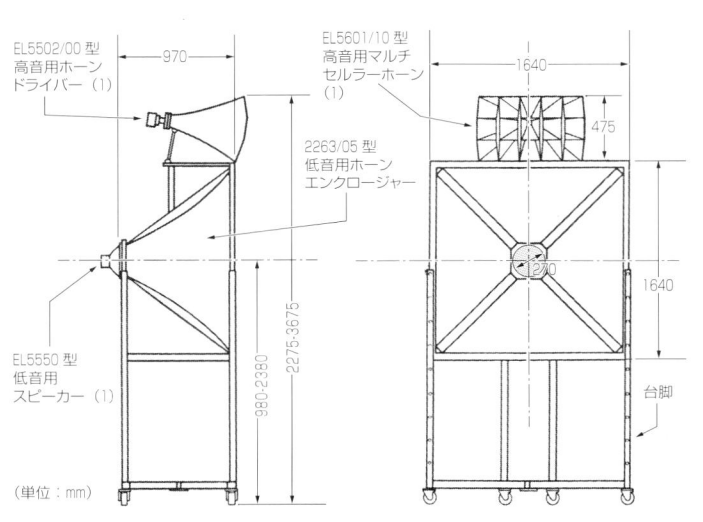

[図5-181]　フィリップス750型トーキー映画用スピーカーシステム

[写真5-177]　フィリップス1500型2ウエイトーキー映画用スピーカーシステム

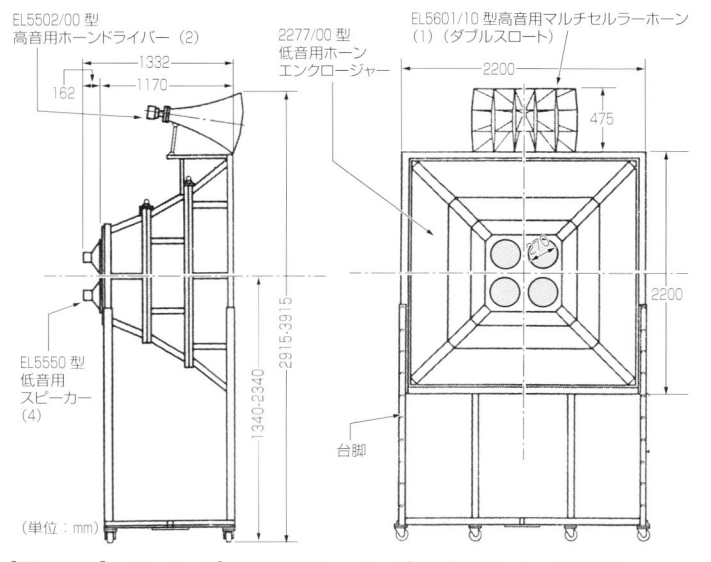

[図5-182]　フィリップス1500型トーキー映画用スピーカーシステム

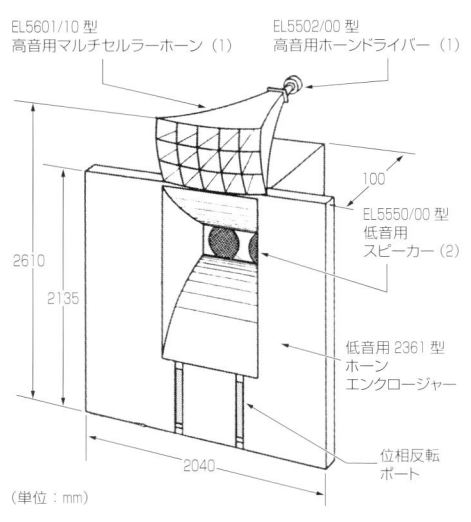

[図5-183]　フィリップス1000型トーキー映画用スピーカーシステム

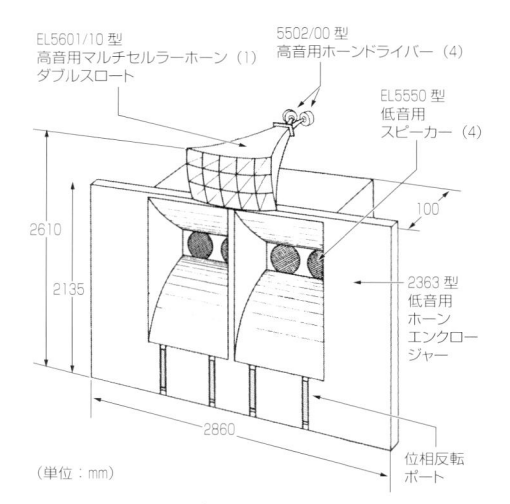

EL5601/10型
高音用マルチセルラーホーン（1）
ダブルスロート

5502/00型
高音用ホーンドライバー（4）

EL5550型
低音用
スピーカー（4）

2363型
低音用
ホーン
エンクロー
ジャー

2610

2135

100

2860

（単位：mm）

位相反転
ポート

［図5-184］　フィリップスのモアザン1500型トーキー映画
用スピーカーシステム

度11000ガウス，定格感度レベル107dB/mと高能
率です．概略寸法を**図5-180**に示します．

　このスピーカーユニットを組み合わせたスピーカ
ーシステムは4機種あります．基本となる低音用ホ
ーンエンクロージャーは2263/05型，2277/00型，
2361型，2363型（**表5-23**）です．

　750型2ウエイスピーカーシステム（**図5-181**）は，
低音部に2263/05型低音用ホーンを使用し，これ
に口径30cmのEL5550/00型コーンスピーカー1
台を搭載した構成です．開口1640mm角の大型ス
トレートホーンで，スクリーンの中央に音軸の位置
を合わせるため，パイプ枠の台脚に取り付けられ，
固定ネジで高さを調整できるようになっています．
高音用は15セルのEL5601/10型ホーンとEL5502
/00型ドライバーを組み合わせ，低音用ホーン上部
に設置しています．

　1500型2ウエイスピーカーシステム（**写真5-177**，
図5-182）の低音部は開口2200mm角の2277型大
型ストレートホーンに低音用スピーカー EL5550
/00型を4台搭載したもので，高音部はEL5601/10
型セクトラルホーンにEL5502/00型ドライバーを2
台使用して，低音用ホーン上部に搭載しています．

　一方，2361/05型低音用ホーンにEL5550/00型
を2台，高音部にEL5601/10型マルチセルラーホ
ーンを搭載した1000型スピーカーシステム（**図**

5-183）と，2363型低音用ホーンにEL5550/00型
を4台，高音用EL5601/10型を搭載した「モアザ
ン（More Than）1500」型（**図5-184**）があります．
これはアルテックのAシリーズに類似した形でし
た．

　フィリップスの駆動アンプの出力インピーダンス
は500Ωで，ネットワーク（EL5411/10型）を経
由してスピーカー側に伝送しています．スピーカー
側には9569/10型のマッチングトランスを使って，
ボイスコイルインピーダンスとマッチングさせてい
ます．

5-14　JBLのトーキー映画用スピーカーシステム

5-14-1　J. B. ランシング独立後の苦難と危機

アルテック・ランシングで活躍し，多くの業績を残したランシング（James Bullough Lansing）は，1946年10月にアルテック・ランシングを退社しました．これまで指導的な立場の協力者であったヒリアード（J. K. Hilliard）とも別れたランシングは，裸一貫で飛びだした格好になり，自分の会社を設立し，これまでの実績を生かして，自分なりのスピーカーの製造・販売を手がけることになりました．

困ったのはアルテック・ランシングのキャリントン（G. Carrington）社長で，Aシリーズ製品などが軌道に乗って事業が好転してきた時期に，ランシングが退社し，同じ業界でライバルとして登場することに不満を持ちました．

ランシングは，こうした動きを察知することなく，自分の工場をサンディエゴ地区のサンマルコスに設立し，社名を「ランシング・サウンド・インコーポレーテッド（Lansing Sound, Incorporated）」として，最初の製品であるD-101型15インチスピーカーを開発し，販売を開始しました．

ところがアルテック・ランシングは，Aシリーズが市場で好評を受けている時期に「ランシング」名を使用することは，類似した社名で混乱を起こすことになると抗議しました．また，D-101型はアルテックの515型15インチを「コピー」した製品であるため，発売を停止するよう警告しました．

ランシングは，早速社名を「ジム・ランシング・サウンド・コーポレーション（Jim Lansing Sound Corporation）」に変更するとともに，D-101型の生産を中止しました．

また，MGMプロジェクト時代に開発したアイコニックスピーカ

ーを再び彼は販売しようと商標を使用しましたが，商標を譲渡していたためアルテック・ランシングから所有権を主張され，使用禁止の警告を受け，やむなく中止しました．これは，1941年に「ランシング・マニファクチャリング会社」からアルテック・ランシングに移った際に，ランシングが持つ技術所有権をすべて譲渡していたからです．また，退職時に自分の所有権を復活させる折衝もなかったようです．

アルテック・ランシング時代に開発した改良型アイコニックや604型同軸2ウエイスピーカー，515型低音用スピーカー，288型ホーンドライバーなどの所有権はアルテック・ランシングにあり，同様にWE/ベル電話研究所の特許関係も使用できません．

このため，タンジェンシャルエッジや高音用振動板の水圧成形法なども使用できないこととなりました．

ランシングは，ここでアルテック・ランシング時代の思いを断ち切り，本来持っている技術力を発揮して，オリジナル技術による新しいスピーカー開発に取り組みました．

最初に取り組んだのは，低音用スピーカーの駆動力を増大する（能率向上）効果を得るために，

組み立て治具を使ってコーン紙とボイスコイルとダンパーの3点を接着している

口径4インチのボイスコイルの真円を出すための治具

[写真5-178]　ランシングが考案した治工具と4インチのボイスコイルによる振動系の組み立ての様子

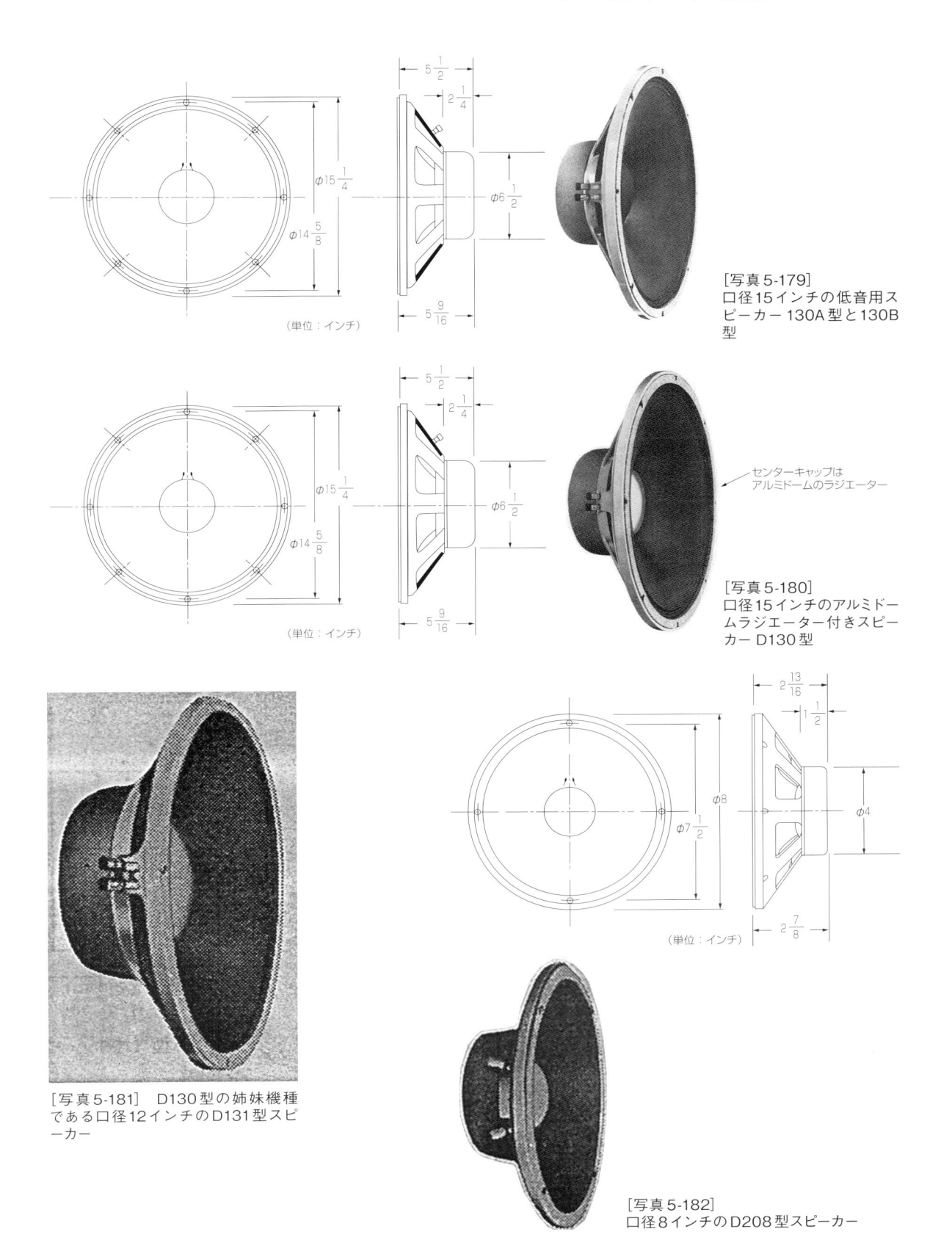

（単位：インチ）

[写真 5-179]
口径15インチの低音用ス
ピーカー 130A 型と130B
型

センターキャップは
アルミドームのラジエーター

（単位：インチ）

[写真 5-180]
口径15インチのアルミドー
ムラジエーター付きスピー
カー D130 型

[写真 5-181] D130 型の姉妹機種
である口径12インチのD131 型スピ
ーカー

（単位：インチ）

[写真 5-182]
口径8インチのD208 型スピーカー

297

ボイスコイル直径を大きく（4インチに）するという，これまでにない試みでした．しかし，ボイスコイル径が大きくなると巻幅が狭いため，ボビンにねじれが生じやすいという問題がありました．ランシングは優れた生産技術力を発揮してこの問題を克服し，コーン振動板とダンパーとの3点接着が確実にできる立派な組み立て治工具を考案して，安定した生産ができるようにしました（写真5-178）．

　また，アルミニウム合金の振動板の成形に，水圧に代わって空気圧による新しい製作方法を考案し，センタードーム振動板のきれいな仕上げを可能にしました．

　これらの工夫で，アルテック・ランシングとの差別化への意地を見せたのかもしれません．

　こうして生まれた新しい低音用の130A型スピーカー（写真5-179）は，口径15インチのコーン型で，ボイスコイルは径4インチのエッジワイズ巻きで，磁極空隙磁束密度12000ガウスの強力な大型磁気回路と組み合わせた高能率高性能スピーカーでした．ボイスコイルインピーダンスが32Ωの姉妹品130Bもありました．

　そして1947年には，D130型（写真5-180），D131型（写真5-181），D208型（写真5-182）スピーカーを開発し，また，高音用スピーカーにはD175型ホーンドライバーとH1000型マルチセルラーホーンを開発しました（写真5-183）．

　こうしたユニットの完成で，ジム・ランシング・サウンドの基幹製品が揃い，初めてコンシューマーを狙った最初のシステムを作り上げるなど進展がありました．

　問題は独立した会社の経営面にありました．社名変更や製品の生産停止，回収や権利の係争など，多額の出費や新規開発費用の支出がかさみ，1948年の会計年度には大きな赤字を計上し，経営的に追い込まれました．

　そこでランシングは資金援助を求めて，マークフォード航空会社と援助契約を結んだのですが，この契約条件が悪く，株式の40%を握られてしまい，当時のマークフォード航空会社の経理部長であっ

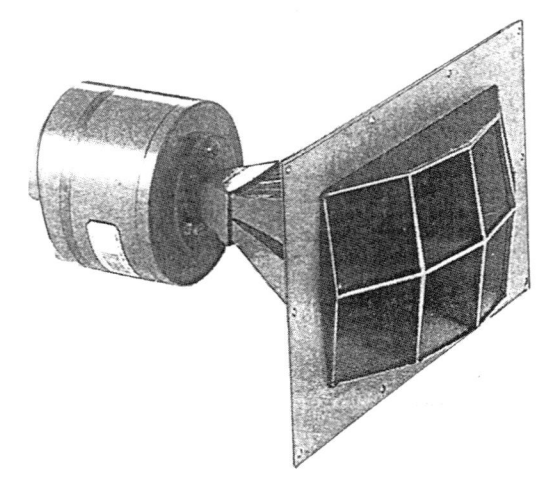

[写真5-183]　D175型ホーンドライバーとH1000型マルチセルラーホーン（1947年）

たトーマス（W. H. Thomas）が重役として送り込まれてきました．このためランシングは創立当時の株主から株を買い取り，会社側の代表となって対応するなど，経営者としての苦労もありました．

　幸いにもその後マークフォード航空会社がゼネラルタイヤ（General Tire and Rubber Company）に買収されたため，助かった面もありましたが，会社の経営はさらに悪化し，1949年中ころには負債総額2万ドルを超え，会社の存続が危ぶまれる状況になってしまいました．

　スピーカー設計技術者よりも経営者としての精神的苦痛が大きく，ランシングは会社社長の責任と会社の存続を願って，残念ながら死を選んだのです．1949年9月29日のことでした．

　会社はランシングの保険金で負債を解消するとともに，重役としてランシングを助けてきたトーマスが新社長に就任し，事業を継続して会社を運営することになりました．

　そして，トーマスはランシング夫人から株を買い取って単独のオーナーとなり，会社の復興に努力しました．

5-14-2　JBLの映画業界への進出

　ジム・ランシング・サウンドが業務用のトーキー

映画用スピーカーシステム事業に進出したのは，ランシング歿後の1954年でした．

　1950年代初頭，トーキー映画に新しい大きな改革がありました．家庭にTV放送が普及し始めて，徐々に衰退しつつあった映画業界には，観客を引き戻すために，家庭では再現できないような高画質，高音質の映画を提供することが求められました．

　その裏付けとなった技術開発の一つが，サウンドトラックの磁気録音方式です．磁気録音を映画分野に取り入れて音響再生の音質向上を図るとともに，これまでサウンドトラック1チャンネルのモノーラル再生から，多チャンネル化による立体音響再生が可能になりました．

　この技術開発の成功で，最初に登場したのが1952年，ウエストレックスの「シネラマ方式」でした．この方式は，家庭では得られない大迫力の大型映像スクリーンによる映像に加えて，サウンドトラック専用の35mm幅磁気テープによる7チャンネルの信号を再生する革命的な映画方式でした．

　7チャンネルの音響再生は，前面のスクリーン裏に5チャンネルと，客席後方に1チャンネルのスピーカーシステムを配置した立体音響再生で，残り1チャンネルはコントロール信号用という構成でした．

　続いて1953年に，20世紀フォックス映画の「シネマスコープ方式」が発表されました．この方式のサウンドトラックは，35mmフィルムの両サイドに

設けた4条の磁気トラックに記録した信号を前方のスクリーン裏に3チャンネル，客席側に1チャンネル配置したスピーカーシステムで立体音響再生する4チャンネルステレオでした．

　その後，1955年に再びウエストレックスが，映像の鮮鋭さを狙った「Todd-AO」方式を発表しました．この方式は，従来の35mmフィルム幅の2倍の70mm幅のフィルムを使用し，このフィルムの両サイドには6チャンネルの磁気トラックが設けられていました．前方スクリーン裏に5チャンネル，客席側に1チャンネルのスピーカー配置で行う立体音響再生でした．

　この方式は，トッド（Mike Todd）とアメリカンオプティカル（American Optical）との共同開発で完成したことから，両者の名前を冠した「Todd-AO」と名付けられました．

　JBL社長のW. H. トーマスは，こうした映画業界の動向を早くから察知し，極秘に情報を入手して，Todd-AO方式の映画用のスピーカーシステムの開発プロジェクトに参加することができました．

　これは先述のように，トーキー映画のサウンドトラックが光学式から磁気録音方式に変わって，高音域の記録再生品質が格段に改善されたため，再生用スピーカーシステムの8000Hz以上の再生周波数帯域の拡大と高音域の指向特性の改善が技術課題となっていたからです．

　これまで高音域の指向性の改善にはマルチセルラーホーンやセクトラルホーンを使用してきましたが，ベル電話研究所のコック（W. E. Kock）とハーベイ（F. K. Harvey）が発表した音響レンズを使った高音域の指向性の改善の研究から，1949年に写真5-184[5-68]のスピーカーが発表されました．

　途中の経過の詳細は不明ですが，この技術を応用して指向性を改善した高性能の高音用スピーカーを開発するよう，JBLでは新しい開発プロジェクトで取り組みました．

　このためにウエストレックスのフレイン（J. G. Frayne）とカリフォニア工科大学で研究していたロカンシー（B. N. Locanthi）の2人が，この開発

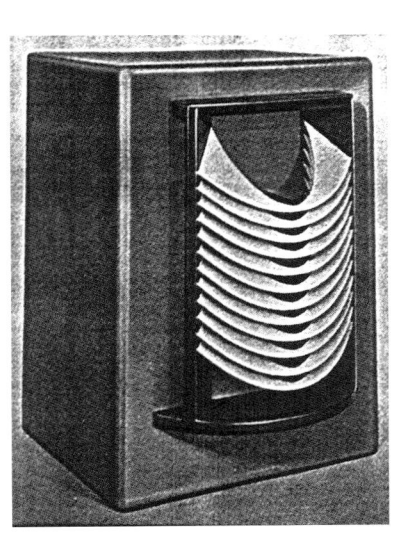

［写真5-184］
1949年にベル電話研究所が発表した音響レンズ付きスピーカーシステム

プロジェクトに参加して，音響レンズ付き高音用ホーンスピーカーを開発することになりました．

5-14-3　音響レンズ付きホーンスピーカーの開発

　開発を担当したロカンシーは，音響レンズ付き高音用スピーカーに使用するホーンドライバーとして，WEで以前に使用していた594-A型ホーンドライバーに注目し，このドライバーの磁気回路をフィールドコイル方式からアルニコ磁石のパーマネント型に改良しました．このドライバーに音響レンズを取り付けて高音域の音のエネルギーを拡散しても，軸上の周波数特性がフラットになるように，裸のドライバーの高音特性をやや右肩上がりの傾向にする改善を考えました．

　このため径4インチであった594-A型のボイスコイルをやや小さい3·15/16インチにし，ロールエッジ外周径を4·3/8インチとわずかに大きくして，エッジの共振周波数を変えて目的を達成しようと考えました．試作検討を行った結果，目的の特性が得られ，これを新型のホーンドライバーのJBL 375型（**図5-185**）としました．

　完成した375型ホーンドライバーの特性傾向を**図5-186**に示します．正面軸上では右肩上がりの傾斜をつけた特性で，音響レンズと組み合わせたとき高音域がフラットになるように，音響レンズ専用に使用できるドライバーとしての設計が行われています．高音限界周波数は約10000Hzです．

　初期の375型は，**写真5-185**のように丸みのある凸型バックカバーを持っており，**図5-187**に示す概略構造の大型ホーンドライバーです．

　一方，音響レンズの実用化に当たって，**図5-188**に示す音道の構造が違う3種類の方式を考案しました．名称はスラントプレートレンズ（slant-plate dispersing lens，傾斜板）型，サーペンタインプレートレンズ（serpentine koustical lens，波状板）型，パーフォレーテッドプレートレンズ（perforated plate dispersing lans，孔あき板）型で，それぞれのレンズは，光が拡散するように中心と周辺で音の伝播距離を変えることで点音源から音が拡散していく構造でした．

　こうしてホーンとしては世界初の音響レンズ付き製品には，スラントプレート型の537-508型（**写真5-186**），パーフォレーテッドプレート（孔あき板）型の537-500型（**写真5-187**），サーペンタインプレート（波状板）型の537-509型（**写真5-188**）の型名がそれぞれ付与されました．それぞれの概略構造寸法を**図5-189**に示します．

　この音響レンズの外観意匠は，それぞれ大きく異なっていますが，いずれも375型ホーンドライバ

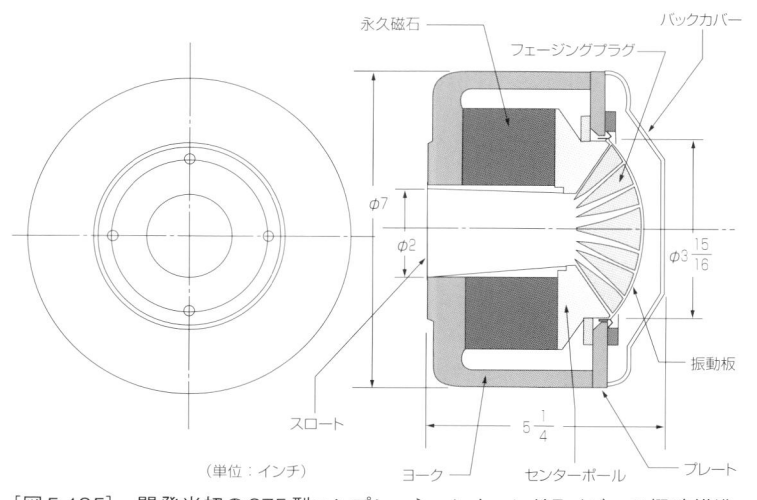

[図5-185]　開発当初の375型コンプレッションホーンドライバーの概略構造寸法

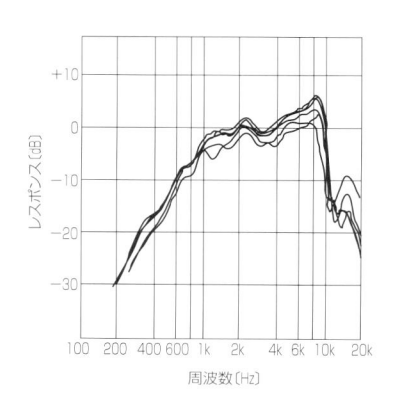

[図5-186]　開発当初の375型コンプレッションホーンドライバーの再生周波数特性傾向（エイフルのオーディオ博物館所蔵品6台分単体の特性を著者が測定）

(a) 初期製品

(b) アンペックス向け

［写真5-185］　T530A型相当のJBL初期の375型およびアンペックス向け375型のホーンドライバー

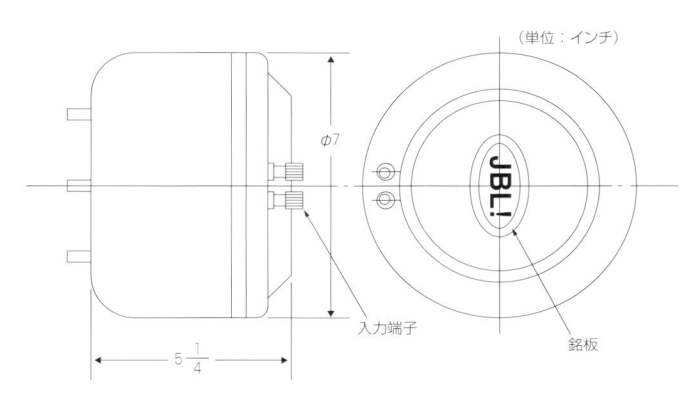

（単位：インチ）

φ7

入力端子

銘板

5 1/4

［図5-187］　初期型375型の概略形状と寸法

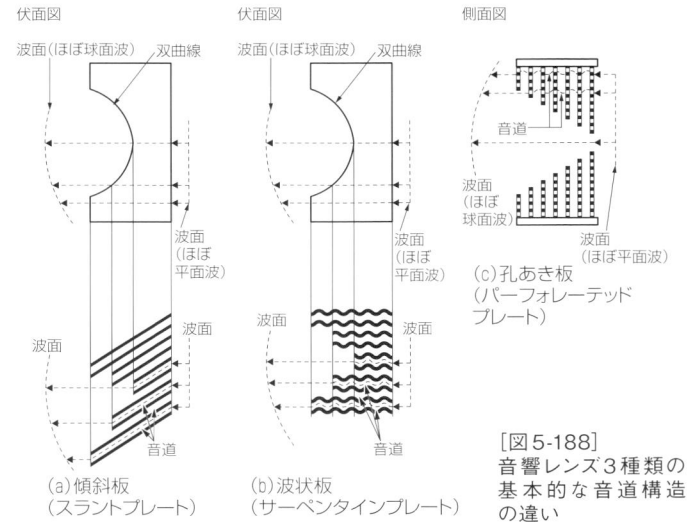

伏面図
波面（ほぼ球面波）　双曲線
波面（ほぼ平面波）
波面
音道

（a）傾斜板
（スラントプレート）

伏面図
波面（ほぼ球面波）　双曲線
波面（ほぼ平面波）
波面
音道

（b）波状板
（サーペンタインプレート）

側面図
音道
波面（ほぼ球面波）
波面（ほぼ平面波）

（c）孔あき板
（パーフォレーテッドプレート）

［図5-188］
音響レンズ3種類の基本的な音道構造の違い

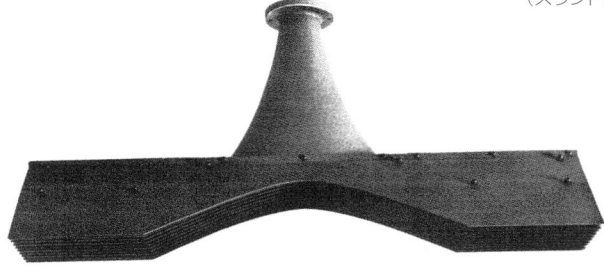

［写真5-186］　JBLの537-508型スラントプレートレンズ（傾斜板）付きホーン

［写真5-187］
JBLの537-500型パーフォレーテッドプレート（孔あき板）レンズ付きホーン

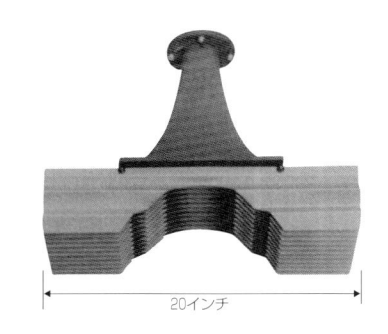

[写真5-188]　JBLの537-509型サーペンタインプレート（波形板）レンズ付きホーン

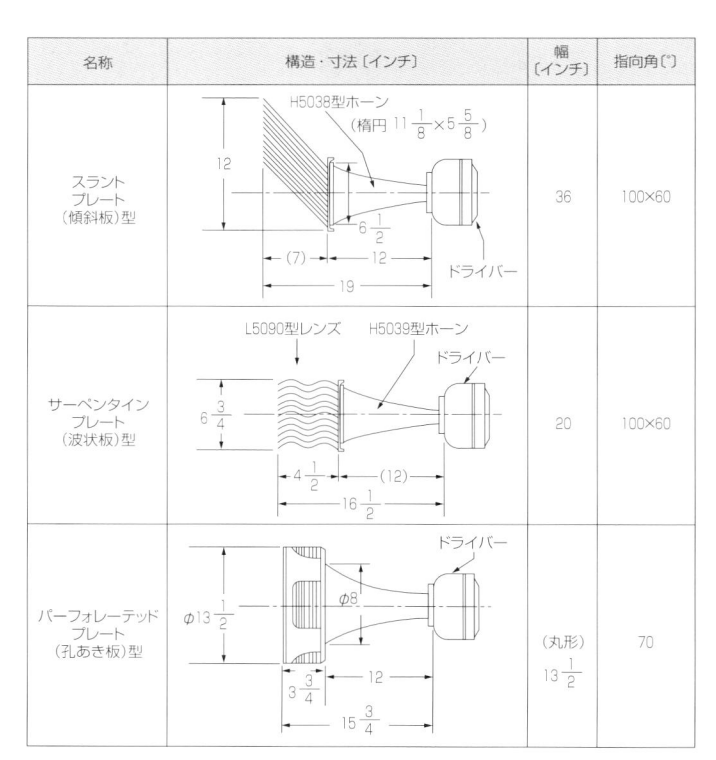

名称	構造・寸法〔インチ〕	幅〔インチ〕	指向角〔°〕
スラントプレート（傾斜板）型	H5038型ホーン（楕円 $11\frac{1}{8}\times5\frac{5}{8}$）　ドライバー	36	100×60
サーペンタインプレート（波状板）型	L5090型レンズ　H5039型ホーン　ドライバー	20	100×60
パーフォレーテッドプレート（孔あき板）型	ドライバー	（丸形）$13\frac{1}{2}$	70

[図5-189]　音響レンズを搭載した3種類の高音用ホーンスピーカーの概略形状と寸法

ーに適合した音響レンズ付きホーンで，適応クロスオーバー周波数500Hz，高音限界10000Hzを狙った設計で，指向特性の違いなど，目的に応じて使用します．

　研究開発に携わったフレインとロカンシーは，この音響レンズの開発成果を発表[5-69]し，これまでのマルチセルラーホーンの指向特性に対し，音響レンズ付きホーンの指向性パターン（**図5-190**）が優れていることを示し，改善効果が顕著であると報告しています．

5-14-4　JBLの「ジム・ランシング・シアターサウンドシステム」の誕生

　JBLは，この新開発の音響レンズ付きホーンを主力に，これを搭載したトーキー映画用スピーカーシステムを完成しました．

　低音用のスピーカーは，既製の口径15インチのD130A型スピーカーをベースにした150-4型（32Ω）と150-4C型（16Ω）（**写真5-189**）の2機種でした．D130Aのコーン振動板の頂角を狭くして奥行きの深い振動板に変更し，6インチだったフレーム高さを6・1/16インチに高くしています（**図5-191**）．

　低音用エンクロージャーはフロントロードホーンで，150-4型を2台搭載したC-502型と4台搭載し

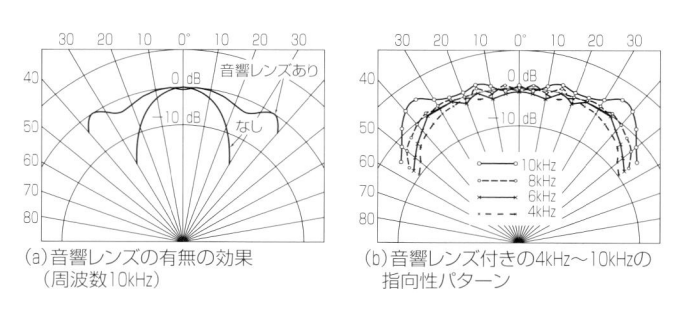

(a) 音響レンズの有無の効果（周波数10kHz）

(b) 音響レンズ付きの4kHz〜10kHzの指向性パターン

[図5-190]　論文[5-69]に掲載された音響レンズによる指向特性の改善効果

たC-504型の2機種がありました．その低音再生特性は**図5-192**のような傾向を示し，2ウエイシステムの総合特性は**図5-193**であったと発表されています[5-69]．

　JBLは，これと関連して機種ラインアップ作りを行いました．トーキー映画用スピーカーシステムのキーパーツとして，口径13インチの低音用スピーカー130-C型，高音用ホーンドライバー275型，175型（**写真5-190**），N500型ネットワーク（**写真5-191，図5-194**）を開発し，オーディトリアムの客

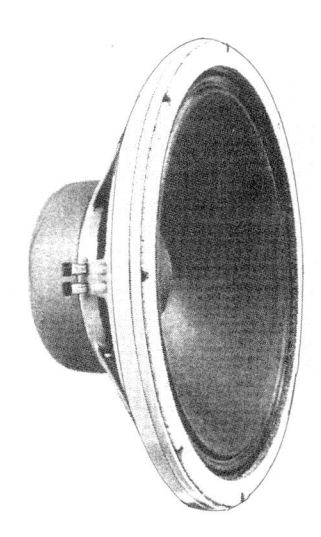

[写真 5-189]
JBL の口径 15 インチ 150-4 型低音用スピーカー（8 Ω が 150-4 型，16 Ω が 150-4C 型）

[図 5-192] ロカンシーの論文 5-69) に掲載された 6000 型（アンペックス向け機種）の低音用フロントロードホーンの再生周波数特性

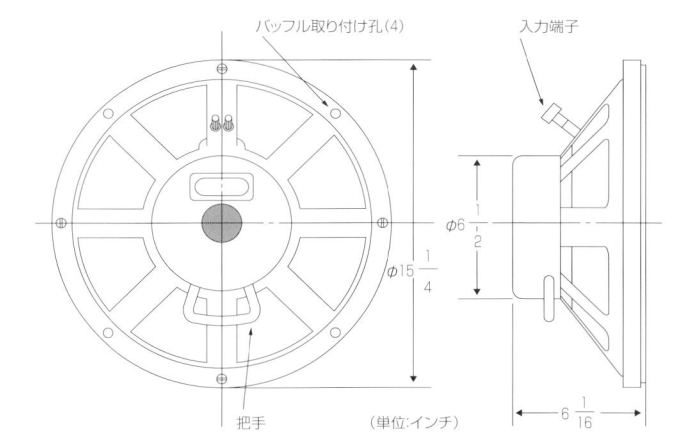

バッフル取り付け孔(4)　入力端子

$\phi 6\frac{1}{2}$

$\phi 15\frac{1}{4}$

把手　　（単位：インチ）　$6\frac{1}{16}$

[図 5-191] T510A 型低音用スピーカーの概略寸法

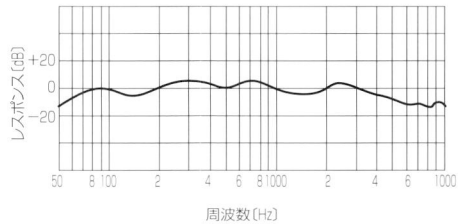

[図 5-193] ロカンシーの論文 5-69) に掲載された 6000 型（アンペックス向け機種）2 ウエイスピーカーシステムの再生周波数特性

(a) 275-34 型
175 型の磁気回路を強化
スロート径 1 インチ

(b) 175-34 型

[写真 5-190]
トーキー映画用に採用された 275 型と 175 型ホーンドライバー

クロスオーバー周波数：500Hz（−12dB/oct）
外観寸法：W6×L8×H6インチ

[写真5-191]　トーキー映画用に使用されたN500型ネットワーク

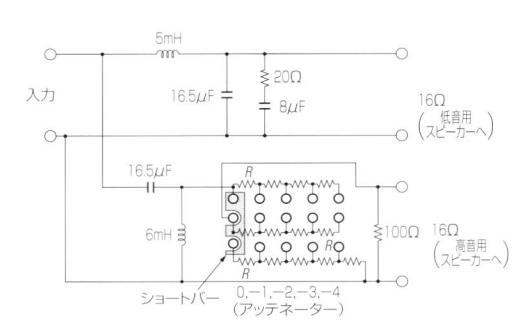

[図5-194]　N500型ネットワークの回路

[表5-24]　ジム・ランシング・シアターサウンドシステムの機種構成

型　番	許容入力〔W〕	低音部（使用数）		高音部（使用数）		ネットワーク（使用数）
		スピーカー	ホーン	ドライバー	ホーン	
6000型	120	150-4（4）	C-504	375（2）	537-500	N500（2）
5080型	80	150-4（4）		375（1）	1	N500
5070型	60	150-4（2）		375（1）	537-510	N500-A
5072型	60	150-4（2）		375（1）	537-508	N500
5050型	50	150-4（2）		275-34（1）	525-800	N800
560型	50	（2）		（1）	（1）	
5052型	50	（2）		（1）	（1）	
550型	50	150-4（2）	C-550	375（1）	537-500	N500
552型	25	130-C（1）	C-525	175-34（1）		N1200-16
520型	25	（1）		（1）	（1）	

構成ユニット（一部不明）
　低音用スピーカー（口径15インチコーン型）：150-4型，150-4C型，130-C型
　低音用ホーンバッフル：C-504型，C-502型，C-503型，C-550W型，C-550型，C-525型
　高音用スピーカー（ホーンドライバー）：375型，275-34型，175-34型
　高音用ホーン（音響レンズ付きホーン）：537-500型（HL88型），537-508型（HL90型），537-509型（HL89型），537-510型（ラジアルホーン），
　　　　　　　　　　　　　　　　　527-800型（ラジアルホーン），1217-1290型
　ネットワーク：N500型，N500-A型，N501型，N800型，N1200-16型

席数に対応した各種のスピーカーシステムを10機種準備しました（**表5-24**）.

　JBLは，このトーキー映画用スピーカーを「ジム・ランシング・シアターサウンドシステム（Jim Lansing Theater Sound System）」と命名し，生前のランシングが達成できなかったトーキー映画用の業務用スピーカーシステムの事業を開始することができました.

　そして，これらの機種がTodd-AO方式の映画用スピーカーシステム用として，ウエストレックスとアンペックス（Ampex）にOEM供給されるこ

とになりました.

　ウエストレックス向けOEM生産品は，「T500シリーズ」として，ウエストレックスの型番のT-501A型とT-502A型およびT-502B型の3機種を製造し，**表5-25**の仕様で納入しました.

　T-501A型複合2ウエイスピーカーシステム（**写真5-192**）は，T-520B型低音用ホーンにT-510A型（JBL 150-4型）15インチスピーカーを2台搭載し，高音部はT-530A型（JBL 375型）ドライバーにT-550A型（537-500型）パーフォレーテッドプレート型音響レンズを組み合わせた2ウエイシステ

[表5-25]　ウェストレックスT500シリーズの概略仕様構成
（ウエストレックスのブレテンNo.263/283より．1954年）

型番	低音部（使用数）		高音部（使用数）		ネットワーク
	スピーカー	ホーン	ドライバー	ホーン	
T-501A	T-510A (2)	T-520B	T-530A (1)	T-550A (1)	T-570 (1)
T-502A	T-510A (4)	T-521A	T-530A (2)	T-550A (2)	T-570 (2)
T-502B	T-510A (4)	T-521A	T-530A (2)	T-551A (2)	T-570 (2)

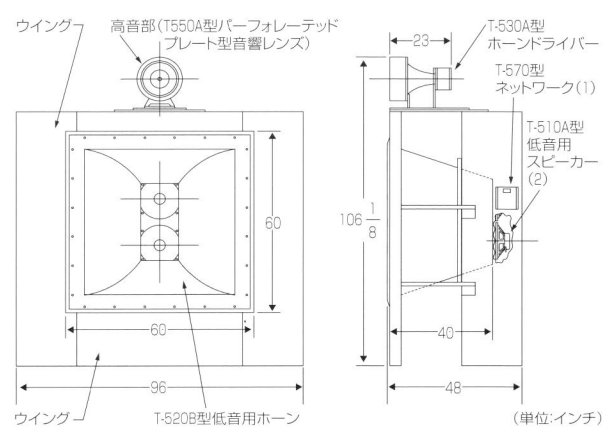

[図5-195]　ウエストレックス向けのT-501A型2ウエイスピーカーシステムの概略構造寸法

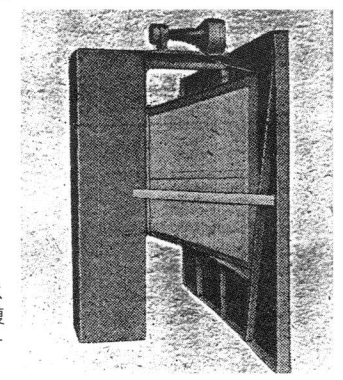

[写真5-192]
ウエストレックス向けT-501A型複合2ウエイスピーカーシステム

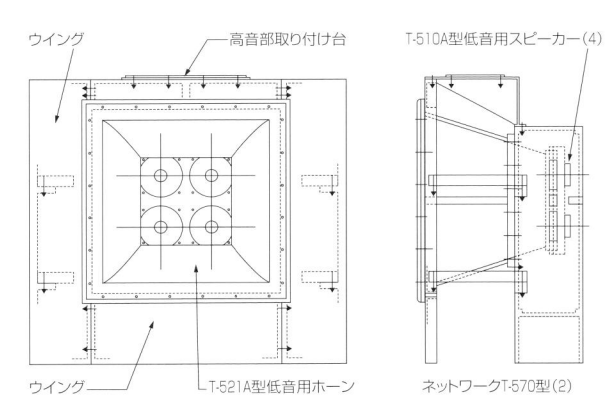

[図5-196]　ウエストレックス向けのT-502型2ウエイスピーカーシステム（T-502A，B型共通）の概略構造

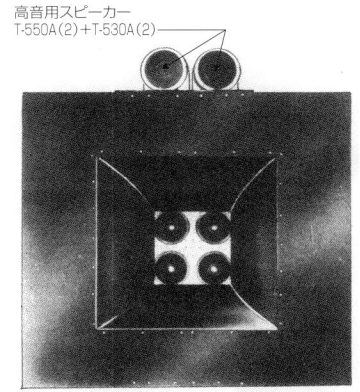

(a)T-502A型

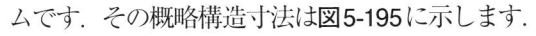

(b)T-502B型

[写真5-193]
ウエストレックス向けT-502A型とT-502B型複合2ウエイスピーカーシステム

ムです．その概略構造寸法は**図5-195**に示します．

　T-502A型およびB型スピーカーシステム（**写真5-193**）は，低音用スピーカーT-510A型（JBL 150-4型）が4台共通（**図5-196**）で，高音用スピーカーの違いによってA型とB型に分かれます．

　T-502A型の高音用はT-530A型ドライバーとT-550A型パーフォレーテッドプレート型ホーン2

[表5-26] アンペックス向けのシアターサウンドシステムの機種構成

型番	低音部（使用数）		高音部（使用数）		ネットワーク（使用数）
	スピーカー	ホーン	ドライバー	ホーン	
6000	150-4（4）		375（2）	537-500（2）	N500（2）
5070	150-4（2）		375（1）	537-510（1）	N500-A（1）
5050	150-4（2）		275-34（1）	527-800（1）	N800（1）
5030	150-4C（1）		275-34（1）	527-800（1）	N800（1）

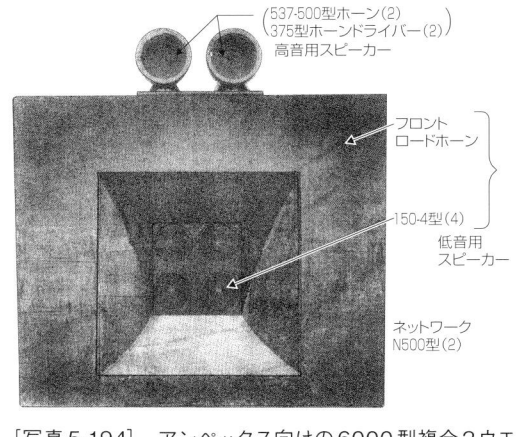

[写真5-194] アンペックス向けの6000型複合2ウエイスピーカーシステム

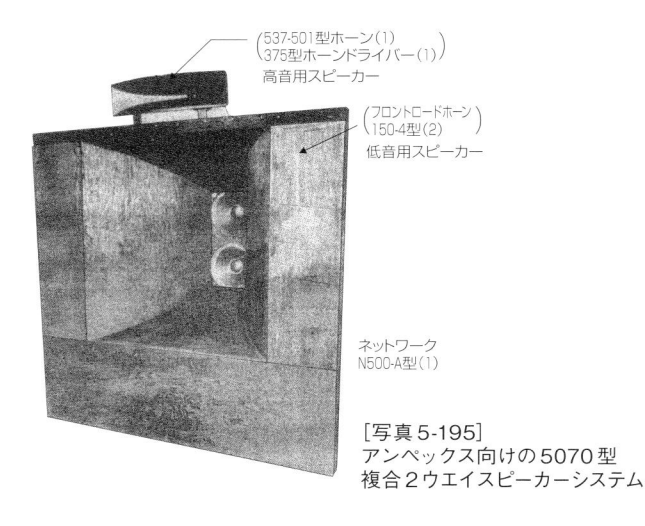

[写真5-195] アンペックス向けの5070型複合2ウエイスピーカーシステム

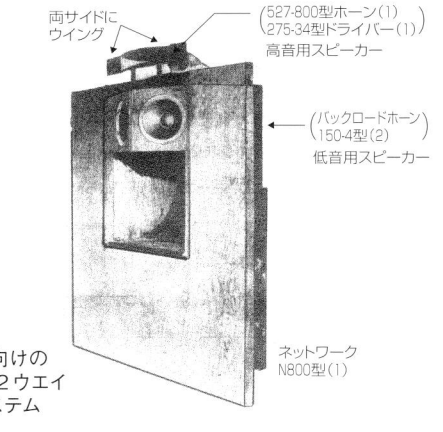

[写真5-196] アンペックス向けの5050型複合2ウエイスピーカーシステム

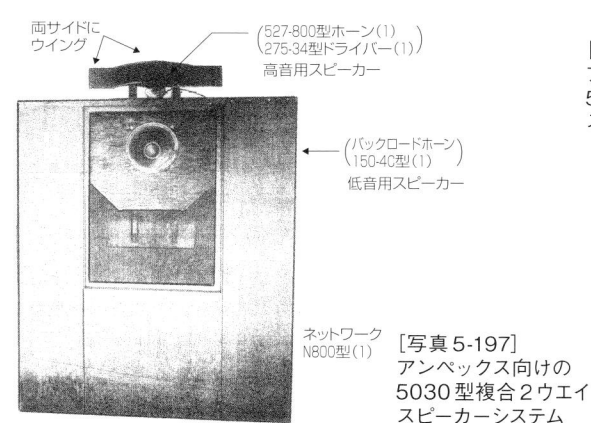

[写真5-197] アンペックス向けの5030型複合2ウエイスピーカーシステム

台の構成で，T-502B型はT-551A型スラントプレート型ホーン2台の構成でした．低音用ホーンの後部は密閉になっていて，寸法は不明です．

　一方，アンペックス向けのOEM生産品「シアターサウンドシステム（Theater Sound System）」は，JBLの製品の中から，表5-26に示す6000型（写真5-194），5070型（写真5-195），5050型（写真5-196），5030型（写真5-197）が納入されました．ユ

ニットの銘板には「JIM LANSING by AMPEX」とJBLの社名が併記されています（写真5-185（b））．

　JBLは，このシステムを自社ブランドでも発売するためか，写真5-198のように宣伝用のロゴの入ったデモ製品を作ってPRしました．

　当時の映画館での使用状況例を写真5-199に示します．

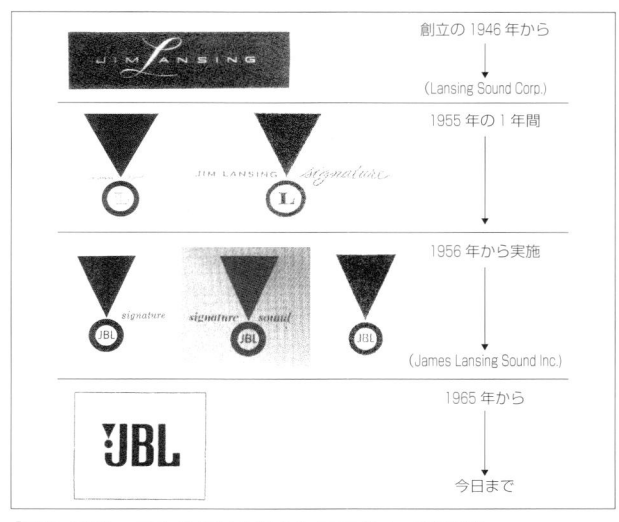

[図5-197] JBLの1946年からのロゴマークの変化

[写真5-198] JBLの自社バージョンで販売する5000型スピーカーシステムのデモ機

[写真5-199] 37フィートのスクリーン裏に設置されたアンペックスの5050型スピーカーシステム3台の設置例（脚足を付けてスクリーン高さ中央位置に音軸を合わせている）

　JBLの盛業を見ていたアルテック・ランシングは，JBLのW. H. トーマス社長に対して，社名から「ランシング」を削除するように要請し，協定を結ぶことになりました．このため，1956年から社名を「JBL」とし，社名が入った丸マーク（図5-197）に変更しました．

　1955年，ウエストレックスは映画の立体音響再生用として，さらに新しいスピーカーシステムを3機種企画し，JBLに発注しました．

　3機種とは14型，15型，16型で，16型の低音部はアルテックAシリーズのH-210型ホーンエンクロージャーに低音用スピーカー803型をダブル駆動で使用し，高音部はウエストレックスのT-551A型スラントプレート形音響レンズ付きホーンにアルテックの288型ドライバーを取り付けた複合2ウエイ構成でした（写真5-200）．

　288型ドライバーの最初の製品は音響レンズ付きホーンに適した特性でしたが，その後，セクトラルホーンに適合するために288B型，さらに288C型と改良され，周波数特性傾向が変わっていきました．

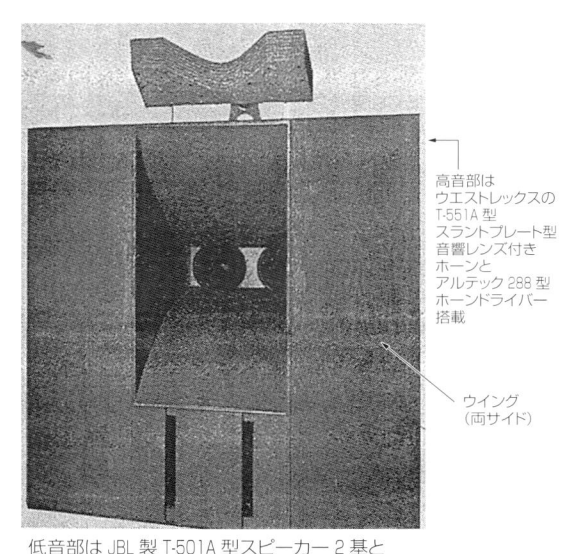

高音部は
ウエストレックスの
T-551A型
スラントプレート型
音響レンズ付き
ホーンと
アルテック288型
ホーンドライバー
搭載

ウイング
（両サイド）

低音部は JBL 製 T-501A 型スピーカー 2 基と
アルテック製 H-210 型フロントロードホーンエンクロージャー

[写真5-200]　ウエストレックス向けの16型複合2ウエイ
スピーカーシステム（1955年）

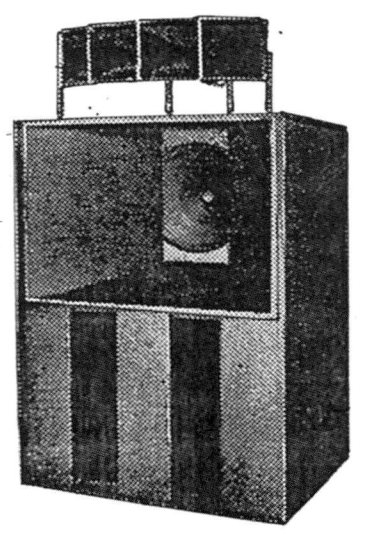

ウエストレックス14型
高音部：
713B型ドライバー
+KS-12025型ホーン
低音部：
アルテック803A型
ウーファー
+H825型エンクロージャー
ネットワーク：
N-800D型

ウエストレックス15型
高音部：
713B型ドライバー
+KS-12025型ホーン
低音部：
アルテック803A型
ウーファー（2台）
+H825型
エンクロージャー
ネットワーク：
N-800-D型

[写真5-201]　ウエストレックス向けの14型複合2ウエイ
スピーカーシステム（1955年）

　14型（**写真5-200**）と15型は，WE製のユニットで構成されたもので，JBLとしてはうま味のないビジネスとなってきました．

　時間の経過とともにJBLでは，こうした自主性の少ない業務用スピーカーの下請けから早く脱却したい気持ちが強くなり，経営方針を大きく変更する必要がありました．

　W.H.トーマス社長は，中長期的に見てLPレコードの出現により，一般家庭での音楽鑑賞が著しく向上して，オーディオ再生機器の機能が高性能化し，Hi-Fi再生熱が高まり，新しいオーディオ市場が形成されると予測し，「優美さと技術とを兼ね備えた製品を設計し，一般家庭の居間で再生する高性能スピーカー」を狙った開発に踏み切りました．

　これまで開発してきたトーキー映画用スピーカー技術を転用して民生用市場に重点を置く経営方針によって「新生JBL」として活躍することになり，1965年からはロゴマークを「JBL」に変更し，今日に至っています．

　このため，JBLのトーキー映画用スピーカー事業は，短い期間で終焉を迎えました．

参考文献

5-1) 帰山教正，原田三夫：トーキーと天然色映画（映画講座），日本教材映画株式会社，1931年および八木秀次：音響科学　第9編トーキー，オーム社，1939年

5-2) 平凡社大百科事典「映画」．1984年

5-3) 特別企画：RCA Reserch and Development, *Electronics*，Aug. 1937

5-4) J. P. Maxfield and H. C. Harrison：Methods of High Quality Recording and Reproducing of Music and Speech Based on Telephone Research, *Bell System Technical Journal*，Jan. 1926

5-5) W. J. Farmer：High-Strength Aluminum Alloys for Diaphragms, *Bell Laboratories Record*，Jan. 1929

5-6) A. L. Thuras：An Efficient Driving Coil for Loud Speakers, *Bell Laboratories Record*，Aug. 1928

5-7) E. C. Wente and A. L. Thuras：A High Efficiency Receiver for a Horn-Type Loud Speaker of Large Power Capacity, *Bell System Technical Journal*，Jan. 1928

5-8) 米国特許第1,707,544号および1,707,545号

5-9) A. L. Thuras：A New Loud-Speaking Receiver, *Bell Laboratories Record*，March, 1928

5-10) 米国特許第1,852,793号（1932年）

5-11) 米国特許第1,853,955号

5-12) B. Brown：*Talking Pictures*（2nd ed.），Sir Isaac Pitman & Sons, 1933

5-13) L. G. Bostwick：What's A Good Loud Speaker?, *Bell Laboratories Record*，May 1929

5-14) 米国特許第1,907,723号

5-15) L. G. Bostwick：An Efficient Loud Speaker at the Higher Audible Frequencies, *Journal of the Acoustical Society of America,* Oct.1930およびL. G. Bostwick：A Loud Speaker Good to Twelve Thousand Cycles, *Bell Laboratories Record*，May 1931

5-16) 米国特許第1,907,723号

5-17) E. P. R. I.：*Equipment Bulletin,* 1935年資料

5-18) C. Flannagan, R. Wolf and W. C. Jones：Modern Theater Loudspeaker and Their Development, *J.S.M.P.E.*, Mar. 1937

5-19) J. K. Hilliard：Historical Review of Horns Used for Audience-type Sound Reproduction, *Jounal of the Acoustical Society of America*, Jan. 1976

5-20) 渡辺直樹：Western Electricについて，Vol.4，MJ無線と実験，1987年3月

5-21) 米国特許第1,930,915号および第2,041,157号

5-22) 米国特許第1,907,723号

5-23) *Early HiFi*，Vol.1，Vol.2, 1979

5-24) W. B. Snow：Auditory Perspective, *Bell Laboratories Record*，Mar.1934

5-25) E. H. Bedell：Auditorium Acoustics and Control Facilities for Reproductions in Auditory Perspective, *Bell System Technical Journal*，Mar.1934

5-26) H. Fletcher：Symposium on Wire Transmission of Symphonic Music and 1st Reproduction in Auditory Perspctive, *Bell System Technical Journal*，Jan. 1934

5-27) The Reproduction of Orchestral Music in Auditory Perspective, *Bell Laboratories Record*，May.1933.

5-28) 米国特許第1,970,926号（1933年出願）

5-29) 米国特許第2,037,185号（1933年出願）

5-30) 米国特許第1,992,268号（1933年出願）

5-31) 米国特許第2,037,187号（1933年出願）

5-32) E. C. Wente and A. L. Thuras：Loud Speakers and Microphones, *Bell System Technical Journal*，Apr. 1934

5-33) J. K. Hilliard：A Study of Theatre Loudspeakers and the Resultant Development of the Shearer Two-Way Horn System, *The Research Council of the Academy of Motion Picture Arts and Sciences*, March 1936

5-34) L. E. Clark and J. K. Hilliard：*Motion Picture Sound Engineering*, Chapter Ⅷ, D. Van Nostrand Company, 1936

5-35) J. K. Hilliard：A Two-way Horn System, *Electronics*, March 1936

5-36) 米国特許第2,183,528号（1939年）

5-37) J. B. Lansing：The Duplex Loudspeaker, *Journal of the S. M. P. E.*, Sept. 1944

5-38) J. B. Lansing：New Permanent Magnet Public Address Loudspeaker, *Journal of the S. M. P. E.*, **46,** pp.212-219, 1946

5-39) J. B. Lansing and J. K. Hilliard：An Improved Loudspeaker System for Theaters, *Journal of the S. M. P. E.*, Nov. 1945

5-40) *Technical Bulletin*（April 20, 1948）：Standard Electrical Characteristics for Theater Sound System, Motion Picture Research Council

5-41) Westrex：*Sound Equipment Bulletin, Loudspeaker System, ALTEC"A"series, the"Voice of the Theatre"*, March 1946

5-42) H. F. Hopkins：An Improved Loud-speaking Telephone, *Bell Laboratories Record*, April 1940

5-43) Westrex：*Bulletin* No.244, Loudspeaker Systm "L"series

5-44) H. F. Hopkins：New Theater Loud-speaker System, *Journal of the S. M. P. E.*, Oct. 1948

5-45) L. Malter：Loudspeakers and Theater Sound Reproduction, *Journal of the S. M. P. E.*, June 1930

5-46) E. W. Kellogg：Loudspeaker Sound Pressure Measurements, *Jounal of the Acoustical Society*, Oct.1930

5-47) I. Wolff and L. Malter：Directional Radiation of Sound, *Jounal of the Acoustical Society*, Oct.1930

5-48) H. F. Olson：Recent Developments in Theater Loudspeakers of the Directional Baffle Type, *Journal of the S. M. P. E.*, May 1932

5-49) T. D. Cunningham：A-C. Motion Picture Equipment, *Journal of the S. M. P. E.*, June 1931

5-50) H. F. Olson：Horn Loudspeakers, Part Ⅰ, *RCA Review*, Vol.1, No.4, 1937, Part Ⅱ, *RCA Review*, Vol.2, No.2, 1937

5-51) M. C. Batsel and C. N. Reifsteck：Reproducing Equipment for Motion Picture Theaters, *RCA Review*, April 1936

5-52) *Technical Bulletin*：Standard Electrical Characteristics for Theater Sound Systems, Motion Picture Research Council, April 1940

5-53) J. S. Pesce：A Newly Designed Sound Motion Picture Reproducing Equipment, *Journal of the S. M. P. E.*, Nov 1939

5-54) H. F. Olson：*Acoustical Engneering*, pp.50-53, D. Van Nostrand, 1957

5-55) 米国特許第2,458,038号（1942年出願）

5-56) マイク・サイトウ：クラングフィルムの系譜, プレミアムオーディオ, No.2, 誠文堂新光社, 2008年およびクラングフィルムウェブサイト http：//klangfilm.free.fr/index.php（後に http://www.klangfilm.orgに移転）

5-57) 小幡重一：実験音響学, 岩波書店, 1933年, pp.177 〜 179

5-58) ドイツ特許第456,570号（1926年出願）

5-59) *Wireless World*, p.79412, Dec.1928

5-60) 杉本岳大, 小野一穂, 岩城正和, 黒住幸一, 田辺逸雄：再発見, 歴史的スピーカーとその音響特性, 日本音響学会誌, 第62巻, 第11号, 2006年

5-61）H. Neumann：Uber einen Blatthaller von sehr Schalleistung, *Siemens Zeitschrift*, Oct.1930

5-62）ドイツ特許第500,723号（1928年出願）

5-63）ドイツ特許第421,038号（1923年出願）

5-64）E. Gerlach：*Telegraphen-Fernsprech-Funk und Fernseh-Technik*, **17**, 577, 1924

5-65）米国特許第1,749,635号（1930年，ドイツ出願は1927年）

5-66）*Wireless World*, Nov.1937

5-67）E. G. Richardson：*Technical Aspects of Sound*, Elsevier Publishing, 1953, pp.366-367

5-68）W. E. Kock and F. K. Harvcy：Refracting Sound Waves, *Journal of A. S. A.*, Vol. 21, No.5, Sept.1949. またはウィンストン・E・コック著, 藤岡由夫訳：音波・光波・電波 マイクロ波の基礎まで（新装版）, 河出書房新社, 1977年

5-69）J. G. Frayne and B. N. Locanthi：Theater Loudspeaker System Incorporating an Acoustic Lens Radiator, *Journal of the S. M. P. E.*, Sept.1954

第6章

スピーカー用ホーンの
種類とその変遷

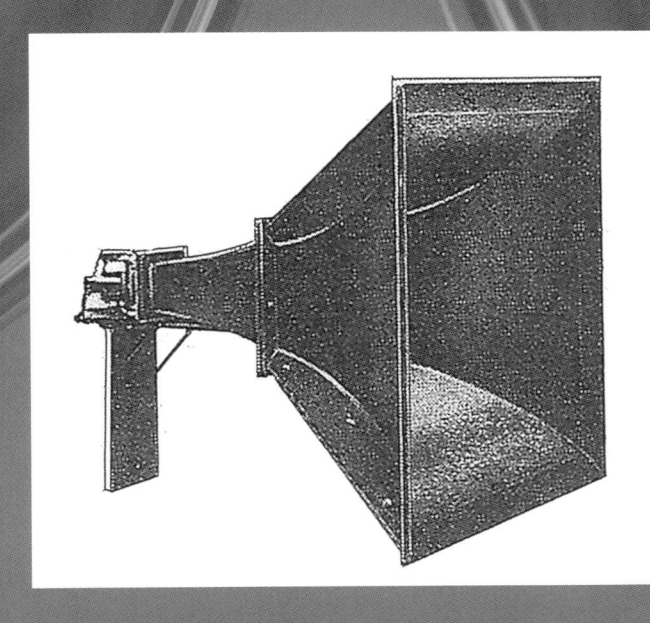

6-1　スピーカー用ホーンの理論解析への取り組み

スピーカー用ホーン（horn）は，その形状から牛や羊などの「角」を語源とし，同時に「角笛」の効果を示しています．音の世界では，断面積が出口に行くほど広がったラッパ状の筒は「ホーン」と呼ばれ，エジソン（T. A. Edison）が発明した蓄音機などに使われることで馴染みがあります．

人間が最初にホーンを作ったのがいつのことなのかはわかりませんが，ホーンは歴史的には古く，紀元前300年代のアレキサンダー大王（アレクサンドロス3世）の時代，遠く離れた部隊に指令するために巨大メガホンを使って音で伝達した記録（図6-1）[6-1]が残っているほどで，遠い昔からホーン効果は知られていました．両手を丸めて口元に当てて声を補強する動作は，ごく自然な人のしぐさとして

古くからありました．「メガホン」は，こうした人のしぐさの延長線上から生まれたものと思われます．

メガホンを最初に実用化したのは1650年ころのキルヒャー（Athanasius Kircher）で，長さ4.8m，開口径61cm，スロート径5cmの拡声ホーン（図6-2）を考案しています[6-1]．これに対して1700年代にヘルサム（R. Helsham）が，ホーン断面の変化率がどこでも一様になるように広がったものが最も有効であるに違いないと推察して，側面の曲線をエクスポーネンシャル関数にすることを提唱しました．

1838年になって，グリーン（G. Green）がホーンの波動方程式を作り，断面積の変化率が一様な広がり方となるエクスポーネンシャルホーンの数学的解析を行っています[6-2]．

図6-3は船の安全な航行のために使われた「霧笛」のホーンです[6-3]．機械的な空気流によって音

[図6-1]　アレキサンダー大王の指令用に使われた「メガホン」[6-1]

[図6-2]　キルヒャーが1650年ころ考案した拡声用ホーン[6-1]

[図6-3]　船の安全な航行のために設置された霧笛用ホーン[6-3]

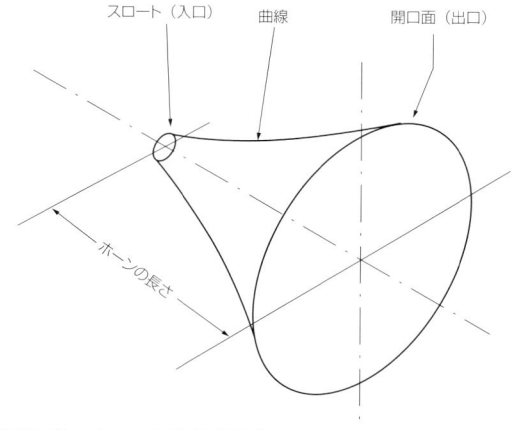

[図6-4]　ホーンの基本的形状

を発生させていました.

　1877年にエジソンは蓄音機を発明し,ストレートホーンを使用して,集音と振動板の音放射の補助による音の拡大に成功しました.また,1915年にプリッドハム(E. S. Pridham)とジェンセン(P. Jensen)は,ムービングバー型スピーカーにホーンを取り付けた装置で,部屋の空間に大きな音が放射できることを実証しました.この成果で,音声出力が小さかった初期ラジオ受信機にはホーンスピーカーを使用し,音の拡大を図っていました(第4章1節参照).

　このスピーカー用ホーンは,ホーンドライバー(スピーカーユニット)が音を放射するとき,ホーンが放射された音を伝達する管として働きます.スロート(喉元)の振動板からの音を気体(空気)の運動にマッチングさせて進行距離に比例して拡大し,開口面から効率よく音を放射する役割を持っています.

　ホーンの基本的形状は,スロート(喉元,入口)からホーンの開口面(出口)まで順次断面積が拡大して音を伝達する管です(図6-4).管の側面の広がり方の曲線は,ホーンの種類によって違いがあります.

　最初に考えられたのが,側面が直線的に広がるコニカル(conical)ホーン(ストレートホーン)でしたが,その後,ホーン効果を高くする研究が行われ,さまざまな曲線をもったホーンが考案されました.

　1919年になって,ウェブスター(A. G. Webster)が本格的にホーンを検討し,初めて音響インピーダンスの理論を用いた理論解析[6-4]を行い,エクスポーネンシャルホーン(exponential;指数関数)がホーンとして望ましい曲線であることを示しました.また,1924年にはWH(ウェスティングハウス電機製造会社)のハンナ(C. R. Hanna)とスレピアン(J. Slepian)が,エクスポーネンシャル関数で広がるホーンを解析[6-5]し,スピーカー用ホーンにはエクスポーネンシャル曲線が最適であることを証明しました.こうしてエクスポーネンシャ

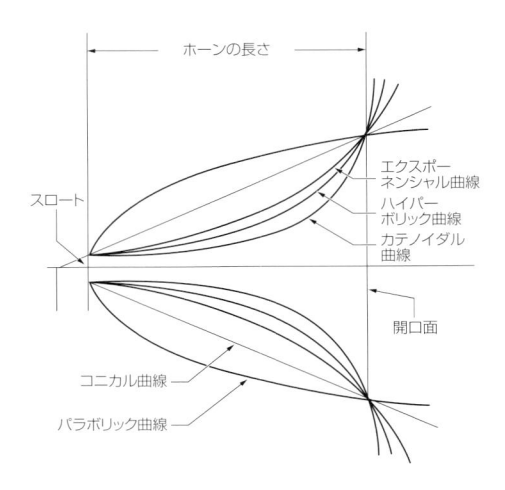

[図6-5]　サルモンが検討した同一ホーン長の各種指数関数曲線

ルホーンは広い再生周波数帯域を一様に伝達することが知られ,スピーカー用ホーンといえばエクスポーネンシャル曲線を採用した製品が大部分を占めるようになりました.

　その後,1946年にジェンセンのサルモン(V. Salmon)は,エクスポーネンシャルホーン以外のホーンについて,長さ,スロートの断面積,開口面積を一定にした条件下で,指数関数曲線の違いを明確に示す(図6-5)とともに,低い周波数ではエクスポーネンシャルホーンよりハイパーボリック(hyperbolic;双曲線)ホーンのほうが性能が高いことを証明しました[6-6].

　スピーカー用としては,シッソイド(cissoid;疾走曲線)やトラクトリックス(tractrix;追跡曲線),カテノイド(catenoid;懸垂曲線)などの曲線を持ったホーンがあります.

　こうしたホーンの理論研究は,主として1920年代に活発に行われました.この時代には拡声(PA)用ホーンスピーカーやラジオ用ホーンスピーカーの需要が多く見込まれていましたが,真空管増幅器の出力電力が小さいため,情報伝達に必要な音量を得るには,スピーカーの電気音響変換効率を高めることが最も重要な課題だったということがその背景としてあり,効率改善に大きな役割を持つホーン形状が注目されました.

6-2　スピーカー用ホーンのカットオフ周波数と音響変成器の役割

6-2-1　低音域の再生限界とホーンの大きさ

　スピーカー用ホーンのスロート側から見た音の放射インピーダンスは、伝送する周波数の低音域の限界周波数（カットオフ周波数f_c）以下では0になって、音のエネルギーの伝達がなくなります。このカットオフ周波数の2倍以上の周波数では放射インピーダンスは一定値を保ち、放射リアクタンスは0に近づきます。したがって、ホーンを介して音を放射するとき、ホーンは音響的にハイパスフィルターの役割があり、ホーンのカットオフ周波数が低音域の再生限界を支配します。また、ホーン開口面があまり開かない状態であると、ホーンと自由空間との整合が不連続になり、ホーン出口で音が反射して、再生周波数特性が乱れます。

　このため、一般には開口面の管壁の開き角が90°になる点を開口とすれば、音の反射については実用上問題なくなるので、これが実用的なホーン長になります（図6-3）。

　ホーンの低音再生限界はカットオフ周波数で決まるため、開口角90°の条件を充たす低音再生用ホーンには非常に大きな開口面が必要になります。この関係では、ホーンの実用的な低域限界周波数を設

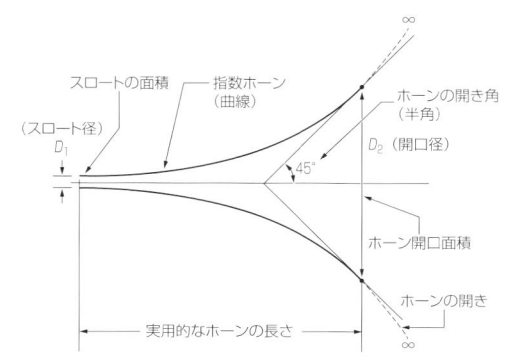

［図6-6］　ホーンが実用上問題ない動作をする長さを得るためのホーン開口面の開き角

定すると、その限界周波数の約1/2の周波数にホーンのカットオフ周波数f_cを設定する必要があります。簡易な計算では104をf_cで除算すると、必要なホーンの開口面の直径dが概算できます[6-7]。

$$d〔m〕≒104/f_c$$

　実用的な再生限界周波数を50Hzとすると、カットオフ周波数は25Hzで、104を25で割った開口直径は約4.2mとなります。開口面積を求めると13.84m²で、角型ホーンの開口寸法にすると3.46×4mになります。低音用ホーンの大きさはこのように概算され、実用的なホーン作りに応用されています。

　また、開口面積が大きくなると同時に、スロートから開口面までのホーン曲線が延びて長いホーンになります。

6-2-2　ホーンドライバーの音響変成器

　一方、ホーンをドライブする振動板は、ホーンのスロート部分に設けますが、スロートの断面積と同じ面積では放射インピーダンスが小さく、振動板に十分な負荷がかかりません。このため、一般的には振動板の面積をスロートの断面積より大きくして、振動板に加わる放射インピーダンスを高くします。そし

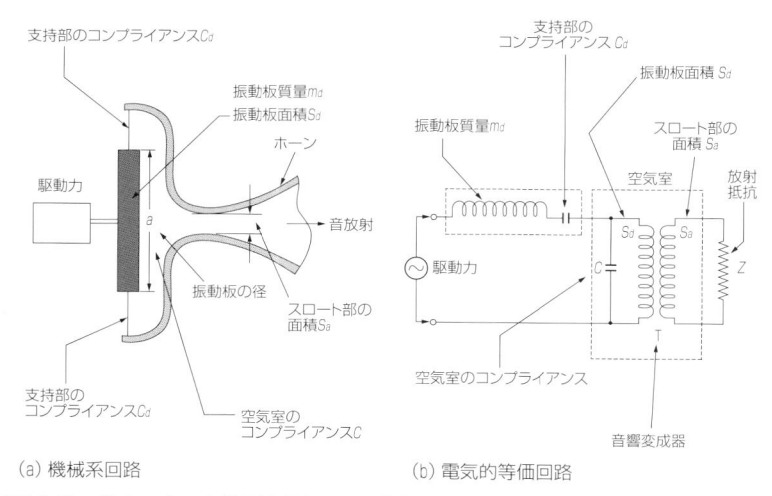

（a）機械系回路　　　　　　　（b）電気的等価回路

［図6-7］　効率の高い音放射を行うために音響的マッチングを取る音響変成器の基本構造（コンプレッションドライバーの構造）

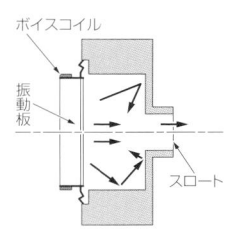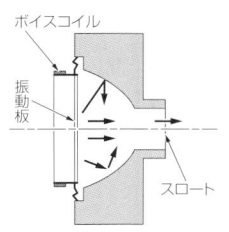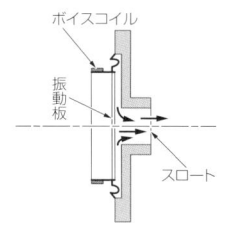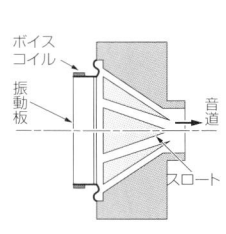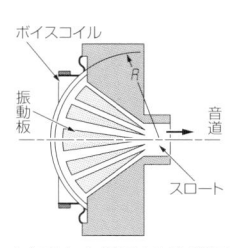

(a)音響変成器の説明に
使用した空気室
→内部反射による位相
干渉や共鳴の発生

(b)空気室を小さくする
→内部反射による位相
干渉による特性の乱れ

(c)空気室を極端に小さく
する
→位相干渉による
高音域の劣化

(d)空気室にフェージング
プラグを設ける
→スリットの長さが
それぞれ異なるので,
波長の短い高音域での
位相干渉

(e)スリットの長さを均等に
するために,フェージング
プラグを半径 R の円弧
にする

[図6-8]　振動板からスロートに音を導くために必要な音響変成器（空気室）とフェージングプラグの役割

て振動板とスロートの間に空気室を設けて，両者の面積比によってパスカルの原理でスロートの部分に面積比率に応じた高い音圧が得られるようにしています．電気的に考えると，ちょうどマッチングトランスの役割をしていることになります．

これは，スピーカーの振動板から放射された音が，ホーンのスロート部で強い気体振動になるよう，両者間に音響的なマッチングを取るよう仕向けたもので，伝達ロスを少なくしてホーンスピーカーの能率を高める重要な役割をしていることになります．

マッチングトランスの役割を持つ空気室がある構造を「音響変成器（acoustic transformer）」と呼び，音響変成器を持つホーンドライバーを「コンプレッションドライバー」と称します．

その基本的構成を**図6-7**に示します．この概念は古く，1926年にレコード蓄音機の再生に使用するサウンドボックスの開発でベル電話研究所のマックスフィールド（J. P. Maxfield）とハリソン（H. C. Harrison）が振動板とホーンスロートの関係を電気的等価回路で示し，音響変成器を構成する概念を示したことが最初です[6-8]．そして，この概念をベル電話研究所のE.C.ウエント（E. C. Wente）とサラス（A. L. Thuras）はスピーカー分野に導入して，ホーンドライバー555型，594-A型の開発[6-9]に利用し，音響変成器を持つ中音，高音用コンプレッションホーンスピーカーを開発しました．

わが国では，抜山平一，小林勝一郎が1924年8月と1927年10月に音響変成器の研究成果を報告しています[6-10,11]．また，1950年に刊行された小林勝一郎の著書[6-12]に，音響管の理論より導いた音響変成器の理論解析があります．

音響変成器の電気的等価回路を見ると，ローパスフィルターの回路構成となっており，スピーカー振動板とスロート入口の間の空気室のスティフネスを大きくする限度と，スピーカー振動板の軽量化の限度で，伝送する周波数帯域の高音限界が決まることになり，その構造的な設計に英知が絞られました．

また，音響変成器の変成比を高めていくと，スロート部の音圧が高くなりすぎ，空気の圧縮膨張の動作に非直線が生じて歪みが発生するので，変成比の比率を高めるには限度があります．特に高音用ホーンでは，限界周波数を高くするために空気室の厚みを非常に薄く小さく設計しますが，振動板の振動によって音圧が高くなり，空気の非直線のために多くの第2次高調波歪みが発生するので，高音域の変成比率を高くするには制限があります．

さらに，高音域は波長が短いため，空気室内に定在波や位相干渉による影響が発生し，空気室からホーンスロート部に音を導くためのフェージングプラグ（位相等化器）が考案されました．フェージングプラグは，1926年にウエントとサラスがWE 555型ホーンドライバーの開発時に採用したのが最初で，1933年にウエントが開発したリアドライブ方式の594-A型ドライバーには，新構造のフェージングプラグが採用されています（**図6-8**）．

低音用ホーンでは，ホーンドライバーとしてコーン型振動板が多く使われるため，スロートの間の空気室（音響変成器）を設ける構造は少なく，若干の絞り込み程度になっています．

6-3　黎明期の全帯域再生用ホーンの用途と形状

広い空間に音を再生するためのスピーカーとして最初に考案されたのが，電気音響変換効率の高いホーンスピーカーです．

真空管の発明で電気信号の増幅回路が完成しましたが，その出力は低く，アンプを通して多くの人びとに音を拡声して再生するために，少しでも音量が得られるよう，電気音響変換能率の高いホーンスピーカーが採用されました．

しかし，1つのホーンで広い帯域を再生するのは難しく，黎明期には妥協しながら，用途に応じてさまざまなホーンが登場しました．

(1) 拡声（PA）用ホーン型スピーカー

1918年に米国のプリッドハムとジェンセンが世界最初のPAを行ったときに使用したのは，エジソン式蓄音機のホーン（ラッパ）を利用したホーン型スピーカーでした．ムービングバー型ダイナミックスピーカー（図3-2参照）をホーンドライバーとしてホーンと組み合わせた装置で，エジソン式蓄音機の再生音をマイクで拾った信号（当時は電気蓄音機が発明されていないため）を電気拡声しました．

このホーンスピーカーの最初の用途は，多くの聴衆への講演や歌声の拡声でした．これにより音声帯域の再生を狙ったPA用ホーン型スピーカーが誕

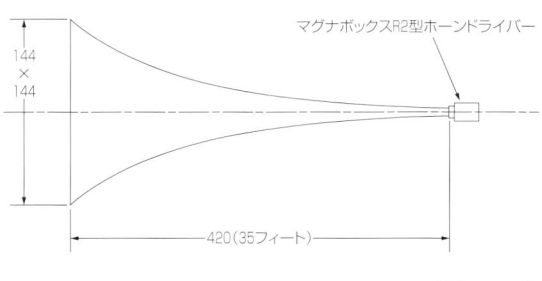

[写真6-1]　マグナボックスが1922年に製作したデモ用の超大型全帯域再生用ストレートホーン（*Radio World*, 1922年6月10日号）

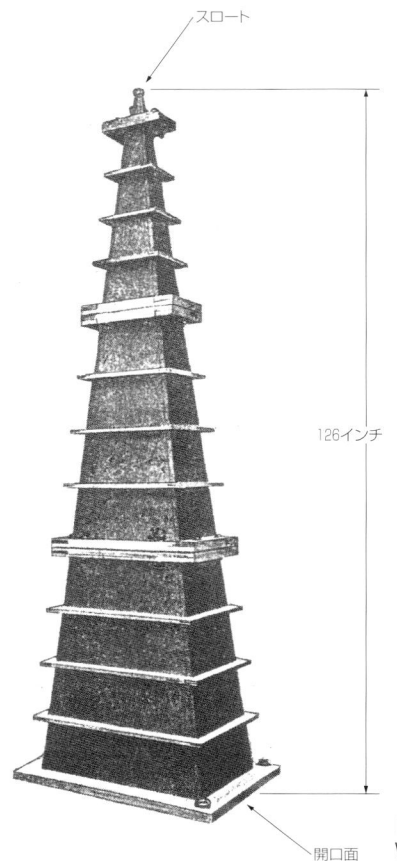

開口面寸法：30・1/2×17・1/2インチ

[写真6-2]
WEの5-A型ストレートホーン（1921年）

生しました.

さらに1922年にプリッドハムは,自身が開発したR-2型のダイナミック型ホーンドライバーを使って,ラジオ放送の音を拡大して遠くまで音を伝播させることを目的に,全帯域再生用の超大型のストレートホーン(**写真6-1**)を製作しました.この超大型ホーンを鳴らしたところ,遠く離れた29マイル(約46.7km)先まで音が伝播したといわれています.

実用的な再生用ホーンの例としては,1921年にWEが一般拡声(PA)用に開発した5-A型ホーン(**写真6-2**)が挙げられます.これは開口寸法30・1/2×17・1/2インチ(約77.5×約44.5cm),長さ126インチ(約320cm)のコニカル型ストレートホーンです.ホーンドライバーとして1918年に開発されたWE 518型電磁型バランスドアーマチュア型スピーカーが使用されました.

また,WE 555型ホーンドライバーを使用して広

帯域再生を狙って1930年に製作された大型ホーン(**写真6-3**)が現存しています.開口面は7フィート角(85×85インチ≒2.16×2.16m)で,カットオフ周波数は40Hzでした.ドライバーのスロート径が1・1/16インチのため,エクスポーネンシャル関数によるフレア曲線で広げると,ホーン長は27フィート(324インチ≒8.24m)と長いものとなっています.

英国では,フォクト(P. G. A. H. Voigt)が1926年に開発した「トラクトリックスホーン(tractrix horn)」(**写真6-4**)[6-13]と振動板有効径6インチのダブルコーンスピーカーを組み合わせたPA用ホーン型スピーカーが開発されています.このホーンの開口寸法は4フィート角(約122cm角)で,カットオフ周波数は75Hz,高音域は6000Hzまで再生する全帯域用ホーン型スピーカーでした.

(2) ラジオ受信機用ホーン型スピーカー

ラジオ放送が1920年に開始されて,これを受信するためのラジオ受信機用のスピーカーが開発されました.当時の真空管アンプの出力は小さかったため,全帯域再生用ホーン型スピーカーが最初に使用され,需要に応じて多くの製品が開発されました.

屋内の装飾との関係から,さまざまな形態(**図**

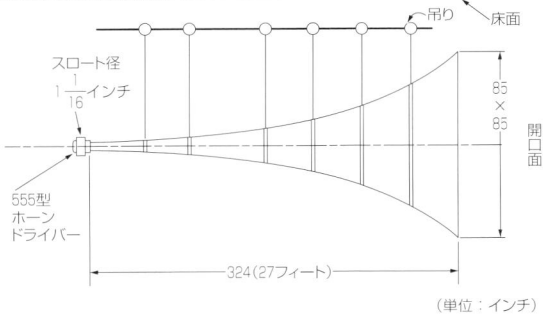

[写真6-3] 1930年に製作された全帯域再生用ストレートホーン(ロンドンのサイエンス・ミュージアムの特別展示品を2014年6月に筆者撮影)

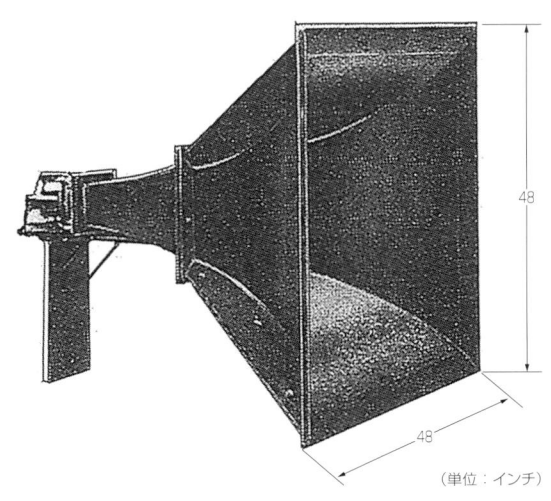

(単位:インチ)

[写真6-4] フォクトが開発した全帯域再生用トラクトリックスホーン

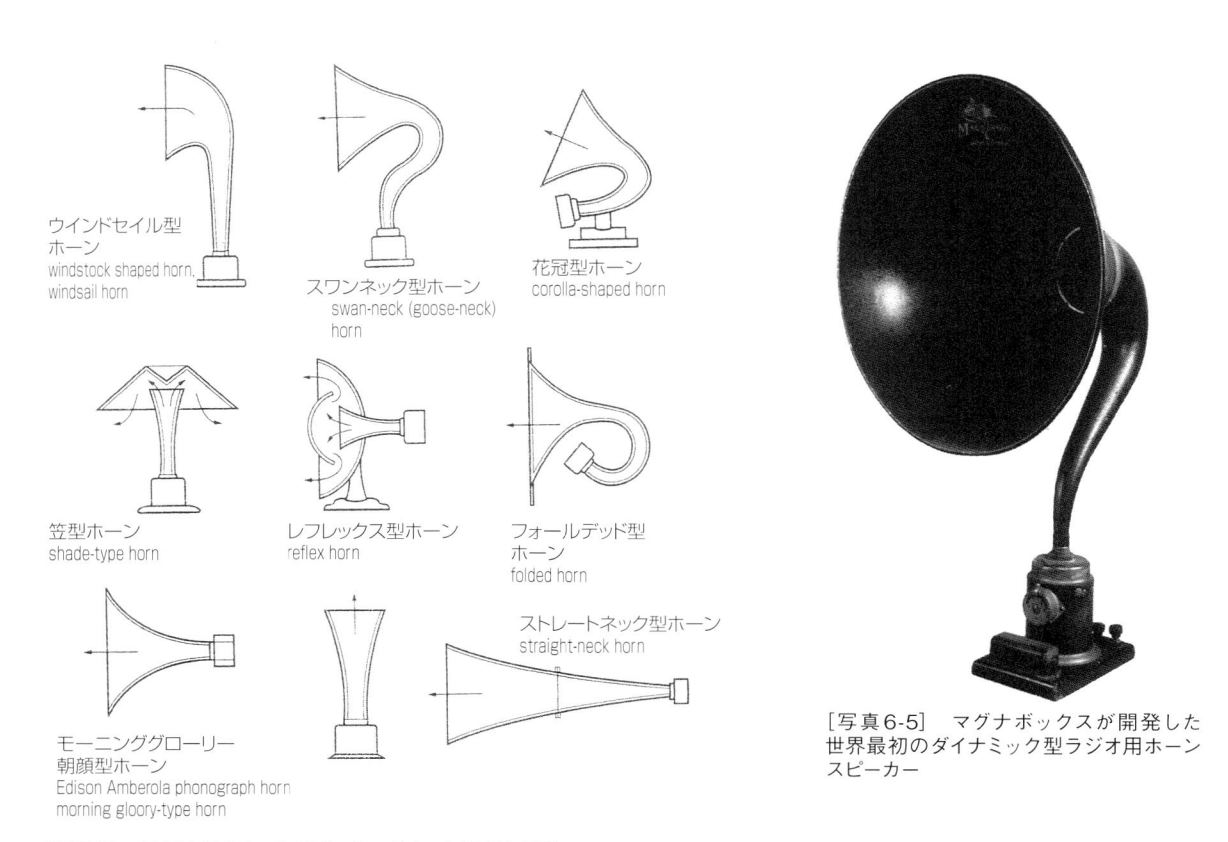

ウインドセイル型ホーン
windstock shaped horn,
windsail horn

スワンネック型ホーン
swan-neck (goose-neck)
horn

花冠型ホーン
corolla-shaped horn

笠型ホーン
shade-type horn

レフレックス型ホーン
reflex horn

フォールデッド型ホーン
folded horn

ストレートネック型ホーン
straight-neck horn

モーニンググローリー
朝顔型ホーン
Edison Amberola phonograph horn
morning gloory-type horn

[図6-9]　ラジオ用のホーンスピーカーのホーン形状と呼称

[写真6-5]　マグナボックスが開発した世界最初のダイナミック型ラジオ用ホーンスピーカー

6-6）のホーンが全帯域用として使用されました．これらにはそれぞれ名称があり，メーカーの特徴を打ち出しています（第4章1-5項参照）．多くの製品には電磁型ホーンドライバーが採用され，変換効率を重視していているため，再生帯域は600〜2000Hz程度の狭いものから，400〜3000Hz程度のものが一般的でした．

　マグナボックスのR2型ホーンスピーカー（**写真6-5**）[6-14] は，こうしたラジオ受信機用としては唯一，ダイナミック型のホーンドライバーが使われたものです．ただし，磁気回路はフィールド型で，励磁電圧としてDC7Vが必要でした．

（3）トーキー映画用ホーン型スピーカー

　最初トーキー映画が上映された1926年には，WEが開発した12A型カーブドホーン（第6章6-2項参照）とWE 555型ドライバーの組み合わせが使用されていました．12A型ホーンは，低音からの広い再生帯域を受け持つようにホーンの開口面が大きくなっており，そのためホーンの長さが非常に長くなるので，これを曲げて実用化しています．ホーンの曲がり具合によって高音域の減衰が早く，再生周波数帯域が犠牲になりました．

　その後，広帯域再生用ホーンとして16A型や17A型ホーンが開発され，555型ホーンドライバーと組み合わせて使用されました（WEのホーンスピーカーについては第6章6節参照）．

　このように，さまざまな条件が重なっていて，1つのホーンで全帯域を高品位再生することは困難で，主流は複合方式による高品位再生へと移り変わりました．

　図6-9のホーンの中で，今日でもPA用の音声帯域用のレフレックスホーン型がある程度活用されています．

6-4 低音再生用ホーンの各種方式とその実施例

　高品位再生を複合方式のホーンスピーカーに最初に求めたのは映画産業でした.

　1930年代中ころには,トーキー映画のサウンドトラックの音質が,家庭で聴取するラジオ放送や蓄音機の再生音よりも良かったので,観衆は入場料を払っても映画館の良い音を求めて殺到しました.聴衆が特に魅力を感じたのは,家庭では得られない低音でした.

　このため映画産業は,さらに興行成績を上げるため,映画館で使用するスピーカーシステムに,より低音の出る音質の良い高品位再生を求めました.

　観衆に大きい音量で再生するスピーカーシステムでは,特に低音域を受け持つホーンスピーカーをどのように設計するかが重要で,いかに低音再生帯域を豊かに再生するかがスピーカーシステム全体の価値を左右しました.

　トーキー映画用の低音用ホーンスピーカーを開発するには,

①カットオフ周波数を低く選ぶために,開口面積を大きくする必要がある.しかし,スクリーン裏にコンパクトに収容できるようにしなければならない

②複合方式の中音用,高音用ホーンとの音源位置を整える(タイムアラインメント揃える)ために,低音用ホーンの奥行き寸法を短くしなければならない

③設置や取り扱いが容易で,コンパクトな形態にまとめなければならない

などの課題を克服する必要がありました.

　こうして生まれた当時のトーキー映画用スピーカーシステムの実用例は,第6章4-3項で述べます.

6-4-1 低音用ホーンの再生方式の違い

　低音用ホーンスピーカーには3つの基本的な再生方式があり,それぞれ性能の違いがあります.

　3つの再生方式を図6-10に示します.

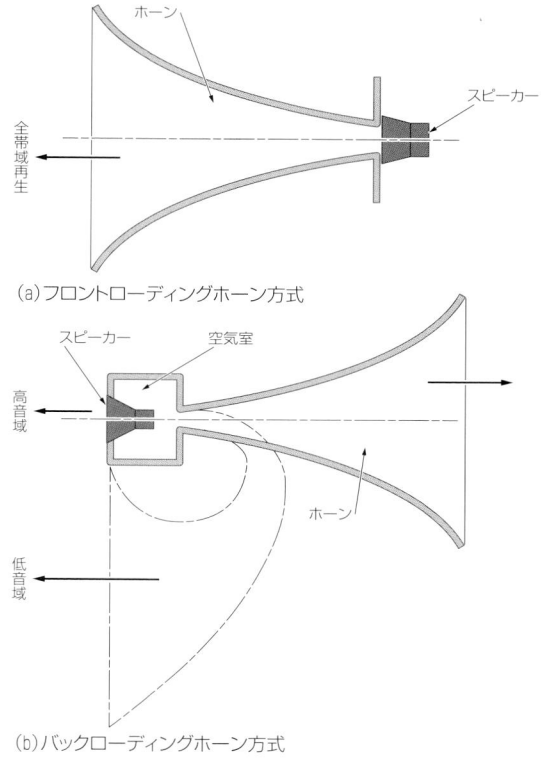

（a）フロントローディングホーン方式

（b）バックローディングホーン方式

（c）コンビネーションホーン方式

[図6-10] 基本的なホーンの再生方式

（a）低音用ホーンドライバーの前面にホーンを取り付けて音放射する「フロントローディングホーン」方式

（b）低音用ホーンをドライバーの後ろ側に取り付けて低音を再生し,前面は高い音を直接放射する「バックローディングホーン」方式

（c）ドライバー前面と後ろ側にそれぞれホーンを付

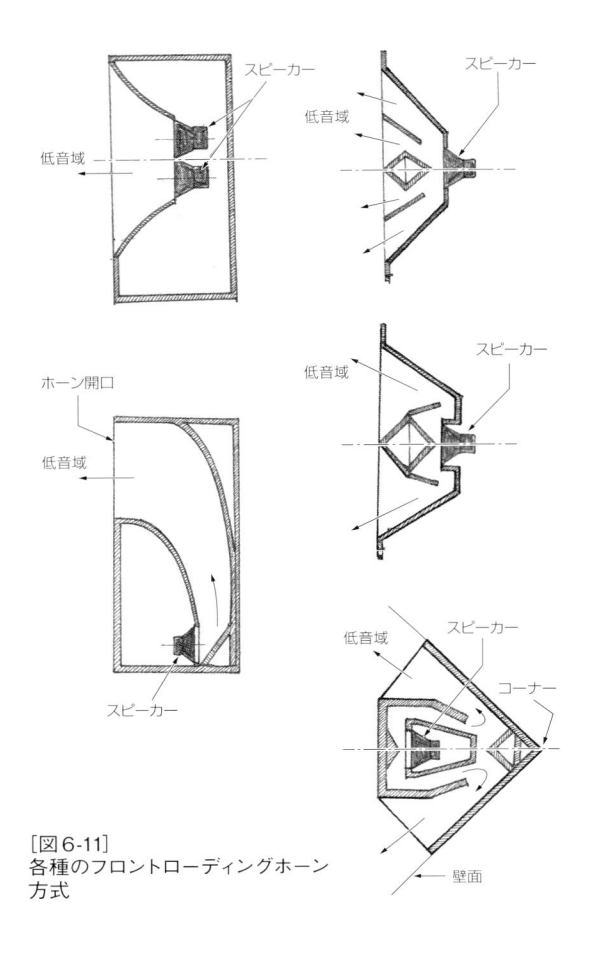

[図6-11]
各種のフロントローディングホーン
方式

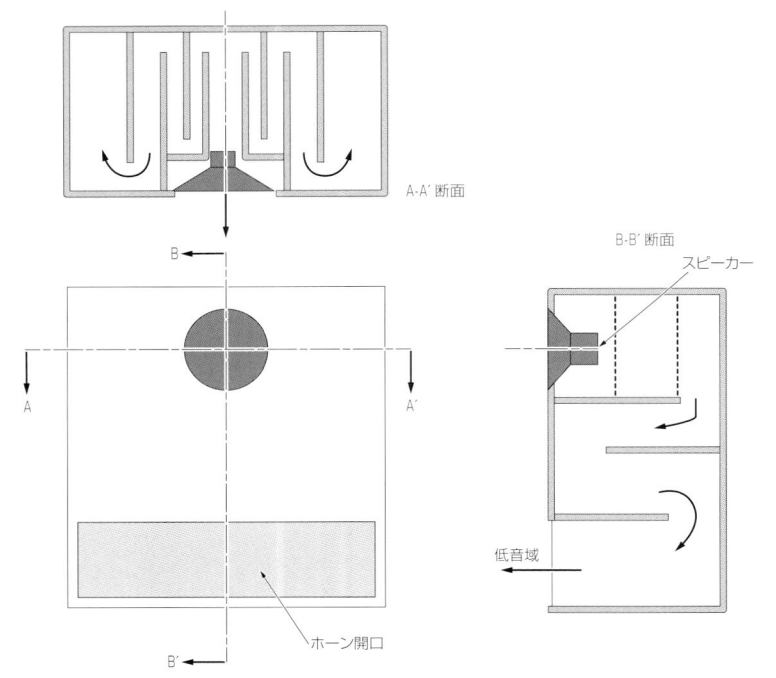

[図6-12]　オルソンとハックレイが考案したバックローディングホーン方式の構造

けて複合方式のように再生するか，または後ろ側を
エンクロージャーで包み，低音を位相反転で再生
する「コンビネーションホーン」方式

　以下に，それぞれの方式の特徴を述べます．

(1) フロントローディングホーン方式

　ここまでの本章で述べてきたホーンのほとんどは
フロントローディング方式です．同方式としては**図
6-11**の形状のホーンが開発されています．また，家
庭内での使用を考えてさらに小型化したものが，
1940年にクリプッシュ（P. W. Klipsch）が開発し
た「クリプッシュホーン」です．これは，部屋のコー
ナーを利用してホーンの音道を複雑に折り曲げ
た低音用ホーンです．

(2) バックローディングホーン方式

　バックローディングホーンは米国RCAのオルソ
ン（H. F. Olson）とハックレイ（R. A. Hackley）
によって1936年に考案され，実用化されたもので
す．中音，高音はスピーカー前面から直接放射し，
低音は裏面からホーンを介して音放射するもので
す（**図6-12**）．このため，ホーンは
エンクロージャーの内部で複雑に
折り曲げられてコンパクトになっ
ており，ホーン内面に吸音材を貼
り付けるなどしたものがあります．

　この方式の代表例として，JBL
のC55型エンクロージャーが挙げ
られ，ほかにも**図6-13**のような構
造を持つホーンなど，さまざまな
形状の製品があります．

(3) コンビネーションホーン方式

　同じくオルソンとハックレイによ
って1936年に考案されたもので，
広帯域化を狙って低音域はバック
ローディングホーン，高音域はフ
ロントローディングホーンの形態
を取った複合方式（**図6-14**）です．

コンビネーションホーンとして実用された代表例としては，英国タンノイの「オートグラフ」のほか，図6-15のような形状のものがあります.

また，スピーカーユニット裏側の空気室のヘルムホルツの共鳴を前側ホーンのカットオフ周波数より下に設定して低音域を拡大する位相反転型のコンビネーションホーンがあります. この方式には，ア

ルテックのA7型などをはじめ，多くの例が見られます（図6-16）. そして，スロートからホーンの開口面までの音道をどのように導くか，ここにもいろ

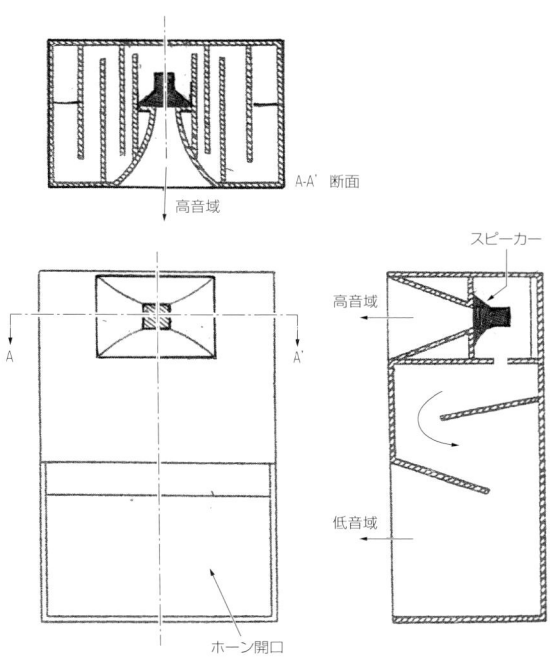

[図6-14]　オルソンとハックレイが考案したコンビネーションホーン方式の構造（1936年）

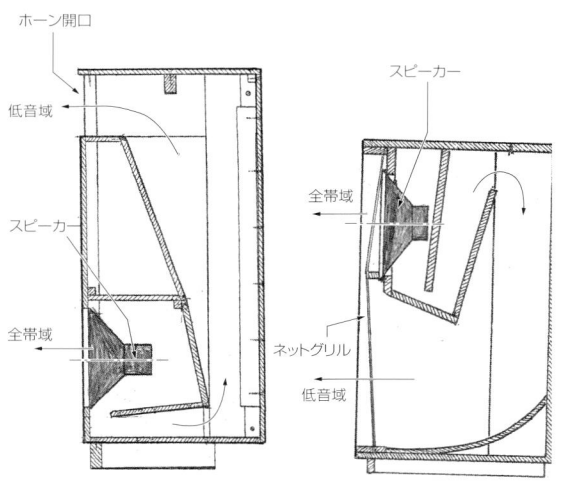

[図6-13]　バックローディングホーン方式のエンクロージャーの例

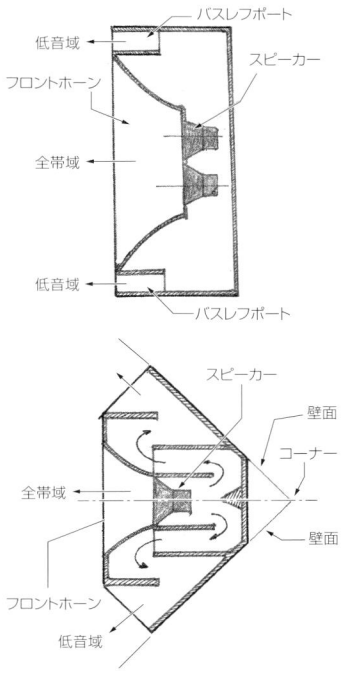

[図6-15]　コンビネーションホーン方式の例

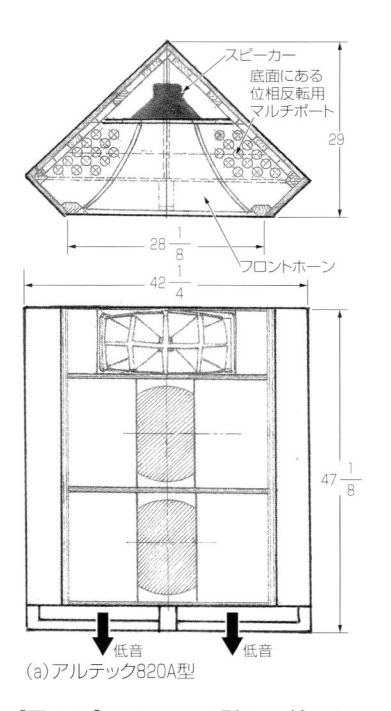

(a)アルテック820A型

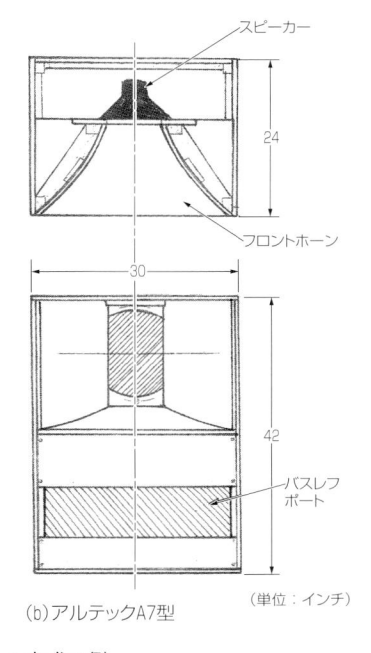

(b)アルテックA7型

（単位：インチ）

[図6-16]　アルテック型コンビネーションホーン方式の例

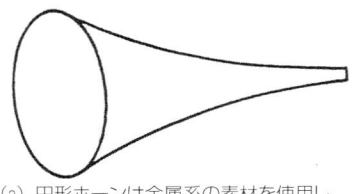

(a) 円形ホーンは金属系の素材を使用し，
へら押しや金型などで成形，部分的に
継ぎ足しして構成する

(b) 鋳物成形などで作られる
楕円型ホーンは量的には少ない

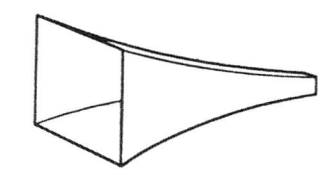

(c) 角型ホーンは主として木製で作られる

[図6-17]　ストレートホーンの開口の形状

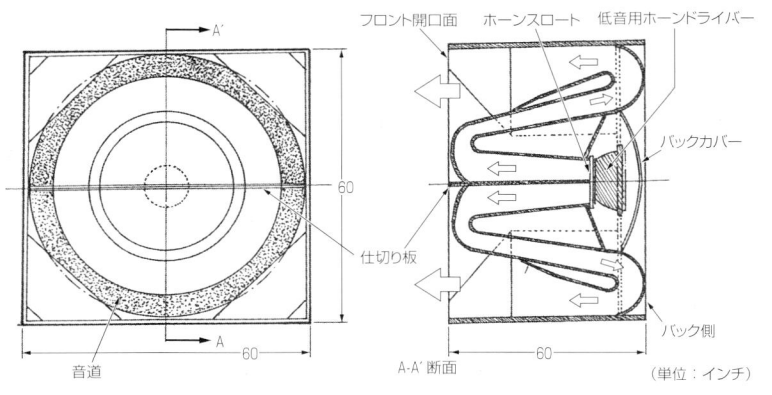

[図6-18]　ベル電話研究所が開発した「フレッチャーシステム」の低音用フォールデッドホーンの概略構造寸法

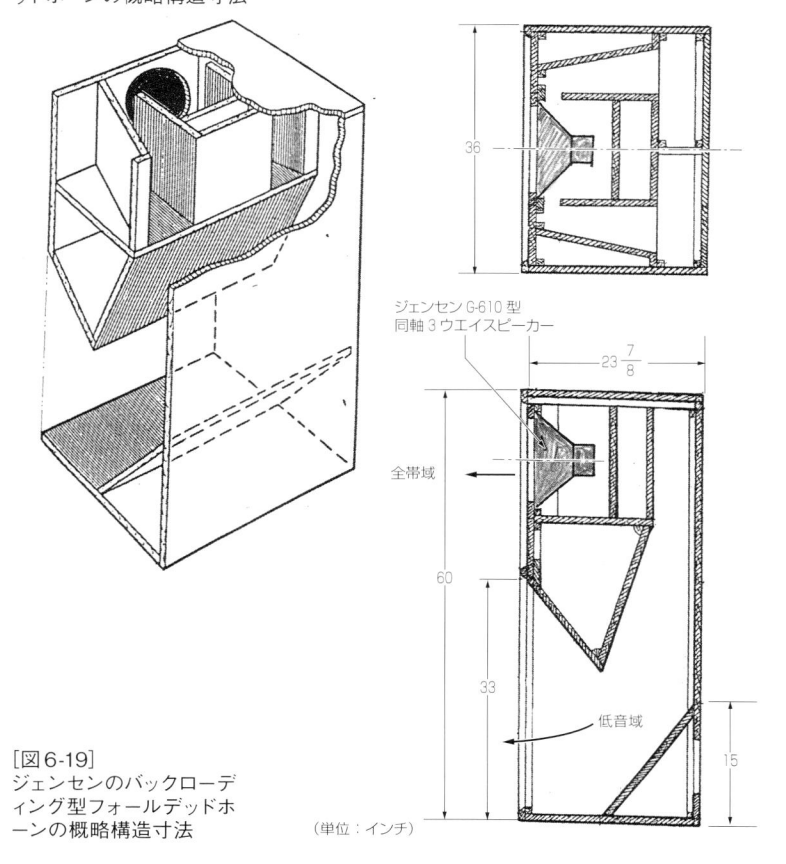

[図6-19]
ジェンセンのバックローディ
ング型フォールデッドホ
ーンの概略構造寸法

（単位：インチ）

いろな形態があります．

6-4-2　低音用ホーンの種類
(1) ストレートホーン

　ストレートホーン（straight horn）は，原理図（図6-17）のように基本に忠実な形状で，スロート部から開口面まで直線的に音が伝播します．断面形状には，円形，楕円形，角形があります．

(2) フォールデッドホーン

　フォールデッドホーン（folded horn）は，長いフレア部を数回折り曲げて，関数曲線に従って断面積が順次広がる形状のホーンで，基本的構造は，次の項のレフレックスホーンと区別しにくい面があります．フロントローディング型のフォールデッドホーンの例として，図6-18の3回屈折ホーン（フレッチャーシステム）を挙げます（第5章5-6項参照）．

　一方，バックロードホーンでのフォールデッドホーンは，1936年，オルソンとハックレイによる考案があります[6-15]．この実用例として，米国ジェンセンのバックロード型フォールデッドホーン（図6-19）を挙げます．このホーンは複雑に折り返されていますが，ホ

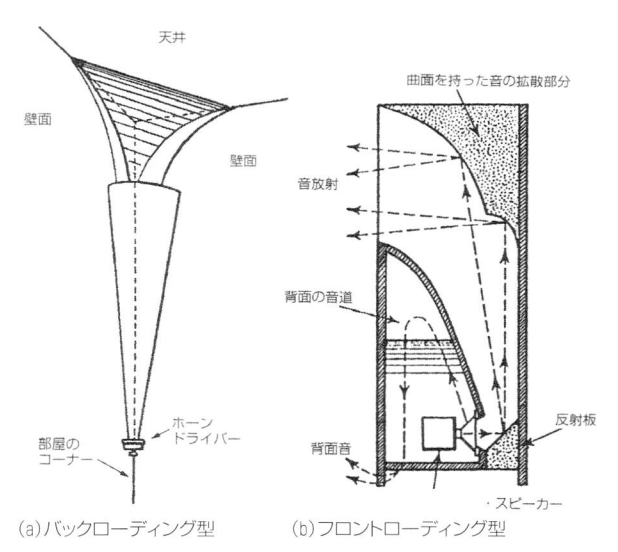

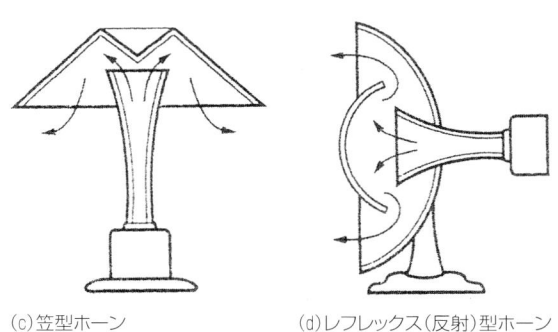

(a)バックローディング型　(b)フロントローディング型　(c)笠型ホーン　(d)レフレックス(反射)型ホーン

[図6-20]　レフレックスホーンの基本的構造

ーンの奥行きを見かけ上短くした箱型にできるので取り扱いやすいという特徴があります.

(3) レフレックスホーン

レフレックスホーン（reflex horn）の名称の定義ははっきりしませんが，1930年ころにホーンの基本的な動作が不明確時期に，音道を使って開口部周辺に音を反射させたり拡散させたりするホーン型スピーカーとして登場しました.

図6-20（a）は，1929年にフランスのイフライム（A. F. Ephraim）が発明したコーナー型のレフレックスホーンです．同図（b）は，フォクトが開発したもので，ホーン開口に反射板を設けて音を拡散しています．同図（c）と（d）は，ラジオ受信機用スピーカーの初期の時代に欧州で開発されたレフレックス（反射）型ホーンです．意匠的な形態と，音を拡散させる音創りから生まれたものです.

(4) カールドホーン

カールドホーン（curled horn）は渦巻き型ホーンとも呼ばれるもので，音道を折り曲げるのではなく，曲線にして巻き込んだものです（図6-21）．音道が折り曲げられることによって起こる，ホーン内部に伝播する音の波面の乱れを改善する目的で考

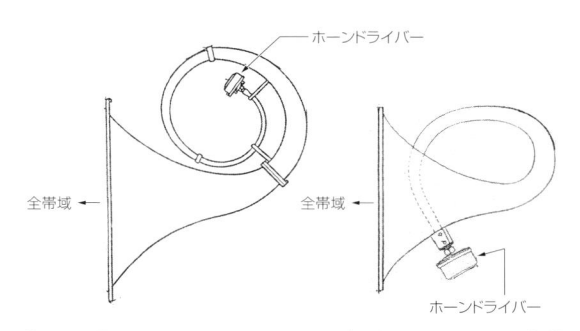

[図6-21]　ホーンを渦巻き形に曲げて奥行きを短くした全帯域再生用カールドホーン

案されたものですが，製造が非常に難しかったため，製品の数は少ないようです.

代表的なものとしては，1926年にWEがフルレンジ再生用として低音まで再生することを狙って開発した12A型，17A型ホーンなどが挙げられます（第5章5-4節参照）.

(5) コンパウンドホーン

低音用コンパウンドホーン（compound horn）は，高音用フロントロードホーンと低音用バックロードホーンを組み合わせた複合ホーンで，コンビネーションホーンの1つの方式です.

RCAのマッサ（F. Massa）とオルソンによる1936年の考案（**図6-22**）[6-16] では，前側はストレートホーンで，裏側はフォールデッドホーンになっ

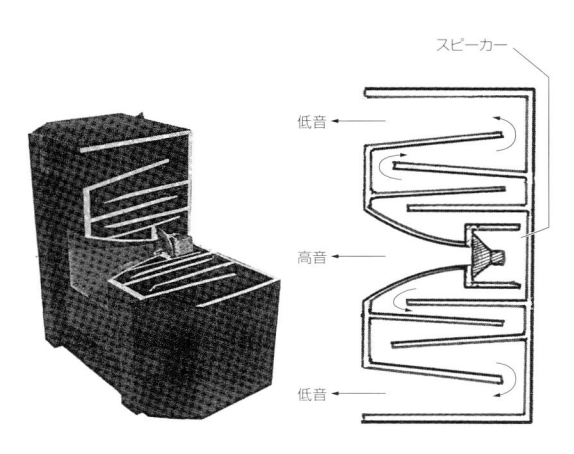

[図6-22]　マッサとオルソンが開発したコンパウンドホーン（コンビネーションホーン）の概略構造

フレアガイド板
音道
壁面
ホーン開口
支持板
反射板
音道
スピーカー
収容の密閉箱
壁面
音道
前面板
イメージ図
A-A' 断面

部屋のコーナー
支持板
音道
音道
音道
フレアガイド板
スロート
前面板
床面
反射板
フレアガイド板
スピーカー
音道
スロート
B-B' 断面
C-C' 断面

[図6-23]　フロントローディング型のクリプッシュホーン（1940年）

た複雑な構造を採っています.

　製品としては，1939年に発表されたRCAの64-AX型や1940年に改良された64-B型に採用されています．また，1953年に開発された英国タンノイのオートグラフのエンクロージャーもこの構成です.

(6) クリプッシュホーン

　クリプッシュ（P. W. Klipsch）は，1940年に発明したフォールデッドホーン（図6-23）に自分の名前を冠して「クリプッシュホーン（Klipsch horn）」と命名しました.

　家庭の部屋のコーナーに設置することで，部屋の両側壁と床面を利用したミラー効果により，開口面を見かけ上拡大して低音限界を下げ，低音域を豊かに再生する効果を狙ったものです．この方式では，フロンドロードホーンが多く採用されています.

　この方式は，1950年初頭のLPレコードのモノーラル時代に「Hi-Fiブーム」に乗って登場したヴァイタボックスのCN-121型，EV（エレクトロボイス）のザ・パトリシアンなど，著名な家庭用大型スピーカーシステムの低音用ホーンに採用されています.

　その後，クリプッシュはホーンを折り曲げて，開口部を部屋の隅に設置すると，広い空間（4π空間）が両壁と床で囲まれた空間（π空間）と狭くなることで再生音圧が高まること，そしてミラー効果で開口面が広くなるイメージを利用することで，低音用ホーンを小型化して実現しました.

(7) 定幅ホーン

　定幅ホーン（constant width horn；CWホーン）は，スロート部から開口部までホーンの幅を一定にしてフレア

を高さの変化で面積変化させて曲線を付けたホーンです．フォールデッドホーンにするとき，一定幅で折り曲げることができるので，構造が単純化できます（**図6-24**）．

この方式はバックロードホーンに多く使用され，家庭でホーンを製作するときなどには便利です．ただ，スロート部とスピーカーのマッチング構造に工夫が必要なようです．

製品としては，1956年ころに開発されたJBLのC550型やC435型などのバックロードホーンがあります（**図6-25**）．

6-4-3　記録に残る代表的な低音用ホーン

低音を再生するために，これまで多くの技術者がホーン型スピーカーに挑戦してきましたが，ここでは，これまで実用化されて記録に残るいくつかの驚くべき低音用ホーンの例を紹介します．

(1) フレッチャーホーンシステム

1933年にベル電話研究所のウエントが開発した「フレッチャーホーンシステム」用の低音用ホーン（**写真6-6**）です．このホーンは，カットオフ周波数60Hzを狙ったフロントローディング型です．開口寸法5×5フィート（約153cm角）のフォールデッドホーンで，音道の長さは11フィート（132インチ≒約

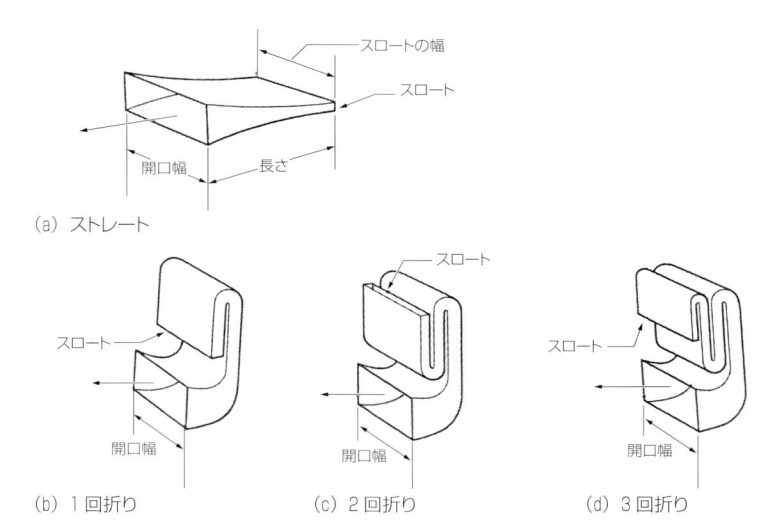

（a）ストレート

（b）1回折り　　　（c）2回折り　　　（d）3回折り

[図6-24]　横幅を一定値にして折り曲げた構造の定幅（CW）ホーンの種類

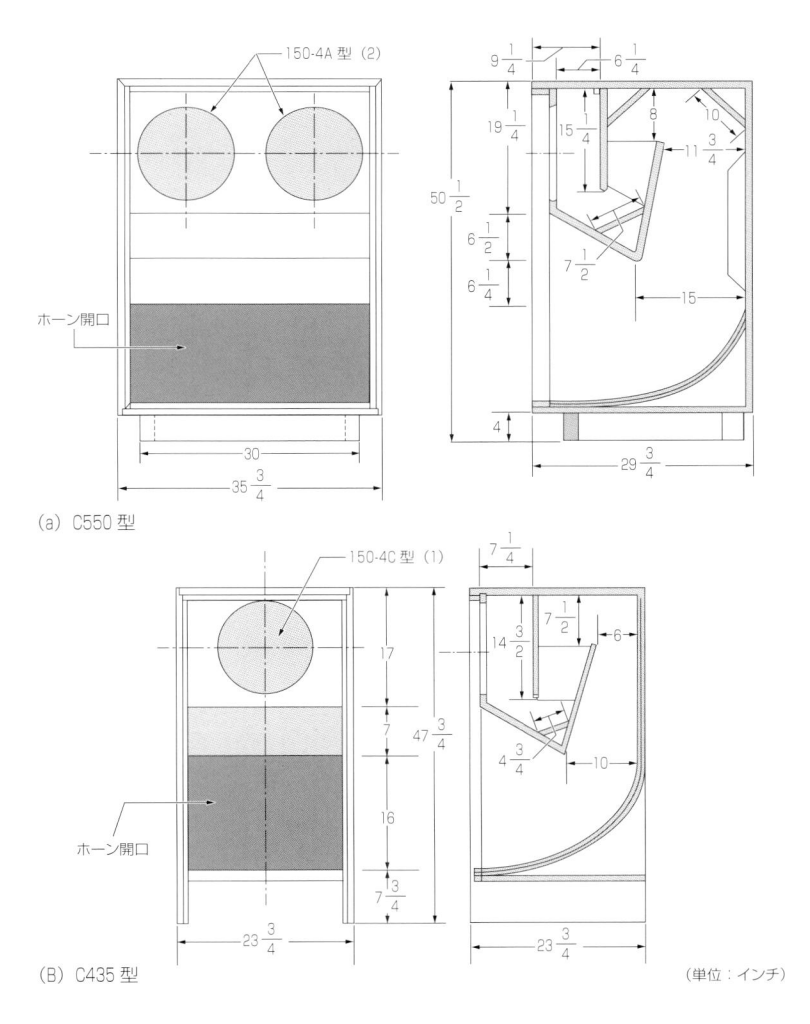

（a）C550型

（B）C435型

（単位：インチ）

[図6-25]　JBLの開発した定幅バックローディングホーンの概略構造寸法

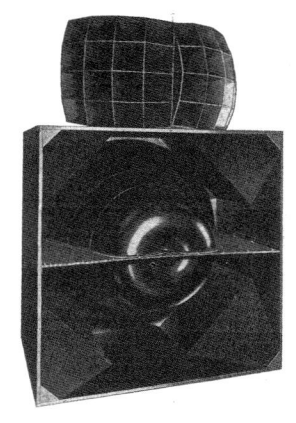

[写真6-6]　ベル電話研究所の「フレッチャーシステム」低音用フォールデッドホーン

[写真6-7]　WEとジェンセンが共同開発した同軸複合スピーカーシステム「ザ・タブ」（右のエンクロージャーは模造品）

18インチ低音用コーンスピーカー
（ジェンセン製）

高音用ホーンドライバー
（WE 555型）

高音用マルチ
セルラーホーン
（9セル）

60インチ

低音用フォールデッドホーン

[図6-26]　「ザ・タブ」の概略構造寸法（低音はフォールデッドホーン）

3.4m）と長く，3回折り返されています（**図6-18**参照）．ホーンドライバーは専用に開発した口径20インチ（約50.8cm）の大型メタルコーンスピーカー（第5章5-6項参照）です．しかし，このスピーカーシステムでは低音部と高音部の音源位置に約6フィート（約183cm）の違いがあって，タイムアライメントが整わないため低音が遅れるという批判がありました．

　また，WEとジェンセンが共同開発した，同軸複合2ウエイスピーカー搭載のフォールデッドホーン

「ザ・タブ」（**写真6-7**）があります．これは高音用ホーンが低音用スピーカーの磁気回路を貫通した設計（**図6-26**）で，複合型同軸スピーカー発展の最初となりました．

（2）シャラーホーンシステム

　タイムアライメントの違いによる音質への影響を発見したのが米国のヒリアード（J. K. Hilliard）で，映画会社MGM（Metro-Goldwyn-Mayer Studio）が独自にトーキー映画用スピーカーシステム「シャラーホーンシステム」を開発するとき，この問題を検討しました．ホーンのフレアを途中で切断して，スロート部の面積を大きく（振動板面積を大きくする）した場合の低音効果を検討することで，カットオフ周波数を変えないでホーン長を短くすることに成功しました（**図6-27**）．この結果，低音用ホーンと高音用スピーカーの音源位置を合わせることができ，タイムアライメントが整合できたので，音質改善に大きな成果をあげました．

　シャラーホーンシステムの低音用ホーンはカットオフ周波数50Hz以下を狙っていました．シャラーホーンシステムは，低音改善のため補助バッフル（ウイング）が付いており，高さ120インチ（約305cm），幅144インチ（約366cm）の大型のトーキー映画用スピーカーシステムとして，完成とともにその後のトーキー映画用スピーカーシステムの標準的形態となりました（第5章5-7項参照）．

　1957年，オルソンは，この形式のホーンを短く

するための基本的な実験を行い
ました．開口径20インチのホー
ンのスロート径を1，2，4，8イ
ンチと変えた場合のホーン長さ
の変化で生じる音響インピーダ
ンスを測定し，その結果，カッ
トオフ周波数付近には影響が少
ないことを実証しました[6-17]．

(3) 欧州製の低音用大型ホーン

欧州のトーキー映画用スピー
カーシステムの例として，1937
年に大型の低音用ホーンスピー
カーとして登場したオイロノア
KL-49600型（**写真5-158**参照）
を挙げます．低音用ホーンの開
口は2×2mで，カットオフ周波
数は30Hzです．口径48cmの
低音用スピーカーが使われまし
た．

また，1950年の写真で見るオ
イロノアⅡ型（**写真5-166**参照）
は，さらに大きいホーンシステ
ムで，高さ3.5m，幅2.9mの開
口を持つホーンのカットオフ周
波数は29Hzで，低音用スピー
カーは口径40cmのL402型を4
台使用しています．

一方，フィリップスの1500型複合2ウエイシス
テムの2277型低音用ホーン（**写真5-177**参照）は，
開口寸法2.2m角で，カットオフ周波数は42Hzで
した．

(4) 日本製の低音用大型ホーン

わが国での低音用大型ホーンとして，まず記録
的なものに，1959年に日本オーディオ協会が全日
本オーディオフェア会場の国立競技場横に設置し
たデモンストレーション用ホーン（**写真6-8**）があ
ります．開口4m角のストレートホーンで，カット

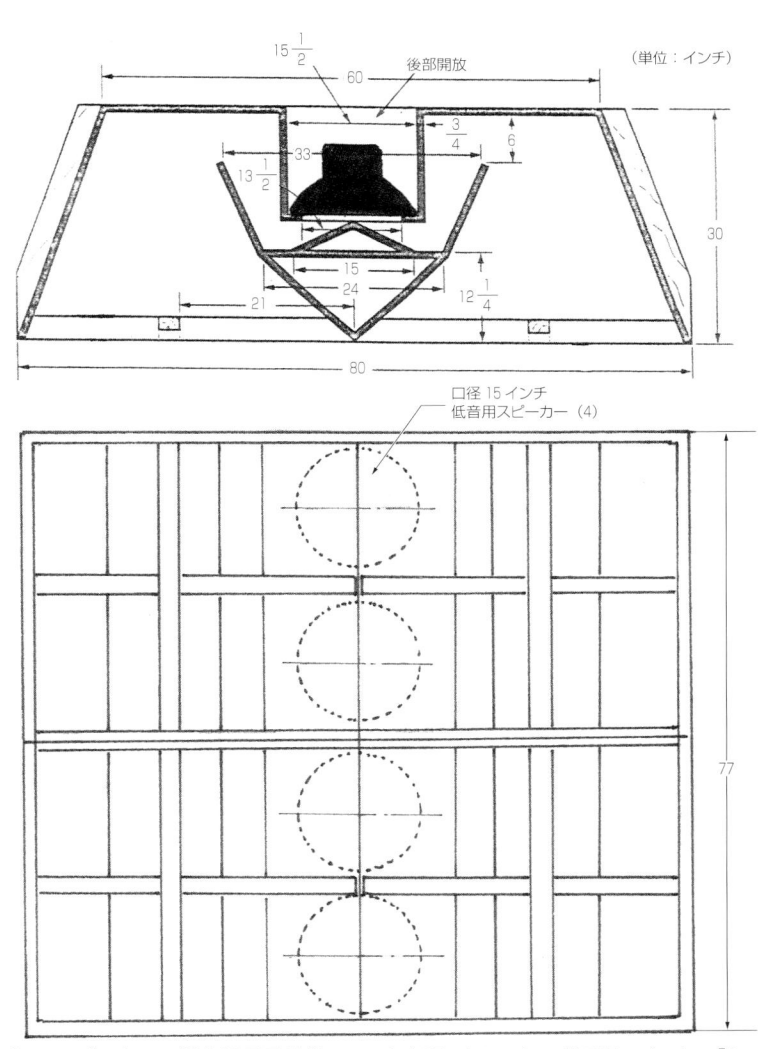

[図6-27]　初めて低音限界周波数50Hzを実現したトーキー映画用スピーカー「シャ
ラーホーンシステム」の低音用ホーンの概略構造寸法

オフ周波数は24Hzと低く，低音用スピーカーとし
てパイオニア（当時は福音電機）製口径32インチ
（約81.2cm）が1台搭載されていました（**図6-28**）．

また，1959年に東京国立競技場で使用された東
芝（当時は東京芝浦電気）製の野外用高品位再生
用スピーカーシステムの低音用ホーン（**写真6-9**）
は，ホーン開口の幅が2m，高さが4mで，カット
オフ周波数32.5Hzでした．ドライバーは口径30イ
ンチの低音用スピーカーが4台使用されました．

(5) 日本製オーディトリアム用ホーン

1973年にオーディトリアム用として三菱電機が

開発した図6-29のコンビネーションホーンをプロセニアム用のスピーカーシステムの低音用として，NHKホールの舞台プロセニアムの上手，中央，下手用に3基設置しました．カットオフ周波数は47Hzで，口径40cmのPW-4011型スピーカー4台

を低音用として使用し，位相反転型のポートからの低音効果も加えて，40Hzから均一な低音特性を得ています．

（6）金属ドーム振動板ドライバー使用の大型ホーン

　異彩を放つ製品として，屋内用としてYL音響の吉村貞男が開発した，口径12cmの金属ドーム振動板のホーンドライバー（図6-30）があります．低音用ホーンドライバーはコーン紙を使用した口径の大きいドライバーではなく，高剛性の金属ドーム型振動板を使用すべきとの吉村の設計思想に基づいて開発されたもので，発表時には世界で唯一の製品でした．1966年，このドライバーを使用した約6mの長いホーン（図6-31）を地面に埋め，1.3×0.9mのホーン開口を室内に向けて音放射するように設計した低音用ホーンが作られました．カットオフ周波数は85Hzで，スロート径が小さいためホーンは長く，吉村はホーンの音道を何か所か曲げています．

[写真6-8]　日本オーディオ協会が1959年の全日本オーディオフェアでデモ用に製作した，カットオフ24Hzの低音用ストレートホーン（日本オーディオ協会誌，第1巻，第4号，1959年）

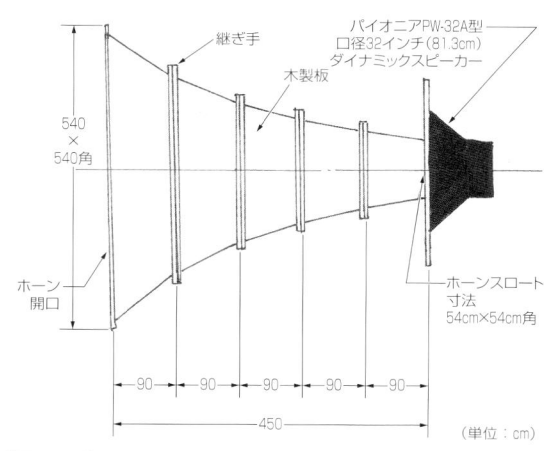

[図6-28]　日本オーディオ協会のデモ用低音用ストレートホーンの概略構造

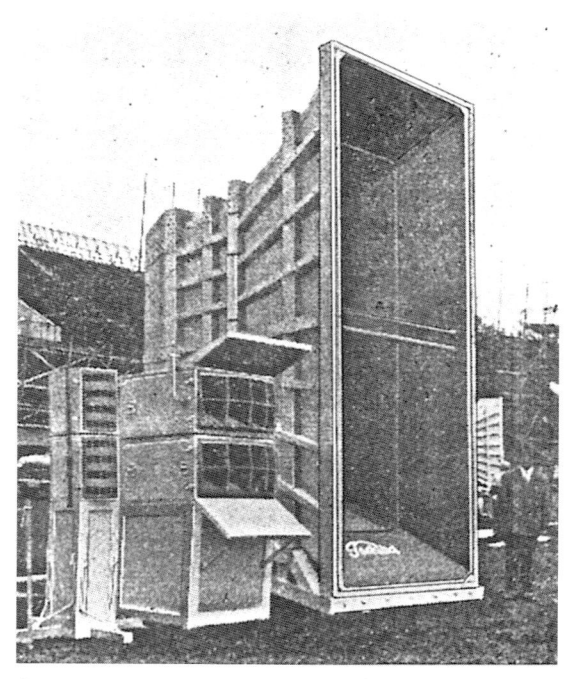

ホーン開口：4.0×2.0m
ホーンドライバー：口径30インチコーン型×4

[写真6-9]　東芝が1959年に開発した野外用低音スピーカー（『無線と実験』1959年6月号，『東芝レビュー』1961年）

その後，YL音響の系統として吉村貞男の設計思想を引き継いだゴトウユニット，エール音響，オーディオノートによって，各種の低音用ホーンドライバー（**写真6-10**）が開発されました．例としてオーディオノートの2機種の概略構造を**図6-32**に示します．

エール音響の口径12cmの金属ドーム振動板ホーンドライバーを使った，室内据え置き型低音用ホーンも製作されています．その一例が**図6-33**の低音用ホーンです．開口2×1.2mのホーンの長い音道は金属板でできていて，外側をデッドニングされ，何か所か曲げられています．カットオフ周波数は59Hzです．これに使用したホーンドライバーは，超強力な磁気回路を持った160super型です．

このシステムの全体の構成は，**写真6-11**に示す非同軸複合5ウエイのオールホーンスピーカーシステムで，家庭用としてはほかに類を見ない超大型スピーカーシステムです．

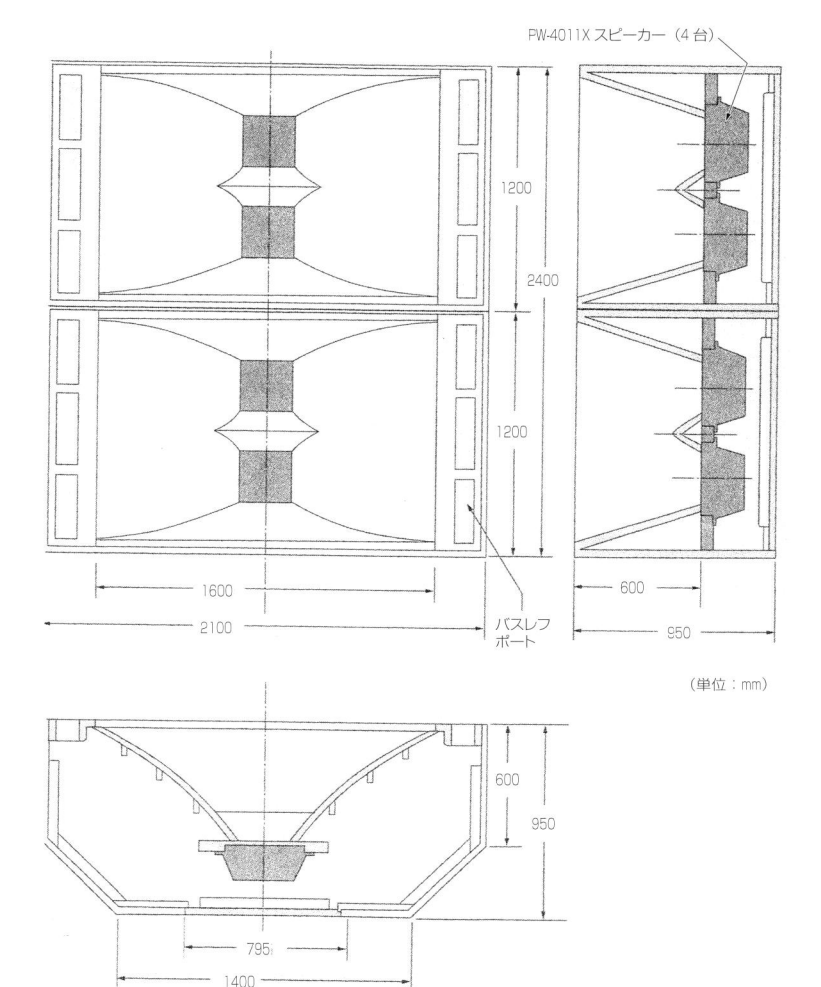

PW-4011X スピーカー（4台）

（単位：mm）

[図6-29] 三菱電機が製作したオーディトリアム用非同軸複合3ウエイスピーカーの低音用コンビネーションホーンの概略構造

（7）家庭のリスニングルームに設置された大型ホーン

レコード演奏家として著名な高城重躬は，自宅の新築時，1階オーディオルームの天井に低音用コンクリートホーンを設置しました（**写真6-12**）．ホーンはステレオ再生用（2基）で，**図6-34**，**写真6-13**のように天井から下に向けて開口していました．ホーン開口は1.8×1.2mで，カットオフ周波数は約62Hzでした[6-14]．特別製の口径38cmホーンドライバーが2台1組，左右のホーンに搭載されていま

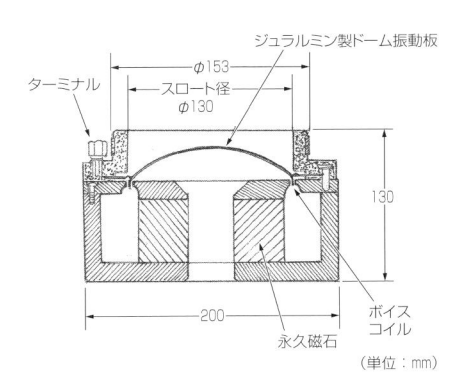

（単位：mm）

[図6-30] YL音響の吉村貞男が開発した低音用ホーンドライバーの概略構造寸法

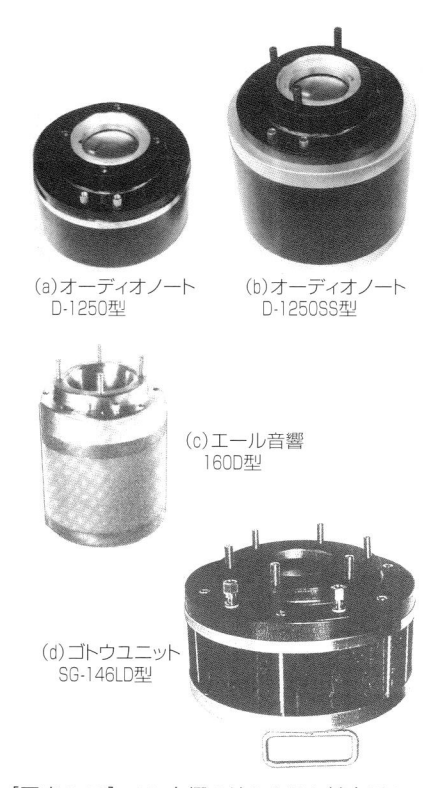

(a)オーディオノート
D-1250型

(b)オーディオノート
D-1250SS型

(c)エール音響
160D型

(d)ゴトウユニット
SG-146LD型

[写真6-10]　YL音響の流れを汲む低音用ホーンドライバーの例

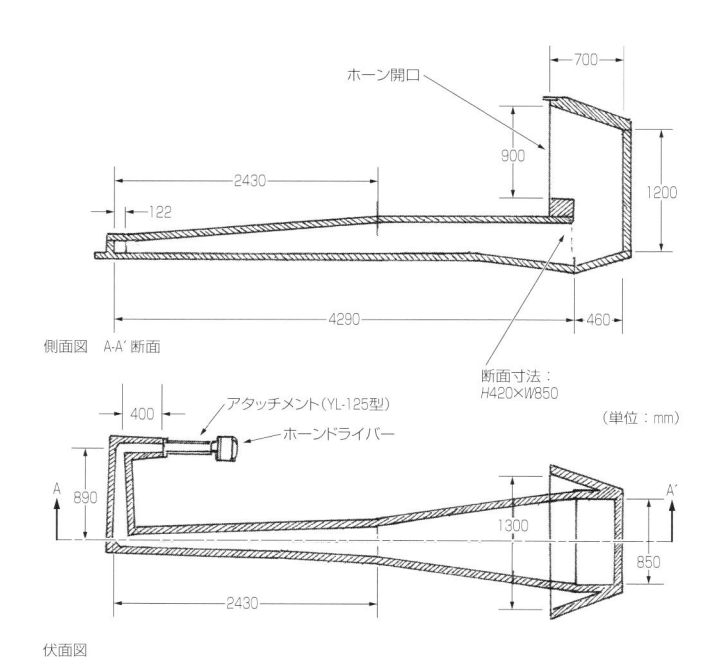

側面図　A-A′断面

断面寸法：
H420×W850

（単位：mm）

アタッチメント（YL-125型）

ホーンドライバー

伏面図

[図6-31]　YL音響が1966年に発表した地下埋め込み型低音用ホーンの概略構造寸法（『無線と実験』1967年12月臨時増刊号）

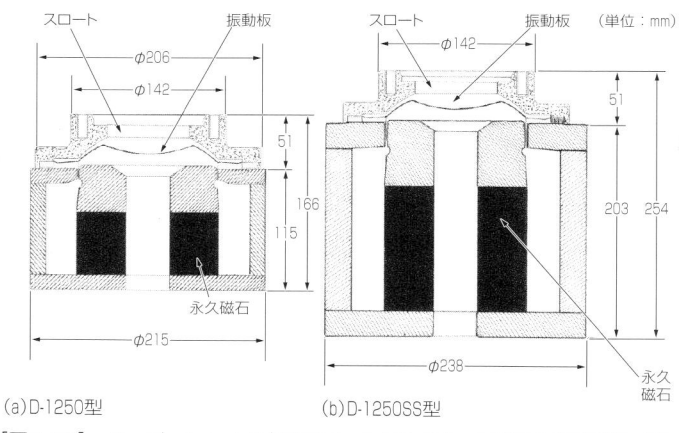

スロート　　　振動板　　　　スロート　　　振動板　　（単位：mm）

永久磁石

永久磁石

(a)D-1250型　　　　　　　　(b)D-1250SS型

[図6-32]　オーディオノートの低音用ホーンドライバー2機種の概略構造寸法

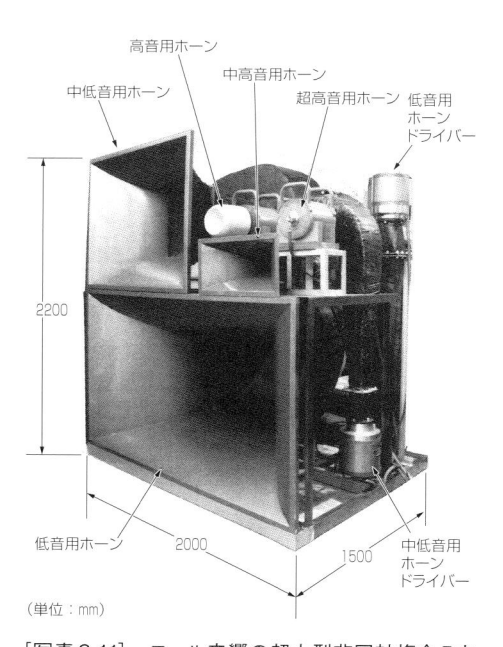

高音用ホーン

中高音用ホーン

中低音用ホーン

超高音用ホーン　低音用
ホーン
ドライバー

2200

低音用ホーン　　2000

1500

中低音用
ホーン
ドライバー

（単位：mm）

[写真6-11]　エール音響の超大型非同軸複合5ウエイオールホーンスピーカーシステム

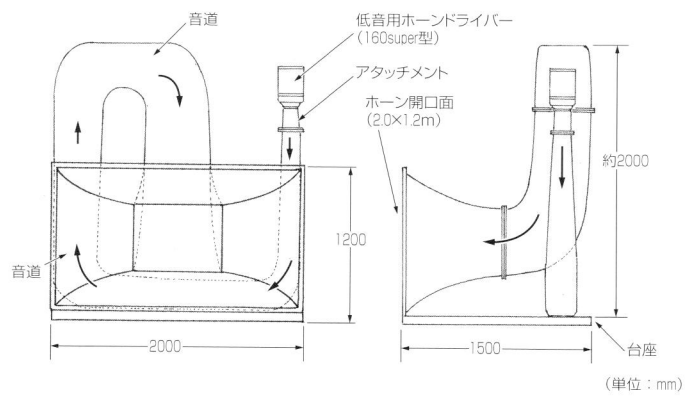

音道

低音用ホーンドライバー
（160super型）

アタッチメント

ホーン開口面
（2.0×1.2m）

音道

約2000

台座

（単位：mm）

[図6-33]　エール音響が開発した超大型非同軸複合5ウエイオールホーンスピーカーシステムの低音用ホーンの概略構造寸法

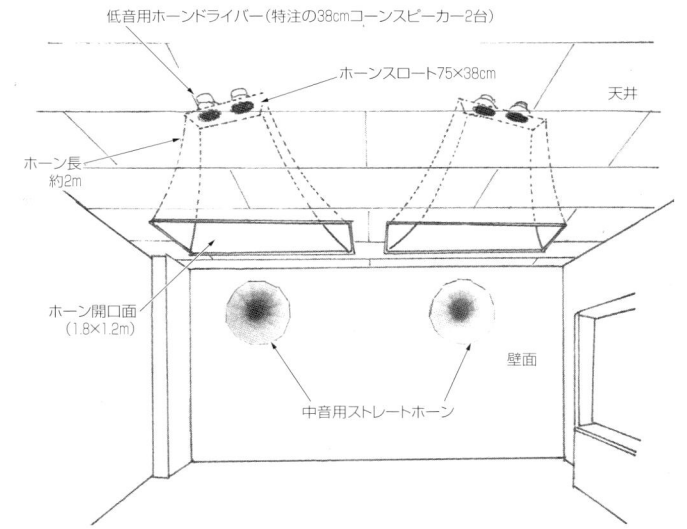

[図6-34]　高城重躬が自宅の天井に設置した低音用ホーンスピーカーの概要

（a）コンクリート注入のための型枠 [6-18]

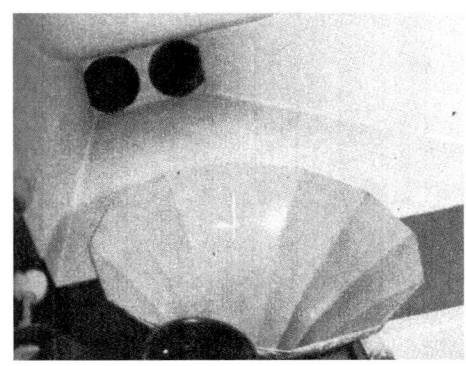

（b）完成したホーンの開口を下から覗く [6-19]

[写真6-12]　高城重躬のリスニングルームに設置された低音用ホーン

[写真6-13]　高城重躬のリスニングルーム（1971年完成）[6-19]．天井に2基の低音用ホーン開口部が見える

した．

　オーディオ研究家の加藤秀夫は，部屋のコーナーを利用したフロントローディングの低音用ホーン（図6-35）を1953年に発表しました．ホーン開口は約2.0×0.532mで，カットオフ周波数は92Hzでした [6-15]．

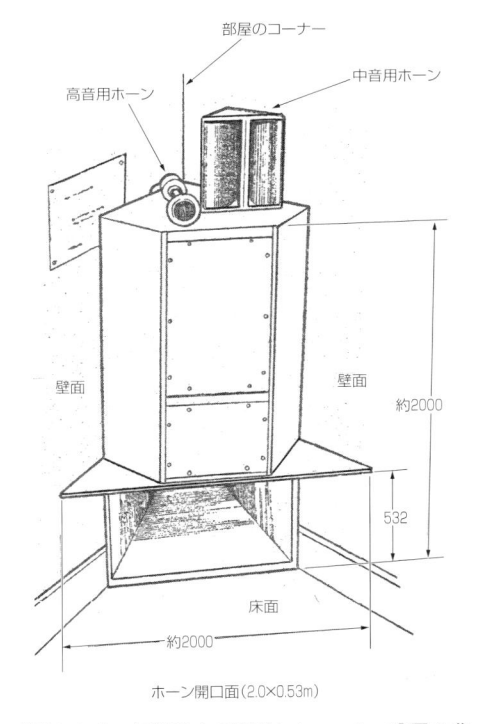

[図6-35]　加藤秀夫が製作したコーナー設置の非同軸複合3ウエイシステムの低音用フロントローディングホーンの概要

6-5　中音・高音用ホーンの種類と構造

　中音域から高音域の帯域を受け持つホーンは,低音用ホーンと違い, 次のような特徴を持っています.

①ホーンのスロート部は各種ドライバー（ホーン専用の中・高音用スピーカー）が共通して取り付けられるよう, 取り付け寸法や構造に一定の規準がある. また, ホーンとドライバーの接続にはアタッチメントを使用して, 1つのホーンにドライバーが2個または複数個使用できるようになっている

②ホーンの持つ指向周波数特性や指向パターンが重視され, 性能改善のための特徴ある構造を持ったホーンが多い. また, 水平面または垂直面のどちらかの指向特性を重視した性能を持たせたホーンの構造が多い

③一般には水平面の指向性を重要視するため, 横長の矩形の開口面を持った形状が多い. また, 低音用ホーンと違って, 屋外用と室内用など用途に応じて木材や鋳鉄, 鉄板, 鋳造アルミニウムなどの素材が選択されている. このため音響再生時にホーン側壁や構造材が振動して共振などの雑音が発生しやすいので, この振動を抑えるデッドニングを施しているものが多い

　中・高音帯域の再生用としては, 時代とともに指向特性を改善した「定指向性ホーン」が多数開発され, ホーンのフレア曲線が複雑で特徴ある形態のものが生まれました.

　中・高音用ホーンの種類と内容を以下に示します.

(1) ストレートホーン

　低音用同様, エジソンが発明した蓄音機に使用したストレートホーンが歴史的には古く, 1898年ころのスタンダードA型に搭載したものなどがあります.

[写真6-14]　ストレートホーンの代表例（蓄音機用モーニンググローリーホーン）

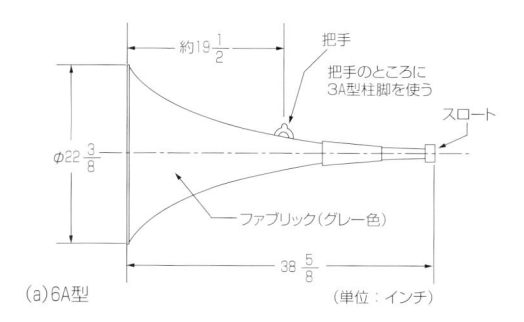

(a)6A型

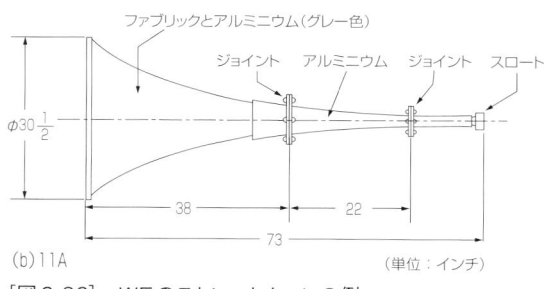

(b)11A

[図6-36]　WEのストレートホーンの例

　その後, 朝顔の花のような形状のエジソン蓄音機型ホーン（Edison Amberola phonograph horn）または（morning glory-type horn）と呼ばれる形状のものがあります（**写真6-14**）.

　スピーカー用としては, 製作のしやすさから開口面は円形のものが多く, 代表的な例では1922年にWEが開発した6-A型や11-A型（**図6-36**）があります. これはPA用で, 中音域の再生が中心のストレートホーンでした. このタイプはフレアが単純な

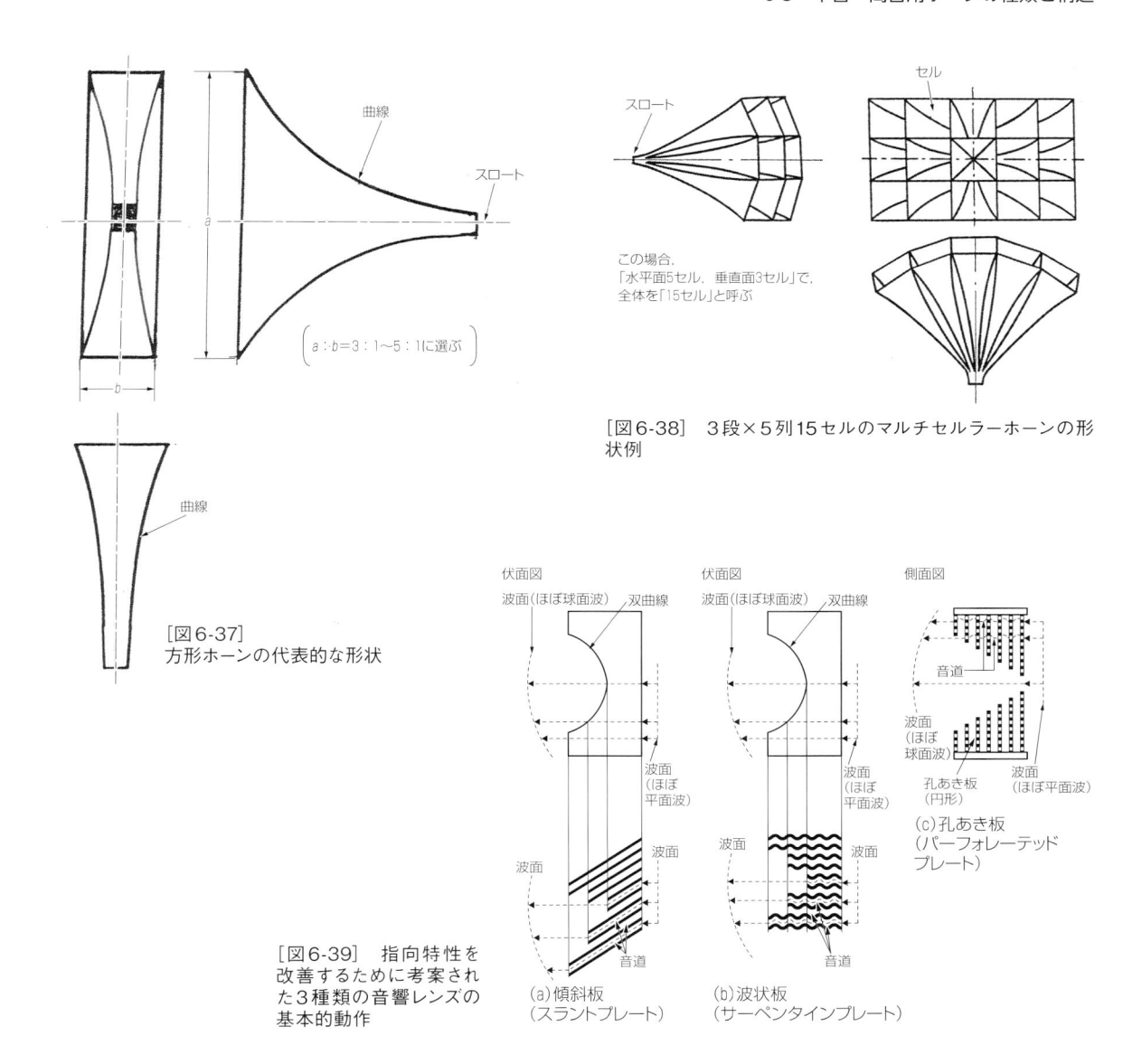

図中のラベル:
- 曲線
- スロート
- $a : b = 3 : 1 \sim 5 : 1$ に選ぶ

[図6-37]
方形ホーンの代表的な形状

スロート
セル
この場合,
「水平面5セル, 垂直面3セル」で,
全体を「15セル」と呼ぶ

[図6-38] 3段×5列15セルのマルチセルラーホーンの形状例

[図6-39] 指向特性を改善するために考案された3種類の音響レンズの基本的動作

(a) 傾斜板（スラントプレート）
(b) 波状板（サーペンタインプレート）
(c) 孔あき板（パーフォレーテッドプレート）

伏面図／波面（ほぼ球面波）／双曲線／波面（ほぼ平面波）／音道／側面図／孔あき板（円形）

指数関数なので，長くなると中心軸（主軸）に沿って高音域が集束ビーム化する傾向があります．

(2) 方形ホーン

ストレートホーンのうち，開口面が正方形または長方形をしたものを区別して方形ホーン（rectangular horn）と呼んでいます．長方形の縦と横の長さの比率が3：1から5：1程度のホーンが良いとされています（図6-37）．

(3) マルチセルラーホーン

マルチセルラーホーン（multicellular horn）は，

1933年にベル電話研究所のウエント（E. C. Wente）が発明したホーンで，指向特性を改善するために小型の角型ストレートホーン（セル）を各方向に向けて音を放射するよう放射状に束ねた形（図6-38）にし，高音域の音の集束ビーム化を防ぐようにしています．セル数によって「3段5列の15セル」や「2段5列の10セル」などがあり，水平面と垂直面の指向特性に違いがあります．

映画界では，マルチセルラーホーンがトーキー映画用スピーカーシステムのシンボルのように長年使用されました．

マルチセルラーホーンの欠点は，中音域に指向

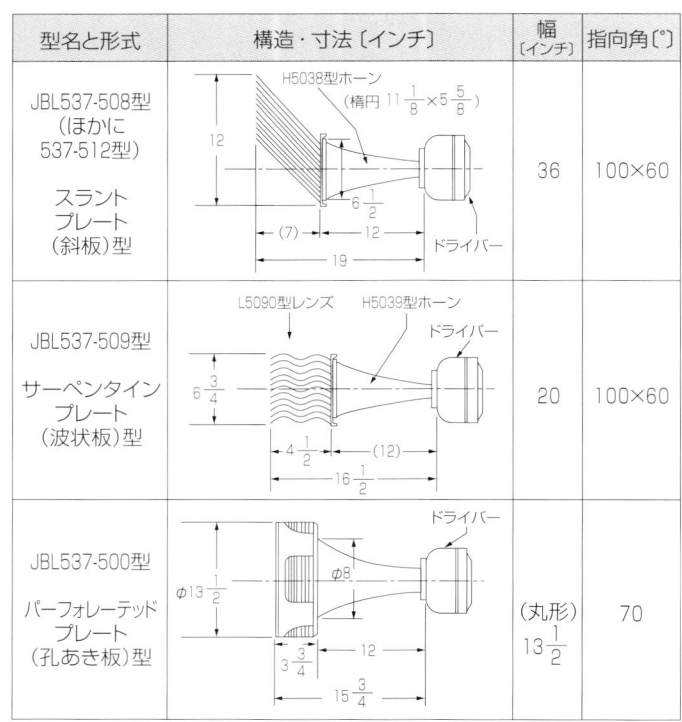

型名と形式	構造・寸法〔インチ〕	幅〔インチ〕	指向角〔°〕
JBL537-508型 （ほかに 537-512型） スラント プレート（斜板）型	H5038型ホーン（楕円 $11\frac{1}{8} \times 5\frac{5}{8}$） 12 / $6\frac{1}{2}$ / (7) / 12 / 19 / ドライバー	36	100×60
JBL537-509型 サーペンタイン プレート（波状板）型	L5090型レンズ　H5039型ホーン　ドライバー $6\frac{3}{4}$ / $4\frac{1}{2}$ / (12) / $16\frac{1}{2}$	20	100×60
JBL537-500型 パーフォレーテッド プレート（孔あき板）型	ドライバー φ$13\frac{1}{2}$ / φ8 / 12 / $3\frac{3}{4}$ / $15\frac{3}{4}$	（丸形） $13\frac{1}{2}$	70

［図6-40］　JBLの音響レンズ付きホーン3種

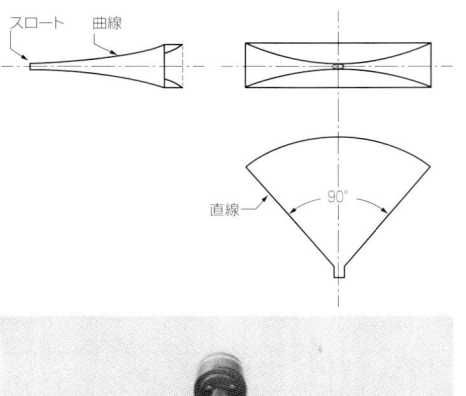

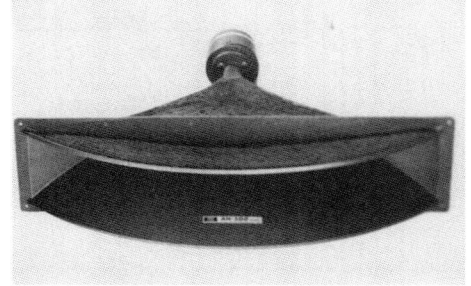

［図6-41］　ラジアルホーンの形状

性の乱れる帯域が生じる「中域狭窄」と呼ばれる現象が起こることです.

(4) 音響レンズ付きホーン

音響レンズ付きホーン（acoustic lens assembly horn）は，高音域で音が集束ビームにならず扇状に拡散するように開口面に音響レンズを設けたものです.

音響レンズは，1949年にベル電話研究所のコック（W. E. Kock）とハーベイ（F. K. Harvey）が論文[6-21]を発表し，これを1954年にWEのフレイン（J. G. Frayne）と大学の研究者だったロカンシー（B. N. Locanthi）が実用的なホーンスピーカー用として開発し，JBLのトーキー映画用スピーカーの高音用ホーンスピーカーに搭載したのが最初です.

スピーカー用音響レンズは構造によって3種類に分類できます（図6-39）. 斜板を重ねてスリット状にした「斜板（スラントプレート）型」，波板を重ねてスリット状にした「波状板（サーペンタインプレート）型」，小さい孔があいた丸い板を重ねた「孔あき板（パーフォレーテッドプレート）型」があります.

音響レンズによって，音軸中心と周辺の音の通過経路が変わり，扇状に拡散するようになります. 一般に孔あき板型の音響レンズは円形で，ホーンの音軸に対して対称形の指向性パターンを作り出します. これに対し，斜板型と波状板型の音響レンズは，水平面と垂直面で異なった指向性パターンを持っています.

この音響レンズを搭載した製品としては，1954年に発表された米国JBLの3機種を**図6-40**に示します（第5章10-4項参照）.

(5) ラジアルホーン

ラジアル（放射状）ホーン（radial horn）は，1954年にRCAのオルソンが考案したホーン[6-22]です. 上から見たホーンの形状は扇形で，スロート部

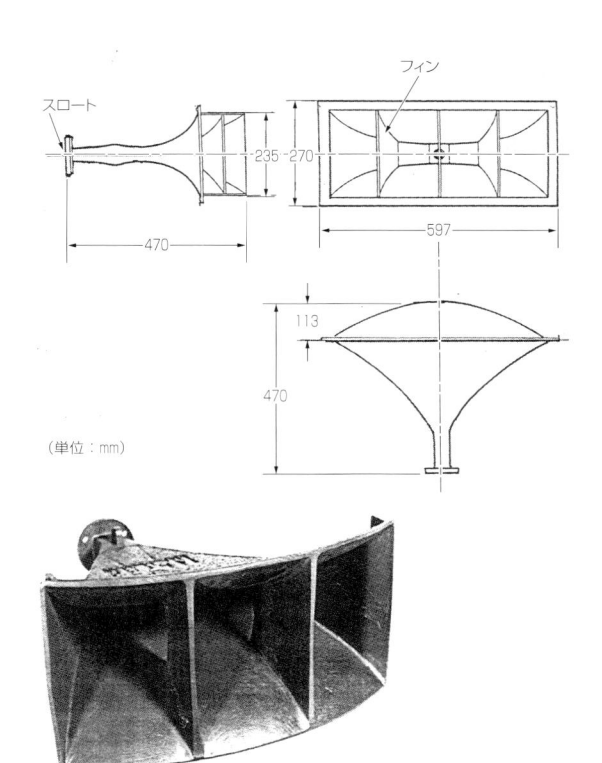

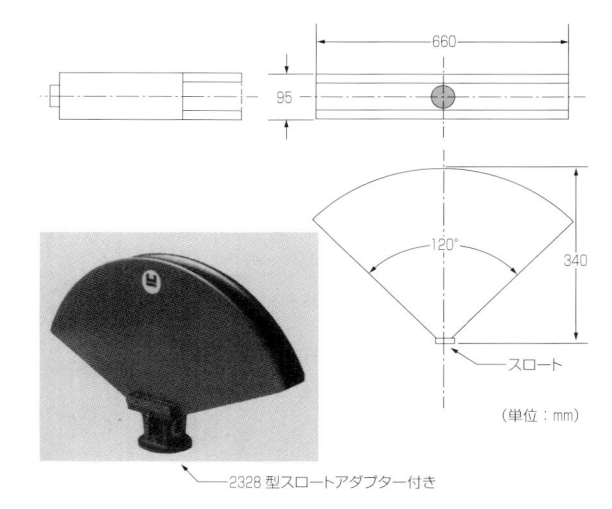

[図6-43] デフラクションホーンの例（JBLの2397型）

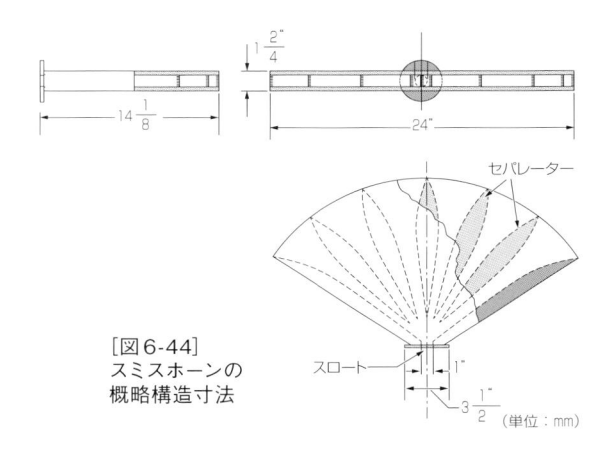

[図6-42] アルテックの511B型セクトラルホーンの概略構造寸法

[図6-44]
スミスホーンの
概略構造寸法

から両側面は直線で開き角90°，上下面は指数関数的に広がったフレアとなっています（**図6-41**）．このホーンは水平面の指向特性を重視したもので，一般には90°×40°，60°×40°，40°×20°のホーンがよく使用されます．

(6) セクトラルホーン

アルテックは，ラジアルホーン開口部に近い箇所にセパレーターを設けて水平面の指向特性をさらに改善した構造（**図6-42**）のセクトラルホーン（sectoral horn）を開発しました．これは1953年ころからのA7型シリーズの高音用スピーカーのホーンとして使用されました．

機種としては，511B型，811B型，311-60型，311-90型など（いずれもアルテック）があります．

(7) デフラクションホーン

デフラクションホーン（diffraction horn）は，上下の高さを狭くすることによる音の回折効果によって垂直面の指向特性を改善するもので，側面の開口角は120°以上に大きく広げることで水平面の指向特性を改善しています（**図6-43**）．

実施例としては，1978年ころに発売されたJBLの2397型などがあります．

(8) スミスホーン（Smith horn）

スミスホーン（Smith horn）はデフラクションホーンにセパレーターを入れて指向性を改善したもの（**図6-44**）で，1951年にスミス（B. H. Smith）

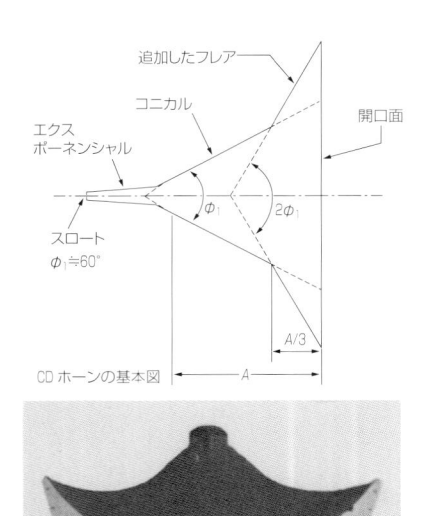

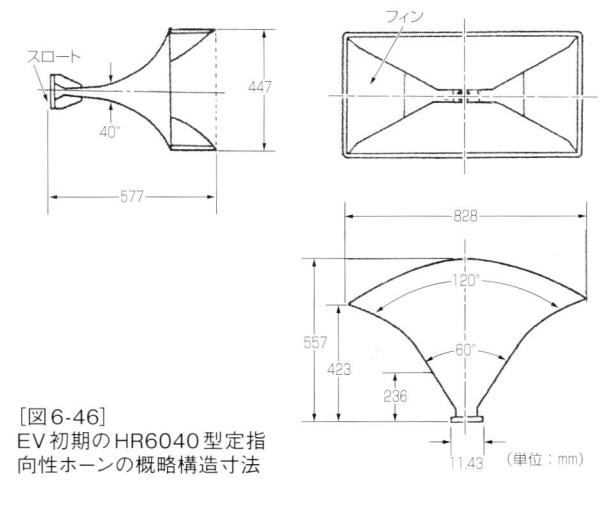

[図6-46]
EV初期のHR6040型定指
向性ホーンの概略構造寸法

[図6-45]
定指向性ホーン
の側面のフレア形
状の基本的形状

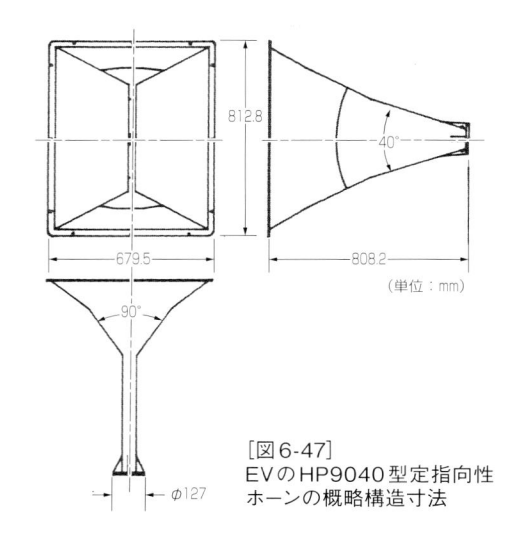

[図6-47]
EVのHP9040型定指向性
ホーンの概略構造寸法

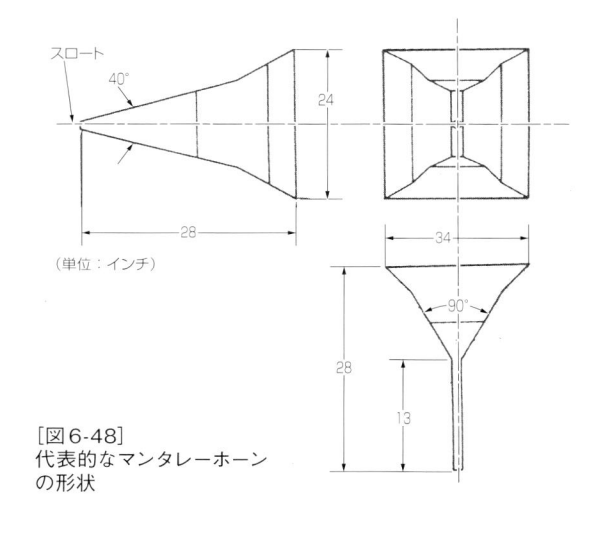

[図6-48]
代表的なマンタレーホーン
の形状

が考案したものです[6-23].

　使用例としては，米国のウエストレイク・オーディオのヒドレー（T. L. Hidley）がTM-1型モニタースピーカーの中音用として搭載したものがあります.

(9) 定指向性ホーン

　定指向性ホーン（constant-directivity horn；CDホーン）は，1974年にEVのキール（D. B. Keele）が発明したもので，水平面の指向特性は良くても垂直面の指向特性に不満があったラジアルホーンを改良して指向特性を改善したものです. ホーンフレアをマルチ構成（**図6-45**）にして，水平，垂直両面とも高音域まで指定の指向角度内に収まるように，周波数に対する音圧レベルを一定に保っています[6-24].

　形状の一例として，ラジアルホーンの側面のフレアを2段階に曲げたものを**図6-46**に示します.

　定指向性ホーンは，スピーカーシステムのクロスオーバー周波数以上の帯域で安定した指向周波数

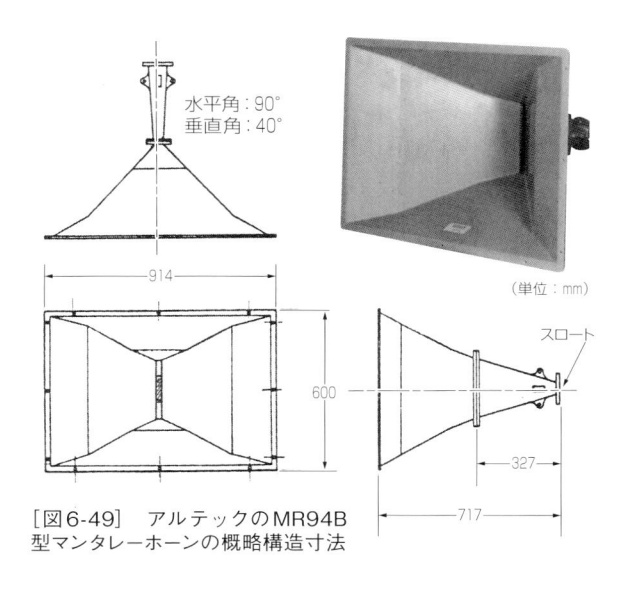

水平角：90°
垂直角：40°

914

600

327

717

（単位：mm）

スロート

[図6-49]　アルテックのMR94B
型マンタレーホーンの概略構造寸法

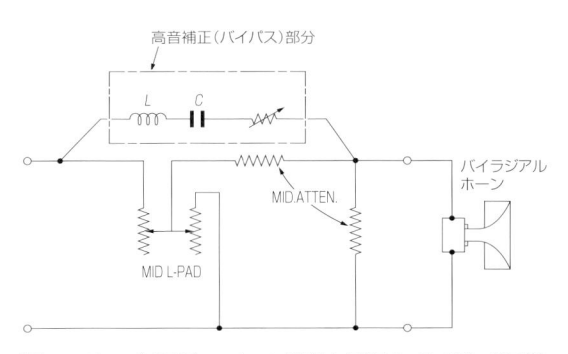

高音補正（バイパス）部分

L　C

MID.ATTEN.

MID L-PAD

バイラジアル
ホーン

[図6-50]　バイラジアルホーン用高音補正イコライジング回路

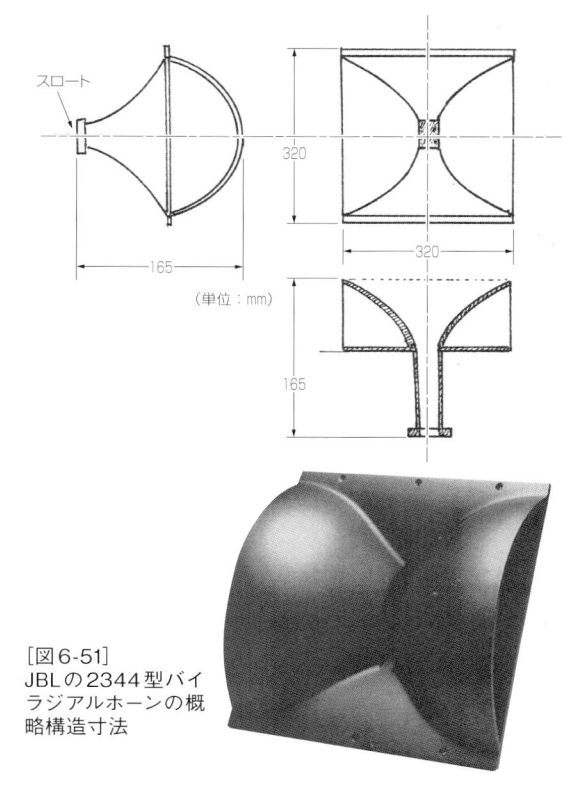

スロート

320

320

165

165

（単位：mm）

[図6-51]
JBLの2344型バイ
ラジアルホーンの概
略構造寸法

定指向性ホーンに比較して，垂直面の指向性がさらに改善されているといわれており，800Hz程度の中音域から上の高音域の再生に適しています．

　代表的な製品としては，アルテックのMR94B型（図6-49）やMR Ⅱ 5124型などがあります．

（11）バイラジアルホーン

　このホーンは，定指向性ホーンを開発したキールが新しく発明したもので，「キールホーン」とも呼ばれています[6-26]．定指向性ホーン開発後のキールはEVを退社してJBLに入社し，定指向性ホーンの形状を連続した曲線の形状に変更し，これをバイラジアルホーン（bi-radial horn）とネーミングし，1981年に特許を取得しました[6-27]．

　このホーンは，2つのラジアルホーンを組み合わせて指向性を改善したもので，高音部をフラットにするために図6-50の回路で高音を補正（イコライジング）して高性能化したハイブリッド方式のホーンスピーカーです．

特性が得られるように設計したもので，このため低域での音放射は多少犠牲になっても，ホーン断面形状の変化を指向性制御のために使うことを考えたホーンです．

　代表的な製品としてEVのHP9040型（図6-47）やHP6040型があります．

（10）マンタレーホーン

　上から見た形状がイトマキエイ（manta-ray）に似ている（図6-48）ことから命名されたもので，1978年にアルテックのヘンリクセン（C. A. Henriksen）とウレダ（M. S. Ureda）によって開発された定指向性ホーンです[6-25]．このホーンは，先の

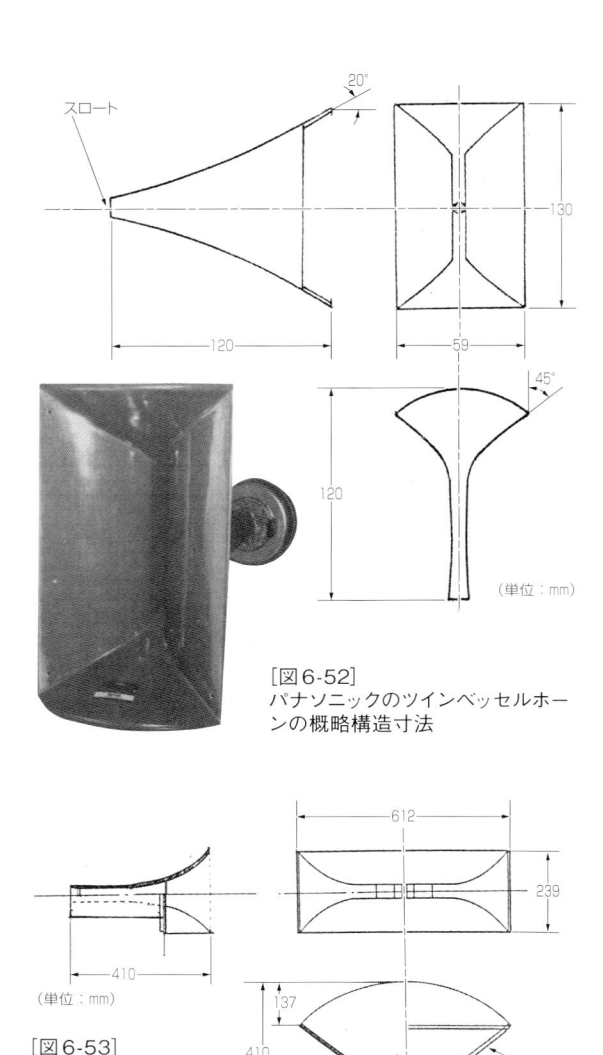

（単位：mm）

[図6-52]
パナソニックのツインベッセルホーンの概略構造寸法

（単位：mm）

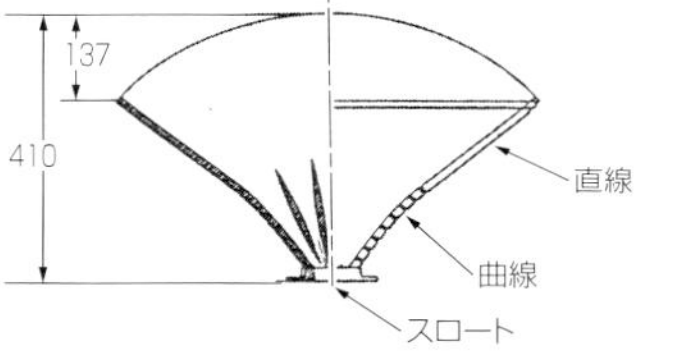

[図6-53]
パイオニアのTH-4001型スタビライズドディスパージョンホーンの概略構造寸法

直線
曲線
スロート

代表的な製品としては，1983年ころに発売されたJBLの2344型（**図6-51**）や2360A型があります．

（12）ツインベッセルホーン

ツインベッセルホーン（twin-bessel horn）は，1982年にパナソニック（当時は松下電器産業）がRAMSAスピーカー用として考案したホーンで，その論文がJAS Journal [6-28] や『音響技術』[6-29] に発表されました

このホーンは，定指向性を得るためにホーン側壁を8次のベッセル関数の曲線とし，開口角を90°に選んでいます．

高音用ホーンスピーカーへの使用例を**図6-52**に示します．

（13）スタビライズドディスパージョンホーン

スタビライズドディスパージョンホーン（stabilized dispersion horn；SDホーン）はラジアルホーン系統のホーンで，1982年にパイオニアのEXCLUSIVEシリーズの2401型スピーカーシステムの高音用スピーカーに使用された[6-30] ホーンです．

このホーンの型名はTH-4001型（**図6-53**）で，スロートに近い部分にデバイダーを設けるとともにホーン両側壁を指数関数的な曲面にしています．これで水平面の指向特性を改善しています．

また，同様の構造を持った国産品として山本音響工芸のF280A型などがあります．

6-6　WE のスピーカー用ホーンの歴史

スピーカー用ホーンの開発は，ベル電話研究所（Bell Telephone Laboratories）が元祖であるといわれています．これは一般拡声事業やトーキー映画用事業，放送設備事業などで音響再生用ホーンが必要になり，次々と研究開発されてきたためです．長期的には，開発者の設計思想の違いや用途の変化によるスピーカーシステム構成の違いから，さまざまな特徴あるホーンが開発されました．

ベル電話研究所とWE（Western Electric）が開発してきた各種ホーンを見ることで，それぞれの特徴を知り，理解を深めることができます．このため，ホーンスピーカー事業の始まった1918年からのホーンドライバーとホーンの関係をタイプ別に解説します．

6-6-1　電磁型ホーンドライバーを使ったホーン（1918年～）

WEの親会社であるAT&T（The American Telephone & Telegraph Company；アメリカ電信電話会社）は，電話の用途開発の一つとして，自宅で講演した音声を電話回線を使って会場に伝送して拡声するといったアイデアを実現するため，

WEが中心になって音声の一般拡声装置（Public Address Systems；PA）のビジネスを1912年に開始しました．

早速，AT&Tはオクラハマ市で300人の聴衆を対象にPA実験を行いました．まだ真空管の誕生前だったので，音を増幅するためにカーボンマイクロフォンに直流の大電流を流し，音声による抵抗変化を電流変化にしてスピーカー側に送り，マッチングトランスを介して電流変化をホーンと結合したスピーカーに供給し，広い空間に音を放射しました．

真空管の発明の翌年の1916年に，ベル電話研究所は真空管アンプを使用したPA用装置を開発しました．

これに使用する高能率スピーカーを開発する必要が生じたため，ベル電話研究所は最初の着想として，ベル（A. G. Bell）の助手のワトソン（T. A. Watson）が1880年に考案[6-31]したバランスドアーマチュア型の電磁型スピーカー（**図6-54**）の実用化に取り組み，2年後の1918年にエガートン（E. Egerton）が，WE 518型ホーンドライバー（**図6-55**）を開発しました[6-32]．この電磁型バランスドアーマチュア型スピーカーは，業務用として信頼性の高い部品を使用した堅牢な構造で，平面振動板はフェノール樹脂で固めた布にコルゲーションを付けた平面板で，これを中心駆動するものでした．518型を屋外でも使用できるよう外装を設けて完成したのが196-W型ホーンドライバー（**写真6-15**，**図6-56**）です．

1922年にPA装置の販売に本格的に参入したAT&Tは，標準機種を生産することになり，開発

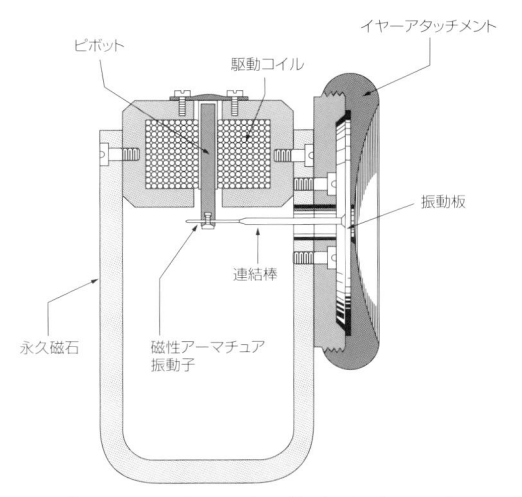

[図6-54]　ワトソンが1880年に発明したバランスドアーマチュア駆動機構の受話器の概略構造

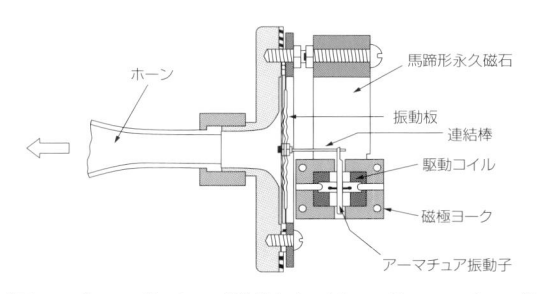

[図6-55]　エガートンが開発したバランスドアーマチュア駆動機構のWE 518型スピーカーの概略構造（1918年）

はベル電話研究所で，製造はWEで行うことになりました．

196-W型ホーンドライバーには5-A型ホーン（**図6-57**）が組み合わされ，大型集会ホールや野外での拡声に使用されました．このホーンは途中にジョイントがあるため，短くして目的や設置場所に合わせて対応できました．また，指向性が強いので**図6-58**のように複数台組み合わせてサービスエリアを広げたり，複数設置によって音量を強化したりすることができました．

屋内用には，7-A型ホーン（**写真6-16**，**図6-59**）が使われました．

一方，ラジオ放送用送信設備には付属品としてモニタースピーカーが必要で，これに採用されたの

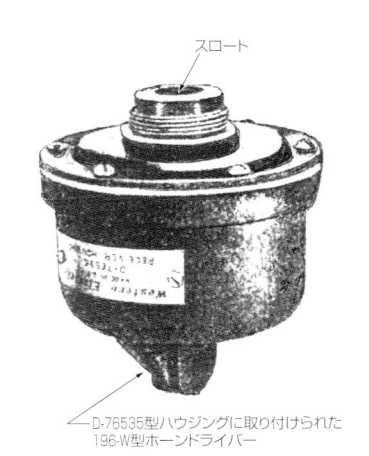

［写真6-15］　WE 196-W型ホーンドライバーとブラケット

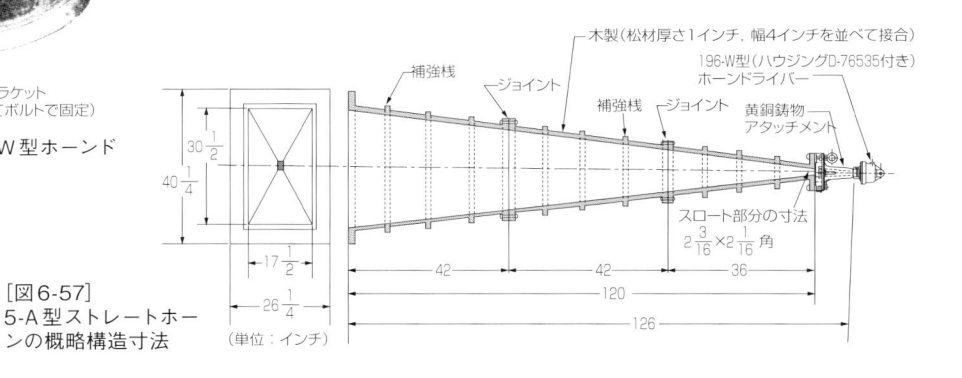

［図6-56］　WE 196-W型ホーンドライバーの概略構造寸法図（駆動機構は518型を内蔵）

［図6-57］
5-A型ストレートホーンの概略構造寸法

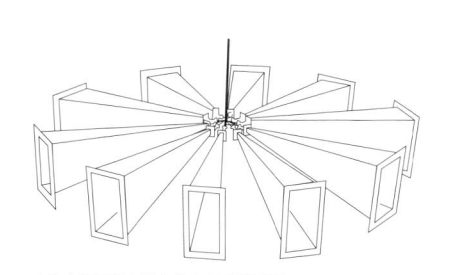

（a）水平面360°音放射の配置例

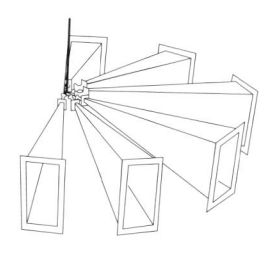

（b）水平面180°音放射の配置例

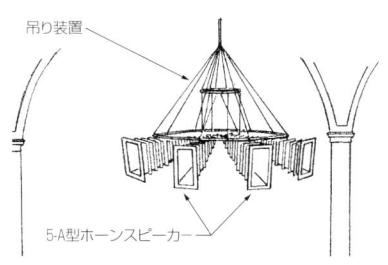

（c）水平面180°音放射の配置例

［図6-58］　複数の5-A型ホーンの使用例

が高さ13インチの小型ウインドセイルタイプのシャウホーン（Shawphone）でした．1925年の東京放送局（JOAK）開局に際して，日本に納入された送信設備に付属していたものは，バイポーラー型受話器をホーンドライバーとして使用していました．このシャウホーンは据え置き用や壁かけ用として使われ，ホーンドライバーもWE 518型や，その後のWE 551型などに変わって，長く存続しました（**写真6-17**）．

ラジオ放送受信機用として8-A型（**写真6-18**）と9-A型が販売されましたが，AT&Tはラジオ受信機自体を開発しなかったので，一時期に終わっています．

WEは，好評だったホーンドライバー518型をさらに高性能化するため，1922年にベル電話研究所のリッカー（N. H. Ricker）による電磁型のホーンドライバー551型（**図6-60**）を完成[6-33]させました．551型の特徴は，バランスドアーマチュア型の電磁型構造はそのままに，振動板を縦リブの入ったジュラルミン製のコーン型に変更して，再生周波数帯域を広くしたことと，永久磁石を大型化（**写真6-19**）したことです．

551型ホーンドライバーに適合したPA装置の標準機種として6-A型，11-A型のストレートホーンが開発されました．

6-A型ホーン（**図6-36**参照）の開口径は22・3/8インチで，カットオフ周波数は約180Hz．材料には新素材のファブリック（fabric）が使用されました．ファブリックは，米国のラコーン

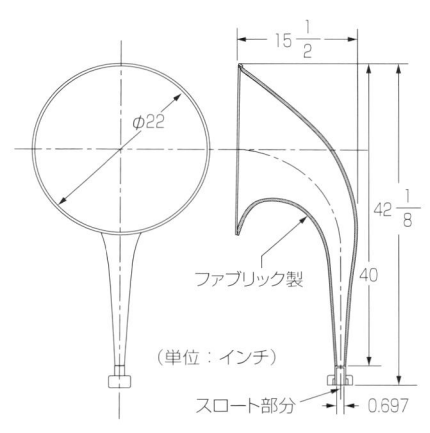

[写真6-16]　屋内用に使われたウインドセイル形状の7-A型ホーン

[図6-59]　7-A型ウインドセイル型ホーンの概略構造寸法

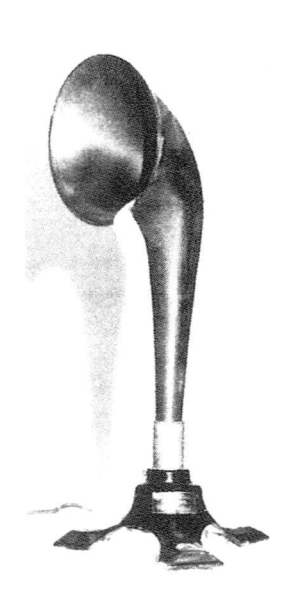

(a) レシーバー使用

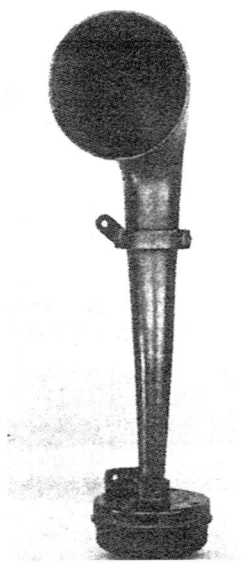

(b) 518型ドライバー使用

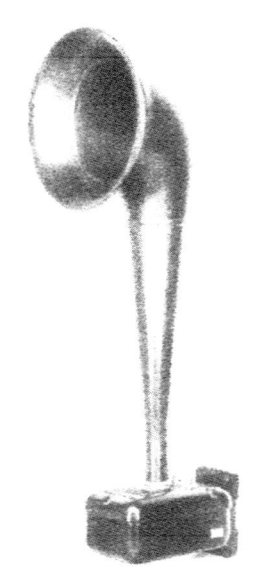

(c) 551型ドライバー使用

[写真6-17]　時代によってホーンドライバーが異なる小型ウインドセイル形状のシャウホーン

ホーン形状：セーリング型
ホーン開口径：14インチ
高さ：30インチ
ホーン材質：モールド成形
ホーンドライバー：バランスドアーマチュア型

[写真6-18]　10D型ホーンドライバーと組み合わせたウインドセイル型状の8-A型ホーン

（Racon）社が開発したもので，紙系の繊維と安定剤を混合したものを成形し，固形化した素材で，製造方法は特許を取得しています．ホーン素材としてのファブリックには，剛性を保ちながら軽量化できるという利点があります．

また，6-A型の姉妹機種として開発された大型の11-A型（**図6-36**参照）の開口径は30・1/2インチで，音道が6フィート（約183cm），カットオフ周波数は低く約135Hzになっています．ホーンの素材は同じくファブリックです．

3-A型（**写真6-20**）は，アコーステック蓄音機のフラワーホーンのような8枚の花びらの形をした金属性ストレートホーンで，屋内で使用されました．

開口は13・1/2インチ，長さ21インチで，カットオフ周波数は約300Hzです．

このように初期のWEのホーンは，PA用なので映画用のように設置スペースに制限が少なかったため，全体にストレートホーンが多く見られました．その機種と概略仕様を**表6-1**に示します．

6-6-2　ダイナミック型ホーンドライバーを使ったフルレンジ用ホーン（1926年〜）

1926年，ヴァイタフォン方式のトーキー映画を世界で最初に上映するために，WEはトーキー映画用スピーカーを準備する必要に迫られました．音源にはニューヨーク・フィルハーモニック・オーケ

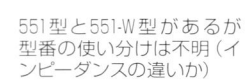

551型と551-W型があるが型番の使い分けは不明（インピーダンスの違いか）

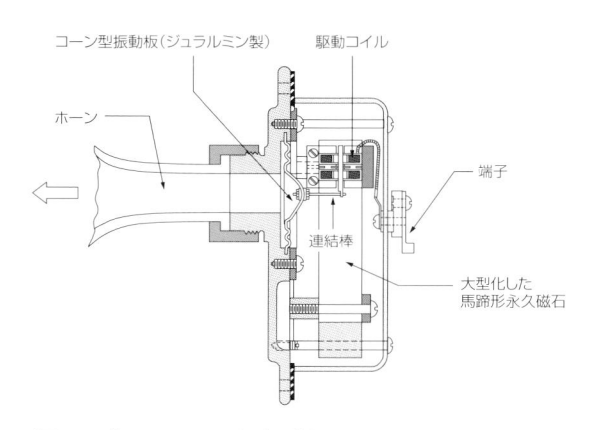

[図6-60]　WE 518型の振動板をコーン型に改良したバランスドアーマチュア駆動機構の551型スピーカーの概略構造（1927年）

[写真6-19]　551-W型ホーンドライバーの外観と馬蹄形磁石の内側にある振動板駆動機構

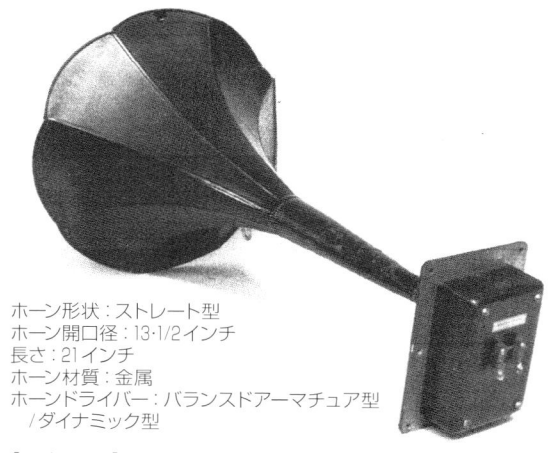

ホーン形状：ストレート型
ホーン開口径：13・1/2インチ
長さ：21インチ
ホーン材質：金属
ホーンドライバー：バランスドアーマチュア型／ダイナミック型

[写真6-20]　蓄音機のフラワーホーンのような優美な形状の3-A型ストレートホーン

[表6-1]　電磁型ホーンドライバー時代の各種ホーン

形名	開発年〔年〕	概略形状	外形寸法〔インチ〕	音道長さ〔インチ〕	指向角度〔°〕	適用ドライバー	備考
シャウホーン	ca.1920		$H=13$	—	—	レシーバー	ウインドセイル型
2-A		—	—	—	—	—	
3-A	1927		$\phi=13\cdot1/2$ $H=21$	20		555, 551	8枚の金属製花びら型 カットオフ≒300Hz
4-A		—	—	—	—	—	マイク用集音器
5-A	1921		$W=31\cdot1/2$ $H=17\cdot1/2$ $D=120$	約127	—	196-W	PA用木製ホーン ストレート型 カットオフ≒300Hz
6-A	1922		$\phi=22\cdot5/8$ $H=38\cdot5/8$	36	30	518, 551 (555)	ストレート型 ファブリック製（Racon） カットオフ≒180Hz
7-A	1922		$\phi=22\cdot1/2$ $H=42\cdot1/8$	約42	—	196-W	PA用 ウインドセイル型 カットオフ≒186Hz
8-A	1923		$\phi=14$ $H=30$	30	—	518用	モールド製 ウインドセイル型 カットオフ≒300Hz
9-A	1923		$\phi=10$ $H=19$	30	—	レシーバー	金属製 スワンネック型 カットオフ≒410Hz
10-A		—	—	—	—	—	
11-A	1922		$\phi=30\cdot1/2$ $H=73$	72	30	549-W, 555	ストレート型 ファブリック製（Racon） カットオフ≒135Hz

ストラが演奏するワーグナーの「タンホイザー序曲」が予定されていましたが，これまでのPA用のホーンドライバーでは，オーケストラの広い音域を再生するには無理がありました．

ベル電話研究所では，当時好評を得ていた電磁型バランスドアーマチュアのホーンドライバーに代わる動電型のボイスコイルを持つ新しい高性能ホ

ーンドライバーの開発をウエントとサラスが担当しました．

重責を担ったウエントとサラスは苦労の末，高音質で電気音響変換効率が高く，80～6000Hzの帯域を再生する555型ホーンドライバーを完成させました[6-34]．555型の構造を図6-61に示します．振動板は折り返しの付いた形状で，フェージングプラグ

（位相等化器）を通ってスロートに達する音道は素晴らしい加工技術で作成されています.

当時は，複合方式の再生という概念がなく，ホーンドライバー1個でのフルレンジ再生を考えていたので，低音域から高音域まで1つのエクスポーネンシャルホーンで再生することができるカットオフ周波数の低い（開口径が大きい）ホーンが必要でした.

しかし，当時の映画館の構造では，設置条件に厳しい制限がありました. それまで無声映画を上映していた映画館で使っていた，板枠に張った白い布に光の反射率の高い銀粉などを塗ったスクリーンは音を通しにくく，その後ろ側はすぐに壁になっていました. このため，今日のようにスクリーン裏から音を出すことはできませんでした.

（1）WEが開発した映画用ホーン

ベル電話研究所では，フルレンジの再生用ホーンとして，ホーンを渦巻き形に曲げてコンパクトにし，1階席に向かってプロセニアムアーチの上から吊り下げて設置するカーブドホーン12A型（**図6-62**）を開発しました.

また，舞台前に設けられていた無声映画の伴奏用オーケストラピットなどに設置して，下から2階席を狙って再生するフォールデッドホーン13A型（**図6-**

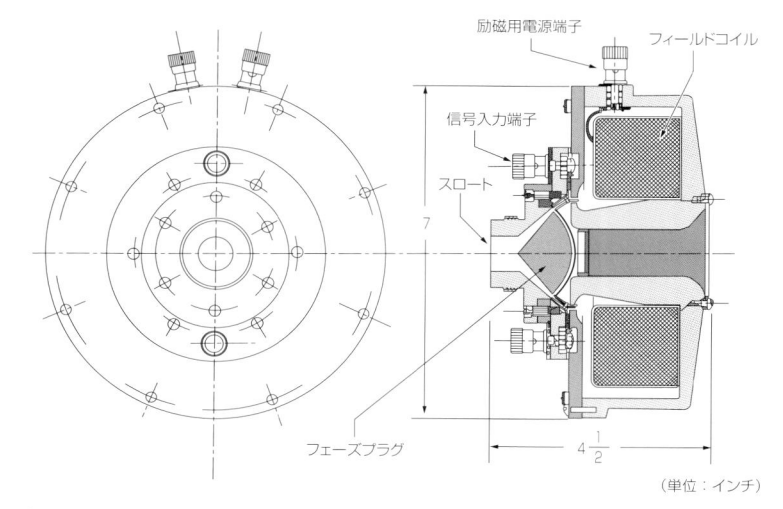

[図6-61]　WE 555型ダイナミック型ホーンドライバーの概略構造寸法

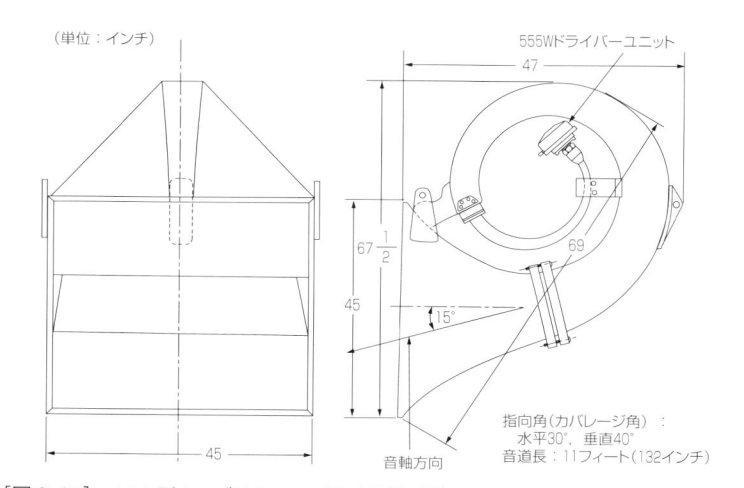

[図6-62]　12A型カーブドホーンの概略構造寸法

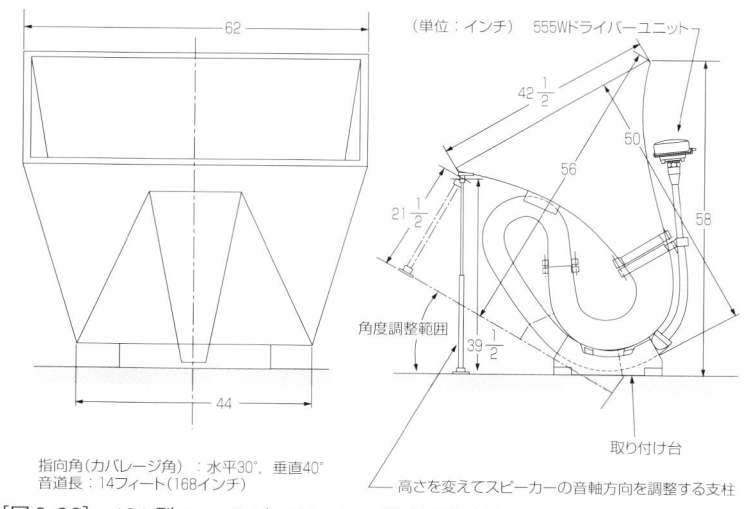

[図6-63]　13A型フォールデッドホーンの概略構造寸法

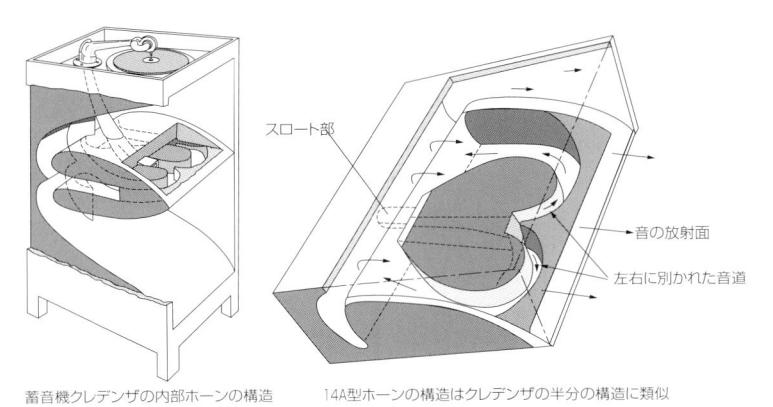

蓄音機クレデンザの内部ホーンの構造　　14A型ホーンの構造はクレデンザの半分の構造に類似

[図6-64]　蓄音機クレデンザの内部ホーンを応用した14A型フォールデッドホーンの概略構造

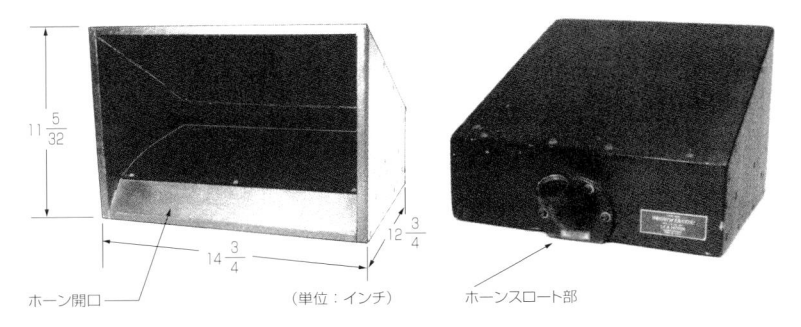

ホーン開口　　　（単位：インチ）　　ホーンスロート部

[写真6-21]　14A型フォールデッドホーン

63）も開発しました．13A型は，くねくねと折れ曲がった形状で，ホーンは床面に据え置きにして，サポートの支柱（ポール）で音軸の角度を変えることができるようになっています．

また，映写室で映写中の音声状況を監視するモニタースピーカーとして，当初は陣笠スタイルのWE 540型スピーカーが使われましたが，音量が不足していたため，これに代わるものとして，ベル電話研究所は14A型ホーンを開発しました．このホーンは，著名な蓄音機「クレデンザ（Credenza）」のホーンに類似した音道（図6-64）を持った木製のフォールデッドホーンです．写真6-21では，なんの仕掛けもない単純な構造に見えますが，音道は36インチあり，カ

指向角（カバレージ角）：水平30°，垂直40°
音道長：11フィート（132インチ）
（単位：インチ）

ホーン システム 型番	ホーン 型名	アタッチ メント番号	ドライバー 555（W） の個数
15A	17A	7-A	1
15B	17B	8-A	2
15C	17C	10-A	4
15D	17D	16-A	3

[図6-65]　17A型カーブドホーンの概略仕様と構造寸法

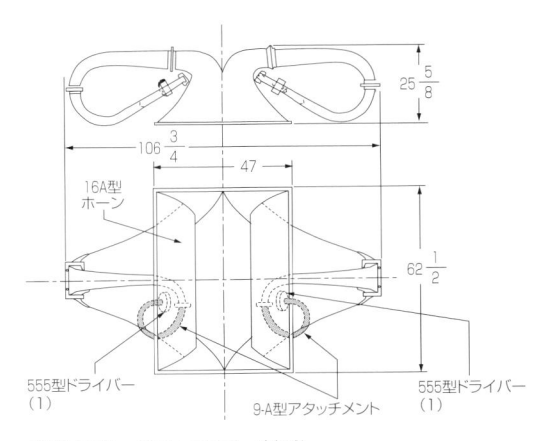

指向角（カバレージ角）：水平60°，垂直40°
音道長：119インチ
（単位：インチ）

ホーン システム 型番	ホーン 型名	アタッチ メント番号	ドライバー 555（W） の個数
6016-A	16A	9-A	2
6116-A	16A	8-A	4
6216-A	16A	16-A	6

[図6-66]　16A型カーブドホーンの概略仕様と構造寸法

ットオフ周波数285Hzと低く，555型ドライバーでは約400〜6000Hzの帯域を持っています．

その後，映画用スクリーンの映写効果と音の透過性能を両立する研究開発が行われ，1927年にスポナブル（E. I. Sponable）によって，音が透過する映画用スクリーンが完成し，初めてスクリーンの裏側にスピーカーを設置して音響再生ができるようになりました．

この結果，1928年にWEのスクラントム（D. H. G. Scrantom）が考案した[6-35]17A型ホーンが12Aおよ

び13Aホーンに取って代わりました．スクリーン裏の狭い場所に設置するよう考えられた大型カーブドホーン17A型（**図6-65**）は，合板を使った木製で，カットオフ周波数は57Hzと低く，555型ホーンドライバーと組み合わせると60Hzくらいから音が立ち上がり，音道が132インチもあったため高音域は減衰気味で，4000Hz程度までの再生帯域になって

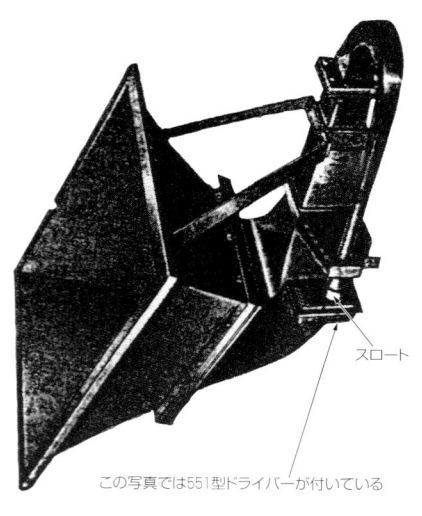

[写真6-22]　日本電気が国内販売した21B型フォールデッドホーン

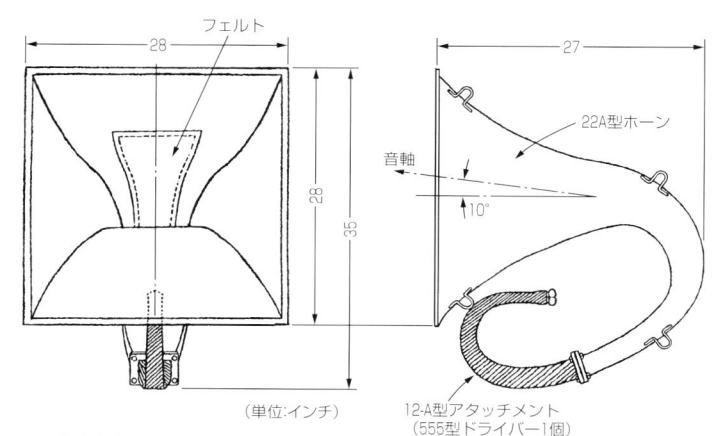

指向角（カバレージ角）：水平20°，垂直40°

ホーンシステム型番	ホーン型名	アタッチメント番号	ドライバー555（W）の個数
6022-A	22A	12-A	1
6122-A	22A	13-A	2
6222-A	22A	15-A	3

[図6-67]　22A型カーブドホーンの概略仕様と構造寸法

[写真6-23]
トーキー映画用スピーカーシステムの中音用に使用された22型系ホーンの例

(a) 555型1個使用の6022-A型ホーンシステム　(b) 555型2個使用の6122-A型ホーンシステム

[表6-2]　555型ホーンドライバー時代の WE の各種ホーン

形名	開発年〔年〕	概略形状	外形寸法〔インチ〕	音道長さ〔インチ〕	指向角度〔°〕	適用ドライバー	備考
12A	1926		W=45 H=67・1/2 D=47	132	40 30	12A型は555×1 A-12-B型は555×2	カーブドホーン
13A	1926		W=62 H=58 D=63	168		555×1	フォールデッドホーン
14A	1929		W=14・3/4 H=11・5/32 D=12・3/4	36		555×1	木製フォールデッドホーン
15A	1928	17Aホーンを組み合わせたシステム				15A型は555×1 15B型は555×2 15C型は555×4 15D型は555×3	
16A	1930		W=106・3/4 H=67・1/2 D=25・5/8	119	60 40	6016-A型は555×2 6116-A型は555×4 6216-A型は555×6	フォールデッドホーン
17A	1928		W=56・3/8 H=70・1/2 D=53・1/8	132	40 30		カーブドホーンホーンシステムは15A型参照
18		―					アンプ10A
19		―					アンプ10A
20		―					アンプ10A
21 21B			W=30 H=30				フォールデッドホーン 日本電気が販売 開口部は木製 カットオフ 125Hz
22A	1935		W=28 H=28 D=27		40 20	6012-A型は555×1 6022-A型は555×2 6222-A型は555×3	カーブドホーンカットオフ130Hz

いました．この特性が当時のサウンドトラックからの高域の雑音の抑制に効果をあげました．

　17A型ホーンの音量をさらにアップさせるために，アタッチメントを使って555型ホーンドライバー複数使用することを考え，ドライバーの個数によってそれぞれ型番（**図6-65**）を付与して区別し，

設置条件に応じてホーンシステムを型番で指示して使用しました．

　一方，大型劇場では次々と上演内容を変更するため，映画上映設備の設置や撤去に対して効率よく行えるよう，スクリーンとともにホーンスピーカーを一緒にバトンで吊り上げて収納するための薄

型化が要望されました.

これに応えてブラットナー（D. G. Blattner）が開発[6-36]したのが, 16A型フォールデッドホーン（図6-66）でした. 16A型は, 左右対称の2基のホーンが結合した構造で, 奥行きが25·5/8インチの薄いホーンでした. 119インチの長いホーンが折り曲げられている特殊な構造だったので, 加工が容易な鉄板が素材として使用されました. ホーンのカットオフ周波数は37Hzで, 再生周波数特性は約60Hzから立ち上がり, 高音域は17A型より高い6000Hz以上まで再生し, 555型ホーンドライバーの性能を十二分に引き出しています.

このホーンにもアタッチメントが用意され, 555型ドライバーを複数個取り付けてマルチドライブすることができました.

17A型ホーン同様, 555型の個数によってホーンシステムの型番が付与されており, それぞれ規模の違う使われかたをしています.

16A型に続くWEのホーン型番として, 18, 19, 20が予定されていましたが, ほかの機種に使用したため, 16A型の次は21型となりました. この型番のホーンはWEと技術提携していた日本電気が,

1940年ころ国内販売のため使用した21B型（**写真6-22**）が記録として残っています. 21B型はカットオフ周波数が125Hzとやや高めのフォールデッドホーンで, 開口部は木製で, ほかは軽金属の鋳物を素材としています. ホーンドライバーは555型か, 551型が組み合わされました. 用途は室内拡声用で, 1936年に完成した国会議事堂内の拡声などに設置されました.

その後, 1935年になってトーキー映画のサウンドトラックが画期的に改良されて, 歪みが少なく再生周波数帯域が拡大されたため, WEはトーキー映画用スピーカーシステムを非同軸複合型3ウエイ方式に改良しました. ここで17A型ホーンに代わる中音帯域を受け持つホーンとして, カットオフ周波数が高く, 小型化された22A型ホーン（図6-67）が開発されました.

パワー強化のために22A型ホーンにアタッチメント12-Aを取り付けて555型ドライバーを1個使用した6022-A型ホーンシステムと, アタッチメント13-Aを取り付けて555型を2個使用した6122-A型ホーンシステムを**写真6-23**に示します.

こうして555型ホーンドライバーと組み合わせたトーキー映画用ホーンスピーカーは, フルレンジ用から複合型へと変わりました.

これらのホーンの概略仕様を**表6-2**に示します.

(2) KSシリーズのトーキー映画用ホーン

WEのトーキー映画用ホーンが木製や金属製であるため, 米国のラコーン社は, 自社が開発したファブリック材料の特徴である軽量化と低コストを生かした大型ホーンを製作し, WEに売り込みました.

WEは, ファブリックを使ったホーンの製造をラコーンに依頼しました. その最初の製品が1928年のKS-6353型でした. これは好評だった17A型ホーンをファブリック製にしたもので, 木製の17A型と同じ形状寸法で約10ポンド（約4.5kg）軽量化されていましたが, 生産期間は短く, 1933年には生産が中止されています.

続いて1930年に, 16A型ホーンをファブリック

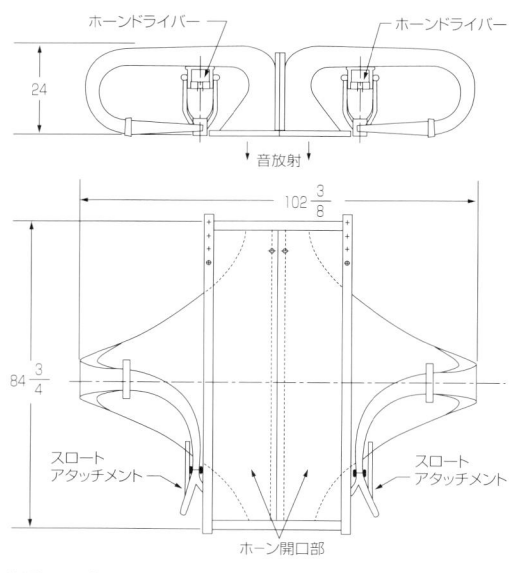

（材質：ファブリック，寸法：インチ）

[図6-68]　ラコーン製のKS-6576型フォールデッドホーンの概略構造寸法（KS-6575と共通）

[写真6-24]　特殊な形状のKS-6373型カーブドホーン

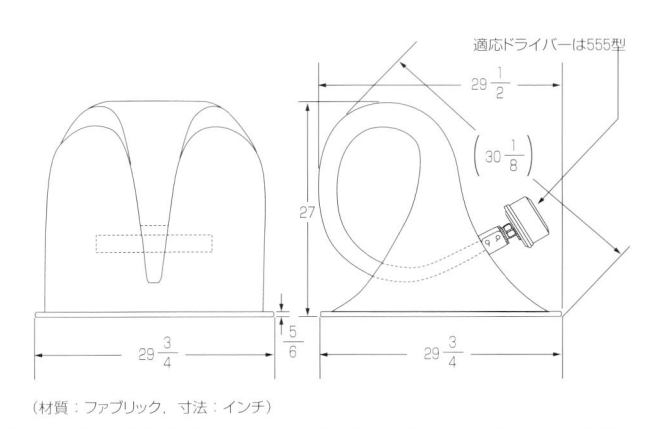

（材質：ファブリック，寸法：インチ）

[図6-69]　奥行き寸法を短くしたKS-6373型カーブドホーンの概略構造寸法

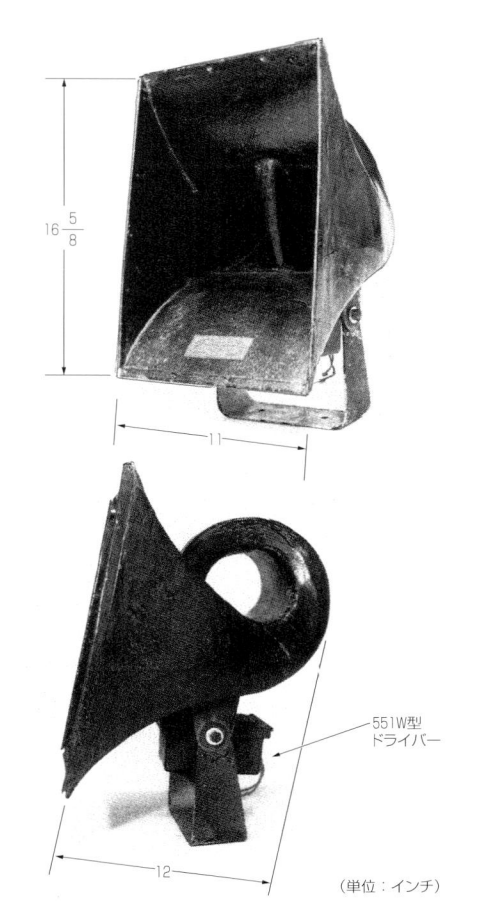

（単位：インチ）

[写真6-25]　コンパクトにまとめたKS-6368型カーブドホーン

製にしたKS-6575型（9-A型アタッチメントで555型ドライバー2個使用）とKS-6576型（8-B型アタッチメントで555型を4個使用）のホーンが発売されました．両者共通部分の概略構造は，図6-68に示すように16A型に比較して奥行き寸法が短く，より扁平な形になり，スクリーンと一体になって吊り下げて使用でき，撤収しやすくなっています．また，鉄板製の16A型に対してファブリック製は約25ポンド（約11.3kg）軽量化されています．

　1931年に，ベル電話研究所のウエントとサラスはファブリック素材の特性を生かした携帯用ホーンやコンパクトなホーン開発に取り組みました．それは1928年ころから特許出願していたもので，カーブドホーンの音道を曲げる径を小さくして，よりコンパクトに仕上げる工夫を行い，スロット部分の細

[写真6-26]　9個の555型ホーンドライバーを1個のアタッチメントでまとめて駆動するKS-6256型大型マルチホーン

い音道を開口に近いホーン部分に貫通させて曲げたホーンでした．その結果，完成したのがKS-6373型ホーン（**写真6-24**）です．前面から見ると，ホーンを貫通したスロート自身の音道が見える状態になっています．形状は**図6-69**で，奥行き寸法は27インチと短くなっています．移動用携帯スピーカーとして使用されました．

ホーンの奥行きを短くすることで小型化を試みたのがKS-6368型ホーン（**写真6-25**）です．ホーンは極端に曲げられており，開口部11×16・5/8インチの角型で，奥行きは12インチとなっています．開口面積からカットオフ周波数は約270Hzと推察され，555型ホーンドライバーと組み合わせると，音声帯域をカバーした高音質な再生ができるので，映写室のモニタースピーカーなどに使用されました．

KSシリーズの機種の中で特に大型だった

[写真6-27]
ワンホーンに555型ホーンドライバーを9個使用するためのアタッチメント

KS-6256型ホーンの詳細は不明ですが，**写真6-26**のように複数集めてマルチセルラーホーンのようにして使用されました．スロート部分には9分割されたアタッチメント（**写真6-27**）が使われ，これに555型が9個取り付けられました[6-37]．

[表6-3]　555型ホーンドライバー時代のファブリック製各種ホーン

形名	開発年〔年〕	概略形状	外形寸法〔インチ〕	音道長さ〔インチ〕	指向角度〔°〕	適用ドライバー（　）内はアタッチメント	備考
KS-6353	1928	17Aホーン相当品		168	30 40	555	ファブリック製カーブドホーン
KS-6368	1927		W=11 H=16・5/8 D=12	30	30	555×1 551×1	ファブリック製カーブドホーンモニター用
KS-6373	1927		W=29・3/4 H=29・3/4 D=26・7/8	72	30 40	555×1	ファブリック製カーブドホーン
KS-6575	1930	16Aホーン相当品	W=102・3/8 H=84・3/4 D=24	120	55 55	555×2 (9-B)	ファブリック製フォールデッドホーンカットオフ57Hz
KS-6576	1930	16Aホーン相当品	W=102・3/8 H=84・3/4 D=24	120	55 50	555×4 (8-B)	ファブリック製フォールデッドホーン
KS-6256	1927		W=84 H=84	228		555×9	フォールデッドホーン50〜6000Hz重量700ポンド
KS-6370	1927	KS-6256相当品	同上	96		555×4	
KS-6371	1927	KS-6256相当品	同上	96		555×1	

KSシリーズのホーンの概略仕様を**表6-3**に示します．

6-6-3　高音用ダイナミック型ホーンドライバーを使った高音用ホーン（1935年～）

(1) 594型ドライバーの誕生と開発の背景

AT&Tのベル電話研究所は，立体音響の電話を新規開発の課題としていました．この研究によって，人形（ダミーヘッド）が捉えた2チャンネルステレオ信号を左右の受話器で聴くと音像の移動や広がり感が体験できることがわかり，人びとを驚かせました．

立体電話通信の実用化には，さまざまな問題がありました．その一つが，電話回線で立体信号を伝送した場合の通話品質（位相や遅延）に問題がないか確認することでした．このために，ベル電話研究所の研究開発の責任者であったフレッチャー（H. Fletcher）は，電話回線を使用して，音楽会の演奏を遠く離れた会場に電話伝送してリアルタイムに立体音響再生しようと計画しました（第3章8節参照）．

この立体音響再生実験に必要な大型の高性能スピーカーの開発には，先に555型ホーンドライバーを開発したウエントとサラスが当たり，非同軸複合2ウエイ方式の大型スピーカー「フレッチャーシステム」が1933年に完成しました（第5章6節参照）．フレッチャーシステムの低音部は，サラスが開発した口径20インチの低音用スピーカー1台を使用したフォールデッドホーン，高音部はウエントが発明したマルチセルラーホーン[6-38]を2基搭載という構成でした．このとき開発された高音用ホーンドライバーが，後にWEで作られた594-A型ホーンドライバーとなりました．

594-A型は555型と違って，中～高域で大きな音量が再生できるよう，耐入力の大きい強力型にするとともに，高品位再生のために15000Hzまで帯域を拡大することが求められました．ウエントが考案したのは，従来のドライバーの構造（フロントドライブ）ではなく，大型の振動板を磁気回路の後方に置き，振動板の裏側の音放射を磁気回路のポールの中を音道にして，前面のスロートに導く構造（**図6-70**）で，特許を出願しました．

この構造によって，594-A型は非常に完成度の高い高音用ホーンドライバーとなりました．再生周波数帯域は，高音限界が約12000Hz，低域は300Hz程度まで再生可能で，組み合わせるホーンの種類によっては，中音域から高音域までフラットな広帯域再生が可能になりました．

594-A型は，スロート径を約2インチとしたため，スロート径が約1インチの555型とは互換性がなく，

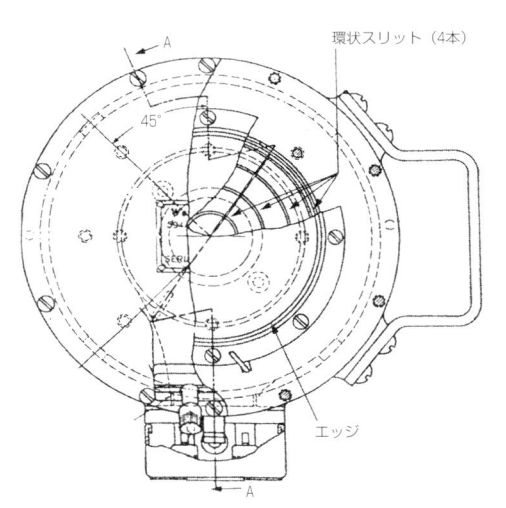

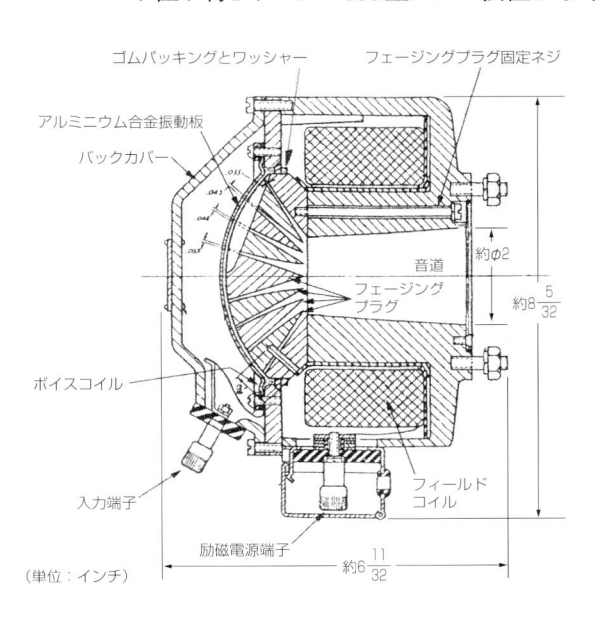

［図6-70］　大型振動板を使った594-A型高音用ホーンドライバーの概略構造寸法

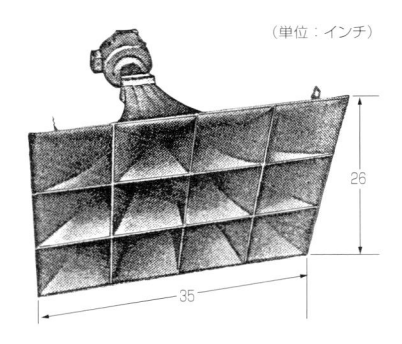

（単位：インチ）

セル数：12（3×4），指向角度：70°（水平），40°（垂直）

ホーン番号	アタッチメント	奥行き〔インチ〕	適用ホーンドライバー
24A型	19-A	27	594-A×1
24A型	19-B	28・1/8	594-A×2
24B型	19-C	35・3/4	555×1

［写真6-28］　フラットフェイス型の24型系12セルマルチセルラーホーン

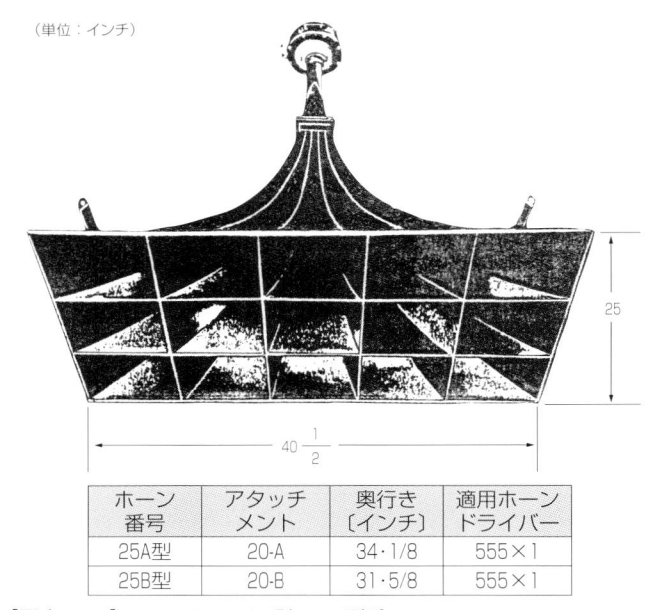

（単位：インチ）

ホーン番号	アタッチメント	奥行き〔インチ〕	適用ホーンドライバー
25A型	20-A	34・1/8	555×1
25B型	20-B	31・5/8	555×1

［写真6-29］　フラットフェイス型の25型系15セルマルチセルラーホーン

その後に開発されたホーンには，どちらも使用できるよう，アタッチメントが用意されていました．

594-A型ホーンドライバーと組み合わせて高品位な再生をする高音用ホーンには，従来のホーンでは問題だった指向性を改善することを目的にウエントが考案した「マルチセルラーホーン」が使用されました．

1936年にWEは，トーキー映画用音響システム「ミラフォニックサウンドシステム」を開発し，そのスピーカーとして「ダイフォニック（diphonic）スピーカー」と呼ばれる新シリーズを開発しました（第5章8節参照）．これには，フレッチャーシステムで開発された594-A型高音用ホーンドライバーが初めて搭載されました．

（2）フラットフェイス型マルチセルラーホーン

「ダイフォニックスピーカー」は，WEが非同軸複合2ウエイシステムとして初めて完成させたトーキー映画用スピーカーシステムのシリーズで，その大型システムに高音用スピーカーとして搭載されたのが，24型系と25型系のマルチセルラーホーンです．

両者ともに，上下の鉄板に溶接でセパレーターのような仕切り板を入れたマルチセルラーホーンであり，前面の開口面がフラットな「フラットフェイス」形状です．

24型系（**写真6-28**）は4分割3段の12セルで，開口は幅35インチ，高さ26インチで，カットオフ周波数は約120Hzです．

フラットフェイスは，スクリーン裏面に密着して取り付け，高音の劣化を防ぐために考えられたようですが，各セルの長さが異なるため，位相差の影響が懸念されます．

ホーンドライバーは，アタッチメントによって594-A型または555型が使えるようになってします．最も長いアタッチメント24-B型を使用した場合，奥行き寸法が35・3/4インチ（約90cm）になります．

25型系（**写真6-29**）は555型専用の5分割3段の15セルのマルチセルラーホーンです．開口はフラットで，幅40・1/2インチ，高さ25インチで，カットオフ周波数は約114Hzです．アタッチメントによって，555型ホーンドライバーは1個または2個使用されます．

溶接で仕切り板を設ける製法は，24型と25型だけに留まり，次の機種からは，小型ホーンを組み合わせる，ベル電話研究所の製法によるマルチセル

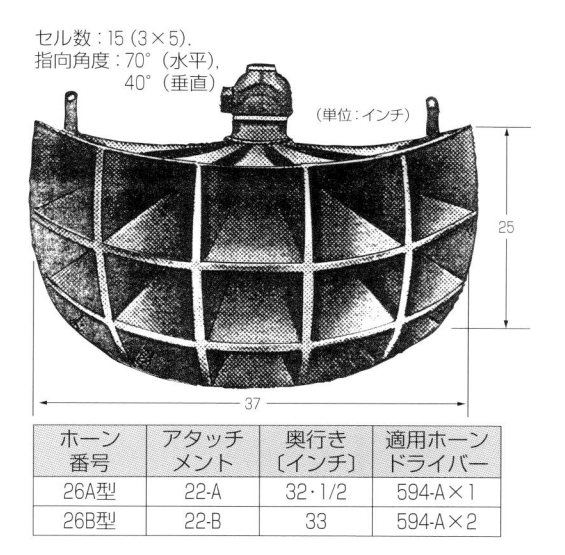

セル数：15（3×5），
指向角度：70°（水平），
40°（垂直）
（単位：インチ）

ホーン番号	アタッチメント	奥行き〔インチ〕	適用ホーンドライバー
26A型	22-A	32・1/2	594-A×1
26B型	22-B	33	594-A×2

［写真6-30］　球面フェイス型の26型系15セルマルチセルラーホーン

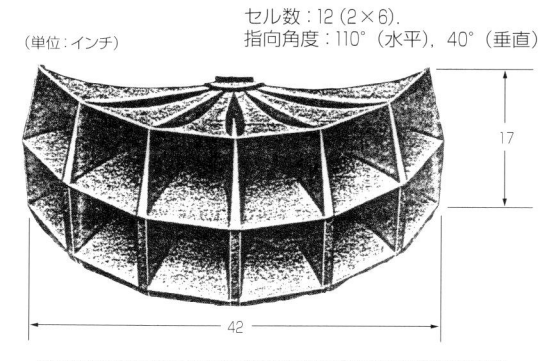

（単位：インチ）
セル数：12（2×6），
指向角度：110°（水平），40°（垂直）

ホーン番号	アタッチメント	奥行き〔インチ〕	適用ホーンドライバー
27A型	23-A	27・7/8	594-A×1
27B型	23-B	30	594-A×2

［写真6-31］　球面フェイス型の27型系12セルマルチセルラーホーン

ラーホーンになりました．

（3）球面フェイス型のマルチセルラーホーン

　1936年から1937年にかけて開発されたマルチセルラーホーンは，球面フェイス（spherical faced）と称する形状で，スロートから開口面までの音道の長さを同じにしてセル相互の位相干渉を防ぎ，水平面での指向角度を広くしています．

　26型系（**写真6-30**）は594-A型ホーンドライバーをアタッチメントによって1個または2個使用します．指向角度は水平面で75°，垂直面で40°です．

　27型系（**写真6-31**）は，セル数が垂直面2段で水平面が6セルなので水平面の指向角度が110°と広くなっています．アタッチメントにより594-A型ホーンドライバーが1個または2個使用できます．カットオフ周波数は約140Hzと高めです．

　1937年には，さらに指向性を改善する目的で28型系（**写真6-32**）が開発されました．28型ホーンはセル数が多く，水平面および垂直面の指向角度が広くなっています．このホーンを当時の映画劇場のスクリーン裏に設置すると高音の拡散効果が半減するため，プロセニアムアーチなどに吊り下げた状態で使用されたと思われます．

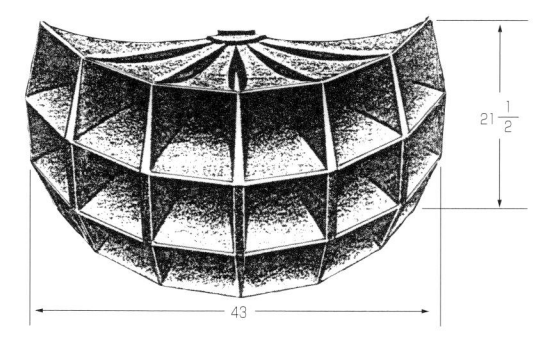

（単位：インチ）
セル数：18（3×6），
指向角度：110°（水平），60°（垂直）

ホーン番号	アタッチメント	奥行き〔インチ〕	適用ホーンドライバー
28A型	24-A	29・1/2	594-A×1
28B型	24-B	32	594-A×2

［写真6-32］　球面フェイス型の28型系18セルマルチセルラーホーン

　28型も，アタッチメントにより594-A型が1個または2個使用できます．

　このように，ベル電話研究所で開発した高性能ホーンドライバーがWEで594-A型として完成し，これに組み合わせて使用したマルチセルラーホーンが**表6-4**に示すように次々と開発され，これらを搭載したトーキー映画用スピーカーシステムの形態が「映画用スピーカーの顔」として知られ，1950年ころまで長期にわたり君臨しました．

[表6-4]　594型ホーンドライバー時代の各種マルチセルラーホーン

形名		開発年〔年〕	概略形状	セル数	外形寸法〔インチ〕	指向角度〔°〕	適用ドライバー	アタッチメント
23			—					
24	24A	1936	フラットフェイス	3×4=12	$W=26$ $H=35$ $D=27$	70 40	594-A×1	19-A
	24B	1937			$D=28\cdot1/8$		594-A×2	19-B
	24C	1936			$D=35\cdot3/4$		555×1	19-C
25	25A	1936	フラットフェイス	3×5=15	$W=40\cdot1/2$ $H=25$ $D=34\cdot1/8$	80 40	555×1	20-A
	25B				$D=34\cdot5/8$		555×2	20-B
26	26A	1936	球面フェイス	3×5=15	$W=37$ $H=25$ $D=32\cdot1/2$	70 40	594-A×1	22-A
	26B				$D=33$		594-A×2	22-B
27	27A	1937	球面フェイス	2×6=12	$W=42$ $H=17$ $D=(27\cdot7/8)$	110 40	594-A×1	23-A
	27B				$D=30$		594-A×2	23-B
28	28A	1937	球面フェイス	3×6=18	$W=43$ $H=21\cdot1/2$ $D=(29\cdot1/2)$	110 60	594-A×1	24-A
	28B				$D=32$		594-A×2	24-B
29			—					
30			—					

6-6-4　高音用ダイナミック型ホーンドライバーを使った高音用ホーン（1940年代～）

(1)　713系ホーンドライバーの誕生と開発の背景

　1938年ころ，ベル電話研究所のスピーカー研究開発の後継者となったホプキンス（H. F. Hopkins）が最初に手がけたのは，FM放送機器の開発の一環として，放送設備に必要な放送用モニタースピーカーシステムの開発でした．1938年に口径9.5インチのメタルコーンを採用したフルレンジスピーカーユニット750A型を開発し，これをエンクロージャーに搭載して751B型スピーカーシステムを完成させました．その後，非同軸複合型の放送用モニタースピーカーシステムを1941年から1942年にかけて開発し，750A型に次ぐ700系統の753A型，753B型，735C型の3機種を開発しました．一連の

開発で，高音用のホーンドライバーとして713系（写真6-33）および720A型，722A型（写真6-34）を新しく完成させました．これらの概略構造を図6-71，72に示します．

　一方，1945年には，当時WEのトーキー映画用スピーカーシステムの輸出販売を手がけていた子会社ウエストレックス（Westrex）の要望により，アルテック・ランシングの「Aシリーズ」に代わるWE独自の製品を開発することになりました．

　ポプキンスは，新たに開発したトーキー映画用スピーカーシステム「Lシリーズ」に搭載する高音用スピーカーには，すべて彼が開発した上記のホーンドライバーを使用し，これまで使われたマルチセルラーホーンを採用せず，新規のオリジナルホーンを開発して組み合わせました．

型名	振動板材質	ボイスコイル
713A	アルミ合金	16Ω
713B	布入りベークライト	4Ω
713C	アルミ合金	4Ω

［写真6-33］　713型系のホーンドライバー（1941年）

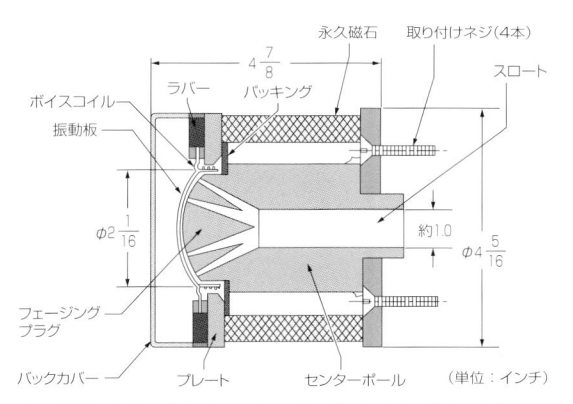

［図6-71］　713型系のホーンドライバーの概略構造寸法

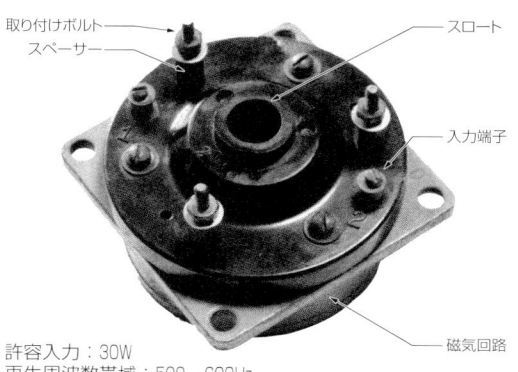

許容入力：30W
再生周波数帯域：500～600Hz
ボイスコイルインピーダンス：8Ω
外形寸法
　径：φ4·1/16インチ　高さ:3·1/4インチ

（a)720A型

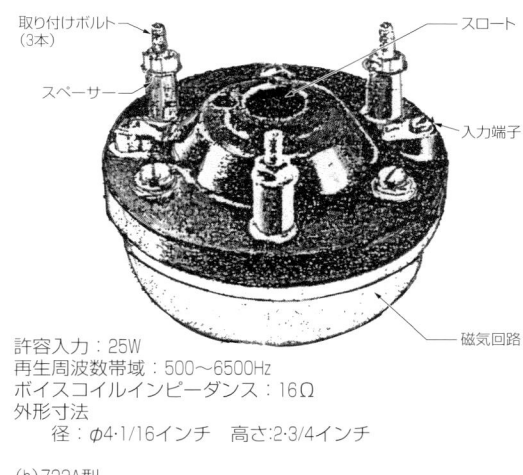

許容入力：25W
再生周波数帯域：500～6500Hz
ボイスコイルインピーダンス：16Ω
外形寸法
　径：φ4·1/16インチ　高さ:2·3/4インチ

（b)722A型

［写真6-34］　720A型と722A型ホーンドライバー

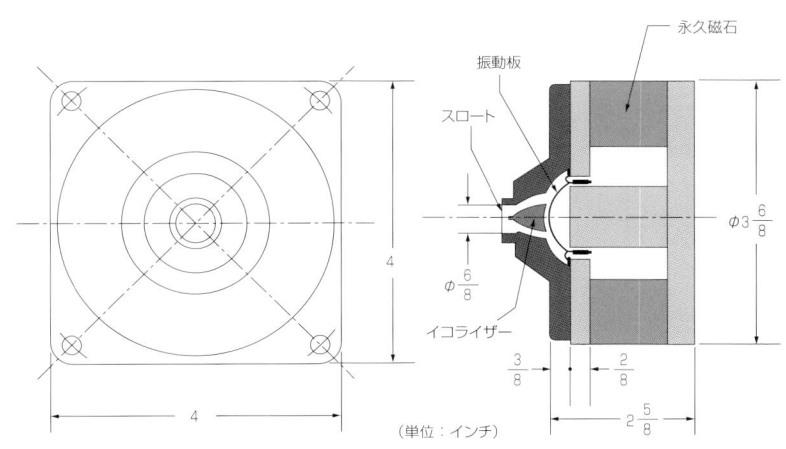

（単位：インチ）

［図6-72］
OEM調達された720A型ホーンドライバーの概略構造寸法

[表6-5]　700系のホーンドライバー時代の各種ホーン

形名	開発年〔年〕	概略形状	外形寸法〔インチ〕	指向角度〔°〕	適用ドライバー	カットオフ周波数〔Hz〕
31A	1938		$W=23$ $H=9$ $D=15$	120 40	594-A×1 594-A×2 555×1	800
32A	1941		$W=16$ $H=8 \cdot 1/2$ $D=10$	90 60		800
KS-12024	1947		$W=13 \cdot 5/16$ $H=6 \cdot 3/8$ $D=16 \cdot 1/2$	50 40 100	713A 713C	800
KS-12025	1947		$W=23 \cdot 21/32$ $H=6 \cdot 3/8$ $D=19$	80 40		800
KS-12027	1947		$W=19 \cdot 5/16$ $H=2 \cdot 9/16$ $D=13 \cdot 1/2$	90 90		800

(2) 新開発のホーンドライバー

ホプキンスが取り組んだ713系は，パーマネント型の磁気回路を持つリアドライブ方式の小型ホーンドライバーで，振動板径も2・1/16インチと小さくなっています．振動板材料がアルミ合金の713A型と713C型，布入りベークライトの713B型の2系統があります．

一方，720A型と722A型はシンプルなフロントドライブ方式で，製造はニューヨークのカール・ランジュバン（Carl Langevin Inc.）です．これをWE製のホーンに取り付ける場合は，スロート部分に専用アタッチメントを使用します．

720A型および722A型は，高域再生限界周波数が6500Hzでやや低いのですが，高効率であることが特徴で，ホーンとの組み合わせによっては98～103dB/W（WE資料より）が得られました．

(3) Lシリーズに搭載されたホーン

Lシリーズのために新しく開発されたホーンは，セパレーターを持つセクトラルホーンで，クロスオーバー周波数が高い設定（800Hz）でした．このため開口寸法が小さくなり，全体の形状も小型になっています．

このホーンの設計思想には，RCAのオルソンが提案したラジアルホーン（第6章5節参照）に通じるものがあります．**表6-5**に700系ドライバー用ホーン5機種の仕様を示します．

[1] 31A型ホーン

31A型ホーン（**写真6-35**）は，奥行きの短いエンクロージャーに設置できるよう開口部に対してスロート側が直角に曲がりL字形になっています．1か所セパレーターが補強のような役割で縦に入っており，スロート径は2インチで594-A型ホーンドライバーが取り付けられるようになっています．

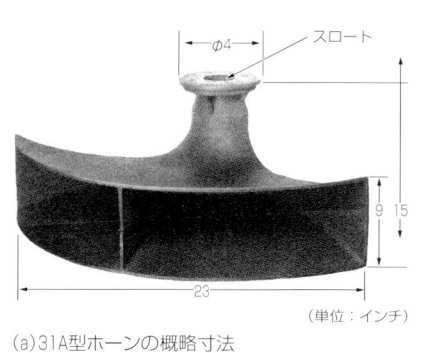

(a)31A型ホーンの概略寸法

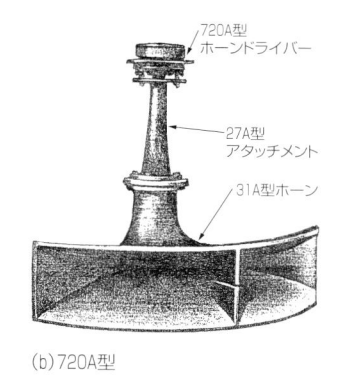

(b)720A型

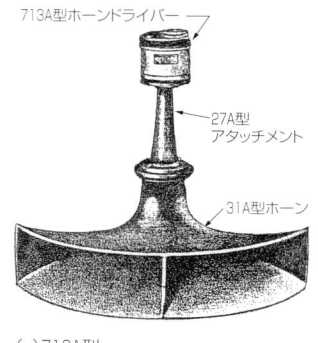

(c)713A型

[写真6-35]　31A 型ホーンとホーンドライバーの組み合わせ

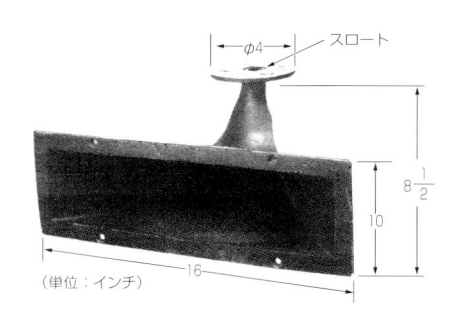

(a)32A型ホーンの概略寸法

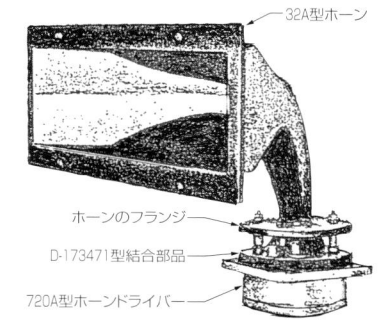

(b)720A型

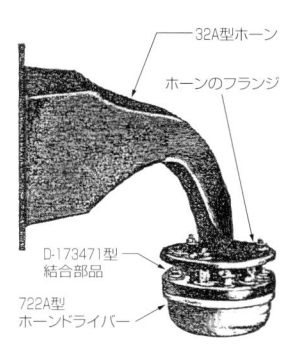

(c)722A型

[写真6-36]　32A 型ホーンとホーンドライバーの組み合わせ

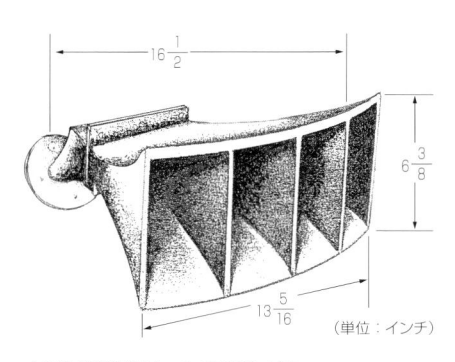

(a)KS-12024型ホーンの概略寸法

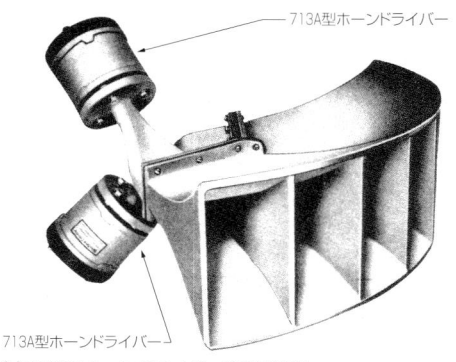

(b)713A型ホーンドライバーを2個接続

[写真6-37]　KS-12024 型ホーンとホーンドライバー 2 個の組み合わせ

　初期（1939年ころ）には，594-A型を主体にしたオーディトリアム用非同軸複合2ウエイシステムとして，エンクロージャー上に裸の状態で設置されて使用されました.

　その後，27A型アタッチメントを使用することで，スロート径約1インチの713系統や720A型ホーンドライバーも使用搭載できるようになりました.

[2] 32A型ホーン

　32A型ホーン（**写真6-36**）は，753系統のモニター用スピーカーシステムの高音用として713A型や722A型ホーンドライバーと組み合わされて使用さ

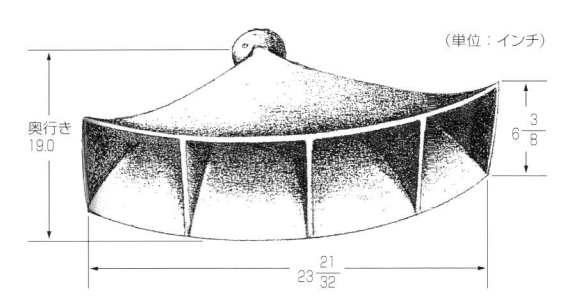

[写真6-38] KS-12025型ホーン

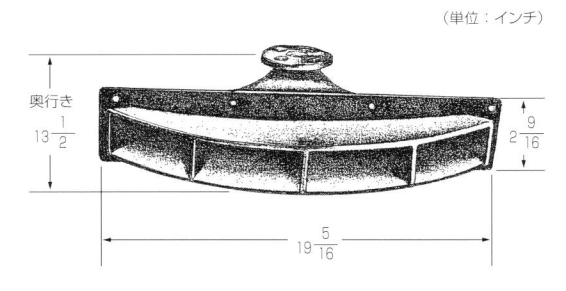

[写真6-39] KS-12027型ホーン

れたホーンで，1941年に開発されました．

31A型と同様，L字形に曲がっています．

32A型はスロート径が約1インチで，アタッチメントなしで1インチのドライバーが直接取り付けできるので，コンパクトにまとめることができるようになっています．バッフル板に取り付けるため，ホーン開口面はフラットフェイスです．**写真6-36**では，720A型および722A型のホーンドライバーをそれぞれ取り付けた状態も示しており，D-173471型結合部品が使用されています．

[3] KS-12024型

KS-12024型ホーン（**写真6-37**）は，トーキー映画用スピーカーシステム「Lシリーズ」のL8型からL12型の各機種に高音用スピーカーとして搭載されたもので，仕様によって，次項のKS-12025型ホーンと使い分けられています．

このホーンはスロート部分から少し先で「ヘ」の字形に曲がっており，もう1つのKS-12025型を裏返して2個の側面を連結すると，ホーンドライバーが上下に固定できるようになります．これによってホーンの水平面の指向角が2倍の100°の広角に改善できることと，ドライバー2個によるパワーアップができることが特徴です．スロート径は約1インチで，主として713系統のホーンドライバーと組み合わされました．

[4] KS-12025型

KS-12025型ホーン（**写真6-38**）はストレートのエクスポーネンシャルホーンで，KS-12024型に比較して水平面の指向角が80°と広くなっています．開口面は球面フェイスで横幅は広く，高さは低いセクトラルホーンです．

これもスロート径は約1インチで，主として713系統のホーンドライバーと組み合わされました．

[5] 12027型

12027型ホーン（**写真6-39**）は，1947年に開発された757A型モニター用スピーカーシステムの高音用スピーカーに使用されました．ホーン自身の幅は19·5/16インチで，高さ2·9/16インチであり，さらにスリムな形状のエクスポーネンシャルホーンです．水平面の指向角は90°，垂直面も90°と広角になっています．

スロート面はL字型に曲がり，奥行き寸法を短くしています．

ホーンドライバーは713C型が使用され，800～15000Hzの再生周波数帯域を受け持っています．

以上のように，WEのホーンは1918年から1940年代の長期にわたって次々と変化していきました．これらの中には，今日使用されているホーンのルーツになっているものも多く，その多くの技術は，WEからアルテック・ランシングへと移管され，進展していきました．

参考文献

6-1) 住吉舜一：歴史の中のホーンスピーカー，無線と実験，1981年12月別冊

6-2) 早坂寿雄，電子情報通信学会編：音の歴史，

コロナ社, 1989年

6-3）R. T. Beyer：Sound of Our Times, Springer-Verlag（1999）

6-4）A. G. Webster：Acoustic Impedance and Theory of Horns and Phonograph, *P. N. A. S.*, Vol.5, 1919

6-5）C. R. Hanna and J. Slepian：The Function and Design of Horn for Loudspeakers, *A. I. E. E.*, Vol.23, Feb.4-8, 1924. また, C. R. Hanna: Theory of the Horn-type Loudspeaker, *J. A. S. A.*, Oct. 1930

6-6）V. Salmon：A New Family of Horns, J. A. S. A., Vol.17, No.3, 1946

6-7）西巻正郎：改版　電気音響振動学, コロナ社, 1960年, p.210

6-8）J. P. Maxfield and H. C. Harrison：Methods of High Quality Recording and Reproducing of Music and Research, *B. S. T. J.*, July, 1926

6-9）E. C. Wente and A. L. Thuras：A High Efficiency Receiver for a Horn-type Loudspeaker of Large Power Capacity, 1928. および E. C. Wente and A. L. Thuras：Loud Speakers and Microphones, *B. S. T. J.*, April 1934

6-10）抜山平一, 小林勝一郎：電気学界雑誌, 1926年8月

6-11）抜山平一, 小林勝一郎：東北帝国大学工学紀要, 第7巻, 第1号, 1927年10月

6-12）小林勝一郎：電気音響, 共立出版, 1950年

6-13）英国特許第278,098号

6-14）米国特許第1,448,279号

6-15）H. F. Olson：*Acoustical Engineering*, D. Van Nostrand, 1957, p.164, Fig.6.38

6-16）H. F. Olson and F. Massa：A Compound Horn Loudspeaker, *J. A. S. A.*, July 1936

6-17）H. F. Olson：*Acoustical Engineering*, D. Van Nostrand, 1957, p.112, Fig.5.11

6-18）高城重躬：音の遍歴, 共同通信社, 1974年

6-19）高城重躬：私のスピーカ計画, ラジオ技術, 第31巻, 第2号, 1977年1月臨時増刊

6-20）加藤秀夫：3ウエイのSPシステムについて, ラジオ技術, 1953年6月号

6-21）W. E. Kock and F. K. Harvey：Refracting Sound Waves, *J. A. S. A.*, Sep. 1949

6-22）H. F. Olson：*Acoustical Engineering*, D. Van Nostrand, 1957, p.51, Fig.2.19, Fig.2.20

6-23）B. H. Smith：A Distributed-Source Horn, *Audio Engineering*, Jan. 1951

6-24）D. B. Keele：What's so Sacred about Exponential Horns, *51st Convention of AES Preprint*, No.1038, May 1975

6-25）C. A. Henriksen and M. S. Ureda：The Manta-ray Horn, *J. A. E. S.*, Nov. 1977

6-26）D. Smith and D. B. Keele：Improvements in Monitor Loudspeaker Systems, 69th Convention of AES, May 1981

6-27）米国特許第4,308,932号

6-28）後藤秀治, 三上昇, 跡地信久：ホール音響システムの動向, JAS Journal, 1982年12月号

6-29）川村明久, 三上昇, 跡地信久：指向性制御ツインベッセルホーン, 音響技術, No.37,1982年2月

6-30）木下正三：最近のホーンスピーカー技術, JAS Journal, 1982年5月号

6-31）米国特許第266,567号

6-32）米国特許第1,365,898号

6-33）米国特許第1,859,892号

6-34）A. L. Thuras：A New Loud-speaking Recever, *Bell Laboratories Record*, Vol.6, Mar. 1928

6-35）米国特許第1,852,793号

6-36）米国特許第1,853,955号

6-37）E. O. Scriven：Sound Projector Systems for Motion-Picture Theaters, *J. S. M. P. E.*, Nov. 1928

6-38）米国特許第1,992,268号

項目 / 人名索引

人名索引

● 欧 字 ●

佐伯多門

愛媛県今治市出身
1954年，愛媛県立新居浜工業高校電気科卒，
同年三菱電機株式会社に入社．
1955年より，ダイヤトーンスピーカーの開
発設計に従事．40年にわたり多くのスピー
カーシステムを開発．また，スピーカー用新
素材や新技術を開拓．
日本オーディオ協会理事などを歴任．

主な著作
『オーディオハンドブック』13章スピーカー編執筆
オーム社　1978年
『強くなる　スピーカー＆エンクロージャー百科』執筆監修
誠文堂新光社　1979年
『オーディオ50年史』スピーカー編執筆
(社)日本オーディオ協会　1986年
『新版　スピーカー＆エンクロージャー百科』執筆監修
誠文堂新光社　1999年
『真空管オーディオハンドブック』真空管アンプ用スピーカー編執筆
誠文堂新光社　2000年
『MJ無線と実験』連載「スピーカー技術の100年」執筆
誠文堂新光社　2000年1月号より
『スピーカー＆エンクロージャー大全』執筆
誠文堂新光社　2018年

オーディオの歴史をスピーカーから俯瞰する

スピーカー技術の100年
黎明期～トーキー映画まで

2018年7月15日　発　行　　　　　　　　　　NDC547.31

著　　　者　　佐伯多門
発　行　者　　小川雄一
発　行　所　　株式会社 誠文堂新光社
　　　　　　　〒113-0033　東京都文京区本郷3-3-11
　　　　　　　（編集）電話03-5800-3612
　　　　　　　（販売）電話03-5800-5780
　　　　　　　http://www.seibundo-shinkosha.net/
印　刷　所　　広研印刷 株式会社
製　本　所　　和光堂 株式会社

©2018, Tamon Saeki.
Printed in Japan
検印省略　本書掲載記事の無断転用を禁じます．
万一乱丁・落丁本の場合はお取り替えいたします．

本書のコピー，スキャン，デジタル化等の無断複製は，著作権法上での
例外を除き，禁じられています．本書を代行業者等の第三者に依頼して
スキャンやデジタル化することは，たとえ個人や家庭内での利用であっ
ても著作権法上認められません．

本書に記載された記事の著作権は著者に帰属します．これらを無断で使
用し，展示・販売・レンタル・講習会などを行うことを禁じます．

JCOPY〈(社)出版者著作権管理機構 委託出版物〉
本書を無断で複製複写（コピー）することは，著作権法上での例外を除き，
禁じられています．
本書をコピーされる場合は，そのつど事前に，(社)出版者著作権管理機構
（電話 03-3513-6969 ／ FAX 03-3513-6979 ／ e-mail:info@jcopy.
or.jp）の許諾を得てください．

ISBN978-4-416-61837-0